城市雨水径流净化与利用LID技术研究

——以西安市为例

李家科　李怀恩　李亚娇　沈　冰等　著

科学出版社

北　京

内 容 简 介

近年来，我国城市化高速发展带来的内涝灾害、非点源污染加重、雨水资源流失，以及自然生态退化等问题受到了高度重视，城市雨水管理迫切需要新的技术、理念和智慧。本书系统地展示了作者在西北旱区城市非点源污染特征，两种典型控制技术（多级串联人工湿地、生物滞留技术）对城市地面径流水量、水质的调控效果、规律及其效果模拟，多环芳烃高效降解菌群的优选与特性，生物滞留系统设计，城市低影响开发（LID）措施应用效果情景模拟等方面的研究成果。可为我国“海绵城市”建设、城市非点源污染防治的生态工程措施的设计、应用和推广提供科学依据和理论支撑，同时推动人工湿地、生物滞留技术在我国雨水净化与利用方面的发展。

本书可供城市非点源污染防治及模拟、水环境综合治理、雨洪管理和可持续发展等领域的科技工作者及研究生参考和借鉴。

图书在版编目（CIP）数据

城市雨水径流净化与利用 LID 技术研究：以西安市为例/李家科等著.
—北京：科学出版社，2016.5
ISBN 978-7-03-028888-2

Ⅰ.①城… Ⅱ.①李… Ⅲ.①城市-雨水资源-净化-研究 Ⅳ.①X52

中国版本图书馆 CIP 数据核字（2016）第 074309 号

责任编辑：杨帅英 / 责任校对：张小霞
责任印制：徐晓晨 / 封面设计：图阅社

科 学 出 版 社出版
北京东黄城根北街 16 号
邮政编码：100717
http://www.sciencep.com

北京科印技术咨询服务公司印刷
科学出版社发行 各地新华书店经销
*
2016 年 5 月第 一 版 开本：787×1092 1/16
2017 年 1 月第二次印刷 印张：27 1/2 插页：6
字数：637 000

定价：169.00 元

（如有印装质量问题，我社负责调换）

前 言

随着城市化进程的加快和城市规模的扩大，致使不透水地面面积快速增长，引发一系列环境问题，主要包括城市内涝、城市面源污染加重、雨水资源流失，以及自然生态退化等。有关研究表明，不透水面积为开发前10%时，开发后径流体积为开发前的1.5倍，不透水面积为100%时，体积增量倍数为6倍。近年来，极端降雨导致我国城市内涝频发，暴雨积水严重，已危及城市安全，如何有效控制暴雨引起的城市内涝及非点源污染问题亟待解决。2013年，国务院办公厅发布《关于做好城市排水防涝设施建设工作的通知》(国办发[2013]23号)，力争用5年时间完成排水管网的雨污分流改造，用10年左右时间，建成较为完善的城市排水防涝工程体系。2015年，我国大力推进建设自然积存、自然渗透、自然净化的“海绵城市”，建立尊重自然、顺应自然的低影响开发(LID)模式，以期系统解决水安全、水资源、水环境等问题。我国对城市地表径流污染研究开始于20世纪80年代，与美国、日本等发达国家相比起步较晚。但伴随着国家对非点源污染的重视以及近年来各大院校对非点源污染控制各项技术的大力投入，我国已逐步开始治理非点源污染，并且逐步开展对雨水的再利用。长期以来，我国对东中部城市(如上海、武汉等)降雨径流污染规律及其控制开展了一些研究；但对西北地区城市的相关研究很少，而且现有研究成果缺乏全面性和系统性。西北地区城市由于水文过程、人类活动等与其他城市差异显著，地表径流污染过程有其自身特点。因此，有必要加强西北地区城市非点源污染排放规律和控制技术的研究，以满足西北地区城市水污染控制的需要。

本书是在国家自然科学基金“低影响开发(LID)生态滤沟技术对旱区城市路面径流的净化机理研究”(51279158)和“西北地区典型城市降雨径流污染负荷定量化研究”(51209168)、陕西省自然科学基金重点项目“旱区城市低影响开发生物滞留技术的应用机理研究”(2015JZ013)等课题研究成果的基础上，系统总结编撰而成。以我国西北地区典型资源型缺水、生态环境脆弱型城市西安市为研究背景，通过现场降雨径流监测和人工模拟降雨试验，研究了西安市非点源污染时空变化特征和冲刷规律；结合非点源污染物累积冲刷模型，构建了基于可冲刷污染物量的非点源污染场次负荷模型。通过试验和理论分析，研究了水平潜流和复合流两组多级串联人工湿地对降雨径流的净化规律，分析了运行间隔天数、水力停留时间和水深等因素对人工湿地净化效果的影响，确定了试验条件下人工雨水湿地处理城市降雨径流的最佳运行工况；通过对两组人工湿地净化效果的对比，分析了湿地系统中水流方式对净化效果的影响；研究了不同水深条件下，水平潜流和复合流两组人工湿地对污染物COD、氮、磷和重金属的沿程以及垂向净化效果；同时考察了人工湿地中植物的光合蒸腾速率变化规律，分析了影响光合蒸腾速率作用的主要因素及对人工湿地去除效果的影响；应用响应面统计分析法对复合流人工湿地处理总氮、总磷、氨氮等污染物的净化效果进行了建模和最佳运行工况分析。从水质(污染物浓度去除)和水量(径流削减)两方面，研究了生态滤沟对路面径流及其污染的调控效果。开展了生态滤沟净化城市路面径流的小型、中型(Ⅰ、Ⅱ)试验，定量研究了各种因素(水力负荷和污染负荷、运行间隔时间、填料组合、填料厚度、植被条件、滤沟宽度、季节等)对生态滤沟系统调控效果的影响;建立了生态滤沟调控效果及其影响因素的多元回归模型,并运用HYDRUS-1D软件对装置的出水水质进行模拟。通过对生物滞留系统内菌群的驯化及高效多环芳烃降解菌群的优选,得到了能够高效降解PAHs的菌群;通过研究不同外加碳源、氮源和PAHs初始浓度对菌群生长和降解效果的影响,揭示了菌群对PAHs的降解特性;利用分子生物学方法分析了混合菌群的种群结构,揭示了菌群的协同作用机理。以西安市为例,研究生物滞留系统的设计方法。最后,分别以西安市浐河、皂河某片区及西咸新区沣西新城为研究区域,根据城市雨水管网系统以及实测资料,采用暴雨管理模型(SWMM)模拟了不同情景下,研究区域设置低影响开发(LID)调控措施前后的水量及水质情况,研究了低影响开发调控措施对城市降雨径流及其污染物的调控效果,以期为城市生态建设和雨洪管理提供科学依据。

全书由西安理工大学李家科、李怀恩、沈冰、李亚,西安科技大学李亚娇等统稿,由李家科定稿。第1章由李家科、李亚娇、陈虹、李亚执笔,第2章由李家科、李怀恩、李亚娇、董雯、陈虹、郭雯婧、李亚执笔;第3章由李家科、沈冰、李亚娇、高志新、张倩、李鹏执笔;第4章由李家科、李怀恩、张佳杨、程杨、梁正执笔;第5章由李家科、李亚娇、雷婷婷、张思翀、蒋春博执笔;第6章由林培娟、李家科、李怀恩、邓朝显、黄宁俊、李鹏、刘增超执笔;第7章由王东琦执笔;第8章由李家科、黄宁俊、李怀恩、万宁、王社平、蒋春博、邓朝显、刘增超、张佳杨执笔;第9章由李家科、李怀恩、陈虹、李亚、尚蕊玲、李亚娇执笔。此外,研究生邓陈宁、张彬鸿、刘力、阮添舜等参加了书稿的校对工作。感谢科学出版社杨帅英编辑在本书出版过程中付出的辛勤工作。

由于作者水平有限,书中不妥在所难免,敬请广大读者批评指正。

作 者
2016年1月

目　　录

第1章　绪　　论

1.1　研究背景与意义

随着我国城市化水平发展的进一步加快，可渗透地面的面积比例越来越小，由降雨径流产生的突发性的、冲击性强的城市非点源污染已成为城市水环境污染的主要来源之一。广义的城市非点源污染，按成因可分为城市地表径流污染、大气的干湿沉降、城市水土流失及河流底泥的二次污染（杨柳等，2004；贺缠生等，1998）；狭义的城市非点源污染是指城市降雨径流淋洗与冲刷大气和汇水面各种污染物引起的受纳水体的污染，即降雨径流污染（地表径流污染），是城市水环境污染的重要因素（林积泉等，2004）。降雨是城市非点源污染形成的动力因素，而降雨形成的径流是非点源污染物迁移的载体，也是城市非点源污染的最主要形式（张瑜英等，2006）。

城市是人类活动最频繁的区域，城市降雨径流污染有其特殊性。其一是具有面源和点源的双重性。污染物晴天时在城市地表累积，降雨时则随地表径流而排放，具有面源间歇式排放特征；污染物自城市地表经由排水系统进入受纳水体，又具有集中排放的特征。其二是随机性。影响城市降雨径流污染的因素很多，且许多为随机性因素，在地表污染物的累积和冲刷两个主要环节中都有随机性因素起作用，如两场降雨之间的间隔时间、降雨历时、降雨强度等。其三是污染负荷空间变化幅度大。不同的城市功能区，其人类活动的方式与强弱不同，相应的地表沉积物的数量和性质也不同，产生的径流污染负荷差异较大。其四是污染物来源复杂，组成复杂，量大面广。污染物来源包括城市路面的灰尘与垃圾、城市裸露地面的水土流失、机动车辆的部件及车胎磨损的碎屑、机动车漏油的油污、城市建筑垃圾、大型集贸市场的污水和垃圾、风景游览区的园林垃圾、城市建筑物屋顶上的降尘、大气的干沉降与湿沉降（包括机动车辆排放物的干沉降）等；污染物成分包括悬浮固体物、耗氧污染物、富营养化物质、重金属、有毒有机物等。总之，降雨径流污染过程复杂，污染源种类繁多，区域分异特点明显。

美国国家环保署（EPA）把城市降雨径流列为导致全美河流、湖泊污染的第三大污染源，城市雨水径流对河流污染的贡献比占9%，129种重点污染物中约有50%在城市径流中出现（USEPA，1995；汪慧贞和李宪法，2002）；在一些州，城市径流和其他非农业的面源被列为主导污染源，城市水体BOD年负荷有40%～80%来自雨水径流（Dikshit and Loucks，1996；Marshall and Jaime，2001）。我国90%以上城市水体污染严重，很多城市水体有黑臭或水华现象发生，严重影响社会经济可持续发展（尹澄清，2006）。北京和上海城区雨水径流污染占水体污染负荷的10%～20%（中心区域超过50%）；北京市路面、屋面雨水径流中TSS、COD、TP、TN、Pb、Zn等污染物指标也高于美、法、德等国家（车伍等，2003）。西安城市主干道SS、COD的EMC中值远大于《污水综合排放标准》三级标准（陈莹等，2011）。另外，城市化进程改变了原有的水文循环，使降雨入渗量大大减少，雨洪峰值增加，汇流时间缩短，导致城市雨洪危害加剧，水涝灾害频发。同时，缺水已经成为制约我国城市，特别是旱区城市经济社会发展的一个瓶颈因素（胡继连等，2009）。

可见，城市化导致的城市地表径流污染和城市内涝等危害是相当大的。研究城市降雨径流污染过程（即研究城市地表径流污染的特性、排污规律等）以及防治措施已经成为城市水环境问题研究的重要内容。

城市非点源污染控制与城市雨水收集利用二者并不是独立的两个个体，发达国家将其二者紧密结合，已经取得了一些成果。联邦德国早在20世纪80年代就已经开始了针对雨水利用方面的课题研究，并把此作为90年代控制水污染的三大课题之一。他们利用天然的和人工的设施来对雨水进行截留处理，不仅可以减少地面的径流量，还可减轻对城市雨水排水管网的压力，在一定程度上，还可以减轻污水处理厂的负荷，降低洪涝灾害频率（李志强和李泽琴，2008）。与此同时，美国和一些欧洲国家也相继效仿德国，逐步转变过去单纯解决雨水排放问题的观念，认识到雨水对城市的重要性。首先考虑雨水的截留、储存、回灌、补充地表和地下水源，还制定了相应的法规，限制雨水的直接排放与流失，并收取雨水排放费（徐晓辉等，2009）。基本与德国同一时间，日本在80年代也提出"雨水流出抑制型下水道"，采用各种渗透设施截留雨水或收集利用，做了大量的研究和示范工程，并纳入国家下水道推进计划，在政策和资金上给予支持（李俊奇等，2010）。

长期以来，我国对东中部城市（如上海、武汉等）降雨径流污染规律及其控制开展了一些研究；而对西北地区城市的相关研究很少，而且现有研究成果缺乏全面性和系统性。众所周知，西北地区城市由于水文过程、人类活动等与其他城市差异显著，地表径流污染过程有其自身特点。因此，有必要加强西北地区城市非点源污染规律和控制技术的研究，以满足西北地区城市水污染控制的需要。本书拟以我国西北地区典型资源型缺水、生态环境脆弱型城市西安市为研究背景，通过现场降雨径流监测、试验研究与理论分析，研究西安市城区降雨径流污染特征，两种典型控制技术（多级串联人工湿地、生物滞留技术）对城市地表径流水量、水质的调控效果与规律，建立净化效果与主要影响因素之间的定量关系；同时以西安市片区为例，对低影响开发措施设置后的效果进行模拟。以此为西安市以及类似地区城市面源污染防治的生态工程措施的设计、应用和推广提供科学依据和理论支撑，实现环境效益、景观效益和经济效益的有机统一，同时推动人工湿地、生物滞留技术在我国雨水净化与利用方面的发展。

1.2 国内外研究进展

1.2.1 城市降雨径流污染过程研究进展

由于非点源污染来源的复杂性、发生时间的不确定性、排放污染物的偶然性和随机性等特点，使其研究较为困难。国外20世纪70年代就开始了对城市非点源污染的研究，研究内容全面，包括计算模型、降雨径流初始冲刷以及径流污染的治理与控制等（Kyehyun et al.，1993；Jefferies et al.，1999；Chiew and McMahon，1999；Kim et al.，2007；Chen and Barry，2007；Bakri et al.，2008；May and Sivakumar，2009；Eckley and Branfireun，2009；Park et al.，2009；杨寅群等，2008）。早期的城市非点源研究，主要是以土地利用对河流水质产生影响的认识为基础，对降水径流污染特征、影响因子、单场暴雨和长期平均污染负荷输出等方面进行研究，其具体的研究方法是根据统计分析建立模型，进而建立污染负荷与流域土地利用或径流量之间的统计关系(Haith,1976)。利用数学模型模拟城市径流非点源污染的形成是研究非点源污染来源和扩散的有效手段，70年代中后期，随着人们研究的深入和对城市非点源污染的了解，机理模型和连续时间序列响应模型成为模型开发的主要方向，重要的模型有暴雨洪水管理模型(SWMM)、储存处理与溢流模型(STORM)、统一运输模型(UTM)以及流域模型 ANSWERS 和 HSP 等(杨爱玲和朱藏明,1999)。这些模型的建立使得城市径流非点源污染的研究得到进一步的发展。到了80年代，美国农业部(USDA)研究所开发的化学污染物径流负荷和流失模型，采用 SCS 水文模型来计算暴雨径流(胡雪涛等,2002)，并且充分考虑了污染物在土壤中的物理、化学形态和分布状况(Mccuen,1982)，为城市降雨径流污染负荷模型的发展提供了很好的经验。到80年代末，非点源污染模型在建立新的应用模型的基础上，重点加强了3S(GIS、GPS、RS)技术在非点源污染负荷定量计算、管理和规划中的应用研究。这一时期最突出的成果是 GIS 软件开发并用于潜在的非点源污染的三维图形输出(Gilliland et al.,1987)。进入90年代，城市径流非点源污染的研究取得很大进展，研究的领域也在不断地扩大。在对过去城市径流非点源污染模型多年应用经验进行总结的基础上，不断地完善和提高已经建立的模型，例如城市地表径流大肠杆菌数学模型(Canale et al.,1993)，例如把 HRU 和 GRU 方法运用到洪水预报水文模型中(Leon et al.,2001)，推出新的模型。与此同时，由于计算机技术的飞速发展和3S技术在流域研究中的广泛应用，为城市非点源污染的研究提供了很大的方便，开发出许多功能超大的流域模型，这些模型具有空间信息处理、数据库技术、数学计算、可视化表达等功能和特点，提高了模型的模拟精确度。经过30多年的研究，城市非点源污染模型逐步从统计模型过渡到机理模型和连续时间序列响应模型，这些模型不仅从城市本身的特性出发，而且采用农业非点源污染研究的经验，借鉴其参数和子模型，如水文子模型、侵蚀子模型和污染物迁移子模型等，其应用范围从小区域逐步扩大到整个城市河网水系，从单次暴雨扩大到了长期连续模拟，3S技术的应用使得城市非点源模型的应用性和精度得到了很大的提高(温灼如等,1986)。

我国的非点源污染研究起始于20世纪80年代，相继在北京市、苏州市、天津于桥水库流域、四川沱江、云南滇池等地开展了城市非点源污染负荷的研究(李怀恩,1996)。而城市降雨径流污染负荷模拟模型主要从3个方面展开研究，即径流量与污染负荷相关分析(吴林祖,1987)、水量单位线(温灼如等,1986)、污染物负荷的研究以及地表物质累积规律(夏青,1982)。通用土壤流失方程首次在我国用于非点源污染的危险区域识别研究(宋枫等,1988)。进入90年代后，施为光(1993)按降雨强度以不同的雨强计算城区径流污染负荷，为城市径流污染负荷定量计算提供了新的研究方法。方红远(1998)提出了城市径流质量分析中污染物集聚、冲洗模型参数的率定法，使得模型在应用中的精度得到了提高，实用性增强。陈西平(1993)在夏青提出的地表物质累积规律的基础上，对城市流域非点源污染模型进行了完善，提高了模拟的精度。李怀恩(2000)提出了一种简单实用的流域非点源污染负荷估算方法——平均浓度法，可以利用有限的资料计算出多年平均或不同频率代表年的年负荷量。刘爱蓉(1990)于1990年对南京市城北地区暴雨径流污染的研究，主要测试了雨水中污染物的浓度，预测了排污负荷。车伍等(2001,2002)于1999～

2001年研究发现城区屋面雨水径流尤其是初期径流的污染物浓度较高，主要污染物为COD和SS，沥青油毡屋面初期雨水中COD浓度可高达上千毫克每升。赵剑强(2002)对公路路面径流的污染特性、排污规律及其与汽车交通的关系进行了研究。随着GIS技术在城市非点源研究中的应用大大地推进了非点源污染的量化工作，提高了城市非点源污染负荷模型模拟的精度，扩大了应用范围(王少平等，2002)。

1.2.2 管理与控制研究进展

城市非点源污染的管理和控制研究集中于污染源和汇的管理和控制。其研究途径包括两个方面：一是将非点源污染物的排放控制在最低限度；二是对污染物扩散途径的控制。这两方面的研究成果以美国的"最佳管理措施"BMPs(best management practices)和低影响开发(low impact development)最具有代表性。

BMPs它起源于20世纪70年代后期，发展于80年代初期，成型于80年代中后期。美国环保局(USEPA)将BMPs定义为"任何能够减少或预防水资源污染的方法、措施或操作程序，包括工程、非工程措施的操作与维护程序"(代才江等，2009)，可以简单理解为：能够削减或控制非点源污染的一切工程与非工程性措施，是一系列BMP的组合。①工程性措施是通过工程设施或工程手段来控制和减少暴雨径流的排放量，以及减少污染物在径流中的浓度和总量，它主要是在径流的流动过程中采取某种措施(赵建伟等，2007)。例如，修建人工湿地、沉淀池、渗漏坑、多孔路面、蓄水池和处理污染的建筑物等，这些方法对控制径流污染有很好的效果(Greb，1997；Matthews et al.，1997)。利用土壤过滤城市雨水也是现在发达国家的控制措施之一。对现有排水系统，可采取的污染控制措施主要有：雨水截留井、线内储存和线外储存，它们对分流制系统的雨水和合流制系统的污染控制都适用(施为光，1993)。②非工程措施指用加强管理来达到控制污染的目的，它强调源头控制、强调自然与生态措施、强调非工程方法。例如，分流制小区域水处理，增大城市绿化面积，清扫街道，对施工现场、机修厂、停车场废弃物进行科学管理，控制城市绿地肥料、农药的使用等。

LID措施于20世纪90年代发源于美国马里兰州，主要采用分散、多样、小型、本地化的技术从源头上储存、渗滤、蒸发以及截留雨水，最大限度保护开发改造地区的水文机制，减少负面环境影响，其主要包括生物滞留(bio-retention)、绿色屋顶(green roof)、可渗透/漏路面铺装系统(peameable/porous pavement system，PPS)等措施(孙艳伟等，2011)，均是通过减少不透水面积、增加雨水渗滤、利用雨水资源，实现可持续雨洪管理(刘保莉和曹文志，2009)。其中生物滞留技术目前较流行，其净化水质效果在美国及其他发达国家得到广泛认同和应用，但在国内尚属新兴课题(孟莹莹等，2010)。

如前所述，德国、美国、日本等发达国家在城市非点源污染控制与雨水利用的结合上做了大量工作(李志强和李泽琴，2008；徐晓辉等，2009；李俊奇等，2010；车伍等，1999)。近年来，我国在上海、武汉、苏州等城市分别开展了一些控制非点源污染的工程实践。针对非点源污染问题，上海市逐步完善并加紧落实城市非点源污染综合管理方案，以解决城区非点源源污染控制问题(林莉峰等，2006)。武汉汉阳地区进行了城市非点源源污染控制技术与工程示范的工程实践(倪艳芳，2008；尹澄清等，2009)，非点源污染控制工程运行正常，处理效果良好。苏州市通过调查城市非点源污染的水质特征，将生态集雨沟、植被护坡、草沟和植被过滤带应用于城市的非点源污染控制。但是,由于非点源污染的复杂性,除水质问题外,还需考虑暴雨径流水量。控制污染由单一的 BMP 难以实现,必须结合多种 BMPs。只有将非点源污染经过一连串的 BMP 单元,包括污染防治、源头控制、污染处理等方式,才能发挥 BMP 的功效,削减苏州市非点源污染(杨勇和操家顺,2007)。

1.2.3 人工湿地研究进展

人工湿地(constructed wetlands)是一种模拟自然湿地的人工生态系统,它由人工建造和监督控制、类似沼泽地的地面,由水、基质、植物、水生动物及其微生物群落五部分组成(宋志文等,2003);利用基质-微生物-植物这个复合生态系统的物理、化学和生物的三重协调作用,通过过滤、吸附、共沉、离子交换、植物吸收和微生物分解来实现对污废水的高效净化,同时通过营养物质和水分的生物化学地球循环,促进绿色植物生长,使其增产,实现废水的资源化与无害化。按污水在湿地床中流动方式,人工湿地可分为三种类型(王平和周少奇,2005):表面流湿地(surface flow wetlands,SFW)、潜流湿地(subsurface flow wetlands,SSFW)和垂直流湿地(vertical flow wetlands,VFW)。

1. 人工湿地的净化机理

1) 氮的去除机理

湿地中氮主要以有机氮、氨氮、硝氮及亚硝氮四种形式存在。湿地对污水中氮的去除主要是通过植物和填料对污水中含氮化合物的吸附、过滤、微生物的硝化与反硝化作用、氨自身的物理挥发作用等。

作为植物生长的重要元素,污水中的无机氮(氨氮、硝氮)可以直接被湿地植物吸收,作为营养物质并参与光合作用,合成自身的细胞物质,通过收割从湿地系统中去除。但植物吸收去除的氮所占的比例还不到总氮的 20%。主要的途径是通过微生物的硝化-反硝化作用,因为硝化细菌、反硝化细菌和氨化细菌对植物根部以及附近的溶氧微环境极为敏感,非常有利于一系列转化的进行,如图 1-1 所示(王平和周少奇,2005)。

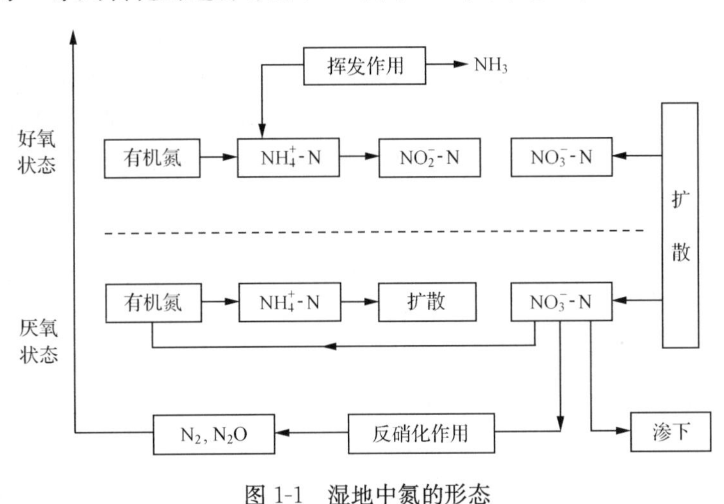

图 1-1 湿地中氮的形态

2）磷的去除机理

在人工湿地中，基质、植物、微生物的协同作用，是去除磷的主要方式。磷循环不仅发生在颗粒物和溶解物之间，在无机态（PO_4^{3-}、HPO_4^{2-}、$H_2PO_4^-$）和有机态之间也有循环，因湿地中大部分磷在有机泥炭中，落叶层和污泥层中，所以主要的循环发生在沉淀物中；植物本身可以通过吸附作用去除磷，不同的植物及不同的植物部位对磷的去除能力不相同。另外对湿地植物的收割频度也会影响对磷的去除率；很多微生物（如聚磷菌）可以大量累积有机磷，最终将其分解为无机磷酸盐，使磷得以去除。如图 1-2 所示（戴兴春等，2004；Watson et al.，1989）。

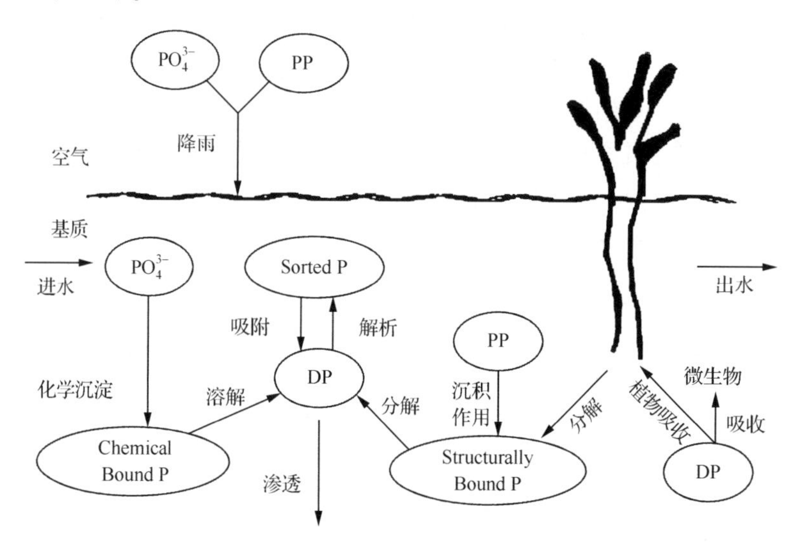

图 1-2 湿地中磷的迁移转化

PP：颗粒磷；DP：溶解性磷；PO_4^{3-}：正磷酸盐

3）有机物的去除机理

人工湿地对有机物的去除效果是显著的，不溶性有机物可通过沉降、植物拦截、土壤过滤等作用方式被截留下来，供微生物利用；微生物的代谢以及基质和植物的吸收则是去除溶解性的有机物的主要途径，尤其是植物的吸收作用。但是有机物的最终归宿是微生物体的自身物质、CO_2 和 H_2O。与自养相比，异养菌在这一过程中的作用更大一些，因为其可以直接利用有机碳，因此异养菌的作用占主导，好氧反应式为：

$$C_xH_yO_z + O_2 \longrightarrow CO_2 + H_2O + \text{稳定产物}$$

式中，($C_xH_yO_z$)为有机物，完成这一过程的主要微生物为好氧异养菌，将有机物最终转化为 CO_2 和 H_2O，部分性质较稳定的产物则被微生物用于合成其自身的细胞（刘思瑶，2010）。

4）重金属的去除机理

最近几年，在工业方面，人工湿地也得到了充分的利用，主要是用于工业废水的处理。该类废水有一个典型的特点就是含有较高浓度的重金属，这使得人工湿地系统的流动性特点得到了充分发挥，因为流动的水相可以有效地去除重金属，如 Hg、Cd、Cr、Pb、As 等，它们都可以与湿地系统中的各种无机配位体合成配合物或不溶性的沉淀物，其中 pH 对这一过程的影响较明显，如 Hg，在 pH 较低时，更容易发生沉淀作用，而 Cd 在此时更易被溶解，相反在 pH 较高时，Cd 更易发生沉淀。

在种植有根系发达的水生植物的湿地系统中，根系周围氧气含量较充足，其形成的高活性根区网络系统和浸水凋落物可以减缓废水在系统中的流动速度，这样更利于废水中悬浮物的沉降和金属离子的去除。此过程中，植物的作用非常明显，可以通过吸收、代谢、累积作用，对 Al、Fe、Ba、Cd、Co、B、Cu、Mn、Pb、V、Zn 等富集，且这种作用与植物的长势情况和种植密度成正比。例如，宽叶香蒲植物的根、茎、叶中重金属的含量都很高，可知它们具有极强的吸收和富集重金属能力，且各种植物的不同部分（如根、茎、叶等）对重金属的富集程度都是不一样的（Greenway，1997；Ye，1992；Greenway，1999）。

2. 国内外的人工湿地研究概况

在西方发达国家，由于对雨水资源化的认识较早，人工湿地作为一种暴雨径流资源化的生态工程措施得到了较多的研究和应用，并被证明效果良好。我国由于对雨水资源化认识较晚，虽也取得一定成果，但与国际先进水平相比，无论是在理论研究的深度、广度上，还是在控制管理的实践上，都存在较大的差距（汪俊三，2009a，2009b；崔理华，2009；李文奇，2009；王世和，2007；吴振斌，2008）。人工湿地的国内外研究进展、发展趋势及存在的主要问题如下。

虽然人类很早就有运用湿地处理污水的现象，但世界上公认的第一处用于污水处理的人工湿地是 1903 年建在英国约克郡 Earby 的湿地系统（Johansson et al.，2003），它连续运行到 1992 年。首例采用人工湿地净化污水的实验是在 1953 年由联邦德国 MaxP1anck 研究所的 Seidel 博士进行的，他证明了芦苇能有效地去除无机和有机污染物并且可以吸收、去除水中的重金属（于荣丽等，2006）。随后，1977 年，Seidel 与 Kickuth 合作并由 Kickuth（1977）提出了根区法理论（the root-zone method）。其后人工湿地作为新型的污水处理技术真正在世界各地受到重视并被运用，其相关研究逐渐增多。

基质是湿地植物和微生物赖以生存的基础。国外对人工湿地基质的研究较多，常用的基质主要有沸石、页岩、砾石、粉煤灰、高炉渣、石灰石、沙和土壤等。Sakadevan 等（1998）比较研究了土壤、两种工业废料和沸石作为潜流型湿地基质除磷的可行性，发现基质中氧化物铁铝含量与磷吸附量有显著的关系。Gray 等（2003）的研究表明，以钙化海藻为基质的潜流型人工湿地系统，对磷的去除率高达 98%，明显高于以砾石作基质时的情况，去除效果和页岩或矿渣相当。Nobak 等（2005）发现含铝给水污泥能有效吸附磷及改善土壤特性。Drizo 等（2004）用页岩代替土壤作为湿地介质，能够完全去除氨氮，并且能够去除 85%～95%的硝酸盐。国内学者对不同的基质材料的去除效果做了大量研究。汤显强等（2007）选取页岩、粗砾石、铁矿石、麦饭石及其组合作为人工湿地填料，小试研究结果表明：在相同进水水质和水力负荷运行条件下，单一填料页岩的 COD、TN、TP 去除效果最好，组合填料的 COD 去除率差别不大，页岩与粗砾石组合的 TN、TP 去除率较高。李怀正等（2007）对几种经济型人工湿地基质的除污效能进行了研究分析，得出钢渣和煤灰渣对出水 pH 的影响较大，基质粒径越小则对 SS 的去除效果越好；对有机物去除效果的高低顺序为：沙子＞煤灰渣＞瓜子片＞砾石＞钢渣＞高炉渣；对氨氮去除效果的高低顺序为：沙子＞煤灰渣＞瓜子片＞高炉渣＞砾石＞钢渣；6 种基质对 TP 都有较好的去除效果。郭本华等(2005)以沸石、页岩陶粒和碎石3种不同材料作为潜流式人工湿地的基质进行除磷效果比较,结果表明:碎石对污水磷素的处理效果最好,超过90%;页岩陶粒次之;沸石最差。目前,国内外对人工湿地基质净化效果的研究较为成熟,但对其处理机理和搭配方式等方面的研究还有待深入。

植物是湿地的重要组成部分。国外对人工湿地植物的研究主要集中在去除机理、去污效果、影响因素和植物类型等几个方面,常用的人工湿地植物有芦苇、香蒲、灯心草、菖蒲、美人蕉、凤眼莲和水葱等。Klomjek等(2005)研究了在含盐环境下生长的8种人工湿地植物,有香蒲、管茅、水草、亚洲杂草、盐碱地网茅、格勒力草、香根草和亚马孙草,发现香蒲长势不好,但它是去除营养物质的最佳植物,而亚洲杂草对BOD_5的去除率最高。Groudeva等(2001)研究发现,宽叶香蒲、长苞香蒲、芦苇、水葱、灯心草能吸附、富集Cu、Cd、Pb、Fe和油类;Cheng等(2001)用风车草处理人工湿地中低浓度重金属污水发现,风车草能吸收富集水体中30%的铜和锰,对锌、镉、铅的富集为5%~15%。Stottmeister等(2003)研究了人工湿地在处理废水时植物和微生物的作用,对根部氧气的摄入、养分摄取和直接降解污染物时植物和微生物所扮演的角色做了深入的研究。Calheiro等(2007)研究了人工湿地5种植物在不同水力负荷条件下对皮革厂废水的净化作用,试验结果表明只有芦苇和宽叶香蒲是处理皮革厂废水的适宜植物。Barbera等(2009)对西亚2个不同人工湿地里的不同植物的长势和生物量做了研究,发现横向潜流型人工湿地(H-SSF)和垂直潜流型人工湿地(V-SSF)中同种植物的长势和生物量也不相同,但是从去除污水的总体效益来看,人工湿地具有替代传统污水处理技术的潜力。我国对人工湿地植物的专项报道多见于20世纪90年代后期,主要是去污机理、去污效果、影响因素、植物筛选等几个方面的内容。袁东海等(2004)研究了石菖蒲、灯心草和蝴蝶兰这3种植物,结果表明石菖蒲的处理效果最好,其次是灯心草,再次是蝴蝶兰;贺锋等(2003)研究发现,菱白、慈姑对城市污水BOD的去除率可达80%以上,水葱可使食品厂废水中COD降低70%~80%,使BOD_5降低60%~90%;廖新娣等(2003)在用潜流人工湿地处理猪场废水的研究中发现,在夏季进水COD高达1000~1400mg/L的情况下,风车草和香根草人工湿地对COD的去除率依然接近90%。目前,对于人工湿地植物处理效果方面的研究已较成熟,但对其处理机理和配置方式等方面的研究还有待深入。

了解人工湿地的作用机理,可使其发挥更全面的作用。多年研究表明,人工湿地具有独特而复杂的净化机理,它能够利用基质、微生物和植物这个复合生态系统的物理、化学和生物的三重协调作用,通过过滤、吸附、沉淀、离子交换、植物吸收和微生物分解来实现对废水的高效净化,同时通过营养物质和水分的生物地球化学循环,促进绿色植物生长并使其增产,实现废水的资源化和无害化。目前,国内外对运用人工湿地处理SS、有机物、N、P、金属离子及细菌已有广泛深入的研究(Carapeto,2000)。然而,在其处理过程中还存在着许多问题有待进一步深入研究,如湿地废水中污染物成分的分析确定,废水中有机污染物的迁移转化、去除机理的研究,污染物去除效果的改善和湿地运行的管理等(冯琳,2009)。此外,对人工湿地系统工作效能影响因子的研究也有待进一步深入,如不同基质的合理搭配、湿地植物的最佳配置、水力停留时间以及水流方式等。

数学模型是进行人工湿地设计的重要工具。湿地设计通常采用的是一级动力学模型,由美国环保署根据对衰减模型的研究而提出,其基本设计方程被澳大利亚、欧洲、美国广泛应用于湿地的设计和对湿地污染物去除效果的预测。虽然有局限性，但由于其参数的求解及计算过程都很简单，因此，目前仍把它作为描述湿地中污染物去除过程的最合适的方程(Kadle，1997)。其后，Kadlec(1996，1997，2000)、Stein(2006)、Drizo(2000)等对一级动力学模型进行了深入的研究，并对其做了修正。Mitchell 等(2001)证实了另一个一阶模型的物理可能性，即去除率随着增加的负荷率增加的事实，故其推荐使用 Monod 模型，即在相对低浓度条件下反应动力为一级，而在高浓度下呈零级。Shepheul 等(1997)用参数 K_0 和 b 取代背景浓度 C^* 参数，推导出 K_0-b 模型。而在动态机理模型方面，Wynn 和 Liehrl(2001)于 2001 年提出 Wylnn 动态箱式模型。由于磷和悬浮物的去除都是依赖于物理过程而不是生物过程，所以没有模拟磷和悬浮物的去除。模型采用 STELLA 软件实现。Langergraber(2001，2003)借鉴 Henze 等(2000)提出的活性污泥模型(ASM)对生化反应过程的描述，提出了 CW2D(constructed wetland 2-dimentional)模型，该模型可完整地反映人工湿地系统(包括水平和垂直流系统)对 C、N、P 的迁移、转化，详尽地给出了在人工湿地中废水主要组分的传质与反应动力学。1995 年，美国陆军工程兵团开发了 PREWET 湿地模型软件，评估湿地去除污染物的效果。PREWET 模型在湿地应用中运行很好，成功模拟预测了湿地各成分的去除率，可以运用它评估湿地的功能并优化其设计(2007)。1996 年，Walton 等(1996)开发了湿地动力水预算模型，研究人员采用了阿肯色州东部某沼泽湿地运行数据对模型进行率定和验证，模型预测比较精确。1997 年，Feng 等(1997)开发了湿地二维扩散模型(WETFLOW)，对实验室和野外湿地进行了验证。1998 年，段康前等(1998)对湿地水模型作了详细的论述，并结合深圳湾流域建立了多种水文模型。1999 年，美国弗吉尼亚大学开发了湿地模拟模型软件 SETWET，用于设计和评估人工湿地污水处理效果，该模型对自由表面水(FWS)和潜流式(SSF)两种湿地都可以进行模拟(朱永青和林卫青，2007)。而目前国内对人工湿地的应用研究较少。廖新娣等(2004)以风车草人工湿地为研究对象，研究猪场废水有机物的动态模型，提出了基于运行温度和进水浓度的湿地出水 COD 预测模型，预测结果误差在 10%以内。贾忠华等(2004)用 DRAINMOD 模拟不同来水情况对西安湿地的影响。焦璀玲等(2008)对平阴湿地示范区进行了二维流场的数值模拟。

在实际工程应用方面，发达国家也走在前列。而国内对人工湿地的研究开始较晚，大致落后发达国家十余年，应用上也相对迟缓。我国从 20 世纪 70 年代起，开始用人工湿地处理污水，到 80 年代取得迅猛发展，主要的一些标志性工程有：1987 年天津市环保所在我国建成了第一个芦苇湿地工程，处理规模为 $1400m^3/d$，取得良好的效益。1990 年，华南环境保护研究所建成深圳白泥坑人工湿地示范工程，是目前我国最大的湿地处理系统，现在处理污水量 $4500m^3/d$，处理后的出水达到城市污水二级排放标准。1993 年由武钢大冶铁矿承建，湖北省环保所、大冶铁矿、黄石市环境监测站合作在大冶铁矿炸药车间建立面积为 $200m^2$ 的中试性人工湿地，用以处理铁矿炸药车间排放的含氮污水。此后，国家环保总局相继采用人工湿地处理污水进行过一系列试验，对人工湿地的构建与净化功能进行了阐述。人工湿地的营建有许多成功案例，深圳“洪湖公园”中兴建了一处“人工湿地”，这是中国首次在城市绿地中应用“人工湿地”的尝试(盖静等，2007)。20 世纪末建成的成都活水公园，更展示了人工湿地污水处理新工艺的魅力——“绿叶鲜花装饰大地，把清水活鱼送还自然”。

3. 国内外人工湿地研究中存在的主要问题

虽然，国内外对人工湿地的研究在深度、广度上不断地深入，但主要集中在对污(废)水处理方面的研究，对运用人工湿地处理城市降雨径流的研究较少，对其处理效果及其影响因素的研究报道更是鲜见。人工湿地在研究过程中存在很多问题与不足，尤其运用其处理城市降雨径流更是一探索领域。例如，对人工湿地的研究大多在于其净化效果，而对其净化作用机理的深入研究较少，如基质磷素吸附后的磷素形态转换和释放特征的研究较少，缺乏其使用安全性能的评价；对人工湿地净化效果主要影响因素及其优化缺乏深入的研究，尤其对人工湿地处理城市降雨径流的主要影响因素的研究更少，如水力停留时间、水深、运行间隔天数和水流方式等对净化效果的影响；对于人工湿地净化效果的模拟模型研究较少，自主研发的机理型模型鲜见，对国外模型的检验与应用也很少。人工湿地保护管理体制也不完善。

1.2.4 生物滞留技术研究进展

作为一种典型的原位控制措施，生物滞留系统主要通过植物-土壤-填料渗滤径流雨水，净化后的雨水渗透补充地下水或通过系统底部的穿孔收集管输送到市政系统或后续处理设施。通过增加蒸发和渗透模拟自然的水文过程达到滞留、净化雨水的目的，其主要用于处理高频率的小降雨以及小概率暴雨事件的初期雨水，超过处理能力的雨水通过溢流系统排放(王文亮，2011)。生物滞留设施在国内也称生物滞留系统、生物滞留槽(池)、植物滞留系统、植生滞留槽(池)、生物过滤系统(biofiltration systems)、生物滤槽(池)等。根据设施外观、大小、建造位置和适用范围，生物滞留设施可分为雨水花园、滞留带(也称生物沟、生态滤沟)、滞留花坛和树池等四种类型，典型的生物滞留设施如彩图1所示。

根据地下水位高低、离建筑物的距离、土壤渗透能力和环境条件可分为防渗型、半防渗型和不防渗型生物滞留设施三种(王文亮，2011)。

防渗型，以控制径流污染为目的，设施底部可设置防渗膜或水泥等建筑材料处理，穿孔管设在砾石层底部，处置的径流全部进入穿孔管中，适合离建筑物近或地下水位低的区域。

半防渗型，底部设有穿孔收集管，但是收集管的位置在砾石排水层的中间(有一定深度的内部储存区)，处置的径流一部分渗入地下，一部分被收集，适合有一定渗透能力的区域。

不防渗型，以控制径流流量为目的，设施底部不含穿孔收集管，处置的径流全部渗入地下，适合地下水位低、土壤渗透能力强的区域。

1. 生物滞留技术的净化机理

生物滞留设施结构比较简单，但是净化机理却十分复杂。雨水流经新鲜的树叶或者树皮(覆盖层)—植物—土壤(种植土层)—人工填料(填料层)—微生物这一系统，在此过程中雨水径流中的污染物通过渗透、过滤和沉积等物理原理实现对颗粒物及吸附在表面的污染物(如重金属、磷等)的去除(Barrett et al.，1998；Rose et al.，2003)。通过反硝化、生物累积和土壤交换等实现对氮污染物的去除(赵建伟等，2007)。生物滞留系统的净化机理主要包括物理化学过程、生物过程。

(1) 物理化学过程:雨水进入生物滞留系统后,一方面在蓄水层中,部分污染物被吸附在颗粒物的表面,大部分沿水流方向运动的颗粒会被植被或土壤捕获,同时受到范德华力和静电引力的相互作用,以及一些化学键的作用,黏附于土壤或滤料颗粒表面或之前黏附的颗粒上。另一方面,生物滞留系统的人工填料选取的多是工业废弃物,如高炉渣、粉煤灰等,这些填料富含大量的金属离子,如 Cu^{2+}、Fe^{2+}、Al^{3+}、Ca^{2+} 等,这些金属离子极易与径流中可溶性的磷发生化学反应生成难溶或者微溶的沉淀物附着在填料表面从而被去除出来。

(2) 生物过程:第一,植物吸收液相中或基质中的污染物是通过根系的呼吸作用,被吸收的物质大部分被转化,也有一部分保存在生物体内(宋春霞等,2004)。第二,通过协同作用,植物可以与微生物一起形成具有活性污泥或者是生物膜性能的局部小环境(邓瑞芳等,2004)。第三,对污水中悬浮态、胶体以及溶解性的污染物起主要去除作用的主要是土壤中的微生物,通常这些微生物分为好氧、厌氧和兼性厌氧三种类型,它们可以把污染物直接作为能源物质来维持自身的新陈代谢。结合外部条件,微生物可以通过硝化、反硝化、吸收磷、释放磷等过程,实现去除污水中的 N、P、COD 等污染物的目的(王健等,2011)。

2. 生物滞留技术国内外研究进展

国外关于生物滞留技术相关研究的代表性机构有美国马里兰大学、北卡罗来纳大学、康涅狄格大学及澳大利亚莫纳什大学生物滞留技术推广协会(Facility for Advancing Water Biofiltration,FAWB)等,这些研究机构经过多年的实践研究和经验积累,已逐渐形成了较为完备的技术体系(Dietz and Clausen,2005; Sun and Davis,2007;Li and Davis,2008a;Li and Davis,2008b;Bratieres et al. ,2008 ;Blecken et al. ,2009a;Blecken et al. ,2009b;Hatt t al. ,2009;Hunt et al. ,2008),但也暴露出某些设计缺陷对于水质净化效果产生了不利影响。而在国内,对于生物滞留技术在雨洪管理中的应用研究更是屈指可数(向璐璐等,2008;鲁南等,2008)。目前,国内对于生物滞留技术的研究主要是基于模拟条件展开的,现场研究非常有限,对于某些设计参数、污染物净化机理、系统实际运行效果等诸多方面仍需大量的、长期的研究(孟莹莹等,2010)。

1) 生物滞留系统构成要素的研究

在生物滞留系统中,植物、填料、微生物是起截留及降解污染物的三个净化作用主体。植物在生物滞留系统中发挥重要作用(Read et al. ,2008),一方面,植物根系可直接吸收营养元素并降解有机物;另一方面,植物根系分泌物和庞大的比表面积为微生物生长提供了能源和附着场所,微生物活动有助于营养元素的转化,促进了植物的吸收利用;再者,植物根系的生长可以延缓土壤板结和防止土壤孔隙堵塞,这对维持土壤多孔性和排水能力有重要作用(Schnoor et al. ,1995)。根系发达与否会产生 20%~37%的氮及磷去除率差异(孟莹莹等,2010)。不同植物的根系直径、深度不同,其涵养水源和吸收营养盐的能力有很大区别(Archer et al. ,2002)。此外,较高的种植密度和足够的植物生产力对延长生物处理设施的寿命有重要影响(Sun and Davis,2007)。生物滞留系统中的植物应选用四季型、能经受周期性的潮湿和短时间淹没浸泡且耐旱、耐污力强、根系发达的植物。目前,已发现了一些运行效率高的植物，对其混合种植可使生物滞留系统运行效能更高(Read et al.,2008;Lament,2003)。生物滞留系统中植物修剪和收割的枝叶要及时清运，以防其残体腐烂，造成污染物质二次释放。已知的对营养盐有较好去除效果的植物，其还存在种类少、地域及气候适应性不强等局限性，今后尚需结合生态学及城市景观需要选取更多的适宜植物；此外，不同植物净化污染物效果的差异原因及不同植物之间的影响亦待深入探讨。

生物滞留系统填料应根据当地具体情况来选择，如美国、澳大利亚的设计手册中推荐使用渗透性能良好、以土壤为基底、含一定有机质的混合填料，混合填料中有机质、黏土含量应视当地的具体情况来定(Martin et al.,2009;Carpenter,2010)。为了提高吸附能力，也可向填料中添加一些渗透性好、比表面积大、吸附能力强的介质，如沸石、粉煤灰、煤渣、蛭石、石灰石等。由于混合填料中除土壤外的添加物的成本通常相对较高且使用量较大，选择时应根据当地材料的供应能力而定。生物滞留系统的深度涉及与现有排水系统相连接及维护管理的要求等，如果在一定深度下可以取得相对较好的除污效果，应尽量减小设施的深度。研究表明生物滞留设施在满足植物生长需求的条件下无须建造太深，其深度可根据目标污染物的类型来确定(孟莹莹等,2010)。填料组合方式、填料厚度等因素对生物滞留系统的净化效果影响较大，目前国内外的相关研究还相当缺乏。

微生物是生物滞留系统中净化污染物的重要组成部分。生物滞留系统根系和填料中微生物群落的代谢特性以及功能多样性直接关系到其净化效率，目前生物滞留系统污染物净化效率与系统中微生物群落的相关性研究鲜见。

2) 生物滞留技术对降水径流的调控效果

(1) 生物滞留技术对水质的净化效果。

目前的研究表明，生物滞留技术对雨水径流中的悬浮颗粒物、重金属、油脂类及致病菌等污染物有较好的去除效果，而对氮(N)、磷(P)等营养物质的去除效果则具有一定的波动性(胡爱兵等,2011;王书敏等,2011;李家科等,2012)(表 1-1)。

表 1-1 生物滞留设施的污染物去除效率(ESD)

项目	去除率/%	项目	去除率/%
总悬浮物(TSS)	97	铅(Pb)	24～99
总氮(TN)	33～66	锌(Zn)	31～99
总磷(TP)	35～65	油和油脂	99
铜(Cu)	36～93	细菌	70

对 N 的研究结果表明：生物滞留系统对 NH_4^+-N 的去除效果最好，去除率大多可达70%以上；对 TN 和 NO_3^--N 的去除率波动性较大，尤其是 NO_3^--N 的去除状况最不稳定，TN 去除效率大多在 33%～66%的范围内波动，NO_3^--N 的去除效率可在－650%～90%的范围内波动(Dietz and Clausen,2006;Dietz,2007; Davis et al.,2006;Davis et al.,2009;Collins et al.,2010)。生物滞留系统对氮的去除主要是通过硝化与反硝化将其转化成氮气的形式去除，反硝化过程需要足够的碳源和厌氧的苛刻条件，且需要有足够的厌氧作用时间。若系统不具备反硝化发生的条件，则对硝态氮的去除效果差。有研究发现，通过在设施底部设置淹没厌氧区和投加碳源，可使生物滞留系统对 NO_3^--N 的去除率提

高至 75%，无这种设置时对硝态氮的去除率仅为 13%(Hunt et al.，2008)；但应严格控制碳源的加入量，以免造成填料中的氮营养物本底值过高而在淋洗作用下使出流水质恶化(Lucas et al.，2008)。研究还发现，由于没有反硝化反应或没有足够的反硝化作用，在持续干旱后 NO_3^--N 的淋洗效果更强，而设置淹没厌氧区和投加碳源的设计对于抵抗这种不利影响非常有效(Blecken et al.，2009)。此外，自然条件下的暴雨径流中可生物利用的碳源是否充足也是值得考虑的问题。目前对淹没区的深度、碳源的投加等，尚未形成成熟的设计标准，运行不稳定，对水力特性的影响也不确定，需要进行大量试验和长期监测。

虽说总磷的去除率也存在一定的波动，但相比于总氮来说，总磷的去除率相对较为稳定(Hatt et al.，2009；Davis et al.，2006)，固态磷比溶解性磷更容易去除。据报道，滤层中的有机物质对总磷的去除起积极作用(Deletic and Fletcher，2006)，但也有研究发现填料在添加腐殖土后导致了磷酸盐的释放(TP 含量从 150mg/kg 增加到 380mg/kg)，显著增加了出水中磷酸盐浓度，反而使出水水质恶化(Hatt et al.，2009)，有机物的投加是否有利于总磷的去除及投加量的多少还需进一步考证。

通常情况下，径流流入生态滞留系统，水下渗到土壤之中，悬浮物则被系统表面截留。运行稳定、成熟的生物滞留系统对 SS 的去除非常有效，可达 80%以上(Prince George's County，2006)。关于被截留 SS 的最终去处和填料堵塞是生物滞留系统正常运行所必须考虑的问题。有学者研究认为，SS 在填料层表面集结形成了黏性层，反而有助于 SS 的去除(Hatt et al.，2007)，但也不乏系统堵塞的案例。另有研究表明，大多数 SS 在填料表层 20cm 内被去除，因此应每一两年检查一次设施的堵塞情况，或定期更换表层填料(Li and Davis，2008a)。研究结果分歧的根源可能是由于设计参数不同和系统运行时间的长短差异，尽管生物滞留系统运行初期会由于滤层表面沉积层的形成和滤层小孔的填充而提高 SS 的去除率，但沉淀长期积累很可能导致滤层堵塞(王书敏等，2011)。

目前关于生物滞留技术对重金属、油脂类和致病菌的去除的相关研究还较少，现有的研究结果表明，生物滞留系统对 Cu、Cd、Pb、Zn 等 4 种金属的去除率都很高，平均去除率在 60%以上，颗粒态重金属通常被过滤截留，溶解态重金属则主要被吸附(Turer et al.，2001)；生物滞留系统对颗粒态重金属的去除效果较好，而对溶解态重金属的去除效果有时并不理想(Muthanna et al.，2007)；且约有 90%以上的重金属在生物滞留设施填料表层 25cm 内被去除(Hunt et al.，2003)。对于油脂类和致病菌，有学者认为油脂的去除主要是依靠填料的吸附作用和生物降解作用；对致病菌的去除主要基于其被截留于填料中而于干旱条件下逐渐自然死亡(Li and Davis，2008b)。生物滞留技术对于油脂类和致病菌两类污染物的去除非常有潜力，关于去除机理及去除效果方面仍需大量的试验探索。暴雨径流中产生的一些有毒有机化合物(如 PCBs、PAHs 等)是否能够被去除也值得尝试(王书敏等，2011)。

此外，生物滞留系统的入流水流及污染物特性、降雨间隔时间等对其净化效果影响较大，目前国内外的相关研究较为鲜见或缺乏。

(2) 生物滞留系统对水量的调控效果。

城市化进展(即区域发展)典型的水文响应包括区域总径流量的增加、洪峰流量的增加、较大流量和较小流量的径流在频率和持续时间的变化、洪峰流量发生的时间缩短、径流形态的变化、地下水入渗补给量的减少、地表积蓄水量的减少等。生物滞留系统通过对区域水量平衡要素中的地表径流和地下水入渗补给进行调控，使其恢复到该区域天然状态下的水平。在以往的研究中，对于生物滞留系统的研究主要侧重于水质方面的净化效果，关于体积控制和洪峰控制的研究报道总体很少。Hunt(2003)发现生物滞留能够通过蒸散和渗透减少大量径流体积，但未给出具体的量。Sharkey(2006)的研究表明，设有防渗和厌氧区的生物滞留设施底部出流率为70%，11%溢流，19%通过蒸散损失；不设防渗的传统生物滞留设施底部出流率为50%，23%溢流，8%入渗，19%通过蒸散损失。Brown和Hunt(2008)通过试验研究了北加州沿海平原两种类型(有无淹没区)生物滞留系统不同植被和填料高度的处理效果，结果表明，含淹没区的设施有较好的体积削减效果，而传统的设施中填料深度较大的体积削减效果好。Davis(2008)对美国马里兰大学2个生物滞留设施(集水面积的2.2%)2年49场降雨的水量调控效果监测表明，18%的小降雨事件径流被完全截留，典型洪峰削减率为44%～63%，洪峰到达时间延迟2倍以上。Donald(2008)通过研究发现：目前应用较多的填料为不同比例含量的砂土，其中黏土是关键成分，一般为1%～25%不等。若全部由堆肥填料组成，则空隙率为60%，雨水滞留能力为115%；若全部为沙子，则孔隙率为35%，滞留能力为14%，因此可根据不同需求进行配比。Hatt等(2009)对澳大利亚莫纳什大学生物滞留设施(集水面积的1%)28场降雨径流的监测结果显示，平均洪峰削减率为80%。孙艳伟和魏晓妹(2011)利用RECARGA软件对生物滞留系统的水文效应进行模拟表明，生物滞留池面积是影响其径流削减幅度、地下水补给幅度和积水时间最重要的影响因素；当生物滞留池的面积占研究区域不透水性面积的15%左右时，即可达到80%的径流削减量，并将其入渗补给地下水；当生物滞留池的设计主要用以增加对地下水的入渗补给时，研究区域天然土壤的饱和水力传导系数是影响地下水入渗补给最重要的因素；当研究区域不需要进行大幅度的地下水入渗补给时，增加出流设施可以显著地增加生物滞留池的处理水量。唐双成等(2012)利用雨水花园蓄渗屋面雨水径流的现场试验结果表明，以西安地区黄土为基质的雨水花园能够有效滞留和入渗不透水面上的雨水径流，当设计蓄水深度为20cm，汇流面积比为20：1时，在较湿润的2011年(7～10月对14场降雨过程进行监测，雨量为5.6～37.6mm)没有发生溢流；当雨水花园的入渗率和设计深度一定时，溢流时间与雨水花园汇流面积比及雨强都成反比。潘国艳等(2012)设计了大、中、小3个典型的径流过程，监测生物滞留单元的入流和出流过程，结果表明，生物滞留池对径流总量的削减率为12.83%～48.12%，对洪峰的削减率平均为70.85%，延迟洪峰出现时间约26.6min，对小流量的洪峰延迟时间最长，达31.7分。孟莹莹等(2013)通过持续4年的小试及中型试验，分析了生物滞留系统对道路雨水的长期渗透性能、调控排放与净化效果，结果表明，传统砂土填料的系统对其10倍汇水面积上0.13～3.2a重现期的降雨产生径流的平均持留时间为19.3分，洪峰滞后时间为65.7分，洪峰削减率为84.3%，最大积水时间为5小时，不致对植物生长产生严重影响；添加大粒径颗粒的新型填料系统渗透性能增强，但洪峰削减效果欠佳，径流持留时间与降雨重现期呈反相关的幂函数关系。总体而言，以往的研究低估了设施削峰减量的能力，并且，系统中水量平衡对污染物去除效果评价也非常重要。目前已经开始对其进行研究，但到底能削减多少体积和洪峰流量缺乏量化方法。同时，系统中蒸散体积和渗透体积量化方法和研究成果鲜见。

3）生物滞留系统的模拟模型研究

模型模拟是指导生物滞留系统等生物滞留系统设计、预测运行结果的有效方式。为优化处理系统的运行，开发一些高灵敏性的模型很有必要（Phillips and Thompson，2002），现有生物滞留系统主要模型如表 1-2 所示。Deletic(2001)开发了一维模型 TRAVA 用于预测生物滞留带对泥沙的去除效果，该模型是在假设植物未被水流淹没条件下预测径流的产生和泥沙的运移，采用 Green-Ampt 模型模拟渗透，用运动波模型模拟地面漫流，该模型还能够预测出流沉积物的粒度分布。Backstrom(2002)提出了生物滞留带平均水力停留时间和颗粒沉降速度之间的经验指数关系式，但该方程仅限于一定规模的生物沟设计和有限的停留时间内使用。喻啸(2004)应用 Hydrus 一维对流-扩散模型模拟污染物在生物滞留槽中运移转化过程，推算出不同厚度土壤对于重金属污染物（Hg、Cr、Cd、Pb 等）和可降解污染物（NH_4^+-N、COD 等）的相对安全使用年限（污染物穿透土层年限）。Deletic(2005)提出 Aberdeen 方程预测稳态均匀流中颗粒被生物滞留带的捕捉效率，其适用于中低浓度的城市径流泥沙捕集预测，但在过细颗粒（粒径小于 5.8μm）预测方面存在困难；Deletic 和 Fletcher，2006)对 TRAVA 模型进行了改进，研究表明改进后模型对出水中泥沙量的预测效果较好，而且对粒径无严格要求，但该模型对除泥沙外的污染物预测尚显不足。Atchison 等(2006)研发了专门针对生物滞留系统水文特性分析与植生滞留措施设计的 RECARGA 模型，该模型通过输入研究区的各项水文参数，运用 Green-Ampt 方程和 van Genuchten 非线性方程模拟水分在生物滞留系统内下渗过程，最终输出下渗

表 1-2　生物滞留系统主要模型对比

模型名称	模型结构	功能	特点
TRAVA	Green-Ampt 模型评估渗透量，运动波模型模拟地面漫流	径流、泥沙	能够预测出流沉积物的粒度分布，适用于植被未被淹没的场合
ABERDEEN	量纲分析研究颗粒捕集率与草带长度、颗粒粒径、颗粒密度、径流速度、径流深度、植草密度之间关系	径流、泥沙	能较为准确地预测滞留带对泥沙的捕集效率，但对过细颗粒预测困难，不适于未防渗区域
HYDRUS	一维垂直水分运动方程，Pemman 植物蒸发方程，水分胁迫和盐分胁迫模型处理根系吸水过程；PHREEQC 模型和一维对流-扩散方程模拟污染物迁移；Logistic 方程模拟植物生长过程；Freundlich 非线性方程模拟土壤吸附过程	输出水量、氮（氨氮和硝氮）、磷（磷酸盐）和常见金属离子等	既可以预测排泄水量，也可以预测出流水质（部分污染物），输入参数较多
RECARGA	TR-55CN 程序模拟研究区域的径流量；Green-Ampt 模型模拟入渗；van Genuchten 非线性方程模拟介质中的水分运动	输出溢流和排泄水量、地下水补给量、水量削减曲线	能够预测不同根区深度、不同介质层土壤、不同天然土壤、不同降水类型以及出流设施对生物滞留系统水文效应的影响，但只能进行水文模拟
DRAINMOD	Green-Ampt 入渗模型、Hooghoudt 和 Kirkham 排水公式、Thornthwaite 蒸发模型、氮素运移、盐分运移模型	输出排泄水量、氮素流失、盐分运移	能较为准确地预测地下水位、排水速率和排水总量，要求输入参数较多，尤其适合于长时间序列水文模拟

量、排出水量以及溢流水量。Siriwardene 等(2007)提出了一个简单的两个参数的回归模型,该模型对于恒定的和波动的水位分别配有相关系数以预测生物滞留系统的堵塞问题,但该模型在预测粒径小于 6μm 的颗粒浓度方面尚缺乏灵敏性。Li 和 Davis(2008a;2008c)建立了简单的一维平流/扩散/吸附溶解方程,对污染物在生物滞留带中迁移进行模拟,得到较为准确的出水 TSS,并且揭示了锌、铅、铜表面积累现象,以及基质吸附金属和颗粒物的相应联系。Christianson 等(2012)用一个一维模型来模拟雨水径流通过生物滞留池的非均质渗透状况,其以 Green-Ampt 方程为基础,使用深度加权饱和导水率模拟水流通过四层介质的渗透及溢流过程,该模型较为复杂,对一特定的暴雨量常会出现保守的设计。Brown 等(2013)应用 DRAINMOD 模型来验证和校准生物滞留池的水文特性,考虑的因素主要有填料的深度、填料的类型、排水结构、底层土壤类型以及表层储水区容积等,该模型区别于其他模型之处主要在于:其内部储水区排水结构和土壤含水率的计算方法,DRAINMOD 模型使用土壤水分布特征曲线来研究填料介质中的水文特性,长期监测结果表明该模型比其他模型更精确。总之,高精度、高灵敏度、适用范围宽、考虑多种影响因素、能够预测多种污染物(尤其超细污染物和溶解性污染物)、水质水量耦合的机理模型的开发是今后发展的重点。

3. 目前研究存在的不足

生物滞留技术在近年来受到广泛关注,已成为美国绿色建筑评估体系(LEED)标准之一,这也成为其大规模推广应用的驱动力(魏太兵等,2008)。作为 LID 体系中的典型技术之一,生物滞留技术具有显著的本土化特点,需根据使用者当地的降雨径流特征、土壤和植物特点进行规划设计和应用。由于研究积累不足和缺乏实际运行效果资料,目前很多国家和地区还没有专门用于生物滞留技术的设计标准和手册,对相关涉及的设计手册也未针对本地情况进行修改或及时更新,这都将影响生物滞留设施的设计水平及运行效果。

从生物滞留技术研究存在的不足来看,可以归纳为:①目前,关于生物滞留技术的研究大多基于小试以及模拟降雨的条件,对各种污染物的去除机理、影响系统效能发挥的因素等方面尚未完全搞清,也缺乏在实际工程中对理论研究结果进行验证以及对长期运行效果进行考察,因此,该项技术仍处于初期发展阶段,需要大量的研究为目前众多问题的解决提供数据支持;②生物滞留系统对 N 的净化效果不好,目前并未能找到最佳的设计方法;系统对 P 的去除与其在土壤中的含量有很大关系,无法确定 P 的含量具体为多少时,既能达到一定的净化效果,又能为植物提供足够的营养;③缺乏关于生物滞留设施对水量削峰减量能力的研究报道和量化方法,关于大降雨强度和降雨频率对生物滞留设施处置效果影响的研究报道罕见;④植被条件、填料性质、微生物繁殖情况、淹水区、碳源、渗透能力、降雨间隔时间、水力负荷、污染负荷等都会不同程度的影响生物滞留设施的处理效果,考虑这些耦合因素影响的出水水质预测机理模型未见报道;⑤近几年的研究发现,改变某些设计参数可以提高生物滞留设施的运行效能,如填料层的厚度、淹没区的深度、碳源的投加量等,但因试验不足尚未形成成熟的设计标准;⑥生物滞留系统对某些污染物,如重金属、油脂类的净化效果研究报道不足,对有毒有机化合物如 PCBs、PAHs 等的净化效果未见报道;⑦生物滞留系统中植物、填料,特别是微生物群落对净化效果影响的研究还存在较多不足；⑧生物滞留系统的堵塞机理及防堵措施的研究不足等。这些均严重影响了生物滞留技术的实际应用和推广。

1.2.5 生物滞留系统去除多环芳烃的研究进展

1. 地表径流中多环芳烃污染的来源与现状

1) 地表径流中多环芳烃的来源

多环芳烃(polycyclic aromatic hydrocarbons，PAHs)是具有两个或两个以上苯环的一类有机化合物的总称，也是城市路面径流中石油烃类污染物的重要组分。由于部分PAHs对生物具有致癌、致畸和致突变作用，且其结构稳定、水溶性低、难以被生物降解，USEPA将其中16种PAHs确定为"优先控制"的持久性有机污染物(persistent organic pollutants，POPs)。人类在工农业生产、交通运输和日常生活中大量使用的煤炭、木材、石油、气体燃料、纸张和烟草等含有有机高分子化合物的物质在一定条件下不完全燃烧或在还原状态下热解都会产生PAHs。不同环数和丰度的PAHs来源也不尽相同，通常低相对分子质量(LMW)的PAHs主要来源于石油类污染，而4环及4环以上高相对分子质量(HMW)的PAHs则主要来源于化石燃料的高温燃烧。

一般来说，地表水体中PAHs的污染途径主要包括大气干湿沉降、雨水冲刷以及污水排放。在大气环境中，HMW PAHs因在水中溶解度较小，故主要富集在颗粒物上，而后大部分以干沉降方式累积到地面，少部分通过降雨淋洗溶解的方式累积到地表；LMW PAHs则主要以气相形式存在，并且因其易溶于雨水，故易被大气中各种颗粒物捕获随降雨直接进入污染流中，或被捕获后沉降进入土壤，再经降雨冲刷作用而进入污染流中。在水体环境中，一些悬浮颗粒物对PAHs有强烈的吸附作用，并且由于土-水界面污染流中往往携带着大量的经由降雨冲刷土壤而形成的悬浮颗粒物，因此这些悬浮颗粒物也成了PAHs的主要载体。PAHs在地表累积过程中，机动车尾气排放、油罐泄漏、垃圾非法倾倒、漏油、路面沥青封层、轮胎摩擦和碎屑等都有贡献，其中沥青路面是城市地表水体中PAHs的重要来源(Mahler et al.，2005；Watts et al.，2010)。此外，城市绿化带中的树冠层也可显著截留沉降的PAHs，并在降雨的冲刷下成为重要的PAHs二次污染源。

2) 地表径流中多环芳烃的污染现状

近年来的调查表明，世界上许多河流、湖泊、海洋等水体都普遍受到PAHs污染。随着城市非点源污染研究的兴起，国内外对土壤、大气、水体、沉积物等环境介质中PAHs污染状况开展了大量调查和评估研究工作，针对城市地表降雨径流的研究则相对较少。在城市地表累积的PAHs经初期雨水冲刷后会产生短时高浓度负荷，这一污染特征及潜在环境风险正日益受到重视(Fent，2003；罗小林等，2011)。法国某港口城市的降雨径流中PAHs输出通量可达5.15kg/($km^2 \cdot a$)(Motelay-Massei et al.，2006)。美国旧金山海湾水域中大约51%的PAHs总负荷量来自城市地表径流(Oros et al.，2007)。美国Maryland University停车场路面径流中16种PAHs的次降雨径流平均浓度(EMC)均值为2.08μg/L(Diblasi et al.，2009)。据估算，中国的PAHs年排放总量超过25000t，其中城市平均排放密度为158kg/km^2，局部乡村地区排放密度高达479kg/km^2(Zhang et al.，2006)。北京市道路在2002年一次降雨中输出的总PAHs负荷量接近4.2kg(Zhang et al.,2009)。北京市区交通道路地表径流中溶解相和颗粒相 PAHs 的浓度均值分别为 0.485μg/L 和 3.872μg/L(张巍等,2008)。上海市区沥青路面径流中 16 种 PAHs 总浓度均值达 4.023μg/L(Hou et al.,2013)。表 1-3 列举了部分城市和地区地表径流中 PAHs 的调查结果。

表 1-3 国内外部分城市地表径流中 PAHs 的浓度分布

研究地点	样品类型	检出 PAHs 种类	PAHs 浓度/(μg/L)	文献来源
Washington D.C.,USA	降雨径流	35	1510～12500	Hwang et al.,2006
Maryland University,USA	降雨径流	16	290～5160	Diblasi et al.,2009
北京	雨水	16	198～690	叶有斌等,2010
Shasbourg,France	雨水	16	3.7～1600	Delhomme et al.,2008
北京	降雨径流	16	溶解态 89～2457 颗粒态 184～48484	张巍等,2008
上海	降雨径流	16	1585～7523	边璐等,2013
杭州	降雨径流	12	2160	王静等,2005
温州	降雨径流	16	462～4757	韩景超等,2013
合肥	降雨径流	16	1077～2468	李静静等,2013

由表可知,许多地区的地表径流中均受到不同程度的 PAHs 污染。与其他发达和发展中国家相比,我国中东部沿海城市的雨水及城市降雨径流中 PAHs 的污染较重,且影响范围广、强度高,会对受纳水体和土壤环境产生重要影响。另外,城市路面径流一旦流入透水地表(如农田、草地和绿化用地等),携带的 PAHs 随之渗入,或滞留于表土中,或向浅层地下水迁移,会造成土壤和地下水资源的污染(Enell et al.,2004)。Pavlowsky(2013)研究发现,雨水径流经沥青路面流入受纳池塘后,会使沉积物中 PAHs 含量升高达 35～480 倍,对水生生物产生毒性效应。因此,如何有效降低 PAHs 向地表水体和土壤环境的迁移量,进而从源头上防治环境恶化,是保证生态可持续发展的一个关键性问题。生物滞留系统作为一种分散式、高效、经济的 LID 技术措施,可促进解决城市水环境中的 PAHs 面源污染问题,但是目前对其净化效果和机理的研究很少。

2. 生物滞留系统去除多环芳烃的效果研究进展

1) 生物滞留系统去除多环芳烃的机理研究

生物滞留系统通常可有效截留流入地表径流的石油烃类有机污染物,去除效果可达 85%以上(Hsieh and Davis,2005a,2005b;LeFevre et al.,2012b;DiBlasi et al.,2009;Hong et al.,2006)。生物滞留系统中,PAHs 等石油烃类污染物的去除机制主要包括:挥发扩散、土壤吸附、生物降解、植物降解等。

(1) 挥发扩散。

地表雨水径流中 PAHs 的挥发是其潜在的去除机制之一,但是其作用非常微小(LeFevre et al.,2012b;Hong et al.,2006)。生物滞留系统通常采用快速渗滤设计,因此气-水界面间的传质时间十分有限。此外,除低环化合物外,PAHs 的气-水相平衡常数(无量纲亨利定律常数)较低($-\lg K_{iaw}=1\sim5$),挥发性较弱。即使是对于挥发性较高的低环 PAHs 来说，挥发过程应主要发生在地表径流未进入生物滞留系统之前，而非在滞留系统中完成。

(2) 吸附。

生物滞留系统中填料对 PAHs 的吸附行为与其自身的物理化学性质密切相关。研究发现，溶解度低且相对分子质量高的 PAHs 更易于被吸附到颗粒物上(Schwarzenbach et al.，2003；Dierkes and Geiger，1999)。这是因为相对分子质量越大的化合物一般疏水性越强，更易于向颗粒物迁移。此外，辛醇-水分配系数(K_{ow})也经常作为一个重要指标来判断 PAHs 的吸附性。K_{ow}越大，疏水性越强，吸附现象越容易发生。污染物的有机碳分配常数(K_{oc})可通过 K_{ow}和线性自由能关系(Linear Free-Energy Relationships，LFERs)进行计算，见式(1-1)：

$$\lg K_{oc} = a\lg K_{ow} + b \tag{1-1}$$

低浓度条件下，固体介质对有机碳化合物的吸附平衡常数(K_d)被假定为与 K_{oc}和土壤中有机碳配比成正相关(Schwarzenbach et al.，2003)，见式(1-2)：

$$K_d = f_{oc}K_{oc} \tag{1-2}$$

事实上，土壤中一部分有机碳(如焦化炭黑)可能会支配一些顽固 PAHs 的吸附过程并控制其生物可利用性(Ghosh，2007；Cornelissen et al.，2005)。这种炭黑仅占土壤总碳的 4%左右，但其吸附容量却是非晶有机碳的 10～100 倍，且过程是不可逆的(Cornelissen et al.，2005)。因此，简单的分配模型即可预测野外观测结果(Schwarzenbach et al.，2003)。然而，目前暂无研究涉及传统生物滞留填料中的炭黑含量。

吸附对生物滞留系统中 PAHs 的去除有至关重要的作用。它通过瞬间滞留机制将污染水体中的 PAHs 临时储存于系统中，以使其他较缓慢的处理过程(如生物降解、植物吸收)能顺利进行。由于土壤对 PAHs 的吸附过程是可逆的，故可以通过缓慢的解吸过程释放一部分有机物进入随后的生物降解过程中，同时再生吸附能力(Davis and McCuen，2005；Davis et al.，2009；LeFevre et al.，2012a，2012b；DiBlasi et al.，2009；Li and Davis，2008；Van Metre and Mahler，2003)。初步研究发现，小型生物滞留系统可通过吸附过程有效去除油脂(Hsieh and Davis，2005a，b)、甲苯和萘(Hong et al.，2006)。与野外观测一致，最高的萘残留出现在生物滞留反应柱的顶部(LeFevre et al.，2012b)。例如，在法国、德国和美国马里兰州的三个不同的雨水渗透系统中，PAHs 的去除主要是通过表层几厘米土壤的吸附与截留作用(DiBlasi et al.，2009；Dierkes and Geiger，1999；Barraud et al.，1999)。因此，从降解污染物的角度讲，采用浅水大面积的设计更有利于利用土壤吸附作用去除 PAHs。

(3) 生物降解。

生物降解是维持生物滞留系统可持续性的关键因素。微生物可以降解或矿化有机污染物，维持甚至再生吸附填料的容量(Roy-Poirier et al.，2010)。LeFevre 等(2012a)采集了明尼阿波利斯-保罗大都市区(the greater Minneapolis-St. Paulmetropolitan area)超过 50 个生物滞留野外试点的填料样品并分析了其中的总石油烃残量。尽管远高于空白或背景区域(低于检测线)，生物滞留系统中的总石油烃浓度(低于检测线～33μg/kg)仍低于监管标准水平。此外，检测到的土壤总石油烃浓度大约是期望值(假设所有输入均被吸附且无流失）的 1/3 以下，说明吸附的污染物已被生物降解至相当低的环境背景水平。在此基础上，基因定量研究的重要性也日益凸显，因为它能展现生物降解功能基因数量与污染物修复潜能的正相关关系（Lovley，2003）。填料样品中大量生物降解功能基因（酚单加氧酶和萘双加氧酶）与总细菌基因（16S rRNA genes）的存在也证实了生物滞留系统的石油烃生物降解能力。事实上，实验室研究表明填料样品中的细菌也确实具有矿化萘的能力。

微生物的降解能力常取决于其暴露于污染物时间的长短。为了提高 PAHs 的生物降解速率，通常需要从受污染的环境中分离并富集培养降解速率最大的微生物种群，然后再把它们用于污染环境的生物治理。但在普通条件下，由于土著微生物菌群驯化时间长、生长速率慢、代谢活性不高，可以人为投加一些能降解 PAHs 的高效菌。在现场环境中，引入微生物的作用常不如外加营养盐明显，一方面在于外来微生物的适应性或与土著微生物的营养竞争；另一方面在于营养盐常是环境中 PAHs 降解的限制因子。所以实际处理时要尽量选择适宜被污染环境条件的菌种进行修复处理。

（4）植物降解。

大部分的生物滞留系统都有植被覆盖区域，因此，该区域具备植物修复有机污染物的潜在能力。水溶性的有机物可以通过植物的呼吸作用从叶片气孔中蒸发出去（Andersen et al.，2008）。进入植物的有机污染物可通过细胞酶作用代谢为毒性较轻的物质，即所谓的绿色肝脏概念（Burken，2003）。此外，污染物或其代谢产物还会累积于植物组织中并通常被转化为野生动物不可消化的组织成分，使其生物可利用性大幅降低（Burken，2003）。尽管植物可直接摄取有机污染物，但相关文献表明，污染土壤的植物修复主要是通过激发根际微生物活性来实现的（Gerhardt et al.，2009）。例如，植物根部可以增加土壤的含氧量（Weishaar et al.，2009），从而增强微生物的有氧降解过程。植物释放的分泌物可作为与污染物类似物质诱导污染物的降解，刺激细菌种群发育（Leigh et al.，2002）或增强疏水性有机污染物的生物可利用性（LeFevre et al.，2013）。

植物修复是生物滞留系统去除 PAHs 的重要步骤。植被覆盖的生物滞留系统的处理效果明显好于没有植被的系统（LeFevre et al.，2012b）。根系发达的植被区域（本土或引进品种）所含有的生物降解功能基因与总细菌数要明显高于无植被或草皮覆盖区域（根系非常浅的区域）（LeFevre et al.，2012a）。研究表明，植被覆盖的生物滞留系统中细菌对 PAHs 的处理速率远高于无植被系统（LeFevre et al.，2012a）。此外，生物滞留系统中植被对雨水径流中 PAHs 自然修复过程的影响力也不容忽视（Davis et al.，2009；LeFevre et al.，2012a，2012b）。

2）国内外研究成果

近年来，国外已开始研究如何利用生物滞留技术来防治城市地面径流的 PAHs 污染，而国内这方面的研究却鲜见。国外现有研究指出，生物滞留系统的表层对捕获和去除地表径流中的 PAHs 有很大贡献。生物滞留系统表面常设有覆盖层，用以防止土壤层的侵蚀与干燥，并去除地表径流中的某些有害成分，如重金属。而这个覆土层还可以用来截留石油烃类污染物，原因是覆盖层中有含量较高的木质素，而木质素对非离子有机化合物有很强的亲和力（Garbarini and Lion，1986）。在法国、德国和美国马里兰州的暴雨滞留系统实验中也发现，降水径流中绝大部分 PAHs 在土壤表层几厘米的区域中被截留而得到去除(Dierkes and Geiger,1999;Hsieh and Davis,2005a)。Boving 和 Neary(2007)通过野外试验研究了不同设计和季节条件下生物滤沟对 10 种 PAHs 的去除效果。结果表明,PAHs 的平均去除率可达 66.5%,与滤料量呈正相关,且高环 PAHs 的去除效率普遍高于低环 PAHs,此外季节、雨水、pH、离子浓度等因素对去除率并没有显著影响。Diblasi 等(2009)提出雨水花园可将每次降雨径流中的入流 PAHs 降低 31%~99%,且 PAHs 负荷量的年平均去除率可达 87%。不过,在高强度降水条件下,雨水花园可由汇转为源,先前截留的 PAHs 解吸并被冲刷出来,导致 PAHs 出流负荷量反而大于入流负荷量。LeFevre等(2012b)首次利用放射性标记的萘作为模式化合物,在实验室规模生物滞留系统中详细分析了污染物的迁移规律。得出的定量化结果显示,吸附作用对 PAHs 去除的贡献最多,达到了 56%~73%,其次是生物降解作用,可矿化 12%~18%的萘,而植物吸收的贡献率是 2%~23%,挥发的作用则可以忽略不计(低于 1%)。

综上所述,国外研究人员已经开始进行生物滞留系统去除 PAHs 的研究工作,而国内仍主要集中在路面径流中 PAHs 的污染程度、特征研究,以及悬浮固体(SS)、总氮(TN)、总磷(TP)、化学需氧量(COD)等常规污染物的净化效果研究等方面,对 PAHs 类低剂量、难降解污染物的研究仍然不足。

3) 影响多环芳烃去除效果的主要因素

影响 PAHs 去除效果的因素有很多,包括生物滞留系统设计、淹没区设置、填料组成、微生物和植物作用等,目前已有研究报道但尚不全面。其中微生物降解 PAHs 污染过程中的影响因素参考土壤修复相关研究进展总结如下:

(1) PAHs 性质。

PAHs 的性质包括化学结构、毒性、浓度、溶解性和吸附性能等,这些性质通过改变 PAHs 的生物可利用性(bioavailability)影响了微生物对 PAHs 的降解效果。例如,HMW PAHs 较 LMW PAHs 更难降解,主要原因之一是 PAHs 是憎水性物质,随着环数的增加憎水性逐步增强,因此更易吸附于固体颗粒和有机腐殖质的表面(陈来国等,2004)。而随着吸附在土壤中的时间越长,PAHs 的生物可利用性变低(Hatzinger and Alexander,1995)。因此,人们常通过添加表面活性剂、溶解性有机质、有机酸等使 PAHs 从固体颗粒表面和有机腐殖质中解吸出来,从而提高微生物的可利用性(刘魏魏等,2010)。

(2) 氧。

氧是微生物进行好氧代谢的重要物质条件,而土壤中 PAHs 的生物降解主要是好氧过程。目前生物修复技术中的氧源主要有 O_2 和 H_2O_2(Hinchee et al.,1991)等。Boyd 等(2005)测定了溶解氧(DO)对淡水河口底泥中微生物对 PAHs 降解效果的影响。实验结果表明,当底泥中 DO 高于 70%时,PAHs 的矿化率呈指数型增长,而当溶解氧低于 40%时,PAHs 的矿化效果受到显著抑制。因此,环境中氧的含量是否充足对 PAHs 的好氧降解效果有着重要的影响。在以 H_2O_2 作为氧源的生物修复技术中,适当增加 H_2O_2 能够增强 PAHs 的氧化效率,但浓度过高会对微生物细胞产生毒害作用(Pardieck et al.,1992),故在实际操作过程中应当把握好 H_2O_2 的用量,使 H_2O_2 毒性最小化,以提高 PAHs 氧化率。

(3) 温度。

温度对微生物降解 PAHs 的效能的影响分为两个方面。一方面,温度是微生物生长环境中影响微生物自身活性的重要因素，已知土壤中细菌和真菌的最适生长温度为25～30℃左右(Pietikäinen et al. ,2005)，在不同温度下微生物对 PAHs 的降解效能有明显差异。在低温条件下微生物自身的活性会受到抑制，致使微生物对 PAHs 的降解能力下降；在高温条件下微生物细胞内含有的酶会因结构被破坏而失去活性，导致微生物存活率降低，也会使微生物对 PAHs 的降解能力下降。Bauer 和 Capone(1985)研究了土著微生物对海洋底泥中对蒽的降解，结果表明微生物在 30℃时对蒽的矿化效率最高，20℃和30℃时蒽的矿化分别是 10℃的 2 倍和 3 倍。另外，在恒温与变温两种不同的条件下，微生物对 PAHs 的去除效果也是有差别的(Antizar-Ladislao et al. ,2007)。另一方面，温度还会引起环境中氧的含量和 PAHs 性质的变化，间接对微生物降解 PAHs 的效果产生影响。Maliszewska-Kordybach(1993)的研究发现，土壤中 PAHs 浓度会随着温度升高而减少。

(4) pH。

pH 的变化对土壤微生物的生长繁殖具有一定的影响。土壤环境的 pH 低时，土壤中的微生物多样性会降低(Staddon et al. ,1998)。当 pH 低于 5 时，大部分土壤微生物的活性受阻(单胜道等,2000)。因此微生物对 PAHs 的降解能力受到周围环境 pH 的影响。例如，周乐等(2006)发现菌株 *Pseudomonas* sp. B4 在酸性环境中不能生长，在弱酸性环境中的生长会受到一定程度的抑制，而在碱性环境中生长繁殖不受影响，且细菌数量大量增加，因此在弱碱性环境中对芘具有良好的降解效能。

(5) 营养物质。

碳源、氮源以及无机盐是微生物生长所必需的营养物质，然而在微生物的生长环境中微生物对这些营养物质的量的要求不尽相同。其中无机盐浓度的差异对某些菌株降解 PAHs 的效能具有很大的影响。如周乐等(2006)发现盐浓度低于 2%时，菌株 *Pseudomonas* sp. B4 对芘的降解效能不受影响；而当盐浓度达到 5%时菌株生长受到了强烈的抑制，降解效能明显降低；随着盐浓度的进一步提高，抑制作用更加明显，菌株在 8%盐浓度下不能生长。不同的碳源对微生物降解效能的影响也不尽相同，保证微生物在营养物质充足的环境中生长可以提高微生物修复的修复能力。

1.2.6 模型模拟研究进展

1. 非点源污染模型

随着城市化进程的加快和城市规模的扩大，城市内涝和非点源污染问题日趋严重。因此，城市地表径流及其污染物的产生和迁移过程成为城市水环境研究的重要方向，城市非点源污染模型的研究引起了众多国内外学者的关注(陈晓燕和张娜,2013)。城市非点源污染模型经历了 3 个阶段：经验阶段、模型阶段、与 3S(GIS、GPS、RS)技术耦合应用阶段(Whittemore,1998)。目前，国内外影响较大、应用较广的城市非点源污染模型分别为 SWMM、HSPF、STORM、SLAMM、L-THIA、R3M-QUAL、MOUSE、Hydro Works 等，其中，SWMM 得到了较为广泛的应用(王龙等,2010)。针对模型的特点、适用性和局限性，对主要城市非点源污染模型进行了总结和比较(表 1-4)。

表 1-4　SWMM 与其他常用城市非点源污染模型特点、适用性和局限性的比较

项目	SWMM	STORM	SLAMM	L-THIA	HSPF	DR3M-QUAL	MOUSE	Hydroworks
时间尺度	场次、连续	场次	场次	场次、连续	场次、连续	场次	场次、连续	场次、连续
空间尺度	城市	城市	城市	城市、流域	城市、流域	城市	城市管网	城市
模拟的污染物	BOD、COD、TN、TP、TSS、油类及自定义污染物	BOD、TN、沉淀、物质、正磷酸盐及大肠杆菌	TP、TN、DO、TSS、泥沙、金属等	BOD、COD、TN、TP、镉、锌等 15 种污染物	BOD、TSS、TP、TN、DO、农药和大肠杆菌	TP、TN、TSS 和金属	BOD、COD、DO、泥沙、细菌和自定义金属	BOD、COD、TSS、TKN、TP 及 4 种自定义污染物
污染物累积模型	幂函数、指数函数和饱和浸润方程	线性函数	指数函数	径流曲线法	线性函数	指数函数、线性函数	线性函数	线性函数
污染物冲刷模型	指数函数，关系曲线	指数函数	指数函数		径流比例	指数函数	雨滴溅蚀	雨强和污染物累积函数
污染物的运动模拟	地表、管道	地表	地表	地表	地表	地表	地表、管道	地表、管道
污染物的相互作用	不可以	不可以	不可以	不可以	可以	不可以	可以	不可以
污染负荷图的输出	可以	不可以	不可以	可以	不可以	不可以	可以	可以
模型复杂性	较高	一般	一般	高	较高	一般	高	高
模型不确定性	较大	较小	较小	较大	较大	较小	大	大
GIS 耦合应用	松散	松散	松散	紧密	紧密	松散	松散	紧密
BMPs 模拟评价	可以	不可以	可以	可以	可以	不可以	可以	可以

注：表中 BOD 为生化需氧量；COD 为化学需氧量；TN 为总氮含量；TKN 为凯式氮（氨氮和有机氮之和）；TP 为总磷含量；TSS 为总悬浮固体；DO 为溶解氧；BMPs 为最佳管理措施；CN 为径流曲线数

SWMM(storm water management model)是美国环保局(USEPA)开发的,主要由径流模块、输送模块、扩充输送模块、存储处理模块 4 个计算模块和用于统计分析和绘图的服务模块组成,可以对暴雨径流、排水管网系统及水处理单元等的水量、水质进行动态模拟(任伯帜等,2006)。输入信息包含气象、水文、水质的参数,输出信息包含径流量、污染物负荷量及控制措施的效果分析等,营养物类型包括 SS、COD、TN、TP 和重金属等。目前,SWMM 模型的应用最为广泛,不仅适用于小型或大型城市区域的暴雨径流水量和水质模拟,也适用于城市管网的辅助设计。

HSPF(hydrological simulation program-FOR-TRAN)是 1981 年 Hanson 等提出的一个物理分布式综合型模型,其中主要通过流体水动力学及沉积化学的共同作用来进行地面及土壤污染物的径流过程模拟。HSPF 不仅考虑了雨滴的溅蚀影响、径流的冲刷侵蚀作用和污染物的沉积作用,而且考虑了复杂的污染物平衡问题(Bicknell et al.,1993)。输入的参数主要包括气象、水文参数、土地利用情况、污染物负荷因子与各污染物的冲刷参数、衰减系数等;输出信息主要包括径流量、污染物负荷、对控制管理措施的效果分析等。HSPF 通常用于流域的水量和水质的模拟,但也适用于快速城市化地区。

STORM(storage treatment overflow runoff model)是 1973 年由美国陆军工程兵团工程水文中心(HEC)开发的城市暴雨径流模型,用来模拟城市降雨水文和水质过程(HEC,1977)。STORM 能模拟 TSS、COD、BOD、TN、TP 和大肠杆菌 6 种污染物,不考虑污染物之间的相互作用和转化。STORM 模型受其模拟精度和效果的影响,应用越来越少。

DH3M-QUAL(distributed routing,rainfall runoff model quality)是 1982 年由美国地质勘探局开发的物理分布型模型,可以用来模拟水文和水质过程(Guay and Smith,1988)。其输入信息包含气象、水文及水质参数;输出信息包含汇水区域内任意地点的径流和污染物的量、径流过程线和污染物过程线,污染物类型包括 N、P、TSS 和重金属等。一般适用于小型城市地区或集水区的水量和水质模拟,但模拟效果不是很好。

L-THIA(long-term hydrologic impacts of land use changes)是由美国环保局和普渡大学联合建立的,以城市非点源污染敏感性评价为核心的定量区划方法。能够根据研究区长期气候、土壤和土地利用数据,进行非点源污染年负荷的模拟。输入的数据有研究区的土地利用类型图、长期日降雨(≥30 年)的数据及土壤水文类型图,利用 Arc-view 或 Arcinfo 转化成 Shapefile 图。能够对 TN、TP、COD、镉、锌、铜等 15 种污染物进行模拟。

GLEAMS(groundwater loading effects of agricultural management systems)是由美国农业部农业研究署(USDA-ARS)开发研制的基于连续降雨事件的经验式集中型模型,可以用来模拟农田的径流、蒸发、作物蒸腾、渗滤、土壤侵蚀、化学物质的迁移转化和农药的垂直通量等(Leonard et al.,1987;Leon et al.,2000)。输入的信息包含气象、水文、土地利用和土壤类型等参数;输出信息包含农田径流量、泥沙、营养物质和农药垂直通量等,污染物类型包括一般污染物体和有毒有机污染物。

SLAMM(source loading and management model)是 20 世纪 70 年代中期美国 Pitt 等开发的用于城市非点源污染物识别和控制模拟的非点源污染模型(Pitt and Voorhees,2002)。SLAMM 可以模拟 TP、TN、溶解氧(DO)、TSS、泥沙和金属等污染物。SLAMM 模型最初开发用于弄清城市非点源污染源与径流水质的关系,后来主要用于城市降雨非点源污染控制和管理措施的效果模拟和管理评价。

CREAMS(model for chemicals，runoff，and erosion from agricultural management systems)是由美国农业部农业研究所开发的化学污染物径流负荷和流失模型(Knisel，1980)，它奠定了非点源模型发展的“里程碑”，它首次对非点源污染的水文、侵蚀和污染物迁移过程进行了系统的综合。采用SCS水文模型计算暴雨径流，考虑了污染物在土壤中的物理、化学形态的转化(Mcuen，1982)，为城市径流污染模型的发展提供了一定的经验。同时加强了3S(GIS、GPS、RS)技术在其定量负荷计算、管理和规划中的应用研究(Gilliland and Baxter，1987)。CREAMS推出后，立即引起了广泛的关注，并在其基础上发展出了一系列结构特征类似的模型，如农田小区模型EPIC。

MOUSE(model for urban sewers)是1984年由丹麦水力学研究所(DHI)开发的用于模拟城市径流、管道水流的城市暴雨径流模型(DHI，2004)。到1994年，发布了MOUSETRAP(Crabtree et al.，1994)模型，它在MOUSE的基础上增加了污染物的模拟模块，它能够模拟径流中泥沙、污染物的运动，以及管道中水质变化过程和微生物的降解过程。输入信息包括水文、气象、水质、泥沙运动、微生物降解的模拟等参数，输出信息包括流域内任何地点的污染负荷分布。但该模型复杂，基础数据获取困难，参数率定较复杂，模型的不确定性较大(Obropta and Kardos，2007)。

Hydro Works(Wallingford Software，1997)是1997年由英国Wallingford软件公司开发的水文水质模型，它可以模拟城市雨水水质及污染负荷。Hydro Works能模拟TSS、BOD、COD、铵态氮、TKN、TP以及4种用户自定义污染物。模型输入信息包括水文、气象、土地利用、累积和冲刷系数以及管网布置和尺寸等参数，输出信息包括流域内任何地点的污染负荷。但是管道中污染物运动仅考虑水平对流，没有考虑离散，该模型复杂，基础数据获取困难，参数率定较复杂，模型的不确定性较大。

在我国，城市非点源污染模型的研究起步较晚，最早的城市非点源污染研究开始于20世纪80年代北京城市降雨径流污染的研究，随后在上海、杭州、苏州、长沙、南京、成都等(张瑜英等，2006)城市也进行了城市非点源污染的规律研究。随着我国的城市非点源污染不断加重，国内学者对城市非点源污染模型也取得了一定的研究成果。城市降雨径流污染负荷模型主要从3个方面展开研究，即径流量与污染负荷相关分析(吴林祖，1987)、水量单位线(温灼如等，1986)、地表污染物的累积规律(夏青，1982)。我国也第一次在非点源污染关键源区的识别中应用通用土壤流失方程(刘枫等，1988)。进入20世纪90年代后，施为光等(1993)用不同的雨强计算城市降雨径流污染负荷，为定量城市降雨径流污染负荷提供了新的计算方法。方红远等(1998)研究中指出了城市降雨径流水质分析中污染物集聚、冲洗模型参数的率定法，提高了模型在使用中的精度。陈西平(1993)完善了夏青提出的地表物质累积规律，提高了模拟的精度。李怀恩等(2000)提出了平均浓度法，该方法简单且实用，可以利用有限的资料估算出多年平均或不同频率代表年的污染物年负荷量。刘爱蓉等(1990)对南京市城北地区1990年的暴雨径流污染的浓度及排污负荷进行了研究。车伍等(1999；2001；2002)于1999～2001年研究发现在初期降雨时，城区屋面雨水的污染物浓度较高，尤其COD和SS。赵剑强等(2002)对公路路面径流的污染特性、排污规律及其与汽车交通的关系进行了研究。随着GIS技术在城市非点源研究中的应用大大地推进了非点源污染的量化工作，提高了城市非点源污染负荷模型模拟的精度，扩大了应用范围(王少平等，2002)。

此外，国内一些学者还研究建立了有各自特色的城市非点源污染模型。贺锡泉(1990)建立了包含运动水流模式、污染传输方程和地表径流冲刷方程的城市降雨径流非点源污染的运动波模型，将其运用到成都市一次典型的降雨径流过程中，模拟效果良好。车伍等(2004)建立了参数少、简便直接的计算城市降雨径流非点源污染负荷的数学模型，它能够进行城市非点源污染的定量化分析和管理措施的径流控制量的确定。基于单元网格的产汇流模型、排水管网的水动力学模型和污染物的迁移转化模型，叶闽等(2006)建立了分布式城市非点源污染模型，可以进行降雨径流面源污染特性及其变化规律的模拟研究。

2. 国内外SWMM模型的应用进展

SWMM现已在世界上多个国家得到了推广及应用，主要应用于模型适应性检验及模型参数的识别、城市暴雨洪水地表径流量和非点源污染负荷量的估算、城市低影响开发(LID)对城市地表径流水质水量影响的效果模拟、城市排水系统规划中的应用以及与其他模型软件的耦合应用等方面。

(1) 模型适应性检验及模型参数的识别。Lee等(2010)采用SWMM和HSPF模型对汉江的一个小流域进行了径流量和污染负荷量的评估，结果表明，SWMM更适用于小尺度的流域。Tsihrintzis等(1998)在南佛罗里达4个面积较小(5.97～23.56hm^2)的城市区域运用SWMM进行模拟，用16场降雨进行了验证，结果表明，流量过程和污染物负荷过程与实测数据均吻合很好。Koudelak等(2007)利用SWMM与Info Works CS模型同时模拟拉脱维亚Liepaja市的暴雨径流，结果显示，SWMM模拟效果更好。Sharifan等(2010)利用SWMM模拟分析城市地表排水中主要管道检查井水深及集水洪峰的不确定性，结果表明，检查井水深的变差系数为12%～66%，其概率分布具有相当大的正偏度，降水参数对洪峰流量及其不确定性有重要影响。Camorani等(2005)研究表明，地表产汇流模型中，坡面漫流宽度、平均地表坡度、非渗透面积比例、曼宁系数、洼地储存深度、地表渗透率及入渗衰减系数等参数均与土地覆被类型密切相关。赵树旗等(2009)采用SWMM模拟不同不透水区、不同降雨频率的洪峰流量，结果表明SWMM模拟精度较高。董欣(2008)以屋面为例，应用HSY算法和Monte Carlo采样方法对SWMM中的参数进行识别和验证，识别出包含不透水区初损填洼深度、不透水区曼宁系数、指数累积方程中的最大可能累积值、累积常数以及指数冲刷方程中的冲刷系数和冲刷指数等6个不透水区的关键参数。李海燕等(2011)以上海某屋面为例，运用比较试验方法和SWMM模拟方法，得到SWMM模拟中典型水质参数值(污染物最大累积量、累积速率常数、冲刷系数及冲刷指数)，可依照此法确定其他城市的SWMM模拟所需水质参数。车伍等(2006)研究表明，应用SWMM进行水质模拟研究时，可将悬浮固体SS作为径流雨水中污染物控制的关键指标。张胜杰等(2012)结合北京地区的实际案例，运用摩尔斯筛选法对SWMM中的水文参数进行敏感性分析，结果表明，汇水区面积为径流峰值流量最敏感参数，而不透水率为径流系数最敏感参数。孙艳伟等(2012a)选取SWMM中Horton和Green-Ampt入渗模型的入渗参数，以及区域坡度、区域宽度、透水性区域的曼宁系数和可积水深度 6 个参数，进行了全局灵敏度分析，结果可为模型参数的率定提供参考。总体而言，相对于大尺度流域，SWMM 更加适用于模拟小尺度流域的水文水质过程。现阶段，SWMM 的参数率定主要以人工调参为主，根据现有的研究成果，不透水率、流域面积、特征宽度以及坡度等是对径流系数影响较大的参数；流域面积、特征宽度、不透水率、透水区洼蓄量、不透水区曼宁系数以及坡度等是对洪峰流量影响较大的参数。当然，在不同区域不同情形下，这个次序会略有差别。有的学者尝试引入自动率定方法进行调参，但效果不佳，还需要人工干预或者人工试调，然后用优化算法进行小范围内的调整，因此，关于自动率定参数这方面的工作还有待更深入的研究。

(2) 城市暴雨洪水的地表径流量和非点源污染负荷量的估算。Jang 等(2007)使用 SWMM 对韩国的四个规划区的排水系统及市区的污染负荷进行了评估，结果表明使用 SWMM 提高了规划区水文影响评估的准确性。Parka 等(2008)应用 SWMM 进行城市地区空间分辨率对地表径流影响的研究，结果表明，空间分辨率对地表径流的模拟过程影响不大。孙艳伟等(2012b)将 SWMM 用于模拟美国堪萨斯州 Little Mill Creek 流域不同城市化程度下的降雨径流过程，结果显示，城市化程度越高，时段流量幅度及降雨历时越大，洪峰流量越大，$T_{0.5}$(区域径流超出天然状态下重现期为 0.5 年的降水所产生的洪峰流量的时间占区域有径流总时间的比例)越小。张倩等(2012)选用传统的径流系数法验证 SWMM，研究表明 SWMM 模拟的场次/年降雨径流总量、降雨径流过程与径流系数法得到的结果相对误差较小，说明 SWMM 能够较好地模拟城市降雨径流总量及其过程。马晓宇等(2012)应用 SWMM 建立了浙江省温州市典型住宅区非点源污染负荷估算模型，对不同降雨情景下，固体悬浮物的污染负荷量及其累积变化过程进行模拟，结果较理想。齐苑儒(2009)运用 SWMM 以西安市“翠华路—皂河”为研究区域，模拟了不同降雨强度、雨型、土地利用下的降雨径流非点源污染负荷，结果表明模型模拟精度良好。聂铁峰(2012)运用 SWMM 分析和模拟了不同条件下广州市城区暴雨径流非点源污染负荷的情况，模拟得到的各污染物含量峰值误差在 20%以内，模拟效果良好。目前，SWMM 能够对研究区域进行较合理的概化，较好地模拟城市径流总量、降雨径流过程及其污染物负荷量等，但其既不能对暴雨径流挟带泥沙的运动进行准确模拟，也不能模拟污染物在地表和排水管道中运动时的生化反应过程，从而直接影响了对径流中各种污染物浓度的估算精度。同时，受气象、水文、下垫面等因素的影响，城市非点源污染在空间上存在较大的差异性。现阶段，SWMM 尚不能进行关键源区的识别。因此，增加 SWMM 对关键源区的识别功能，从而运用模型分析各污染物在空间上产出的差异性，识别和确定城市非点源污染的关键源区，能够有效地为城市非点源污染的重点治理提供参考。

(3) 低影响开发(LID)对城市地表径流水质水量影响的效果模拟。Jia 等(2012)对北京奥运村的排水系统进行模拟改造，利用 SWMM 模拟管网的水力效应及采用 LID 和最佳管理措施 BMPs 对现状用地布局情景改造后，雨水径流中的悬浮颗粒物、重金属、油脂类及致病菌等污染物达到了预期的去除效果。王文亮等(2012)运用 SWMM 的场降雨及连续降雨的模拟对 LID 控制效果进行评估，表明 LID 设施对污染物的削减效果显著。王雯雯等(2012)等运用 SWMM 模拟了深圳市光明新区城市化前后和加入 LID 设施(铺设透水砖和下凹式绿地)等不同情境的水文过程,表明铺设透水砖和下凹式绿地二者组合实施可以更好地发挥控制流量的作用。何爽等(2013)运用SWMM模拟了淮安市郦城国际小区现状用地场景及下凹式绿地、渗透路面、植被浅沟单独布设和3种LID措施组合布设场景在不同设计降雨重现期下的管道出口断面径流过程,结果表明,各LID措施均具有减小径流系数、削减洪峰流量、推迟峰现时刻的作用,其雨洪控制利用效果在低重现期更显著,组合LID措施的效果最佳。王建龙等(2010)研究表明,SWMM适应于小型场地和小汇水区域的LID设施的调控效果,其中,对于绿色屋顶的模拟,SWMM则通过改变土壤和基层土壤的特性间接进行。孙艳伟(2011)运用SWMM模拟研究区内19个生物滞留池的生态水文效应,结果表明,经生物滞留池调控后的径流历时曲线约有90%与天然状态下相吻合,证实了生物滞留池可以调控较小降水事件径流的流量、大小及频率,并使其接近于天然状态。目前,SWMM的LID模块提供了生物滞留、渗透铺装、渗透沟渠、雨水罐、植被浅沟5种分散的雨水径流处置技术,结合SWMM的水力模块和水质模块,实现了对区域径流量、峰值流量及径流污染调控效果的模拟。但对于其他对水质有较好调控效果的BMPs措施,SWMM仅能模拟其对水文过程的影响,而不能模拟其对水质过程的净化效果。

(4) SWMM在城市排水系统规划中的应用。Zimmer等(2013)利用圣维南方程组的离线近似,提出了合流式下水道溢流预测的方法—预先计算曲线的方法,它解决了SWMM在超临界流和淹没堰计算的问题。王祥等(2011)运用SWMM在6种设计暴雨情形下,对南京市宁南片区排水能力进行分析,得出了满流时间较短和变化较大的管道,为实际的城市雨水管网改造提供依据。马俊花(2012)应用SWMM对北方某城市小区的合流制排水管网系统进行模拟,找出了主要的溢流瓶颈点。黄兵等(2012)运用SWMM建立了昆明市主城区船房河流域合流制排水管网模型,分析在污水入流、雨水入流、时间峰值三者叠加共同作用下对合流制排水管网的影响,结果表明,出水口的流量模拟结果与监测数据的吻合性较好,为制定改造排水管网系统提供科学的参考。赵冬泉等(2009)研究表明,Huff方法与SWMM可作为对城市雨水排除系统运行状态进行评估的典型方法。王永等(2012)将SWMM运用于山区排水系统的规划中,针对山区排水资料匮乏的难点提出了一系列较实用的解决方法。SWMM在城市排水系统规划中的广泛应用,可为新建、改建和扩建城市排水管网提供科学参考,从而减少暴雨给城市带来的涝灾损失。

(5) SWMM与其他模型软件的耦合应用。Barco等(2008)将SWMM应用于加利福尼亚南部某大型城市区域,得到了较好的预测效果,证明了SWMM、GIS和优化方法的耦合应用是大型城市区域非点源污染模拟的有效工具。罗福亮等(2013)运用SWMM水文模型和MIKEⅡ水动力学模型,模拟了某研究区域降雨径流及防洪排涝过程,计算结果较为合理可靠,说明采用耦合模型对其他地区的防洪排涝具有参考价值。胡亭(2012)利用Object ARX对Auto CAD进行二次开发,在地形图上拾取关键点的坐标、生成坐标文件、对坐标文件进行读取计算后,直接生成SWMM模型文件,从而提高了建模效率。牛志广等(2012)运用SWMM模型模拟不同降雨重现期下华北地区某生态小城镇的雨水径流,采用WASP水质模型模拟了雨水排放至景观河(受纳水体)后的水质变化,研究表明,综合运用 SWMM 和 WASP 可以模拟从降水到将其应用于景观河利用的整体过程，为建设雨水资源化工程和制定雨水污染治理措施提供了决策依据。Sang 等（2012）结合 SWMM 和 TANK 模型的优点建立了 SWMM-TANK 模型，分别运用该模型进行了大宁河流域地表和地下径流模拟，结果表明，SWMM-TANK 模型简单且符合精度要求，其可用于地下信息缺乏流域水文模拟。可见，将 SWMM 与其他模型软件进行耦合，建立新的耦合模型，弥补了 SWMM 的缺点，拓展了其研究范围。因此，可将 SWMM 与其他模型进行耦合，模拟管道中泥沙/污染物运动以及污染物在地表和管道中生化反应过程，以提高模型的模拟能力。

另外，SWMM 还被 Peterson 等（2006）运用于美国密苏里州中部的岩溶系统，对岩溶系统中缝隙中的几何形状和物理参数的重要性进行了评估，结果表明，SWMM 适用于一些岩溶含水层，但并不具有通用性来建模岩溶系统。章程等（2007）以桂林丫吉试验场为例，将 SWMM 模型用于模拟以管道为主的岩溶峰丛洼地系统降雨径流过程，结果表明，SWMM 对岩溶峰丛洼地地区降雨径流过程的模拟是基本成功的。陈冬等（2014）以中坝隧道为例，用 SWMM 模拟以管道为主的岩溶隧道涌水动态变化的过程，研究其适用性，结果表明，SWMM 可以较好的模拟小降水量的岩溶隧道涌水动态变化，模拟强降雨的偏差较大。

3. 国内 SWMM 模型应用中存在的问题

SWMM 经多次更新，功能已有很大的改善，已被国外学者广泛地应用于暴雨洪水的地表径流过程及污染负荷量的估算与预测（李怀恩和李家科，2013）；其在雨水系统中低影响开发及合流式和分流式下水道、排污管道和其他排水系统的规划及分析等应用比较成熟。在中国，目前对 SWMM 的适应性和 SWMM 重要参数的敏感性分析研究较多，但由于受到相关数据获取困难等因素的影响，总体来说，SWMM 在中国的应用还缺乏系统性和连续性，存在以下问题和难点：

（1）模型所需相关数据缺乏。这是制约 SWMM 在中国应用和发展的最主要因素。在美国，许多部门都建立了比较完整的数据库，用户需要时可直接查询。而在中国，SWMM 相关数据的获得需要研究人员投入大量的时间和精力，并且要有强大的资金支持，如到相关部门购买 DEM 图、雨水管网图、土壤图、土地利用图等图件，或实地调查收集水文水质监测数据等，因此应加强全国范围或地区性的数据共享。

（2）对模型的应用缺乏修正或改进。目前，中国对 SWMM 的应用基本是结合实测数据进行率定和检验后直接使用，缺乏结合中国实际情况对模型进行必要修正或改进，如结合区域特点改进产汇流模块，增加模型的关键源区识别功能等，以提高模型预测精度和应用范围。

（3）模型在中国山区城市、岩溶峰丛洼地等方面的研究较少，加强 SWMM 在这方面的研究，以期为 SWMM 在该类排水资料缺乏地区的应用提供参考。

（4）加强 LID 等措施对城市地表径流水质、水量调控效果的模拟研究。对于雨水充沛和排水设施水平低的南方地区或水资源匮乏的北方地区，此方面的研究可为有效防洪排涝或利用雨洪资源提供科学依据。

1.3 研究内容及技术路线

1.3.1 研究内容

1. 西安市城市降雨径流特征研究

为系统分析城市降雨径流污染的时空分布特征和变化规律，以西安市三环以内主城区、西安理工大学家属院、浐河某片区为对象，确定研究区域内各功能区及研究区域总出水口的监测点和监测方案，对非点源污染进行监测与特征分析，分析非点源污染特征及雨水水质演变过程；采用人工降雨试验分析各污染物随降雨历时的变化规律、污染物冲刷规律，与西安市城区自然降雨径流污染特征进行对比分析；结合非点源污染物累积冲刷模型，构建了基于可冲刷污染物量的非点源污染场次负荷模型，并对已有的非点源污染场次负荷模型进行对比研究，总结各模型的优缺点，为建立城市非点源污染模型提供一定的依据。

2. 多级串联人工湿地对地面径流的净化效果研究

通过室外中型试验、室内小型试验和理论分析，研究水平潜流和复合流两组多级串联人工湿地对降雨径流的净化规律，比较同一组人工湿地系统在不同运行间隔天数（1d，3d，5d，7d，10d，15d）、不同水力停留时间（24h，36h，48h，72h）和不同水深（350mm，550mm，750mm）条件下的出流污染物浓度，分析以上各因素对人工湿地净化效果的影响，并确定人工湿地处理城市降雨径流的最佳运行工况；通过对相同试验工况条件下的两组人工湿地净化效果的对比，分析湿地系统中水流方式对净化效果的影响。研究不同水深（350mm，550mm，750mm）下，水平潜流和复合流两组人工湿地对污染物 COD、氮、磷和重金属的沿程和垂向净化效果，同时考察人工湿地中植物的光合蒸腾速率变化规律，分析影响光合蒸腾速率作用的主要因素及对人工湿地去除效果的影响。最后通过 Design-Expert 软件，应用响应面统计分析法对复合流人工湿地处理总氮、总磷、氨氮等污染物的净化效果进行回归分析并确定最佳运行工况。为人工湿地这一生物工程措施在我国城市降雨径流处理方面的应用和推广提供科学依据和理论支撑。

3. 生物滞留技术对路面径流的净化效果及其影响因素和设计方法研究

生态滤沟作为一种典型的雨水径流原位控制措施，将 LID 技术与雨水蓄滞回用技术有机集合在一起，优化了最佳管理措施，具有较高的使用价值。本书在分析国内外相关研究成果的基础上，从水质（浓度去除）和水量（径流削减）两方面，进行了生态滤沟净化城市路面径流小试、中试（Ⅰ、Ⅱ）试验，重点研究生态滤沟系统在不同影响因素（进水污染物浓度、进水水量、运行间隔时间、滤沟宽度、填料种类等）情况下对路面径流污染物（包括氮、磷、COD、重金属等）净化效果和径流水量及洪峰削减效果的影响。

（1）设计了 6 组 30 根生态滤沟小型试验柱，通过室外试验、数理统计和数学模拟，研究填料的组合方式与类型、填料厚度、淹没区的深度、植被条件和进水水量水质等因素对生态滤沟水质水量调控效果的影响；将生态滤沟小型试验的调控效果与生态滤沟的填料组合方式、填料厚度、淹没区深度、植被条件、水力负荷及污染负荷等各因素之间的相互关系进行集成化模拟，建立相应的水质水量多元统计模型，并运用 HYDRUS-1D 软件对装置的出水水质进行模拟。

(2) 设计和建造了两套不同宽度的中型试验装置(Ⅰ)，其中一套为 0.5m 宽的 10 条滤沟，每条沟槽的规格(长×宽×深)为 2m×0.5m×1.05m；另一套为 1.0m 宽的 8 条滤沟，每条沟槽的规格为 2.5m×1.0m×1.05m。研究从单纯物理化学作用到物理化学和生物综合作用下生态滤沟系统的运行效果和影响因素。第一阶段为生态滤沟对模拟雨水的物理化学吸附试验，在无植物和不进行生物活动的前提下，采用双边进水方式，着重研究生态滤沟中填料对各污染物的物化吸附去除效果；第二阶段为模拟配水净化能力试验，在栽种植物情况下，用试验配水模拟路面径流，通过正交试验，研究各个因素对生态滤沟净化能力(浓度去除、出水水量)的影响，识别主要影响因素，确定试验条件下各因素最适值。根据实验结果，采用 SPSS 软件线性分析中的逐步回归模型对生态滤沟水量削减效果与影响因素(进水水量、运行间隔时间、填料种类)进行线性拟合；采用多元线性回归模型对生态滤沟污染物净化效果与影响因素(进水污染物浓度、运行间隔时间、填料种类、沟宽)进行线性拟合。采用 Hydrus-1D 软件模拟生态滤沟中型试验装置出水情况以及污染物浓度的垂向分布。

(3) 设计和建造了 6 条配置不同填料的生态滤沟中型试验装置(Ⅱ)，通过室外试验、数理统计和数学模拟，研究了基质类型、基质组合方式、填料的组合方式、植被条件、进水水量、进水污染物浓度、降雨间隔时间、季节等因素对生态滤沟调控效果的影响；将生态滤沟的净化效果与生态滤沟各因素之间的相互关系及协同作用进行集成化模拟，建立相应的水质水量多元统计模型，并运用 HYDRUS-1D 软件对装置的出水水质进行模拟。

(4) 通过对生态滤沟内进行菌群的驯化以及高效多环芳烃降解菌群的优选得到能够高效降解 PAHs 的菌群，通过研究不同外加碳源、氮源和 PAHs 初始浓度对菌群生长和降解效果的影响，揭示菌群对 PAHs 的降解特性；利用分子生物学方法分析混合菌群的种群结构，揭示菌群的协同作用机理。

(5) 构建了典型生物滞留设施生态滤沟系统的设计方法，结合工程实例应用，为我国生物滞留系统设计和建造提供参考。

4. 城市生物滞留技术效果的模拟研究

分别以西安市浐河、皂河某片区以及西咸新区沣西新城为研究区域，根据现有的城市雨水管网系统以及实测资料，建立相应的暴雨管理模型(SWMM)，在不同情景下研究区域设置低影响措施前后的水量及水质情况，研究低影响开发调控措施对城市降雨径流及其污染物的调控效果。

1.3.2 技术路线

技术路线如图 1-3 所示。

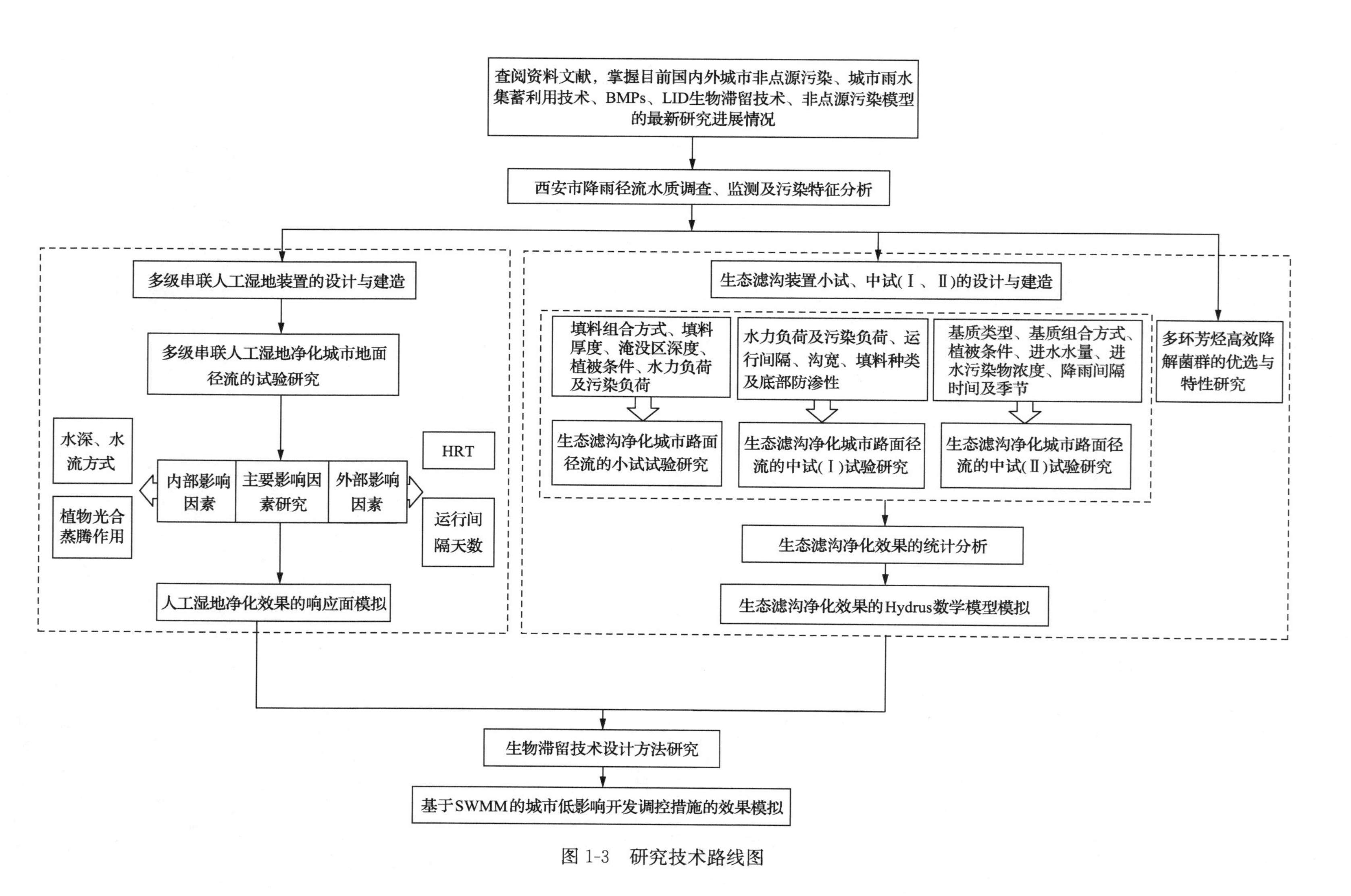
查阅资料文献，掌握目前国内外城市非点源污染、城市雨水集蓄利用技术、BMPs、LID生物滞留技术、非点源污染模型的最新研究进展情况
西安市降雨径流水质调查、监测及污染特征分析
多级串联人工湿地装置的设计与建造
多级串联人工湿地净化城市地面径流的试验研究
水深、水流方式
植物光合蒸腾作用
内部影响因素
主要影响因素研究
外部影响因素
HRT
运行间隔天数
人工湿地净化效果的响应面模拟
生态滤沟装置小试、中试(Ⅰ、Ⅱ)的设计与建造
填料组合方式、填料厚度、淹没区深度、植被条件、水力负荷及污染负荷
水力负荷及污染负荷、运行间隔、沟宽、填料种类及底部防渗性
基质类型、基质组合方式、植被条件、进水水量、进水污染物浓度、降雨间隔时间及季节
多环芳烃高效降解菌群的优选与特性研究
生态滤沟净化城市路面径流的小试试验研究
生态滤沟净化城市路面径流的中试(Ⅰ)试验研究
生态滤沟净化城市路面径流的中试(Ⅱ)试验研究
生态滤沟净化效果的统计分析
生态滤沟净化效果的Hydrus数学模型模拟
生物滞留技术设计方法研究
基于SWMM的城市低影响开发调控措施的效果模拟
图 1-3　研究技术路线图

参考文献

边璐,李田,侯娟. 2013. PMF和PCA/MLR法解析上海市高架道路地表径流中多环芳烃的来源. 环境科学,34(10):3840～3846

车伍,欧岚. 2002. 北京城区雨水径流水质及其主要影响因素. 环境污染治理技术与装备,3(1):33～37

车伍,李俊奇. 2006. 城市雨水利用技术与管理. 北京:中国建筑工业出版社

车伍,刘红,孟光辉. 1999. 雨水利用与城市环境. 北市节能,(3):13～14

车伍,刘燕,李俊奇. 2003. 国内外城市雨水水质及污染控制. 给水排水,29(10):38～42

车伍,汪惠珍,任超,等. 2001. 北京城区屋面雨水污染及利用研究. 中国给水排水,17(6):57～61

车伍,刘燕,欧岚,等. 2004. 城市雨水径流面污染负荷的计算模型. 中国给水排水,20(7):56～58

陈冬,许模,曾科,等. 2014. SWMM模型模拟岩溶隧道涌水量的动态变化过程分析:以中坝隧道为例. 地下水,36(1):82～84

陈来国,冉勇,麦碧娴,等. 2004. 广州周边菜地中多环芳烃的污染现状. 环境化学,23(3):341～344

陈西平. 1993. 城市径流对河流的污染的CIS模型与计算. 水利学报,(2):57～63

陈晓燕,张娜. 2013. 雨洪管理模型SWMM的原理、参数和应用. 中国给水排水,29(4):4～7

陈莹,赵剑强,胡博. 2011. 西安市城市主干道路面径流污染特征研究. 中国环境科学,31(5):781～788

崔理华. 2009. 污水处理的人工湿地构建技术. 北京:化学工业出版社

代才江,杨卫东,王君丽,等. 2009. 最佳管理措施(BMPs)在流域农业非点源污染控制中的应用. 农业环境与发展,26(4):65～67

戴兴春,徐亚同,谢冰. 2004. 浅谈人工湿地法在水污染控制中的应用. 上海化工,29(10):7～9

邓瑞芳,张永春,谷江波. 2004. 人工湿地对污染物去除的研究现状及发展前景. 新疆环境保护,26(3):19～22

董欣. 2008. SWMM模型在城市不透水区地表径流模拟中的参数识别与验证. 环境科学,29(6):1495～1501

段康前,倪晋仁. 1998. 湿地综合分类研究:Ⅱ模型. 自然资源学报,13(4):312～319

方红远. 1998. 城市径流质量模型参数率定方法研究. 环境科学进展,6(2):56～60

冯琳. 2009. 潜流人工湿地中有机污染物降解中间产物分析方法及去除机理研究. 重庆:西南大学博士学位论文

盖静,尚文平,郭汉全. 2007. 人工湿地的研究进展. 中国农学通报,23(11):367～370

郭本华,宋志文,韩潇源. 2005. 碎石、沸石和页岩陶粒构建人工湿地的除磷效果. 工业用水与废水,36(2):46～47

韩景超,毕春娟,陈振楼,等. 2013. 城市不同下垫面径流中PAHs污染特征及源辨析. 环境科学学报,33(2):503～510

何爽,刘俊,朱嘉祺. 2013. 基于SWMM模型的低影响开发模式雨洪控制利用效果模拟与评估. 水电能源科学,31(12):42～45

贺缠生,傅伯杰,陈利顶. 1998. 非点源污染的管理及控制. 环境科学,19(5):87～91

贺锋,吴振斌. 2003. 水生植物在污水处理和水质改善中的应用. 植物学通报,20(6):641～647

贺锡泉. 1990. 城市径流非点源污染运动波模型初探. 上海环境科学,9(8):12～15

胡爱兵,张书函,陈建刚. 2011. 生物滞留池改善城市雨水径流水质的研究进展. 环境污染与防治,33(1):74～77

胡继连,葛颜祥,李春芳. 2009. 城市雨水资源化利用政策研究. 山东社会科学,(1):80～84

胡亭. 2012. 结合Object ARX快速建立SWMM模型计算河道水面线的方法. 中国农村水利水电,(8):72～73

胡雪涛,陈吉宁,张天柱. 2002. 非点源污染模型研究. 环境科学,23(3):124～128

黄兵,朱晓敏. 2012. 基于SWMM的昆明市船房片区合流制排水系统模拟. 中国给水排水,28(19):15～23

贾忠华,罗纨,周晓夏,等. 2004. 干旱与半干旱地区湿地水文及临界条件的模拟研究. 水利学报,(6):27～32

焦璀玲,王昊,李永顺,等. 2008. 人工湿地数值模拟研究～以山东平阴湿地示范区为例. 南水北调与水利科技,6(6):87～108

李海燕,岳利涛. 2011. SWMM中典型水质参数值确定方法的研究. 给水排水,(S1):159～162

李怀恩. 1996. 流域非点源污染模型研究进展与发展趋势. 水资源保护,(2):14～18

李怀恩. 2000. 估算非点源污染负荷的平均浓度法及其应用. 环境科学学报,20(4):397～400

李怀恩,李家科. 2013. 流域非点源污染负荷定量化方法研究与应用. 北京:科学出版社

李怀正,叶建锋,徐祖信. 2007. 几种经济型人工湿地基质的除污效能分析. 中国给水排水,23(19):27～30
李家科,杜光斐,李怀恩,等. 2012. 生态滤沟对城市路面径流的净化效果. 水土保持学报,26(4):1～6,11
李静静. 2013. 合肥地区城市地表径流中多环芳烃污染特征研究及生态风险评价. 合肥:安徽大学硕士学位论文
李俊奇,王文亮,边静,等. 2010. 城市道路雨水生态处置技术及其案例分析. 中国给水排水,26(16):60～64
李文奇. 2009. 人工湿地处理污水技术. 北京:水利水电出版社
李志强,李泽琴. 2008. 城市住宅小区非点源污染及其防治研究. 山西建筑,34(24):182～183
廖新娣,骆世明. 2003. 人工湿地对猪场废水有机物处理效果的研究. 应用生态学报,13(1):113～117
廖新娣,骆世明,吴银宝,等. 2004. 人工湿地处理废水有机物动态模型的研究. 工业用水与废水,35(4):23～26
林积泉,马俊杰,王伯铎,等. 2004. 城市非点源污染及其防治研究. 环境科学与技术,(27):63～65
林莉峰,张善发,李田. 2006. 城市面源污染最佳管理方案及其在上海市的实践. 中国给水排水,22(6):19～23
刘保莉,曹文志. 2009. 可持续雨洪管理新策略——低影响开发雨洪管理. 太原师范学院学报(自然科学版),8(2):111～115
刘枫,王华东,刘培桐. 1988. 流域非点源污染的量化识别及其在于桥水库流域的应用. 地理学报,43(4):329～339
刘曼蓉,曹万金. 1990. 南京市城北地区暴雨径流污染研究. 水文,(6):15～23
刘思瑶. 2010. 人工湿地有机物处理工艺设计关键与参数优化试验研究. 广州:暨南大学硕士学位论文
刘魏魏,睿尹,林先贵,等. 2010. 生物表面活性剂强化微生物修复多环芳烃污染土壤的初探. 土壤学报,47(6):1118～1125
鲁南,董增川,牛玉国. 2008. 生物滞留槽土壤渗透与恢复过程模拟研究. 水电能源科学,26(3):110～112
罗福亮,元媛. 2013. SWMM和MIKE11耦合模型在城市感潮河网中的应用. 中国农村水利水电,(3):98～102
罗小林,郑一,张巍,等. 2011. 城市降雨径流多环芳烃污染研究的进展与展望. 环境科学与技术,34(4):55～59
马俊花. 2012. 暴雨管理模型(SWMM)在城市排水系统雨季溢流问题中的应用. 净水技术,31(3):10～15
马晓宇,朱元励. 2012. SWMM模型应用于城市住宅区非点源污染负荷模拟计算. 境科学研究,25(1):95～102
孟莹莹,陈建刚,张书函. 2010. 生物滞留技术研究现状及应用的重要问题探讨. 中国给水排水,26(24):20～24
孟莹莹,王会肖,张书函,等. 2013. 基于生物滞留的城市道路雨水滞蓄净化效果试验研究. 北京师范大学学报(自然科学版),49(2/3):286～291
倪艳芳. 2008. 城市面源污染的特征及其控制的研究进展. 环境科学与管理,33(2):53～57
聂铁峰. 2012. 广州市城区暴雨径流非点源污染负荷核算技术研究. 广州:华南理工大学硕士学位论文
牛志广,陈彦熹,米子明,等. 2012. 基于SWMM与WASP模型的区域雨水景观利用模拟. 中国给水排水,28(11):50～56
潘国艳,夏军,张翔,等. 2012. 生物滞留池水文效应的模拟试验研究. 水电能源科学,30(5):13～15
齐苑儒. 2009. 西安市城区非点源污染负荷初步研究. 西安:西安理工大学硕士学位论文
任伯帜,邓仁健,李文健. 2006. SWMM模型原理及其在霞凝港区的应用. 水运工程,(04):41-44
单胜道,俞劲炎,于伟. 2000. 酸雨与土壤生态系统. 生态农业研究,8(2):20～23
施为光. 1993. 城市降雨径流长期污染负荷模型的探讨. 城市环境与城市生态,6(2):6～10
宋春霞,项学敏,李炎生. 2004. 植物在污水土地处理中的作用. 化工装备技术,25(2):56～58
宋志文,毕学军,曹军. 2003. 人工湿地及其在我国小城市污水处理中的应用. 生态学杂志,22(3):74～78
孙艳伟. 2011. 城市化和低影响发展的生态水文效应研究. 杨凌:西北农林科技大博士学位论文
孙艳伟,魏晓妹. 2011. 生物滞留池的水文效应分析. 灌溉排水学报,30(2):98～103
孙艳伟,把多铎,王文川,等. 2012a. SWMM模型径流参数全局灵敏度分析. 农业机械学报,43(7):42～49
孙艳伟,王文川,魏晓妹,等. 2012b. 城市化生态水文效应. 水科学进展,23(4):569～574
孙艳伟,魏晓妹,Pomeroy C A. 2011. 低影响发展的雨洪资源调控措施研究现状与展望. 水科学进展,22(2):287～293
汤显强,李金中,李学菊,等. 2007. 人工湿地不同填料去污性能比较. 水处理技术,33(5):45～48
唐双成,罗纨,贾忠华,等. 2012. 西安市雨水花园蓄渗雨水径流的试验研究. 水土保持学报,26(6):75～84
汪慧贞,李宪法. 2002. 北京城区雨水径流的污染及控制. 城市环境与城市生态,15(2):16～18
汪俊三. 2009a. 植物碎石床人工湿地处理富营养化水和微污染水体试验研究. 北京:中国环境科学出版社

汪俊三. 2009b. 植物碎石床人工湿地污水处理技术和我的工程案例. 北京:中国环境科学出版社
王建龙,车伍,易红星. 2010. 基于低影响开发的雨水管理模型研究及进展. 中国给水排水,26(18):50～54
王健,尹炜,叶闽,等. 2011. 植草沟技术在面源污染控制中的研究进展. 环境科学与技术,34(5):90～94
王静,朱利中,陈宝梁,等. 2003. 杭州市地面水中多环芳烃污染现状及风险. 中国环境科学,23(5):485～489
王龙,黄跃飞,王光谦. 2010. 城市非点源污染模型研究进展. 环境科学,31(10):2532～2540
王平,周少奇. 2005. 人工湿地研究进展及应用. 生态科学,24(3):278～281
王少平,俞立中,许世远,等. 2002. 苏州河非点源污染负荷研究. 环境科学研究,15(6):20～23
王世和. 2007. 人工湿地污水处理理论与技术. 北京:科学出版社
王书敏,于慧,张彬. 2011. 生物沟技术在城市面源污染控制中的应用研究进展. 安徽农业科学,39(3):1627～1629,1632
王文亮. 2011. 雨水生物滞留技术实验与应用研究. 北京:北京建筑工程学院硕士学位论文
王文亮,李俊奇. 2012. 基于SWMM模型的低影响开发雨洪控制效果模拟. 中国给水排水,28(21):42～44
王雯雯,赵智杰,秦华鹏. 2012. 基于SWMM的低冲击开发模式水文效应模拟评估. 北京大学学报,48(2):303～309
王祥,张行南,张文婷,等. 2011. 基于SWMM的城市雨水管网排水能力分析. 三峡大学学报:自然科学版,33(1):5～8
王永,郝新宇,季旭雄,等. 2012. SWMM在山区城市排水规划中的应用. 中国给水排水,28(18):80～86
魏太兵,马恒升,陈坚,等. 2008. LEED对我国城市建设用地绿色开发的启示. 资源与产业,10(2):84～86
温灼如,苏逸深,刘小靖,等. 1986. 苏州水网城市暴雨径流污染的研究. 环境科学,7(6):2～6
吴林祖. 1987. 杭州城市径流污染特征的初步分析. 上海环境科学,(6):32～35
吴振斌. 2008. 复合垂直流人工湿地. 北京:科学出版社
夏青. 1982. 城市径流污染系统分析. 环境科学学报,2(4):271～278
向璐璐,李俊奇,邝诺,等. 2008. 雨水花园设计方法探析. 给水排水,34(6):47～51
徐晓辉,齐苑儒,陈会萍. 2009. 城市非点源污染研究进展. 电网与清洁能源,25(9):49～52
杨爱玲,朱藏明. 1999. 地表水环境非点源污染研究. 环境科学进展,(5):60～67
杨柳,马克明,郭青海,等. 2004. 城市化对水体非点源污染的影响. 环境科学,25(6):32～38
杨寅群,李怀恩,李家科,等. 2008. 道路非点源污染研究进展. 水资源与水工程学报,19(5):81～86
杨勇,操家顺. 2007. BMPs在苏州城市非点源污染控制中的应用. 水资源保护,23(6):60～62
叶闽,杨国胜,张万顺,等. 2006. 城市面源污染特性及污染负荷预测模型研究. 环境科学与技术,9(2):67～69
叶友斌,张巍,胡丹,等. 2010. 城市大气中多环芳烃的降雨冲刷. 环境科学与技术,34(1):26～33
尹澄清. 2006. 城市面源污染问题:我国城市化进程的新挑战一代“城市面源污染研究”专栏序言. 环境科学学报,26(7):1053～1056
尹澄清. 2009. 城市面源污染的控制原理和技术. 北京:中国建筑工业出版社
于荣丽,李亚峰,孙铁珩. 2006. 人工湿地污水处理技术及其发展现状. 工业安全与环保,32(9):29～31
喻啸. 2004. 绿地雨洪利用水量水质问题研究. 北京:清华大学硕士学位论文
袁东海,任全进,高士祥. 2004. 几种湿地植物净化生活污水COD、总氮效果比较. 应用生态学报,15(12):2337～2341
张倩,苏保林,袁军营. 2012. 城市居民小区SWMM降雨径流过程模拟:以营口市贵都花园小区为例. 北京师范大学学报:自然科学版,48(3):276～281
张胜杰,宫永伟. 2012. 暴雨管理模型SWMM水文参数的敏感性分析案例研究. 北京建筑工程学院学报,28(1):45～48
张巍,张树才,万超,等. 2008. 北京城市道路地表径流及相关介质中多环芳烃的源解析. 环境科学,29(6):1478～1483
张瑜英,孙丽云,李占斌. 2006. 城市非点源污染研究进展与展望. 人民黄河,28(3):42～43
章程,蒋勇军,袁道先,等. 2007. 利用SWMM模型模拟岩溶峰丛洼地系统降雨径流过程:以桂林丫吉试验场为例. 水文地质工程地质,(3):10～14
赵冬泉,佟庆远,王浩正,等. 2009. SWMM模型在城市雨水排除系统分析中的应用. 给水排水,35(5):198～201
赵建伟,单保庆,尹澄清. 2007. 城市面源污染控制工程技术的应用及进展. 中国给水排水,23(12):1～5
赵剑强. 2002. 城市地表径流污染与控制. 北京:中国环境科学出版社

赵树旗,晋存田,李小亮. 2009. SWMM 模型在北京市区域的应用. 给水排水,35(21):448～451
周乐,盛下放. 2006. 芘降解菌株的筛选及降解条件的研究. 农业环境科学学报,25(6):1504～1507
朱永青,林卫青. 2007. 人工湿地数学模型模拟与应用. 环境污染与防治,29(2):155～157
Andersen R G,Booth E C,Marr L C,et al. 2008. Volatilization and biodegradation of naphthalene in the vadose zone impacted by phytoremediation. Environmental Science & Technology,42(7):2575～2581
Antizar-Ladlisao B,Beck A J,Spanova K,et al. 2007. The influence of different temperature programmes on the bioremediation of polycyclic aromatic hydrocarbons (PAHs) in a coal-tar contaminated soil by in-vessel composting. Journal of Hazardous Materials,144(1-2):340～347
Archer N A L,Quinton J N,Hess T M. 2002. Below-ground relationships of soil texture,roots and hydraulic conductivity in two-phase mosaic vegetation in South-east Spain. Journal of Arid Environments,52(4):535～553
Atchison D,Potter K,Severson L. 2006. Design guidelines for stormwater bioretention facilities. Publication No. WIS-WRI-06-01,University of Wisconsin-Madison Civil & Environmental Engineering
Backstrom M. 2002. Sediment transport in grassed swales during simulated runoff events. Water Sci Technol,45(7):41～49
Bakri D A,Rahman S,Bowling L. 2008. Sources and management of urban stormwater pollution in rural catchments, Australia. Journal of Hydrology,356(3-4):299～311
Barbera A C,Cirelli G L,Cavallaro V. 2009. Growth and biomass production of different plant species in two different constructed wetland system in Sicily. Desalination,(246):129～136
Barco J,Wong K M,Stenstrom M K. 2008. Automatic calibration of the U S EPA SWMM model for a large urban Catchment. Journal of Hydraulic Engineering,134(4):466～474
Barraud S,Gautier A,Bardin J,et al. 1999. The impact of intentional stormwater infiltration on soil and groundwater. Water Science and Technology,39(2):185～192
Barrett M E,Walsh P M,Malina J F,et al. 1998. Performance of vegetative controls for treating highway runoff. J Environ Eng,124(1):1121～1128
Bauer J E,Capone D G. 1985. Degradation and mineralization of the polycyclic aromatic hydrocarbons anthracene and naphthalene in intertidal marine sediments. Applied and Environmental Microbiology,50(1):81～90
Bicknell B R,Imhoff J C,Kittle J L,et al. 1993. The HSPF Users′ Guide,Entitled Hydrological Simulation Program-FORTRAN:User′s Manual for Release 11. Environmental Research Laboratory,EPA/600/R-93/174,Athens,GA
Blecken G T,Zinger Y,Deletic A,et al. 2009a. Impact of a sub-merged zone and a carbon source on heavy metal removal in stormwater biofilters. Ecol Eng,35(5):769～778
Blecken G T,Zinger Y,Deletic A,et al. 2009b. Influence of intermittent wetting and drying conditions on heavy metal removal by stormwater biofilters. Water Res,43(18):4590～4598
Boving T B,Neary K. 2007. Attenuation of polycyclic aromatic hydrocarbons from urban stormwater runoff by wood filters. Journal of Contaminant Hydrology,91(1-2):43～57
Boyd T J,Montgomery M T,Steele J K,et al. 2005. Dissolvedoxygen saturation controls PAHs biodegradation in freshwater estuarysediments. Microbial Ecology,49(2):226～235
Bratieres K,Fletcher T D,Deletic A,et al. 2008. Nutrient and sediment removal by stormwater biofilters:a large-scale design optimization study. Water Res,42(14):3930～3940
Brown R A,Hunt W F. 2008. Biorctention performance in the upper coastal plain of North Carolina. Proceedings of the 2008 International Low Impact Development Conference:Low Impact Development for Urban Ecosystem and Habitat Protection. Seattle,Washington
Brown R A,Skaggs R W,Hunt W F. 2013. Calibration and validation of DRAINMOD to model bioretention hydrology. Journal of Hydrology,486:430～442
Burken J G. 2003. Uptake and metabolism of organic compounds:Green-liver model. In:McCutcheonson S C,Schnoor J L. Phytoremediation:Transformation and control of contaminants. Hoboken:Wiley:59～84
Calheiro C S C,Rangel A O S S,Castro P M L. 2007. Constructed wetland system vegetated with different plants

applied to the treatment of tannery wastewater. Water Research,(41):1790～1798

Camorani G,Castellarin A,Brath A. 2005. Effects of land-use changes on the hydrologic response of reclamation systems. Phys Chem Earth,30(8/10):561～574

Canale R P,Auer M T,Owens E M,et al. 1993. Modelling fecal coliform bacteria II. model development and application. Water Research,27:703～714

Carapeto C,Purchase D. 2000. Distribution and removal of cadmium and lead in a constructed wetland receiving urban runoff. Bull Environ Contwn Toxicol,65(3):322～329

Carpenter D D,Hallam L. 2010. Influence of planting soil mix characteristics on bioretention cell design and performance. Journal of Hydrologic Engineering,15(6):404～416

Chen J,Adams J B. 2007. Development of analytical models for estimation of urban stormwater runoff. Journal of Hydrology,336(3-4):458～469

Cheng S,Grosse W,Karrenbroek F,et al. 2001. Effieieney of construeted wetlands in deconta mination of water polluted by heavy metals. Ecol Eng,18(3):317～325

Chiew F H S,McMahon T A. 1999. Modelling runoff and diffuse pollution loads in urban areas. Water Science and Technology,39(12):241～248

Christianson R D,Brown G O,Barfield B J,et al. 2012. Development of a bioretention cell model and evaluation of input specificity on model accuracy. Transactions of the ASABE,5(4):1213～1221

Collins K A,Lawrence T J,Stander E K,et al. 2010. Opportunities and challenges for managing nitrogen in urban stormwater:A review and synthesis. Ecological Engineering,36(11):1507～1519

Cornelissen G,Gustafsson Å,Bucheli T D,et al. 2005. Extensive sorption of organic compounds to black carbon,coal, and kerogen in sediments and soils:Mechanisms and consequences for distribution,bioaccumulation,and biodegradation. Environmental Science & Technology,39(18):6881～6895

Crabtree R,Garsdal H,Gent R,et al. 1994. Mousetrap,a deterministic sewer flow quality model. Water Science and Technology,30(1):107～115

Davis A P. 2008. Field performance of bio-retention:hydrology impacts. Journal of hydrologic engineering,13(2):90～95

Davis A P,Shokouhian M,Sharma H,et al. 2006. Water quality improvement through bioretention media:nitrogen and phosphorus removal. Water Environ Res,78(3):284～293

Davis A P,Hunt W F,Traver R G,et al. 2009. Bioretention technology:overview of current practice and future needs. J Environ Eng,135(3):109～117

Davis A P,McCuen R H. 2005. Stormwater Management for Smart Growth. New York:Springer

Deletic A. 2001. Modelling of water and sediment transport over grassed areas. Journal of Hydrology,248:168～182

Deletic A. 2005. Sediment transport in urban runoff over grassed areas. Journal of Hydrology,301:108～122

Deletic A,Fletcher T D. 2006. Performance of grass filters used for stormwater treatment-a field and modeling study. Journal of Hydrology,317:261～275

Delhomme O,Rieb E,Millet M. 2008. Polycyclic aromatic hydrocarbons analyzed in rainwater collected on two sites in east of France(Strasbourg and Erstein). PolycyclAromat Compound,28(4):472～485

Department of Environmental Resources, Environmental Services Division. 2007. Bioretention Manual, Prince George's County, Maryland. Landover, Md.

DHI. 2004. MOUS,Surface Runoff Models,Reference Manual. Denmark:DHI Software

Diblasi C J,Li H,Davis A P,et al. 2009. Removal and fate of polycyclic aromatic hydrocarbon pollutants in an urban stormwaterbioretention facility. Environmental Science & Technology,43(2):494～502

Dierkes C,Geiger W. 1999. Pollution retention capabilities of roadside soils. Water Science and Technology,39(2):201～208

Dietz M E,Clausen J C. 2005. A field evaluation of rain garden flow and pollutant treatment. Water Air Soil Pollut,167(1-4):123～138

Dietz M E. 2007. Low impact development practices: a review of current research and recommendations for future directions. Water Air Soil Pollut, 186(1-4): 351～363

Dietz M E, Clausen J C. 2006. Saturation to improve pollutant retention in a rain garden. Environ Sci Technol, 40(4): 1335～1340

Dikshit A K, Loucks D P. 1996. Estimation nonpoint pollutant loadings-Ⅰ: a geographical-information-based nonpoint source simulation model. J Environ Sys, 24(4): 395～408

Donald D C, Laura H. 2008. An Investigation of Rain Garden Planting Mixture Performance and the Implication for Design. Proceedings of the 2008 International Low Impact Development Conference: Low Impact Development for Urban Ecosystem and Habitat Protection. Seattle, Washington

Drizo A. 2004. Physico-chemical screening of phosphate-removing substrate for use in constructed wetland. Environment Science and Policy, (7): 329～343

Drizo A, Frost C A, Graee J, et al. 2000. Phosphate and ammonium distribution in a plot-scale constructed wetland with horizontal subsurface flow using shale as a substrate. Water Res, 34: 2483～2490

Eckley C S, Branfireun B. 2009. Simulated rain events on an urban roadway to understand the dynamics of mercury mobilization in stormwater runoff. Water Research, 43(15): 3635～3646

Enell A, Reichenberg F, Warfvinge P, et al. 2004. A column method for determination of leaching of polycyclic aromatic hydrocarbons from aged contaminated soil. Chemosphere, 54(6): 707～715

Fent K. 2003. Ecotoxicological problems associated with contaminated sites. Toxicology Letters, 140: 353～365

Feng K, Molz F J. 1997. A 2-D, diffusion-based, wetland flow mode. Journal of Hydrology, 196(1～4): 230～250

Garbarini D R, Lion L W. 1986. Influence of the nature of soil organics on the sorption of toluene and trichloroethylene. Environmental Science & Technology, 20(12): 1263～1269

Gerhardt K E, Huang X, Glick B R, et al. 2009. Phytoremediation and rhizoremediation of organic soil contaminants: Potential and challenges. Plant Science, 176(1): 20～30

Ghosh U. 2007. The role of black carbon in influencing availability of PAHs in sediments. Human and Ecological Risk Assessment: An International Journal, 13(2): 276～285

Gilliland M W, Baxter-Potter W. 1987. A Geographic information system to predict non-point source pollution potential. Water Resour. Bull, 23(5): 281～290

Greb S R, Bannerman R T. 1997. Influence of particle size on wet pond effectiveness. Water Environment Research, 69(6): 1134～1138

Greenway M. 1997. Nutrient content of wetland plantsh in construeted wetlands receiving. MuniciPal Emueni In TroPicalAustralia. Wat Sci Teeh, 35(5): 135～142

Greenway M. 1999. Construeted wetlands in queensland: performance efficieney and nutrient bioaccumulation. EcolEng, 12: 9～55

Groudeva V I, Groudev S N, Doycheva A S. 2001. Bioremediation of water constaminated with crude oil and toxic heavy metal. Int Miner Proccess, (62): 293～299

Guay J R, Smith P E. 1988. Simulation of Quantity and Quality of Storm Runoff for Urban Catchments in Fresno. California. U. S. Geological Survey Water-Re-sources Investigations Report

Haith D A. 1976. Land use and quality in New York River. J Environ Eng Div ASCE, 102(1): 1～15

Hatt B E, Fletcher T D, Deletic A. 2007. Treatment performance of gravel filter media: Implications for design and application of stormwater infiltration systems. Water Research, 41: 2513～2524

Hatt B E, Fletcher T D, Deletic A. 2009. Hydrologic and pollutant removal performance of stormwater biofiltration systems at the field scale. J Hydrol, 365(3-4): 310～321

Hatzinger P B, Alexander M. 1995. Effect of aging of chemicals in soil on their biodegradability and extractability. Environmental Science & Technology, 29(2): 537～545

HEC. 1977. Storage, treatment, overflow, runoff model, STORM, generalized computer program 723-57-L7520. USA: Hydrologic Engineering Center, United States Corps of Engineers

Henze M, Gujer W, Mino T, et al. 2000. Activated sludge models ASM1, ASM2, ASM2d and ASM3. Scientific and Technical Report No 9. London, UK IWA Publishing
Hinchee R E, Downey D C, Aggarwal P K. 1991. Use of hydrogen peroxide as an oxygen source for in situ biodegradation: Part I. Field studies. Journal of hazardous materials, 27(3): 287～299
Hong E, Seagren E A, Davis A P. 2006. Sustainable oil and grease removal from synthetic stormwater runoff using bench-scale bioretention studies. Water Environment Research, 78(2): 141～155
Hou J, Bian L, Li T. 2013. Characteristics and sources of polycyclic aromatic hydrocarbons in impervious surface runoff in an urban area in Shanghai, China. Journal of Zhejiang University-Science A, 14(10): 751～759
Hsieh C H, Davis A P. 2005a. Evaluation and optimization of bioretention media for treatment of urban storm water runoff. Journal of Environmental Engineering-Asce, 131(11): 1521～1531
Hsieh C H, Davis A P. 2005b. Multiple-event study of bioretention for treatment of urban storm water runoff. Water Science and Technology, 51(3-4): 177～181
Hunt W F Ⅲ, Jarrett, A R, Smith J T. 2003. Field study of biomtention areas in North Carolina. Proceeding of the 2003 ASAE annual international meeting, Las Vegas, Nevada, Paper Number: 032302
Hunt W F, Smith J T, Jadlocki S J, et al. 2008. Pollutant removal and peak flow mitigation by a bioretention cell in Urban Charlotte, N C J Environ Eng, 134(5): 403～408
Hwang H M, Wade T L. 2008. Aerial distribution, temperature-dependent seasonal variation, and sources of polycyclic aromatic hydrocarbons in pine needles from the Houston metropolitan area, Texas, USA. Journal of Environmental Science and Health, Part A: Toxic/Hazardous Substances and Environmental Engineering, 43(11): 1243～1251
Jang S, Cho M, Yoon J, et al. 2007. Using SWMM as a tool for hydrologic impact assessment. Desalination, 212: 344～356
Jefferies C, Aitken A, McLean N, et al. 1999. Assessing the performance of urban BMPs in Scotland. Water Science and Technology, 39(12): 123～131
Jia H F, Lu Y W, Yu S L, et al. 2012. Planning of LID-BMPs for urban runoff control: The case of Beijing Olympic Village . Separation and Purification Technology, 84 : 112～119
Johansson A E, Klemedtsson A K, Klemedtsson L, et al. 2003. Nitrous oxide exchanges with the atmosphere of a constructed wetland treating wastewater. Tellus 55B, (3): 738～750
Kadle R H. 1997. Deterministic and stochastic aspects of constructed wetland performance and design. Water Sci Technol, 35: 149～156
Kadlec R H. 2000. The inadequacy of first-order treatmentwetland models. Ecol Eng, 15: 105～119
Kadlec R H, Knight R L. 1996. Treatment Wetlands Boca Raton FL. Boca Raton: CRC Press
Kemp M C, George D B. 1997. Subsurface flow constructed wetland treating municipal wastewater for nitrogen transformation and removal. Water Enviorn Res, 69: 1254～1262
Kickuth R. 1977. Degradation and incorporation of nutrients from rural wastewaters by plant rhizosphere under limnic conditions. In: Utilization of manure by land spreading. Comm of the Europe Communitions. London: 335～343
Kim G, Yur J, Kim J. 2007. Diffuse pollution loading from urban stormwater runoff in Daejeon city, Korea. Journal of Environmental Management, 85(1): 9～16
Kim K, Ventura S J, Harris P M, et al. 1993. Urban non-point-source pollution assessment using a geographical information system. Journal of Environmental Management, 39(3): 157～170
Klomjek P, Nitisoravut S. 2005. Constructed treatment wetland: a study of eight plant species under saline conditions. Chemosphere, (58): 585～593
Knisel W G. 1980. CREAMS, A field scale model for chemicals, runoff and erosion from agricultural management systems. Washington, D C: Conservation Research Report , USDA, 26: 643
Koudelak P, West S. 2007. Sewerage network modelling in Latvia, use of info works CS and Storm Water Management Model 5 in Liepaja city . Water and Environment Journal, 22(2): 81～87
Lament B B. 2003. Structure ecology and physiology of root clusters-a review. Plant Soil, 248: 1～19

Langergraber G. 2001. Development of a simulation tool for subsurface flow constructed wetlands. Vien～na:Wiener Mitteilungen

Langergraber G. 2003. Simulation of subsurface flow constructed wetlands:Results and further research needs. Water Sci Technol,48:157～166

Lee S B, Yoon C G, Wang W J, et al. 2010. Comparative evaluation of runoff and water quality using HSPF and SWMM. Water Sci Technol,62(6):1401～1409

LeFevre G H, Hozalski R M, Novak P J. 2012a. The role ofbiodegradation in limiting the accumulation of petroleum hydrocarbonsin raingarden soils. Water Research,46(20),6753～6762

LeFevre G H, Novak P J, Hozalski R M. 2012b. Fate of naphthalene in laboratory-scale bioretention cells:Implications for sustainable stormwater management. Environmental Science & Technology,46(2):995-1002

LeFevre G H, Hozalski R, Novak P J. 2013. Root exudate enhanced contaminant desorption:An abiotic contribution to the rhizosphere effect. Environmental Science & Technology,47(20):11545～11553

Leigh M B, Fletcher J S, Fu X, et al. 2002. Root turnover:An important source of microbial substrates in rhizosphere remediation of recalcitrant contaminants. Environmental Science & Technology,36(7),1579～1583

Leon L F, Lam D C, Swayne D A, et al. 2000. Integration of a non-point source pollution model with a decision support system. Environment Modelling and Software,15:249～255

Leon L F, Soulis E D, Kouwen N et al. 2001. Non-point Source Pollution:A Distributed Quality Modeling Approach. Water Research,35(4):997～1007

Leonard R A , Knisel W G , Still D A. 1987. GLEAMS,Ground water loading effects of agricultural management systems. Trans,ASAE,30(5):1403～1418

Li H, Davis A P. 2008a. Heavy metal capture and accumulation in bioretention media. Environ Sci Technol,42(14):5247～5253

Li H, Davis A P. 2008b. Urban particle capture in bioretention media laboratory and field studies, Ⅰ:laboratory and field studies. J Environ Eng,134(6):409～418

Li H, Davis A P. 2008c. Urban Particle Capture in Bioretention Media, Ⅱ:Theory and Model Development. J Environ Eng ,134(6),419～432

Lovley D R. 2003. Cleaning up with genomics:Applying molecular biology to bioremediation. Nature Reviews Microbiology,1(1),35～44

Lucas W C, Greenway M. 2008. Nutrient retention in vegetated and nonvegetated bioretention mesocosms. J Irrig Drain Eng,134(5):613～623

Mahler B J, Van Metre P C, Bashara T J, et al. 2005. Parking lot sealcoat:Anunrecognized source of urban polycyclic aromatic hydrocarbons. Environmental Science &Technology,39(15):5560～5566

Maliszewska-Kordybach B. 1993. The effect of temperature on the rate of disappearance of polycyclic aromatic hydrocarbons from soils. Environmental Pollution,79(1):15～20

Marshall T, Jaime H. 2001. Stormwater Best Management Practices:Preparing for the Next Decade. Stormwater, 2(7):1～11

Martin A J, Kim D J, Ren J, et al. 2009. Compost product optimization for surface water nitrate treatment in biofiltration applications. Bioresour Technol,100(17):3991～3996

Matthews R R, Watt W E, Marsalek J, et al. 1997. Extending retention time in a stormwater pond with retrofitted baffles. Water Quality Research,32(1):73～87

May D B, Sivakumar M. 2009. Prediction of urban stormwater quality using artificial neural networks. Environmental Modelling & Software,24(2):296～302

Mccuen R H. 1982. A Guide to Hydrologic analysis Using SCS Methods. New Jersey:Prentice-Hall,Inc

Mitchell C, McNevin D. 2001. Alternative analysis of BOD removal in subsurface flow constructed wetlands employing Monod kinetics. Water Res,35:1295～1303

Motelay-Massei A, Garban B, Phagne-Larcher K, et al. 2006. Mass balance for polycyclic aromatic hydrocarbons in the

urban watershed of Le Havre(France): Transport and fate of PAHs from the atmosphere to the outlet. Water Research,40(10):1995～2006
Muthanna T M, Viklander M, Blecken G, et al. 2007. Snowmelt pollutant removal in bioretention areas. Water Research,41(18):4061～4072
Njau K N, Minja R J A, Katima J H Y, et al. 2003. A Potential Wetlands Substrate for Treatment of Domestic Wastewater. Water Science and Technology,48(5):85～92
NovakJ M,Watts D W. 2005. An Alum-Based Water Treatment Residual Can Reduce Extractable Phosphorus Concentrations in Three Phosphorus-Enriched Coastal Plain Soils. J Environ Qual,34:1820～1827
Obropta C C,Kardos J S. 2007. Review of urban storm water quality models: deterministic, stochastic, and hybrid approaches. Journal of the American Water Resources Association,43(6):1508～1523
Oros D R,Ross J R M,Spies R B,et al. 2007. Polycyclic aromatic hydrocarbon(PAH)contamination in San Francisco Bay:A 10-year retrospective of monitoring in an urbanized estuary. Environmental Research,105(1):101～118
Pardieck D L,Bouwer E J,Stone A T. 1992. Hydrogen peroxide use to increase oxidant capacity for in situ bioremediation of contaminated soils and aquifers:A review. Journal of Contaminant Hydrology,9(3):221～242
Park M H, Swamikannu X, Stenstrom M K. 2009. Accuracy and precision of the volume-concentration method for urban stormwater modeling. Water Research,43(11):2773～2786
Parka S Y,Leeb K W. 2008. Effect of the aggregation level of surface runoff field sand sewer network for a SWMM simulation . Desalination,226:328～337
Pavlowsky R T. 2013. Coal-tar pavement sealant use and polycyclic aromatic hydrocarbon contamination in urban stream sediments. Physical Geography,34(4-5):392～415
Peterson E W,Wicks C M. 2006. Assessing the importance of conduit geometry and physical parameters in karst systems using the storm water management model(SWMM). Journal of hydrology,329(1-2):294～305
Phillips B C,Thompson G. 2002. Virtual stormwater management planning in the 21st century. In:Paper Presented at the Ninth International Conference on Urban Drainage,Portland,Oregon
Pietikäinen J,Pettersson M,Bääth E. 2005. Comparison of temperature effects on soil respiration and bacterial and fungal growth rates. FEMS Microbiology Ecology,52(1):49～58
Pitt R,Voorhees J. 2002. SLAMM,the source loading and management model. In:Wet-weather Flow in the Urban Watershed:Technology and Management. Boca Raton: CRC Press:79～101
Prince George's County,Maryland. 2006. Bioretention design specifications and criteria. Prince Georges County,Maryland. http://www. leesburgva. gov/Modules/ShowDocument. aspx[2013-8-15]
Read J,Wevill T,Fletcher T D,et al. 2008. Variation among plant species in pollutant removal from stormwater in biofiltration systems. Water Research,42(4-5):893～902
Rose C W,Yu B,Hogarth W L,et al. 2003. Sediment deposition from flow at low gradients into a buffer strip-a critical test of reentrainment theory. Journal of Hydrology,280(1):33～51
Roy-Poirier A,Champagne P,Filion Y. 2010. Review of bioretention system research and design: Past, present, and future. Journal of Environmental Engineering,136(9):878～889
Sakadevan K,Bavor H J. 1998. Phosphate adsorption characteristics of soils,slags and zeolite to be used as substrates in constructed wetland systems. WaterResearch,32(2):393～399
Sang G Q,Cao S L,Wei Z B. 2012. Research and application of the combined of SWMM and Tank model. Applied Mechanics and Materials Vols,(166/169):593～599
Schnoor J L,Licht L A,Mccutcheon S C,et al. 1995. Phytoremediation of organic and nutrient contaminants. Environ. Sci. Technol,29(7):318A～323A
Schwarzenbach R,Gschwend P,Imdoden D. 2003. Environmental Organic Chemistry. Hoboken:Wiley
Sharifana R A,Roshanb A. 2010. Uncertainty and sensitivity analysis of SWMM model in computation of manhole water depth and subcatchment peak flood. Procedia Social and Behavioral Sciences,(2):7739～7740
Sharkey L J. 2006. The Performance of Bioretention Areas in North Carolina:A Study of Water Quality,Water Quan-

tity,and Soil Media. North Carolina State University(BAE-NCSU)

Siriwardene N R,Deletic A,Fletcher T D. 2007. Clogging of stormwater gravel infiltration systems and filters:Insights from a laboratory study. Water Research,41:1433~1440

Staddon W J,Trevors J T,Duchesne L C,et al. 1998. Soil microbial diversity and community structure across aclimatic gradient in western Canada. Biodiversity and Conservation,7(8):1081~1092

Stein O R,Biederman J A,Hook P B,et al. 2006. Plant species and temperature effects on K-C * first-ordermodel for COD removal in batch-loaded SSF wetlands. Ecological Engineering,26:100~112

Stottmeister U,Wiebner A,kuschk P,et al. 2003. Effects of plants and microorganisms in constructed wetlands for wasterwater treatment. Biotechnology Advances,(22):93~117

Sun X,Davis A P. 2007. Heavy metal fates in laboratory bioretention systems. Chemosphere,66(9):1601~1609

Tsihrintzis V A,Hamid R. 1998. Runoff quality prediction from small urban catchments using SWMM. Hydrological Processes,12(2):311~329

Turer D, Maynard J B, Sansalone J J. 2001. Heavy metal contamination in soils of urban highways: comparison between runoff and soil concentrations at Cincinnati,Ohio. Water Air Soil Pollut,132(3-4):293~314

USEPA. 1995. National water quality inventory. Report to Congress Executive Summary. Washington D C:USEPA

Van Metre P C,Mahler B J. 2003. The contribution of particles washed from rooftops to contaminant loading to urban streams. Chemosphere,52(10):1727~1741

Wallingford Software. 1997. Using Hydro Works. United Kingdom:Wallingford Software

Walton R,Chapman R S,Davis J E. Development and application of the wetlands dynamic water budget model. Wetlands,1996,16(3):347~357

Watson J T,Sherwood C R,Kadlec R H,et al. 1989. Whitehouse Performance Expectation And Loading Rates For Constructed Wetlands. Constructed wetlands for wastewater treatment:munlcipal,industrial,and agricultural,Chelsea,Michigan,319~351

Watts A W,Ballestero T P,Roseen R M,et al. 2010. Polycyclic aromatic hydrocarbons instormwater runoff from sealcoated pavements. Environmental Science & Technology,44(23):8849~8854

Weishaar J A, Tsao D, Burken J G. 2009. Phytoremediation of BTEX hydrocarbons: Potential impacts of diurnal groundwater fluctuationon microbial degradation. International Journal of Phytoremediation,11(5):509~523

Whittemore R C. 1998. The BASINS model . Water Environment and Technology,10(12):57~61.

Wynn T M,Liehr S K. 2001. Development of a constructed subsurface-flow wetland simulation model. Ecol Eng, 16(4):519~536

Ye Z H. 1992. The accumulation and distribution of heavy metal in typha latifolia from The Ph/Zn mine wastewater. Acta Phytoceologica et Geobotanica Siniea,16(1):72~79

Zhang W,Keller A A,Wang X. 2009. Analytical modeling of polycyclic aromatic hydrocarbon loading and transport via road runoff in an urban region of Beijing,China. Water Resources Research,45(1):W01423

Zhang Y,Tao S,Cao J,et al. 2006. Emission of polycyclic aromatichydrocarbons in China by county. Environmental Science &Technology,41(3):683~687

Zimmer A ,Schmidt A,Ostfeld A,et al. 2013. New method for the offline solution of pressurized and supercritical flows . Journal of Hydraulic Engineering,139(9):935~948

第 2 章　西安市非点源污染监测与特性分析

在点源污染被逐步控制后，城市地表径流污染作为典型的非点源污染，已成为城市河流与湖泊等受纳水体的主要污染源，是局地尺度、区域尺度乃至全球尺度上城市水环境污染、生态系统健康失衡的重要原因（程江等，2009）。美国环保局（USEPA）已把城市地表径流列为导致全美河流和湖泊污染的第三大污染源。国外学者关于水环境治理的研究认为即使点源污染完全被控制而忽略非点源污染，特别是城市降雨径流污染，受纳水体的水质仍然不会改善（Lee et al.，2005）。自 20 世纪六七十年代起，欧美学者对不同城市屋面、路面和城市功能区小流域，进行了降雨径流污染特征及成因的大规模调查和研究，积累了大量基础数据，在污染物时空分布、初始冲刷效应与径流模型开发等方面取得了值得借鉴的成果（李家科等，2010）。我国的城市非点源污染研究起步较晚，始于 80 年代对北京城市径流污染的研究，随后上海、杭州、苏州、南京、成都、西安、武汉等城市也逐渐开展起来，80 年代仅局限于城区径流污染的宏观特征和污染负荷定量计算模型的研究（Bao et al.，1997），同时，随着计算机技术的高速发展以及研究实践的需要，遥感技术以及人工模拟试验技术都运用到城市非点源污染研究领域。到 90 年代后，分雨强计算城区径流污染负荷为城市径流污染负荷定量计算提供了新的研究方法（施为光，1993）。目前，利用 3S 技术进行非点源污染研究的成果不断出现（周慧平等，2004），为非点源污染研究提供了有力的支持，也提高了非点源污染的负荷计算精度。总体来说，我国对中东部城市（如上海、武汉等）非点源污染开展的研究较多，而对西北地区城市的相关研究很少，而且研究缺乏全面性和系统性。我国目前和今后处于全面和高速发展时期，城市化进程空前加快，城市化形成的不同于自然地表的“城市第二自然格局”，改变了城市生态系统的水文、水质过程与特征（程江等，2009），城市不透水区域的面积占的比例越来越大，导致雨天特别是暴雨天气时产生大量的径流通过下水道直接排放到城市水体中，径流携带的来自城市路面沉积物、重金属、营养物、毒性有机物等污染物成为城市受纳水体水质下降的主要污染源，致使城市水环境问题更为严重，资源性和污染性的水资源危机已经成为影响城市可持续发展的重要因素。因此，应加强城市非点源污染的监测和特征研究，从而为其控制提供科学依据。本章以西安市三环以内主城区（李家科等，2012）、西安理工大学家属院（董雯等，2013）、浐河某片区为对象，确定了研究区域内各功能区及研究区域总出水口的监测点和监测方案，对非点源污染进行监测与特征分析；采用人工降雨试验分析各污染物随降雨历时的变化规律、污染物冲刷规律，与西安市城区自然降雨径流污染特征进行对比分析；结合非点源污染物累积冲刷模型，构建了基于可冲刷污染物量的非点源污染场次负荷模型，并与已有的非点源污染场次负荷模型进行对比研究，总结各模型的优缺点，为建立城市非点源污染模型提供一定的依据。

2.1 西安市主城区非点源污染监测与特性分析

2.1.1 材料与方法

1. 研究区概况

西安市位于黄河流域中部关中平原，东经 107°40′～109°49′和北纬 33°39′～34°45′之间；大体地势是东南高，西北与西南低，呈一簸箕状。西安属东亚暖温带大陆性季风气候，冷热干湿四季分明，冬季干冷，春季温暖、干燥，夏季湿热，秋季凉爽、多雨，市区及各县所在平原区域年平均气温 13℃。全市各区县年平均降水量 537.5～1028.4mm。其中，市区多年平均降水量 583.7mm。全市各区县年平均降水日数 88～105 天，市区年平均降水日数 96.6 天，最长连续降水日数 13～19 天，多出现于秋季，降水强度具有明显季节性。降水量年际变化很大，丰水年和枯水年相比可达 3 倍；降水年内分配不均，汛期 7～10 月 4 个月降水量占全市年降水量的 60%，径流量占全市年径流量的 50%，降雨多为短历时暴雨。

2. 数据采集

为系统分析西安市城区降雨径流污染的时空分布特征和变化规律，从 2010 年 8 月起，对城市主要功能区降雨径流分别进行监测。将城区区域划分为交通区、商业区、居民区、工业区等几种主要土地利用类型区，在各类型区内选择一块或多块能代表其各类特征的封闭或半封闭的小区，小区采样点布设如表 2-1 和图 2-1 所示。雨天时，对小区的降雨径流进行雨强、水质监测。在形成径流的区域，打开径流流入下水道的盖子，采用自制的采样工具采取样品后用聚乙烯瓶收集样品，从刚形成径流开始，每隔 5 分钟采集一次，一直到径流的峰值过后，每隔 30 分钟采一次。

表 2-1 不同功能区的采样点

功能区	采样点	路面径流组成
交通区	西郊工业区昆明路（主干路）5 号桥	收集昆明路自行车、机动车道和人行道的路面径流
	西安市东二环-金花路（主干路）长乐桥	收集路面径流
	咸宁路（次干路）理工大南门前	收集咸宁路机动车道的路面径流
	互助路（次干路）立交王朝轩酒店前	收集互助路自行车、人行道的路面径流
	幸福中路（支路）华山机械厂西门	收集西面幸福路、北面人行道和东面厂门口路面径流
	幸福北路（支路）黄河机械厂西门	收集西面幸福路和东面厂门口的路面径流
	爱学路（支路）理工大学附小南侧	收集路面径流
商业区	轻工市场人和服装城	收集人和服装城前小广场的屋面、地面径流
居住区	理工大学金花校区理工大厦前	收集校区次干道的屋面、路面径流
	理工大学家属院西门口	收集家属院主干道的屋面、路面径流
工业区	黄河机械厂家属院（14 街坊）	收集家属院主干道的屋面、路面径流

由于受到采样条件的随机性和不确定性（如降雨发生的随机性和不确定性）影响，2010～2011 年共取得 11 场观测较为完整的降雨过程，如表 2-2 所示。

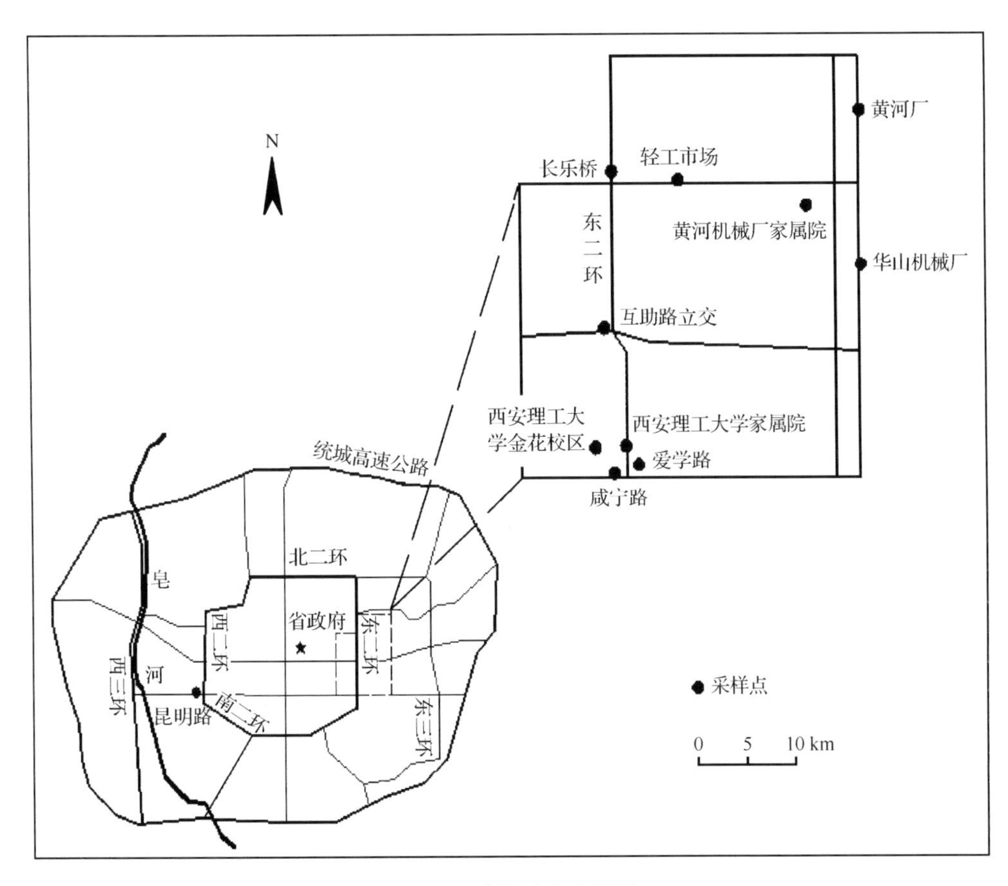

图 2-1 采样地点布置图

表 2-2 降雨过程监测情况

采样日期	采样点	雨前晴天累积天数/d	降雨历时/h	降水量/mm	雨强/(mm/h)	降雨类型
2010-08-14	华山机械厂、咸宁路、互助路立交、轻工市场、理工大校区、理工大家属院	1	1.5	12.6	8.4	大雨
2010-08-19	黄河机械厂、咸宁路、互助路立交、轻工市场、理工大家属院	4	1	11.4	11.4	大雨
2010-10-10	黄河机械厂、咸宁路、互助路立交、轻工市场、理工大校区、理工大家属院	8	3	21.2	7.1	中雨
2010-10-24	昆明路、理工大校区	4	1.5	15.4	10.3	大雨
2011-07-21	理工大校区,金花路	14	1	15.8	15.8	大雨
2011-07-29	金花路、咸宁路、理工大校区、14 街坊	7	2	13.2	6.6	中雨
2011-07-31	金花路、咸宁路、理工大校区、轻工市场、14 街坊	1	12	16	1.33	小雨
2011-08-04	金花路、咸宁路、理工大校区、14 街坊	3	8	5.6	0.7	小雨
2011-09-27	金花路、咸宁路、理工大校区、14 街坊	8	13	10	0.8	小雨
2011-09-28	金花路、咸宁路、理工大校区、14 街坊	0	10	15	1.5	小雨
2011-10-12	金花路、咸宁路、理工大校区、14 街坊	12	4	6	1.5	小雨

3. 水样分析

监测项目包括悬浮物总颗粒 SS、化学需氧量 COD、氨氮 NH_4^+-N、总氮 TN、总磷 TP 和重金属 Cu、Zn、Pb、Cd、总 Cr 等。按照地表水环境质量标准(GB3838-2002)和环境保护行业标准地表水监测技术规范(国家环境保护总局,2002b),分析的水样均为上清液,上清液由原状水静置 30min 后,用虹吸法于液面下 5cm 处向上吸取澄清水得到。其中,SS 采用 103~105℃烘干称量测定,COD 采用重铬酸钾法(回流法)测定;NH_4^+-N 采用纳氏试剂光度法测定;TN 采用碱性过硫酸钾氧化-紫外分光光度法测定;TP 采用过硫酸钾氧化-钼锑抗分光光度法测定;重金属采用原子吸收光谱法进行测定(国家环境保护总局,2002a)。

4. 污染特征分析方法

根据监测数据,对不同功能区地表径流污染的时间、空间变化特征进行分析。分别采用两种方法估算西安市城市非点源污染负荷:浓度法、监测降水量占年降水量的比例估算法。

1) 浓度法

按照污染负荷的概念,某种污染物的径流污染负荷可用地表径流量与该污染物浓度的乘积来表示。则一年中第 i 场降雨的污染负荷(李家科等,2010)可表示为

$$L_i = \int_0^{T_i} C_{t,i} Q_{t,i} \mathrm{d}t \tag{2-1}$$

式中,L_i 为一年中第 i 场降雨的污染负荷,g;$C_{t,i}$ 为一年中第 i 场降雨地表径流中某污染物在 t 时的瞬时浓度,mg/L;$Q_{t,i}$ 为一年中第 i 场降雨地表径流在 t 时的流量,m^3/s;T_i 为第 i 场降雨的总历时,s。

由于地表径流测试过程一般很难做到连续监测,所以式(2-1)也可近似表示为

$$L_i = \sum_{j=1}^{n} C_{j,i} V_{j,i} \tag{2-2}$$

式中,$C_{j,i}$ 为第 i 场降雨第 j 时间段所测的污染物浓度,mg/L;$V_{j,i}$ 为第 i 场降雨第 j 时间段中的径流体积,m^3;n 为第 i 场降雨时间分段数。

由于在任意一场降雨引起的地表径流过程中,降雨强度随机变化,径流中污染物的浓度随时间变化很大(呈数量级的变化),所以在式(2-2)中污染物的浓度可采用"径流平均浓度 EMC (event mean concentration)"这一概念,进行计算。任意一场降雨 EMC_i 的定义为:该场降雨引起的地表径流中排放的某污染物质的质量除以总的径流体积。可用式(2-3) 表示:

$$EMC_i = \frac{\sum_{j=1}^{n} C_{j,i} V_{j,i}}{\sum_{j=1}^{n} V_{j,i}} \tag{2-3}$$

一年中的多场降雨的污染负荷之和即为年污染负荷:

$$L_y = \sum_{i=1}^{m} L_i = \sum_{i=1}^{m} (\text{EMC}_i \cdot V_i) \tag{2-4}$$

式中，L_y 为年污染负荷，g；m 为一年的降雨次数；V_i 为第 i 场降雨的地表径流量，m^3；EMC_i 为第 i 场降雨的 EMC 浓度，mg/L。

在利用上式计算地表径流年污染负荷时，需要知道一年内每场降雨的径流量及 EMC 值，这是很难做到的，于是常采用年地表径流量和多场降雨的径流平均浓度来计算年污染负荷。

2）按监测降水量占年降水量的比例估算城市径流污染负荷

如果某地的降雨径流监测资料有限，则可根据监测的降雨及其产生的污染负荷资料，按监测降水量占年降水量的比例估算城市年径流污染负荷，计算模型如下（赵剑强，2002）：

$$L_y = 0.001 \times P \times \frac{\sum_{i=1}^{m} (\text{EMC}_i \times V_i)}{\sum_{i=1}^{m} P_i} \tag{2-5}$$

式中，L_y 为污染物年负荷量，kg/a；P 为年降水量，mm；P_i 为第 i 场降雨的降水量，mm；EMC_i 为第 i 场降雨的 EMC 浓度，mg/L；V_i 为第 i 场降雨的地表径流量，m^3；m 为采样次数；0.001 为单位换算系数。

2.1.2 结果与讨论

1. 不同功能区非点源污染特征分析

通过对降雨径流污染过程的监测发现（限于篇幅，仅列举 2010-10-10 次降雨径流，如图 2-2 所示），在降雨产流初期，即大约在前 20min 产生的径流中污染物的浓度是最高的，随着降雨历时的延长，地面累积的沉积物（污染物）被冲刷减少或殆尽，污染物浓度呈逐渐下降趋势，这符合地表径流的初期冲刷效应（first flush effects，FFE）（赵剑强，2002）。

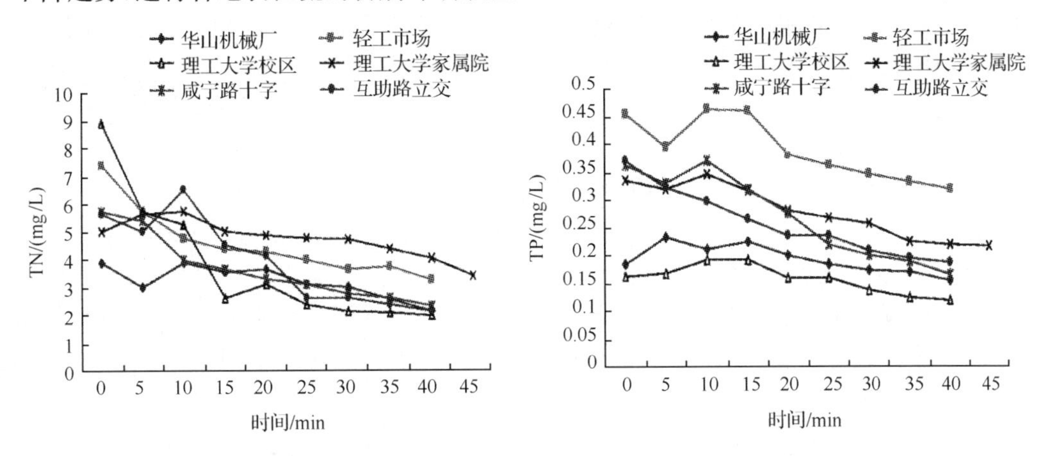

图 2-2　2010-10-10 次降雨各小区地表径流水质的时间变化过程

在2010-08-14、2010-08-19、2010-10-10三次降雨中，各功能区所设采样点监测较为完整，分别求出三次降雨各功能区某一水质指标浓度变化的相对标准偏差RSD(relative standard deviation，变差系数)，然后将其平均得到各功能区平均RSD(表2-3)。由表2-3可见，无论是常规指标(COD、N、P)，还是重金属指标，交通区径流中污染物浓度波动幅度最小，居住区污染物浓度波动幅度最大。交通区即使是在雨天，机动车辆和人类活动持续强烈，径流中的污染物在源源不断排入，再加上机动车辆在径流中不停搅动，因此污染物浓度随时间降低幅度较小。而其他区，特别是居住区，在雨天时人类活动没有交通区那么剧烈，随着降雨径流的持续冲刷，污染物被较快带走，因此径流中污染物浓度变幅较大。

表2-3 各功能区水质平均变幅

功能区	水质指标												
	SS	COD	NH_4^+-N	TN	TP	Cu	Zn	Pb	Cd	Cr	常规指标平均	重金属平均	全部平均
交通区	0.350	0.255	0.087	0.209	0.223	0.305	—	0.098	0.122	0.144	0.225	0.167	0.199
商业区	0.448	0.400	0.083	0.241	0.185	0.321	—	0.028	0.133	0.224	0.271	0.177	0.229
居住区	0.483	0.506	0.176	0.328	0.259	0.403	—	0.388	0.161	0.166	0.350	0.279	0.319

表2-4为2010～2011年各功能区路面径流水质的监测情况。从表2-4中2010～2011年各区水质均值看，交通区SS平均浓度值最大，这主要是因为在城市交通区，人类活动最为剧烈，路面除人们丢弃的大量垃圾外，车辆运行产生的固体颗粒物(如垃圾车、拉土车等的散落物，车辆与路面的摩擦产物等)也是SS的一个重要来源，因此在交通区径流中SS值是最高的；商业区由于主要为步行区域以及地面清扫频次高等原因，SS浓度最小。试验发现，COD主要吸附在固体颗粒物上，因此其分布规律与SS基本一致，即最高浓度出现在交通区，最低出现在商业区。商业区NH_4^+-N、TN、TP平均浓度值最大，这可能与商业区监测地点餐饮业有关。交通区重金属平均浓度值最大，这主要是与交通区的机动车辆的运行紧密相关，机动车的制动器、轮胎、车体和燃料及润滑油都是重金属的重要来源。西安市主城区2010年与2011年地表径流常规指标浓度相差不大，2010～2011年平均值与国内其他城市数量级上基本一致，且水质较之总体偏好；但其水质基本超出地表水环境质量Ⅴ类标准，SS、COD远超污水综合排放一级标准。

2. 西安市主城区非点源污染负荷估算

西安市主城区地表径流量采用SCS模型进行计算。西安市2010年全年降水量为559.2mm，这一数据接近多年平均水平，具有一定的代表性。根据SCS模型提供的参考值，结合西安市实际情况，确定CN值结果如表2-5所示。根据前期土壤湿润程度，采用SCS模型计算不同土地利用类型在不同前期降水水分条件下的次净雨量，并通过全年累加获得年净水量，将土地利用面积乘以各土地利用类型的年净水量，即可计算出各土地利用类型的年径流总量，结果如表2-6所示。

采用2.1.1节中两种方法分别对2010年西安市三环以内主城区的降雨径流污染负荷进行估算。在运用两种方法进行非点源负荷估算时，采用了两种思路，一种是根据每个功能区的2010～2011年平均浓度和对应的地表径流量分别使用两种方法进行计算后加

表 2-4　西安市主城区不同功能区的污染物 EMC 值及与国内城市比较

功能区			SS /(mg/L)	COD /(mg/L)	NH_3-N /(mg/L)	TN /(mg/L)	TP /(mg/L)	Cu /(μg/L)	Zn /(μg/L)	Pb /(μg/L)	Cd /(μg/L)	Cr /(μg/L)
西安（2010年）	交通区	变化范围	128～5628	38.03～1014.78	1.32～13.05	2.13～25.4	0.11～0.80	0～236.9	0～750	55～162.2	10.1～76.7	20.42～124.4
		均值	1338.09	248.64	5.96	10.46	0.29	90.7	360.5	98.4	40.0	59.1
	商业区	变化范围	32～264	31.62～390.7	2.01～13.61	3.25～26.7	0.18～0.91	0～36.4	0～314.8	55.2～60.1	19.8～56.7	11.63～113
		均值	109.315	95.90	7.16	10.41	0.44	20.7	93.4	57.5	37.8	51.5
	居住区	变化范围	28～794	17.78～660.1	1.24～14.52	2.01～28.5	0.10～0.63	0～74.12	0～695.5	8.8～100.6	3.39～62.76	11.2～101.1
		均值	208.54	104.48	5.34	9.33	0.22	17.4	170.0	50.8	29.5	54.5
	综合变化范围		28～5628	17.78～1014.78	1.24～14.52	2.01～28.5	0.10～0.91	0～236.9	0～750	8.8～162.2	3.39～76.7	11.2～124.4
	综合平均		551.98	149.67	6.15	10.07	0.32	42.93	208.0	68.9	35.79	55.07
西安（2011年）	交通区	变化范围	4～4256	17.27～734.45	1.73～17.91	0.795～25.265	0.10～2.609	—	—	—	—	—
		均值	656.23	176.25	3.13	4.58	0.32	—	—	—	—	—
	商业区	变化范围	42～256	56.77～105.88	3.23～4.06	10.105～14.57	0.35～0.652	—	—	—	—	—
		均值	90.00	74.96	3.55	12.11	0.51	—	—	—	—	—
	居住区	变化范围	0～530	9.2～285.56	2.23～7.79	2.97～20.59	0.11～0.46	—	—	—	—	—
		均值	95.90	81.97	3.44	5.29	0.18	—	—	—	—	—
	工业区	变化范围	8～4014	30.63～160.92	1.54～2.73	0.88～11.26	0.19～0.508	—	—	—	—	—
		均值	824.13	64.06	2.24	6.03	0.31	—	—	—	—	—
	综合变化范围		0～4256	9.2～734.45	1.54～17.91	0.80～25.27	0.10～2.609	—	—	—	—	—
	综合平均		416.57	99.31	3.09	7.00	0.33	—	—	—	—	—

续表

功能区			水质指标									
			SS /(mg/L)	COD /(mg/L)	NH_3-N /(mg/L)	TN /(mg/L)	TP /(mg/L)	Cu /(μg/L)	Zn /(μg/L)	Pb /(μg/L)	Cd /(μg/L)	Cr /(μg/L)
西安(2010～2011年)	交通区	均值	997.16	212.44	4.55	7.52	0.31	90.66	360.53	98.39	40.04	59.15
	商业区	均值	99.66	85.43	5.35	11.26	0.48	20.73	93.43	57.50	37.84	51.55
	居住区	均值	152.22	93.23	4.39	7.31	0.20	17.39	170.05	50.80	29.49	54.51
	工业区	均值	824.13	64.06	2.24	6.03	0.31	—	—	—	—	—
	综合变化范围		0～5628	9.2～1014.78	1.24～17.91	0.80～28.5	0.10～2.609	0～236.9	0～750	8.8～162.2	3.39～76.7	11.2～124.4
	综合平均		518.29	113.79	4.13	8.03	0.32	42.93	208.00	68.90	35.79	55.07
北京(1998～2001年)(车伍等,2003)			734	582	2.4	11.2	1.74	—	1230	100	—	—
上海(2003～2004年)(王和意,2005)			664.77	362.90	2.5	22.7	1.02	280	2130	220	—	2410
兰州(2005年)(张媛,2006)			750.5	337.67	—	6.15	1.16	—	—	—	—	—
污水综合排放一级标准			70	100	15	—	—	—	2000	1000	—	—

表 2-5　西安市不同前期降水条件下的 CN 值

土地利用类型	CN		
	Ⅰ	Ⅱ	Ⅲ
居住用地	87	94	97
道路广场用地	95	98	99
工业用地	85	93	97
商业用地	89	95	98
绿地	54	74	87
未利用地	77	89	95

表 2-6　不同土地利用类型的径流总量

土地利用类型	土地面积 /hm^2	年净水量 /mm	年径流总量 /$10^4 m^3$	径流系数	径流模数 /[$10^4 m^3/(km^2 \cdot a)$]
居住用地	11244	114.7	1286.9	0.21	11.5
道路广场用地	2580	270.1	696.7	0.48	27.0
工业用地	3384	96.1	321.7	0.17	9.6
商业用地	2677	138.4	370.5	0.25	13.8
绿地	2987	8.5	25.4	0.02	0.9
未利用地	7780	52.6	409.4	0.09	5.3
总量	30597	—	3110.7	0.18	—

和得到总负荷量(方案一),在计算中,居住用地、道路广场用地、商业用地、工业用地的污染物浓度分别采用表 2-4 中居住区、交通区、商业区、工业区的 EMC,绿地和未利用地与居住区土地利用状况类似,其污染物浓度近似采用居住区的 EMC;另一种是根据所有功能区 2010～2011 年综合平均浓度和地表径流总量分别应用两种方法直接计算非点源污染总负荷量(方案二)。计算结果分别如表 2-7 和表 2-8 所示。

表 2-7　西安市主城区 2010 年降雨径流污染负荷计算结果表(方案一)　　单位:t

指标	SS	COD	NH_4^+-N	TN	TP	Cu	Zn	Pb	Cd	Cr
方法一	12588.697	3607.867	134.263	239.361	8.316	1.064	6.333	1.937	1.022	1.717
方法二	13328.266	3280.507	149.528	223.372	6.667	0.823	2.256	2.449	1.110	1.162
两法平均	12958.482	3444.187	141.895	231.367	7.492	0.943	4.294	2.193	1.066	1.440

表 2-8　西安市主城区 2010 年降雨径流污染负荷计算结果表(方案二)　　单位:t

指标	SS	COD	NH_4^+-N	TN	TP	Cu	Zn	Pb	Cd	Cr
方法一	16122.373	3539.595	128.548	249.784	10.010	1.335	6.470	2.143	1.113	1.713
方法二	13594.166	3375.044	157.975	228.629	7.959	0.869	2.268	2.686	1.112	1.102
两法平均	14858.270	3457.319	143.262	239.206	8.984	1.102	4.369	2.415	1.113	1.408

由表 2-7、表 2-8 可见,无论采用何种方案,两种方法计算结果基本接近(Zn 除外),即每种方法都具有较好的可靠性。同时,方案一和方案二的计算结果相差不大,说明两种计

算思路都可行，为简化计算，可用城市不同功能区监测的综合平均浓度和地表径流总量计算城市非点源污染负荷。

鉴于第一种思路便于理解，本节使用方案一的计算结果。根据方案一，采用两种方法分别计算各种土地利用类型2010年各种污染物输出负荷，然后取各种方法计算结果的平均值作为各种土地利用类型的年输出负荷，最后计算各种土地利用类型的年输出系数。从表2-9可见，交通区（道路广场用地）各指标输出系数最大，绿地各指标输出系数最小。这与各土地利用类型地表污染程度、径流特性等密切相关。参照国内一些学者对输出系数的研究成果，例如，李怀恩等(2000)在香港非点源污染的初步研究中计算了香港地区COD、TN、TP的综合输出系数分别是318.9 kg/(hm^2 · a)、40.4kg/(hm^2 · a)、6.9kg/(hm^2 · a)；梁常德等(2007)在对三峡库区非点源氮磷负荷研究中确定城镇用地的TN、TP的输出系数分别为13kg/(hm^2 · a)、1.8kg/(hm^2 · a)；刘瑞民等(2008)在研究长江上游非点源污染负荷中估算出重庆市TN、TP分别达到31.05kg/(hm^2 · a)、1.58kg/(hm^2 · a)，可见本节COD、TN等输出系数的计算结果与已有研究成果数量级上基本一致。

表2-9 西安市主城区不同类型土地利用输出系数(方案一)　　单位：kg/(hm^2 · a)

土地利用类型	SS	COD	NH_4^+-N	TN	TP	Cu	Zn	Pb	Cd	Cr
居住用地	191.386	96.854	5.148	8.421	0.210	0.018	0.139	0.068	0.036	0.053
道路广场用地	3229.412	605.752	15.145	22.364	0.814	0.219	0.624	0.307	0.124	0.154
工业用地	474.314	62.412	2.994	5.976	0.218	0.015	0.112	0.056	0.029	0.042
商业用地	144.847	120.673	8.225	14.081	0.640	0.025	0.123	0.094	0.052	0.056
绿地	6.475	3.966	0.187	0.311	0.008	0.001	0.007	0.002	0.001	0.002
未利用地	62.131	32.187	1.598	2.637	0.073	0.007	0.051	0.025	0.012	0.019
综合输出系数	423.535	112.570	4.638	7.562	0.245	0.031	0.140	0.072	0.035	0.047

需要指出的是，Thomson等(1997)在Minnesota所进行的研究证明，至少要对15～20场降雨径流的实测计算得到的径流平均浓度才能够较为准确地代表该地的SMC(site mean concentration)，从而才能进一步利用公式准确计算该地的径流污染年负荷值。由于降雨径流监测难度大，本节仅在不同功能区进行了11场降雨径流的监测，应该说不同功能区EMC还存在一定的不确定性，后续还应加强监测。另外，由于人力等原因，观测点的分布和数量还存在不足：测点主要集中于城中心偏东地区，代表性还不够；本节测点共11个，对于面积较大的西安主城区来说还较少，还需进一步补充。

2.2 城市雨水径流水质演变过程监测与分析

2.2.1 材料与方法

1. 研究区概况

以西安理工大学家属院为研究区，进行城市雨水水质演变过程的监测与分析。西安理工大学金花校区位于西安市城区东部东二环金花南路两侧，占地 560 亩，建筑面积 31 万 m^2。从城市地表类型来看，家属院有大量的不透水区，如屋顶、混凝土路面、不透水砖人行道等，也有各种类型的透水区，如绿化带、透水砖人行道等(武晟，2004)。所以，对西安城市地表径流有着良好的代表性，可以作为典型区域进行数据采集和分析。本研究监测点具体位置及径流流程图如图 2-3 所示。

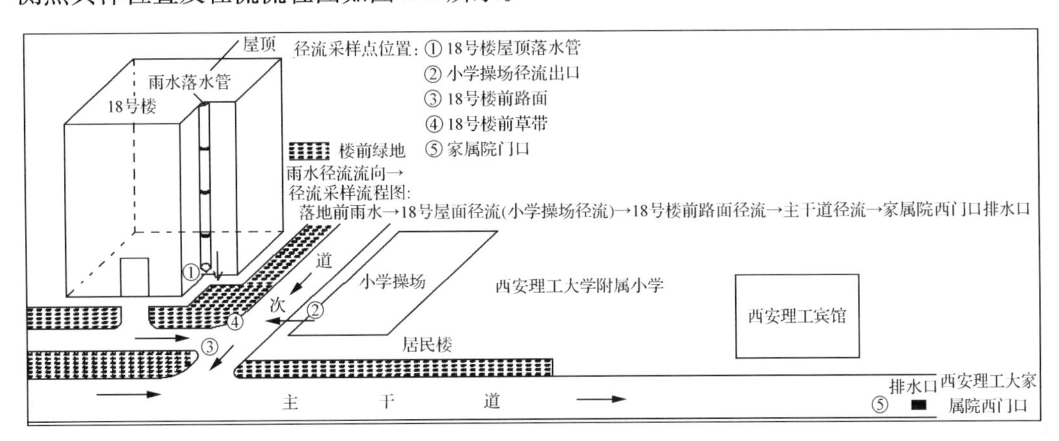

图 2-3　监测点位置和雨水径流采样流程

2. 监测方案

2011 年对 6 场不同降雨过程进行了监测，将城市降雨径流按照“落地前雨水-屋面径流-(草带出水)-操场径流-楼前路面径流-小区出口径流”的模式进行系统监测，落地前雨水样采自教学区水资所屋顶，其余水样均采自家属院。根据监测结果初步分析西安市降雨径流水质的演变过程及其特征，雨水径流采样位置和流程如图 2-3 所示。

2011 年 7～11 月，根据需求选取西安理工大学家属院内 18 号家属楼屋顶、小学操场、18 号楼前路面和家属院门口四个具有代表性的采样点进行雨水水质演变过程监测。18 号楼前屋顶落水管前面有约 1m 宽的草带，由于草带土质松软，绝大部分雨水和屋面径流都渗入地下，径流量很少，所以草带出水的采集十分困难，并且研究区内的大部分草带地势平坦，样品收集就更加困难，在降雨条件允许的情况下，仅两次收集到了草带出水。

监测中路面径流采自路面低洼处，因为家属院内路面雨水口很少，所选研究地点路面没有雨水排水口，该段路面的雨水直接通过路面汇至西门口的雨水口；小区出口的径流在家属院门口的雨水口处采集进入市政管道之前的地表雨水径流样品；屋面径流在屋顶落水管处收集；草带出水在楼前的草带出水口处收集。采样根据能真实反映地表径流污染特性的数据，即自地表产生径流开始采集第 1 个样品，采样间隔一般为 5min，根据降雨强度和历时变化进行必要调整：短时降雨强度较大时采样时间缩短至 3min；降雨历时长而强度小，采样间隔延长至 15～20min。水样用自制采水器采集，置于 1 L 聚乙烯瓶中，立即送至实验室，或于 4℃保存，采用标准方法统一分析。

具体采样时间、地点、前期晴天数及降雨特征如表 2-10 所示。

表 2-10　降雨特征及径流采集情况

采样日期	采样点	雨前晴天天数/d	降雨历时/h	降水量/mm	雨强/(mm/h)	降雨类型
2011-07-21	水资所屋顶、家属院 18 号楼落水管、路面、操场、家属院门口	14	1	15.8	15.8	大雨
2011-07-29	水资所屋顶、家属院 18 号楼落水管、路面、操场、家属院门口	7	2	13.2	6.6	中雨
2011-07-31	水资所屋顶、家属院 18 号楼落水管、草带、路面、操场、家属院门口	1	12	16	1.33	小雨
2011-08-04	水资所屋顶、家属院 18 号楼落水管、路面、操场、家属院门口	3	8	5.6	0.7	小雨
2011-09-27	水资所屋顶、家属院 18 号楼落水管、草带、路面、操场、家属院门口	8	13	10	0.8	小雨
2011-09-28	水资所屋顶、家属院 18 号楼落水管、路面、家属院门口	0	10	15	1.5	小雨
2011-10-12	水资所屋顶、家属院 18 号楼落水管、路面、操场、家属院门口	12	4	6	1.5	小雨

3. 分析指标与方法

水质分析指标包括氨氮(NH_4^+-N)、总氮(TN)、可溶性总磷(TP)、COD、SS。分析方法参考文献(国家环境保护总局,2002a)中的规定与要求,NH_4^+-N 的分析采用纳氏试剂光度法,TN 采用快速消解分光光度法,TP 采用钼锑抗分光光度法,COD 采用快速消解分光光度法,SS 采用 103～105℃烘干称量测定。各样品均进行平行样分析。

2.2.2　结果与讨论

根据系统的监测结果,分别从降雨的不同类型,即大雨、中雨和小雨 3 个不同降雨类型对"落地前雨水-屋面径流-(草带出水)-操场径流-楼前路面径流-小区出口径流"的水质演变过程进行分析。

1. 大雨径流水质变化

2011 年 7 月 21 日的降雨雨强 15.8mm/h,属于大雨。分别采集了落地前雨水、理工大家属院的 18 号楼屋面径流、小学操场径流和家属院门口径流,经检测,落地前雨水中常规污染物平均浓度均较低,如表 2-11 所示。

从表 2-11 可以看出,本次降雨过程中,除 TP 平均浓度未超出地表水环境质量标准的Ⅳ类水质标准外,COD、NH_4^+-N、TN 平均浓度均超出Ⅴ类水质标准。

屋面径流中 COD 和 TP 平均浓度大于操场径流,而 SS、NH_4^+-N 和 TN 平均浓度小于操场径流,原因可能是屋面清扫次数少,降尘中厨房烟气含量高使得有机污染物浓度较高,操场正值暑假,无人打扫,表明灰尘等积累较多的缘故。家属院门口污染物 COD 和

表 2-11 2011-07-21 降水过程污染物平均浓度

采样点	间隔时间/min	监测指标/(mg/L)				
		COD	SS	NH_4^+-N	TN	TP
落地前雨水均值	—	27.42	3.26	2.07	2.55	0.04
18号屋顶	5	94.58	6.94	3.22	4.45	0.29
	10	71.97	6.51	3.00	4.08	0.27
	20	77.29	8.00	2.51	3.21	0.22
	30	62.84	6.17	2.09	3.08	0.22
	45	72.38	8.79	1.54	2.47	0.26
	60	88.67	12.34	1.49	2.06	0.38
18号屋顶均值		77.96	8.13	2.31	3.22	0.27
小学操场	10	50.53	98.00	3.11	3.76	0.13
	20	62.95	26.00	2.82	3.05	0.14
小学操场均值		56.74	62.00	2.97	3.41	0.14
家属院门口	5	135.11	202.00	3.89	5.46	0.23
	10	274.57	30.00	3.46	5.53	0.25
	15	118.87	12.00	3.15	5.31	0.22
	25	110.87	16.00	2.89	4.31	0.21
	35	135.94	10.00	2.93	4.20	0.21
	55	103.76	18.51	2.62	4.93	0.24
	75	95.63	23.96	2.92	5.03	0.26
家属院门口均值		139.25	44.64	3.12	4.97	0.23

TN平均浓度最高，这是因为理工大家属院内屋面、操场以及路面等径流最终都要汇至地势较低的大门口的雨水口流出，使得污染物浓度在此有所升高。

在整个降雨过程中，家属院门口的雨水径流中污染物COD和SS降雨初期浓度明显高于后期，且初期浓度分别是后期浓度的1.77倍和10.17倍。NH_4^+-N和TP降雨初期和后期浓度变化不明显，TN浓度初期是后期的1.09倍。

该次降雨的雨量为15.8mm，前期晴天数为14天。整个径流过程污染物的浓度始终较高，说明即便是环境卫生状况相对较好的区域，在降雨量较大、前期晴天时间长的情况下，直至降雨结束径流水质仍然很差。说明对于地表污染状况严重的区域，10mm以上的降雨仍未能将地表冲刷干净(林莉峰等，2007)。

2. 中雨径流对比

2011年7月29日前半天一直是零星小雨，至下午16:00雨强增大，约20分钟后形成径流，降水量13.2mm，7月30日晴天，7月31日早晨又开始下雨，持续至上午10:00左右，采集这两场降雨是为了对比间隔1天的降雨径流水质，监测结果如图2-4所示。

按照“落地前雨水-屋面径流-操场径流-屋前路面径流-小区出口径流”的降雨演变过程，从图2-4(a)可以看出，“2011-07-29”降雨过程落地前雨水中污染物浓度最小，18号路

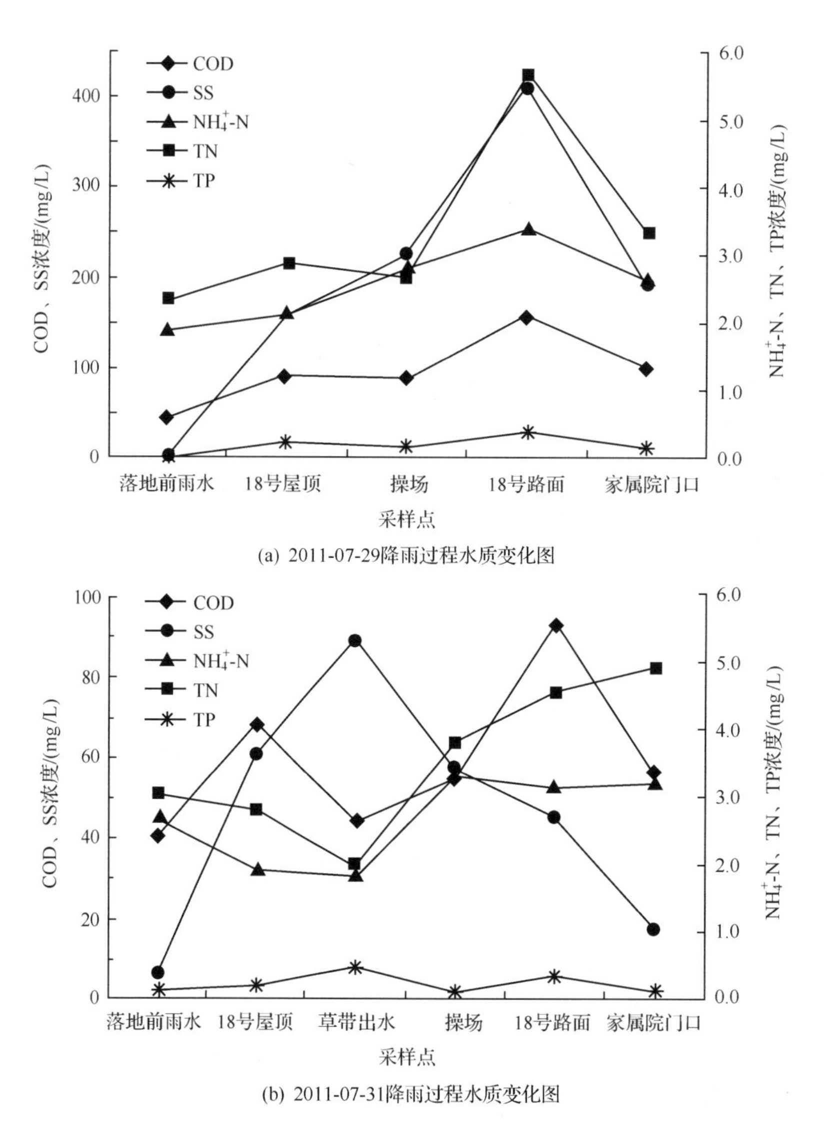

(a) 2011-07-29降雨过程水质变化图

(b) 2011-07-31降雨过程水质变化图

图 2-4　2011-07-29 和 2011-07-31 降雨径流水质变化

面最大，COD、SS、NH_4^+-N、TN 和 TP 浓度最大值分别为 157.77、413.00、3.42、5.71 和 0.39mg/L，COD、NH_4^+-N 和 TN 的最大值均超出地表水Ⅴ类标准，对比《城镇污水处理厂污染物排放标准》(GB18918—2002)，COD 和 SS 最大值均超过了三级排放标准，而 NH_4^+-N 和 TN 浓度最大值均在一级排放标准范围内。

"2011-07-31"降雨径流的水质监测结果如图 2-4(b)所示，通过图 2-4(b)可以看出，落地前雨水中除 TN 平均浓度较高外，其余污染物平均浓度均较低。雨水从落地前到路面，各污染物的平均浓度呈逐渐增大的趋势，而从路面到小区的径流汇集出口，又略有减小。本次降雨过程中 COD、SS、NH_4^+-N、TN 和 TP 浓度最大值分别为 93.48mg/L、89.32mg/L、3.34mg/L、4.97mg/L 和 0.34mg/L，均比"2011-07-29"降雨中各污染物的最高浓度低，尤其是 COD 和 SS，这说明间隔 1d 后，第二次降雨过程产生的径流水质比第一次降雨好。"2011-07-31"降雨草带出水中污染物平均浓度除 SS 和 TP 外，其余浓度均是整个水质演变过程中最低的，COD 浓度从屋顶的 56.93mg/L 降低到 44.55mg/L，NH_4^+-N 从 2.19mg/L 降低到 2.09mg/L，TN 从 6.47mg/L 降到 2.93mg/L，说明草带对于降雨径流有一定的过滤作用，SS 浓度较大的原因是由于雨量不大，草带出水量很小，取样过程中携带的泥土和枯草较多所致，TP 浓度较高的原因可能跟草的种类、带宽以及草带维护时人工施肥有关。

18 号路面径流污染物平均浓度大于家属区门口的原因可能是楼前车流量和人流量较大，人类活动频繁，行人丢弃的垃圾，从屋顶和其他开阔地上冲刷到路面上的碎屑和污染物，宠物粪便或随风抛撒的碎屑，汽车漏油，轮胎磨损和排出的尾气，以及从空中干沉降的污染物等(李养龙和金林，1996)，致使路面径流中污染物浓度增大。家属院门口是所有径流最终的汇集点，理论上这里的径流中各污染物浓度应该是最高的，但实际上污染物浓度在此有所降低。分析原因有以下两点：一是路面的采样点位于人为活动最多的小学门口附近，离小区出口较远，这里人为活动多，产生的污染物也多。二是各住宅楼前都有绿化带，屋面和路面径流在汇集到达小区出口处之前，会有一部分径流经过绿化带，这样就使得部分污染物浓度由于植被过滤带的作用而降低。所以 18 号楼前的路面径流中污染物的浓度会高于小区出口径流汇集点的污染物浓度。

小学操场的 TN 和 TP 平均浓度小于屋面径流，这可能与地表的清洁程度有关。

3. 小雨径流

“2011-10-12”降雨前期晴天数为 12d，此次降雨雨强为 1.5mm/h，历时 4h，降水量约 6.0mm，属于小雨。监测结果如图 2-5 所示。

由图 2-5 可见，“2011-10-12”降雨的“落地前雨水-屋面径流-操场径流-路面径流-小区出口径流”的雨水水质演变过程中，SS 平均浓度依次增大，COD、NH_4^+-N、TN 和 TP 平均浓度大小基本符合“落地前雨水＜屋面径流＜小区出口径流＜路面径流”的特点，这与本节“2011-07-21”和“2011-07-29”降雨监测的结果一致，落地前雨水污染物平均浓度最低，路面径流污染物平均浓度最高。

上述实测结果初步表明，降雨径流污染物的平均浓度与降雨强度、降水量及地表污染物初始累积量(前期晴天数)有关，前期晴天时间短的降雨径流污染物平均浓度明显低于前期晴天时间长的降雨。

4. 不同场次雨水径流水质对比

根据 6 场降雨的监测结果，将各不同采样点雨水径流水质的每场监测均值进行对比，如表 2-12 所示。由表 2-12 可以看出，2011 年所监测的 6 场降雨过程中，落地前雨水中污染物 COD 和 TN 平均浓度的最高值出现在“2011-07-29”降雨过程中，分别为 45.07mg/L 和 7.40mg/L，COD 在地表水质量标准Ⅴ类范围内，TN 超出Ⅴ类水质标准 3.7 倍，SS、NH_4^+-N 和 TP 浓度最高值出现在“2011-10-12”降水过程中，分别为 18.26mg/L、3.43mg/L 和 0.147mg/L，NH_4^+-N 浓度超出地表水质量Ⅴ类水质标准 1.72 倍，TP 在Ⅲ类水范围内。虽然 COD、TN 和 NH_4^+-N 的平均浓度超出地表水Ⅴ类水质标准，但是均在《城镇污水处理厂污染物排放标准》的一级 A 标准范围内，这说明落地前雨水可以作为城镇景观回用水和一般回用水。

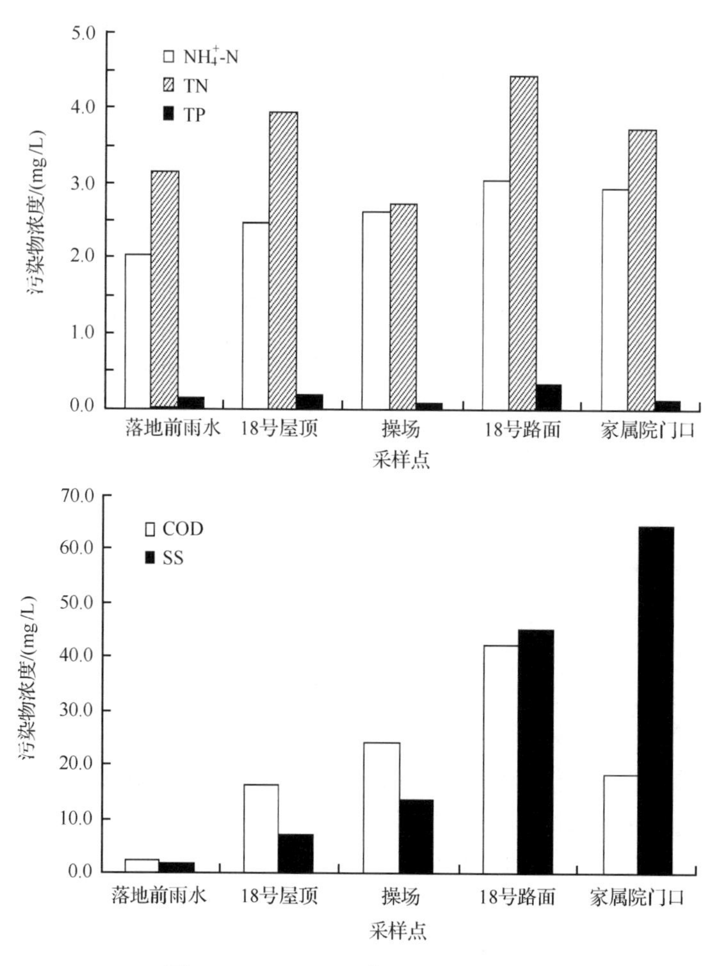

图 2-5 2011-10-12 降雨径流水质变化

家属院 18 号楼顶的屋面径流污染物 SS 和 COD 最高值出现在"20110729"降雨过程中，SS 平均浓度最高值为 158.80mg/L，COD 最高值 90.22mg/L，超出地表水质量Ⅴ类水质标准 2.05 倍，NH_4^+-N 和 TP 浓度最高值出现在"2011-07-21"降雨过程，分别为 3.06mg/L 和 0.27mg/L，NH_4^+-N 超出地表水质量Ⅴ类水质标准 1.5 倍，TP 未超出Ⅳ类水质标准，

表 2-12 不同场次雨水径流水质监测均值 单位：mg/L

采样点	采样日期	COD	SS	NH_4^+-N	TN	TP
落地之前降雨	2011-07-21	27.42	4.36	2.53	2.55	0.04
	2011-07-29	45.07	16.15	2.84	7.40	0.03
	2011-07-31	40.81	3.58	2.72	8.93	0.14
	2011-08-04	34.14	8.19	3.16	4.48	0.05
	2011-09-27	58.37	10.94	1.23	1.43	0.04
	2011-10-12	22.51	18.26	3.43	4.14	0.15
	变化范围	22.51～45.07	3.58～18.26	2.23～3.43	1.43～7.40	0.03～0.15

续表

采样点	采样日期	COD	SS	NH_4^+-N	TN	TP
18号屋顶	2011-07-21	77.96	6.00	3.06	4.73	0.27
	2011-07-29	90.22	158.80	2.12	2.89	0.23
	2011-07-31	68.92	60.50	3.03	2.83	0.19
	2011-08-04	39.56	37.33	1.47	6.17	0.20
	2011-09-27	56.93	43.00	2.19	6.47	0.21
	2011-10-12	16.43	7.14	2.47	4.93	0.17
	变化范围	16.43～90.22	6.00～158.80	1.47～3.06	2.83～6.47	0.17～0.27
18号路面	2011-07-29	157.77	413.00	3.42	5.71	0.38
	2011-07-31	93.48	231.49	3.16	4.61	0.34
	2011-08-04	225.25	119.67	1.81	8.46	0.72
	2011-09-27	86.62	89.33	3.01	6.03	0.47
	2011-10-12	42.05	45.00	3.05	4.43	0.33
	变化范围	42.05～225.25	45.00～413.00	1.81～3.42	4.43～8.46	0.33～0.72
家属院门口	2011-07-21	132.32	37.00	2.67	5.20	0.24
	2011-07-29	100.03	189.80	2.67	3.32	0.13
	2011-07-31	56.31	17.40	3.22	4.97	0.13
	2011-08-04	46.64	87.60	5.13	5.64	0.19
	2011-09-27	138.16	179.33	3.51	9.38	0.26
	2011-10-12	18.35	64.29	2.93	3.72	0.13
	变化范围	18.35～138.2	17.40～189.9	2.67～5.13	3.32～9.38	0.13～0.26

TN浓度最高值出现在“2011-09-27”降雨过程中为6.47mg/L，超出地表水质量Ⅴ类水质标准3.24倍。

18号路面径流中，COD、TN和TP最高值出现在“2011-08-04”降雨中，分别为225.25mg/L、8.46mg/L和0.72mg/L，COD超出Ⅴ类水质标准5.63倍，TN超出Ⅴ类水质标准4.23倍，TP超出Ⅴ类水质标准1.8倍，SS和NH_4^+-N浓度最高值出现在“2011-07-29”降雨过程中，分别为413.00mg/L和3.42mg/L，NH_4^+-N超出Ⅴ类水质标准1.71倍。

家属院门口的小区径流出口COD、TN和TP浓度最高值出现在“2011-09-27”降雨过程中，分别为138.16mg/L、9.38mg/L和0.26mg/L，COD超出Ⅴ类水质标准3.45倍，TN超出Ⅴ类水质标准4.69倍，TP在Ⅳ类水范围内，SS浓度最高值为189.80mg/L，出现在“2011-07-29”降雨中，NH_4^+-N浓度最高值出现在“2011-08-04”降雨中，为5.13mg/L，超出Ⅴ类水质标准2.56倍。

从以上分析可以看出，TP平均值均在地表水环境质量标准Ⅳ类水质范围内，COD、NH_4^+-N、TN这3个指标在各场降雨中的平均浓度均超出地表水环境质量Ⅴ类水质标准，这与郭婧等(2011)研究的北京城市路面地表径流污染严重，径流中的COD、TP和TN浓度平均值60%以上超过《地表水环境质量标准》Ⅴ类标准的结果基本一致，这说明即便区域环境卫生状况较好，在降水量较大、前期晴天时间长的情况下，径流水质仍然很差。所以，不同程度的降雨径流污染程度虽然不同，但是都是十分严重的，尤其对于严重缺水型城市，雨水是非常宝贵且可观的水资源，进行多方面雨水径流水质及污染特性的研究是加强地表径流污染控制与治理和雨水资源再利用的重要基础。从得到的监测结果看，落地前雨水水质较好，可以直接收集作为城市景观用水，屋面和路面径流水质相对较差，但是可以采取相应的措施加以净化后再利用，比如人工湿地技术和生态滤沟技术等，这也是解决缺水型城市水资源问题的一条途径。

5. 同场降雨初期和后期雨水水质比较

2011 年 9 月 27 日的降雨一直持续到 9 月 28 日，在对初期雨水采集监测后，对这场雨结束前的径流进行了监测对比，发现：经过一天的雨水冲刷之后，各采样点 9 月 28 日监测的 SS、COD、NH_4^+-N、TN 和 TP 的浓度基本小于 9 月 27 日（图 2-6），这符合雨水初期浓度高于后期的一般规律。

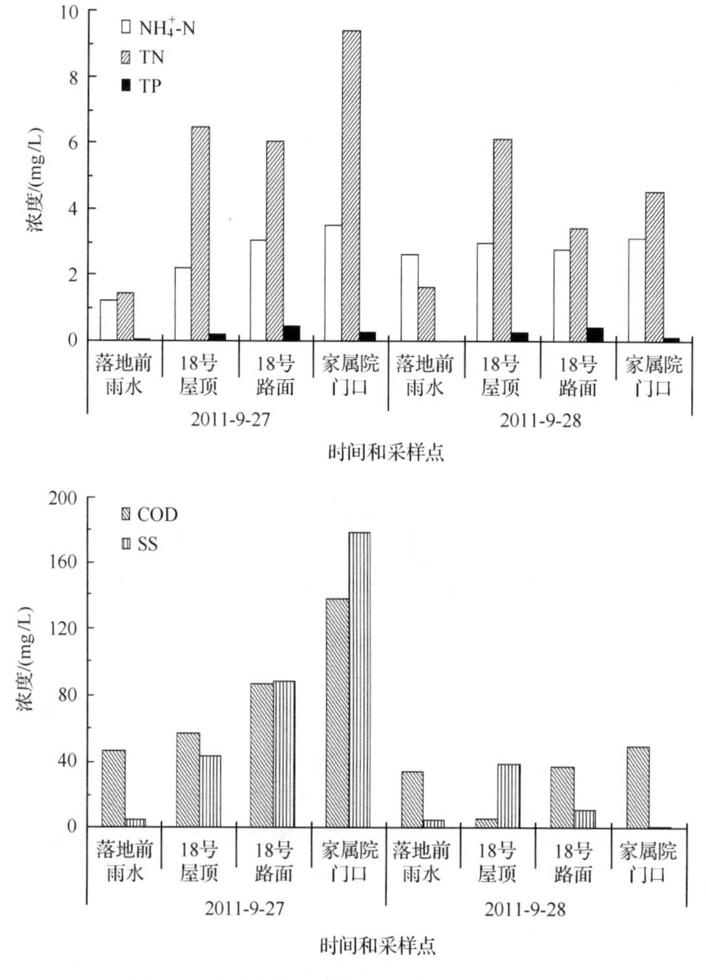

图 2-6　降雨初期与后期污染物平均浓度对比

由图 2-6 可知，初期径流 18 号路面各污染物浓度均高于 18 号屋面径流，家属院门口除 TP 外，其余各污染物浓度最高。因为该场降雨较小，持续时间长，为了对比末期降雨与初期降雨径流中污染物的浓度变化，在降雨结束时，笔者对各采样点又进行了监测，结果发现，“2011-09-28”降雨（末期），落地前雨水中各污染物浓度均较屋面和路面径流中低，但是却高于降雨初期，即“2011-09-27”降雨。

地表径流中各污染物浓度均低于降雨初期径流，无论是屋面径流、路面径流还是家属院门口的小区径流汇集点，各污染物的浓度均较降雨初期径流小很多，陈伟伟等(2011)通过体积法对新乡市城区屋面降雨径流采样研究也表明径流初期污染严重，后期 COD、SS 浓度分别在 25.0mg/L 和 30.0mg/L 以下，屋面材料、降雨历时、降雨强度及降水量等是雨水初期径流水质的重要影响因素（陆怡诚等，2011）。虽然“2011-09-27”的降雨强度小，但径流产生的时间长，降雨持续时间长，大部分污染物已被径流冲走，地表比较干净，所以降雨末期水质明显转好。

6. 草带对屋面径流污染物浓度削减的初步分析

由于 2011 年 7 月 29 日降雨强度较大，所以在间隔 1d 后的 7 月 31 日和降雨时间较长的 9 月 27 日，在 18 号楼前约 1.0m 宽的人工草坪出口收集到了草带出水，经测定，“2011-07-31”降雨的屋面径流污染物浓度经草带削减之后，污染物浓度除 TP 外均有所削减，这与黄国如等(2012)对草地、居住区和商业区的降雨径流水质研究结果一致，草地绿化区的污染物浓度除了 TP 外，其他远小于商业区和居住区。COD 浓度从原来的 68.92mg/L 降低到 43.70mg/L，削减率为 36.60%，SS 浓度在两次过程中均增大，是因为当时在采样时，由于草带出水很小，所以将泥沙和杂草等带入了水样当中，致使 SS 浓度变大。NH_4^+-N 浓度从原来的 1.93mg/L 降到 1.85mg/L，削减率为 10.36%，TN 浓度从 2.83mg/L 降到 2.01mg/L，削减率为 28.87%。“2011-09-27”降雨的屋面径流污染物浓度经草带削减之后 COD 浓度从原来的 56.93mg/L 降低到 44.55mg/L，削减率为 21.75%，NH_4^+-N 浓度从原来的 2.19mg/L 降到 2.09mg/L，削减率为 4.57%，TN 浓度从 6.47mg/L 降到 2.93mg/L，削减率为 54.82%，具体数值如表 2-13 所示。

表 2-13　草带出水与不同地点径流水质比较　　单位：mg/L

降雨场次	采样点	COD	SS	NH_4^+-N	TN	TP
2011-07-31	18 号屋顶	68.92	60.50	1.93	2.83	0.19
	草带出水	43.70	89.32	1.85	2.01	0.48
2011-09-27	18 号屋顶	56.93	43.00	2.19	6.47	0.21
	草带出水	44.55	80.00	2.09	2.93	0.45

可见，草带对屋面径流污染物的削减效果明显，COD 和氮的削减率基本都在 30%左右，这与李怀恩等(2010)的研究结果植被过滤带对地表径流中 COD 和氮的削减率分别达到 60.48%和 46.05%的相差较大，这是研究地点的草带宽度和盖度太小，径流进入草带后停留时间短的缘故。而两次收集的草带出水中 TP 的平均浓度都有所上升，这可能是人工草坪中有人为施肥的缘故。

2.3 浐河某片区非点源污染监测和特征分析

2.3.1 材料与方法

1. 研究区概况

选取西安市城区“西影路—浐河”区域为研究区域，该区域范围：南起西影路、咸宁东路，北至长乐路，西起东二环路，东至长田路、万寿路，总面积为 802hm^2。该研究区域的排水管道为截留式合流制排水管道，管径为 2400～2600mm，区域内总雨水口为长乐东路浐河出水口（八字式石砌），溢流干管的溢流堰为矩形溢流堰。晴天时，污水通过截留干管全部进入污水处理厂；雨天时，一部分雨污水通过截留干管进入污水处理厂，另一部分雨污水通过溢流干管直接排入浐河。

2. 采样点布置及采样方法

为系统分析西安市降雨径流污染特征，于 2013～2014 年，对研究区域内主要功能区各种类型屋面、道路以及总出水口分别进行监测。根据社会活动特点及活动强度的不同，将研究区域划分为居民区、商业区、工业区、交通区等几种主要土地利用类型区，在每种功能区内选择 2～3 个具有代表性的降雨径流采集地点进行水样采集。研究区域内各功能区采样布点如图 2-7 所示，不同功能区采样点布置如表 2-14 所示。

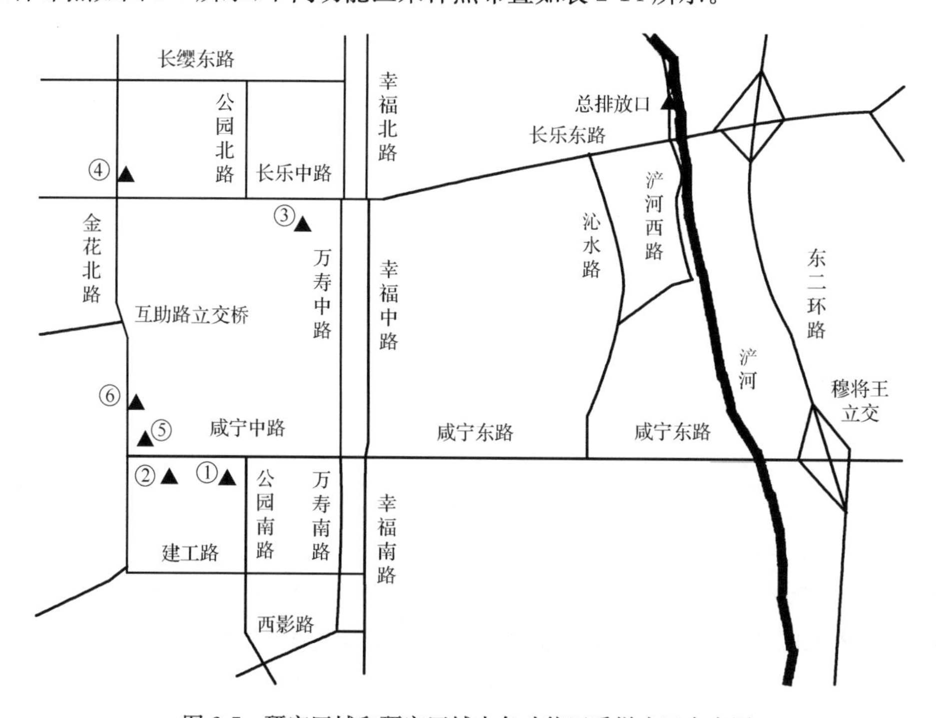

图 2-7 研究区域和研究区域内各功能区采样小区布点图

表 2-14　不同功能区的采样点

功能区	分类	下垫面材质	地点	路面径流组成
—	天然雨水	—	西安理工大学金花校区水资源所楼顶	—
居民区	屋面、道路、集水口	屋面：新楼为水泥，旧楼为沥青 路面：水泥	①陕西钢厂家属院	4、22 号家属楼屋顶、道路、北门集水口
商业区	路面、落水管	屋面：沥青 路面：不透水砖	②火炬路商业广场	广场雨水口、 商业楼落水管
工业区	屋顶、路面、集水口	屋面：水泥 路面：水泥	③十四街坊家属院	屋顶落水管、路面、西门集水口
交通区	主干道	路面：水泥	④长乐桥落水管	机动车道
	次干道	路面：水泥	⑤咸宁中路干道侧雨水口	公交车、自行车、人行车道
	支干道	路面：水泥	⑥爱学路东面	少量机动车、自行车、人行车

雨天时，对研究区域内不同主要功能区采样点和总出水口进行水质、水量同步监测。根据初期降雨强度及径流量的大小来确定取样的间隔时间，一般在径流开始两小时之内，从产生径流开始每隔 5～10 分钟采样一次，产生径流 2h 后每隔 20～60 分钟采样一次，每场降雨至少采集 10 个瞬时水样，每个水样 500mL。不同下垫面采用不同方法进行降雨径流水样的采集，具体采集方法如下：

(1) 排水立管：在管口处放置标有 1000mL 刻线的 PVC 塑料水桶，记录采集 1000mL 水样所用时间，取样后转移至带有编号和刻度的 500mL 聚乙烯瓶中。

(2) 路面：使用簸箕采集，取样后转移至带有编号和刻度的 500mL 聚乙烯瓶中，同时记录跌坎断面处的水深。

(3) 研究区域总出水口：晴天时，对截留式合流制排水管的截留干管进行连续 24 小时的污水水质、水量同步监测；雨天时，用 PVC 塑料水桶在管道出口左、中、右位置各取样一次，并将三次采集的水样进行混合，使用 HQ40d 双路多参数数字化分析仪检测混合水样的温度、电导率和溶解氧，与此同时通过压力传感器获得管道实时水深信号，使用 Stalker Ⅱ SVR 电波流速仪测水流流速，并记录检测结果、采样时间、流速、实时水深等，随后将混合水样转移至聚乙烯瓶中，及时带回实验室分析。

(4) 水质指标的检测：每场降雨结束后，立即将采集水样送至实验室进行水质分析。水质分析参照《水和废水监测分析方法》(第四版，2002)，SS 采用重量法测定，COD 采用重铬酸钾法测定，TN 采用碱性过硫酸钾消解紫外分光光度法测定，TP 采用过硫酸钾消氧化-钼酸盐分光光度法测定，DP 采用过硫酸钾消氧化-钼酸盐分光光度法测定，Cu、Zn 等重金属均采用火焰原子吸收法测定。

3. 研究区域总出水口流量及污染物的分割计算方法

由于研究区域内排水管道为截留式合流制排水管道，雨天时总出水口处出流为雨污水混排，无法直接得到降雨径流及各污染物负荷，所以在使用总出水口水质、水量监测数据之前，需对其进行分割。

根据2013年8月18日（星期天）、2013年8月22日（星期四）两天对截留式合流制排水管的截留干管进行连续24小时污水的水质、水量监测数据（$Q_{旱季污水处理厂}$，$C_{旱季污水处理厂}$）和对长乐东路浐河出水口雨天水质、水量监测数据（$Q_{溢流}$，$C_{溢流}$）进行降雨径流及各污染物浓度（$Q_{雨水}$，$C_{雨水}$）的分割计算。降雨各时刻地表径流流量和污染物浓度的计算公式如下：

$$Q_{雨水} = (Q_{溢流} + Q_{污水处理厂}) - Q_{旱季污水处理厂} \tag{2-6}$$

$$C_{雨水} = \frac{C_{溢流}(Q_{溢流} + Q_{污水处理厂}) - C_{旱季污水处理厂} Q_{旱季污水处理厂}}{Q_{雨水}} \tag{2-7}$$

式中，$Q_{雨水}$为雨天t时刻地表径流流量，m^3/s；$Q_{溢流}$为雨天t时刻实测溢流干管的溢流流量，m^3/s；$Q_{污水处理厂}$为雨天t时刻截留干管进入污水处理厂的流量，m^3/s；$Q_{旱季污水处理厂}$为晴天t时刻截留干管进入污水处理厂的流量，m^3/s；$C_{雨水}$为雨天t时刻地表径流污染物的浓度，mg/L；$C_{溢流}$为雨天t时刻实测溢流干管溢流污染物的浓度，mg/L；$Q_{旱季污水处理厂}$为晴天t时刻实测截留干管进入污水处理厂污水的污染物浓度，mg/L。

在分割计算前，需计算晴天时截留干管进入污水处理厂的流量$Q_{旱季污水处理厂}$以及雨天时实测溢流干管的溢流流量$Q_{溢流}$以及截留干管进入污水处理厂的流量$Q_{污水处理厂}$。管道流量采用式(2-8)进行计算：

$$Q = A \cdot v \tag{2-8}$$

式中，Q为非满流管道流量，m^3/s；A为管道过流面积，m^2；v为管道平均水流流速，m/s。其中，管道过流面积采用下式进行计算：

$$A = \frac{D^2}{4}\cos^{-1}\left(1 - 2\frac{h}{D}\right) - \frac{D^2}{2}\left(1 - 2\frac{h}{D}\right)\sqrt{\frac{h}{D}\left(1 - \frac{h}{D}\right)} \tag{2-9}$$

式中，h为实时水深，m；D为管径，2500mm。

在$Q_{溢流}$的计算中，雨天溢流时，溢流口出的h由压力传感器获得的实时水深信号确定；管道平均流速v采用流速枪 Stalker Ⅱ SVR 电波流速仪所测实时流速的80%（流速仪所测实时水深为水流表面流速，乘以系数0.8为水流的平均流速）。

在$Q_{旱季污水处理厂}$，$Q_{污水处理厂}$的计算中，晴天时（$Q_{旱季污水处理厂}$），截留管管道的实时水深h由压力传感器获得的实时水深信号确定，雨天时（$Q_{污水处理厂}$）截留管管道的实时水深h由式(2-10)与式(2-11)推求；水流流速v均由式(2-12)与式(2-13)计算。计算过程如下：

已知溢流堰为矩形堰，溢流流量、截留管管径及溢流井内各构件的尺寸反推出截留管管道的实时水深h，其计算公式如下：

$$Q = mb\sqrt{2g}H_0^{\frac{3}{2}} \tag{2-10}$$

$$h = D - h_1 + H_0 \tag{2-11}$$

式中，Q为雨天t时刻矩形溢流堰的溢流流量$Q_{溢流}$，m^3/s；m为流量系数，矩形堰的堰顶为不加圆的入口边缘的堰顶，m取为0.32；b为矩形堰堰宽，为0.3m；H_0为堰上水头，m；h_1为矩形堰堰顶距截留管管顶的高度，为0.16m；D为截留管管径，800mm。

污水管中实时水深截留管管道平均水流流速v采用式(2-12)进行计算

$$v=\frac{1}{n_m}R^{\frac{2}{3}}S_0^{\frac{1}{2}} \tag{2-12}$$

式中，n_m 为管道粗糙系数，混凝土圆管取 0.013；S_0 为水力坡度，对于均匀流，为管道坡度；R 为水力半径，m，其计算公式见式(2-13)：

$$R=\frac{D}{4}-\frac{D\left(1-2\frac{h}{D}\right)\sqrt{\frac{h}{D}\left(1-\frac{h}{D}\right)}}{2\cos^{-1}\left(1-2\frac{h}{D}\right)} \tag{2-13}$$

式中，各符号同上。

4. 非点源污染特征评价指标

采用污染物场次平均浓度(EMC)、场次污染物负荷(EPL)、污染物冲刷强度、污染物的冲刷曲线、初期冲刷、后期冲刷等作为评价指标，描述和分析城市降雨径流非点源污染特征。

1) 污染物场次平均浓度(event mean concentration，EMC)

污染物场次平均浓度(EMC)是指场次降雨径流中污染物的平均浓度。EMC 表征了进入河流、湖泊、海洋等受纳水体的城市降雨径流中污染物的浓度大小，能较准确地对雨水径流中的污染物量进行描述。EMC 用汇入污染物总量除以总径流量进行计算，在实际观测中，$Q(t)$和 $C(t)$一般都不是连续取样和监测，很难得到 $Q(t)$和 $C(t)$的连续方程，因此，实际应用一般用不连续方程计算(下同)，计算公式如下：

$$\mathrm{EMC}=\frac{M}{V}=\frac{\int_0^T Q(t)C(t)\mathrm{d}t}{\int_0^T Q(t)\mathrm{d}t}\approx\frac{\sum Q(t)C(t)\Delta t}{\sum Q(t)\Delta t} \tag{2-14}$$

式中，EMC 为污染物场次平均浓度，mg/L；M、V 分别为污染物收集量(mg)和径流量(L)；$Q(t)$为 t 时刻降雨径流流量，L/s；$C(t)$为 t 时刻降雨径流污染物浓度，mg/L；T 为降雨径流持续时间，s；Δt 计算时间间隔，s。

2) 场次污染物负荷(event pollutant load，EPL)

场次污染物负荷(EPL)是指集水区出口降雨径流冲刷输出的总污染物负荷平摊到整个集水区单位面积上污染物负荷。EPL 表征了集水区单位面积上的污染物冲刷输出负荷，有利于分析土地利用类型与污染物输出负荷之间的相关关系。EPL 的计算公式如下：

$$\mathrm{EPL}=\frac{\int_0^T Q(t)C(t)\mathrm{d}t}{A}\approx\frac{\sum Q(t)C(t)\Delta t}{A} \tag{2-15}$$

式中，EPL 为场次污染物负荷，mg/m^2；A 为集水区面积，m^2；其余符号同前。

3) 污染物冲刷曲线

降雨径流污染物冲刷特征可由累积污染物负荷过程线和累积径流过程线构成的污染物冲刷曲线来描述。累积污染物负荷和累积径流量计算如下：

$$M(t)=\frac{\int_0^t Q(t)C(t)\mathrm{d}t}{\int_0^T Q(t)C(t)\mathrm{d}t}\approx\frac{\sum_{i=1}^{k}Q(t_i)C(t_i)\Delta t}{\sum_{i=1}^{N}Q(t_i)C(t_i)\Delta t} \tag{2-16}$$

$$V(t)=\frac{\int_0^t Q(t)\mathrm{d}t}{\int_0^T Q(t)\mathrm{d}t}\approx\frac{\sum_{i=1}^{k}Q(t_i)\Delta t}{\sum_{i=1}^{N}Q(t_i)\Delta t} \tag{2-17}$$

式中，$M(t)$为从降雨径流开始到t时刻累积污染物负荷占总污染物负荷的比例；$V(t)$为从降雨径流开始到t时刻累积径流量占总径流量的比例；其余符号含义同前。

4）污染物的初期冲刷及后期冲刷

城市地面在晴天积累的污染物在降雨的冲刷下，从地面积累向雨水径流中转移，通常出现初期雨水径流污染物浓度高于后期的现象，称之为初期冲刷效应（first flush phenomena）(Deletic and Maksumovic，1998）。国内外众多学者进行了城市降雨径流水质水量的同步监测与分析，得出了城市路面、屋顶和集水区在降雨径流量中普遍存在着污染物初期冲刷现象（王宝山等，2010；Sansalone and Cristina，2004）。但也有学者研究发现，某些场次降雨径流中污染物浓度峰值出现在径流后期，大多数污染物负荷被后期径流冲刷，这种现象被称为污染物后期冲刷现象（end flush phenomenon）或污染物二次冲刷现象（second flush phenomenon）（陈莹，2011）。

2.3.2 结果与讨论

1. 不同功能区非点源污染的特征分析

受到降雨等采样条件的随机性和不确定性的影响，2013～2014 年共取得 6 场观测较为完整的降雨径流的水质水量监测数据，如表 2-15 所示。

表 2-15 降雨径流监测情况

采样日期 年-月-日	采样点	雨天晴天 累积天数/d	降雨历 时/h	降水量 /mm	雨强 /(mm/h)	降雨 类型
2013-08-28	陕西钢厂家属院，十四街坊家属院，火炬路商业广场，长乐桥，咸宁中路、爱学路，浐河总口	17	3.5	5.6	1.6	小雨
2013-10-14		21	3.5	11	3.14	中雨
2014-04-18		7	3	5.2	1.73	小雨
2014-05-13	陕西钢厂家属院	4	1.5	3.2	2.1	小雨
2014-06-13	陕西钢厂家属院，十四街坊家属院，火炬路商业广场，长乐桥，咸宁中路、爱学路，浐河总口	9	2.5	8.2	3.28	中雨
2014-08-30		8	4	33	8.25	大雨

1）单场次降雨不同功能区水质监测

选取 2014-08-30 场次降雨为例，对不同功能区非点源污染的特征进行分析。2014-08-30 场次降雨的总降水量为 33mm，雨强 8.25mm/h，最大雨强 14.5mm/h，属于大雨，其不同功能区水质监测如表 2-16 所示。不同功能区屋顶及路面随着降雨进行各污染物浓度变化过程如图 2-8 和图 2-9 所示。

表 2-16　2014 年 8 月 30 日降雨(大雨)不同功能区水质浓度

采样点		水质指标	SS /(mg/L)	COD /(mg/L)	TN /(mg/L)	DP /(mg/L)	TP /(mg/L)	Cu /(μg/L)	Zn /(μg/L)
生活区	新楼屋顶	变化范围	40～140	64～265	4.1～14.2	0.04～0.15	0.04～0.21	0～66.95	359～1958
		均值	87	131	8.2	0.09	0.11	17.92	816
	新楼路面	变化范围	72～160	26～205	2.87～7.53	0.01～0.58	0.08～0.2	25.49～34.8	44～628
		均值	115	103	4.62	0.03	0.15	29.35	502
	旧楼屋顶	变化范围	16～88	33～818	1.5～11.85	0.01～0.05	0.03～0.09	21.01～54	323～1708
		均值	52	150	5.68	0.04	0.06	34.71	904
	旧楼路面	变化范围	12～596	23～634	5.83～12.3	0.03～0.59	0.1～0.69	31.87～53.4	336～1219
		均值	214	167	9.02	0.31	0.43	42.64	641
	出口	变化范围	32～1328	35～593	4.45～15.6	0.04～0.36	0.25～0.52	31.33～48.1	432～791
		均值	253	240	8.23	0.18	0.22	38.22	613
	综合变化范围		12～1328	23～818	1.5～15.63	0.01～0.59	0.04～0.69	0～66.95	44～1708
	综合平均		146	156	7.14	0.13	0.22	32.57	695
工业区	屋顶	变化范围	4～104	123～603	7.03～60	0.16～1.0	0.32～2.0	25.63～66	451～1495
		均值	50	269	23.2	0.68	0.89	43.56	748
	路面	变化范围	28～500	109～506	5.88～18.6	0.02～0.08	0.05～0.55	37.49～61.7	346～1040
		均值	224	135	12.32	0.05	0.34	46.06	570
	综合变化范围		4～500	109～603	5.88～60.5	0.02～1.00	0.05～2.00	25.63～66.8	346～1495
	综合平均		136	253	17.76	0.38	0.62	44.81	659
商业区	屋顶	变化范围	8～64	110～199	4.0～9.62	0.01～0.02	0.03～0.12	26.61～36.5	274～676
		均值	37.6	152	7.37	0.01	0.07	31.45	521
	路面	变化范围	32～1184	103～282	2.7～12.9	0.02～0.23	0.06～0.37	30.71～42.3	171～490
		均值	310	161	5.83	0.11	0.25	36.01	320
	综合变化范围		8～1184	110～282	2.07～12.9	0.01～0.23	0.03～0.37	26.61～42.3	171～676
	综合平均		174	156	6.6	0.06	0.16	33.73	421
交通区	主干路	变化范围	924～3616	108～1531	3.0～39.93	0.02～0.07	0.12～0.22	29.67～56.4	151～2879
		均值	1961	726	16.15	0.03	0.17	39.11	1070
	支干路	变化范围	140～2464	106～994	3.43～29.1	0.01～0.11	0.1～0.41	30.82～136	198～4489
		均值	1104	504	12.44	0.47	0.24	68.26	1035
	次干路	变化范围	196～496	132～1154	3.45～24.7	0.02～0.15	0.22～0.78	31.86～126	449～1846
		均值	382	644	14.47	0.07	0.52	75.02	1016
	综合变化范围		140～3616	102～1154	3.0～39.93	0.01～0.15	0.1～0.78	29.67～136	151～4489
	综合平均		1749	635	14.35	0.05	0.31	60.8	1040

注：2014-08-30 场降雨由于降雨强度较大，无法采集完整的降雨过程，只取得 3 小时的降雨资料

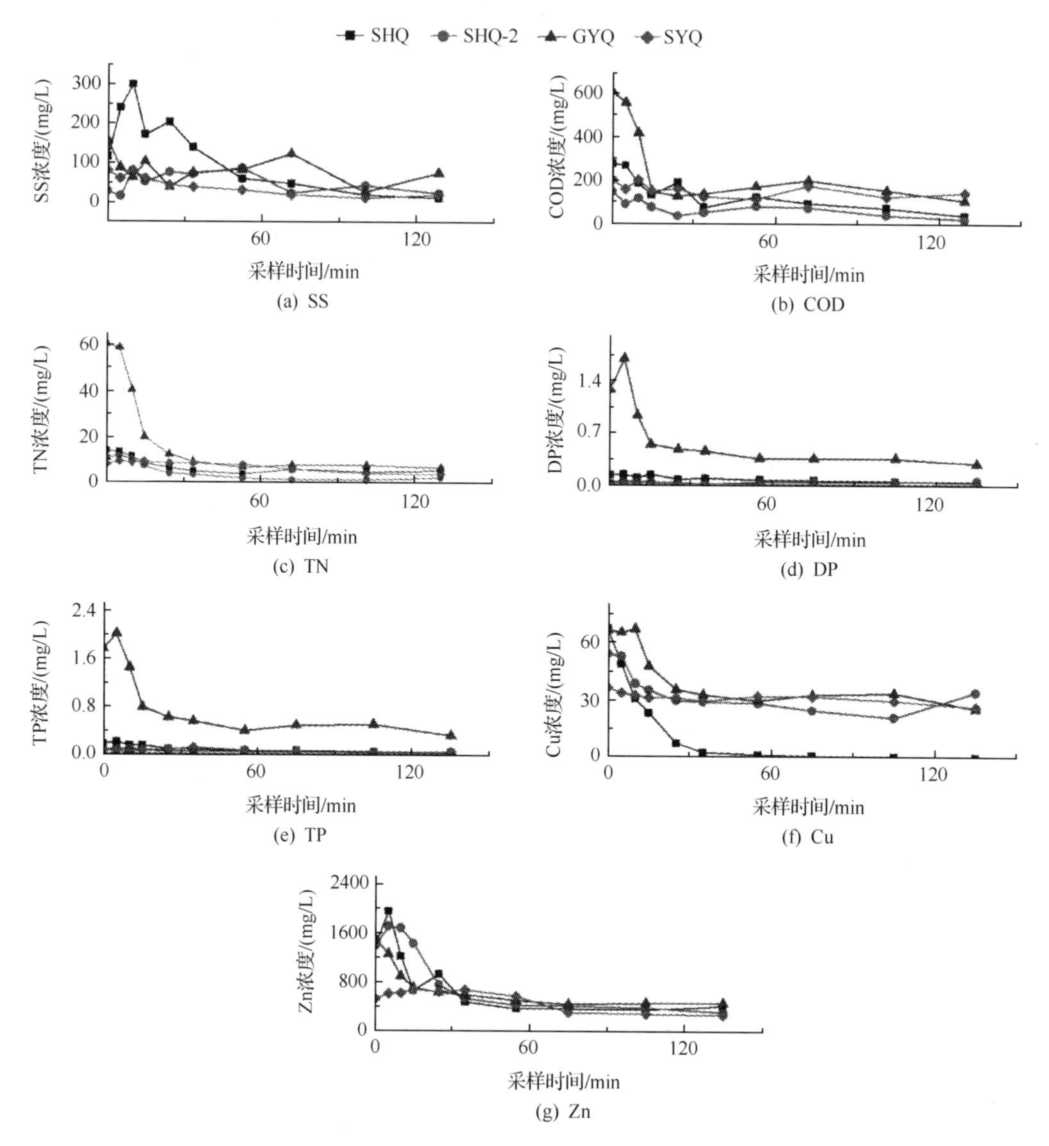

图 2-8 不同功能区屋顶各污染物浓度变化过程

SHQ-1 为生活区新楼、SHQ-2 为生活区旧楼、GYQ 为工业区、SYQ 为商业区

由表 2-16 可知，生活区、工业区、商业区内屋顶污染物中的 SS 的平均浓度明显低于其道路上的浓度；生活区新楼、工业区、商业区屋顶的 TN 的平均浓度大于其道路上的平均浓度，而生活区旧楼屋顶的 TN 的平均浓度小于其道路上的浓度；生活区新楼、工业区屋顶的 COD、DP、TP 的平均浓度大于其道路上的浓度，而生活区旧楼和商业区屋顶的 COD、DP、TP 的平均浓度小于其道路上的浓度。

从各功能区各污染物综合平均值来看，交通区 SS、COD 平均浓度值最大，商业区 SS、COD 平均浓度最小，这是因为在城市交通区，人流量及车流量都较大，路面上各种垃圾以及来往车辆的运行对 SS 的累积与冲刷造成了影响，而 COD 主要吸附在固体颗粒物上，受 SS 分布规律的影响较大；工业区的 TN、DP、TP 的平均浓度都较高，这主要是因为工

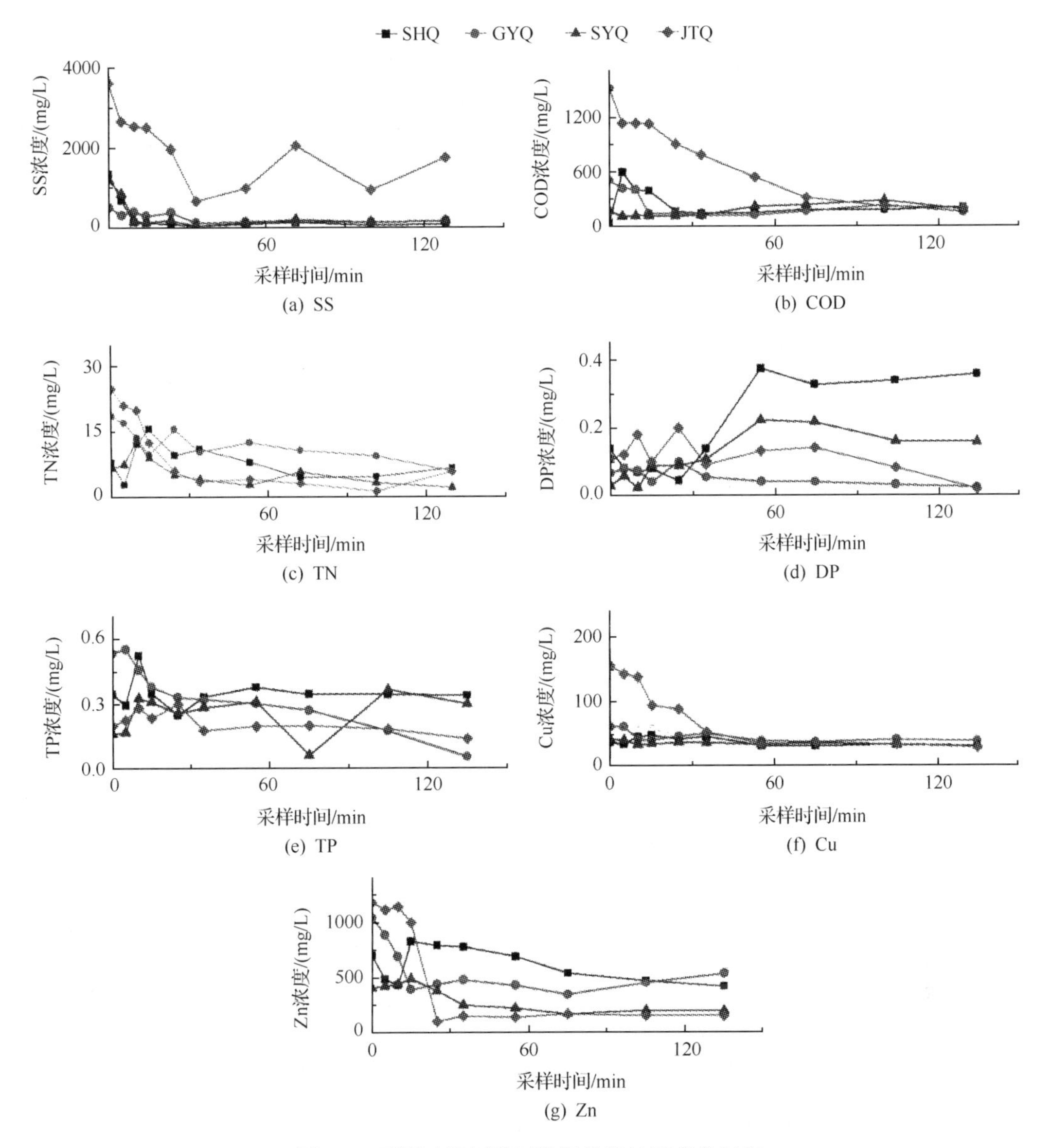

图 2-9　不同功能区路面各污染物浓度变化过程

SHQ 为生活区、GYQ 为工业区、SYQ 为商业区、JTQ 为交通区

业污染导致；交通区的 Cu、Zn 等重金属平均浓度值最大，这主要是由于交通区车辆较多，其制动器、轮胎、车体和燃料及润滑油都是重金属的重要来源，随着降雨冲刷致使降雨径流中重金属污染加重；这与 2.1.2 节结论一致。

从图 2-8 中可以看出，各功能区屋顶的污染物浓度变化趋势大体一致，随着降雨的进行而逐渐减少，最后趋于零，屋面径流较符合初始冲刷模型，其污染主要发生在屋面径流的初期。工业区(GYQ)屋顶的 SS、COD、TN、DP、TP 的浓度明显高于生活区(SHQ)和商业区(SYQ)的屋顶浓度，尤其在降雨初期，COD、TN、DP、TP 的浓度是生活区(SHQ)和商业区(SYQ)的浓度的 3 倍，TN 的浓度达到了 60mg/L，表明工业污染对屋顶污染的程度最大。

从图 2-9 中可以看出，不同功能区路面各污染物的浓度变化趋势与屋顶各污染物变化规律一致，均呈现出降雨初期较高，而随着降雨进行而减小，最后趋于稳定的趋势。其中交通区的污染物变化较为明显，SS 的最大浓度是最小浓度的 4 倍，达到 3616mg/L；COD 浓度的最大值是最小值的 8 倍，达到 1530mg/L；TN 浓度的最大值是最小值的 6 倍，达到 26mg/L；重金属 Cu、Zn 浓度的变化范围也较大，Cu 浓度的最大值是最小值的 5.5 倍，达到 160μg/L；Zn 浓度的最大值是最小值的 8 倍，达到 1200μg/L，表明交通区内道路污染程度最大。工业区道路污染程度较高，尤其是 N、P，工业区 TN 浓度的最大值达到了 18mg/L，TP 浓度的最大值发生在降雨初期，为 0.55mg/L，是最小值的 10 倍。相对而言，商业区道路的污染物浓度小于其他各功能区。总体而言，各功能区内路面的污染程度是：交通区（JTQ）＞工业区（GYQ）＞生活区（SHQ）＞商业区（SYQ）。

2）多场次降雨不同功能区水质特性分析

选取 4 场降雨（表 2-15），分别为 2013-08-28（a）、2013-10-14（b）、2014-06-13（c）、2014-08-30（d）的监测数据，进行不同功能区水质特性分析，各场次降雨径流水质监测均值及变化规律如表 2-17 和图 2-10 所示。

表 2-17　不同降雨事件各功能区径流水质监测均值

降雨事件	功能区	水质监测均值/(mg/L)					水质监测均值/(μg/L)	
		SS	COD	TN	DP	TP	Cu	Zn
2013-08-28(a)	SHQ	197	113	5.78	0.09	0.22	26.9	799
	GYQ	82.57	138	5.51	0.08	0.25	35.54	416
	SYQ	210	137	5.74	0.07	0.19	37.25	733
	JTQ	499	180	5.83	0.04	0.18	36.92	307
2013-10-14(b)	SHQ	137.11	255	15.71	0.04	0.11	46.12	234.76
	GYQ	92	135	8.26	0.02	0.1	33.18	411.54
	SYQ	154.7	221	13.46	0.02	0.17	38.86	351.61
	JTQ	1370.76	732	21.56	0.01	0.18	60.81	269.01
2014-06-13(c)	SHQ	125.68	191.91	8.03	0.08	0.40	30.12	259.50
	GYQ	114.00	221.82	19.12	0.71	0.92	34.16	180.28
	SYQ	228.60	269.90	10.25	0.24	0.81	39.47	298.50
	JTQ	1078.43	522.31	11.53	0.04	0.55	46.31	291.12
2014-08-30(d)	SHQ	146	156	7.14	0.13	0.22	32.57	695
	GYQ	136	253	17.76	0.38	0.62	44.81	659
	SYQ	174	156	6.6	0.06	0.16	33.73	421
	JTQ	1749	635	14.35	0.05	0.31	60.8	1040

注：2014-08-30 场降雨由于降雨强度较大，无法采集完整的降雨过程，只取得 3 小时的降雨资料；SHQ 为生活区、GYQ 为工业区、SYQ 为商业区、JTQ 为交通区

由表 2-17 可知，在四场降雨事件中，SS 浓度均值的大小顺序为 d＞b＞c＞a；COD 和 TN 浓度均值的大小顺序为 b＞c＞d＞a；DP 和 TP 为 c＞d＞a＞b；Cu 为 b＞d＞c＞a；Zn 为 d＞a＞b＞c。从降雨事件分析可知，各污染物在四场降雨中的浓度大小规律不一致，

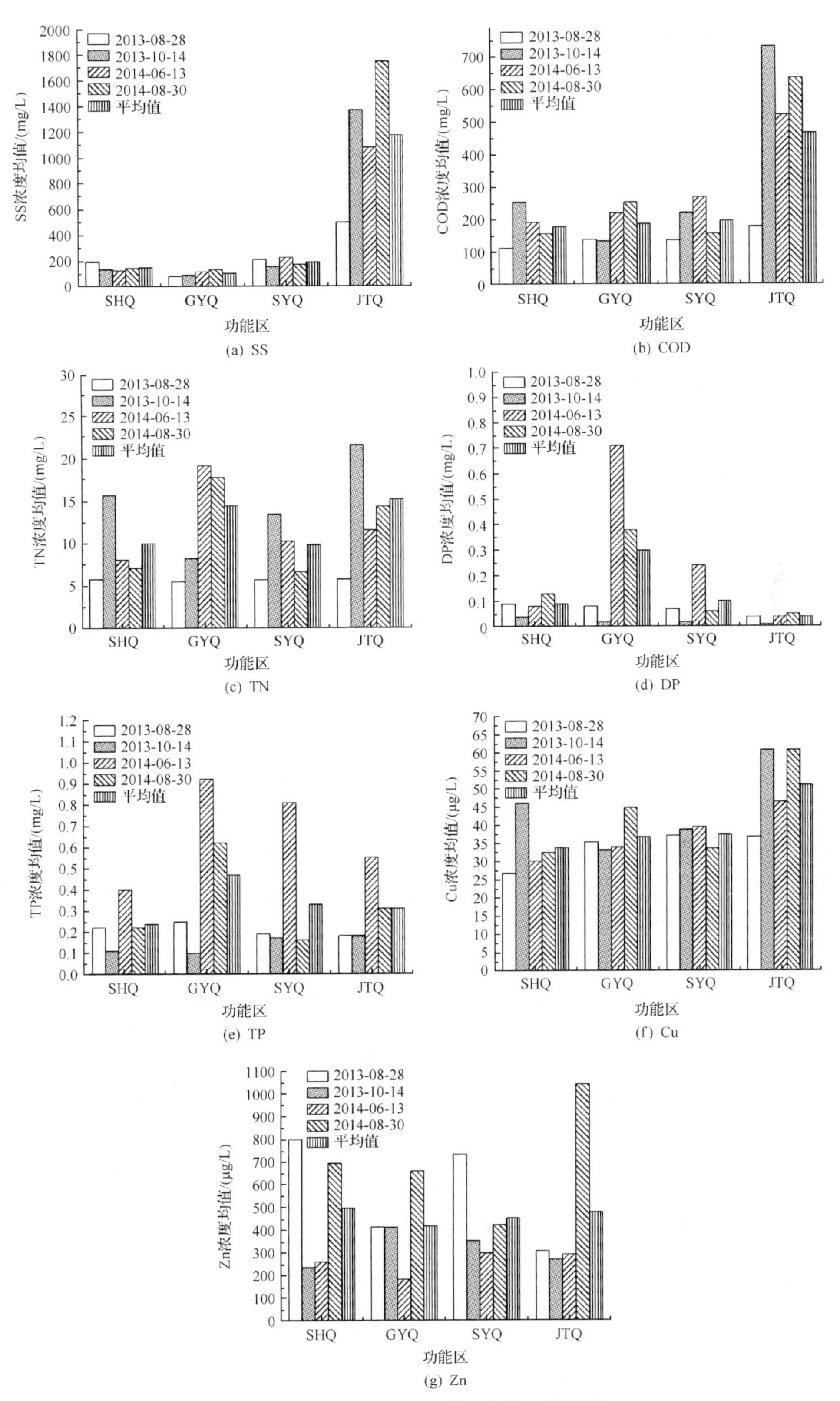

(a) SS (b) COD

(c) TN (d) DP

(e) TP (f) Cu

(g) Zn

图 2-10 不同功能区的各污染物均值变化

降水量和降雨强度大的降雨事件的污染物浓度均值不一定大，表明在整个降雨过程中，径流中污染物浓度不仅仅与降水量和降雨强度有关，还受其他因素的影响，而降水量和降雨强度大的降雨事件虽然对于径流冲刷能力大，污染物的冲刷量大，但同时降雨产生的径流量也大，因而径流中污染物的浓度不一定大。

由图 2-10 可知，SS、COD 在 JTQ 的浓度明显高于其他功能区，TN 在 JTQ 和 GYQ 浓度高于 SYQ 和 SHQ，DP 和 TP 浓度在 GYQ 较高。七种污染物的浓度均值规律明显，SS、COD、Cu 和 Zn 浓度的均值，交通区最大，商业区次之，工业区与生活区最小；TN 浓度的均值交通区最大，工业区次之，商业区和生活区最小；DP 和 TP 浓度的均值，工业区最大，商业区次之，生活区与交通区最小。说明不同的土地利用，污染物的来源、累积和冲刷过程都不同。

2. 总出水口非点源污染的特征分析

对研究区域内总出水口进行水质、水量同步监测，选取 4 场监测降雨，分别为 2013-08-28(a)、2013-10-14(b)、2014-06-13(c)、2014-08-30(d)场次的监测数据，进行污染物 EMC 时空分布、EPL 时空分布，冲刷特征定性以及定量分析。

1) 污染物 EMC 的时空分布特征

4 场监测降雨，不同污染物的 EMC 如表 2-18 和图 2-11 所示。

表 2-18 污染物 EMC 的时空分布

降雨时间	降雨强度/(mm/h)	雨型	污染物 EMC/(mg/L)					污染物 EMC/(μg/L)	
			SS	COD	TN	DP	TP	Cu	Zn
2013-08-28(a)	1.6	小雨	290.20	192.54	28.40	1.37	1.71	34.06	147.28
2013-10-14(b)	3.14	中雨	758.23	286.43	45.42	2.69	3.85	50.04	56.52
2014-06-13(c)	4.1	中雨	337.10	271.31	17.66	1.81	2.00	35.39	101.75
2014-08-30(d)	8.25	大雨	740.43	388.40	39.86	0.29	0.31	30.75	443.23

注：2014-08-30 场降雨由于降雨强度较大，河水溢流出河道，无法采集完整的降雨过程，只取得溢流后 3 小时的降雨资料

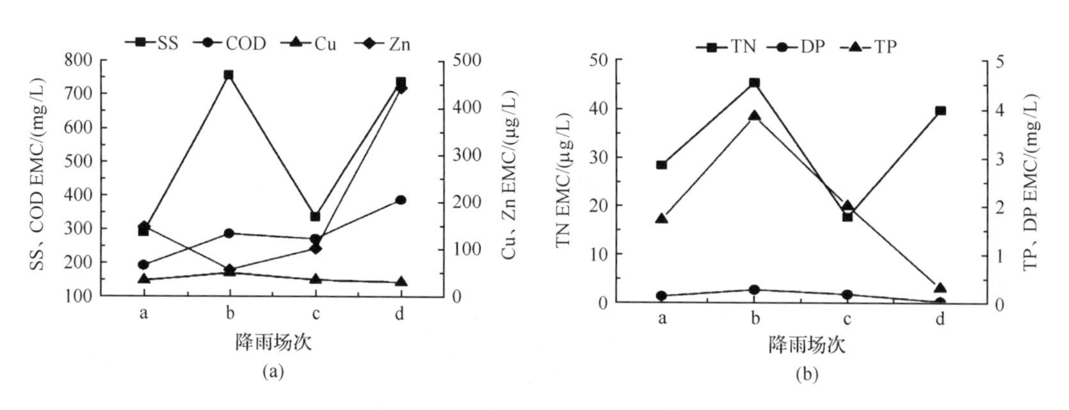

图 2-11 污染物 EMC 的时空分布

从降雨事件来看，SS 的 EMC 大小为 b>d>c>a；COD 的 EMC 大小为 d>b>c>a；TN 的 EMC 的变化规律是 b>d>a>c；DP、TP、Cu 的 EMC 的变化规律是 b>c>a>d；

Zn 的 EMC 的变化规律是 d>a>c>b。七种污染物在四场降雨中的 EMC 变化规律不一致，说明在整个降雨过程中，降水量和降雨强度大的降雨事件的污染物的 EMC 不一定大，这主要是因为降水量和降雨强度大的降雨事件虽然径流冲刷能力大，污染物的冲刷量大，但与此同时降雨产生的径流量也大，致使径流中污染物的 EMC 不一定大。

2）污染物的 EPL 时空分布特征

四场监测，七种主要污染物的 EPL 如表 2-19 和图 2-12 所示。

从降雨事件来看，SS、COD、TN 和 Cu 的 EPL 变化规律是 d>b>a>c；DP 的 EPL 的变化规律是 a>c>b>d；TP 的 EPL 变化规律是 b>a>c>d；Zn 的 EPL 变化规律是d>a>c>b。总体来说，除磷以外，20140830、20131014 两场降雨其他污染物的 EPL 较大，这说明降水量、降雨强度和晴天累计天数越大，污染物的冲刷量越大，反之，污染物的冲刷量越小。

表 2-19　污染物 EPL 的时空分布

降雨时间	降雨强度/(mm/h)	雨型	污染物的 EPL/(mg/m²)					污染物的 EPL/(μg/m²)	
			SS	COD	TN	DP	TP	Cu	Zn
2013-08-28(a)	1.6	小雨	393.30	260.95	38.49	1.85	2.32	46.16	199.61
2013-10-14(b)	3.14	中雨	743.39	280.82	44.53	0.98	3.77	49.06	55.41
2014-06-13(c)	4.1	中雨	290.96	234.18	15.25	1.57	1.72	30.54	87.83
2014-08-30(d)	8.25	大雨	1421.5	745.68	76.52	0.56	0.60	59.03	250.94

注：2014-08-30 场降雨由于降雨强度较大，河水溢流出河道，无法采集完整的降雨过程，只取得溢流后 3 小时的降雨资料

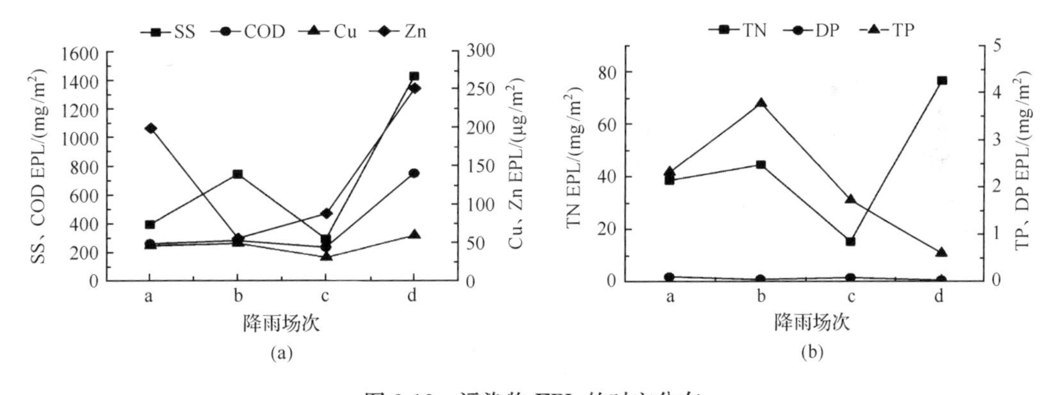

图 2-12　污染物 EPL 的时空分布

3）污染物冲刷特征定性分析

污染物冲刷特征的定性分析常用污染物冲刷曲线来表示，由污染物冲刷曲线的斜率大小和凹凸特征，可以定性判断不同降雨径流阶段，污染物输出速度和输出百分比相比径流输出速度和输出百分比的大小，进而分析判断污染物是否发生了初期冲刷现象和后期冲刷现象。根据集水区的 4 场降雨的实际水质水量的观测数据，计算绘制得到 SS、COD、TN、DP、TP、Cu 和 Zn 的污染物冲刷曲线如图 2-13 所示。

从图 2-13 中可看出，对于不同的降雨事件，污染物冲刷特征各异，径流污染物负荷呈现不同的变化特征。

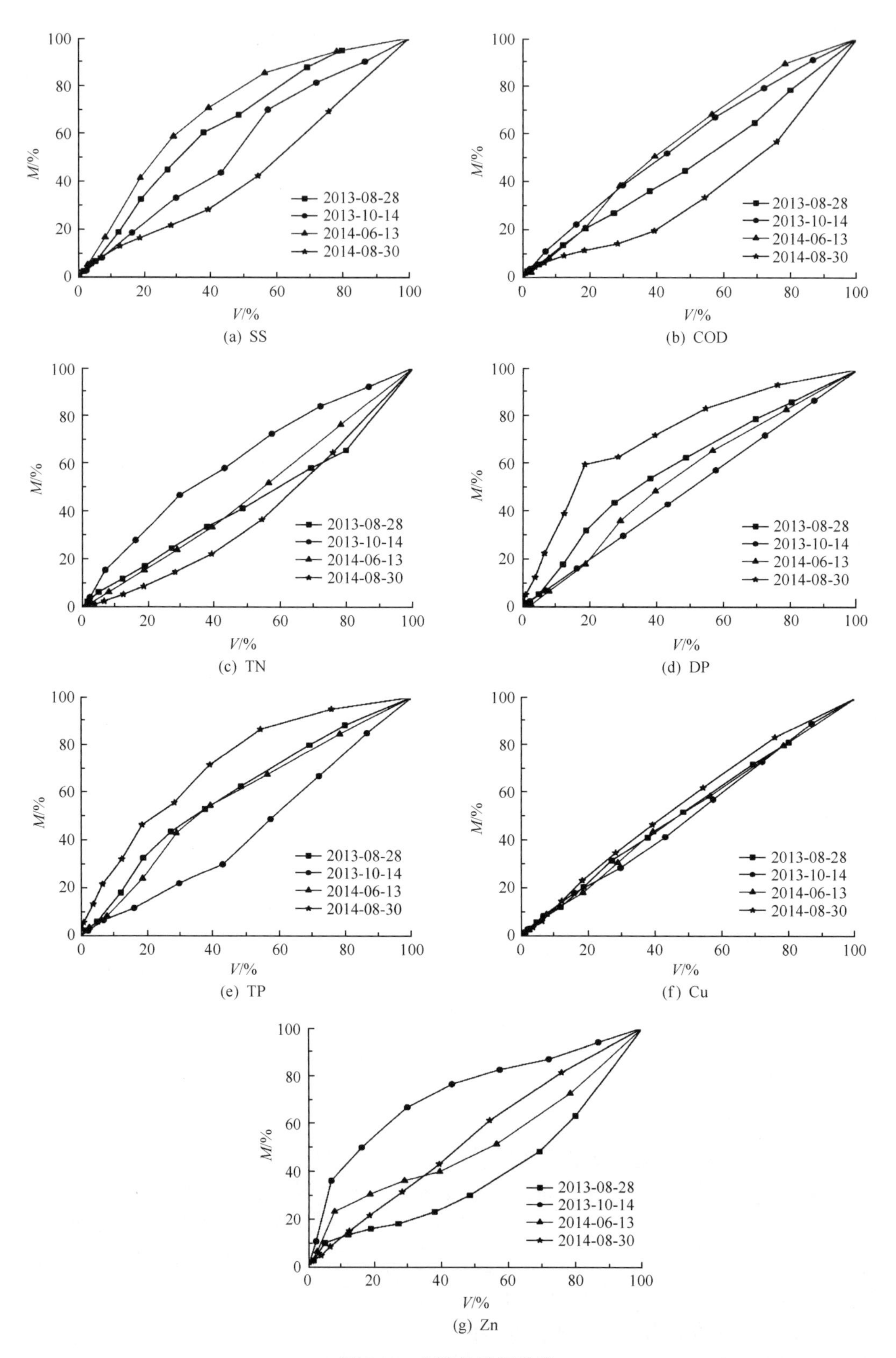

图 2-13　污染物冲刷曲线

王龙(2011)曾将降雨径流过程中污染物冲刷曲线归纳为5种类型，即超前型、混合Ⅰ型、同步型、混合Ⅱ型和滞后型。超前型表示降雨过程中前期污染物输出快于径流输出，后期污染物输出慢于径流输出，但污染物输出百分比始终高于径流输出百分比；混合Ⅰ型表示降雨过程前期和后期过程污染物输出快于径流输出，中期污染物输出慢于径流输出，前期污染物输出百分比高于径流输出百分比，后期污染物输出百分比低于径流输出百分比；同步型表示降雨过程中污染物输出和径流输出同步，两者输出百分比也较接近；混合Ⅰ型表示降雨过程前期和后期过程污染物输出慢于径流输出，中期污染物输出快于径流输出，前期污染物输出百分比低于径流输出百分比，后期污染物输出百分比高于径流输出百分比；滞后型表示降雨过程中前期污染物输出慢于径流输出，后期污染物输出快于径流输出，但污染物输出百分比始终低于径流输出百分比。根据污染物在降雨过程各阶段的冲刷输出百分比，可知超前型具有前期冲刷的特征，混合Ⅰ型具有前、后期冲刷的特征，同步型具有同步冲刷的特征，混合Ⅱ型有中期冲刷的特征，滞后型有后期冲刷的特征。

根据王龙的分类方法，将4场降雨、7种污染物共计28个降雨径流冲刷过程特征进行统计分类，结果如表2-20所示。其中数字表示冲刷曲线类型统计数目，括号中的a代表“2013-08-28”场次降雨，b代表“2013-10-14”场次降雨，c代表“2014-06-13”场次降雨，d代表“2014-08-30”场次降雨。

表2-20　降雨过程污染物冲刷曲线分类统计

污染物	超前型	混合Ⅰ型	同步型	混合Ⅱ型	滞后型
SS	3(a,b,c)	1(d)	0	0	0
COD	0	3(b,c,d)	0	0	1(a)
TN	2(b,c)	1(a)	0	0	1(d)
DP	3(a,c,d)	1(b)	0	0	0
TP	3(a,c,d)	0	0	0	1(b)
Cu	1(d)	1(a)	1(c)	0	1(b)
Zn	1(b)	2(c,d)	0	0	1(a)

从表2-20中可以看出，超前型和混合Ⅰ型曲线共22个，占总数的78.6%；混合Ⅱ型和滞后型曲线共5个，占总数的17.8%。表明78.6%的降雨径流污染物冲刷过程具有初始冲刷的现象，17.8%的降雨径流污染物冲刷过程具有后期冲刷的现象。

从污染物的角度来看，SS、COD、TN、DP、TP、Cu和Zn的超前型和混合Ⅰ型曲线的个数之和分别为4、3、3、4、3、2和3，分别占单一污染物曲线总数4的100%、75%、75%、100%、75%、50%和75%；污染物COD、TN、TP、Cu和Zn的混合Ⅱ型和滞后型曲线的个数之和均为1，均占单一污染物曲线总数4的25%。由此可见降雨冲刷中污染物SS、COD、TN、DP、TP、Cu和Zn在多数冲刷过程中都具有初始冲刷现象，在少数冲刷过程中都具有后期冲刷现象。

从降雨强度等级的角度来看，小雨、中雨、大雨的超前型和和混合Ⅰ型曲线的个数之和分别为5、11和6，分别占单一污染物曲线总数7、14和7的71.4%、78.6%和85.7%；小雨、中雨、大雨的混合Ⅱ型和滞后型曲线的个数之和分别为2、2和1，分别占单一污染物曲线总数7、14和7的28.6%、14.3%、和14.3%。由此可以看出，大雨和中雨发生初始冲刷现象的概率较大，小雨发生后期冲刷现象的概率较大，如图2-14所示，说明降雨强度越大，越容易发生初始冲刷现象；降雨强度越小，越容易发生后期冲刷现象。

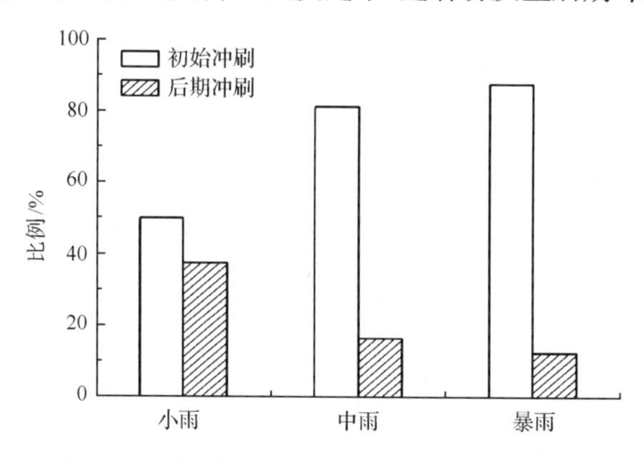

图 2-14 不同降雨类型初期冲刷与后期冲刷比例

4）污染物冲刷特征定量分析

为定量分析降雨径流污染物冲刷特征，按径流量的比例将降雨径流过程分成初期、中期和后期三个阶段，分别对应径流量的 0～30%、30%～70%和 70%～100%。采用污染物冲刷强度评价污染物负荷在降雨径流中的分布，即某降雨径流阶段污染物输出百分比与径流输出百分比的比值，它表征了降雨径流冲刷携带污染物的能力。统计各个阶段污染物输出负荷占总污染物输出负荷的比例，并计算相应的污染物冲刷强度，结果如表 2-21 所示。

表 2-21 不同降雨径流阶段污染物输出负荷占总污染物输出负荷的比例

降雨事件		污染物/%						
		SS	COD	TN	DP	TP	Cu	Zn
2013-08-28	前期	60	36	34	54	53	41	23
	中期	17	30	26	25	27	31	28
	后期	13	34	40	21	20	28	50
2013-10-14	前期	43	52	58	43	30	42	76
	中期	38	28	26	29	40	31	10
	后期	19	20	10	28	30	27	14
2014-06-13	前期	59	38	24	36	43	31	36
	中期	31	47	46	41	36	43	34
	后期	10	15	30	23	21	26	30
2014-08-30	前期	28	20	23	72	72	47	43
	中期	42	37	42	21	23	36	38
	后期	30	43	35	7	5	17	19

注：2014-08-30 场降雨由于降雨强度较大，河水溢流出河道，无法采集完整的降雨过程，取得溢流后 3 小时的降雨资料

根据表 2-21 的结果，可进一步得到 7 种污染物在 4 场降雨的前期、中期和后期的平均输出百分比分别为 43.46%、32.25%和 23.75%，平均污染物冲刷强度为 1.48、0.83 和 0.76，由此可知，降雨径流过程中污染物冲刷强度的总体变化趋势是前期>中期>后期，污染物浓度的总体变化趋势也是前期>中期>后期。

从污染物的角度来看，SS、COD、TN、DP、TP、Cu和Zn在降雨前期平均输出百分比分别为48.71%、36.5%、35.3%、51.35%、49.5%、40.25%和44.39%；SS、COD、TN、DP、TP、Cu和Zn在降雨中期平均输出百分比分别为32.82%、35.5%、35.53%、29%、31.5%、35.25%和27.43%；SS、COD、TN、DP、TP、Cu和Zn在降雨后期平均输出百分比分别为18.46%、28%、29.19%、19.25%、19%、24.5%和28.18%。7种污染物在降雨前期、中期和后期的冲刷范围分别为1.22～1.71、0.69～0.93、0.48～0.76。不同污染物在同一降雨阶段的冲刷强度没有明显的差别。

5）年降雨径流污染负荷估算

年降雨径流污染负荷量相比于场次降雨径流污染负荷量更能说明降雨径流污染在整体上对受纳水体造成的危害。由于降雨事件具有随机性且目前的采样方法具有局限性，悉数采集每场次降雨径流的可能性较小，故使用降雨径流污染负荷经验式(2-18)对年降雨径流污染负荷进行估算：

$$L_y = C_F \times \Psi \times A \times P \times C \times 0.01 \tag{2-18}$$

式中，L_y 为年降雨径流污染负荷，kg；C_F 为不产生径流的降雨事件校正因子，即产生降雨径流时间占总降雨事件的比例，缺乏资料时取0.9；Ψ 为集水区平均径流系数，为径流量与降水量的比值；A 为集水区面积，hm^2；P 为年降水量，mm；C 为多场降雨径流平均浓度，如EMCs，mg/L；0.01为单位换算因子。

利用式(2-18)，采用西安市浐河片区降雨径流监测数据，对2013年8月至2014年8月这一年中研究区域及西安市主城区的年降雨径流污染物负荷量进行估算。式中 C_F 取0.9，Ψ 取西安市2010年综合径流系数0.18，A 分别取研究区域面积 $802hm^2$ 以及西安市主城区面积 $30597hm^2$，P 取西安市2010年全年降水量559.2mm，多场次降雨径流污染物浓度平均值 C 取4场监测降雨的污染物浓度平均值——EMCs值(表2-18)。

表2-22中列出了2013年8月至2014年8月一年中浐河某片区以及西安市主城区降雨径流污染物负荷量、2.1.1节中方案一以及方案二估算的西安市主城区年降雨径流污染物平均负荷量。结果表明：2013年8月至2014年8月年降雨径流污染物COD、TN、TP的年降雨径流污染物负荷量明显增加，西安市主城区年降雨径流污染状况较2010年有所加重。

表2-22　降雨径流污染负荷计算结果表　　单位：t

计算区域	SS	COD	TN	TP	Cu	Zn
浐河某片区	386.15	206.82	23.86	1.43	0.03	0.14
西安市主城区	14731.80	7890.46	910.13	54.50	1.04	5.19
2010年主城区(方案一)	12958.48	3444.19	231.37	7.49	0.94	4.29
2010年主城区(方案二)	14858.270	3457.319	239.206	8.984	1.102	4.369

3. 主要功能区和总出水口降雨径流浓度比较

总出水口的径流形成与功能区的径流形成具有一定的时间差，一般各功能区在降雨开始后的5～20分钟形成径流，总出水口在降雨开始后的30～60分钟形成径流，为了深入地了解功能区与总出水口的降雨径流浓度之间的关系，选取"2013-08-28"、"2013-10-14"、

"2014-06-13"和"2014-08-30"场次各功能区和总口的污染物浓度均值进行比较，结果如图 2-15 所示，其中 SHQ 为生活区、GYQ 为工业区、SYQ 为商业区、JTQ 为交通区。

从图 2-15 中可以看出，各功能区与总排放口 SS 和 COD 的浓度均值规律基本一致，均为交通区＞总口＞商业区＞生活区＞工业区，但在大雨的情况下，工业区的 COD 浓度均值大于生活区，由前面分析可知，交通区的 SS 和 COD 浓度较大，由此可知，各功能区雨水径流随雨水管网汇至总口的过程中，中和了污染物 SS 和 COD 的浓度。功能区与总排放口 N 和 P 的浓度均值规律基本一致，N 的浓度均值是总口＞工业区＞交通区＞生活区＞商业区，P 的浓度均值是总口＞工业区＞商业区＞生活区＞交通区，这可能是因为 N

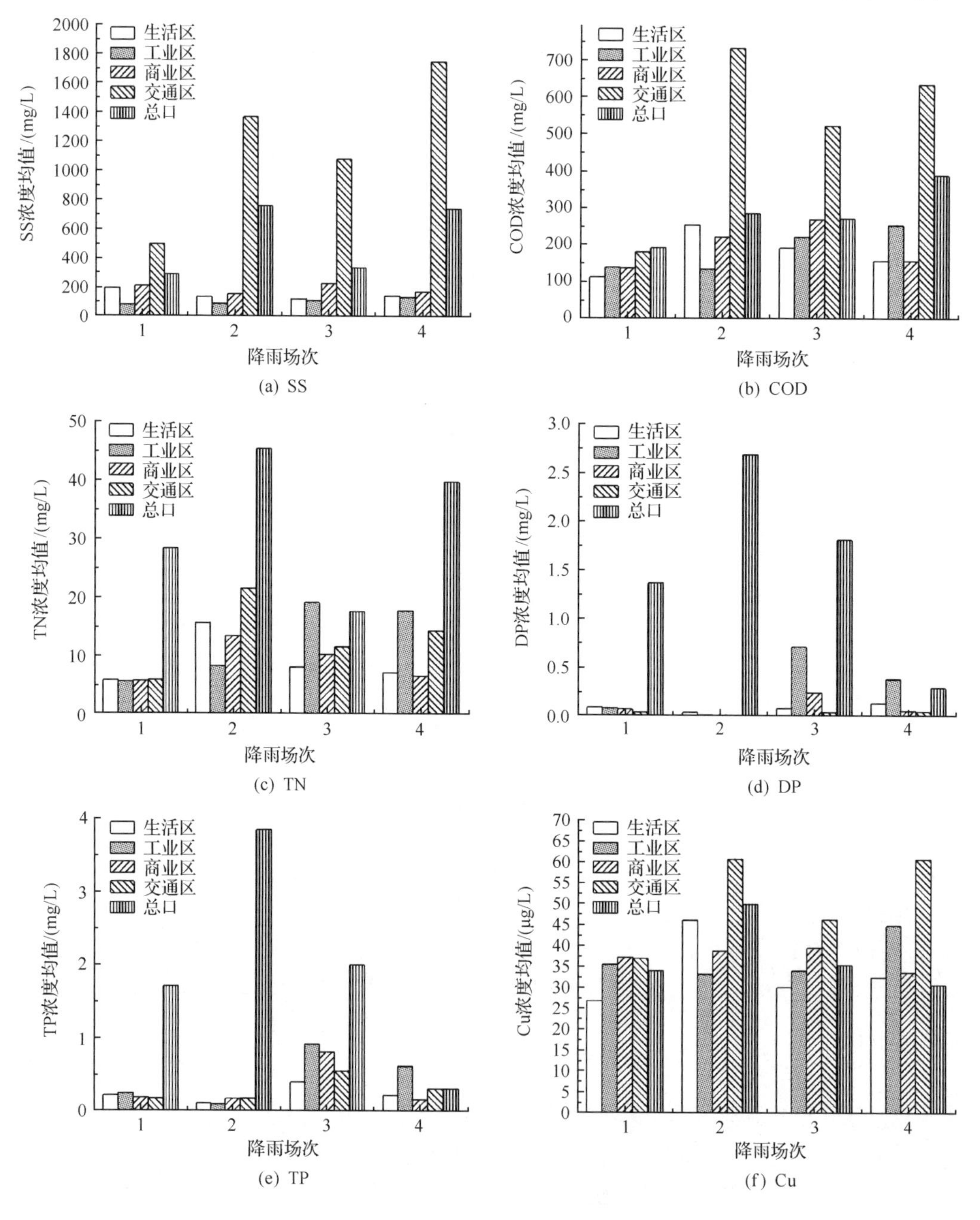

(a) SS (b) COD (c) TN (d) DP (e) TP (f) Cu

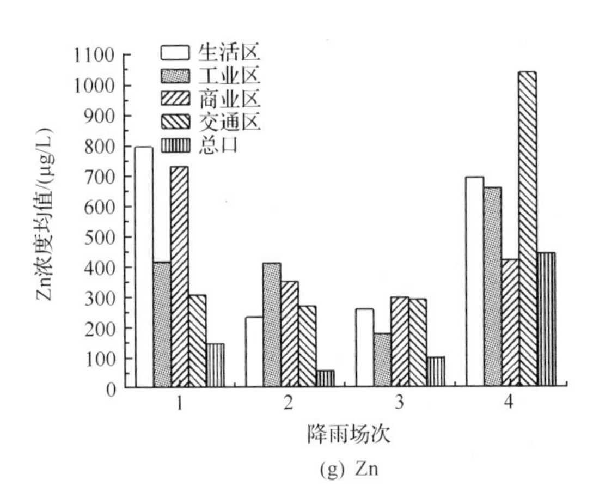

(g) Zn

图 2-15　不同降雨场次各功能区和总口的污染物浓度均值

1 代表"2013-08-28"场次降雨，2 代表"2013-10-14"场次降雨，3 代表"2014-06-13"场次降雨，4 代表"2014-08-30"场次降雨

和 P 从各功能区汇总至总排放口的过程中，进行了迁移转化，也可能是排水管道中残存的 N、P 营养物质随雨水径流进入总排放口的缘故。功能区与总排放口 Cu 和 Zn 的浓度均值规律相反，Cu 是总口＞工业区＞交通区＞商业区＞生活区，Zn 是商业区＞工业区＞交通区＞生活区＞总口，而且，Cu 在中小雨时总口的浓度是功能区的 3～8 倍，这说明不同的重金属在不同的降雨类型中表现出不同的排放规律，这可能是重金属随雨水径流在管道中黏附于管道壁上的缘故。总体来说，不同的污染物浓度在各功能区和总口的规律不一致，这与污染物各自的迁移转化过程相关性较大。

4. 污染物与土地利用的相关关系

由不同功能区非点源污染的特征分析可知，污染物的浓度与土地利用类型存在着一定的关系，为了进一步研究污染物的时空分布特征与土地利用类型的相关关系，采用污染物浓度的均值与 4 种城市主要的土地利用类型的 Pearson 相关系数衡量两者之间相关关系，计算结果如表 2-23 所示。

表 2-23　污染物的浓度均值与土地利用的 Pearson 相关系数

土地利用类型	污染物						
	SS	COD	TN	DP	TP	Cu	Zn
居民用地	−0.671	0.939	0.785	0.415	0.963*	0.842	0.901
工业用地	0.827	0.174	0.407	0.995**	0.955*	0.264	0.876
商业用地	−0.418	0.796	0.845	0.891	0.938	−0.220	0.548
交通用地	0.997**	0.976*	0.918	0.616	0.992*	0.988*	0.792

*：显著性水平为 5%；**：显著性水平为 1%

从表 2-23 中可以看出，SS、COD、TN、TP 及 Cu 的污染物浓度均值与交通用地的相关系数均在 0.8～1.0，表明它们之间均存在极强的相关性，同时，DP 和 Zn 的污染物浓度均值与交通用地之间也存在较强的相关性，这说明交通用地是造成城市非点源污染的主要土地利用类型；TN、DP和TP的污染物浓度均值与商业用地之间均存在极强的相关性，COD的污染物浓度均值与商业用地之间存在较强的相关性，SS、Cu和Zn的污染物浓度均值与商业用地之间的相关性较弱，由此表明商业用地是产生N、P等营养物质非点源污染的主要来源，这可能与商业区饮食业等有关；SS、DP、TP和Zn的污染物浓度均值与工业用地之间均存在极强的相关性，而其他污染物浓度均值与工业用地之间的相关性较弱；COD、TN、TP、Cu及Zn的污染物浓度均值与居民用地之间均存在极强的相关性，SS的污染物浓度均值与居民用地之间成中等强度的负相关性，这可能是因为居民区频繁地清扫。总体而言，不同的污染物与不同的土地利用类型之间均存在一定的相关性，这与其本身的土地利用性质有极强的相关性。

2.4　人工降雨非点源污染监测与特性分析

在城市非点源污染特性研究中，完全依靠自然降雨来获取试验数据的过程比较漫长，耗时耗力，且由于自然降雨具有较强的随机性及不确定性，监测条件难以人为控制，监测得到的试验数据往往不够全面。本节利用人工模拟降雨试验进行城市降雨径流的补充试验，不仅能缩短试验周期，而且通过控制试验条件，可以模拟不同情景的降雨，对西安市人工模拟降雨径流试验中的径流污染特征进行深入分析研究。

2.4.1　试验方案

1. 试验装置

人工模拟降雨径流试验在长安大学渭水校区水力学实验室人工模拟降雨大厅进行。降雨大厅的降雨区分为下喷区与侧喷区，下喷区分为四个区域，每个区域的降雨面积为147.25m^2，总降雨面积为589m^2。整个降雨系统可分为人工模拟降雨、下垫面坡度模拟、试验观测测量三部分，主要设备有：4套独立组合下喷式自动模拟降雨系统（每套系统降雨面积：9.5m×15.5m；高度19m）、2套独立侧喷式自动模拟降雨系统（每套系统降雨面积：3m×8m；高度19m）、2台模拟降雨中央控制系统和1套自动遮雨槽系统、移动式液压边坡钢槽及自动控制系统各一套、坡面径流及水流流速自动测量仪等。人工模拟降雨装置如彩图2所示。

根据相关研究可知，在有压条件下，人工降雨高度大于13m时，落到地面的雨滴对于天然降雨的仿真度是98.9%；人工降雨高度大于22m时，落到地面的雨滴对于天然降雨的仿真度是99.6%。该大厅的降雨高度是19m，对于天然降雨模拟的仿真度是99.4%，自然的降雨速度是9.11m/s，该大厅的降雨速度是9.6m/s，仿真度较为合理。该降雨大厅可保证72小时内连续降雨，降雨强度可选择0.33～5mm/min，可模拟中雨（10～24.9mm/d）、大雨（25～49.9mm/d）、暴雨（50～99.9mm/d）、大暴雨（99.9～200mm/d），降雨的均匀度为0.82，降雨误差为0.05mm/min。

2. 试验方案

试验设计了1年、2年、5年、10年四种不同重现期的降雨事件，通过采用卢金锁

(2010)推求的西安市新暴雨强度公式[式(2-19)],计算相应降雨强度:

$$i=\frac{16.715(1+1.1658\log P)}{(t+16.813)^{0.9302}} \tag{2-19}$$

式中,P 为重现期,a,公式的适用范围是 0.5a≤P≤20a;t 为降雨时间,min。

由式(2-19)可知,降雨重现期与降雨历时两个因素决定了降雨强度的大小,而不同降雨强度条件下形成的径流污染程度不同,因此在人工模拟降雨试验中选取合适的降雨重现期及降雨历时,计算合理的降雨强度,对降雨径流污染研究起到至关重要的作用。在设计降雨时程分布前,计算重现期 P 分别取 1a、2a、5a、10a,降雨历时 t 分别取 30min、60min、90min、120min 设计暴雨强度,结果如表 2-24 所示。将计算出的 16 种暴雨强度除去最大值和最小值后按从小到大的顺序分组求平均值,得到 3 个平均值,分别为 16.8mm/h、25.2mm/h 和 39.8mm/h。

表 2-24　设计暴雨强度　　单位:mm/min

降雨历时/min	暴雨强度			
	1a	2a	5a	10a
30	0.47(28.2)	0.63(37.8)	0.85(51.0)	1.01(60.6)
60	0.29(17.4)	0.40(24.0)	0.53(31.8)	0.64(38.4)
90	0.22(13.2)	0.29(17.4)	0.39(23.4)	0.47(28.2)
120	0.17(10.2)	0.23(13.8)	0.31(18.6)	0.37(22.2)

注:表中括号内数字单位为 mm/h

人工模拟降雨径流试验选取上述计算降雨强度中最大值、最小值以及 3 个平均值,共 5 种,作为设计降雨强度,每场次降雨历时均为 120min,共进行 5 场次不同强度降雨实验。实际试验中电脑控制模拟的降雨强度具有一定误差,设计降雨强度值及实际降雨强度值如表 2-25 所示。

表 2-25　人工模拟降雨试验实际雨强　　单位:mm/h

试验场次	设计雨强	实际雨强
1	10.2	11
2	16.8	17
3	25.2	27
4	39.8	40
5	60.6	60

晴天时,采集研究区域内主要城市下垫面积尘,用于模拟人工降雨实验中不同下垫面上的积尘状态。试验共设计 5 种下垫面,分别为:①交通区路面水泥下垫面;②商业区路面水泥下垫面;③商业区屋顶沥青下垫面(坡度为 2%);④生活区路面水泥下垫面;⑤生活区屋顶沥青下垫面(坡度为 2%)。将晴天时收集的不同功能区、不同下垫面的积尘各 0.4kg 分别铺撒在人工模拟降雨大厅试验场地对应的 6m^2 的水泥、沥青下垫面上,试验前用少量水打湿,促使积尘与下垫面的附着紧密,模拟不同下垫面上的积尘状态。五种下垫面的人工模拟降雨径流水样采集在单场次降雨试验中同时完成,采样方法及污染物指标

分析方法与2.3节的方法相同。

2.4.2 结果与讨论

为分析降雨径流污染物浓度随降雨历时变化规律及污染物浓度分布特征，对人工模拟降雨中不同城市下垫面径流水质污染物进行分析，并与西安市自然降雨径流监测结果的污染特征进行比较，总结人工模拟降雨径流试验的可行性。使用标号1、2、3、4、5分别代表降雨强度为11mm/h、17mm/h、27mm/h、40mm/h、60mm/h的人工模拟降雨场次。

1. 城市积尘颗粒级配分析

本试验在2014年7月3日的9:00～15:00采用人工清扫的方式收集部分城市下垫面积尘，积尘主要收集的区域为：交通区—爱学路路面、咸宁中路干道路面和长乐桥路面；商业区——火炬路华润万家商业广场路面及布丁酒店楼顶屋面；居民区——陕西钢厂家属院小区新路路面及旧楼屋面。使用孔径为2mm、1mm、0.5mm、0.25mm、0.15mm、0.074mm的标准分离筛进行筛分称重，并计算积尘的颗粒级配，进行积尘颗粒级配分析，筛分结果如表2-26所示。结果表明：

表2-26 各下垫面积尘的颗粒级配

粒径/mm	下垫面积尘颗粒级配/%				
	交通区道路	生活区道路	商业区道路	生活区屋顶	商业区屋顶
>2	8.72	18.71	10.51	14.22	40.79
1～2	6.16	13.71	10.72	11.97	18.91
0.5～1	12.92	14.83	26.22	12.03	12.53
0.25～0.5	28.34	17.30	28.22	17.76	15.03
0.15～0.25	9.67	5.05	5.70	4.03	2.81
0.074～0.15	15.89	9.11	5.82	6.31	5.59
<0.074	18.30	21.29	12.81	33.67	4.35

（1）不同下垫面的积尘颗粒级配不等，总体来说，生活区积尘粒径较小，而道路及交通区积尘粒径则相对较大，表明下垫面积尘颗粒粒径的分布受到社会活动情况、日常清扫方式、清扫频率、风速等因素的影响，且积尘的取样方式及下垫面的粗糙程度也直接影响了样品中不同粒径颗粒的含量大小。试验采用的是人工清扫取样的方式，清洁力度较小，粗糙的下垫面条件下，粒径较小的积尘颗粒不易收集。

（2）交通道路和商业道路的积尘颗粒粒径在0.25～1mm的较多，质量分数分别为41.26%和54.44%，这可能是由于道路上人流量及车流量较大，积尘收集时会掺杂有少量动物排泄物、植被落叶等污染物，且交通区路面较生活区路面粗糙，较细小的颗粒不能很好地被收集。同时由于城市环卫部门会对道路进行定期清扫，所以道路积尘中粒径大于2mm的大颗粒积尘相对很少，只占了8.72%。

（3）生活区路面积尘颗粒粒径在各粒径范围内分布较平均，原因是生活区内人流量及车流量都适中，积尘来自于行人脚底及轮胎的尘土、部分生活垃圾、宠物粪便等，且水泥路面粗糙度小、磨损程度较低，取样时易将各范围内的颗粒都收集到。生活区屋顶积尘粒径较小，积尘颗粒粒径小于0.074mm的质量分数达33.6%，原因是屋顶的积尘大部分来自于大气沉降及其他自然活动，而居民在住宅楼顶鲜有活动，不会产生大量生活垃圾，且物业部门对小区环境会进行日常维护，定期的清洁工作去除了大颗粒污染物。

(4) 商业区广场积尘颗粒粒径在 0.25～1mm 较多，这是因为广场上人流量及车流量较大，带来了大量的粉尘、碎屑，且广场地面使用不透水砖铺设，致使砖缝间细小的积尘不易收集，而大颗粒的生活及商业垃圾在日常清理中被去除。商业区屋顶的颗粒粒径较大，积尘颗粒粒径大于 2mm 的质量分数达 40.79%，原因是商业区屋顶取的是火炬路华润万家广场边的布丁酒店楼顶，楼顶敷设材料为沥青，表面较为粗糙，粒径较大的颗粒较多，较细小的颗粒难以收集，且该楼楼顶有部分员工休息活动，积尘收集过程中不可避免的收集了部分大粒径生活垃圾、碎屑，最终导致商业区屋顶积尘的颗粒粒径较大。

(5) 总体来说，引起城市降雨径流污染的积尘主要为粒径在 2mm 以下的颗粒，定期的环境维护工作清除了可能引起城市降雨径流污染的大粒径颗粒。

2. 不同下垫面降雨径流水质污染物浓度分析

分别对五场人工模拟降雨径流试验中的城市路面、屋面降雨径流水质中污染物 SS、COD、TN、TP、Cu、Zn 共 6 个水质指标浓度进行了测定。本节选取人工模拟降雨 1 和人工模拟降雨 5 两场代表性降雨，对降雨径流中各下垫面污染物浓度随降雨历时变化规律及污染物浓度分布特征进行分析，研究不同下垫面、不同降雨强度对人工模拟降雨径流污染的影响。

(1) 在降雨 1 和降雨 5 条件下，五种下垫面上降雨径流中各污染物浓度随降雨历时的变化过程分别如图 2-16 和图 2-17 所示。

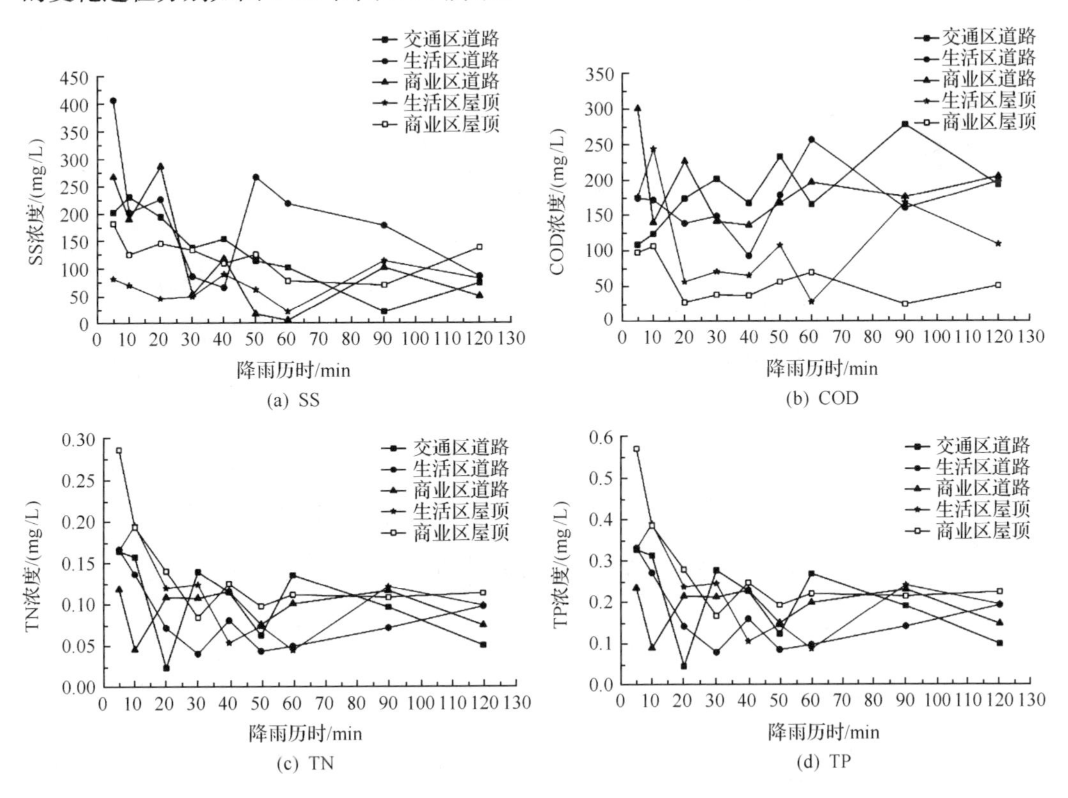

(a) SS (b) COD

(c) TN (d) TP

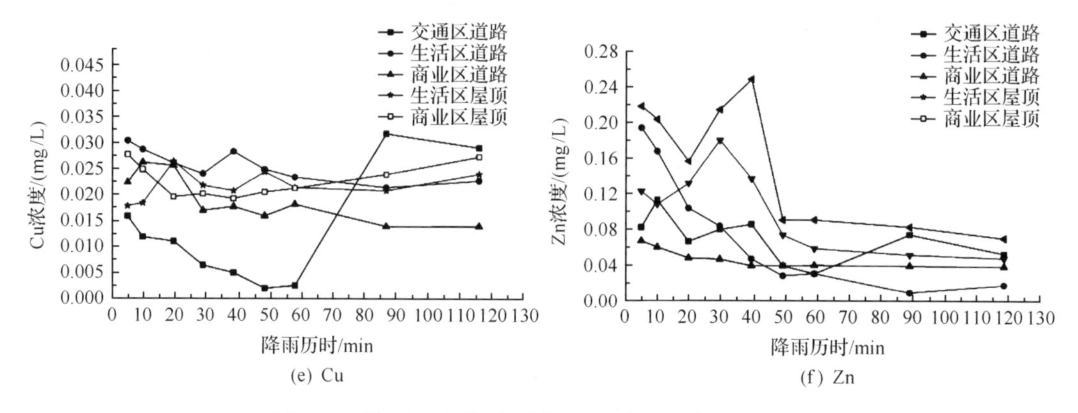

(e) Cu　　(f) Zn

图 2-16　降雨 1 条件下不同下垫面各污染物变化过程

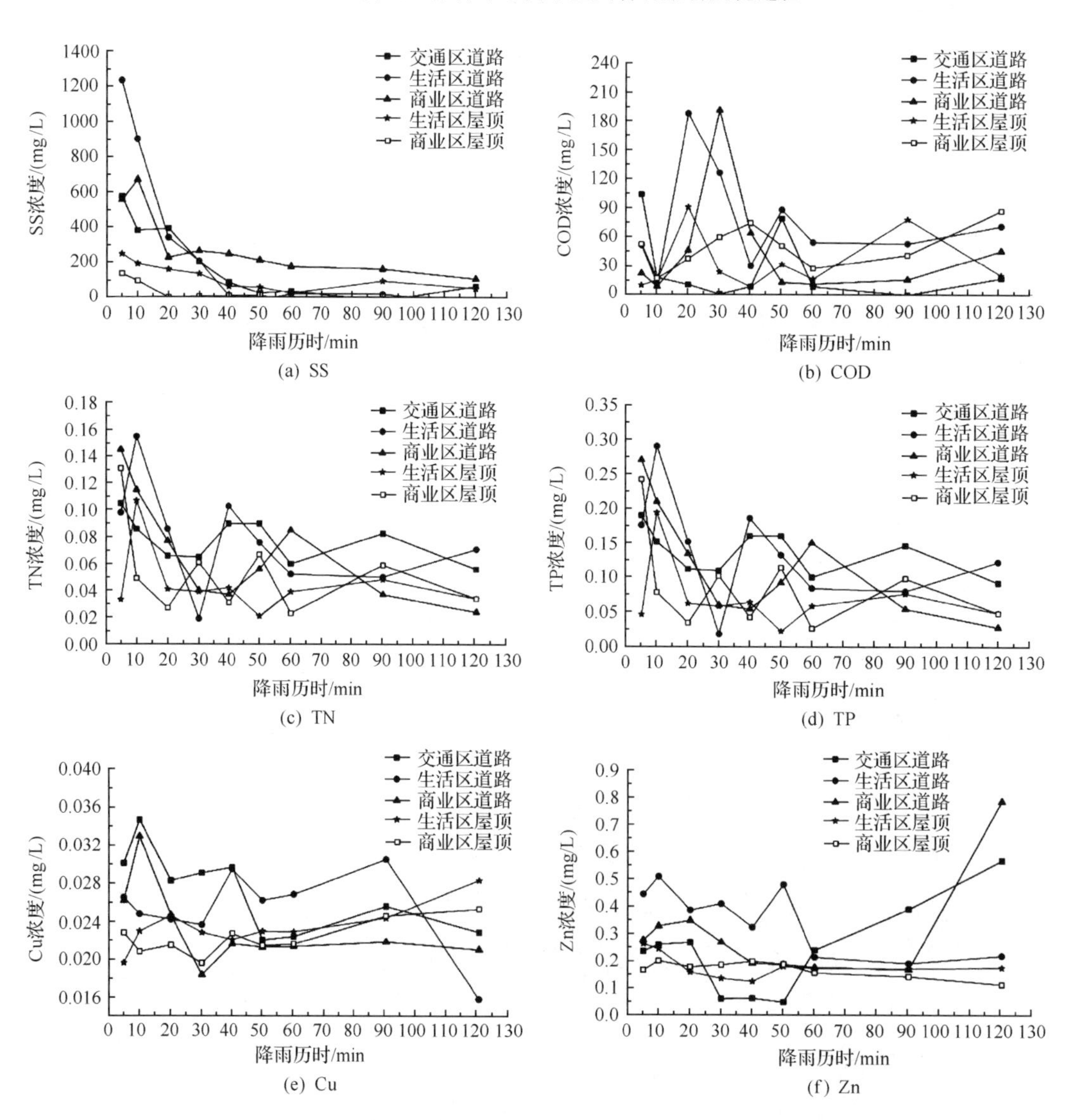

(a) SS　　(b) COD

(c) TN　　(d) TP

(e) Cu　　(f) Zn

图 2-17　降雨 5 条件下不同下垫面各污染物变化过程

结果表明，五种不同的下垫面条件的污染物浓度变化规律大体一致，随着降雨的进行，降雨径流中各污染物浓度均呈现出先增大后减小，最后趋于平稳的趋势。在两场人工模拟降雨中，污染物浓度值升降趋势明显且规律性较强，污染物浓度峰值出现在降雨径流开始后的 10 分钟左右，之后随着降雨进行，污染物浓度逐渐趋于稳定，期间污染物浓度略有波动，但整体呈下降趋势，表明五种下垫面上径流污染主要发生在径流的初期，较符合初始冲刷模型，这与 2.3 节西安市浐河某片区自然降雨径流污染物浓度随时间变化的趋势整体一致。

(2) 在降雨 1 和降雨 5 条件下，不同下垫面降雨径流中各污染物浓度平均值如图 2-18 所示。

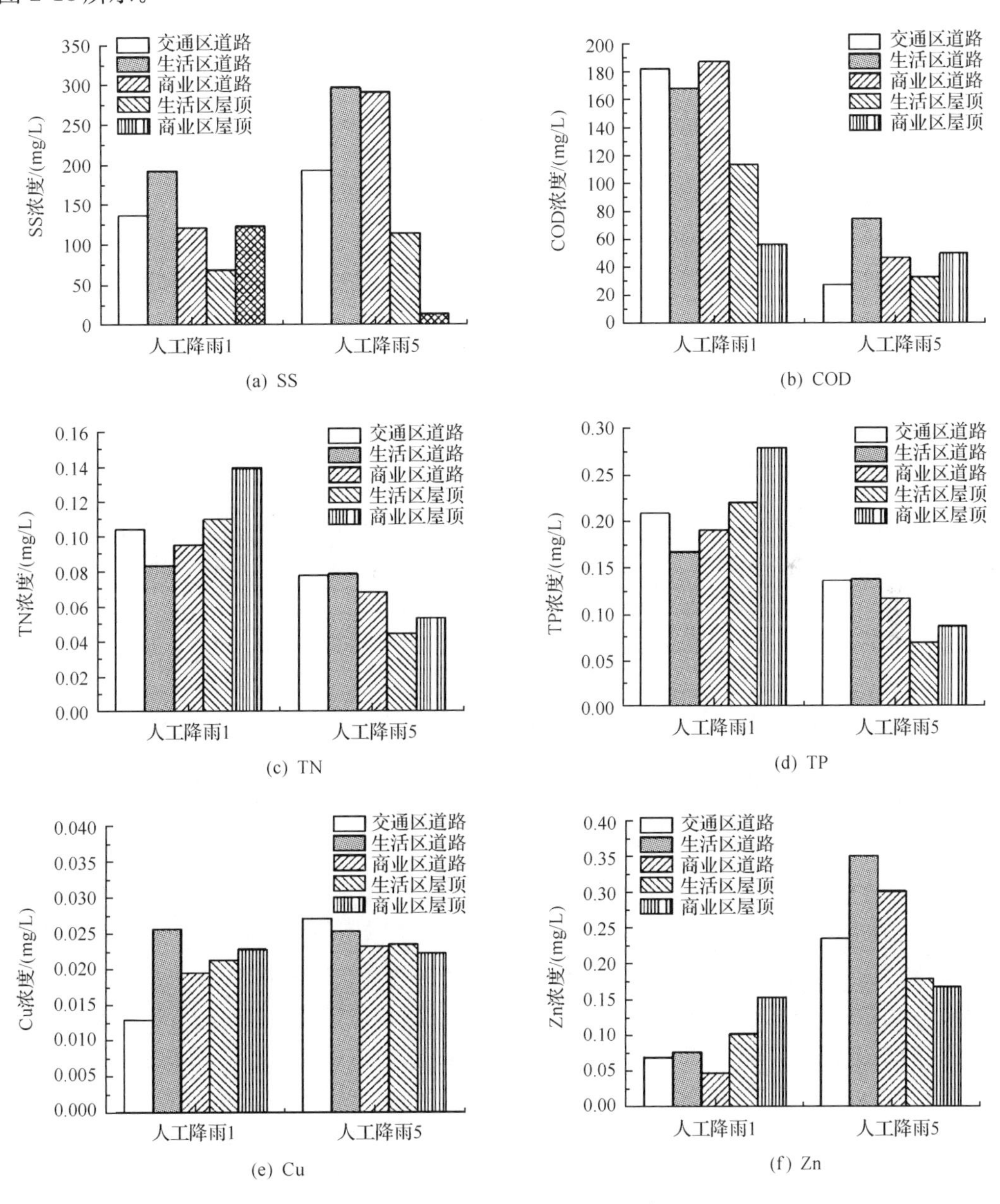

图 2-18　道路、屋顶各污染物浓度平均值

由图 2-18 可知，人工模拟降雨试验中路面的污染物浓度普遍高于屋面，而在降雨 1 中商业区屋面的 TN 和 TP 污染物平均浓度最高，分别为 0.09mg/L 和 0.18mg/L，可能是因为商业区屋面为沥青屋面，屋面有酒店人员休息场所，且放置部分生活用品，导致商业区屋面的降雨径流污染物 TN、TP 浓度值偏高。人工模拟降雨 5 中，生活区道路的 SS、Zn、TN 和 TP 污染物平均浓度最高，分别为 297.22mg/L、0.35mg/L、0.08mg/L 和 0.14mg/L；生活区道路降雨径流污染物 SS 浓度值偏高主要是因为生活区道路的积尘颗粒较为细小，细小粒径的颗粒更容易被径流冲刷和携带，且本节颗粒级配分析也表明生活区路面积尘中颗粒粒径小于 0.074mm 的颗粒最多，质量分数达 21.29%。总体而言，交通区路面的 Cu 污染物平均浓度最高，为 0.03mg/L，这是由于交通区道路车流量、人流量较其他下垫面多，而机动车辆的制动器、轮胎、车体和燃料及润滑油都是重金属的重要来源，导致交通区道路的降雨径流污染物 Cu 浓度值高于其他下垫面。

以上各类水质指标的平均值均未超出国家地表水环境质量标准(GB3838—2002)中Ⅴ类水质标准，人工模拟降雨径流中路面及屋面降雨径流污染物浓度变化范围较大，且污染物浓度平均值普遍小于自然降雨径流水质的污染物浓度，究其原因，一方面自然降雨径流是一个缓慢而持续的过程，而本试验受到试验条件限制，人工模拟降雨径流试验中的径流距离为 6m，相对于自然降雨径流距离较短；另一方面自然降雨径流试验中积尘与城市下垫面附着紧密，自然降雨不能在短时间内将城市积尘全部冲刷携带，人工模拟降雨下垫面上所铺撒的城市下垫面积尘与试验场地附着不够牢固，很容易被人工模拟降雨径流冲刷、携带，导致径流前期水质污染物浓度值偏高，降雨径流后期污染物浓度值极小。

3. 不同功能区降雨径流水质污染物浓度分析

选取人工模拟降雨 1 和人工模拟降雨 5 两场代表性降雨，对不同功能区各污染物平均浓度随降雨历时变化规律及污染物浓度分布特征进行分析，研究不同功能区、不同降雨强度等影响因素对人工模拟降雨径流污染的影响。

(1) 人工模拟降雨 1 和降雨 5 条件下，三种不同功能区(交通区、商业区、工业区)内降雨径流中各污染物平均浓度随降雨历时的变化过程，如图 2-19 和图 2-20 所示。

由图 2-19 和图 2-20 可以看出，不同功能区内污染物浓度变化规律大体一致，表现为随着降雨历时的延长，降雨径流污染物浓度明显增大，随后慢慢减小，期间虽偶有波动，但整体呈下降趋势，最终趋于平稳，整体而言，降雨前期径流中各污染物的浓度都高于降雨后期。

(2) 人工模拟降雨 1 和降雨 5 条件下，三种不同功能区(交通区、商业区、工业区)内降雨径流中各污染物浓度平均值如图 2-21 所示。

由图 2-21 可以看出，人工模拟降雨 1 中，交通区的降雨径流污染物 COD 浓度平均值最高，为 112.55mg/L，超出国家地表水环境质量标准(GB3838—2002)中Ⅴ类水质标准，商业区的降雨径流污染物 TN 和 TP 浓度平均值最高，为 0.07mg/L 和 0.13mg/L；人工模拟降雨 5 中，生活区的降雨径流污染物 SS、COD 和 Zn 浓度平均值最高，分别为 205.94mg/L、64.14mg/L 和 0.27mg/L，其中 COD 浓度平均值超出国家地表水环境质量标准(GB3838—2002)中Ⅴ类水质标准 40mg/L，交通区的降雨径流中 TN、TP 和 Cu 浓度平均值最高，分别为 0.06mg/L、0.14mg/L 和 0.03mg/L。

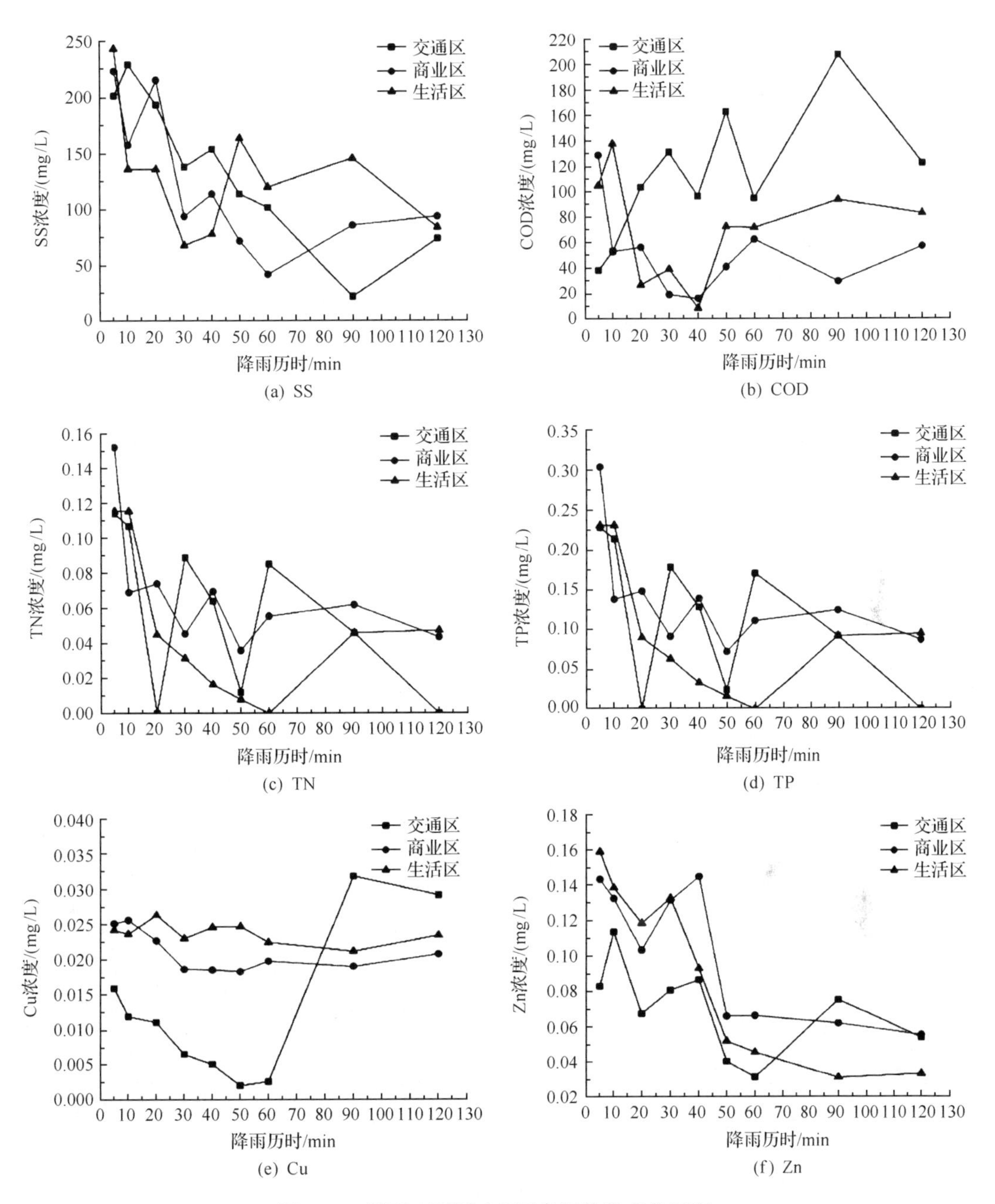

(a) SS (b) COD

(c) TN (d) TP

(e) Cu (f) Zn

图 2-19 降雨 1 不同功能区各污染物变化过程

4. 降雨径流污染物浓度分布特征

采用式 2-14 计算试验场总口处的场次降雨径流污染物浓度平均值(EMC),具体计算结果如表 2-27 所示。

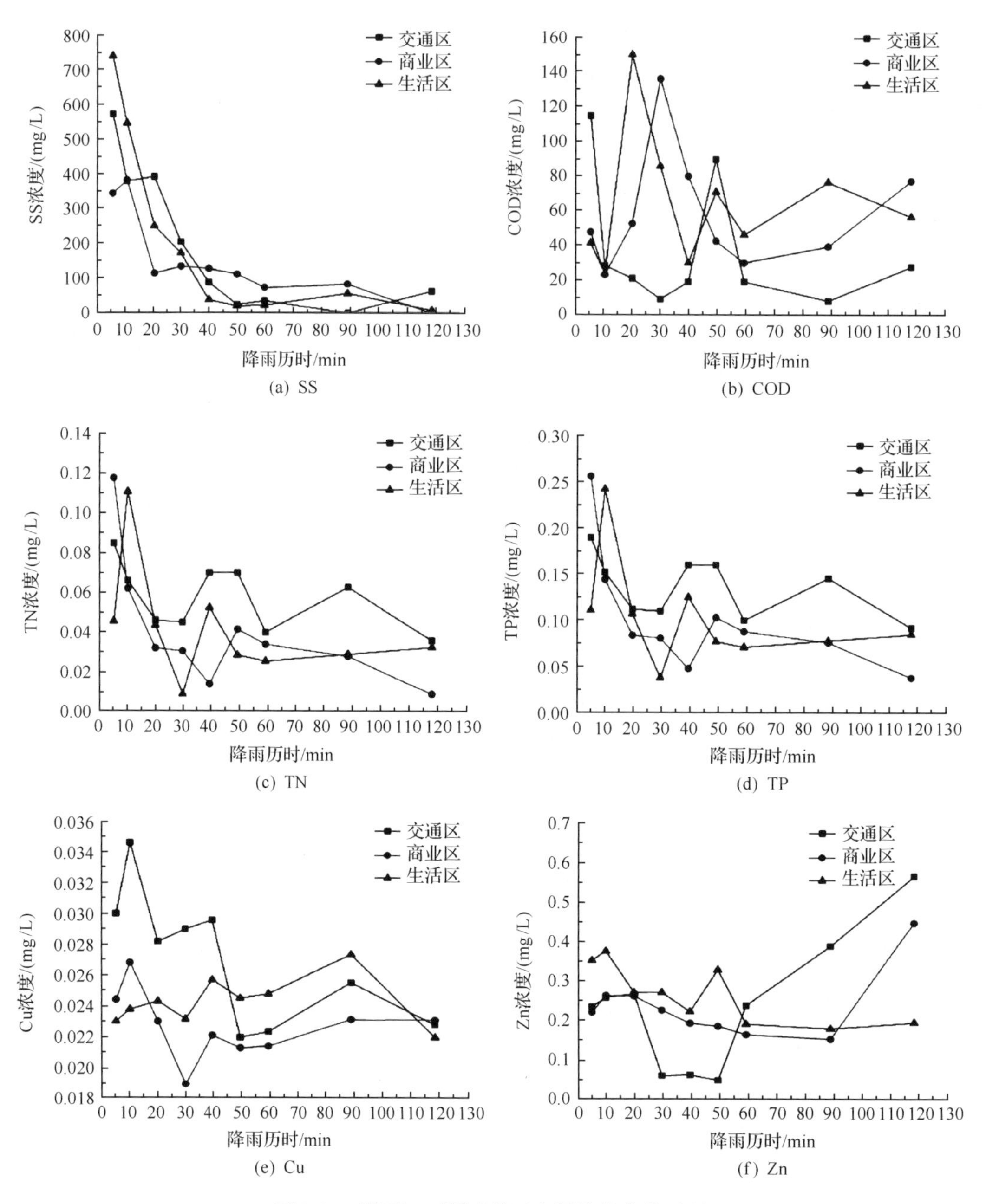

(a) SS (b) COD

(c) TN (d) TP

(e) Cu (f) Zn

图 2-20 降雨 5 不同功能区各污染物变化过程

结果表明:TN 的 EMC 值大小顺序为 1>3>2、4>5;TP 的 EMC 值大小顺序为 1>4>2>3>5;Cu 的 EMC 值大小顺序为 1、4、5>2、3;Zn 的 EMC 值大小为 1>3>4>5>2。五场降雨中,六种不同的污染物的 EMC 值变化规律不相同,该结论与 2.3 节西安市浐河某片区自然降雨径流各场次降雨污染物 EMC 值大小规律大体一致,表明降雨径流污染物 EMC 值不仅仅与降水量和降雨强度有关,还受其他因素的影响,即不是降水量越大或降雨强度越大,降雨径流中污染物浓度就越大。降雨强度较大的降雨,其径流量也大,在一定程度上对径流水质中的污染物浓度有稀释作用。

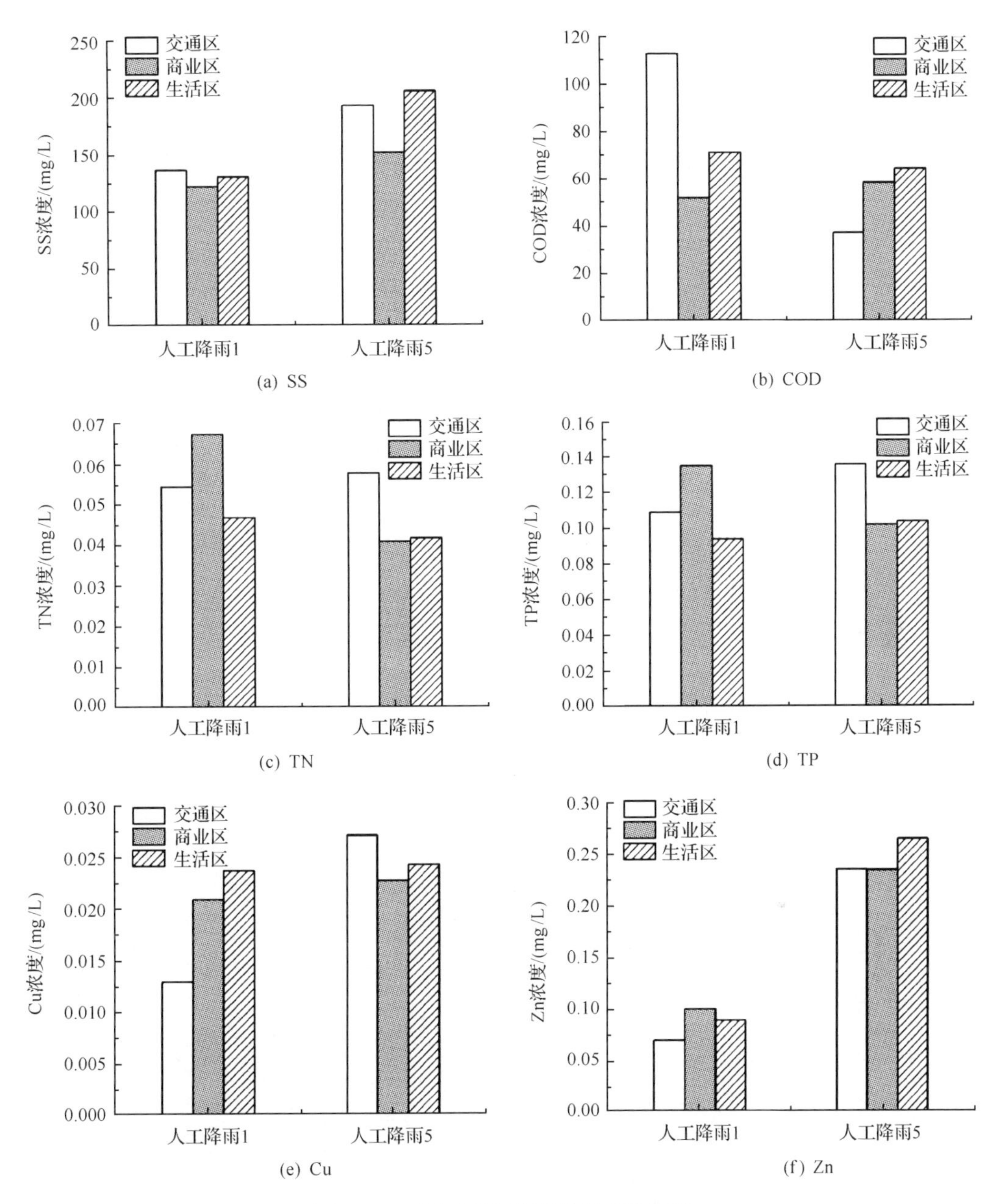

图 2-21 不同功能区各污染物变化规律

表 2-27 人工模拟降雨径流的污染物 EMC 值 单位：mg/L

降雨时间	SS	COD	TN	TP	Cu	Zn
人工降雨 1	—	—	0.03	0.09	0.08	0.03
人工降雨 2	33.00	—	0.11	0.03	0.06	0.02
人工降雨 3	—	47	0.30	0.06	0.05	0.02
人工降雨 4	—	—	0.32	0.03	0.07	0.03
人工降雨 5	—	—	0.33	0.00	0.01	0.03

5. 降雨径流冲刷特征分析

(1) 采用污染物累积冲刷曲线 $M(V)$ 对人工模拟降雨径流污染物进行统计分析，对人工模拟降雨径流污染物的冲刷规律进行定性分析，总结判断出单场次降雨径流冲刷特性。

利用式(2-16)计算从降雨径流开始至 t 时刻累积污染物负荷占总污染物负荷的比例，利用式 2-17 计算从降雨径流开始到 t 时刻累积径流量占总径流量的比例，利用 $M(t)$ 值及 $V(t)$ 值绘制出 5 场次人工模拟降雨径流试验中总口处径流污染物 SS、COD、TN、TP、Cu、Zn 的污染物累积冲刷曲线，如图 2-22 所示。

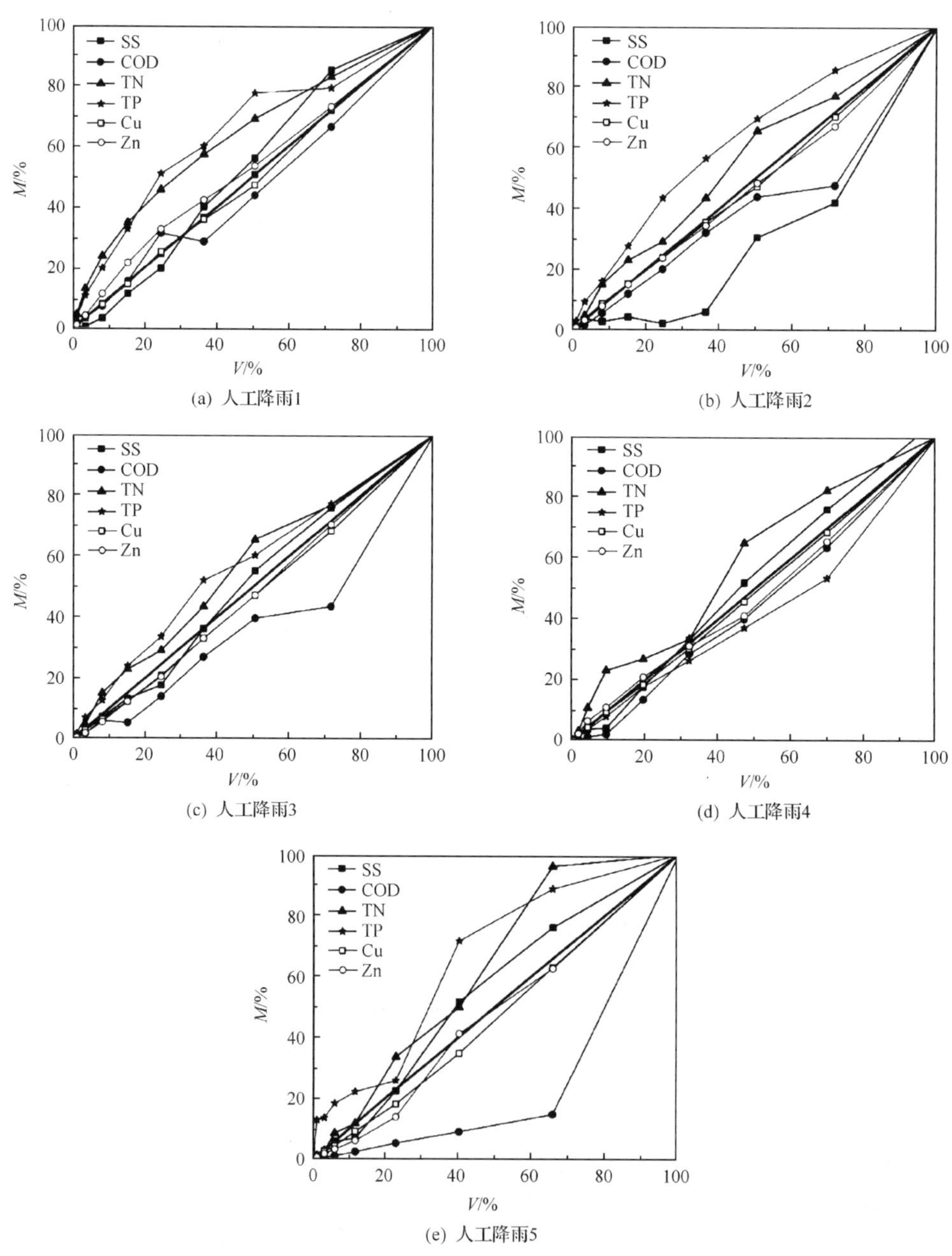

(a) 人工降雨1　(b) 人工降雨2　(c) 人工降雨3　(d) 人工降雨4　(e) 人工降雨5

图 2-22　人工模拟降雨径流污染物累积冲刷曲线

通过对人工模拟降雨径流污染物累积冲刷曲线 M(V)曲线进行分析，总结降雨径流污染物的冲刷类型，为人工模拟降雨径流污染特征及变化规律提供分析基础。图 2-22 中共有 30 条人工模拟降雨径流污染物累积冲刷曲线，属于初期冲刷的有 12 条曲线，属于后期冲刷的有 11 条。总体看来人工模拟降雨径流试验中总口的降雨径流污染物浓度多数存在初期冲刷效应。在模拟降雨条件下，不同下垫面随着降雨进行而产生径流，且在径流开始后 10～20 分钟左右时降雨径流水质污染物浓度值达到峰值，随后逐渐减小并趋于稳定，这是因为在径流开始后 10～20min 内，试验场地内下垫面上的大部分污染物被初期的降雨径流冲刷并携带，致使降雨后期单位径流量所携带污染物的量逐渐减少，总体表现为初期冲刷。这与自然降雨径流试验中浐河总口处污染物累积冲刷曲线呈现的规律相似。

按径流量的 0～30%、30%～70%、70%～100%将单场次人工模拟降雨径流过程分为前期、中期、后期三个阶段，分别统计计算出各个阶段的降雨径流污染物输出负荷占总负荷的比例，如表 2-28 所示。

表 2-28　不同降雨径流阶段总口污染物输出负荷占总负荷的比例　　单位：%

污染物	人工降雨 1			人工降雨 2			人工降雨 3			人工降雨 4			人工降雨 5		
	前期	中期	后期	前期	中期	后期	前期	中期	后期	前期	中期	后期	前期	中期	后期
SS	40	45	15	6	36	58	36	40	24	32	41	28	52	24	24
COD	29	38	34	32	15	52	27	17	56	29	35	37	9	6	85
TN	57	25	17	44	33	23	44	33	23	34	49	18	50	46	4
TP	60	19	21	56	29	15	52	25	23	26	27	47	72	17	11
Cu	36	36	28	36	35	30	33	35	32	30	38	32	35	28	37
Zn	42	31	27	35	32	33	33	37	29	31	34	35	41	21	37

五场人工模拟降雨中，试验场地总口处降雨径流污染物在降雨径流前期、中期、后期阶段输出百分比平均值分别为 38%、31%和 31%，即各降雨阶段中污染物浓度的变化趋势为前期＞中期＞后期，即试验场地总口处多数降雨径流污染负荷在试验过程初期被冲刷，人工模拟降雨总口处的径流污染物呈现初期冲刷现象，这与 2.3 节自然降雨径流试验中浐河总口污染物输出百分比规律相似。

从污染物角度分析，五场次人工模拟降雨径流污染物 SS、COD、TN、TP、Cu、Zn 在前期的阶段输出百分比平均值分别为 33%、25%、46%、53%、34%和 36%，中期分别为 37%、22%、37%、24%、34%和 31%，后期分别为 30%、53%、17%、23%、32%和 32%。不同污染物在相同降雨径流阶段的污染物输出百分比平均值较为相近，人工模拟降雨总口处的径流污染物总体呈现初期冲刷现象。

从降雨场次角度分析，五场次人工模拟降雨径流污染物在径流前期的阶段输出百分比平均值分别为 44%、35%、38%、30%和 43%，中期分别为 32%、30%、31%、37%和 24%，后期分别为 24%、35%、31%、33%和 33%。不同场次降雨在同一降雨径流阶段的污染物输出百分比平均值相差不大，人工模拟降雨总口处的径流污染物总体呈现初期冲刷现象。

（2）统计计算各个阶段中降雨径流污染物冲刷强度，得到污染物负荷量在降雨径流过程中的分布规律，定量分析人工模拟降雨径流污染的冲刷特征。

污染物冲刷强度（pollutant washoff intensity，PWI）指单场次降雨径流中各阶段的污染物负荷量输出百分比与降雨径流量输出百分比的比值。PWI 计算公式见式（2-20）：

$$\mathrm{PWI}=\frac{P(M)}{P(V)}=\frac{\int_{t_1}^{t_2}C(t)Q(t)\mathrm{d}t}{\int_0^T C(t)Q(t)\mathrm{d}t}\Bigg/\frac{\int_{t_1}^{t_2}Q(t)\mathrm{d}t}{\int_0^T Q(t)\mathrm{d}t} \tag{2-20}$$

式中，PWI 为从 t_1 时刻到 t_2 时刻的污染物冲刷强度；$P(M)$ 为从 t_1 时刻到 t_2 时刻的污染物负荷占总污染物负荷的比例；$P(V)$ 为从 t_1 时刻到 t_2 时刻的径流量占总径流量的比例；$C(t)$ 为 t 时刻的污染物浓度，mg/L；$Q(t)$ 为 t 时段内的径流流量，L/s；T 为总径流时间，s。

由于 $C(t)$、$Q(t)$ 较难连续取得，实际应用中一般使用式（2-21）进行计算：

$$\mathrm{PWI}\simeq\frac{\sum_{i=j}^{k}\overline{C(t_i)Q(t_i)}\Delta t_i}{\sum_{i=1}^{N}\overline{C(t_i)Q(t_i)}\Delta t_i}\Bigg/\frac{\sum_{i=j}^{k}\overline{Q(t_i)}\Delta t_i}{\sum_{i=1}^{N}\overline{Q(t_i)}\Delta t_i} \tag{2-21}$$

式中，$\overline{C(t_i)}$ 为 Δt_i 时间段污染物平均浓度，mg/L；$\overline{Q(t_i)}$ 为 Δt_i 时间段平均径流流量，L/s；Δt_i 为第 i 个时间段；N 为时间段总数；i、j、k 为指示参数；其余符号同前。

通过对不同降雨径流阶段的污染物冲刷强度进行分析比较，可以比较不同降雨阶段内降雨径流量携带的污染物负荷量，同时可以根据污染物冲刷强度的大小，判断各阶段降雨径流的冲刷类型。在某场次降雨径流过程中，2 个不同降雨阶段中，如果 PWI1＞PWI2，说明第 1 个阶段中 t 时段内的降雨径流量所携带的污染物负荷量大于第 2 个阶段 t 时段内的降雨径流量所携带的污染物负荷量，说明第 1 个阶段的降雨径流污染物平均浓度高于第 2 个阶段的降雨径流污染物平均浓度；如果在降雨径流前期 PWI＞1，表明在降雨径流前期污染物负荷输出速度大于径流量输出速度，一般发生初始冲刷现象；如果在降雨径流后期 PWI＞1，表明在降雨径流后期污染物负荷输出速度大于径流量输出速度，一般发生后期冲刷现象。

采用式（2-21）计算污染物冲刷强度，式中采样时间段内的污染物平均浓度 $\overline{C(t_i)}$ 采用试验中所检测的瞬时水样的污染物浓度，采样时间段内的平均径流流量 $\overline{Q(t_i)}$ 采用试验中检测数据计算得到的实时径流流量，采样时间段 Δt_i 采用试验中采样间隔时间，时间段总数 N 采用试验中采样时段总数，各场次降雨径流种各阶段污染物冲刷强度变化如图 2-23 所示。

如图 2-23 所示，从污染物角度分析，五场次人工模拟降雨径流污染物 SS、COD、TN、TP、Cu、Zn 在降雨径流阶段前期的污染物冲刷强度平均值分别为 0.91、0.71、1.25、1.44、0.94、1.00，中期分别为 1.09、0.62、1.14、0.69、1.02、0.92，后期分别为 1.01、1.75、0.59、0.79、1.06、1.08。结果表明不同污染物在降雨径流过程同一阶段的冲刷强度平均值相近，人工模拟降雨径流污染物冲刷强度平均值在径流前期、中期、后期三个阶段的差

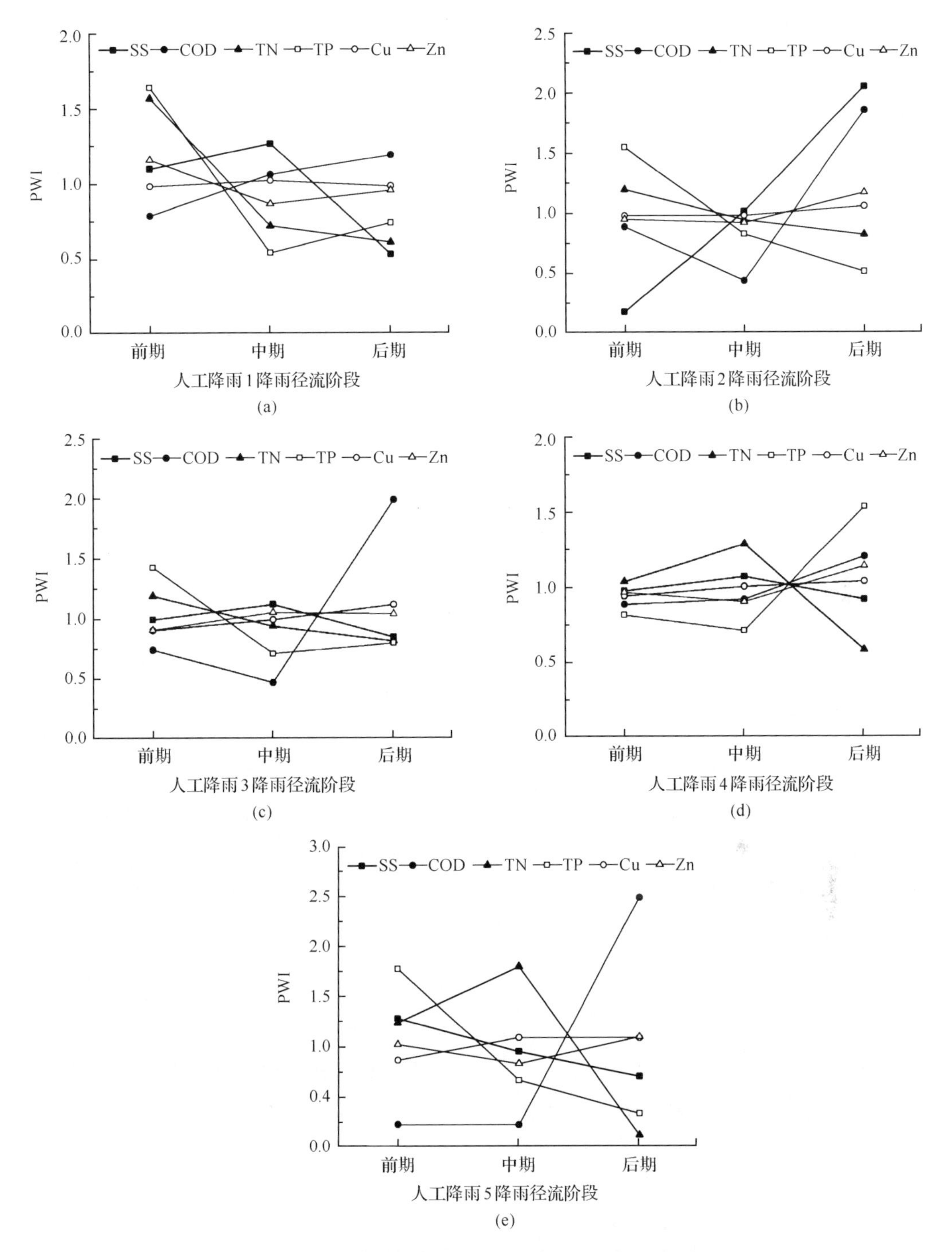

图 2-23 人工模拟降雨径流污染物冲刷强度变化趋势

别不大，可能是因为人工模拟降雨的雨强设定为恒定雨强，而自然降雨中降雨强度时刻在变化。

从人工模拟降雨场次角度分析，5 场次人工模拟降雨在降雨径流阶段前期的污染物冲刷强度平均值分别为 1.21、0.95、1.03、0.94 和 1.07，中期分别为 0.91、0.85、0.88、

0.98 和 0.92，后期分别为 0.84、1.24、1.10、1.07 和 0.97。结果表明不同场次降雨在同一降雨径流过程的冲刷强度平均值相近，人工模拟降雨径流污染物冲刷强度平均值在径流前期、中期、后期三个阶段的差别不大。

2.5 城市降雨径流非点源污染场次负荷模型

污染物累积和冲刷过程是决定污染物浓度和城市非点源污染负荷的基础过程，目前，很多研究污染物累积和冲刷的模型中，都假设一次降雨过程能够冲刷地面上全部的污染物，使得地面上没有残留污染物。由 2.3.2 节对西安市降雨径流中污染物的冲刷特征分析可知，在某些城市降雨径流过程中，污染物存在明显的后期冲刷现象，说明在降雨后期，地面上仍然存在大量的污染物，污染物往往不会被降雨径流完全冲刷，即在一场降雨结束后，地面上存在残留污染物。本节结合非点源污染物累积冲刷模型，构建了基于可冲刷污染物量的非点源污染场次负荷模型，并对已有的非点源污染场次负荷模型进行对比研究，总结各模型的优缺点，为建立城市非点源污染模型提供一定的依据。

2.5.1 非点源污染物累积、冲刷及场次负荷模型

1. 污染物累积模型

在晴天，受大气的干沉降、机动车尾气排放、工厂生产、车轮胎磨损及建筑施工等人类生产生活的影响，城市屋顶、地面上的污染物逐渐积累，污染物的积累量通常用单位面积的增加来描述污染物的堆积量，可表示为前期干旱天数的函数。晴天污染物的累积量计算函数模型包括幂函数、饱和函数和指数函数模型。其中，指数函数模型应用较广，在指数函数中，地面上污染物的累积量成指数曲线增长，即，一场降雨事件结束后，污染物的累积量增加较快，随之时间的延续，增加速率减小，最后趋近于污染物的最大可能累积量。污染物的累积速率可以表示为

$$\frac{\mathrm{d}B}{\mathrm{d}t} = C_0 - C_2 \cdot B \tag{2-22}$$

式中，B 为单位面积上的污染物积累量，mg/m^2；C_0 为单位面积上的污染物积累速率，mg/(m^2 · d)；C_2 为单位面积上的污染物去除速率，1/d；t 为积累时间，d。

式(2-22)积分后，得

$$B = C_1 \cdot (1 - \mathrm{e}^{-C_2 t}) + B_0 \cdot \mathrm{e}^{-C_2 t} \tag{2-23}$$

式中，$C_1 = C_0 / C_2$ 为单位面积上的污染物最大积累量，mg/m^2；T 为前期干旱天数，d；B_0 为前次降雨后单位面积上的残留污染物的量，mg/m^2；其余符号同前。

若不考虑前次降雨后单位面积上的残留污染物的量，则

$$B = C_1 \cdot (1 - \mathrm{e}^{-C_2 t}) \tag{2-24}$$

式中，符号含义同前。

2. 污染物冲刷模型

非降雨期内，地面积累污染物，而在降雨期间，晴天积累的污染物被降雨径流冲刷，冲刷量一般表示为降雨产流深度的函数。冲刷函数模型一般包括幂函数和指数函数模型。幂函数因只考虑了降雨径流深，一般应用较少。而指数函数冲刷方程则同时考虑污染物累积量和降雨径流量对冲刷过程的影响，可以较准确地反映污染物的冲刷过程。污染物的冲刷速率一般可以用区域地表产流负荷和污染物的量来表示：

$$W_r = -\frac{dM}{dt} = cRM \tag{2-25}$$

式中，W_r 为单位面积上的污染物冲刷速率，$mg/(m^2 \cdot min)$；c 为污染物冲刷系数，1/mm；R 为地表产流负荷，在数值上与区域径流量相同，$R = \frac{Q(t)}{A}$，mm/min，A 为汇流面积，m^2；M 为单位面积上污染物的负荷，mg/m^2；t 为降雨的时间，min。

将式(2-25)积分后，得

$$M = M_0 \cdot e^{\frac{-cV(t)}{A}} \tag{2-26}$$

式中，M_0 为单位面积的地表初始污染物的量，mg/m^2；$V(t)$为地表累积径流量，m^3；其余符号含义同前。

令

$$\frac{V(t)}{A} = H \tag{2-27}$$

式中，H 为总径流深，mm；其余符号同前。

则

$$M = M_0 \cdot e^{-cH} \tag{2-28}$$

$$W_r = -\frac{dM}{dt} = c \cdot M_0 \cdot R \cdot e^{-cH} \tag{2-29}$$

式中，各符号含义同前。

将式(2-29)积分后，得

$$W = M_0 \cdot (1 - e^{-cH}) \tag{2-30}$$

式中，W 为单位面积污染物的冲刷量，mg/m^2；其余符号含义同前。

3. 污染场次负荷模型

1) 模型 1

假设一次降雨过程能够冲刷地面上全部的污染物，降雨结束后地面上没有残留污染物，则降雨径流开始时地面初始污染物的量直接等于晴天结束时累积的地面污染物的量，则降雨过程中，被径流携带进入受纳水体的污染物的量，可以用耦合累积冲刷模型来表示，计算式如下：

将式(2-24)代入式(2-30)得

$$W = C_1 \cdot (1 - e^{-C_2 T})(1 - e^{-cH}) \tag{2-31}$$

式中，各符号含义同前。

2）模型 2

模型 1[式(2-31)]假设一次降雨径流将晴天累积的污染物全部冲刷，与实际的冲刷情况有一定的差异。王龙(2011)在耦合污染物累积和冲刷模型时，考虑了前次降雨冲刷后的地面残留污染物负荷，即地面初始污染物的累积量由前次降雨后地面污染物的残留量和晴天时污染物的累积量两部分组成，被径流携带进入受纳水体的污染物的量可以将式(2-23)代入式(2-30)，得

$$M_i = C_1(1 - e^{-C_2 T}) + B_{i-1} \cdot e^{-C_2 T} \tag{2-32}$$

$$B_{i-1} = M_{i-1} \cdot e^{-cH_{i-1}} \tag{2-33}$$

$$W_i = M_i(1 - e^{-cH_i}) \tag{2-34}$$

式中，M_i 为第 i 次降雨时单位面积的地表初始污染物的量，mg/m^2；T_i 为第 i 次降雨前期干旱天数，d；B_{i-1}为第 $i-1$ 次降雨后单位面积上的残留污染物的量，mg/m^2；H_i 为第 i 次降雨的总径流深，mm；W_i 为第 i 次降雨时单位面积污染物的冲刷量，mg/m^2；其余符号含义同前。

3）模型 3

污染物在冲刷过程中被逐渐转移至雨水径流中，从而在雨水径流中显示为污染物浓度，因此通过污染物浓度和径流量的监测理论上可以获得可转移冲刷的污染物量。直接采用径流污染物累计方法计算过程复杂，而且不能获得地面未冲刷至雨水径流中的污染量。本节引入可冲刷污染物积累量(王宝山，2012)的概念，将集水区径流污染物的浓度与总径流深进行线性拟合，确定可冲刷污染物的量。在此基础上，耦合污染物的冲刷模型，构建了计算污染物场次负荷的模型 3。其计算步骤如下。

集水区雨水径流污染物的浓度为

$$C(t) = \frac{AW_\gamma}{Q(t)} = \frac{W_\gamma}{R} \tag{2-35}$$

式中，$C(t)$为集水区径流污染物的浓度，mg/L；其余符号含义同前。

将式(2-35)代入式(2-29)，得

$$C(t) = c \cdot M_0 \cdot e^{-cH} \tag{2-36}$$

对式(2-36)左右两边同时取对数，得

$$\ln[C(t)] = \ln(cM_0) - cH \tag{2-37}$$

式中，各符号含义同前。

由式(2-37)可知，集水区径流污染物的浓度 $\ln[C(t)]$与总径流深 H 呈线性关系，$-c$ 为斜率，$\ln(cM_0)$为截距，函数关系简单，通过监测可获得集水区径流污染物的浓度与总径流深进行线性拟合(王宝山，2012)，拟合方程得

$$\begin{aligned}\mathrm{SN} &= -C \\ \mathrm{IN} &= \ln(cM_0)\end{aligned} \tag{2-38}$$

式中，SN 为拟合线性方程的斜率；IN 为拟合线性方程的截距。则由式(2-38)计算单位面积上可冲刷污染物的量：

$$M_0 = \frac{\mathrm{e}^{\mathrm{IN}}}{-\mathrm{SN}} \tag{2-39}$$

式中，M_0 为单位面积上可冲刷污染物的量，$\mathrm{mg/m^2}$；其余符号含义同前。

将式(2-39)代入式(2-30)，得

$$W = \frac{\mathrm{e}^{\mathrm{IN}}}{-\mathrm{SN}} \cdot (1 - \mathrm{e}^{-cH}) \tag{2-40}$$

式中，各符号含义同前。

2.5.2 非点源污染场次负荷模型应用

1. 模型 1 和模型 2

采用表 2-29 中 1998～2000 年美国洛杉矶市 Dominguez Channel 集水区的 27 场连续降雨的水文水质数据(王龙，2011)对模型 1 和模型 2 进行率定与验证。

表 2-29 1998～2000 年连续降雨的水文水质数据

降雨场次(年-月-日)	前期干旱天数/d	总径流深/mm	污染物浓度/($\mathrm{mg/m^2}$)			
			KN	TSS	Cu	Zn
1988-11-08	179	30.8	40.05	4035.33	0.99	8.5
1988-11-28	20	5.27	21.13	458.41	0.52	2.86
1988-12-01	3	1.66	8.74	286.32	0.11	0.47
1988-12-06	5	5.1	8.21	326.42	0.15	0.82
1999-01-20	45	2.03	7.94	172.26	0.08	0.77
1999-01-25	5	7.03	10.61	351.27	0.36	1.64
1999-01-31	6	1.93	4.93	86.64	0.07	0.41
1999-02-04	4	2.4	7.67	124.7	0.11	0.77
1999-02-09	5	1.59	4.45	179.39	0.08	0.6
1999-03-09	28	1.12	3.52	44.59	0.12	0.5
1999-03-15	6	8.71	13.33	566.43	0.24	1.87
1999-03-20	5	2.4	4.53	110.31	0.1	0.56
1999-03-25	5	11.72	10.88	503.98	0.39	2.41
1999-04-06	12	7.9	13.91	766.66	0.27	2.22
1999-04-11	5	23.37	15.57	771.32	0.49	3.13
1999-11-08	159	3.68	15.83	2370.97	0.38	4.46
1999-12-31	53	1.75	5.6	671.858	0.17	1.66

续表

降雨场次(年-月-日)	前期干旱天数/d	总径流深/mm	污染物浓度/(mg/m²)			
			KN	TSS	Cu	Zn
2000-01-25	25	4.12	11.54	1042.54	0.34	3.39
2000-01-30	5	0.99	2.81	183.45	0.06	0.32
2000-02-10	11	2.56	5.43	396.84	0.2	1.01
2000-02-12	2	12.19	17.34	1158.36	0.33	2.93
2000-02-16	4	5.74	4.74	310.07	0.16	0.83
2000-02-20	4	29.59	15.3	650.94	0.32	1.24
2000-02-23	3	9.96	7.63	637.7	0.22	0.62
2000-02-27	4	4.09	3.42	151.22	0.15	0.42
2000-03-05	7	32.66	23.39	587.91	0.42	1.47
2000-03-08	3	13.78	11.08	509.89	0.13	0.69

1）模型 1 和模型 2 的率定

遗传算法是目前常用的优化算法之一，它是由达尔文优胜劣汰的进化理论衍生而来的优化算法，是一种能进行多点搜索的算法，在一定程度上避免了陷入局部最优解。相比于其他算法，遗传算法对参数初值选取要求较低，遗传算法中种群繁衍是以适应度函数值为基础，适应度的大小直接表征该个体与最优解的接近程度选取合适的适应度函数，有助于模型跳出局部最优解，加速收敛到全局最优解。

选用遗传算法作为优化算法，目标函数选用 1998～1999 年的 15 场降雨单位面积污染物冲刷量的实测值与模拟值的残差平方和(residul sum of squares，即 RSS)最小。函数公式如下：

$$\min \quad \mathrm{RSS} = \sum_{i=1}^{n}(m_i - c_i)^2 \tag{2-41}$$

式中，RSS 为残差平方和，表示随机误差的效应；m_i 为第 i 次降雨单位面积污染物冲刷量的实测值，mg/m²；c_i 为第 i 次降雨单位面积污染物冲刷量的模拟值，mg/m²；n 为实测的降雨次数。

模型 1 和模型 2 中均有 C_1、C_2 和 c 三个参数，其中 C_1 为晴天单位面积上的污染物最大积累量，mg/m²；C_2 为单位面积上的污染物去除率，1/d；c 为污染物的冲刷系数，1/mm。通过遗传优化算法和目标函数对模型参数的率定结果如表 2-30 所示。

2）模型 1 和模型 2 的验证

根据表 2-30 模型参数的率定结果，采用率定后的模型 1 和模型 2 模拟预测 1999～2000 年的单位面积污染物冲刷量，结果如图 2-24 和图 2-25 所示，并计算实测值与模拟值的 NASH-Sutcliffe 效率系数，计算结果如表 2-31 所示，该系数直观地体现了模拟值与实测值的吻合程度，值越接近 1 说明模拟值越接近于实测值，计算公式如下：

$$R_{NS} = 1 - \frac{\sum_{t=1}^{N} W_t^2 (q_t^{\mathrm{obs}} - q_t^{\mathrm{sim}})^2}{\sum_{t=1}^{N} W_t^2 (q_t^{\mathrm{obs}} - \overline{q_t^{\mathrm{obs}}})^2} \tag{2-42}$$

式中，R_{NS}为残差平方和，值小于等于 1，其值越大表示曲线吻合程度越高。w_t 为 t 时刻权重，取 $w_t = 1$，即将加权最小二乘简化为简单最小二乘，$\overline{q_t^{obs}}$、q_t^{sim} 分别为 t 时刻实测值和模拟值，$\overline{q^{obs}}$ 为实测流量过程平均值。

表 2-30　模型 1 和模型 2 参数率定的结果

模型	污染物	参数		
		C_1/(mg/m²)	C_2/(1/d)	C/(1/mm)
模型 1	KN	41.1	0.123	0.109
	TSS	4205	0.024	0.169
	Cu	0.991	0.11	0.117
	Zn	8.6	0.051	0.151
模型 2	KN	38.001	0.08	0.097
	TSS	4145	0.012	0.15
	Cu	0.925	0.067	0.101
	Zn	8.946	0.02	0.134

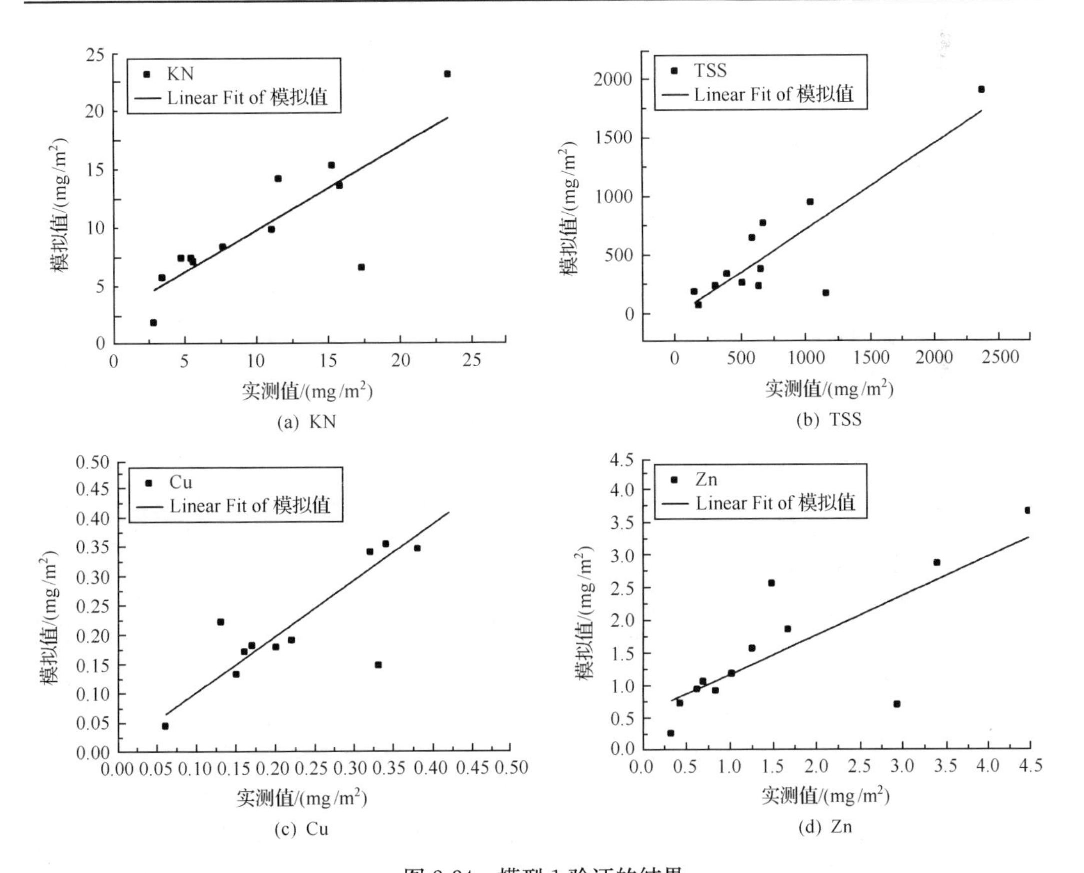

图 2-24　模型 1 验证的结果

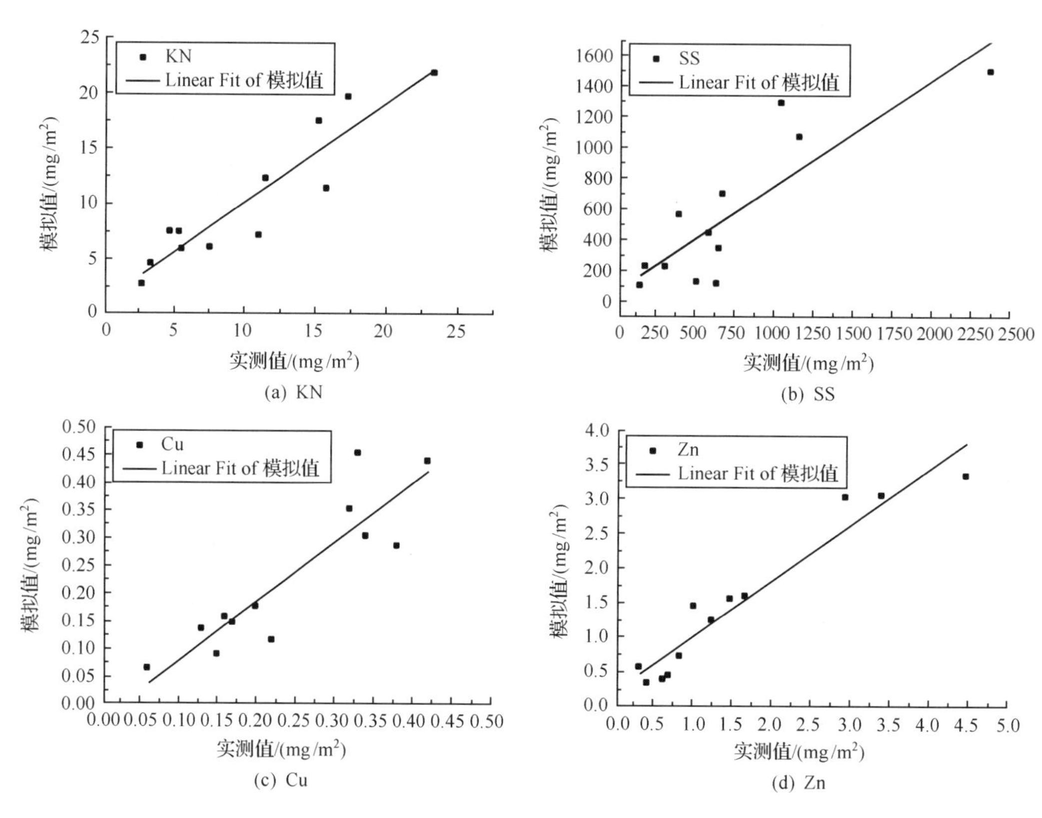

图 2-25　模型 2 验证的结果

表 2-31　模型 1 和模型 2 的 NASH-Sutcliffe 效率系数

污染物	模型 1	模型 2
KN	0.6791	0.8635
SS	0.6163	0.6484
Cu	0.6110	0.7037
Zn	0.6012	0.9072

2. 模型 1 和模型 3

模型 1 和模型 3 率定与验证的数据来自 2.3 节浐河某片区 2013～2014 年的 4 场降雨的水文水质监测数据。

1) 模型 1 和模型 3 的率定

选用"2013-08-28"、"2013-10-14"和"2014-06-13"三场降雨资料进行模型 1 和模型 3 的率定。模型 1 采用遗传算法作为优化算法，目标函数选用 3 场降雨单位面积污染物冲刷量的实测值与模拟值的最小残差平方和(residul sum of squares，即 RSS)来进行参数的率定；模型 3 将研究区域径流污染物的浓度与总径流深进行线性拟合，来确定可冲刷污染物的量及参数，再将其运用到污染物的冲刷模型中，计算污染物的冲刷量，使单位面积污染物冲刷量的实测值与模拟值的最小残差平方和来进行参数的率定，结果如表 2-32 所示。

表 2-32　模型 1 和模型 3 参数率定的结果

模型	参数	污染物					
		SS	COD	TN	TP	Cu	Zn
模型 1	c_1	3325	3190	35.66	13.6	0.068	0.329
	c_2	0.9	0.9	0.9	0.014	0.241	0.9
	c	0.02	0.01	0.01	0.286	0.109	0.044
模型 3	均值 c	0.27	0.25	0.43	0.58	0.66	0.38

2）模型 1 和模型 3 的验证

选用 20140810 场次的降雨资料验证模型 1 和模型 3，结果如图 2-26 所示，并计算 4 场降雨单位面积上污染物实测值与模拟值的 NASH-Sutcliffe 效率系数，计算结果如表 2-33 所示。

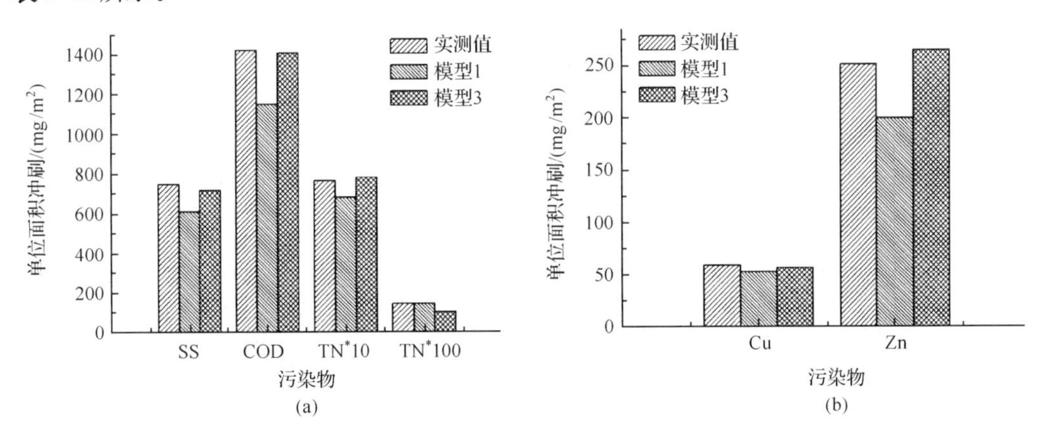

图 2-26　模型 1 和模型 3 验证的结果

表 2-33　模型 1 和模型 3 的 NASH-Sutcliffe 效率系数

模型	污染物					
	SS	COD	TN	TP	Cu	Zn
模型 1	0.740	0.710	0.605	0.785	0.692	0.369
模型 3	0.927	0.950	0.984	0.374	0.500	0.800

3. 模拟结果与讨论

从表 2-30 中参数率定结果可知，模型 1 和模型 2 污染物的 C_1 值基本相等，表明两个模型在晴天单位面积上的污染物最大积累量基本相同，这是因为模型 1 和模型 2 的晴天地面污染物累积情况相同，较符合实际的情况。模型 2 污染物的 C_2、c 值均小于模型 1 污染物的 C_2、c 值，说明模型 1 在降雨期间单位面积上的污染物去除率和污染物冲刷系数均大于模型 2，这主要是因为模型 1 假设一场降雨能够将所有的污染物都冲刷干净，模型 2 比较接近于实际情况，考虑了降雨未冲刷的残留污染物。率定的结果与王龙(2011)用列文伯格-麦夸特算法(Levenberg-Marquardt algorithm，LMA)优化算法率定的结果基本一致，污染物的参数率定优于王龙的率定结果。

从图 2-25 和表 2-31 可知，KN、Cu 和 Zn 的实测值与模拟值的吻合程度较高，SS 的实测值与模拟值的吻合程度相对较低，这主要可能是因为 SS 的冲刷过程较为复杂。模型 1 和模型 2 相比，模型 2 污染物的 NASH-Sutcliffe 效率系数均大于模型 1，说明模型 2 的模拟值更加接近于实测值，这主要因为模型 2 考虑了前次降雨的残留污染物，更加接近于实际情况。

污染物的场次负荷模型是否应该考虑前次降雨污染物的残留量，这主要是看前次降雨污染物的残留量占降雨开始时累积污染物的比例，假设前次降雨污染物的残留量占降雨开始时累积污染物的比例小于等于 5%时，可忽略前次降雨污染物的残留量，即 $e^{-cH}\leqslant 5\%$。由表 2-30 可知，$0.097\leqslant c\leqslant 0.169$，为了满足式 $e^{-cH}\leqslant 5\%$，H 要满足 $17.72\leqslant H\leqslant 30.88$，由此可知 H 要足够大，才能忽略前次降雨污染物的残留物。用于率定的 12 场降雨的 H 大多数都小于 20mm，12 场降雨的前次降雨污染物的残留量占降雨开始时累积污染物的比例如图 2-27 所示。

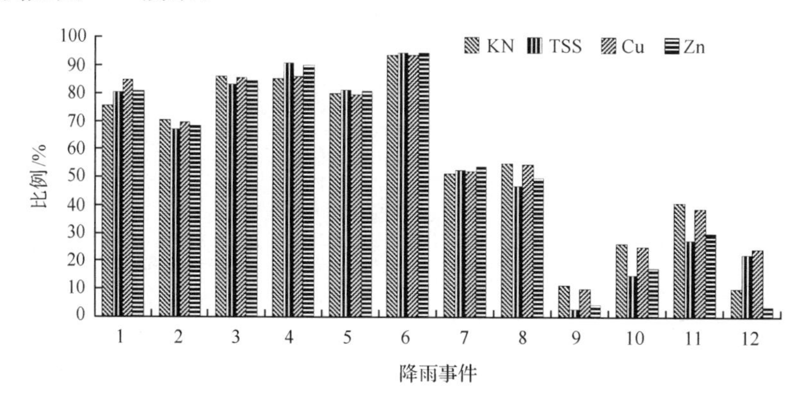

图 2-27　12 场降雨的前次降雨污染物的残留量占降雨开始时累积污染物的比例

从图 2-27 中可以看出，有 6 场降雨的前次降雨污染物的残留量占降雨开始时累积污染物的比例超过了 50%，这几场降雨的降雨径流深都小于 14mm；降雨事件 9、降雨事件 12 的前次降雨残留污染物占累积污染物比例小于 20%，这是因为降雨事件 9 和降雨事件 12 的降雨径流深分别为 29.59mm 和 32.66mm，由此可知，只有降雨径流径流深超过 30mm 时，其地面的污染物才可能被冲刷干净，才可以忽略降雨之后的污染物残留量，而大多数降雨之后的污染物的残留量不能忽略。

从表 2-31 中可以看出，模型 3 率定的污染物冲刷系数值均大于模型 1，这主要是因为模型 1 没有考虑前次降雨地面污染物的残留量，模型 3 用实际监测的数据计算得到可冲刷污染物的量，与实际降雨的情况比较相符。

从图 2-27 可以看出，相比于模型 1，除了 TP，模型 3 模拟的污染物 SS、COD、TN、Cu 和 Zn 单位面积上冲刷量的模拟值与实测值更加接近，表 2-33 中模型 3 的 NASH-Sutcliffe 效率系数也较大，这说明模型 3 比模型 1 的模拟效果好。这主要是因为模型 3 中考虑了污染物的可冲刷量，这与实际的情况较为相符。然而由于降雨资料的缺乏，未能对模型 3 进行进一步的研究与分析，同时未能对模型 2 与模型 3 进行比较分析，确定其使用条件及应用范围等。

2.6 本章小结

本章以西安市三环以内主城区、西安理工大学家属院、浐河某片区为对象，确定了研究区域内各功能区及研究区域总出水口的监测点和监测方案，对非点源污染进行监测与特征分析；采用人工降雨试验分析各污染物随降雨历时的变化规律、污染物冲刷规律，与西安市城区自然降雨径流污染特征进行对比分析；结合非点源污染物累积冲刷模型，构建了基于可冲刷污染物量的非点源污染场次负荷模型，并与已有的非点源污染场次负荷模型进行对比研究。

1. 研究成果

(1) 2010～2011 年，对西安市三环以内主城区不同功能区小区地表径流污染过程进行了监测，根据监测结果对西安市城区非点源污染特征进行分析。结果表明：在降雨产流前 20 分钟径流中污染物浓度最高，随着降雨历时的延长，污染物浓度呈逐渐下降趋势，交通区径流中污染物浓度波动幅度最小，居住区污染物浓度波动幅度最大，交通区 SS、COD、重金属平均浓度值最大，商业区 NH_4^+-N、TN、TP 平均浓度值最大；浓度法、监测降水量占年降水量的比例估算法在城市非点源污染负荷估算中具有较好的可靠性，根据每个功能区的平均浓度和对应的地表径流量计算相应负荷量后加和的方法与使用所有功能区综合平均浓度和地表径流总量直接计算总负荷量的方法结果符合较好；西安市主城区 2010 年 SS、COD、NH_4^+-N、TN、TP、Cu、Zn、Pb、Cd、Cr 的非点源污染负荷量分别为 12958.482t、3444.187t、141.895t、231.367t、7.492t、0.943t、4.294t、2.193t、1.066t 和 1.440t。交通区各污染物输出系数最大，绿地输出系数最小。

(2) 以西安理工大学家属院为研究区域，于 2011 年 7～10 月进行雨水径流水质演变过程的监测与分析，探讨降雨从落地前至居住小区出口径流的水质演变规律和污染特性，并初步对比了草带对屋面径流的净化效果。结果表明：城市降雨从“落地前雨水-屋面径流-路面径流-小区出口径流”，水质变化规律明显，落地前雨水水质最好，TP 未超出Ⅳ类水质标准，COD、TN 和 NH_4^+-N 的平均浓度超出地表水Ⅴ类水质标准，但是在《城镇污水处理厂污染物排放标准》的一级 A 标准范围内；路面径流水质最差；前期晴天时间短的降雨径流污染物平均浓度明显低于前期晴天时间长的降雨；同一场降雨过程，初期径流水质明显比降雨结束时差，且末期的屋面径流、路面径流以及家属院门口的小区径流中各污染物的浓度均较降雨初期径流的浓度低；草带对降雨径流中污染物有一定的削减作用，居民楼前约 1.0m 宽的草带对屋面径流污染物 COD 和 TN 的削减率分别为 29.75%和 41.84%。

(3) 选取西安市城区“西影路—浐河”区域为研究区域，2013～2014 年，对研究区域内主要功能区各种类型屋面、道路以及总出水口降雨径流分别进行监测和特征分析。结果表明：不同功能区的污染物浓度变化趋势大体一致，随着降雨的进行而逐渐减少，最后趋于零，较符合初始冲刷模型，污染主要发生在径流的初期。在整个降雨过程中，径流中污染物浓度不仅仅与降水量和降雨强度有关，还受其他因素的影响。7 种污染物在四场降雨中的 EMC 变化规律不一致，在试验所监测的场次降雨中，降水量和降雨强度大的降雨事件的污染物的 EMC 不一定大；而除磷以外，其他污染物的 EPL 变化规律大致相同，表现为降水量、降雨强度和晴天累计天数越大，污染物的冲刷量越大，反之，污染物的冲刷量越小；其中78.6%的降雨径流污染物冲刷过程具有初始冲刷的现象，17.8%的降雨径流污染物冲刷过程具有后期冲刷的现象。降雨强度越大，越容易发生初始冲刷现象；降雨强度越小，越容易发生后期冲刷现象。不同污染物在同一降雨阶段的冲刷强度没有明显的差别。与2010年估算的西安市主城区年降雨径流污染物平均负荷量对比可知，2013年8月至翌年8月降雨径流污染物COD、TN、TP的年降雨径流污染物负荷量明显增加，西安市主城区年降雨径流污染状况较2010年有所加重。不同的污染物浓度在各功能区和总口的规律不一致，这与污染物各自的迁移转化过程相关性较大。不同的污染物与不同的土地利用类型之间均存在一定的相关性，这与土地本身的利用性质有极强的相关性。

(4) 在人工模拟降雨大厅，进行了5场次人工模拟降雨，并对降雨径流污染物浓度及冲刷强度变化规律进行统计分析，结果表明：人工模拟降雨径流中，不同下垫面和不同功能区的降雨径流污染物浓度值以及人工模拟降雨污染物EMC值均比自然降雨偏小；但不同下垫面、不同功能区以及总口处的径流污染物浓度变化规律大体一致，较符合初始冲刷模型，这与西安市浐河某片区自然降雨条件下污染物浓度变化规律具有较好的相似性。不同污染物在降雨径流过程同一阶段的冲刷强度平均值大体相近，不同场次降雨在同一降雨径流过程的冲刷强度平均值也较为相近，表明人工模拟降雨径流污染物冲刷强度平均值在径流前期、中期、后期三个阶段的差别不大，这可能是因为人工模拟降雨的雨强为恒定雨强，致使其与自然降雨条件下的变化规律不一致。

(5) 结合非点源污染物累积冲刷模型，构建了基于可冲刷污染物量的非点源污染场次负荷模型，并对已有的非点源污染场次负荷模型进行对比研究。模型1为常用非点源污染场次负荷模型，模型2在以往的污染物冲刷模型的基础上，考虑了前次降雨后地表残留污染物，模型3对实测的径流污染物浓度与总径流深进行线性拟合，确定可冲刷污染物的量，再将其运用到污染物的冲刷模型中，计算污染物的冲刷量。由模型1与模型2对比可知，模型2的模拟值更加接近于实测值，与实际情况较为相符。相比于模型1，模型3中考虑了污染物的可冲刷量，模拟结果与实测值更加接近，与实际的情况较为相符。

2. 不足之处

因受资料条件、研究经费以及其他因素的限制，对于西安市非点源污染监测与特性分析的研究还存在一些不足有待进一步研究。

(1) 在城区非点源污染监测时，应考虑降雨、人类活动等空间差异，增加观测点的数量；同时应增加不同类型降雨的监测次数；另外，还应考虑对融雪径流进行监测。

(2) 采用人工降雨模拟城市降雨研究径流污染物相关规律，具有降雨径流条件良好，定性分析方面可行性较好等优点，但与此同时也存在着降雨径流距离较短、铺撒的积尘附着不够牢固、降雨雨强不能根据自然降雨情况随时进行变化等缺点。在未来的研究中，可以考虑采用实际路面进行人工模拟降雨试验，并在同场次降雨的模拟中考虑降雨雨强的变化。

(3) 由于降雨资料的缺乏，未能对模型3进行进一步的研究与分析，同时未能对模型2与模型3进行比较分析，确定其使用条件及应用范围等。

(4) 对城市降雨径流进行长期连续的监测，建立系统的城市非点源污染资料库。在美国，许多部门都建立了比较完整的数据库，用户需要时可直接查询；而现阶段，我国尚没有完整的数据库，相关数据的获取不仅需要强大的资金支持以及研究人员投入大量的时间和精力，且监测的数据大多是间断不连续、不完整的，这使得城市非点源污染的研究缺乏准确性和完整性。因此，应加强全国范围或地区性的数据库的建立与共享。

参考文献

陈莹. 2011. 西安市路面径流污染特征及控制技术研究. 西安：长安大学博士学位论文

陈伟伟，张会敏，黄福贵，等. 2011. 城区屋面雨水径流水文水质特征研究. 水资源与水工程学报，22(3)：86～87

程江，杨凯，黄小芳，等. 2009. 上海中心城区苏州河沿岸排水系统降雨径流水文水质特性研究. 环境科学，30(7)：1893～1900

董雯，李怀恩，李家科. 2013. 城市雨水径流水质演变过程监测与分析. 环境科学，34(2)：561～569

郭婧，马琳，史鑫源，等. 2011. 北京市城市道路降雨径流监测与分析. 环境化学，30(10)：1814～1815

国家环境保护总局. 2002a. 水和废水监测分析方法编委会. 水和废水监测分析方法(第四版). 北京：中国环境科学出版社：210～284

国家环境保护总局. 2002b. 地表水和污水监测技术规范(HJ/T91—2002). 北京：中国环境科学出版社：4～8

黄国如，聂铁峰. 2012. 广州城区雨水径流非点源污染特征及污染负荷. 华南理工大学学报(自然科学版)，40(2)：142～148

李怀恩. 2000. 估算非点源污染负荷的平均浓度法及其应用. 环境科学学报，20(4)：397～400

李怀恩，邓娜，杨寅群，等. 2010. 植被过滤带对地表径流中污染物的净化效果. 农业工程学报，26(7)：81～86

李家科，李亚娇，李怀恩. 2010. 城市地表径流污染负荷计算方法研究. 水资源与水工程学报，21(2)：5～13

李家科，李怀恩，董雯，等. 2012. 西安市城区非点源污染特性与负荷估算. 水力发电学报，31(4)：131～138

李养龙，金林. 1996. 城市降雨径流水质污染分析. 城市环境与城市生态，9(1)：55～58

梁常德，龙天渝，李继承，等. 2007. 三峡库区非点源氮磷负荷研究. 长江流域资源与环境，16(1)：26～30

林莉峰，李田，李贺. 2007. 上海市城区非渗透性地面径流的污染特性研究. 环境科学，82(7)：1430～1434

刘瑞民，沈珍瑶，丁晓雯，等. 2008. 应用输出系数模型估算长江上游非点源污染负荷. 农业环境科学学报，27(2)：677～682

卢金锁，程云，郑琴，等. 2010. 西安市暴雨强度公式的推求研究. 中国给水排水，26(17)：82～84

陆怡诚，纪桂霞，吕天恒，等. 2011. 城市屋面雨水初期径流污染特征与规律研究. 水资源与水工程学报，22(4)：85～88

施为光. 1993. 城市降雨径流长期污染负荷模型的探讨. 城市环境与城市生态，6(2)：6～10

王龙. 2011. 城市降雨径流非点源污染模型及应用研究. 北京：清华大学博士学位论文

王宝山. 2012. 城市雨水径流污染物输移规律研究. 西安：西安建筑科技大学博士学位论文

王宝山，黄廷林，程海涛，等. 2010. 小区域雨水径流污染物输送研究. 给水排水，36(3)：128～131

武晟. 2004. 西安市降雨特性分析和城市下垫面产汇流特性实验研究. 西安：西安理工大学：105～106

赵剑强. 2002. 城市地表径流污染与控制. 北京：中国环境科学出版社

周慧平，葛小平，许有鹏，等. 2004. GIS在非点源污染评价中的应用. 水科学进展，15(4)：441～444

Bao Q S，Wang H D，Mao X Q. 1997. Progress in the research in aquatic environmental nonpoint source pollution in China. Journal of Environmental Science，9(3)：329～336

Deletic A，Maksumovic C T. 1998. Evaluation of water quality factors in storm water from paved areas. Jouranl of Environmental Engineering，ASCE，124(9)：869～879

Lee J G，Heaney J P，Lai F. 2005. Optimization of integrated urban wet-weather control strategies. Journal of Water Resource Planning and Management，131(4)：307～315

Sansalone J J，Cristina C M. 2004. First flush concepts for suspended and dissolved solids in small impervious watershed. Jouranl of Environmental Engineering，ASCE，130(11)：1301～1314

Thomson N R，McBean E A，Snodgrass W，et al. 1997. Sample size needs for characterizing pollutant concentrations in highway runoff. Journal of Envir. Engrg，123(10)：1061～1065

第3章　多级串联人工湿地对城市地面径流的净化效果和规律研究

人工湿地作为一种有效的生态污水处理技术，各国研究人员已经进行了大量关于人工湿地处理生活污水、工业废水、垃圾渗滤液、农业废水（刘红等，2004）等方面的研究，但利用人工湿地进行城市地面径流污染控制的研究报告相对较少（Scholes et al.，1998；徐丽花和周琪，2002；尹炜等，2006），尤其国内更是鲜见对这方面的研究。因此，运用人工湿地控制城市地面径流的研究具有重要意义。

本章通过室外中型试验、室内小型试验和理论分析，研究水平潜流和复合流两组多级串联人工湿地对降雨径流的净化规律，比较同一组人工湿地系统在不同运行间隔天数（1d，3d，5d，7d，10d，15d）、不同水力停留时间（24h，36h，48h，72h）和不同水深（350mm，550mm，750mm）条件下的出流污染物浓度，分析以上各因素对人工湿地净化效果的影响，并确定人工湿地处理城市降雨径流的最佳运行工况；通过对相同试验工况条件下的两组人工湿地净化效果的对比，分析湿地系统中水流方式对净化效果的影响。研究不同水深（350mm，550mm和750mm）下，水平潜流和复合流两组人工湿地对污染物COD、氮、磷和重金属的沿程和垂向净化效果，同时考察人工湿地中植物的光合蒸腾速率变化规律，分析影响光合蒸腾速率作用的主要因素及对人工湿地去除效果的影响。最后通过Design-Expert软件，应用响应面统计分析法对复合流人工湿地处理总氮、总磷、氨氮等污染物的净化效果进行回归分析并确定最佳运行工况。为人工湿地这一生物工程措施在我国城市地面降雨径流处理方面的应用和推广提供科学依据和理论支撑。

3.1　多级串联人工湿地试验设计

3.1.1　试验装置设计

1. 人工湿地试验装置介绍

基于国内外对人工湿地处理技术的研究，本章自行设计和建造了两组多级串联人工湿地中试系统和人工湿地蒸散发量测量小试装置，通过中型试验探究两种湿地系统对降雨径流的净化效果及水力停留时间、运行间隔天数、水流方式对其净化效果的影响。小型试验主要测定栽种两种类型植物的湿地系统日蒸发量及植物日平均蒸腾量，分析湿地植物蒸腾量占湿地总蒸散发量的比例，以及湿地蒸散发量变化规律及对水质净化的影响。

两组多级串联人工湿地中试系统，具体结构如图3-1所示。其中，A组为水平潜流人工湿地，其特点为：①整个湿地系统包含了不同功能的基质单元（图3-1），这样可以保证不同基质对不同污染物（COD、N、P和重金属等）最大限度的吸附；②为了调节湿地系统中氧的分布，整个湿地系统从进口到出口，沿程分布着多个通气管；③不同的水生植物，其净化能力不同，根据这一特点，采用植物混种的方式，植株间距15cm左右，适当保留湿地中的杂草,使其比较接近自然湿地状态;廊道如图3-2所示。B组为波形流(复合)人工湿地,其是在A组湿地的基础上通过在沿程间隔相同的距离安设导流板(图3-3),且其开孔高度不同,以此来使湿地系统中的水流方式发生改变。A、B两组湿地系统填充的填料和种植的植物如表3-1所示;各部分构筑物尺寸如表3-2所示。为了提高进水中溶解氧的浓度,进水是以自然的方式布水。人工湿地装置实物图如彩图3所示。

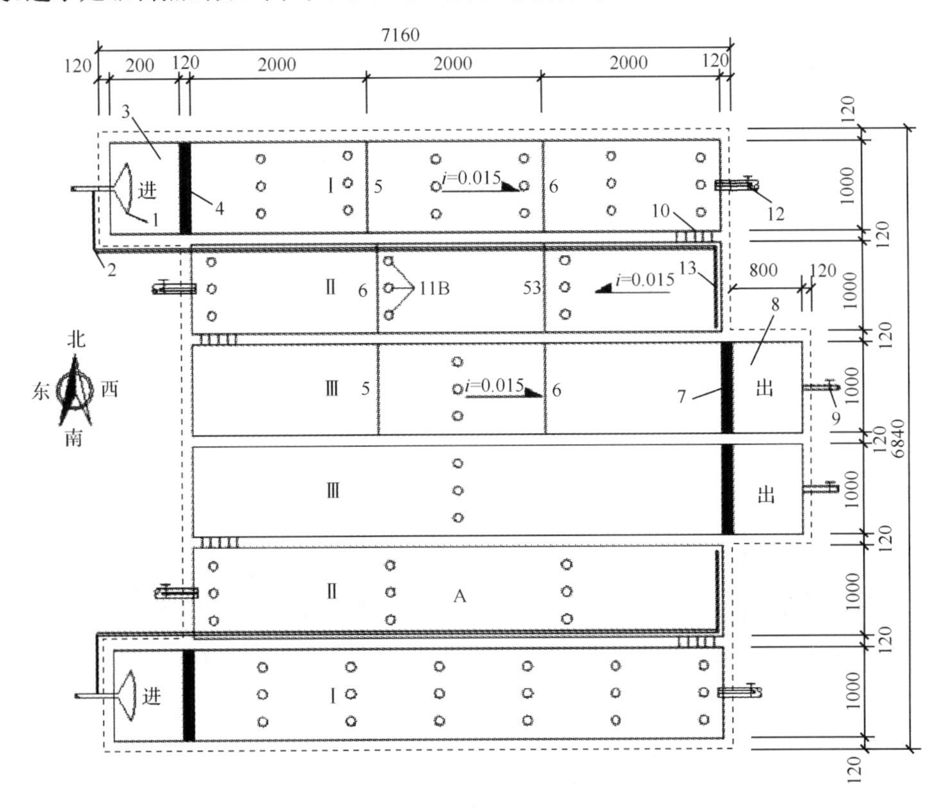

图3-1 人工湿地装置示意图

1-布水器;2-1/3处原水进水管;3-配水井;4-进口布水挡板;5-下部开孔过水挡板;6-上部开孔过水挡板;7-出口布水挡板;8-出水井;9-放空管;10-廊道间过水孔板;11-通气管;12-取样管;13-1/3处原水布水器

人工湿地蒸散量测量小试装置为两个40cm×40cm×60cm的自制敞口有机玻璃箱,标号为1#箱和2#箱。1#箱混合栽种美人蕉和芦苇两种植物各两棵,2#箱不种植物作为对照,以测定对应的蒸发蒸腾量。箱体底部装有管径为20cm的带孔排水管(管上均布着许多小孔,孔径约2cm),管外包有土工布,防止基质进入孔口发生堵塞。装置侧壁在底部排水管阀门的上方10cm处连接一直径6mm左右的直角毛细管,管旁设有刻度尺,用于测量蒸散发水量。侧壁35cm高度处设有与排水管相同的穿孔布水管,管外阀门与进水橡胶管连接,用于试验过程中均匀进水。装置示意如图3-4所示。

2. 人工湿地填料、植物的筛选

1) 填料的筛选

填料,也称基质,是人工湿地系统中的重要组成部分,填料自身的性质决定了其在人工湿地中去除污染物方面的作用。截至目前,常用的人工湿地基质有土壤、沙、砾石、沸

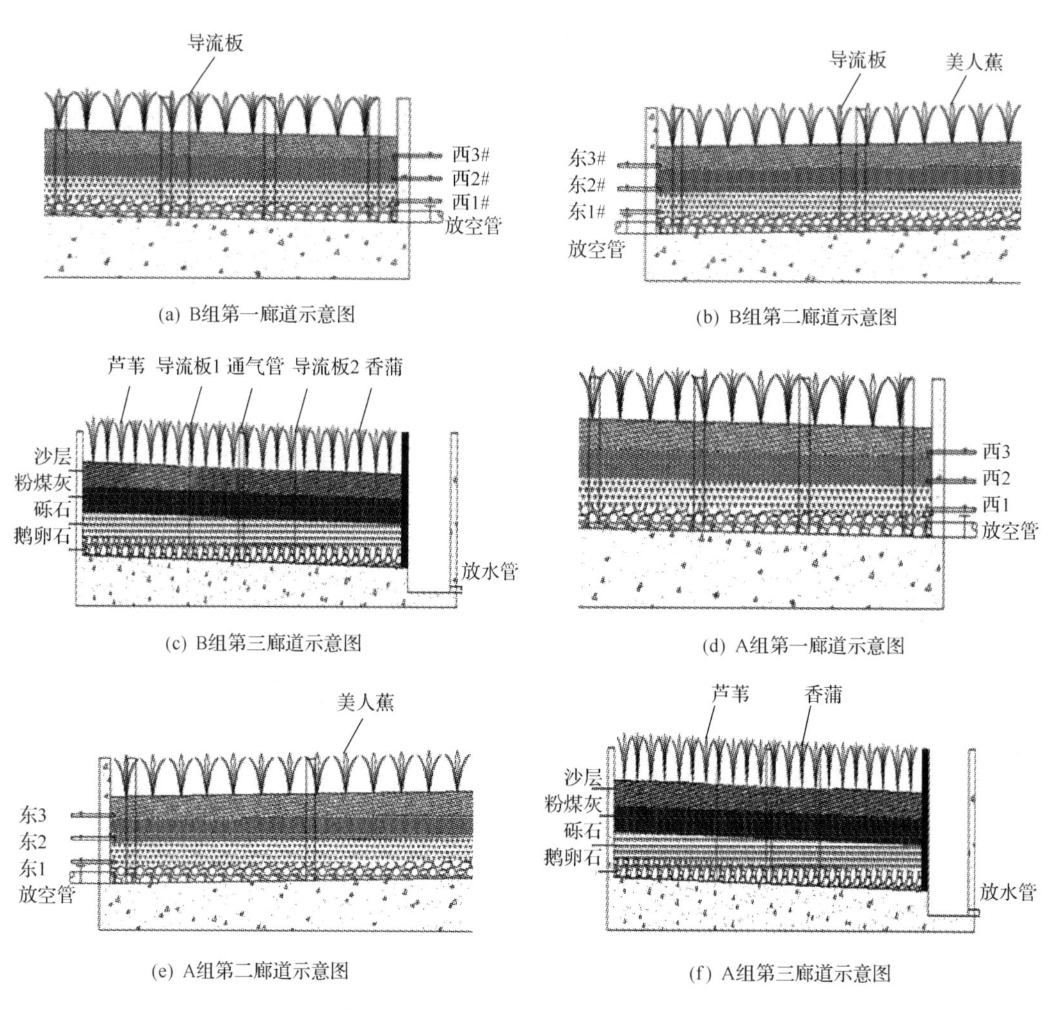

图 3-2　两组人工湿地不同廊道示意图

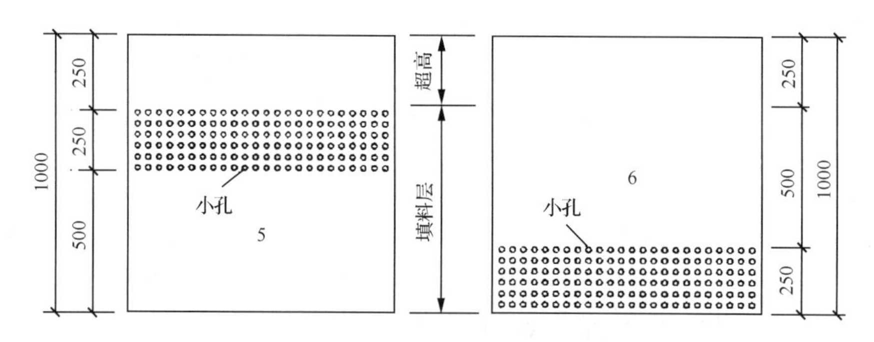

图 3-3　导流板示意图

石、灰岩、石灰石、炉渣、页岩等。每一种基质的性质以及对不同污染物的吸附性能都不同。因此在选择时应根据湿地的构造以及污水的性质进行合理选择，通常由其中的一种或者几种混合填配(刘宏伟和张岩，2010)。李智等(2005)研究了湿地中不同基质中微生物的空间分布规律以及微生物体内的酶的活性，最后得出了对人工湿地中有机物去除起

表 3-1　各廊道填料配置及种植植物

串联单元	净长/m	净宽/m	基质		种植植物
			高度/cm	填料	
第Ⅰ廊道	6.00	1.00	55～75	沙层	芦苇
			35～55	沸石	
			15～35	砾石	
			0～15	鹅卵石	
第Ⅱ廊道	6.00	1.00	55～75	沙层	美人蕉
			35～55	高炉渣	
			15～35	砾石	
			0～15	鹅卵石	
第Ⅲ廊道	6.00	1.00	55～75	沙层	香蒲
			35～55	粉煤灰	
			15～35	砾石	
			0～15	鹅卵石	

表 3-2　人工湿地各构筑物尺寸表

构筑物	L×W×H/m	有效容积/m^3
配水池	2.50×1.60×1.10	4.00
进水井	0.80×1.00×1.20	0.60
人工湿地床	18.00×1.00×1.20(18.00m^2)	13.50
出水井	0.80×1.00×1.20	0.60

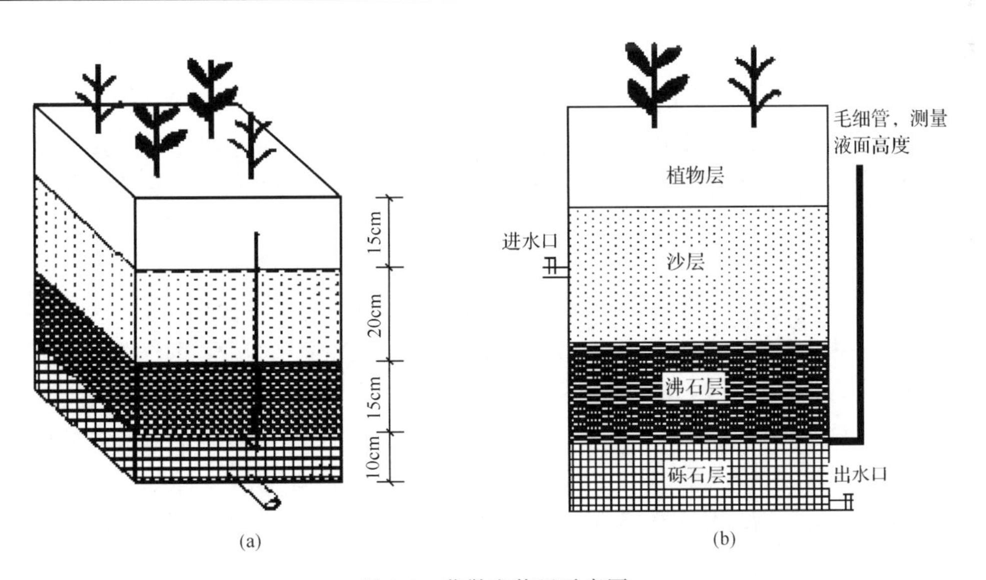

图 3-4　蒸散发装置示意图

到主要作用的是微生物的代谢，同时发现，人工湿地中起主要净化作用的区域是靠近表层的基质层。通常情况下，人工湿地选择的基质，是要实现以下几方面的作用：提供一个良好的污水渗流水力环境；能够作为微生物生存的载体；同时可以为水生植物的正常生长提供一定的能源。已经证实，很多基质在我国含量丰富并且性能良好，同时又价格低廉，对环境危害小，且可回收利用。以国内外的研究文献为基础，同时考虑实际应用性，综合各种基质性能、使用周期、对污染物的净化效果等因素，本章试验中选择的基质分别是砾石、鹅卵石、沸石、高炉渣和粉煤灰。

(1) 鹅卵石和砾石。

两者的主要化学成分都是SiO_2，其次是少量的氧化铁和微量的锰、铜、铝、镁等元素及其化合物，两者只是在粒径大小上有区别。特点是结构稳定、取材容易、价格便宜、加工后粒径均匀且比表面积大。鹅卵石在湿地系统中主要起承托作用。砾石的尺寸通常为3～12mm，国外使用的砾石粒径通常为8～16mm。砾石具有一定的离子交换能力，表现出较强的除磷能力。因此鹅卵石和砾石常被用于净水、污水处理、电力、园林等项目工程中(黄池钧，2012)。

(2) 沸石。

天然沸石是当今世界各国十分重视的新兴非金属矿产资源，可分为天然沸石和合成沸石两大类，主要成分是硅铝酸盐。因其具有优异的吸附、离子交换性能，越来越广泛地被应用在"三废"治理中。作为一种具有优异功能的非金属矿物材料，沸石在工业中有广泛的应用。因为其具有较大的孔隙度、较大的比表面积、离子交换性、耐酸、耐热、耐辐射性以及吸附和催化性等，常被广泛地应用在多种领域(环境保护、石油化工、农牧业、建材工业、轻工业及高新尖端技术等)。我国地域辽阔，沸石的种类颇多，目前已经发现的沸石就达到13种之多。我国的沸石多数分布在东部和中部地区，因此开发利用沸石处理废水，在我国有巨大的优势(丛旭日等，2008)。

(3) 高炉渣。

高炉渣主要是生铁冶炼过程中排出的废弃物，主要成分是硅酸盐和铝酸盐，且富含钙、镁、铝等离子，其主要成分为CaO、SiO_2、Al_2O_3，能与磷酸盐中的磷酸根生成沉淀，已被广泛应用在人工湿地中来达到去除磷的目的。有研究表明：高炉渣对化粪池出水中COD和BOD_5的去除率达到了47%～57%和70%～77%，对总磷的去除率高达83%～90%(朱夕珍等，2003)。

(4) 粉煤灰。

粉煤灰是火力发电厂等燃煤锅炉排放出的固体废弃物，在我国含量很丰富，是一种球形或微珠集合物，主要的化学成分SiO_2、Al_2O_3、Fe_2O_3、CaO占总质量的80%以上，其他的成分有K、P、S等氧化物和未燃尽的炭等。平均粒径为45μm，孔隙率一般为60%～75%，比表面积为2500～5000cm^2/g(李方文等，2002)。粉煤灰的多孔性和较大的比表面积，使其具有良好的物理吸附和过滤截留悬浮物的性能；表面具有大量的Si-O、Al-O、活性基团，能与吸附质通过化学键发生化学吸附和离子交换；同时粉煤灰含有较高的硅、铁、铝氧化物，可通过简单活化制成为铁系、铝系或复合絮凝剂(刘心中等，2002)。目前在各类污水处理领域已将粉煤灰用作吸附剂、湿地基质、絮凝剂等，并都获得良好的经济和环境效益。

根据试验要求，基质填充高度定为0.75m，基质使用情况如表3-3所示。

表3-3 基质使用情况

位置	基质	填充高度/cm	孔隙率/%
第Ⅰ廊道	沙层	55～75	33.8
	沸石	35～55	47.5
	砾石	15～35	43.5
	鹅卵石	0～15	30.0
第Ⅱ廊道	沙层	55～75	33.8
	高炉渣	35～55	44.6
	砾石	15～35	43.5
	鹅卵石	0～15	30.0
第Ⅲ廊道	沙层	55～75	33.8
	粉煤灰	35～55	37.3
	砾石	15～35	43.5
	鹅卵石	0～15	30.0

2）植物的筛选

在人工湿地系统中，常常把是否种有植物作为判定其是否完整的依据。从另一方面也说明了植物是人工湿地不可缺少的组成部分（Brix，1997）。植物可以利用太阳能从空气中吸收无机物后合成自身有机物，此过程中同时可以为异养微生物提供能量，还可以分解和转化有机物及其他物质。植物的另一方面作用就是可以稳固人工湿地床体，是一个良好的物理过滤设施，同时不影响垂直流湿地系统的正常运行。在寒冷的冬季，植物可以防止湿地表面冻结，在很大程度上尽可能地保护了系统中的微生物，还可以通过光合作用和根系的渗透作用将氧传输到根部基质（籍国东和倪晋仁，2004）。通常人工湿地中植物的作用可以归纳为四个方面：①为微生物吸附生长提供大的表面积；②直接吸收利用污水中可利用的营养物质，吸附和富集重金属和有毒有害物质；③增强和维持基质的水力传输性能；④为根区好氧微生物输送氧气。具体功能如表3-4所示。

表3-4 植物的功能

地表以上植物组织的作用	地表以下植物组织的作用
光合作用	稳固基质床表面
形成局部的小气候	防止堵塞
冬季保温	释放氧气
减缓风速	形成铁氧化膜
除臭	为微生物附着提供表面积
储存营养物质	吸收营养物质
美化景观	分泌多种有机复合物

目前国内外常被用在人工湿地中的水生植物主要有芦苇、风车草、香蒲、美人蕉和灯心草、凤眼莲、黑三棱、水葱等。综合考虑，选择的植物为芦苇、美人蕉和香蒲。下面分别

对其特征进行介绍。

(1) 芦苇。

禾本科芦苇属,多年生的水生高大禾草。整个植株分根、根状茎、叶、花和种子五个部分。成熟之后的高度可达 2～4m,直径大约为 1cm,苇叶通常在 20 片左右,呈披针形,地下有粗壮的匍匐根状茎。广布于全国温带地区,为保土固堤植物。苇秆可作造纸和人造丝、人造棉原料。芦苇更是现代园林最好的水景绿化植物。芦苇湿地是鱼、蟹、禽繁衍生息的乐园,水中浮游生物是鱼、蟹、禽的天然饵料源,鱼、蟹、禽的排泄物又可以作为芦苇肥料,从而形成了良性生态经济链。在人工湿地中芦苇的功能主要体现在对水质的净化功能上:①对污水中的可利用物质,可以直接吸收利用,特别是一些有毒有害的物质以及重金属;②可以传输氧气到植物根系,供微生物利用;③对介质的水力传输能力具有一定的维持作用;④维护物种多样性。芦苇湿地还可作为直接的水源或补充地下水,可以有效控制洪水,防止土壤次生盐渍化,改善气候、净化空气、改善土壤等。如图 3-5 所示。

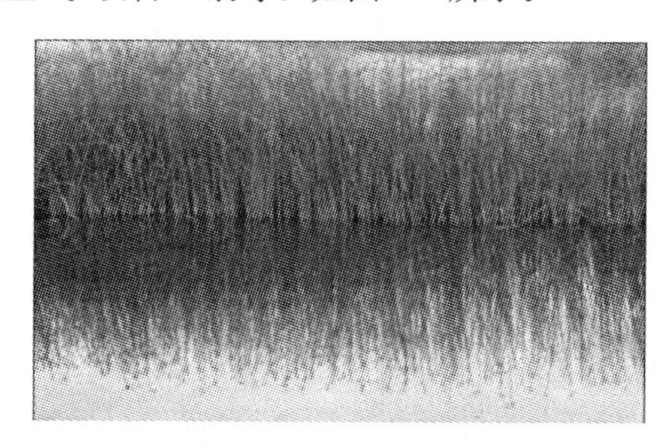

图 3-5 芦苇

(2) 美人蕉。

美人蕉属美人蕉科多年生直立草本,株高通常为 1～2m,属矮生。适合在 3～11 月生长,花期在 7～10 月。体态强健,大方美观,花朵艳丽,花色有大红、鲜黄、火黄三种,姿态优美。有研究表明(Konnerup,2009;李芳柏和吴启堂,1997;陈娟,2006),种植美人蕉的人工湿地系统可以去除污水中 COD、N、P 等污染物。用于处理生活废水,对 TN 和 TP 的去除能力较突出,非常适合应用在净化污水方面。同时对重金属 Cu、Zn、Pb 等也具有一定的富集能力,如图 3-6 所示。

图 3-6 美人蕉

(3) 香蒲。

香蒲为草本植物的一种,通常为多年生,生长的环境为沼生、水生或湿生。只是在我国，其种类就有10种以上。其栽种的时间通常为晚春时节。最近几年，越来越多的湿地研究开始致力于以香蒲为主，同时配合多种水生生物、藻类、微生物等，由此可见，香蒲在环保中的利用价值已经越来越突出，特别是在人工湿地处理污水方面，更是有广阔的前景。其净化功能主要是可以对生活污水和工业废水中的P、N、COD、总悬浮物(TSS)等污染物质进行吸收、吸附。目前，西方国家已经将香蒲湿地系统广泛的应用于处理城市中的生活污水领域。在我国利用香蒲处理生活污水的实例也较多。因此应用香蒲植物处理废水具有良好效果，为我国众多工矿企业处理工业废水提供了一种廉价、有效的方法，值得进一步研究与应用，如图3-7所示。

图3-7　香蒲

3.1.2　试验设计

1. 试验方法

因城市地面径流随机性强、突发性强，采用实际径流进行试验不易实现，故采用人工配水方式模拟地面径流，向调蓄池中投加$C_6H_{12}O_6$、KH_2PO_4、NH_4Cl、KNO_3、Na_3PO_4及$Cu(NO_3)_2$、$Zn(NO_3)_2$、$Pb(NO_3)_2$、$Cr(NO_3)_3$、$Cd(NO_3)_2$等化学药品模拟地面径流水质。进行净化效果影响试验之前对西安市不同功能区的雨水径流水质进行了监测和分析，以使所配制的模拟雨水水质更接近于真实雨水水质。在蓄水池中放入试验所需的水量，向其中加入定量配制的药品，通过水泵带动混合搅拌器将水搅拌均匀后，用水泵将水抽送到高处的配水桶中，由配水桶出水阀门控制出水流量。系统进水量和出水量由秒表和量筒所测流速与水力停留时间(换算成秒)乘积求得。配水桶出来的模拟雨水直接进入湿地系统，此过程靠的是重力作用的自由出水，当模拟雨水在湿地系统中的水力停留时间达到试验设置的工况时，在湿地系统的进水、沿程(由三个廊道组成)以及垂向上的不同位置和出水口处取得水样，在实验室测定水样的各项水质指标的浓度。

2. 试验水质

实际应用时，将初期雨水弃流，仅利用中后期雨水径流，按监测方法，测得西安市城市雨水污染物浓度如表3-5所示。

根据实测的雨水径流中的污染物的浓度，确定多级串联人工湿地净化试验中各指标浓度如表3-6所示。

表 3-5　雨水污染物浓度　　单位：mg/L

污染物	COD	TN	NH_4^+-N	TP	DP
浓度	41.41～177.74	4.655～15.435	1.64～13.91	0.124～0.652	0～0.617
污染物	Cu	Zn	Pb	Cr	Cd
浓度	0.048～0.436	0.24～5.319	0.0053～0.12	0～0.077	0～0.0048

表 3-6　试验配水中各污染物的浓度　　单位：mg/L

污染物	COD	TN	NH_4^+-N	TP	DP	Cu	Zn	Pb	Cr	Cd
浓度	100.00	8.00	2.00	0.80	0.2	0.030	0.150	0.100	0.050	0.050

湿地中植物的蒸腾光合作用对水质净化效果影响试验进水污染物浓度如表 3-7 所示。

表 3-7　试验进水污染物浓度　　单位：mg/L

污染物	TN	TP	NH_4^+-N
浓度	6.89～8.34	0.54～0.88	1.76～2.27

3. 试验内容

试验主要研究 A、B 两组人工湿地系统对西安市地面径流的净化效果，以及系统中植物的蒸腾与光合作用、湿地蒸散发量变化、运行间隔天数、水力停留时间、水深、水流方式等因素对其净化效果的影响。植物的根系可以直接吸收污染物，也可以通过组织输氧使根际附近产生好氧微环境，促进微生物对氨氮和有机污染物的降解反应；湿地植物的生长主要是通过包括蒸腾、光合等作用在内的生理生态过程来实现的，植物的光合及蒸腾作用也是其生长的驱动力和主要的能量来源，同时也是人工湿地水处理过程的重要组成成分。湿地的蒸散量变化能够直接影响到其中污染物的浓度，进而影响湿地的净化效果；设计运行间隔天数影响因素的出发点是由于降雨径流具有随机性和阶段性，因此人工湿地在运行过程中必须考虑该因素对处理效果的影响，试验中设计的运行间隔天数在 550mm 水深时分别为 1d、3d、7d、15d，350mm 和 750mm 水深时分别为 3d、5d、7d、10d。水力停留时间(HRT)会对湿地去除 NH_4^+-N、TN 和 TP 产生直接的影响，在一定的范围内，随着 HRT 的延长，N、P 的去除效果会呈指数升高，但是，当超出一定的范围之后，就会出现污染物浓度不降反升的现象，分析原因可能是污染物质被重新释放或者发生了可逆的化学反应。因此，对于设计人工湿地试验，有必要考虑水力停留时间这一因素，本试验中选取了四种水力停留时间：24h、36h、48h 和 72h；水深决定了人工湿地中水体与填料表面的接触面积，是指平均污水深度，在湿地系统中，其与湿地类型、容积、运行时采取的水力负荷大小、水力停留时间(HRT)长短等因素相互影响，所选的植物种类更是影响系统水深设计的重要因子，根据试验装置的填料高度，装置建造时设置的水深分别为 350mm、550mm 和 750mm；在人工湿地系统中，水流方式不同，对污染物的去除效率也不相同，本试验中的两种水流方式，即 A 组的水平潜流人工湿地和 B 组的复合流(波形)人工湿地。通过对这些因素的深入研究，有助于进一步了解人工湿地处理降雨径流的净化机理和影响因素，为之后进行人工湿地的设计与运行提供理论依据，有助于该技术在我国的推广应用。

1）净化效果与最佳工况

维持水深550mm恒定，水力停留时间分别取24h、36h、48h、72h，运行间隔天数分别取1d、3d、7d、15d；维持水深350mm恒定，水力停留时间分别取24h、36h、48h、72h，运行间隔天数分别取3d、5d、7d、10d；维持水深750mm恒定，水力停留时间分别取24h、36h、48h、72h，运行间隔天数分别取3d、5d、7d、10d。具体试验安排以及进度如表3-8所示。

表3-8 试验安排及进度

试验编号	试验时间	水深/mm	运行天数/d	水力停留时间/h	进水量/(m^3/d)	出水量/(m^3/d)	备注
1	2011-05-20至2011-05-22	550	1	24	3.850	3.426	有植物
2	2011-05-24至2011-05-26			36	2.567	2.309	
3	2011-05-28至2011-05-31			48	1.925	1.768	
4	2011-06-02至2011-06-05			72	1.283	1.166	
5	2011-06-09至2011-06-11		5	24	3.850	3.426	
6	2011-06-15至2011-06-17			36	2.567	2.309	
7	2011-06-21至2011-06-24			48	1.925	1.768	
8	2011-06-28至2011-07-01			72	1.283	1.166	
9	2011-07-09至2011-07-11		7	24	3.850	3.426	
10	2011-07-19至2011-07-21			36	2.567	2.309	
11	2011-07-29至2011-08-01			48	1.925	1.768	
12	2011-08-09至2011-08-12			72	1.283	1.166	
13	2011-08-28至2011-08-30		15	24	3.850	3.426	
14	2011-09-15至2011-09-17			36	2.567	2.309	
15	2011-10-03至2011-10-06			48	1.925	1.768	
16	2011-10-22至2011-10-25			72	1.283	1.166	
17	2012-05-07至2012-05-08	350	3	24	2.169	2.076	有植物
18	2012-05-12至2012-05-13			36	1.449	1.383	
19	2012-05-17至2012-05-19			48	1.092	1.023	
20	2012-05-23至2012-05-25			72	0.728	0.678	
21	2012-05-31至2012-06-01		5	24	2.189	2.047	
22	2012-06-07至2012-06-08			36	1.461	1.363	
23	2012-06-14至2012-06-16			48	1.099	1.022	
24	2012-06-22至2012-06-24			72	0.733	0.681	
25	2012-07-02至2012-07-03		7	24	2.200	2.047	
26	2012-07-11至2012-07-12			36	1.469	1.365	
27	2012-07-20至2012-07-22			48	1.102	1.023	
28	2012-07-30至2012-08-01			72	0.736	0.682	
29	2012-08-12至2012-08-13		10	24	2.150	2.056	
30	2012-08-24至2012-08-25			36	1.436	1.371	
31	2012-09-05至2012-09-07			48	1.078	1.023	
32	2012-09-18至2012-09-20			72	0.735	0.668	

续表

试验编号	试验时间	水深/mm	运行天数/d	水力停留时间/h	进水量/(m^3/d)	出水量/(m^3/d)	备注
33	2013-04-19 至 2013-04-21	750	3	72	1.471	1.329	有植物
34	2013-04-27 至 2013-04-29			48	2.210	1.995	
35	2013-05-05 至 2013-05-06			36	2.948	2.663	
36	2013-05-12 至 2013-05-13			24	4.425	3.994	
37	2013-05-21 至 2013-05-23		5	72	1.476	1.312	
38	2013-05-31 至 2013-06-02			48	2.215	1.974	
39	2013-06-10 至 2013-06-11			36	2.954	2.634	
40	2013-06-19 至 2013-06-20			24	4.431	3.953	
41	2013-07-01 至 2013-07-03		7	72	1.478	1.307	
42	2013-07-14 至 2013-07-16			48	2.217	1.961	
43	2013-07-26 至 2013-07-27			36	2.957	2.615	
44	2013-08-07 至 2013-08-08			24	4.435	3.923	
45	2013-08-12 至 2013-08-14		10	72	1.478	1.316	
46	2013-08-18 至 2013-08-20			48	2.221	1.975	
47	2013-08-24 至 2013-08-25			36	2.960	2.643	
48	2013-08-29 至 2013-08-30			24	4.443	3.958	

2）植物的蒸腾与光合速率测定

装置启动后，输入配好的水样使湿地系统适应环境，能够稳定运行。之后分别取水力停留时间(HRT)为 24h、36h、48h、72h，运行间隔天数为 7d、10d 进行试验；选择天气晴朗、阳光充足的日期测定湿地中植物的蒸腾与光合速率，具体操作为使用 LI6400 光合仪测定系统在 8:00～18:00，每隔 1h 测定一次植物生长参数(包括蒸腾、光合速率、气孔导度、胞间 CO_2 浓度，以及叶温等)，测量时在长势良好的植株中上部选择健康完整向阳的成熟叶片 2～3 片进行，每片重复 3 次，结果取其平均值；同时，为了研究湿地植物的蒸腾光合作用对水质净化效果的影响，水质测量过程中每隔 2h 同步取水样进行监测，计算相应的去除率。水质净化试验进水时间为晚上 8 点。采集进出水水样，测量其中 TN、TP 以及 NH_3^+-N 的浓度，分别计算各污染物的去除率。

根据水质分析得到的数据，从以下五方面进行效果分析来比较改变水流方式后的复合流人工湿地系统与水平潜流人工湿地系统净化效果的差异。

(1) 从浓度去除率和负荷削减率分析净化效果并得出最佳工况。计算公式分别为

$$R_C = (C_{进} - C_{出})/C_{进} \times 100\%; R_L = (C_{进} V_{进} - C_{出} V_{出})/C_{进} V_{进} \times 100\% \quad (3\text{-}1)$$

式中，R_C 为浓度去除率，%；$C_{进}$ 为进入湿地的污染物浓度，mg/L；$C_{出}$ 为流出湿地的污染物浓度，mg/L；$V_{进}$ 为入流水量；$V_{出}$ 为出流水量；R_L 为负荷削减率，%。

(2) 两组人工湿地系统在沿程的不同位置对西安市地面径流的净化效果，本试验的两组人工湿地系统都是由三个廊道串联而成，总长度为 18m，每一廊道长 6m(图 3-1)，在

湿地系统内水深分别为350mm、550mm、750mm时，对比分析两组人工湿地系统在第一廊道末端(6m处)、第二廊道末端(12m处)和出口(18m)处的净化效果，确定多级串联人工湿地系统在不同长度下的去除效果，从而得出人工湿地系统用于处理城市雨水径流的合适长度，即以最小的投资，最小的占地面积，取得最好的去除效率。这就要对人工湿地系统在不同长度时的去除效果进行比较，最后确定湿地系统合适的尺寸。在水深为750mm时，在垂向上(不同的基质层)分析人工湿地对雨水的净化能力，从而确定不同的基质对污染物质的吸收能力。

(3) 考察两组人工湿地在无植物、有植物时的净化效果，得出植物对人工湿地净化效果的影响；分析三种植物(芦苇、美人蕉、香蒲)对不同污染物的去除率，得出不同类型植物的去污能力。

(4) 分析人工湿地中植物光合蒸腾作用及水质净化效果的变化规律，研究两者之间的关系。

(5) 以Design-Expert为基础，应用响应面法对人工湿地净化效果进行模拟，并以实测数据对所得模型进行验证。

3.2 多级串联人工湿地试验结果与分析

3.2.1 人工湿地对城市降雨径流的净化效果

1. 不同水深下的净化效果分析

1) 350mm水深下两组人工湿地的净化效果与最佳工况分析

350mm水深下，两组人工湿地在运行间隔天数分别为3d、5d、7d、10d，HRT分别为24h、36h、48h、72h的试验工况下，出水中COD、TN、NH_4^+-N、TP、DP的浓度如表3-9所示；浓度去除率和负荷削减率如图3-8所示。

表3-9 出水各物质浓度

湿地类型	污染物		COD	TN	NH_4^+-N	TP	DP
水平潜流	出水浓度/(mg/L)		34.84～67.12	2.719～4.292	1.228～2.542	0.195～0.332	0.062～0.162
	浓度去除率/%	范围	36.33～54.03	36.45～65.81	14.49～30.16	21.13～44.95	9.66～37.37
		平均	44.39	53.82	22.95	28.44	20.95
	负荷削减率/%	范围	39.6～56.94	40.96～67.53	20.13～34.58	26.25～47.36	13.57～41.73
		平均	47.9	56.74	27.84	33	25.92
复合流	出水浓度/(mg/L)		33.53～66.62	2.112～3.866	1.306～2.5	0.123～0.341	0.06～0.177
	浓度去除率/%	范围	41.82～68.72	48.44～74.66	19.12～43.84	25.75～56.54	11.72～39.39
		平均	58.93	60.66	37.63	40.88	26.46
	负荷削减率/%	范围	46.30～75.56	51.86～76.65	24.3～52.88	31.47～60.14	16.01～48.56
		平均	61.87	63.37	42.04	45.03	31.57

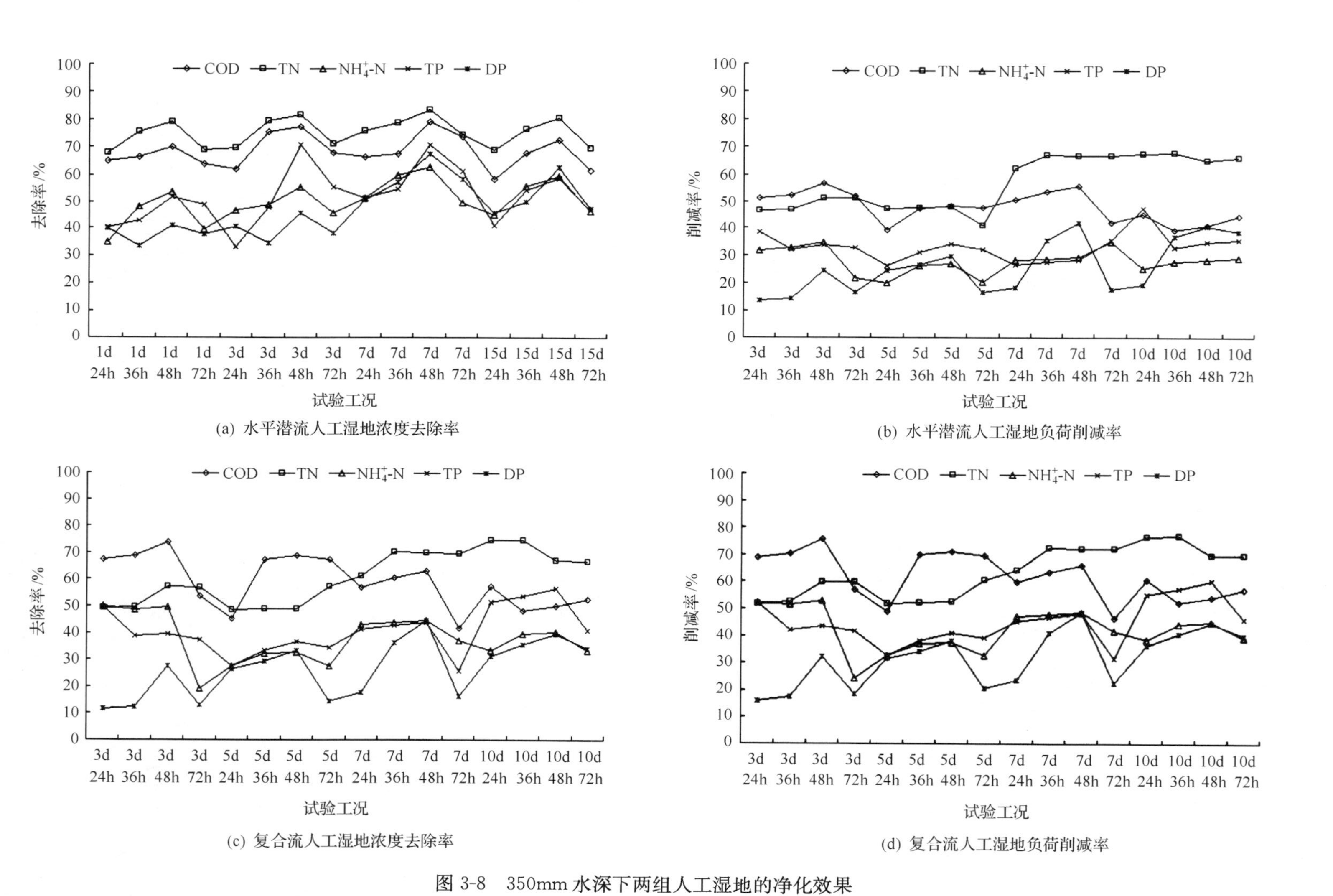

(a) 水平潜流人工湿地浓度去除率

(b) 水平潜流人工湿地负荷削减率

(c) 复合流人工湿地浓度去除率

(d) 复合流人工湿地负荷削减率

图 3-8　350mm 水深下两组人工湿地的净化效果

由表 3-9 和图 3-8 可知，A、B 两组人工湿地对 TN 和 COD 的浓度去除率和负荷削减率最高，对 DP 去除效果最差。水平流湿地对各污染物的浓度平均去除率和负荷平均削减率均值分别为 34.11%和 38.28%；复合流湿地对各污染物的浓度平均去除率和负荷平均削减率均值为 44.91%和 48.78%，比水平潜流净化效果高出 10.6%左右。本试验中，复合流人工湿地系统是在水平潜流人工湿地的基础上，通过沿程安设导流板来改变水流在系统中的流动方式而来，使水流在系统内形成局部完全混合、整体推流的形式，增加了雨水与湿地填料的接触面积，提高了系统内溶解氧浓度，更加高效的发挥了填料的吸附作用，大大促进了系统硝化作用的进行和好氧微生物对有机物的降解作用，且水流方式的改变使得污水在湿地系统内反复进行好氧-兼氧-厌氧状态，是典型的 A/O 工艺，具有更好的除氮性能(何成达，2004)。

水平潜流人工湿地对 COD、TN、NH_4^+-N、TP、DP 的最大去除率分别为 54.03%、65.81%、30.16%、44.95%、37.37%，达到最大去除率的工况分别为 3d/48h、10d/36h、3d/48h、10d/48h、10d/48h；最大的负荷削减率分别为 56.94%、67.53%、34.58%、47.36%、41.73%，达到最大负荷削减率的运行工况分别为 3d/48h、10d/36h、3d/48h、10d/24h、10d/48h。复合流人工湿地对 COD、TN、NH_4^+-N、TP、DP 最大的浓度去除率分别为 68.72%、74.66%、43.84%、56.54%、39.39%，此时工况与水平潜流相同；最大的负荷削减率分别为 75.56%、76.65%、52.88%、60.14%、48.56%，工况与水平潜流相同。

在相同的运行间隔天数下，当 HRT 由 24h 增大到 72h 时，两组人工湿地的浓度去除率和负荷削减率都是先升高后降低。因为较短的 HRT 时，生化反应和微生态环境下的吸附、吸收不充分，部分污染物甚至还未来得及被吸附降解即被带出湿地系统，同时 HRT 较短时，系统内污水流速过大，对填料的冲击作用较大，导致原先被吸附在填料上的污染物被冲出系统，这些都会使系统的净化能力降低(严弋和海热提，2007；鄢璐等，2007)，从而降低处理效果；较长的 HRT 时，系统内部的溶解氧不足，处于缺氧环境，阻碍了硝化反应的进行，厌氧环境与内部的污水容易构成“死水区”，导致微生物原先在好氧环境下吸收的 N、P、COD 等物质又重新释放到基质中，致使去除率降低。

在相同的 HRT 下，TN、TP、DP 的浓度去除率和负荷削减率随着运行间隔天数的增大都是逐渐升高，在 10d 达到最大，王宜明等(2000)认为人工湿地基质经过相对长时间的“休息”之后，可以提高其对氮、磷的净化能力。两组湿地对 COD 和 NH_4^+-N 的最大浓度去除率和负荷削减率均发生在运行间隔天数为 3 天时，卢观彬(2008)的研究发现：在运行间隔天数为 3 天时，人工湿地对 NH_4^+-N 去除可以取得良好的效果。对 COD 而言，过长的间隔天数，可能会使部分微生物因为缺乏营养物质而死亡，导致系统再次进水时，对有机物的吸收能力下降。

总体来看，350mm 水深时两组人工湿地的最佳运行工况为 10d/48h。

2) 550mm 水深下两组人工湿地的净化效果与最佳工况分析

550mm 水深下，两组人工湿地在运行间隔天数分别为 1d、3d、7d、15d，HRT 分别为 24h、36h、48h、72h 的试验工况下，出水中 COD、TN、NH_4^+-N、TP、DP 的浓度如表 3-10 所示；浓度去除率和负荷削减率如图 3-9 所示。

表 3-10 出水各污染物浓度

湿地类型	污染物		COD	TN	NH_4^+-N	TP	DP
水平潜流	出水浓度/(mg/L)		19.54～38.21	1.161～2.335	0.633～1.259	0.132～0.386	0.061～0.218
	浓度去除率/%	范围	60.48～81.67	69.94～86.18	36.12～64.81	34.24～73.21	34.39～69.7
		平均	70.67	77.52	51.93	53.60	48.47
	负荷削减率/%	范围	64.08～86.73	72.31～89.64	41.16～69.65	40.01～81.45	39.55～73.4
		平均	73.29	79.53	56.22	57.72	53.05
复合流	出水浓度/(mg/L)		14.2～34.1	0.871～3.339	0.546～1.16	0.091～0.315	0.054～0.214
	浓度去除率/%	范围	64.66～83.66	74.43～87.68	41.12～68.63	48.3～76.12	37.13～72.99
		平均	75.57	81.93	56.59	62.74	53.09
	负荷削减率/%	范围	68.83～88.52	76.75～91.03	46.46～73.73	53.64～83.95	42.89～76.98
		平均	78.17	83.85	61.21	66.68	58.06

由表 3-10 可以看出，550mm 水深时出水中各污染物的浓度明显低于 350mm 水深。此时，雨水已淹没沸石、高炉渣、粉煤灰填料层，从而明显提高了去除效果。由表 3-10 和图 3-9 可知，A、B 两组人工湿地对 TN 的浓度去除率和负荷削减率最高，COD 次之，对 DP 的去除效果相对最差。水平流湿地对各污染物的浓度平均去除率和负荷平均削减率均值分别为 60.44%和 63.96%；复合流湿地对各污染物的浓度平均去除率和负荷平均削减率均值为 65.98%和 69.59%，比水平潜流净化效果高出 5.6%左右。与 350mm 水深时结论相似，说明通过在人工湿地系统沿程安设导流设施来改变雨水在其内部流动方式的复合流人工湿地优于传统的水平潜流人工湿地。

水平潜流湿地对 COD、TN、NH_4^+-N、TP、DP 的最大浓度去除率分别为 81.67%、86.18%、64.81%、73.21%、69.70%，此时工况均为 7d/48h；最大的负荷削减率分别为 86.73%、89.64%、69.65%、81.45%、73.40%，此时的工况与达到最大浓度去除率时相同。复合流湿地从污染物的浓度去除率和负荷削减率两个方面看，都较水平潜流有一定提高，对 COD、TN、NH_4^+-N、TP、DP 最大的浓度去除率分别为 83.66%、87.68%、68.63%、76.12%、72.99%，此时工况与水平潜流相同；最大的负荷削减率分别为 88.52%、91.03%、73.73%、83.95%、76.98%，工况与水平潜流相同。

在相同的运行间隔天数下，当 HRT 由 24h 增大到 72h 时，两组人工湿地对 COD、TN、NH_4^+-N、DP 的浓度去除率和负荷削减率都是先升高后降低，在 48h 达到最好的去除效果，原因同 350mm 水深。在运行间隔天数为 1d 时，两组湿地中 TP 的浓度去除率和负荷削减率随着水力停留时间的变化都是先下降后上升，在 HRT 为 36h 时的净化能力最低，可能是由于运行间隔时间短，湿地系统中的微生物还没有处于“饥饿”状态，对 P 的需求程度不高，致使此时磷的去除能力偏低。在相同的 HRT 下，两组湿地对 COD、TN、NH_4^+-N、TP、DP 的浓度去除率和负荷削减率都是随着运行间隔天数的变长而先升高后降低，在间隔天数为 7d 时达到最大。

总体来看，550mm 水深时两组人工湿地的最佳运行工况为 7d/48h。

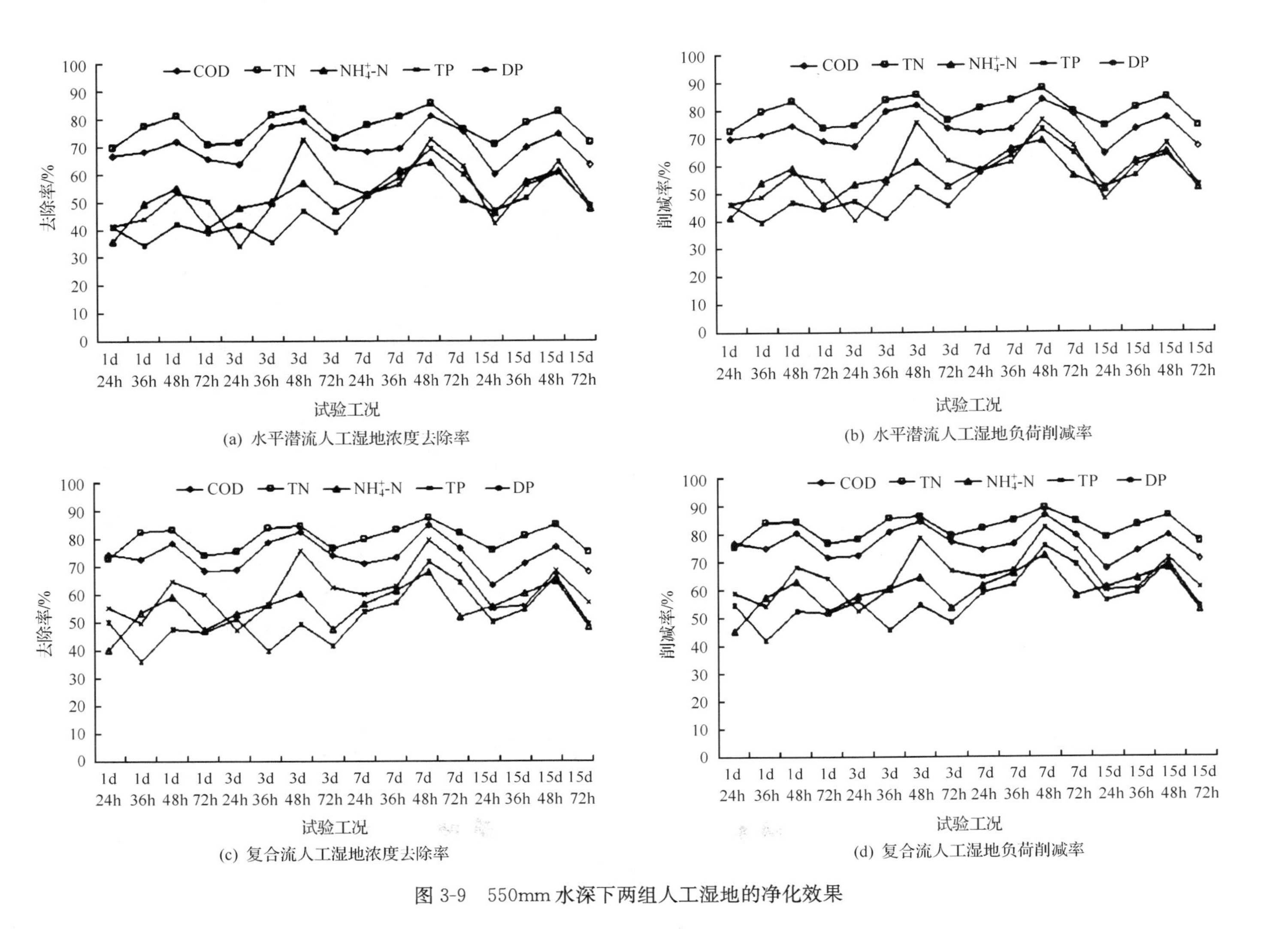

图 3-9 550mm水深下两组人工湿地的净化效果

3) 750mm 水深下两组人工湿地的净化效果与最佳工况分析

750mm 水深下，两组人工湿地在运行间隔天数分别为 3d、5d、7d、10d，HRT 分别为 24h、36h、48h、72h 的试验工况下，出水中 COD、TN、NH_4^+-N、TP、DP 的浓度如表 3-11 所示；浓度去除率和负荷削减率如图 3-10 所示。

表 3-11　出水各物质浓度

湿地类型	污染物		COD	TN	NH_4^+-N	TP	DP
水平潜流	出水浓度/(mg/L)		16.65～41.64	1.28～3.25	0.83～2.03	0.073～0.275	0.024～0.124
	浓度去除率/%	范围	61.91～83.99	70.9～88.22	38.86～70.88	34.52～80.43	44.02～70.35
		平均	75	80.97	60.93	57.66	57.04
	负荷削减率/%	范围	67.8～85.84	75.74～89.58	42.77～70.43	46.43～82.68	47.37～74.23
		平均	77.66	83.02	64.99	62.12	61.62
复合流	出水浓度/(mg/L)		11.89～33.31	1.9～2.71	0.7～1.9	0.05～0.225	0.016～0.116
	浓度去除率/%	范围	65.62～89	74.01～89.97	45.58～76.01	40.84～86.6	49.47～76.8
		平均	80.6	83.57	63.59	65.46	62.02
	负荷削减率/%	范围	71.11～90.44	78.59～91.29	49.88～79.15	52.41～88.35	52.79～79.84
		平均	82.84	85.50	69.20	69.39	66.39

由表 3-11 与图 3-10 可以看出，750mm 水深时，出水中各污染物的浓度明显低于前两种水深。此时，雨水已淹没所有填料，植物开始发挥作用。两组人工湿地仍然是对 TN 的浓度去除率和负荷削减率最高，DP 相对最低。水平流湿地对各污染物的浓度平均去除率和负荷平均削减率均值分别为 66.32%和 69.88%；复合流湿地对各污染物的浓度平均去除率和负荷平均削减率均值为 71.05%和 74.66%，比水平潜流净化效果高出 4.7%左右。

水平潜流人工湿地对 COD、TN、NH_4^+-N、TP、DP 的最大浓度去除率分别为 83.99%、88.22%、70.88%、80.43%、70.35%，此时的运行工况均为 7d/48h；最大负荷削减率分别为 85.84%、89.58%、70.43%、82.68%、74.23%，运行工况与达到最大浓度去除率时相同。复合流人工湿地的最大浓度去除率分别为 89%、89.97%、76.01%、86.6%、76.8%，此时的运行工况与水平潜流一致；最大负荷削减率分别为 90.44%、91.29%、79.15%、88.35%、79.84%，运行工况与水平潜流一致。

在相同的运行间隔天数下，当 HRT 由 24h 增大到 72h 时，两组人工湿地的浓度去除率和负荷削减率都是先升高后降低，在 48h 时去除效果最好。在相同的 HRT 下，两组湿地系统对污染物的浓度去除率和负荷削减率都是随着运行间隔天数的延长先升高后降低，在间隔天数为 7d 时达到最大。

总体来看，750mm 水深时两组人工湿地的最佳运行工况为 7d/48h。

4) 两组人工湿地最佳运行工况及效果

综合上述分析可得，不同水深下人工湿地最佳运行工况及效果如表 3-12 所示。由表 3-12 可知，在最佳工况下，三种水深下水平潜流人工湿地对污染物的浓度平均去除率和负荷平均削减率的均值分别为 64.46%和 68.45%；复合潜流人工湿地对污染物的浓度

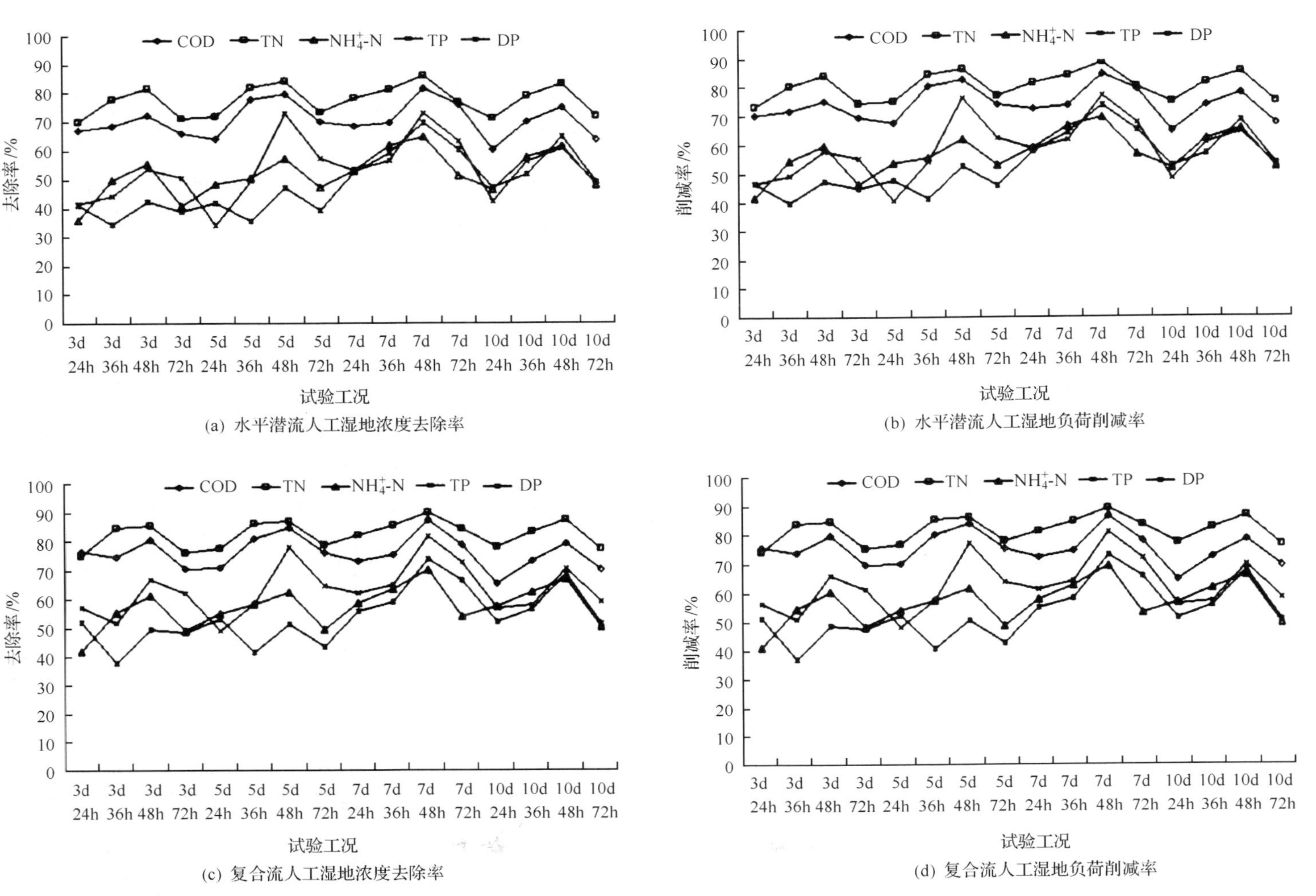

(a) 水平潜流人工湿地浓度去除率

(b) 水平潜流人工湿地负荷削减率

(c) 复合流人工湿地浓度去除率

(d) 复合流人工湿地负荷削减率

图 3-10　750mm 水深下两组人工湿地的净化效果

表 3-12　不同水深下人工湿地最佳运行工况及效果

湿地类型	水质指标	350mm			550mm			750mm		
		工况	R_C/%	R_L/%	工况	R_C/%	R_L/%	工况	R_C/%	R_L/%
水平潜流	COD	10d/48h	37.70	40.85	7d/48h	81.67	86.73	7d/48h	83.99	85.84
	TN	10d/48h	62.97	64.84	7d/48h	86.18	89.64	7d/48h	88.22	89.58
	NH_4^+-N	10d/48h	24.52	28.34	7d/48h	64.81	69.65	7d/48h	70.88	70.43
	TP	10d/48h	44.95	47.36	7d/48h	73.21	81.45	7d/48h	80.43	82.68
	DP	10d/48h	37.37	41.73	7d/48h	69.7	73.4	7d/48h	70.35	74.23
	平均	—	41.50	44.62	—	73.11	80.17	—	78.77	80.55
复合流	COD	10d/48h	49.98	54.12	7d/48h	83.66	88.52	7d/48h	89	90.44
	TN	10d/48h	66.93	69.67	7d/48h	87.68	91.03	7d/48h	89.97	91.29
	NH_4^+-N	10d/48h	40.13	45.09	7d/48h	68.63	73.73	7d/48h	76.01	79.15
	TP	10d/48h	56.54	60.14	7d/48h	76.12	83.95	7d/48h	86.6	88.35
	DP	10d/48h	39.39	48.56	7d/48h	72.99	76.98	7d/48h	76.8	79.84
	平均	—	50.59	55.52	—	77.82	82.84	—	83.68	85.81

平均去除率和负荷平均削减率的均值分别为70.70%和74.72%，净化效果比水平流湿地高出6.2%左右。

2. 不同水深下的净化效果对比

与350mm水深时相比，550mm水深两组湿地的去除能力明显提高。水平潜流湿地对污染物的浓度平均去除率的均值比350mm时高出26.33%，平均负荷削减率的均值高出25.68%；复合流湿地浓度平均去除率的均值比350mm时高出21.07%，负荷削减率高出20.82%。说明沸石、高炉渣、粉煤灰等基质对人工湿地去除污染物起着非常重要的作用。沸石表面的孔隙度大，有很多珊瑚状的表面结构，并伴有网格状的细小的微孔，这种结构使沸石具有较大的比表面积，从而具有较高的吸附性能（孙兴滨，2010）。周炜等（2006）构建的沸石床复合流人工湿地中NH_4^+-N的去除率在95%以上，TN的去除率接近80%。严立等（2005）在潜流式人工湿地净化富营养化的景观水体中发现，添加沸石床的三级人工湿地能有效地减少出水中氨的含量，TN的去除率也接近60%。薛玉等（2003）构建的沸石床人工湿地对暴雨水中NH_4^+-N的平均去除率在85%以上。炉渣有蜂窝状细孔，用作过滤材料，对悬浮物和显色物质有很好的吸附性能（张怀芹，2003）。国外有学者研究认为（Drizo et al.，1996；Yuan and Lakulich，1994；徐祖信等，2007），富含钙、铁和铝质的基质净化污水中磷素的能力较强，煤灰是火力发电厂和某些化工厂的锅炉产生的废渣，其矿物组成中含有丰富的钙、铁和铝等物质，具备大容量吸附磷素的条件。

750mm水平潜流湿地对污染物浓度平均去除率的均值比350mm和550mm水平高出32.21%和5.88%，负荷平均削减率的均值高出31.60%和5.92%；复合流湿地浓度平均去除率的均值与前两种水深相比分别高出26.14%和5.06%，负荷平均削减率的均值分别高出25.89%和5.07%。因为此时水流淹没的是人工湿地装置的整个填料层以及植物根系，植物根系上面附着旺盛的生物膜，此种环境下可以大大促进湿地系统对溶解性有机物的吸附和降解（Brix，2004；梁继东等，2003），TP和DP被湿地植物吸收效果也很明显。芦苇、香蒲等可以将空气中的氧气通过疏导组织直接输送到根部，随着氧气的释放和扩散，有利于硝化、反硝化反应和微生物的聚磷作用的进行，从而达到去除 N、P 的效果（Armstrong and Armstrong.，1988；徐光来和袁新田，2008）。因此有植物时可以明显提高人工湿地对污染物的去除效果。

3.2.2 两组人工湿地沿程净化实验结果分析

1. 三种水深时不同水流方式的沿程净化效果和规律

1）对 N 的净化效果和规律

三种水深时，两组人工湿地中 TN 和 NH_4^+-N 的沿程浓度变化如图 3-11 所示。

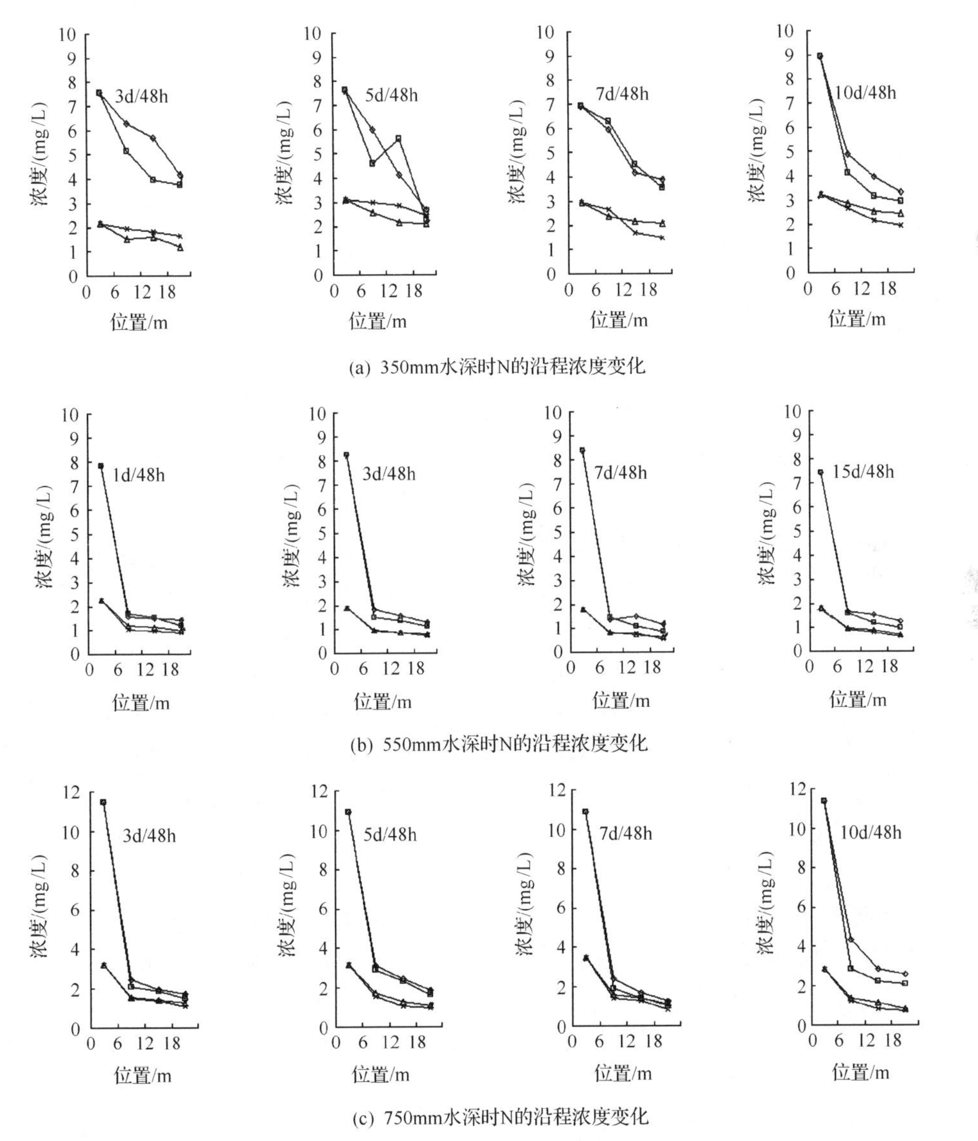

图 3-11 不同水深时 N 的沿程浓度变化

—◆—水平潜流 TN；—□—复合流 TN；—▲—水平潜流 NH_4^+-N；—×—复合流 NH_4^+-N

由图 3-12 得出：TN 和 NH_4^+-N 的沿程浓度呈递减趋势，人工湿地对 TN 和 NH_4^+-N 的降解效果明显。湿地系统中 N 的去除机理包括 N 的挥发、微生物的硝化和反硝化作用、植物摄取和基质吸附。因此污水流程和停留时间相对越长，微生物的硝化反硝化作用进行的越完全，植物吸收和基质吸附越充分，脱氮效果也就越好。

由图 3-11(a)可见，复合流人工湿地对 NH_4^+-N 的去除率略高于水平潜流人工湿地。四种工况下，两组人工湿地系统达到最大去除率都是在 18m 处，即出口位置。但主要的降解发生在前 12m 处，因为此时人工湿地系统中的水位处于床体与气体交界面以下，氧气含量相对较少，主要是由入流雨水带入，湿地的复氧能力有限，导致湿地尾端的溶解氧含量明显低于湿地的中前端，因此在好氧环境下生长繁殖的硝化细菌前端高于尾端，致使硝化强度在湿地系统中沿程呈逐渐降低的趋势(修海峰，2011)。

由图 3-11(b)可见，两组人工湿地中 TN 和 NH_4^+-N 的浓度变化很相似，每一种工况下都是在出口处浓度最低，主要降解都是发生在床体的前 6m 处，表现为刚进入床体的污水中 TN 和 NH_4^+-N 的浓度急剧下降。整体净化效果复合流湿地优于水平潜流湿地。因为复合流人工湿地内部的水流为波形流动，水流流经砾石层、鹅卵石层、粉煤灰层(或沸石层、高炉渣层)，水流交替流动，可以充分发挥基质的净化能力，主要表现在：几种基质都可以提供氨化细菌、硝化细菌和反硝化细菌等脱氮细菌以及基质本身对 NH_4^+-N、NO_3^--N 等离子的吸附作用等，砾石本身带有负电荷，其对带正电荷的 NH_4^+-N 就具有很好的吸附作用；沸石的除氮能力较强，周炜等(2006)构建的沸石床复合流人工湿地对 NH_4^+-N 和 TN 的去除率分别为 95%和 80%。丁晔等(2006)构建的沸石型人工湿地的脱氮效果远远好于传统型人工湿地，因此，湿地基质可以被看成是高效的“活性过滤器”，是人工湿地处理污水的核心部分(董敏慧等，2006)。另一方面，复合流湿地内部的污水反复进行好氧—兼性厌氧—厌氧状态，是典型的 A/O 工艺，使复合流湿地具有更好的除氮性能。

由图 3-11(c)可见，复合流人工湿地对 TN 和 NH_4^+-N 的净化效果明显要优于水平潜流，且主要的去除作用亦都是发生在床体的前 6m 处。此水深与前两种水深相比，去除率有很大程度提高，因为：此时雨水淹没植物根系，而植物根系的泌氧作用使得其周围存在好氧的水环境，保证了吸附在基质和植物根系上的微生物的健康生长，形成了一个完整的“基质—微生物—植物”的生态系统(Reddy and Angelo.，1997)，更有利于硝化作用的进行。作为植物生长的重要元素，污水中的无机氮(氨氮、硝氮)可以作为营养物质直接被湿地植物吸收，同时参与光合作用，最后合成自身的细胞物质，并通过收割作用达到从湿地系统中彻底去除。

2) 对 P 的净化效果和规律

三种水深时，两组人工湿地中 TP 和 DP 的沿程浓度变化如图 3-12 所示。

由图 3-12(a)可以看出，350mm 水深时复合流湿地的净化效果好于水平潜流，每一种工况下两组湿地系统都是在出口处的浓度最低。TP 在两组人工湿地中沿程的 12m 处有释放现象发生，表现在 12m 处浓度高于 6m 处，可能是由于潜流时，前端的水流相对较大，过大的水流导致污水流经富集较多基质 P 时，基质中所含的 P 特别是基质表层中含的 P 便被冲刷下来，从而造成 P 的释放。复合流人工湿地中的穿孔板对雨水径流流态有一定的调节和缓冲作用，因此，12m 处 P 释放的频率相对较低。两组人工湿地对 TP 和 DP 的最大去除率都发生在运行间隔天数为 10d 时，说明人工湿地基质经过相对长时间的“休

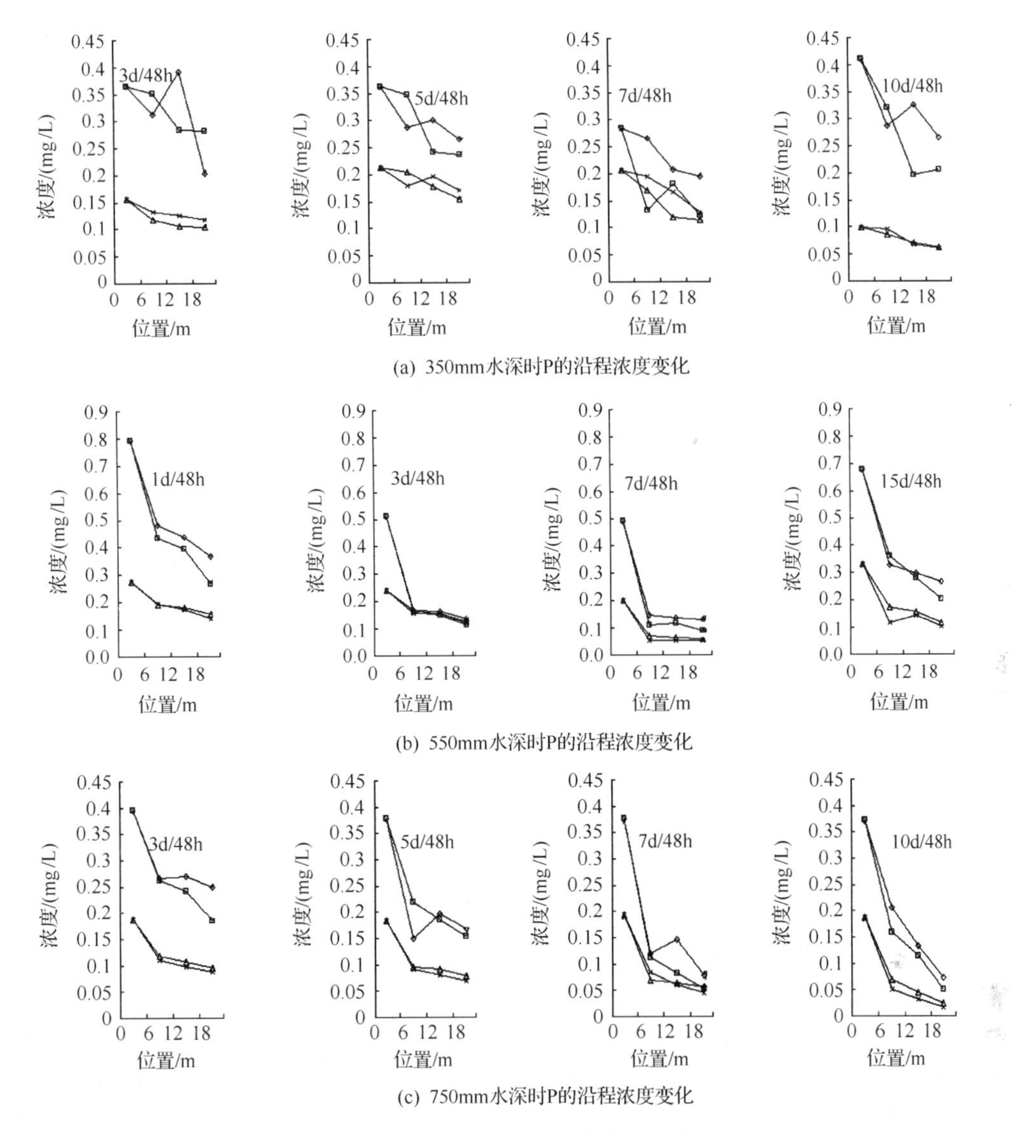

图 3-12 不同水深时 P 的沿程浓度变化

—◆—水平潜流 TP；—□—复合流 TP；—▲—水平潜流 DP；—×—复合流 DP

息”之后，可以提高除 P 能力（王宜明，2000）。

由图 3-12(b)可见，每一种工况下 TP 和 DP 在两组人工湿地系统中的沿程浓度变化规律基本一致，基本逐渐降低，在出口处达到最低，此时去除率最大。整体来看对两种污染物的去除率都是复合流高于水平潜流。与 350mm 水深时相比，去除率明显提高，因为在此水深时，雨水淹没了粉煤灰层，国外有学者研究认为，富含钙、铁和铝质的基质净化污水中磷素的能力较强，粉煤灰是火力发电厂和某些化工厂锅炉产生的废渣，其矿物组成中含有丰富的钙、铁和铝等物质，具备大容量吸附磷素的条件（Drizo et al.，1996；Yuan and Lakulich，1994）。另外沸石、高炉渣的孔隙率明显低于鹅卵石和砾石，吸附能力也较之高，也说明了 P 的去除率与湿地系统的基质类型密切相关。两组装置对 P 的去除主要发生在床体的前 6m 处。在 7d/48h 的复合垂直流人工湿地中，存在 P 的释放现象，因为在复合流中 TP 的去除主要发生在下行流中，P 在下行流中得到一定程度的净化，故当上行流流经富集较多磷的基质时，基质中所含的 P 特别是表层基质中所含的 P 便可能被冲刷下来，造成 P 的释放(曹世玮等，2012)。

由图 3-12(c)可见，每一种工况下复合流湿地中 TP 和 DP 的浓度都是沿程逐渐降低，水平潜流湿地中在 3d/48h、5d/48h、7d/48h 工况下的沿程 12m 位置出现了 P 的释放。去除率比前两种水深时提高很多，且复合流湿地去除率高于水平潜流。此时植物发挥着一定的净化作用，植物维持自身的生长，需要吸收一定的 P，植物根区周围的好氧状态，远离根区的缺氧环境，大大促进了微生物的活动，特别是芦苇植物，无论深水位还是浅水位，其对 TP 和 DP 的去除效果都较高(Deletic，1998)。两组湿地中主要的去除作用亦是发生在床体的前 6m 处，研究表明(张葆华，2007)：多级人工湿地对 P 的去除主要集中在装置的前部，其 TP 和 DP 的去除率可以达到 80%以上。

3) 对 COD 的净化效果和规律

三种水深时，两组人工湿地中 COD 的沿程浓度变化如图 3-13 所示。

由图 3-13(a)可以看出，350mm 水深时，每种工况下的两组湿地中 COD 的浓度都是沿程逐渐降低，在出口处浓度最低。水平潜流人工湿地中的浓度梯度变化更加明显，因为此时的水流状态近于推流形式，其降解反应服从一级反应动力学。有研究表明(Rijsberman and van de Ven，2000)，在水平潜流人工湿地中，水平(沿程)方向上 COD 的降解规律基本上是按照推流式运行，也就是在距离进水端近处，降解 COD 的速率相对越快。两组湿地中主要的去除作用发生在湿地床体的前 6m，据有关研究(梁威和吴振斌，2000；杨晓忠，2007；韩耀宗，2010)：潜流式人工湿地中，对 COD 的降解主要在湿地的前、中部，此处 DO 含量充足，有利于降解反应的进行。另外，刚刚进入湿地的原水在介质以及附着在植物根系上微生物的作用下，易被截留、吸收和降解，水流流程加长，使得水的黏度越来越小，被吸附的有机物的量也逐渐减少，所以后半程的 COD 降解速率有所下降。复合流人工湿地在运行间隔天数不大于 5d 时，净化能力优于水平潜流人工湿地，因为在潜流装置中，水流在底层流动，而复合流装置中，污水是上下波动着前行，经过整个基质层，运行路程明显增加，使得基质和附着其上的微生物可以更大程度的利用有机物。在运行间隔天数为 10d 时，两组人工湿地对有机物整体的去除率最低，因为停留时间过长时，系统内部的部分微生物可能由于缺乏营养物质而死亡，导致去除能力略有下降。在 3d/48h 工况时，复合流装置沿程 12m 处出现了浓度不降反增的现象，可能是运行间隔天数较短时，微生物还没有将上次试验中吸收的有机物完全降解，微生物体内有机物短时间内处于饱和状态，因此雨水到此处时，生物膜发生解吸和脱附，使得部分污染物又回到水相中，造成去除率下降。

由图 3-13(b)可见，四种工况下两组人工湿地中的沿程 COD 浓度逐渐降低，COD 的去除率刚开始都很高，一段时间后逐渐平稳甚至不变，且复合流的优势也变得更加明显。两组装置对有机物的去除主要发生在湿地装置的前 6m 处。同时此时的雨水浸没整个基质层，基质的粒径越大，其空隙度就越大，所能容纳的污水量也大，对污水中有机物的净化越有利(赵桂瑜等，2005)。

由图 3-13(c)可见，复合流人工湿地在沿程各位置的浓度均低于水平潜流，说明在这个深度下，复合流有很明显的优势。两组人工湿地中，第三廊道对 COD 的去除贡献较

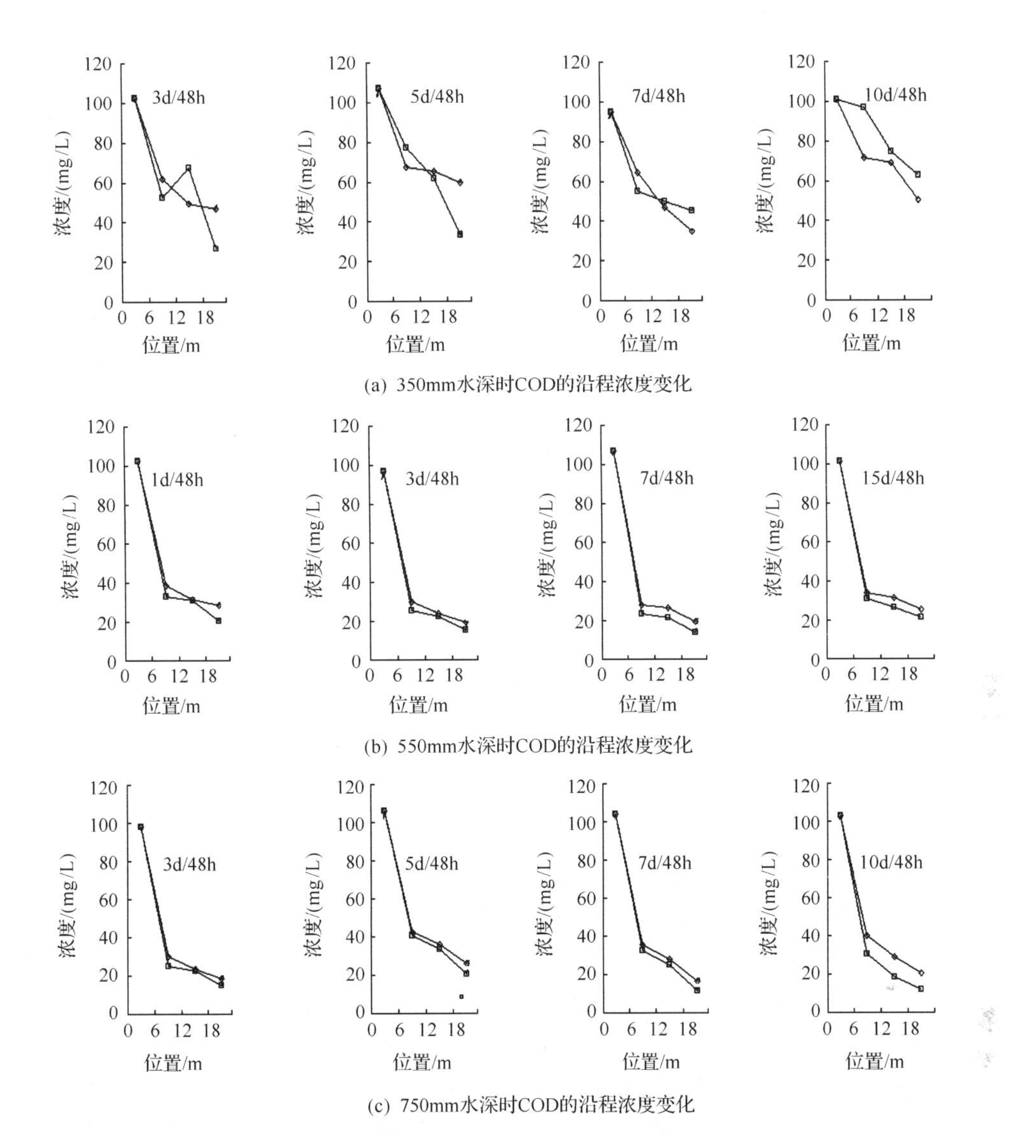

图 3-13　不同水深时 COD 的沿程浓度变化

—◆—水平潜流 COD;—■—复合流 COD

小,主要起到稳定出水的作用。对 COD 的去除起主要作用的仍然是床体前 6m 位置,原因同 550mm 水深。同时亦可看出植物在此水深时对净化有机物的贡献。人工湿地对 COD 的去除主要取决于附着在基质和植物根系上微生物,微生物经过异化及同化作用最终将有机物去除。本试验中,美人蕉和芦苇的根系都较发达,发达的根系能把空气中的氧通过叶片输送到植物的根区,为基质和根区微生物群落大量生长繁殖提供适宜的微生态环境,从而增强对有机物的去除效果(刘洋等,2006;刘佳等,2005)。

4) 对重金属的净化效果和规律

750mm 水深时,考察两组湿地系统内沿程的 Cu、Zn、Pb、Cr、Cd 几种重金属离子的浓度变化,如图 3-14 所示。

由图 3-14 可见,两组湿地装置内几种重金属离子的浓度沿程都是逐渐降低,与

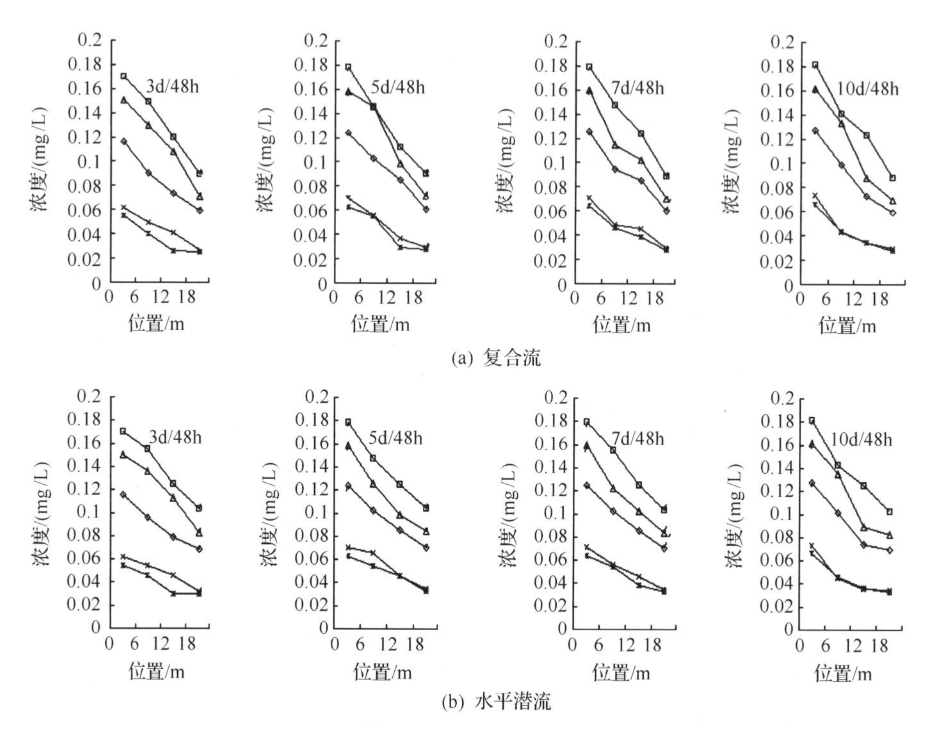

(a) 复合流

(b) 水平潜流

图 3-14　两组人工湿地中重金属的沿程浓度变化

—◇— Cu　—□— Zn　—△— Pb　—×— Cr　—*— Cd

COD、TN、NH_4^+-N、TP、DP 等污染指标不同的是，三个廊道对各离子的去除能力很相似，都发挥了一定的净化作用。从湿地中金属离子浓度变化的幅度可以看出，对重金属离子起主要净化作用的是湿地系统的前 12m。两组装置在运行间隔天数为 7d 和 10d 时对金属离子的净化效果较好，且复合流净化效果仍然优于水平潜流。

湿地内的重金属主要是通过基质、植物的富集作用和微生物的转化作用来去除的，植物的富集作用主要指的是水体中的重金属离子通过植物根部的吸收并在植物内部迁移的过程，迁移的途径主要是扩散作用和质体流作用，质体流是指金属离子在水体流动时，慢慢的迁移至植物根部；扩散作用指的是由于植物根部吸收了水体中的离子，使得根区的离子浓度降低，这样，远处的高浓度区域的离子就会向根区扩散。同时在这一过程中，微生物也发挥了积极的作用，其可以将植物根部富集的有毒金属离子通过自身的代谢，使其转化成沉淀，或是螯合成多聚物，最后通过基质的截滤将离子去除（杨舒，2011）。研究发现（戴兴春等，2004），人工湿地对污水中的 Cu、Cd、Pb 和 Zn 的平均去除率均高于 60%，起到了比较高效的去除作用，并且人工湿地对水体中重金属去除能力高低依次为 Pb＞Cd＞Zn＞Cu。

2. 750mm 水深时湿地系统中污染物的垂向浓度变化

本试验的三种深度，只有在水深为 750mm 时，整个污水会浸没所有基质层以及植物根部，因此在此深度下，考察湿地系统在垂向上的浓度分布，可以进一步确定湿地系统内部不同基质层所发挥的净化作用，以及植物的净化功能，在四种运行工况 3d/48h、5d/

48h、7d/48h、10d/48h 时，两组湿地装置内 COD、TN、NH_4^+-N、TP、DP 以及重金属 Pb、Zn、Cu、Cd 的垂向浓度变化如图 3-15 所示，其中以 6m 处的三个高度：350mm（下）、550mm（中）、750mm（上），12m 处的三个高度：350mm（下）、550mm（中）、750mm（上）为横坐标，纵坐标为内部相应各位置的浓度（限于篇幅，仅给出 COD、TN、TP、Pb）。

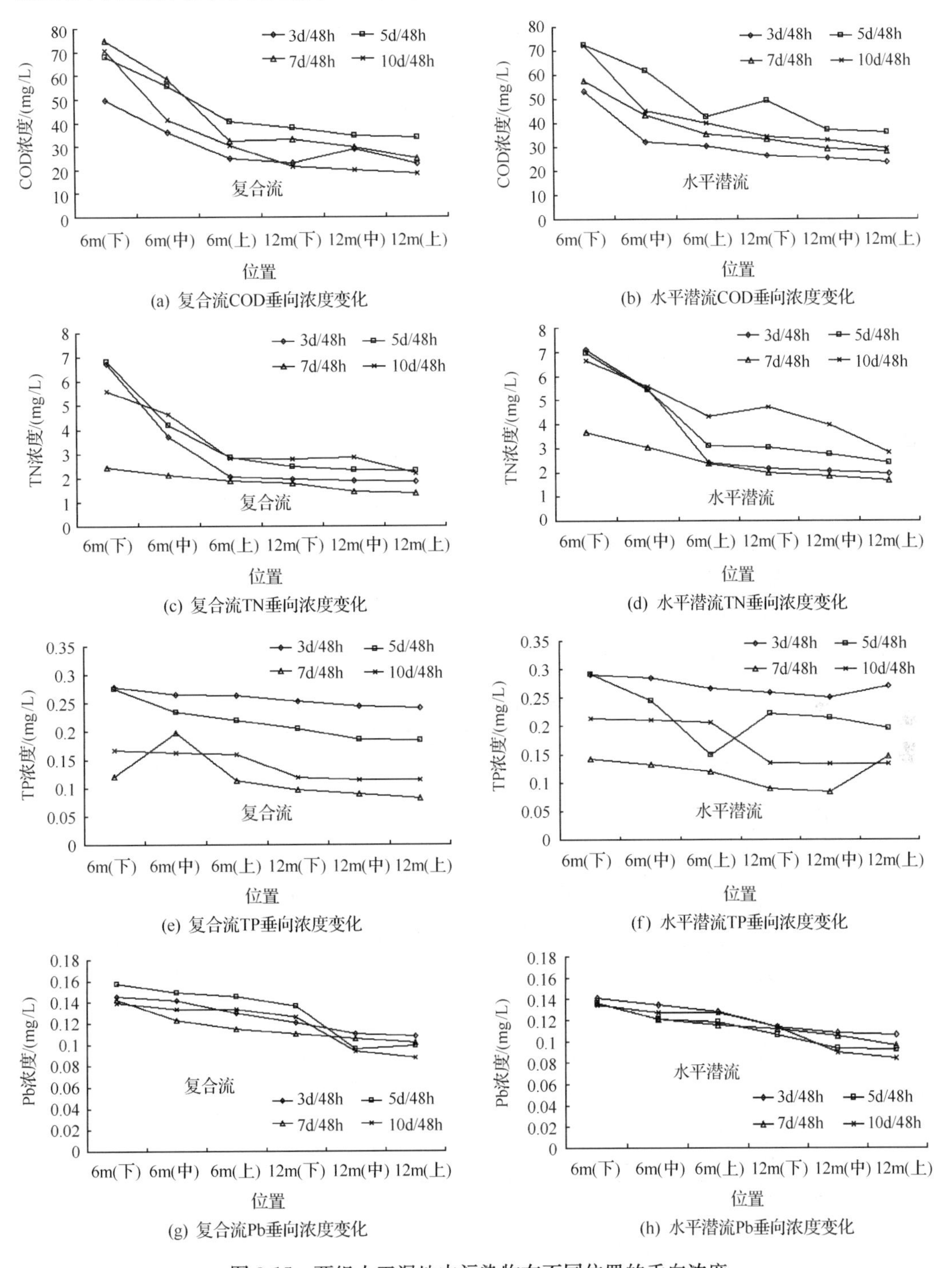

(a) 复合流COD垂向浓度变化

(b) 水平潜流COD垂向浓度变化

(c) 复合流TN垂向浓度变化

(d) 水平潜流TN垂向浓度变化

(e) 复合流TP垂向浓度变化

(f) 水平潜流TP垂向浓度变化

(g) 复合流Pb垂向浓度变化

(h) 水平潜流Pb垂向浓度变化

图 3-15　两组人工湿地中污染物在不同位置的垂向浓度

由图 3-15 整体来看，两组湿地系统中各污染物的浓度随着沿程水流的流动逐渐降低，且沿程同一位置由下到上，浓度亦是逐渐降低，但也有例外，如 5d/48h 工况下潜流湿地中 12m 处 COD 的底部浓度高于 6m 处上层；在 10d/48h 时的潜流和复合流中，12m 处 TN 的底部浓度高于 6m 处上层，且水平潜流装置中 TP 甚至在出口处出现了浓度骤增的现象。因此，水平潜流相比复合流装置内的污染物浓度波动更大一些，稳定性不如复合流。两组装置在各工况下对重金属离子沿程的去除都较均衡，各单元都发挥一定的净化功能。在复合流人工湿地中，由于导流板的作用，雨水在内部呈波形流动，使各个基质层都发挥了吸收净化能力，相反，水平潜流则是先经过底部基质层，而后逐渐经过上层基质，这使得复合流对净化污染物更有优势。同一位置在垂向上，由下到上，浓度逐渐降低，说明砾石、沸石、粉煤灰、高炉渣以及植物对各污染物都发挥一定去除的作用。

3. 植物对人工湿地净化效果的影响

1）有无植物时人工湿地净化能力对比

水深分别为 550mm 和 750mm 时，两组人工湿地在有、无植物时对几种污染物的去除率如表 3-13、表 3-14、图 3-16 和图 3-17 所示。表 3-13 和表 3-14 中，“2010-12-14”和“2013-04-15”两次试验为填料吸附试验组，此时两湿地系统尚未种植植物，净化作用主要为填料吸附；其余试验为系统启动成功后稳定运行的试验组，此时植物生长状况和微生物量均处于良好状态，湿地系统通过填料、植物和微生物三者的协同作用对污染物进行净化。将填料吸附试验组中人工湿地对各污染物的去除效果取平均值，作为人工湿地在其水深下填料对污染物的整体净化效果；将平行试验组的净化效果取平均值，作为湿地稳定运行时对污染物的整体净化效果。

表 3-13　有无植物时水平潜流人工湿地去除率

湿地	条件	试验时间	工况	水深/mm	COD	TN	NH_4^+-N	TP	DP	Pb	平均
水平潜流	无植物	2010-12-14 至 2010-12-16	3d/48h	550	45.25	41.03	39.23	48.28	27.83	17.84	36.58
	有植物	2011-05-28 至 2011-05-31	1d/48h		72.36	81.78	58.48	49.41	49.74	42.35	63.64
		2011-06-21 至 2011-06-24	5d/48h		74.86	77.60	44.16	64.85	54.49	50.15	
		2011-07-29 至 2011-08-01	7d/48h		72.41	84.98	61.10	67.82	55.62	44.25	
		2011-10-03 至 2010-10-06	15d/48h		74.99	83.17	61.56	60.61	64.74	49.84	
	无植物	2013-04-15 至 2013-04-17	3d/48h	750	62.33	64.37	57.88	40.74	41.63	31.03	49.66
	有植物	2013-04-27 至 2013-04-29	3d/48h		75.59	85.96	61.06	76.96	49.2	41.25	68.65
		2013-05-31 至 2013-06-02	5d/48h		81.26	85	65.19	55.29	57.38	48.79	
		2013-07-14 至 2013-07-16	7d/48h		85.84	89.58	73.41	80.42	71.13	48.23	
		2013-08-18 至 2013-08-20	10d/48h		80.02	77.4	76.34	76.98	52.94	52.45	

表 3-14　有无植物时复合流人工湿地的去除率

湿地	条件	试验时间	工况	水深/mm	COD	TN	NH_4^+-N	TP	DP	Pb	平均
复合流	无植物	2010-12-14 至 2010-12-16	3d/48h	550	47.43	46.09	44.97	52.23	31.22	18.59	40.09
	有植物	2011-05-28 至 2011-05-31	1d/48h		77.18	84.86	61.51	66.33	50.55	46.83	68.33
		2011-06-21 至 2011-06-24	5d/48h		76.14	81.50	47.13	75.45	54.46	58.37	
		2011-07-29 至 2011-08-01	7d/48h		77.22	86.02	65.35	85.15	46.53	48.63	
		2011-10-03 至 2010-10-06	15d/48h		78.82	86.82	66.21	69.86	68.33	53.48	
	无植物	2013-04-15 至 2013-04-17	3d/48h	750	69.78	63.84	54.76	49.77	47.85	39.78	54.3
	有植物	2013-04-27 至 2013-04-29	3d/48h		80.86	86.99	66.04	52.15	52.94	49.74	71.45
		2013-05-31 至 2013-06-02	5d/48h		84.57	87.01	69.62	59.26	61.75	51.24	
		2013-07-14 至 2013-07-16	7d/48h		89	89.97	70.43	86.6	76.8	49.73	
		2013-08-18 至 2013-08-20	10d/48h		88.44	81.79	75.44	85.9	58.82	59.81	

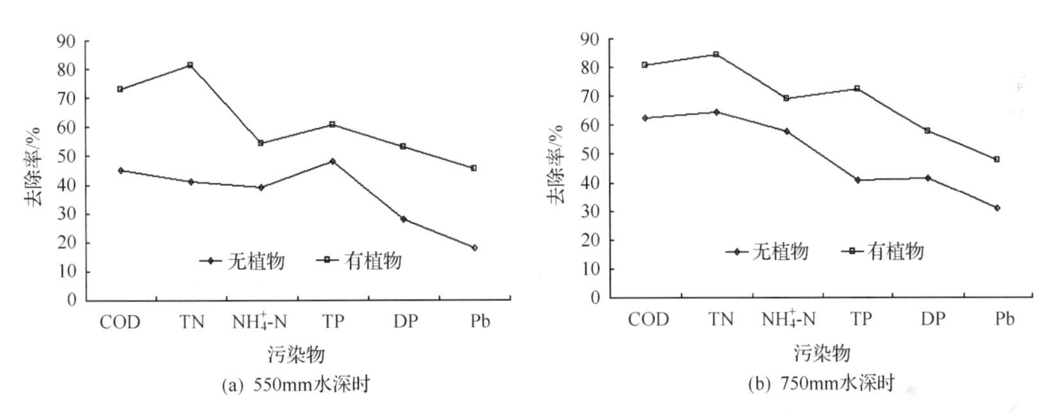

(a) 550mm水深时　(b) 750mm水深时

图 3-16　植物对水平潜流人工湿地净化效果的影响

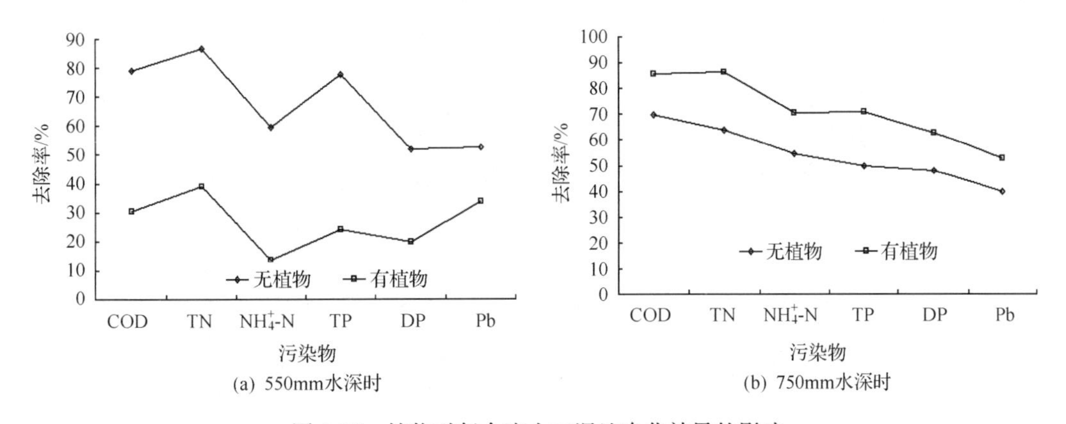

(a) 550mm水深时　(b) 750mm水深时

图 3-17　植物对复合流人工湿地净化效果的影响

由图表 3-13、表 3-14 和图 3-16、图 3-17 可以看出，水平潜流人工湿地在 550mm 水深时，有植物时的净化效果比无植物时平均高出 27.06%；750mm 水深下有植物时的净化效果比无植物时平均高出 18.99%。综合来看，有植物比无植物时的净化效果高出

23.03%，即对于水平潜流人工湿地系统，植物和微生物的共同作用，可以使得人工湿地的净化效果提高 23.03%左右。复合流人工湿地在 550mm 水深时，有植物时的净化效果比无植物时平均高出 28.24%；750mm 水深下有植物时的净化效果比无植物时平均高出 17.16%。综合来看，有植物比无植物时的净化效果高出 22.7%，即说明对于复合流人工湿地系统，植物和微生物的共同作用，可以使得人工湿地的净化效果提高 22.7%左右。

2）不同类型植物去除污染物能力

在水深为 750mm 时，污水淹没所有基质和植物根系，此时选取 3d/48h、5d/48h、7d/48h、10d/48h 四种工况下的试验，来分析芦苇、美人蕉、香蒲三种植物对 COD、TN、NH_4^+-N、TP、DP、重金属（仅以 Pb 为例）等污染物的净化效果，每一种工况下植物的去除率为有植物时与无植物（背景值）之差。

（1）芦苇对各污染物的净化效果。

两组人工湿地中，第一廊道（芦苇）中，各污染物在四种工况 3d/48h、5d/48h、7d/48h、10d/48h 下的去除率如表 3-15 和图 3-18 所示。

表 3-15　芦苇的净化能力

湿地	试验时间	植物	工况	去除率/%					
				COD	TN	NH_4^+-N	TP	DP	Pb
水平潜流	2013-04-15 至 2013-04-17	无	3d/48h	51.28	47.83	43.78	34.72	29.31	18.83
	2013-04-27 至 2013-04-29	芦苇	3d/48h	69.14	78.99	52.02	35.66	36.9	28.75
	2013-05-31 至 2013-06-02		5d/48h	59.93	71.74	46.52	60.32	48.09	19.87
	2013-07-14 至 2013-07-16		7d/48h	65.97	78.2	54.91	68.09	63.92	21.45
	2013-08-18 至 2013-08-20		10d/48h	61.07	61.92	52.28	44.77	62.77	19.87
	2013-04-27 至 2013-04-29	芦苇贡献	3d/48h	17.86	31.16	8.24	0.94	7.59	9.92
	2013-05-31 至 2013-06-02		5d/48h	8.65	23.91	2.74	25.6	18.78	1.04
	2013-07-14 至 2013-07-16		7d/48h	14.69	30.37	11.13	33.37	34.61	2.62
	2013-08-18 至 2013-08-20		10d/48h	9.79	14.09	8.5	10.05	33.46	1.04
	平均			12.75	24.88	7.65	17.49	23.61	3.66
复合流	2013-04-15 至 2013-04-17	无	3/48	53.34	49.06	41.7	29.88	33.75	19.76
	2013-04-27 至 2013-04-29	芦苇	3d/48h	74.65	82.04	53.89	33.42	41.18	31.42
	2013-05-31 至 2013-06-02		5d/48h	61.91	73.76	50.95	42.06	50.27	31.45
	2013-07-14 至 2013-07-16		7d/48h	69	82.7	59.25	69.95	56.19	40.15
	2013-08-18 至 2013-08-20		10d/48h	70.54	75.2	56.84	57.1	72.87	25.48
	2013-04-27 至 2013-04-29	芦苇贡献	3d/48h	21.31	32.98	12.19	3.54	7.43	11.66
	2013-05-31 至 2013-06-02		5d/48h	8.57	24.7	9.25	12.18	16.52	11.69
	2013-07-14 至 2013-07-16		7d/48h	15.66	33.64	17.55	40.07	22.44	20.39
	2013-08-18 至 2013-08-20		10d/48h	17.2	26.14	15.14	27.22	39.12	5.72
	平均			15.69	29.37	13.53	20.75	21.38	12.37

由表 3-15 和图 3-18 可以看出，四种工况下，芦苇在水平潜流人工湿地中对 COD、TN、NH_4^+-N、TP、DP、Pb 的平均去除率分别为 12.75%、24.88%、7.65%、17.49%、

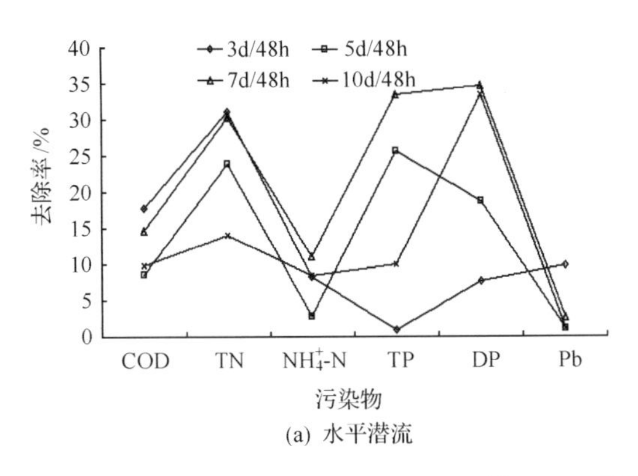

(a) 水平潜流

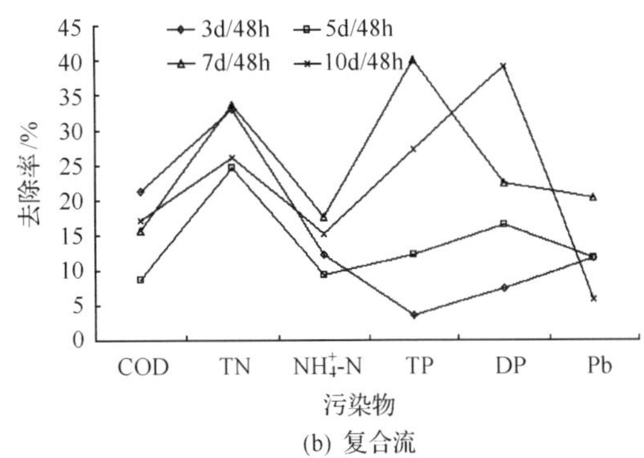

(b) 复合流

图 3-18 芦苇的净化效果

23.61%、3.66%；复合流人工湿地中的平均去除率分别为 15.69%、29.37%、13.53%、20.75%、21.38%、12.37%。综合两组湿地的结果得出，芦苇对 COD、TN、NH_4^+-N、TP、DP、Pb 的去除率分别为 14.22%、27.12%、10.59%、19.12%、22.49%、8.01%。

(2) 美人蕉对各污染物的净化效果。

两组人工湿地中，第二廊道(美人蕉)中，各污染物在四种工况 3d/48h、5d/48h、7d/48h、10d/48h 下的去除率如表 3-16 和图 3-19 所示。

表 3-16 美人蕉的净化能力

湿地	试验时间	植物	工况	去除率/%					
				COD	TN	NH_4^+-N	TP	DP	Pb
水平潜流	2013-04-15 至 2013-04-17	无	3d/48h	57.83	54.01	52.34	37.88	33.78	27.88
	2013-04-27 至 2013-04-29	美人蕉	3d/48h	75.75	83	57.01	38.65	42.78	37.38
	2013-05-31 至 2013-06-02		5d/48h	66.12	77.89	60.76	48.15	50.27	33.54
	2013-07-14 至 2013-07-16		7d/48h	73	84.54	59.25	60.9	67.01	33.25
	2013-08-18 至 2013-08-20		10d/48h	71.59	75.2	61.05	64.08	76.06	31.05
	2013-04-27 至 2013-04-29	美人蕉贡献	3d/48h	17.92	28.99	4.67	0.77	9	9.5
	2013-05-31 至 2013-06-02		5d/48h	8.29	23.88	8.42	10.27	16.49	5.66
	2013-07-14 至 2013-07-16		7d/48h	15.17	30.53	6.91	23.02	33.23	5.37
	2013-08-18 至 2013-08-20		10d/48h	13.76	21.19	8.71	26.2	42.28	3.17
	平均			13.79	26.15	7.18	15.07	25.25	5.93
复合流	2013-04-15 至 2013-04-17	无	3d/48h	59.76	57.08	48.79	34.09	40.7	27.04
	2013-04-27 至 2013-04-29	美人蕉	3d/48h	76.85	83.96	57.94	38.99	48.13	38.14
	2013-05-31 至 2013-06-02		5d/48h	68.23	78.9	67.41	51.06	56.28	37.84
	2013-07-14 至 2013-07-16		7d/48h	76	87.3	63.87	78.19	69.07	50.12
	2013-08-18 至 2013-08-20		10d/48h	82.12	80.65	71.93	69.44	82.98	35.69
	2013-04-27 至 2013-04-29	美人蕉贡献	3d/48h	17.09	26.88	9.15	4.9	7.43	11.1
	2013-05-31 至 2013-06-02		5d/48h	8.47	21.82	18.62	16.97	15.58	10.8
	2013-07-14 至 2013-07-16		7d/48h	16.24	30.22	15.08	44.1	28.37	23.08
	2013-08-18 至 2013-08-20		10d/48h	22.36	23.57	23.14	35.35	42.28	8.65
	平均			16.04	25.62	16.50	25.33	23.42	13.41

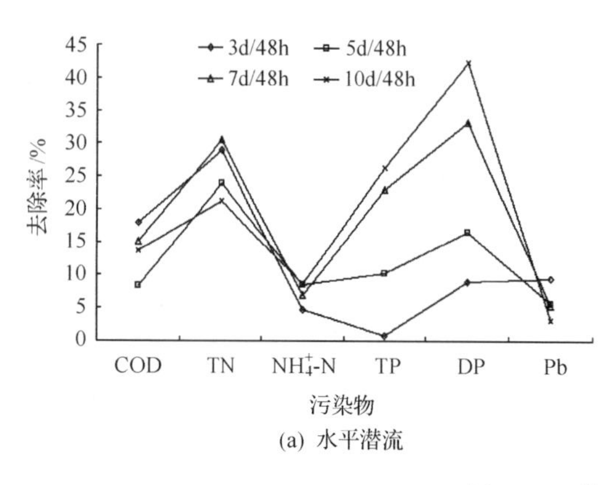

(a) 水平潜流

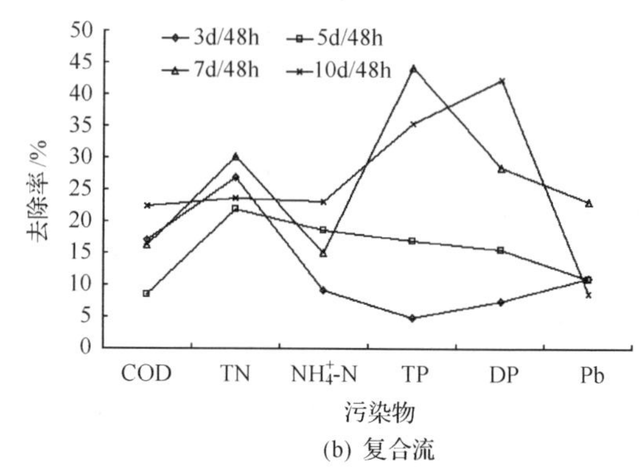

(b) 复合流

图 3-19 美人蕉净化效果

由表 3-16 和图 3-19 可以看出，四种工况下，美人蕉在水平潜流人工湿地中对 COD、TN、NH_4^+-N、TP、DP、Pb 的平均去除率分别为 13.97%、26.15%、7.18%、15.07%、25.25%、5.93%；复合流人工湿地中的平均去除率分别为 16.04%、25.62%、16.50%、25.33%、23.42%、13.41%。综合两组湿地的结果得出，美人蕉对 COD、TN、NH_4^+-N、TP、DP、Pb 的去除率分别为 14.91%、25.89%、11.84%、20.20%、24.33%、9.67%。

（3）香蒲对各污染物的净化效果。

两组人工湿地中，第三廊道（香蒲）中，各污染物在四种工况 3d/48h、5d/48h、7d/48h、10d/48h 下的去除率如表 3-17 和图 3-20 所示。

由表 3-17 和图 3-21 可以看出，四种工况下，香蒲在水平潜流人工湿地中对 COD、TN、NH_4^+-N、TP、DP、Pb 的平均去除率分别为 17.89%、19.02%、8.89%、23.43%、24.61%、16.04%；复合流人工湿地中的平均去除率分别为 15.94%、22.09%、17.02%、21.46%、22.90%、15.19%。综合两组湿地的结果得出，香蒲对 COD、TN、NH_4^+-N、TP、DP、Pb 的去除率分别为 16.91%、20.56%、12.95%、22.44%、23.75%、15.62%。

表 3-17 香蒲的净化能力

湿地	试验时间	植物	工况	去除率/%					
				COD	TN	NH_4^+-N	TP	DP	Pb
水平潜流	2013-04-15 至 2013-04-17	无	3d/48h	62.33	64.37	57.88	40.74	41.63	31.03
	2013-04-27 至 2013-04-29	香蒲	3d/48h	81.26	85	61.06	41.96	49.2	44.75
	2013-05-31 至 2013-06-02		5d/48h	75.59	82.94	65.19	55.29	57.38	46.64
	2013-07-14 至 2013-07-16		7d/48h	84	88.22	69.94	78.99	71.13	47.85
	2013-08-18 至 2013-08-20		10d/48h	80.02	77.4	70.88	80.43	87.23	49.06
	2013-04-27 至 2013-04-29	香蒲贡献	3d/48h	18.93	20.63	3.18	1.22	7.57	13.72
	2013-05-31 至 2013-06-02		5d/48h	13.26	18.57	7.31	14.55	15.75	15.61
	2013-07-14 至 2013-07-16		7d/48h	21.67	23.85	12.06	38.25	29.50	16.82
	2013-08-18 至 2013-08-20		10d/48h	17.69	13.03	13.00	39.69	45.60	18.03
	平均			17.89	19.02	8.89	23.43	24.61	16.04

续表

湿地	试验时间	植物	工况	去除率/%					
				COD	TN	NH_4^+-N	TP	DP	Pb
复合流	2013-04-15 至 2013-04-17	无	3d/48h	69.78	63.84	54.76	49.77	47.85	39.78
	2013-04-27 至 2013-04-29	香蒲	3d/48h	84.57	87.01	66.04	53.16	52.94	52.64
	2013-05-31 至 2013-06-02		5d/48h	80.86	84.95	69.62	59.26	61.75	54.54
	2013-07-14 至 2013-07-16		7d/48h	89	89.97	76.01	85.9	76.8	55.75
	2013-08-18 至 2013-08-20		10d/48h	88.45	81.79	75.44	86.6	91.49	56.95
	2013-04-27 至 2013-04-29	香蒲贡献	3d/48h	14.79	23.17	11.28	3.39	5.09	12.86
	2013-05-31 至 2013-06-02		5d/48h	11.08	21.11	14.86	9.49	13.90	14.76
	2013-07-14 至 2013-07-16		7d/48h	19.22	26.13	21.25	36.13	28.95	15.97
	2013-08-18 至 2013-08-20		10d/48h	18.67	17.95	20.68	36.83	43.64	17.17
	平均			15.94	22.09	17.02	21.46	22.90	15.19

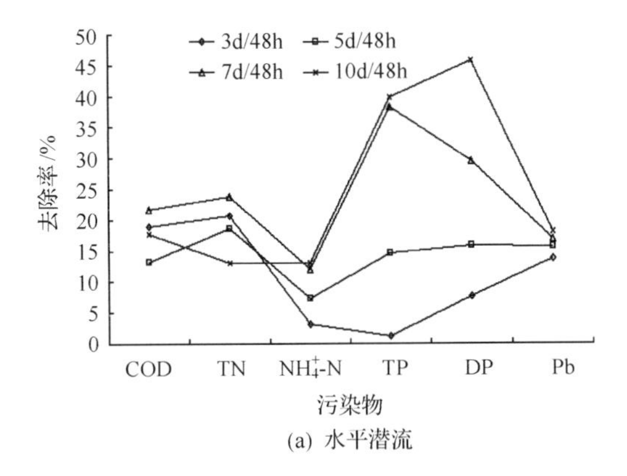

(a) 水平潜流

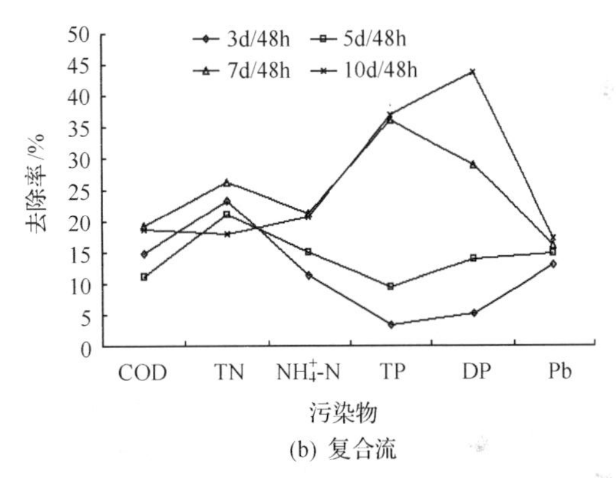

(b) 复合流

图 3-20 香蒲净化效果

(4) 植物对污染物平均去除效果比较。

三种植物对 COD、TN、NH_4^+-N、TP、DP、Pb 的平均去除率如表 3-18 所示。

表 3-18 三种植物的去除率

植物	去除率/%						
	COD	TN	NH_4^+-N	TP	DP	Pb	平均
芦苇	14.22	27.12	10.59	19.12	22.49	8.01	16.93
美人蕉	14.91	25.89	11.84	20.20	24.33	9.67	17.81
香蒲	16.91	20.56	12.95	22.44	23.75	15.62	18.71

由表 3-18 可以看出，芦苇对总氮的去除效果相对最好，达到 27.12%。李旭东等(2003)研究了用沸石为基质的芦苇床人工湿地系统处理农田回灌水和农村生活污水组成的混合污水，发现系统对各种形态下的 N 都具有较好的去除能力，对 TN 去除率最高达到 58.12%。与芦苇相比，美人蕉对 P 的去除能力更好，与魏成等(2008)的研究结论一致。钱鸣飞等(2008)的研究表明了植物在人工湿地去除有机物方面起着重要的作用，同

时通过对比分析栽种香蒲和芦苇的两组人工湿地系统，发现香蒲的除污能力较强，对COD和TP的去除效果好于芦苇湿地。与本节结论一致。比较三种植物对TP的净化效果看出，芦苇的净化能力相对最弱，与相关研究结论一致(Fetter et al.，1976)。比较三种植物对重金属的净化效果，可以得出香蒲更具有优势。阳承胜等(2000)连续15年监测香蒲人工湿地对韶关市的凡口铅/锌矿的采矿废水的处理，发现随着年份的增长，其净化废水中Pb、Zn的能力逐渐提高。

3.3 多级串联人工湿地蒸发蒸腾与水质净化效果

3.3.1 芦苇和美人蕉蒸腾作用的变化规律及其影响因素

人工湿地在水处理方面已经得到了广泛的应用，并取得了较好的效果。植物作为人工湿地污水处理系统的重要组成部分，在水体氮磷净化过程中起着不可替代的重要作用，一方面植物根系能够为微生物提供营养及能量来源和附着环境，对于微生物的除氮过程具有很好地促进作用；并且植物本身的生长也可以吸收水体中的氮磷等物质。另一方面植物的根系生长还能疏松基质、改善湿地的水力条件，进一步促进氮磷的吸附及去除。蒸腾作用作为植物生长的驱动力，体现了植物生长的活力，同时也是植物通过根部吸收营养物质的主动力，而光合作用则是植物产生氧气及其他营养物质的原因，对于根区基质好氧厌氧区域的形成具有重要作用，进而间接地影响到湿地微生物对氮、磷的分解利用过程，以此促进人工湿地系统对氮磷的吸附净化过程。因此，研究湿地植物蒸腾光合作用显得尤为重要且必要。

1. 湿地植物蒸腾速率的变化规律

利用美国Licor公司生产的Li-6400便携式光合测定仪，分别测定美人蕉和芦苇两种植物的蒸腾速率日变化过程，测量时选择3株长势良好的植物，在每株植物的中上部选择2～3片健康完整向阳的成熟叶片进行观测，每片叶片重复测量3次取其平均值，最终结果为8:00～18:00每个小时测量的各叶片测量结果的平均值。根据测量结果，用统计学软件处理后得到了6月和8月美人蕉和芦苇两种湿地植物的蒸腾速率的日变化过程，如图3-21和图3-22所示。

从图中可以看出，美人蕉和芦苇的蒸腾速率日变化过程都有先升后降的变化趋势，6月两种植物的蒸腾速率变化规律基本一致，都是在中午13:00左右达到最大值，其中美人蕉的蒸腾速率最大值为5.94mmol/(m^2·s)，平均值4.11mmol/(m^2·s)，而芦苇蒸腾速率最大值为5.89mmol/(m^2·s)，平均值4.10mmol/(m^2·s)，两种植物的蒸腾速率数值相差不大；8月美人蕉的蒸腾速率日变化规律仍然与6月相类似，也是在13:00左右达到最大值，芦苇则呈现出双峰曲线的变化过程，分别在11:00和15:00左右出现峰值，在12:00～14:00之间则有一个下降，8月美人蕉蒸腾速率最大值为6.82mmol/(m^2·s)，平均值4.87mmol/(m^2·s)，芦苇的蒸腾速率最大值为6.12mmol/(m^2·s)，平均值为4.89 mmol/(m^2·s)。芦苇在8月的中午蒸腾速率出现了骤降，其原因可能是正午的光照较强且气温也比较高，导致芦苇的自我保护机制开启，避免自身失水过多而发生气孔闭

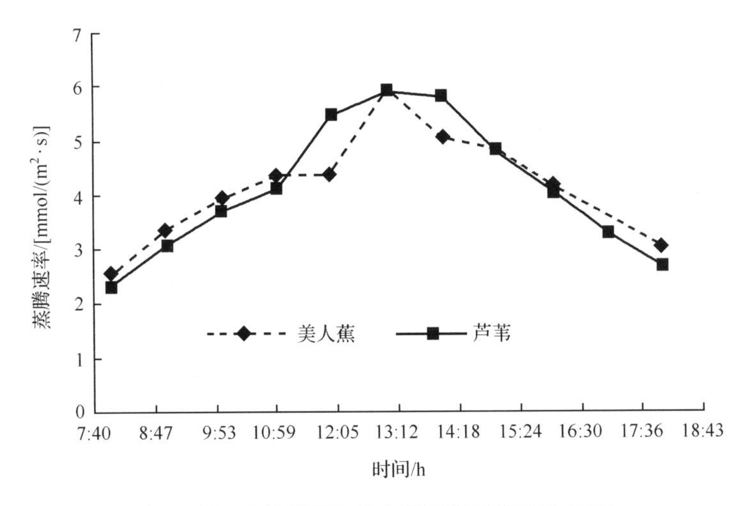

图 3-21　6 月芦苇和美人蕉蒸腾速率变化过程

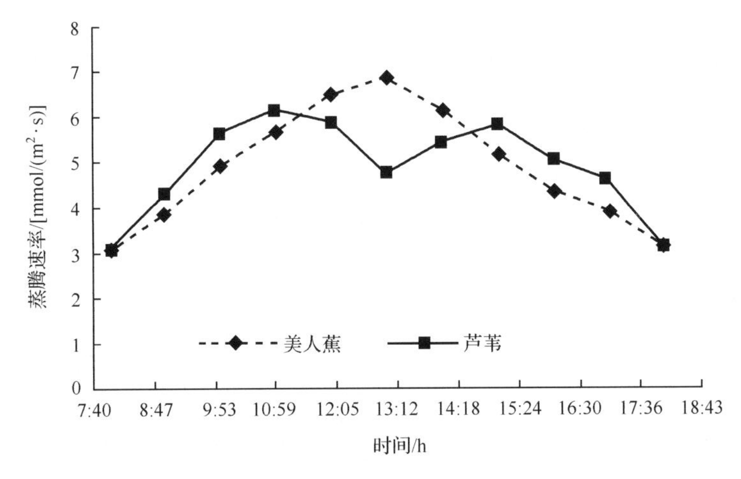

图 3-22　8 月芦苇和美人蕉蒸腾速率变化过程

合,进而引起植株蒸腾速率的突然下降(钱卫一,2005)。

2. 人工湿地植物蒸腾的影响因素

植物的蒸腾作用是指水分以气体状态通过植物的叶片表面散失到大气中的过程,与一般的蒸发不同,植物蒸腾作用是一个生理过程,蒸腾作用的日变化规律受到外界环境的影响,同时也与植物的自身气孔结构及气孔开度有关,并且对于不同的植物,自身和外界环境对其蒸腾作用影响的程度也各不相同。一般情况下,影响植物蒸腾作用的环境因子也具有明显的日变化规律,植物在长期生长进化过程中,逐渐适应了外界环境条件的变化过程,并在此基础上形成了其自身的生物节律。在不同生育时期的植物,其蒸腾及光合特性对环境条件的响应存在一定的差异,并且植物蒸腾及光合特性对于不同的环境因子变化规律的响应也是不一样的。因此,分析与植物蒸腾作用相关的影响因子时,应主要从气象因子(温度、湿度和光辐射),以及植物生理因子(主要是光合速率和气孔导度)等方面着手展开研究(潘瑞炽,1979)。

1）气象因子的影响

利用美国 Licor 公司生产的 Li-6400 便携式光合测定仪，在植物生长比较旺盛的 6 月和 8 月选择晴朗气候天气，分别测定美人蕉和芦苇两种植物蒸腾速率的日变化过程，同时记录光强（PAR，μmol/（m^2 · s））、空气相对湿度（Rh，%）、气温（Ta，℃）等气象参数。

（1）光强的影响。

光照强度直接影响到植物叶片气孔的开闭，而气孔则是植物蒸腾作用的主要途径。一般情况下，气孔在光照条件下开放，在黑暗中则逐渐关闭，光照增强，气孔开度也会增大。因此，植物的蒸腾作用只发生在白天，在晚上无光照时就变成了吐水现象，此时即便温度再高也不会发生蒸腾作用。但是在盛夏的中午，气温和光照强度均比较高的情况下，植物为了保护自身，防止水分过多流失，便会关闭大量的气孔，进而导致蒸腾作用减弱，水分散失相应减少，即通常所说的“午休现象”。

使用 LI-6400 光合仪的控制环境条件测定系统，对两种植物叶片进行光控制试验。试验过程中保持叶室内部的 CO_2 浓度为 400μmol/（m^2 · s）恒定。光照强度[μmol/（m^2 · s）]设定为 1400，1100，900，700，500，300，100，50，20 共 9 个梯度，按下自动测量记录按钮，即可开始测量并记录每一设定光强下植物的各项生理参数。在 6 月和 8 月中旬，选择晴朗天气及长势较好的植物中上部叶片进行测量，所测结果如图 3-23 和图 3-24 所示。从图中可以看出，6 月和 8 月芦苇的蒸腾速率随光照强度的增大均呈现线性增加的变化趋势，有较高的相关度。美人蕉蒸腾速率在 6 月时，光强 300μmol/（m^2 · s）左右即达到最大，之后随光强增大呈下降趋势，8 月时，美人蕉蒸腾速率随光强度的增大呈线性增加趋势，拟合均较高，在 0.9 以上。

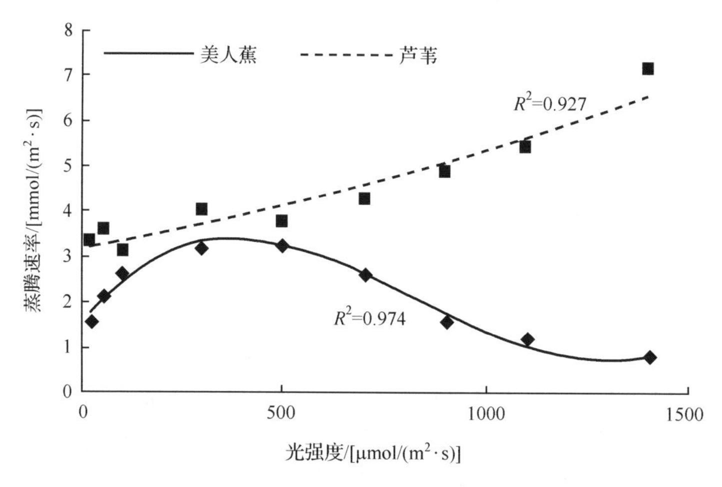

图 3-23　6 月蒸腾速率随光强变化图

（2）气温的影响。

温度也是影响植物蒸腾作用的主要因素。温度的升高会加快水分子的运动与汽化速度，由于叶片内部水汽压的增加大于外界大气水汽压的增加，导致叶内外水汽压差加大，叶内的水分子向外界扩散速度加快，蒸腾作用随之加强。图 3-25 和图 3-26 分别是美人蕉和芦苇两种植物的蒸腾速率与气温的线性回归分析图，从图中可以看出，美人蕉的蒸腾速率与气温具有较高的线性相关性，拟合度 R^2 = 0.757，图中上下两条线为 95% 置信区间

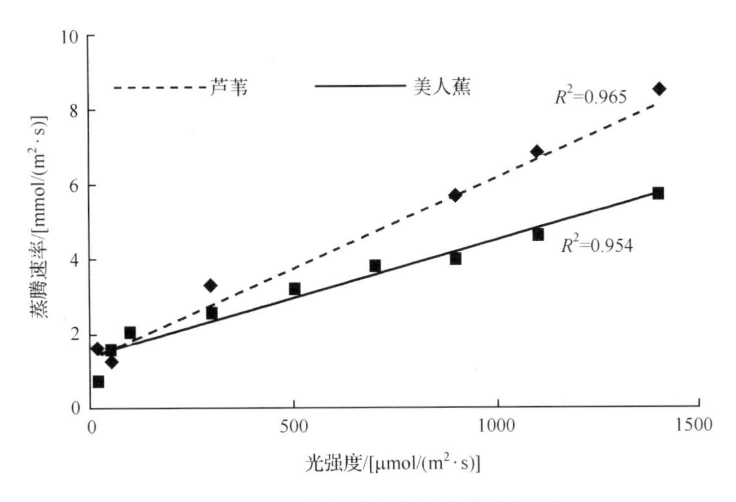

图 3-24　8 月蒸腾速率随光强变化图

的边界线，芦苇蒸腾速率与气温的相关性则相对差一些，拟合度 R^2 只有 0.488，可能是因为"午休"现象，较高的外界温度使植物失水过多，芦苇的自我保护机制使其部分气孔关闭，气孔导度减小，进而导致蒸腾作用相对减弱，蒸腾速率因此不再与温度成线性正相关，二者的拟合度也相应降低。

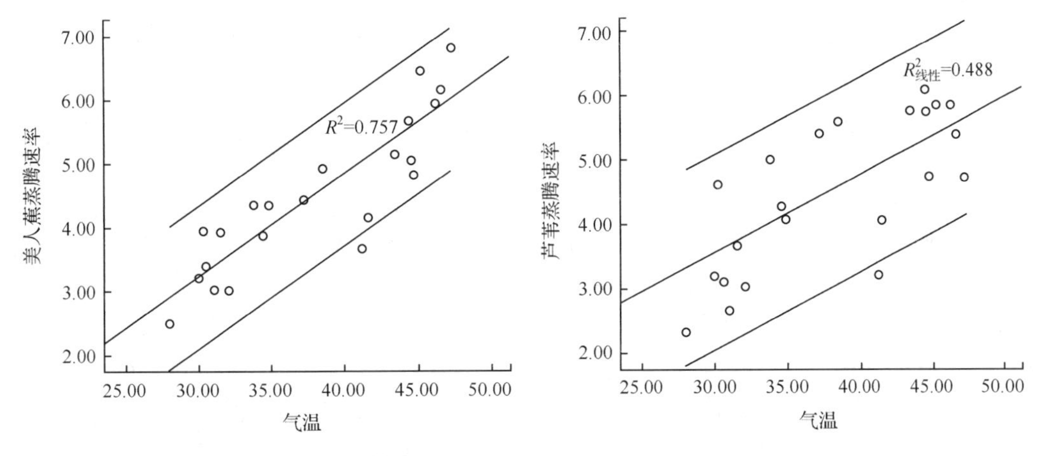

图 3-25　美人蕉蒸腾速率与温度回归分析图　　图 3-26　芦苇蒸腾速率与温度回归分析图

(3) 湿度的影响。

研究资料表明，湿度对植物的蒸腾速率也具有一定的影响(李龙山，2014；徐惠风等，2003)。其他条件相同时，大气的相对湿度越大，则外界水汽压也就越高，叶片内外的水汽压差也会因此缩小，导致气孔下腔处的水蒸气的扩散阻力增大，蒸腾作用相应减弱；反之，当大气相对湿度较小时，植物的蒸腾作用则会逐渐增强。美人蕉和芦苇两种植物的蒸腾速率与空气相对湿度的回归分析如图 3-27 和图 3-28 所示，图中结果表明植物的蒸腾速率与空气相对湿度成反相关，这与上述分析一致。其中美人蕉的蒸腾速率与空气相对湿度的线性回归拟合度为 0.678，高于芦苇的相应值 0.463。

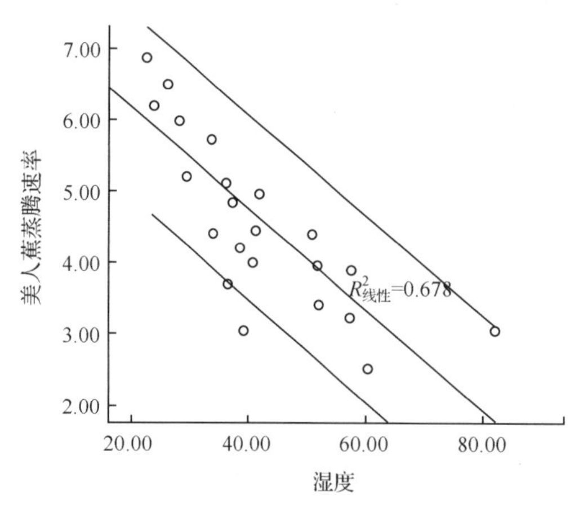

图 3-27　美人蕉蒸腾速率与湿度回归分析图

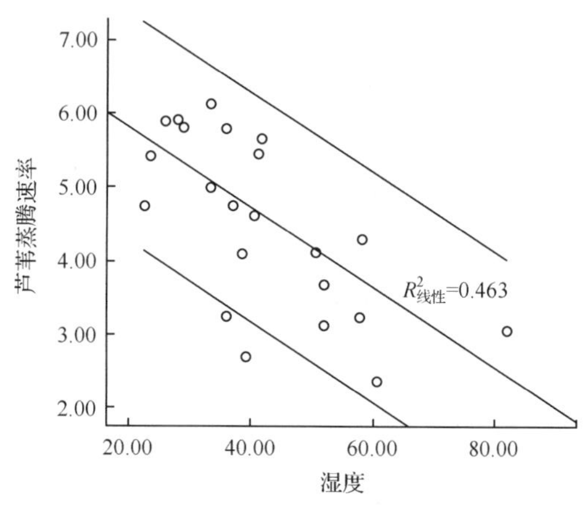

图 3-28　芦苇蒸腾速率与湿度回归分析图

2）植物生理因素的影响

（1）气孔导度的影响。

气孔是气体出入植物的主要通道，气孔的蒸腾作用也是植物蒸腾主要的方式，植物主要通过气孔与外界环境之间进行水、气的交换。在干旱条件下，植物通过调节气孔的开度来减少体内水分的蒸腾，气孔导度则是衡量植物叶片气孔开度的指标。因此气孔导度直接控制着植物的蒸腾作用强度，许大全等(1990)以大豆为对象进行研究，结果表明，植物的蒸腾速率在正午会发生下降，可能是由于中午较高的光强和温度，导致了光抑制，气孔开度减小，蒸腾速率随之下降。Sperry 等(2002)的研究表明，叶片气孔对于植物水分关系所起的调节作用类似于压力调节器，根据叶片内外水势的变化调节植物的蒸腾失水量。植物的气孔调控不仅使其在外界环境较为干燥条件下实际的最小叶水势小于理论的临界值，从而避免了植物过度脱水，而且能够使蒸腾速率实际值逐渐逼近于其理论临界值，进而提高了植物对土壤中水分的有效利用效率，气孔导度对植物的蒸腾作用具有举足轻重的影响。图 3-29 和图 3-30 分别为美人蕉和芦苇蒸腾速率与气孔导度之间的回归分析图，从图中可以看出，两种植物的蒸腾速率与气孔导度均具有较高的相关性，证明气孔导度是影响植物蒸腾作用的重要生理因子(王梓，2008)。

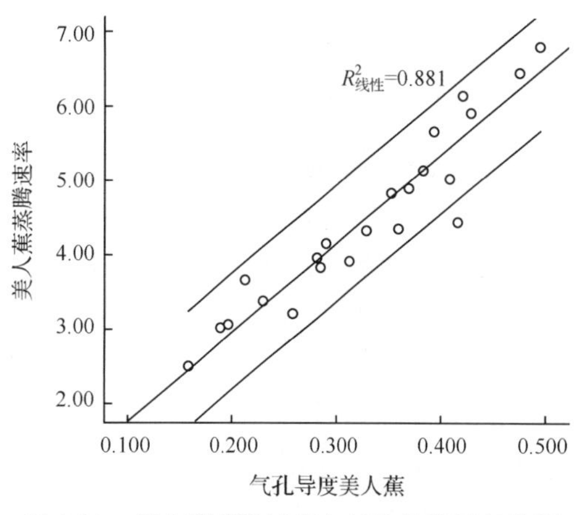

图 3-29　美人蕉蒸腾速率与气孔导度回归分析

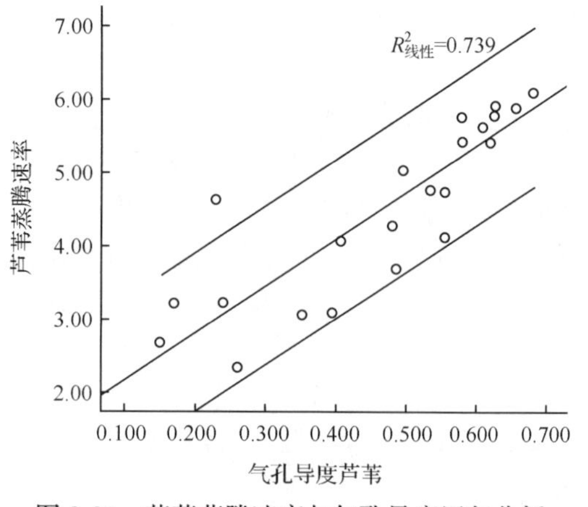

图 3-30　芦苇蒸腾速率与气孔导度回归分析

（2）光合速率的影响。

与蒸腾作用相似，植物的光合作用同样是在太阳辐射驱动下以气孔的气体交换为前提进行的，蒸腾与光合作用过程中的水分散失以及 CO_2 吸收都是经过较为相似的途径，只是方向相反，故此，光合速率与蒸腾速率也有着密不可分的关系。诸多研究表明，植物的光合速率与蒸腾速率变化规律较为一致，两者具有很好的线性相关关系。图 3-31 和图 3-32 分别为美人蕉和芦苇两种植物蒸腾速率与光合速率的回归分析，从图中可以看出，两种植物的光合与蒸腾速率均具有较高的相关性，回归拟合度可以达到 0.78，可见植物的光合速率变化规律也能很好地反映植物蒸腾速率的变化过程。

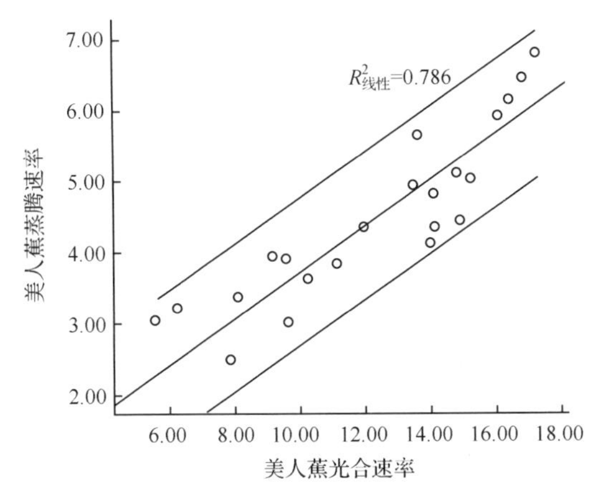

图 3-31　美人蕉蒸腾速率与光合速率回归分析

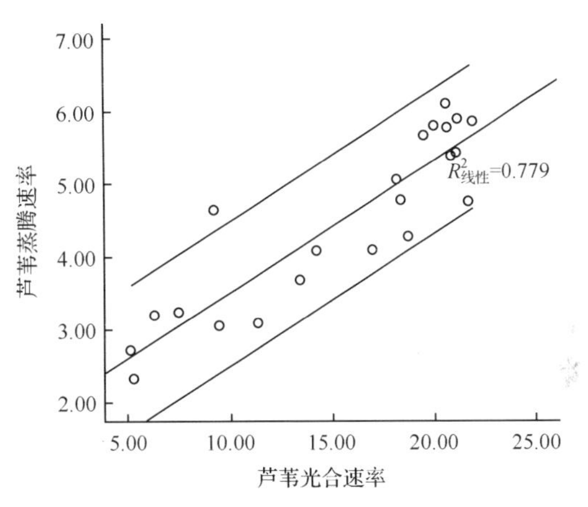

图 3-32　芦苇蒸腾速率与光合速率回归分析

3）植物生长期及月份变化对蒸腾的影响

季节变化主要是气象条件以及植物生长期的变化，从 6～8 月，芦苇的日平均蒸腾速率从 4.10mmol/(m^2·s)增加到 4.89mmol/(m^2·s)，美人蕉的日平均蒸腾速率从 4.11mmol/(m^2·s)增加到 4.87mmol/(m^2·s)，芦苇的株高也从 50cm 增加到 120cm，美人蕉高度则从 50cm 增加到 110cm；同时，从 6～8 月，气温逐渐升高，光照强度也在逐渐增强，并且植物生长越来越旺盛，生命活动也在不断增强，众多因素导致植物的蒸腾作用也呈现增强趋势。

4）不同污染物负荷对湿地植物光合蒸腾特性的影响

蒸腾及光合作用是人工湿地植物生长和水质净化的能量及动力来源，目前关于人工湿地植物的研究多集中于其对湿地污染物的净化能力这一方面，而有关植物在不同污染物浓度负荷下的生理生态特征，如光合蒸腾作用等的研究则比较少。N、P 是湿地植物维持生长所必需的营养元素，但同时高浓度 N、P 的水质又会不利于植物的正常生长。研究表明，污水中 NH_4^+-N 的浓度超过 24.7mg/L 时会使湿地植物香蒲的叶片枯黄，甚至可能导致植株的死亡。高浓度的 N、P 可能导致植物体内的抗氧化酶活性发生改变（如 N、P 浓度过高而引起的水稻幼苗中过氧化物酶及超氧化物歧化酶等含量下降），进而导致植株的叶片光合作用及其根部吸收传导功能发生剧烈下降，最终引起整个植株的衰亡（李丽，2011）。可见 N、P 浓度对湿地植物的生长影响重大，本试验以此为出发点，以美人蕉为例，研究植物的光合蒸腾作用在不同 N、P 负荷下的变化规律，为人工湿地水质净化中合理选择植物及污染负荷提供实例与依据。

试验装置主要利用自行设计的有机玻璃箱体（即蒸散发测量装置），其具体结构如图 3-4 所示。在 1# 和 2# 装置中种植长势相近的美人蕉各两株，于 9 月开始进行试验，试验开始之前首先输入清水使系统适应几天，植物健康生长，之后输入试验水体，待系统稳定后开始测量，设计三种浓度的污染物组合，N、P 负荷如表 3-19 所示，湿地植物生长参数的测定均在每一套水质负荷稳定 5d 后开始，具体测量的操作过程与上节中植物光合蒸腾等参数的测量相同，即晴朗天气 8：00～18：00 每隔 1h 测定一次，取每株中上部叶片 3 片，每片重复 3 次，最终结果取其平均值，得到三种 N、P 负荷下的美人蕉蒸腾及光合作用变化过程如图 3-33 和图 3-34 所示。

表 3-19　小型试验水质指标

编号	污染物浓度/(mg/L)		
	TN	NH_4^+-N	TP
负荷一	4.56～6.28	1.06～2.14	0.21～0.37
负荷二	15.68～20.7	9.23～12.25	2.5～4.6
负荷三	34.5～51.2	20～24.5	6.2～7.9

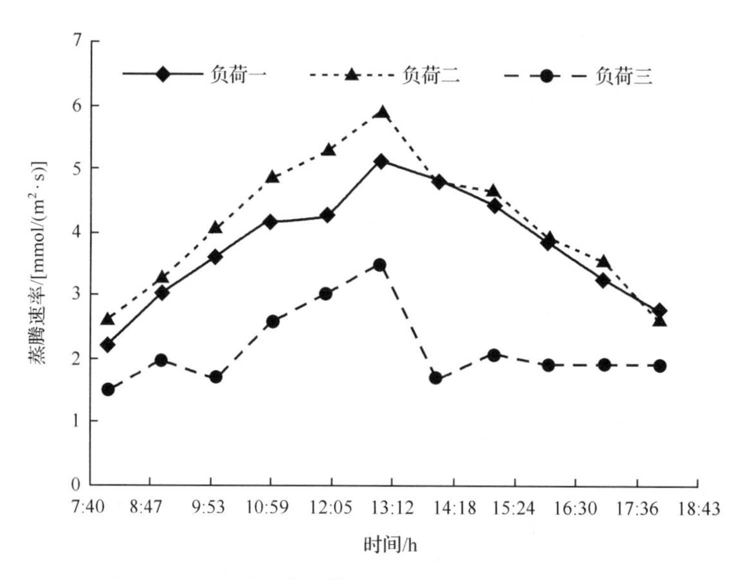

图 3-33　不同污染负荷下美人蕉蒸腾速率变化过程

图中美人蕉的蒸腾与光合速率日变化过程遵循先增后减的原则，从图中可以看出，植物的蒸腾与光合参数在不同的浓度负荷下总体日变化过程比较类似，但是对不同的 N、P 浓度负荷具有不同的响应，可见植物生长受到了 N、P 浓度的胁迫影响，具体概括为低浓度促进植物生长，高浓度抑制植物生长。三种负荷相比，第二种 N、P 浓度组合（TN 浓度为 15.68～20.7mg/L，NH_4^+-N 浓度为 9.23～12.25mg/L，TP 浓度为 2.5～4.6mg/L）状况下美人蕉的蒸腾及光合速率均为最大，而第三种 N、P 浓度组合（TN 浓度 34.5～51.2mg/L，NH_4^+-N 浓度 20～24.5mg/L，TP 浓度 6.2～7.9mg/L）状况下美人蕉的蒸腾及光合速率日变化过程值均为最小。

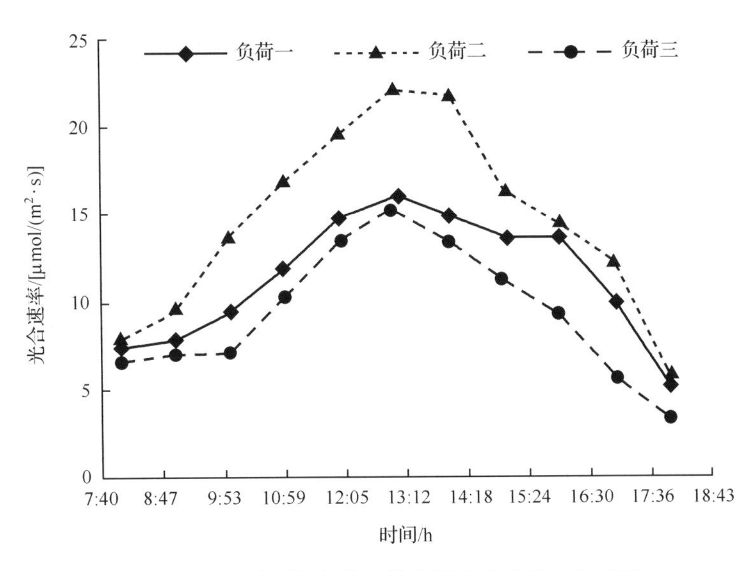

图 3-34　不同污染负荷下美人蕉光合速率变化过程

3.3.2　人工湿地蒸散量的变化规律

人工湿地的蒸散量包括植物的蒸腾作用量以及基质的蒸发作用量，二者的变化都与气温、湿度以及光辐射等气象条件密切相关，因此湿地蒸散发量的变化也与气象条件紧密相关。植物通过根系从基质中吸收水分，并利用蒸腾作用将绝大部分的水分散失到大气中去，这部分水分也是湿地蒸散发量的主要组成部分。植物在蒸腾作用过程中散失的水量是十分惊人的。张颖等(2011)的研究表明，6～8 月在充分供水条件下的芦苇湿地，其植物正处于旺盛的生长期，叶面积指数不断增加，蒸腾需水强度也在不断增大，芦苇植株蒸腾量占湿地总蒸散量的比例可高达 79.5% ～ 86.3%，湿地蒸散量的大小主要由植物的蒸腾作用决定，特别是在晴朗的天气，芦苇蒸腾作用对人工湿地系统蒸散量数值的贡献率将会更大(王立业等，2013)。因此在晴朗天气温度较高时，湿地的植物蒸腾量较大，株间蒸发比例则会相对较小，而在阴雨天气时，植物蒸腾作用有所下降，湿地蒸腾量有所下降，株间蒸发在湿地总蒸散量中所占的比例就会有明显的升高(张颖等，2011)。卢少勇等(2008)通过研究表明，在相同环境条件下，空白湿地和种有芦苇的人工湿地日蒸散发量分别为 0.11cm 和 0.53cm，可见空白湿地的蒸散发量远远小于有植物时的湿地蒸散发量，进一步说明植物的蒸腾作用消耗水量是人工湿地蒸散发耗水量的主要组成部分。

1. 人工湿地蒸散量的测定试验

本试验采用的蒸散发量测量模型为两个自行设计的有机玻璃箱体，两个箱体构造完全相同，具体的装置示意图如图 3-4 所示，两个装置分别标记为 1# 和 2#，其中 1# 装置中种植芦苇和美人蕉两种植物各两棵，植株间距均为 15cm，2# 装置不种植物作为对照，两个装置填充的基质完全相同。根据同一时刻两个装置中的水面高度差即可确定湿地植物的平均蒸腾量，而 1# 装置的水面下降值即为湿地的总蒸散量，2# 装置的水面下降值为湿地的基质蒸发量。采用这一测量装置估算湿地蒸散发量时，不需要考虑诸如温度、湿度等因素的影响，而只需要分析两个装置在日变化过程中的液面刻度以及同一时间的液面高度差，试验操作较为简单方便，测量结果也比较好。根据两个装置的液面刻度，即可测定人工湿地中的基质蒸发量、植物蒸腾量以及湿地蒸散总量；根据测得的湿地蒸散总量以及湿地基质蒸发量的相互比较，即可近似地确定出湿地的植物蒸腾量以及植物蒸腾占湿地总蒸散量的比例。

试验开始前首先将湿地中的植物移栽到箱体中，并输入试验水体使其适应环境，保持系统稳定运行。试验开始后，通过装置侧边的毛细管水面刻度来确定装置中的水量变化，进而近似地测定出湿地的总蒸散量，并进一步计算玻璃箱体中的植物平均蒸腾量以及与其相应的湿地中污染物的去除率，以考察蒸发蒸腾量变化对人工湿地处理效果的影响。

蒸散量测量时需要首先确定两个装置的含水规律（即任一液面刻度处的装置含水量），其测定方法如下：打开装置底部最下端的阀门，使装置中的水以慢速（约每秒一滴）滴出，并用量筒接住流出的水，记录水位每下降 1cm 时装置滴出的水量，如此便可得出在各个水位处装置中的含水量，在试验过程中即可根据记录的毛细管水面刻度对应计算出蒸散发损失的水量。两装置的含水量变化规律如图 3-35 和图 3-36 所示。1# 装置测得的蒸散量减去 2# 装置的蒸发量即为其中的植物蒸腾量。根据装置的面积就能够计算出单位面积上人工湿地中的日蒸散量。

蒸散发测量试验中，基质面的刻度为 $L=45$cm。从 6 月 1 日开始，两个装置均为每天早上 8:00 输入相等的水量至液面高度 $L_0=35$cm 处，到第二天早上 8:00 记录两个装置的液面高度 L_1 和 L_2(cm)，再对照图 3-35 和图 3-36 中的装置含水量规律，即可得出初始含水量 $Q_{(L0)}$ 以及该液面高度处的装置含水量 $Q_{(L1)}$、$Q_{(L2)}$，试验过程中为了避免降水引起的干扰，在雨天为试验装置搭设塑料雨棚，以防止雨天雨水进入装置而影响到试验中湿地蒸散量的测量。

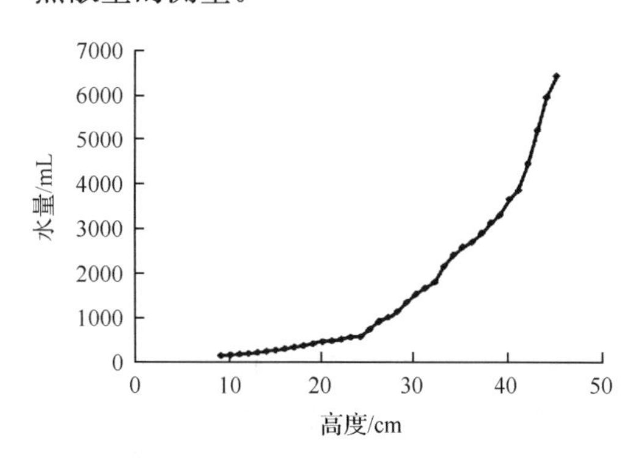

图 3-35　1# 装置含水量变化规律

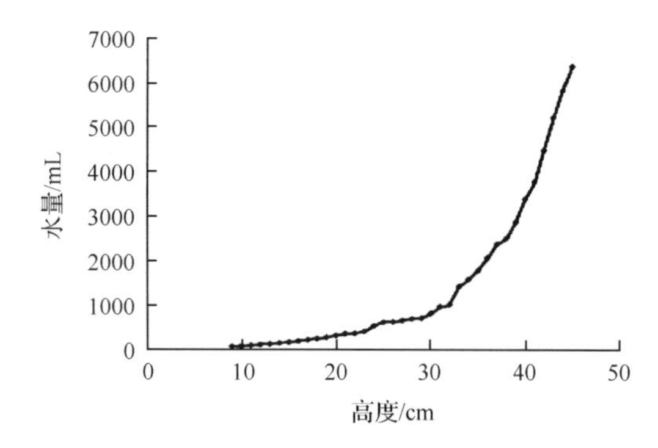

图 3-36　2# 装置含水量变化规律

湿地近似蒸散量的计算公式如下：

美人蕉和芦苇混合人工湿地单位面积蒸散量为

$$ET=(Q_{(L0)}-Q_{(L1)})/A \tag{3-2}$$

空白人工湿地单位面积蒸发量为

$$E=(Q_{(L0)}-Q_{(L2)})/A \tag{3-3}$$

美人蕉和芦苇混合人工湿地单位面积植物蒸腾量为

$$T = (Q_{(L2)} - Q_{(L1)})/A \tag{3-4}$$

式中，A 为装置中湿地面积，即 $A=40\text{cm}\times40\text{cm}=1600\text{cm}^2$

根据上述公式，只要读出 L_1 及 L_2 的数值，通过图形查得测量水深处对应的含水量，即可以计算出单位面积人工湿地的日蒸发蒸散量，根据计算得出的蒸散量与蒸发量的差值，就可得出单位面积湿地植物的平均蒸腾量。

2. 蒸发、蒸腾变化规律的试验研究

夏季由于阳光充足且温度较高，是植物生长最旺盛、也是水分消耗最多的季节。从6～8月连续3个月观测美人蕉芦苇混合湿地的日平均蒸散量，测量过程中在雨天为装置设置雨棚以排除降水量的干扰。其测定结果如图3-37所示。

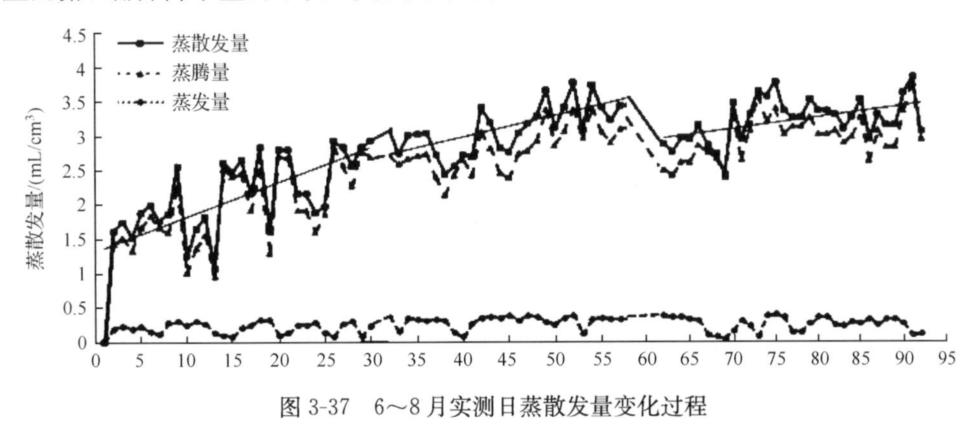

图3-37　6～8月实测日蒸散发量变化过程

从图3-37中可以看出，6～8月中湿地每个月的日蒸腾蒸散量均呈上升趋势，从6～8月湿地的总体日蒸散量也呈上升趋势，这与气温、光照的增长趋势相一致。且植物蒸腾量占湿地蒸散总量的比重很大，湿地蒸散总量的变化趋势也与湿地植物的蒸腾量变化趋势近乎一致。表3-20为试验湿地单位面积日均蒸散量的具体值，可以看出试验湿地的日均蒸散量为0.0219m^3/m^2，湿地植物的日均蒸腾量则为0.0199m^3/m^2，湿地的植物蒸腾量占到其总蒸散量的90%以上。

表3-20　夏季湿地日均蒸散量

日均蒸发量/(m^3/m^2)	日均蒸腾量/(m^3/m^2)	日均蒸散量/(m^3/m^2)	蒸腾量占蒸散量比例/%
0.002	0.0199	0.0219	90.87

由此可见，植物吸收的大部分水分都用于其蒸腾作用的消耗，真正用于其自身生理过程或保留在体内的水量也是相当少的。美人蕉和芦苇的平均蒸腾量占湿地蒸散总量的90%以上，即湿地的蒸散量主要是由植物蒸腾引起的，这与前文前人的研究结果相一致。特别是芦苇属于空心维管束类植物，水分从根系到达叶片的传输过程更为便利，因而其日蒸腾量也较美人蕉及其他植物更大。

3. 人工湿地水分利用效率的试验研究

对于植物生态系统，其植株间的蒸发属于无效的水分消耗，因此在保证植株正常生长的需水量条件下，减小植株间蒸发量是提高其水分利用效率、减少水分损失的有效方法。在湿地根系层水分供应充足的情况下，蒸腾作用主要受到外界环境条件的影响。蒸散发作用对湿地系统处理水体中污染物具有重要影响，并进一步影响着人工湿地的水处理效果，因此研究湿地植物的蒸腾作用及其水分利用效率对湿地的水质净化效果同样具有重要意义。

水分利用效率（WUE）即植株的光合速率（Pn）与蒸腾速率（Tr）的比值（WUE= Pn/Tr），图 3-38 和图 3-39 分别为试验湿地装置在供水量恒定条件下，美人蕉和芦苇两种植物的水分利用效率随着光照强度和时间的变化过程。

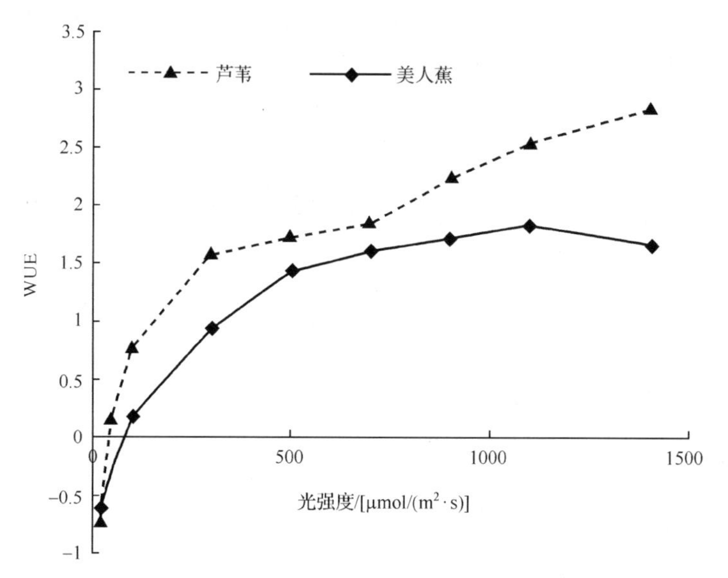

图 3-38 美人蕉和芦苇水分利用效率随光强的变化关系

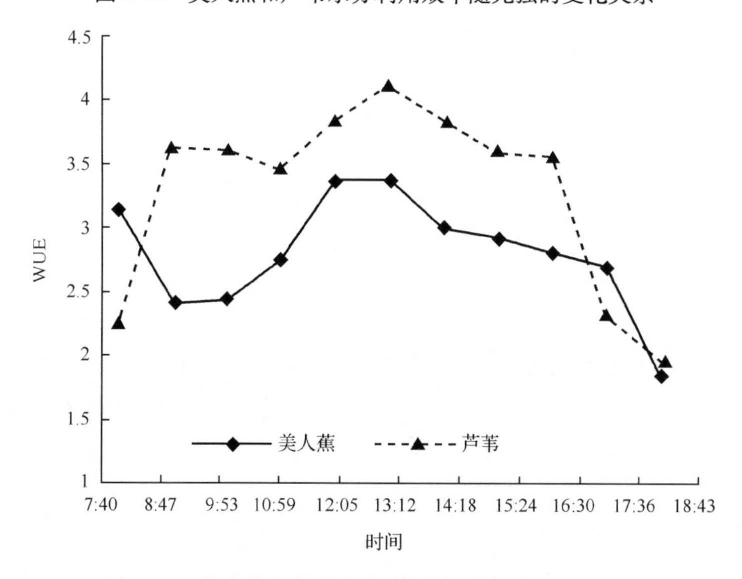

图 3-39 美人蕉和芦苇水分利用效率随时间变化关系

在充分供水条件下，湿地植物的水分利用效率主要受到外界环境条件（温度、光照及CO_2浓度等）的影响，根据图3-38，在其他条件相同时，两种植物的水分利用效率均随光照强度的增大而增加。在图3-39所示的水分利用效率日变化过程中，则没有明显的变化趋势，这是因为水分利用效率是由植物光合速率与蒸腾速率的比值决定的，一般的日变化过程温度升高的同时，光照也相应增强，二者同时促进了植物的光合和蒸腾过程，最终使得水分利用效率没有太大的变化。若增加CO_2的浓度，则只增加了光合作用，会导致水分利用效率值的增加（杨淑慧，2012）。

3.4 多级串联人工湿地净化效果的模拟研究

3.4.1 Design-Expert软件介绍以及响应面法的基本原理

Design-Expert是由美国开发的、应用广泛的试验设计软件助手，利用它可以对数据进行统计分析，拟合曲线，建立数学模型，利用其提供的不同因素的二维等高线图形，还可以预测试验结果，也可以利用其提供的三维立体图形，观察响应曲面，进一步求得试验的最优化，目前该软件已被广泛地应用在各类多因素试验设计和分析。

在Design-Expert软件中，有一个专门的模块是针对响应曲面法。可以很好地进行二次多项式类的曲面分析，操作方便，其三维作图效果更直观，响应面分析的优化结果，可以由软件自动获得。

响应面即响应曲面（response surface methodology，RSM），作为一种优化方法，其可以很好地解决、处理一些非线性数据的相关问题。其可以进行试验的设计、建立一定的统计分析模型、对模型进行检验等一系列操作，最后找到最佳的组合条件；通过绘制回归分析过程中的响应曲面和等高线，可以很快地求出试验所需要的针对各影响因素的最大的响应值。在各因素水平的响应值的基础上，可以找出最优值以及相应的实验条件。

对响应面法进行优化时，必须要考虑试验过程中的随机误差；响应面法可以用最简单的一次、二次多项式模型将一些复杂、未知的函数在一个小区域内来拟合，计算起来非常简便，既起到了对加工条件的优化、产品质量的提高又大大地降低了开发成本，无疑是一种用来解决生产过程中实际问题的有效方法。

当然，响应面优化法也有其自身的局限性。在设计实验时，必须要把最佳的试验条件包括在试验范围之内，若选择试验点不当时，则得到的优化结果就不理想。因此确定试验的因素与水平是使用响应面优化法的前提条件。

在分析多因素试验中，试验指标（因变量）与多个试验因素（自变量）间的回归关系可能是曲线或曲面，因而称为响应面分析。响应面分析的目的是分析最优的值。

响应面等高线图可以直观地反映各因素对响应值的影响，以便找出最佳工艺参数以及各参数之间的相互作用，等高线中的最小椭圆的中心点即是响应面的最高点。此外，等高线的形状可反映出交互效应的强弱，椭圆形说明了两影响因素交互作用显著，而圆形则与之相反。通过3D图，观察曲面的倾斜度确定两者对响应值的影响程度，倾斜度越高，即坡度越陡，说明两者交互作用越显著。另外，从3D图的颜色可以做一个初步判定，随着变化趋势的剧烈增加，其颜色也呈加深趋势。

3.4.2 Design-Expert 对人工湿地净化效果的试验设计与结果分析

本节主要研究人工湿地运行工况(水力停留时间、运行间隔天数、水深)对湿地水质净化效果的影响,在试验中,选取 TN、TP 及 NH_4^+-N 三种物质的去除率为指标,以水力停留时间、运行间隔天数和水深三者为试验影响因素,根据试验条件和前人研究的经验基础,确定各因素水平的选择范围分别为:水力停留时间为 24～72 小时,运行间隔天数为 1～10 天,水深为 350～750mm,采用 Box-Behnken Design 试验设计方法,该方法常用于试验因素对试验指标存在确定的非线性影响情况下的试验设计与分析,不需要给出具体的因素水平值,只需给出各因素的确定范围(上下限)及其中心点即可,本节中所选中心点为 5,具体操作步骤如下:

使用时首先打开 Design-Expert 软件界面,选择 RSM 响应面分析方法中的 Box-Behnken Design 选项,直接输入相应的试验的影响因素的名称、单位及取值范围,以及各项试验指标的名称和单位等信息,具体操作如图 3-40 所示。

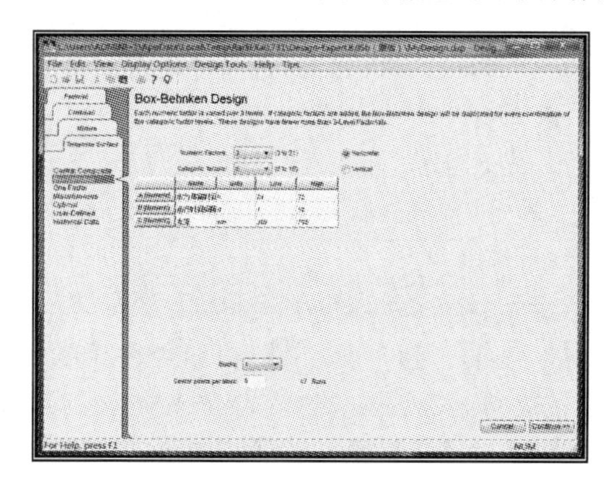

(a)

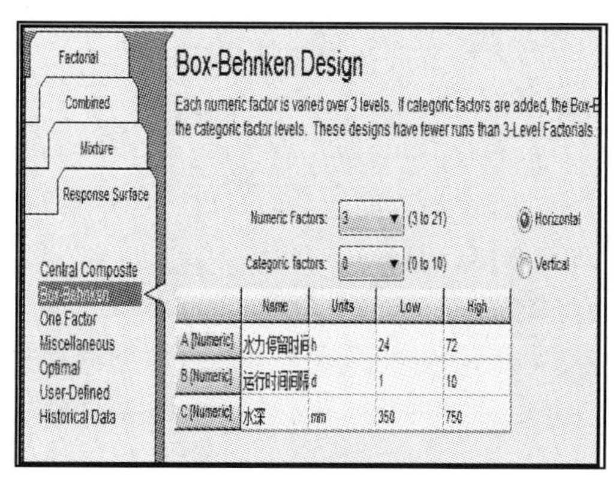

(b)

图 3-40　响应面分析法参数设置

根据前面输入的影响因素及其相关数据,即可得到相应的正交试验各因素组合方案设计表,本次三因素三水平的试验共 17 组因素组合方案,具体如图 3-41 所示,按照图中所示的工况组合进行试验,得到氮磷浓度的测量结果并计算各物质的去除率,将得到的数据依次按顺序输入到表中对应的实测数据列,结果如下。

1. *对 TN 净化效果的多元二次响应面的回归分析*

在分析软件的 Analysis 选项下,根据试验所得数据结果进行分析,首先选择模拟效果较好的二次多项式方程作为拟合模型,进行方差分析,结果如图 3-42 与表 3-21 所示。从图中可以看出,模型模拟的显著性 $p<0.001$,表明该模型具有较好的模拟效果,拟合结果比较成功。湿地 TN 净化效果的方差图中,其自变量水深的一次项(C),以及水力停留时间和运行间隔天数的二次项(A^2,B^2)对 TN 的去除率均为显著影响($p<0.001$)。该回归分析的拟合度 R^2 可以达到 0.99,进一步表明这一二次多项式模型的拟合效果较为成功,能够用以分析及预测水力停留时间、运行间隔天数及水深三种工况因素对人工湿地中

TN 净化效果的影响(吴天龙,2014;李茂迁等,2011;任西营,2014)。

Select	Std	Run	Factor 1 A:水力停留... h	Factor 2 B:运行时间... d	Factor 3 C:水深 mm	Response 1 TN去除率 %	Response 2 TP去除率 %	Response 3 NH4-N去除率 %
	3	1	24.00	10.00	550.00	71.56	42.35	47.33
	12	2	48.00	10.00	750.00	82.88	61.21	60.56
	9	3	48.00	1.00	350.00	48.92	29.98	30.05
	1	4	24.00	1.00	550.00	70	42.24	27.13
	13	5	48.00	5.50	550.00	84.07	72.98	57.64
	2	6	72.00	1.00	550.00	71.28	50.04	40.02
	16	7	48.00	7.00	550.00	86.79	72.44	64.03
	17	8	48.00	7.00	750.00	87.93	72.64	64.46
	7	9	24.00	5.50	750.00	72.44	33.43	49.45
	6	10	72.00	5.50	350.00	38.55	27.93	16.65
	8	11	72.00	5.50	750.00	74.15	58.66	49.36
	5	12	24.00	5.50	350.00	43.98	22.13	16.63
	4	13	72.00	10.00	550.00	72.63	49.98	48.13
	14	14	48.00	5.50	750.00	83.73	72.87	57.89
	10	15	48.00	10.00	350.00	63.26	30.05	23.45
	15	16	48.00	10.00	550.00	83.17	60.03	40.05
	11	17	24.00	5.00	550.00	72.35	33.86	48.85

图 3-41 响应面法试验工况设计与测定结果

Use your mouse to right click on individual cells for definitions.

Response 1 TN去除率

ANOVA for Response Surface Quadratic Model

Analysis of variance table [Partial sum of squares - Type III]

Source	Sum of Squares	df	Mean Square	F Value	p-value Prob > F	
Model	3471.22	9	385.69	76.69	< 0.0001	significant
A-水力停留	*0.77*	*1*	*0.77*	*0.15*	*0.7080*	
B-运行时间	*5.18*	*1*	*5.18*	*1.03*	*0.3439*	
C-水深	*1782.03*	*1*	*1782.03*	*354.33*	*< 0.0001*	
AB	*2.458E-003*	*1*	*2.458E-003*	*4.887E-004*	*0.9830*	
AC	*12.74*	*1*	*12.74*	*2.53*	*0.1554*	
BC	*67.49*	*1*	*67.49*	*13.42*	*0.0080*	
A^2	*649.12*	*1*	*649.12*	*129.07*	*< 0.0001*	
B^2	*0.056*	*1*	*0.056*	*0.011*	*0.9189*	
C^2	*636.28*	*1*	*636.28*	*126.52*	*< 0.0001*	
Residual	35.20	7	5.03			
Cor Total	3506.43	16				

The Model F-value of 76.69 implies the model is significant. There is only
a 0.01% chance that a "Model F-Value" this large could occur due to noise.

Values of "Prob > F" less than 0.0500 indicate model terms are significant.
In this case C, BC, A^2, C^2 are significant model terms.
Values greater than 0.1000 indicate the model terms are not significant.
If there are many insignificant model terms (not counting those required to support hierarchy),
model reduction may improve your model.

Std. Dev.	2.24	R-Squared	0.9900
Mean	71.04	Adj R-Squared	0.9771
C.V. %	3.16	Pred R-Square	0.9184
PRESS	286.14	Adeq Precisior	27.345

图 3-42 TN 净化效果的响应面法方差分析结果

表 3-21 TN 净化效果的响应面法方差分析结果

因素	系数估计	df	标准误差	95%置信区间最低值	95%置信区间最高值	VIF
截距	84.64	1	1.40	81.33	87.96	
A	−0.30	1	0.76	−2.09	1.50	1.02
B	0.93	1	0.91	−1.23	3.08	1.30
C	15.73	1	0.84	13.76	17.71	1.24
AB	−0.025	1	1.12	−2.67	2.62	1.00
AC	1.78	1	1.12	−0.87	4.44	1.00
BC	−5.54	1	1.51	−9.11	−1.96	1.37
A^2	−13.48	1	1.19	−16.29	−10.68	1.19
B^2	0.14	1	1.29	−2.92	3.20	1.34
C^2	−13.56	1	1.21	−16.41	−10.71	1.22

注：A 为水力停留时间；B 为运行时间间隔；C 为水深

根据多元回归的方差分析，可以得出人工湿地运行工况对 TN 净化率影响的回归模型：

$$\begin{aligned} TN = & -124.28394 + 2.03172 \times A + 3.52650 \times B + 0.46751 \times C - 2.29286 \times 10^{-4} \\ & \times AB + 3.71875 \times 10^{-4} \times AC - 6.15297 \times 10^{-3} \times BC - 0.02341 \times A^2 \\ & + 6.74754 \times 10^{-3} \times B^2 - 3.3895 \times 10^{-4} \times C^2 \end{aligned}$$

式中，TN 为人工湿地对 TN 的去除率，%；A 为水力停留时间，h；B 为运行间隔天数，d；C 为水深，mm。

根据回归模型计算各工况条件下 TN 去除率的预测值，并使之与实测值进行比较，其结果为图 3-43 中的第二列和第三列，可以看出两列数据比较相近，即模型的拟合效果较好。

根据软件运行结果，作出水力停留时间、运行间隔天数和水深三种工况因素两两组合情况下分别对人工湿地中 TN 去除率影响的等值线图以及三维响应曲面。响应面及等值线图颜色越深的地方表示该工况组合下总氮的去除率越高，图形可以比较直观地反映各因素的水质净化效果的影响，便于明确各因素之间的相互作用，并能找出最佳的因素组合。彩图 4 即为三种因素两两组合的响应面分析的等值线图以及三维响应面图。

等值线图的形状可以反映出各影响因素对试验指标作用的强弱程度，其形状越趋于椭圆，表示两两因素之间的交互作用越强，并且同一条曲线上的各点其响应指标值也是相同的，椭圆的中心点即为响应指标值的最高点；反之，若等值线图呈圆形，则表明两因素的交互作用比较不显著。此外，等值线排列越紧密的地方，则试验因素的改变对响应指标值的影响也越大，反之，等值线排列比较疏松的地方，试验因素值的改变对指标值的影响也相对较弱。根据响应面的 3D 图，观察曲面的倾斜度同样可确定图中涉及的两个因素对响应指标值的影响程度，倾斜度越大，说明两因素之间对响应值影响的交互作用较强，对预测值的影响也比较强烈。此外，从响应面图的颜色深浅可以初步判定响应值受试验因素影响的大小变化趋势，随着图中曲面颜色的加深，响应指标值的变化也呈现出显著增加的趋势。

Response 1 TN去除率 Transform: None

Diagnostics Case Statistics

Standard Order	Actual Value	Predicted Value	Residual	Leverage	Internally Studentized Residual	Externally Studentized Residual	Influence on Fitted Value DFFITS	Cook's Distance	Run Order
1	70.00	70.64	-0.64	0.766	-0.591	-0.562	-1.015	0.114	4
2	71.28	70.10	1.18	0.805	1.191	1.235	* 2.51	0.584	6
3	71.56	72.54	-0.98	0.686	-0.781	-0.757	-1.119	0.133	1
4	72.63	71.90	0.73	0.722	0.617	0.587	0.946	0.099	13
5	43.98	43.95	0.032	0.730	0.027	0.025	0.041	0.000	12
6	38.55	39.79	-1.24	0.790	-1.204	-1.251	* -2.43	0.546	10
7	72.44	71.85	0.59	0.657	0.452	0.425	0.587	0.039	9
8	74.15	74.82	-0.67	0.686	-0.537	-0.507	-0.750	0.063	11
9	48.92	49.02	-0.10	0.740	-0.092	-0.085	-0.143	0.002	3
10	63.26	61.95	1.31	0.882	1.703	2.059	* 5.64	* 2.17	15
11	72.35	71.35	1.00	0.329	0.544	0.514	0.361	0.015	17
12	82.88	82.34	0.54	0.603	0.380	0.356	0.439	0.022	2
13	84.07	84.64	-0.57	0.391	-0.328	-0.306	-0.245	0.007	5
14	83.73	86.82	-3.09	0.332	-1.686	-2.025	-1.428	0.141	14
15	83.17	85.70	-2.53	0.288	-1.339	-1.438	-0.914	0.072	16
16	86.79	84.97	1.82	0.344	1.003	1.004	0.726	0.053	7
17	87.93	85.30	2.63	0.249	1.355	1.460	0.841	0.061	8

图 3-43 TN 回归模型预测值与实测值对照

综合以上各响应面图和等值线图的性质和特点，分析本试验所得响应面和等值线图，可以看出运行间隔天数与水深，以及运行间隔天数与水力停留时间两种因素之间的两两相互作用较为明显，而水力停留时间与水深之间的交互作用则不太显著。三种因素对TN净化效果影响的交互作用分别是：水深和运行间隔天数不变时，随着水力停留时间HRT的增大，TN净化率呈现先增加后减小的变化趋势，在HRT为48小时左右其净化率达到最大约为86%；水深和水力停留时间不变时，随着运行间隔天数的增加，TN的净化率也在增大，运行间隔天数为7～10天时可以取得较高的TN净化率；水力停留时间和运行间隔天数保持不变时，随着水深的增加，TN的净化率先增大后又逐渐减小，在水深为550～650mm左右取得最佳的TN净化效果。

2. 对TP净化效果的多元二次响应面的回归分析

TP净化效果的分析过程与TN的类似，结果如图3-44与表3-22所示。从图中可以看出，模型模拟的显著性 $p<0.01$，表明该模型也具有较好的拟合度，模拟效果比较成功。湿地TP净化效果的方差图中，其试验因素水深和水力停留时间的一次项（C、A），及其二次项（C^2、A^2）对净化效果的作用均为显著影响（$p<0.05$）。该回归分析的拟合度 R^2 可达到0.94，表明这一二次多项式模型对TP去除效果的拟合程度比较好，能够用来分析并预测水力停留时间、运行间隔天数和水深三种工况因素对人工湿地中TP净化效果的影响（张伟欣，2014）。

Model	4769.08	9	529.90	12.43	0.0016	significant
A-水力停留	441.47	1	441.47	10.35	0.0147	
B-运行时间	2.595E-004	1	2.595E-004	6.086E-006	0.9981	
C-水深	1405.20	1	1405.20	32.95	0.0007	
AB	0.44	1	0.44	0.010	0.9218	
AC	94.38	1	94.38	2.21	0.1804	
BC	0.26	1	0.26	6.199E-003	0.9394	
A^2	1414.11	1	1414.11	33.16	0.0007	
B^2	191.03	1	191.03	4.48	0.0721	
C^2	885.88	1	885.88	20.78	0.0026	
Residual	298.49	7	42.64			
Cor Total	5067.57	16				

The Model F-value of 12.43 implies the model is significant. There is only a 0.16% chance that a "Model F-Value" this large could occur due to noise.

Values of "Prob > F" less than 0.0500 indicate model terms are significant.
In this case A, C, A^2, C^2 are significant model terms.
Values greater than 0.1000 indicate the model terms are not significant.
If there are many insignificant model terms (not counting those required to support hierarchy), model reduction may improve your model.

Std. Dev.	6.53	R-Squared	0.9411
Mean	48.99	Adj R-Squared	0.8654
C.V. %	13.33	Pred R-Square	0.4107
PRESS	2986.55	Adeq Precisior	10.408

图 3-44　TP 净化效果的响应面法方差分析结果

表 3-22　TP 净化效果的响应面法方差分析结果

因素	系数估计	df	标准误差	95%置信区间最低值	95%置信区间最高值	VIF
截距	71.43	1	4.08	61.77	81.09	
A	7.11	1	2.21	1.88	12.34	1.02
B	0.006548	1	2.65	−6.28	6.27	1.30
C	13.97	1	2.43	8.22	19.73	1.24
AB	−0.33	1	3.26	−8.04	7.38	1.00
AC	4.86	1	3.27	−2.86	12.58	1.00
BC	0.35	1	4.40	−10.06	10.75	1.37
A^2	−19.90	1	3.46	−28.07	−11.73	1.19
B^2	−7.97	1	3.77	−16.88	0.93	1.34
C^2	−16.00	1	3.51	−24.30	−7.70	1.22

注：A 为水力停留时间；B 为运行时间间隔；C 为水深

根据多元回归的方差分析，可以得出人工湿地不同的运行工况组合对 TP 净化率影响的回归模型：

$$TP = -166.63879 + 3.0736A + 4.26602 \times B + 0.4591 \times C - 3.07436 \times 10^{-3} \times AB + 1.01198 \times 10^{-3} \times AC - 3.85051 \times 10^{-4} \times BC - 0.034552 \times A^2 - 0.39379 - B^2 - 3.99943 \times 10^{-4} \times C^2$$

式中，TP 为人工湿地对 TP 的去除率，%；A 为水力停留时间，h；B 为运行间隔天数，d；C 为水深，mm。

根据回归模型，计算各个工况组合下 TP 去除率的预测值，并使其与实测值进行比较，其结果为图 3-45 中的第二列和第三列，可以看出两列数据数值比较相近，模型的模拟效果也比较好。

Diagnostics Case Statistics

Standard Order	Actual Value	Predicted Value	Residual	Leverage	Internally Studentized Residual	Externally Studentized Residual	Influence on Fitted Value DFFITS	Cook's Distance	Run Order
1	42.24	36.12	6.12	0.766	1.937	2.631	* 4.76	* 1.23	4
2	50.04	51.00	-0.96	0.805	-0.334	-0.311	-0.632	0.046	6
3	42.35	36.77	5.58	0.686	1.525	1.728	* 2.55	0.508	1
4	49.98	50.33	-0.35	0.722	-0.100	-0.093	-0.150	0.003	13
5	22.13	19.31	2.82	0.730	0.833	0.812	1.336	0.188	12
6	27.93	23.81	4.12	0.790	1.377	1.493	* 2.90	0.715	10
7	33.43	37.53	-4.10	0.657	-1.073	-1.086	-1.503	0.220	9
8	58.66	61.47	-2.81	0.686	-0.768	-0.743	-1.099	0.129	11
9	29.98	33.84	-3.86	0.740	-1.159	-1.193	* -2.01	0.382	3
10	30.05	33.13	-3.08	0.882	-1.377	-1.493	* -4.09	* 1.42	15
11	33.86	44.28	-10.42	0.329	-1.949	-2.669	-1.871	0.187	17
12	61.21	61.77	-0.56	0.603	-0.136	-0.126	-0.156	0.003	2
13	72.98	71.43	1.55	0.391	0.304	0.283	0.227	0.006	5
14	72.87	69.40	3.47	0.332	0.649	0.620	0.437	0.021	14
15	60.03	63.45	-3.42	0.288	-0.620	-0.591	-0.375	0.016	16
16	72.44	70.54	1.90	0.344	0.359	0.335	0.243	0.007	7
17	72.64	68.63	4.01	0.249	0.708	0.681	0.392	0.017	8

图 3-45　TP 回归模型预测值与实测值对照

根据软件的运行结果，作出水力停留时间、运行间隔天数和水深三种工况因素两两组合状况下分别对人工湿地中 TP 的净化效果影响的等值线图以及三维响应曲面(彩图 5)。图中颜色越深的地方表示净化效果越好，可以看出人工湿地对 TP 的净化率总体上低于 TN 相应值，且净化效果受水深和水力停留时间的影响较大。综合各响应面图和等值线图的性质和特点，分析本试验所得的响应面和等值线图，可以得出运行间隔天数与水深，以及运行间隔天数与水力停留时间两种因素之间对 TP 净化率影响的交互作用较为明显，而水力停留时间与水深之间的交互作用则不太显著。三种因素对 TP 净化效果影响的交互作用分别是：水深和运行间隔天数不变时，随着水力停留时间的增大，TP 的净化率呈现先增加后减小变化趋势，在 HRT 为 45～55 小时左右达到最大，为 73%左右；水深和水力停留时间不变时，随着运行间隔天数的增加，TP 的净化率变化趋势也是先增大后减小，在运行间隔天数为 5～7 天时可达到较高净化率；水力停留时间和运行间隔天数保持不变时，随着水深的增加，TP 的净化率同样是先增大后又逐渐减小，在水深为 550～650mm 左右取得最佳的净化效果。

3. 对 NH_4^+-N 净化效果的多元二次响应面的回归分析

NH_4^+-N 净化效果的分析过程也是类似的，方差分析结果如图 3-46 与表 3-23 所示。从图 3-46 中可以看出，模型模拟的显著性同样为 $p<0.01$，说明该模型的模拟效果也是比较成功的。在人工湿地运行工况对 NH_4^+-N 净化效果影响分析的方差图中，其自变量水深的一次项(C)对其净化率属于显著影响($p<0.01$)。该回归分析的拟合度 R^2 可达 0.91，模型的拟合程度较 TN、TP 相应的值略低，但效果也是比较好的，能够用来分析及预测水力停留时间、运行间隔天数和水深三种工况因素组合对于人工湿地应用于径流水体中 NH_4^+-N 的净化作用的影响。

Response 3 NH4-N去除率

ANOVA for Response Surface Quadratic Model

Analysis of variance table [Partial sum of squares - Type III]

Source	Sum of Squares	df	Mean Square	F Value	p-value Prob > F	
Model	3637.02	9	404.11	7.57	0.0071	significant
A-水力停留时间	15.11	1	15.11	0.28	0.6113	
B-运行时间间隔	92.70	1	92.70	1.74	0.2292	
C-水深	1445.66	1	1445.66	27.07	0.0012	
AB	34.56	1	34.56	0.65	0.4476	
AC	3.025E-003	1	3.025E-003	5.664E-005	0.9942	
BC	108.24	1	108.24	2.03	0.1976	
A^2	367.24	1	367.24	6.88	0.0343	
B^2	220.21	1	220.21	4.12	0.0818	
C^2	572.32	1	572.32	10.72	0.0136	
Residual	373.84	7	53.41			
Cor Total	4010.86	16				

The Model F-value of 7.57 implies the model is significant. There is only a 0.71% chance that a "Model F-Value" this large could occur due to noise.

Values of "Prob > F" less than 0.0500 indicate model terms are significant.
In this case C, A^2, C^2 are significant model terms.
Values greater than 0.1000 indicate the model terms are not significant.
If there are many insignificant model terms (not counting those required to support hierarchy), model reduction may improve your model.

Std. Dev.	7.31	R-Squared	0.9068
Mean	43.63	Adj R-Squared	0.7870
C.V. %	16.75	Pred R-Square	0.0705
PRESS	3728.28	Adeq Precisior	7.617

图 3-46　NH_4^+-N 净化效果的响应面法方差分析结果

表 3-23　NH_4^+-N 净化效果的响应面法方差分析结果

因素	系数估计	df	标准误差	95%置信区间最低值	95%置信区间最高值	VIF
截距	58.08	1	4.57	47.27	68.89	
A	1.32	1	2.47	−4.53	7.16	1.02
B	3.91	1	2.97	−3.11	10.94	1.30
C	14.17	1	2.72	7.73	20.61	1.24
AB	−2.94	1	3.65	−11.57	5.69	1.00
AC	−0.028	1	3.65	−8.67	8.61	1.00
BC	7.01	1	4.93	−4.64	18.66	1.37
A^2	−10.14	1	3.87	−19.29	−1.00	1.19
B^2	−8.56	1	4.22	−18.53	1.41	1.34
C^2	−12.86	1	3.93	−22.15	−3.57	1.22

注：A 为水力停留时间；B 为运行时间间隔；C 为水深

根据多元回归的方差分析，可以得出人工湿地的各运行工况组合对 NH_4^+-N 净化率影响的回归模型，为

$$
\begin{aligned}
NH_4^+\text{-N} = & -122.66738 + 1.89785 \times A + 2.53996 \times B + 0.38189 \times C - 0.027189 \times AB \\
& - 5.72917 \times 10^{-6} \times AC + 7.7919 \times 10^{-3} \times BC - 0.017608 \times A^2 \\
& - 0.4228 \times B^2 - 3.21462 \times 10^{-4} \times C^2
\end{aligned}
$$

式中，NH_4^+-N 为人工湿地对 NH_4^+-N 的去除率，%；A 指水力停留时间，h；B 指运行间隔天数，d；C 指水深，mm。

根据回归模型计算得出各因素组合工况下 NH_4^+-N 去除率的预测值，并将其与实测值进行比较，其结果为图 3-47 中的第二列和第三列，可以看出两列数据值也比较接近，表明模型拟合效果较好。

Diagnostics Case Statistics

Standard Order	Actual Value	Predicted Value	Residual	Leverage	Internally Studentized Residual	Externally Studentized Residual	Influence on Fitted Value DFFITS	Cook's Distance	Run Order
1	27.13	31.21	-4.08	0.766	-1.153	-1.186	* -2.14	0.434	4
2	40.02	39.71	0.31	0.805	0.095	0.088	0.179	0.004	6
3	47.33	44.91	2.42	0.686	0.592	0.562	0.830	0.076	1
4	48.13	41.67	6.46	0.722	1.677	2.008	* 3.23	0.730	13
5	16.63	19.56	-2.93	0.730	-0.772	-0.748	-1.230	0.161	12
6	16.65	22.25	-5.60	0.790	-1.673	-1.998	* -3.88	* 1.05	10
7	49.45	47.96	1.49	0.657	0.348	0.325	0.450	0.023	9
8	49.36	50.54	-1.18	0.686	-0.287	-0.267	-0.396	0.018	11
9	30.05	25.58	4.47	0.740	1.198	1.244	* 2.10	0.408	3
10	23.45	19.39	4.06	0.882	1.622	1.900	* 5.20	* 1.97	15
11	48.85	45.75	3.10	0.329	0.518	0.489	0.342	0.013	17
12	60.56	61.75	-1.19	0.603	-0.259	-0.241	-0.298	0.010	2
13	57.64	58.08	-0.44	0.391	-0.077	-0.071	-0.057	0.000	5
14	57.89	59.39	-1.50	0.332	-0.251	-0.234	-0.165	0.003	14
15	40.05	53.43	-13.38	0.288	-2.169	-3.507	* -2.23	0.190	16
16	64.03	58.43	5.60	0.344	0.946	0.938	0.678	0.047	7
17	64.46	62.08	2.38	0.249	0.376	0.351	0.202	0.005	8

图 3-47　NH_4^+-N 回归模型预测值与实测值对照

根据软件运行结果，作出水力停留时间、运行间隔天数和水深三种工况因素两两组合分别对人工湿地 NH_4^+-N 净化效果影响的等值线图以及三维响应曲面。响应面的等值线图可以很直观地反映各因素对响应值的作用，以便找出最佳的因素组合并明确任意两个因素之间的相互作用。彩图 6 即为三种因素中任两种之间响应面分析的等值线图以及三维响应面图。

可以看出试验所用人工湿地对 NH_4^+-N 的净化率低于 TN 和 TP 的相应值，且三因素比较而言，湿地对 NH_4^+-N 的净化效果受水深的影响较大。综合各响应面图和等值线图的性质和特点，分析本试验所得响应面和等值线图，可以得出运行间隔天数与水深，以及运行间隔天数与水力停留时间之间对 NH_4^+-N 的净化效果影响的两两相互作用较为明显，而水力停留时间与水深之间对其净化率影响的交互作用不太显著。三种因素对 NH_4^+-N 净化效果影响的交互作用分别是：水深和运行间隔天数不变时，随着水力停留时间的增大，NH_4^+-N 净化率呈现先增加后减小的趋势，在 HRT 为 48 小时左右达到最大，为 64％左右；水深和水力停留时间不变时，随着运行间隔天数的增加，NH_4^+-N 的净化率变化趋势也是先增大后减小，在运行间隔天数为 5～7 天时可达较高的净化率；水力停留时间和运行间隔天数保持不变时，随着水深的增加，NH_4^+-N 的净化率先增大后又逐渐减小，在水深为 600～650mm 左右取得最佳净化效果。

3.4.3 响应面法优化最佳工况分析

根据 Design-Expert 响应面试验设计分析方法中 Box-Benhnken Design 中心组合试验设计方法，对影响试验人工湿地中 TN、TP 以及 NH_4^+-N 净化率的三个因素（水力停留时间、水深和运行间隔天数）的组合工况进行优化分析，以期得到最优的运行工况。最优工况分析的具体操作步骤如下：首先在试验的结果分析界面选择 optimization 下的 numerical 选项卡，对于三个实验因素分别设定其上下限，对于试验指标，则要求其最大化，即可得到如图 3-52 所示的最优化试验设计结果（季宏飞，2008；陈曦，2014）。

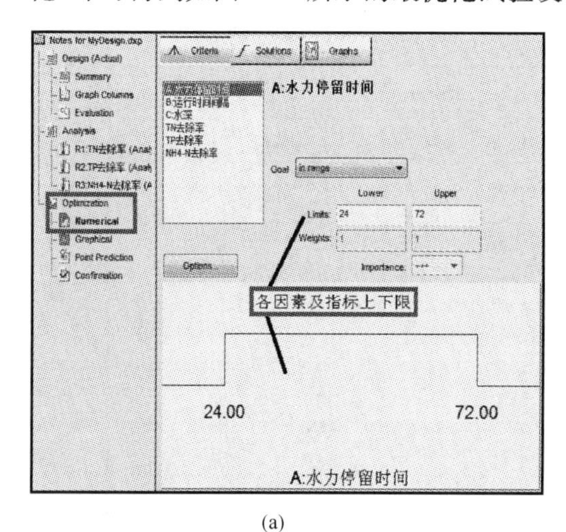

(a)

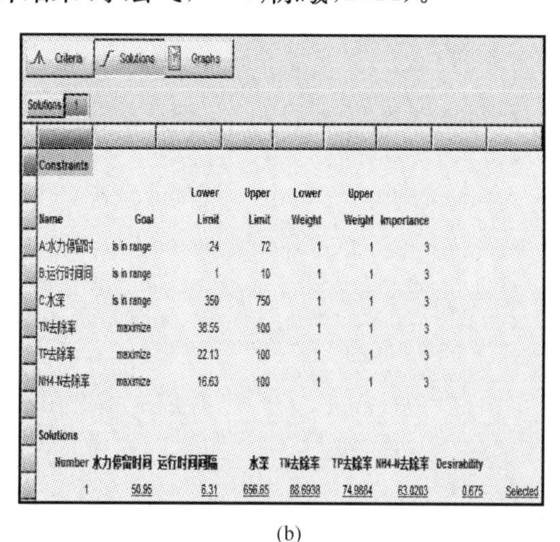

(b)

图 3-48　响应面法优化法方案设计

从图 3-48 可以看出，在复合流情况下，人工湿地试验运行的最优工况为：运行间隔天数为 6.31 天，水力停留时间 HRT 为 50.95h，水深为 656.65mm，在最优工况组合条件下水体中 TN、TP、NH_4^+-N 三种的去除率分别为 88.7%、75.0%、和 63.0%，结论与前述试验部分最佳运行间隔天数 5～7 天，最佳水力停留时间为 48 小时基本一致。

另外，从前述试验中得到水深在 550～650mm 的情况下人工湿地对污染物处理效果较好，与最佳工况下的水深 656.65mm 基本一致。

3.4.4 人工湿地水质净化与植物蒸腾光合的关系

植物是人工湿地的重要组成部分，对污染物的降解及去除过程起到了十分关键的作用。植物的蒸腾及光合特性对于湿地水体中 N、P 等营养物质的代谢过程具有十分重要的影响，进而间接地影响到人工湿地对脱 N 除 P 效能的发挥；同时，植物的这些生理过程还可以为湿地的根区基质及微生物生长提供氧气和碳源，促进微生物对 N、P 等物质的吸收与降解；此外，植物根系的生长也可以起到疏松湿地基质，增强水力传导度的作用，进一步促进了基质对 N、P 等物质的吸附净化作用。已有研究表明，湿地中的植物通过其叶片的光合作用产生氧气，在满足植物自身代谢需氧的基础上，将多余的氧气通过各组织器官输送到根部，进而增加了湿地的根区溶解氧含量，为好养微生物生长提供有利条件；同时植物光合作用还能消耗太阳光能固定 CO_2，并吸收利用含 N、P 等元素的物质，合成其自身的营养成分，所以植物的光合作用对湿地的脱 N 除 P 效果影响重大(李龙山，2014)。根据第三节的试验分析，湿地植物的光合作用及蒸腾作用两者之间具有较高的相关性，光合与蒸腾作用都是通过植物气孔实现的，其动力即为太阳能辐射，植物通过光合及蒸腾作用驱动将吸收的营养物质运送到各组织器官，同时为根部产生养分，这一过程也即植物作用下人工湿地 N、P 的去除过程。因此研究植物的蒸腾与光合作用对湿地中 N、P 去除效果的影响也具有一定的现实意义。人工湿地的蒸发与蒸腾作用一方面导致湿地中的水量损失，引起水体中污染物浓度负荷的增加；另一方面，加强了污染物向植物根系的移动及其在基质中的运动，有利于基质、植物及其根部好氧菌对污染物的吸收。湿地的蒸发及其中植物的蒸腾作用对人工湿地运行效能即污染物去除效率的影响主要体现在蒸发和蒸腾过程促进了植物、基质及微生物三者对污染物的吸收这一方面。

为了研究湿地的水质净化效果对植物光合蒸腾作用的响应，需要同步测定植物光合蒸腾作用强度和湿地的水质净化效果，结合前面的试验工况(水力停留时间、水深、运行间隔天数)对人工湿地水质净化效果的影响分析结果，以及实际试验条件，选择试验水深为 550mm 恒定，重点研究运行间隔天数为 7 天和 10 天两种情况，水力停留时间与植物的光合蒸腾作用测量时间保持一致，测量时段选择在植物生长比较旺盛的季节，在测定美人蕉和芦苇光合作用及蒸腾特性随气象条件变化的同时，测定人工湿地相应的脱氮除磷效率。采用相关分析以及主成分分析等方法研究人工湿地中植物的光合及蒸腾作用变化与其中水质净化效率之间的关系，并以此来改善人工湿地的脱氮除磷工艺设计及运行方式，提高其对氮磷等物质的净化效果。

试验采用连续进水方式，测定湿地中植物的蒸腾速率及净光合速率的日变化过程，以及出水氮磷物质浓度的日变化，并计算氮磷污染物的去除率，测量时间为早上 8:00～18:00，水质测量每隔两小时一次，结果如表 3-24 所示。

表 3-24　水质净化试验结果

试验编号	运行时间间隔/h	测量时间	运行间隔天数/d	TN 净化率/%	TP 净化率/%	NH_4^+-N 净化率/%
1	24		7	46.12	42.24	27.13
2	36	8:00		47.48	42.35	46.63
3	38	10:00		64.03	56.62	52.64
4	40	12:00		73.55	63.35	60.06
5	42	14:00		81.94	75.84	66.33
6	44	16:00		79.96	76.18	64.03
7	46	18:00		72.44	72.21	61.05
8	72			50.04	71.28	40.02
9	24		10	46.73	33.86	42.12
10	36	8:00		47.96	45.88	46.52
11	38	10:00		63.82	56.53	52.44
12	40	12:00		74.13	65.78	60.11
13	42	14:00		82.27	77.76	66.16
14	44	16:00		79.14	75.56	64.01
15	46	18:00		71.47	72.04	61.15
16	72			49.89	73.13	48.82
17	24		7	50.09	52.76	48.13
18	36	8:00		53.19	53.79	52.64
19	38	10:00		68.88	57.92	57.67
20	40	12:00		78.01	72.47	63.35
21	42	14:00		85.82	82.63	68.88
22	44	16:00		80.02	75.44	67.88
23	46	18:00		71.56	71.86	63.81
24	72			61.56	78.64	60.34
25	24		10	48.66	42.35	47.33
26	36	8:00		49.03	49.98	48.85
27	38	10:00		66.79	56.91	56.25
28	40	12:00		76.04	70.16	62.28
29	42	14:00		84.12	80.51	67.75
30	44	16:00		79.76	75.45	66.55
31	46	18:00		71.54	71.87	62.46
32	72			59.96	70.83	58.87

1. 人工湿地水质净化效果影响因素的主成分分析

在进行主成分分析之前，首先需要了解人工湿地中 N、P 的净化效果与其试验工况以及湿地中植物各生长参数之间的相关性，植物选择以美人蕉为代表，其具体相关系数值如

表 3-25 所示。

表 3-25　人工湿地水质净化率与影响因素的相关系数

参数	TN 去除率	TP 去除率	NH_4^+-N 去除率	蒸腾速率	光合速率	HRT	运行间隔天数
TN 去除率	1	0.8**	0.943**	0.836**	0.709**	0.103	−0.032
TP 去除率		1	0.822**	0.617**	0.413*	0.616**	−0.108
NH_4^+-N 去除率			1	0.755**	0.587**	0.201	0.004
蒸腾速率				1	0.89**	−0.043	0.109
光合速率					1	0.431	0.788
HRT						1	0.000
运行间隔天数							1

** 表示在 0.01 水平上显著相关；* 表示在 0.05 水平上显著相关。

从表中数据可以看出，植物的蒸腾及光合速率与湿地的氮磷去除率均具有较高的显著相关性，TN、TP 以及 NH_4^+-N 三者的净化率相互之间也有较好的相关性，因此分析湿地系统对 N、P 等物质的净化率时，考虑其运行间隔天数及水力停留时间两种工况，以及植物的光合与蒸腾作用等影响因素是可行的，也是有必要的。

主成分分析法(principal components analysis，PCA)是一种简化分析数据集的数学变换方法，它能够把给定的一组相关变量通过有限次的线性变换转化成为另一组互不相关的独立变量，得到新的变量组按照方差逐渐递减的顺序进行排列。该方法通过分析各因素变量之间的相关性及差异性，能够对相关变量进行有效的分析和简化，以降低相关变量的维度，进而在保持变量数据集对研究目标方差贡献率最大的前提下，提取出互不重叠的主要影响因子组，以便于更好更简便地分析数据变量。Chazarenc 等运用 PCA 方法分析了影响微生物群落生理水平的主要指标，发现对于不同的污染物，微生物的生命活动均对其去除作用存在一定程度的影响；Volodymayr 等则运用 PCA 方法提取了影响人工湿地中污染物净化效果的主要因素，并考虑到野外操作的便利性条件而筛选出了主要的环境因子，进而构建出输入条件较少的污染物净化预测模型，有效地提高了该预测模型的合理准确性以及适用性(张岩等，2013)。

在数学变换过程中，保持变量的总方差不变，而使变量具有最大方差的成分，称为第一主成分，方差次大的第二变量，并且和第一变量之间不相关，称为第二主成分，依此类推。本节通过 PCA 方法提取了反映氮磷去除效果的主要影响成分的综合效应，运用方差最大化的正交旋转方法，提取出前 3 个主成分，其方差的解释率分别是 0.539、0.251 及 0.182。其中，第一主成分主要反映植物蒸腾与光合速率的影响，它们的载荷系数分别为 0.909 和 0.952，主要体现植物生长因子对氮磷去除的综合效应；第二主成分主要反映人工湿地运行间隔天数的影响，其因子载荷系数为 0.974；第三主成分主要反映湿地的水力停留时间 HRT 的影响，其荷载系数为 0.734，可见第二主成分与第三主成分属于湿地运行工况的综合效应。具体成分方差及矩阵表如表 3-26、表 3-27 和图 3-49 所示。

据上述分析可知，人工湿地的水质净化过程受植物的生长状况(主要指光合及蒸腾速率)及湿地的运行工况(HRT 和运行间隔天数)的影响较大，因此，研究植物光合蒸腾特性及湿地蒸发蒸散量的变化规律对于提高湿地的氮磷净化效果具有很重要的意义。

表 3-26　成分方差

成分	初始特征值			提取平方和载入		
	合计	方差的/%	累积/%	合计	方差的/%	累积/%
1	2.157	53.930	53.930	2.157	53.930	53.930
2	1.005	25.121	79.051	1.005	25.121	79.051
3	0.729	18.230	97.281	0.729	18.230	97.281
4	0.109	2.719	100.000			

表 3-27　成分矩阵

参数	成分	
	1	2
蒸腾速率	0.909	0.062
光合速率	0.952	−0.044
HRT	−0.639	0.226
运行间隔天数	0.134	0.974

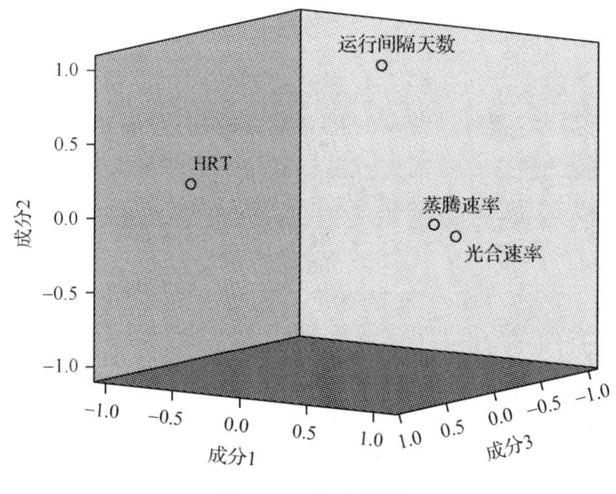

图 3-49　主成分图

2. 湿地植物光合蒸腾作用对氮磷去除影响的试验分析

选择 6 月对人工湿地水质净化效果与植物生长参数进行测量与研究，从早上 8:00 到下午 18:00 每隔两小时测定一次植物的蒸腾光合速率及其他生长参数和与之相对应的出水水体中氮磷浓度，以美人蕉为例研究植物光合蒸腾速率对氮磷去除率的影响，其相关分析如图 3-50 所示。

从图中可以看出，湿地植物的蒸腾速率与 TN 及 NH_4^+-N 的去除率均具有较高的相关性，相关系数 R^2 分别为 0.836 和 0.755，而对 TP 去除率的相关系数则较低，为 0.617，表明湿地植物的蒸腾作用对氮去除效果的影响要高于磷，湿地对磷的吸收主要是通过基

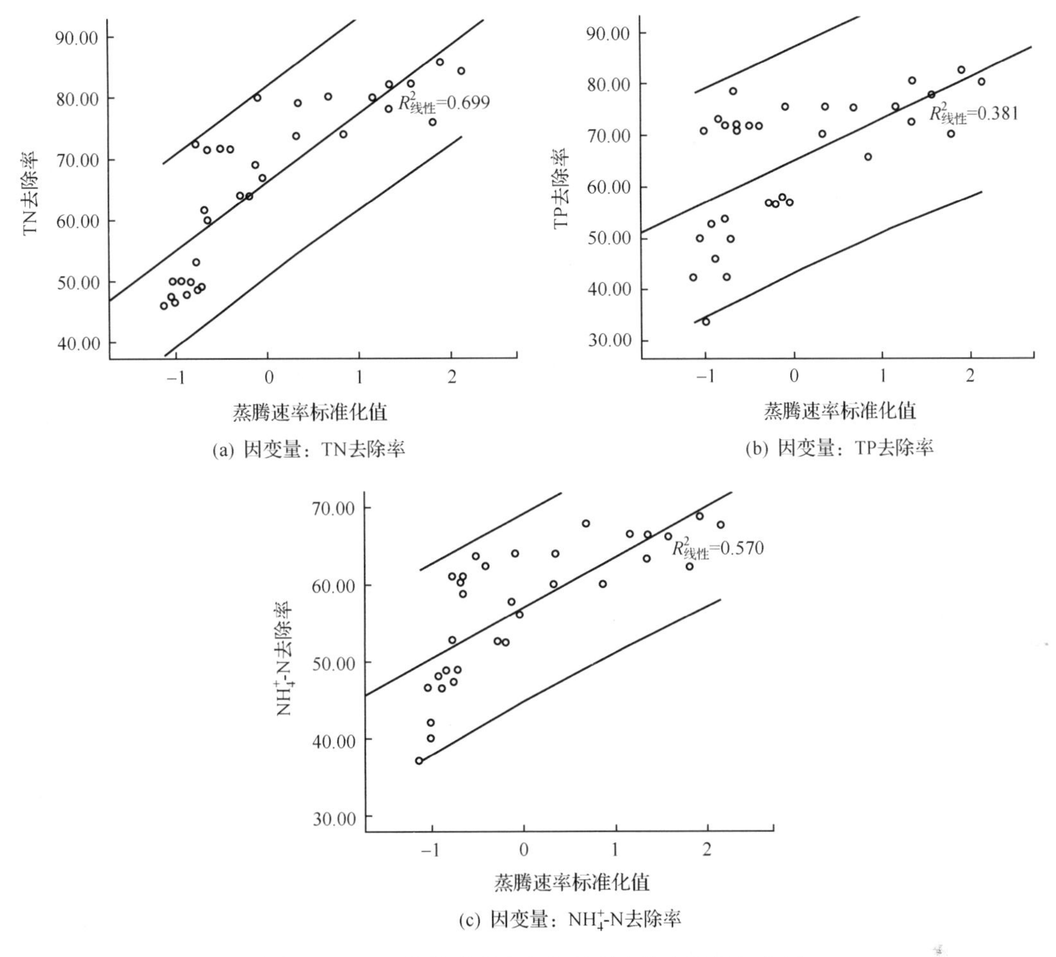

(a) 因变量：TN去除率

(b) 因变量：TP去除率

(c) 因变量：NH_4^+-N去除率

图 3-50　湿地植物蒸腾速率与氮磷去除率的回归分析

质的吸附及降解作用，受植物生长的影响相对较小。通过分析建立湿地氮磷去除率与植物蒸腾速率的相关关系如图 3-51 所示。

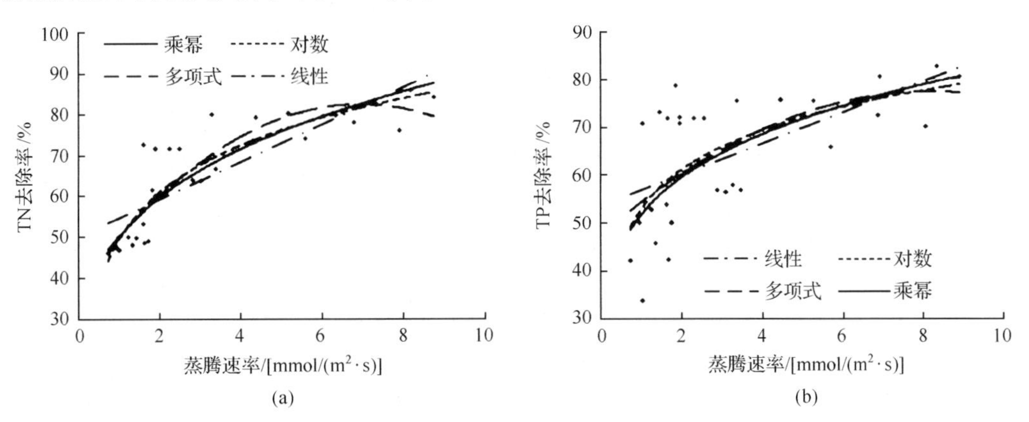

(a)

(b)

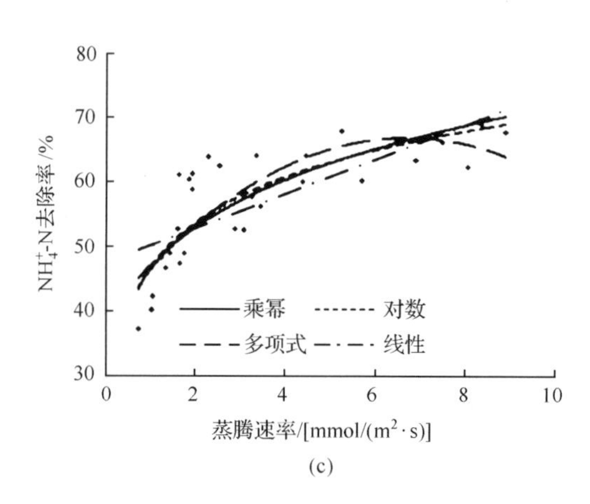

图 3-51　湿地植物蒸腾速率与 TN、TP、NH_4^+-N 去除率的相关分析

表 3-28 中分别列出了氮磷净化效果与植物蒸腾作用的线性、对数、多项式以及乘幂四种拟合关系式，可以看出 TN、TP 及 NH_4^+-N 的去除率与蒸腾速率的相关关系式中，对数关系式的拟合度均为最高，分别是 0.813，0.436 和 0.718，可见植物的蒸腾作用与湿地的氮磷净化效率之间具有较高的相关性。

表 3-28　植物蒸腾速率与氮磷去除率相关关系式

物质	相关关系		相关度
TN	线性	$y=4.444x+50.34$	$R^2=0.698$
	对数	$y=16.40\ln(x)+49.45$	$R^2=0.813$
	多项式	$y=-0.881x^2+12.41x+38.53$	$R^2=0.804$
	乘幂	$y=49.81x^{0.258}$	$R^2=0.799$
TP	线性	$y=3.232x+53.59$	$R^2=0.380$
	对数	$y=11.83\ln(x)+53.04$	$R^2=0.436$
	多项式	$y=-0.438x^2+7.201x+47.71$	$R^2=0.407$
	乘幂	$y=51.84x^{0.201}$	$R^2=0.425$
NH_4^+-N	线性	$y=2.665x+47.48$	$R^2=0.570$
	对数	$y=10.23\ln(x)+46.54$	$R^2=0.718$
	多项式	$y=-0.607x^2+8.158x+39.34$	$R^2=0.684$
	乘幂	$y=46.34x^{0.190}$	$R^2=0.702$

3. 湿地蒸散量对水质净化效果的影响

以在 6 月测得的湿地蒸散量变化过程与其对应的氮磷去除率变化过程为研究对象，分析人工湿地蒸散量对水质净化的影响。水质测量方式如下：查阅垂直流人工湿地水质净化资料，选择水力停留时间为 5d，水力负荷为 40cm/d，试验水质与水平潜流湿地相同（李文奇，2009；钱卫一，2005；雒维国，2005），水质测量时间为 6 月 13 日、21 日及 27 日，根据测得的结果数据进行分析研究，由于测量数据相差不大，故选择 8:00～18:00 之间每隔两个小时整点试验数据的平均值进行研究分析，并根据水质监测时间点同步测定蒸散发装置中的时平均蒸散量值，计算其植物蒸腾量的时均值，图 3-52(d)为美人蕉芦苇湿地中植物的单位面积蒸腾量时平均值变化过程。从图 3-52 中可以看出，植物蒸腾量随时间变化呈现单峰变化规律，即在 14:00 之前，蒸腾量随时间推移而逐渐增大，在 14:00 左右植物蒸腾量达到其最大值，14:00 以后，蒸腾量开始逐渐减小。其原因主要是，上午随着太阳升起，光强和温度均逐渐升高，植物的光合蒸腾作用也随之增强，故此蒸腾量逐渐增大；在 14:00 左右，光强和温度均达到了最大值，植物的蒸腾光合速率同样也达到了最大值，导致其蒸腾量也随之达到了最大；在 14:00 之后，光强和温度逐渐减弱，植物蒸腾速率也在不断减小，时均蒸腾量同样逐渐变小。从图 3-52(d)中可以看出，湿地植物的平均蒸腾量在 14:00 左右达到了最大，其值为 23.85gd/(m^2 · h)。

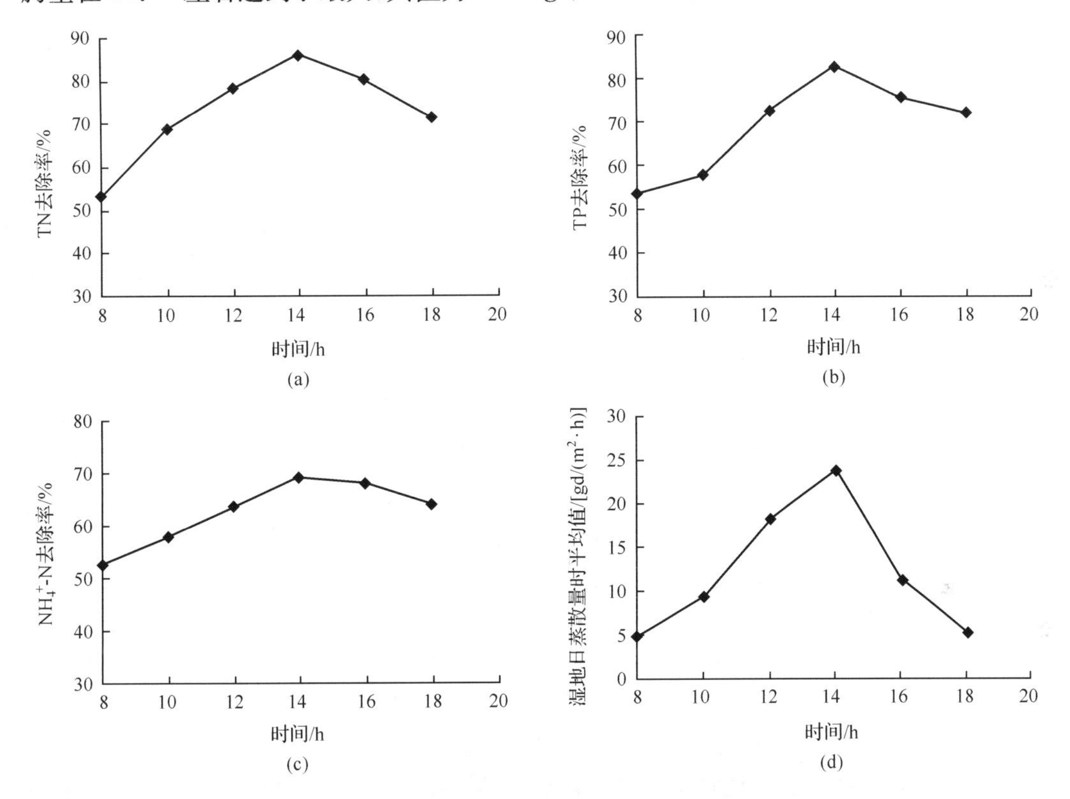

图 3-52　TN、TP、NH_4^+-N 去除率及蒸散量时均值日变化过程

图 3-52 中(a)、(b)、(c)分别为湿地植物蒸腾量对应时间下的人工湿地 TN、TP，以及 NH_4^+-N 的去除率随时间变化过程线。从图中可以看出，湿地对三种物质的去除率变化规律都极为相似。随着时间的推移，TN 的去除率逐渐增大，达到最大值后又开始逐渐减小。这是因为随着时间的推移，光强和温度逐渐升高，湿地的蒸发量加大，其中铵态氮的挥发作用也在加剧，进而使湿地中 TN 的去除率增大，可见 NH_4^+-N 的挥发对 TN 的去除有一定的贡献；同时随着光强及温度的升高，植物的蒸腾作用逐渐加强，通过植物蒸腾光合的作用，加速了植物根区输氧及矿物质的吸收运输，促使基质中出现了好氧、厌氧等区域，加强其中微生物的硝化与反硝化作用，使得硝态氮在反硝化作用下转变为 N_2 及 N_2O 而从湿地中除去，NO_3^--N 的去除也对 TN 去除率的提高做出贡献。在 14:00 左右，湿地 TN 去除率达到最大，值为 85.82%，14:00 之后，光强及温度逐渐减弱，湿地蒸发量随之

减小，湿地植物的蒸腾光合作用也在减弱，根部泌氧减少，NH_4^+-N 的挥发以及 NO_3^--N 的去除作用逐渐减弱，故而引起湿地对 TN 去除效果的减弱。

在图 3-52(b)中，人工湿地对 TP 的去除率同样呈现出先增加后又逐渐减小的变化过程。湿地 TP 去除率的最大值同样出现在 14:00 左右，其值为 75.44%，与湿地植物平均蒸腾量最大值的出现时间基本保持一致。人工湿地对磷的净化主要是通过其微生物的分解、基质的物理化学作用以及植物的吸收等过程实现的。水体中的磷素是植物正常生长所必需的营养成分，植物吸收无机磷等营养物质主要是通过其蒸腾及光合等作用的驱动来实现的，随着光合与蒸腾的强弱变化，植物吸收氮磷等物质进入体内的速率也会发生相应的变化；并且，湿地中植物的根系泌氧可以促进其根部嗜磷菌的产生与生长，进一步加速了基质中的磷素释放、迁移与转化过程，间接地提高了湿地的磷净化效率；植物根系的伸展还可以防止基质板结，增加其疏松度，提高水力传导度，也会促进基质对磷元素的吸附、沉淀以及蓄积稳定作用。

图 3-52(c)为人工湿地对 NH_4^+-N 的去除率随时间的日变化过程，其变化过程与 TN 去除率变化过程相类似，也是在 14:00 左右达到最大，其最大值为 68.88%，微生物的硝化和反硝化作用是人工湿地中氨氮净化的主要途径(高志新，2014；陈显利，2014)。如果植物的生长速度加快，则其对氨氮的吸收作用也会增强，并且植物根部的有氧环境可以为根区微生物的硝化及反硝化作用提供有利的条件，增强根部反硝化细菌的活跃度，进一步增强湿地对 NH_4^+-N 的净化作用。

根据上述分析，人工湿地对 TN、TP 以及 NH_4^+-N 的去除率日变化规律与湿地植物平均蒸腾量的日变化呈现相似的过程。植物的蒸腾及光合作用之间具有显著的相关性，光合作用是植物快速生长和湿地水质净化的主要能量来源，而蒸腾作用则是植物生长及其对水体污染物净化的动力来源。分析湿地植物蒸腾占湿地总蒸散量的比例，表明植物蒸腾占湿地蒸散量的绝大部分，因此，人工湿地中污染物质的去除与湿地蒸散量变化规律也具有较高的相关性。

综上得出，研究人工湿地植物蒸腾光合作用对湿地氮磷净化效果的影响，表明植物蒸腾对氮的去除具有较高的相关性，对磷去除的相关性则相对较弱，蒸腾与 TN 及 NH_4^+-N 去除率的相关系数 R^2 分别为 0.836 和 0.755，与 TP 去除率的相关系数为 0.617。

通过小试装置研究湿地蒸散及蒸腾量的日变化过程与氮磷净化的关系发现，二者变化过程呈现出相似的规律，表明湿地蒸散及植物蒸腾与氮磷的去除过程密切相关。

3.5 本章小结

(1) 一般工况下，水平潜流人工湿地对污染物浓度去除率和负荷削减率均值分别为 53.62%和 57.37%，复合潜流人工湿地净化效果比水平流高出 7%。两组人工湿地在三种水深下的最佳水力停留时间为 48 小时，最佳运行间隔天数为 7～10d，此时水平潜流人工湿地对污染物浓度去除率和负荷削减率均值分别为 64.46% 和 68.45%，复合潜流人工湿地净化效果比水平流高出 6.2%。750mm 水深时水平潜流人工湿地对污染物的浓度去除率比 350 和 550mm 水深分别高出 32.21% 和 5.88%，负荷削减率分别高出 31.60%和 5.92%；复合流湿地浓度去除率比前两种水深分别高出 26.14%和 5.06%，负荷削减率分别高出25.89%和5.07%。设计的两组人工湿地系统净化效果良好，复合流人工湿地净化效果优于水平潜流，均可用于城市面源污染控制和雨水利用。

(2) TN和NH_4^+-N在350mm水深时，主要的降解作用发生在湿地床体的前12m；550mm和750mm水深时，主要的降解作用发生在床体的前6m。TP、DP和COD的主要降解作用发生在湿地床体的前6m，重金属离子浓度沿程降低的幅度较均衡。同时，同一位置在垂向上，由下到上，污染物浓度逐渐降低。

(3) 植物和微生物的共同作用可以使水平潜流和复合流人工湿地系统的净化效果分别提高23.03%和22.7%左右，美人蕉和芦苇的蒸腾速率均呈现先增后降的日变化过程，两种植物蒸腾速率的变化主要与气温、湿度、光辐射以及气孔导度、光合速率等因素有关，并且均与叶片气孔导度的相关性最高，可达到0.9以上，其他影响因子如光强、气温、湿度等也与植物蒸腾速率具有较高的相关性；运用通径分析建立了美人蕉和芦苇蒸腾速率与主要影响因子之间的回归关系式，两个关系式的拟合度R^2分别为0.954和0.845，拟合效果较好；研究不同月份植物蒸腾作用的变化规律表明，从6～8月，两种植物的蒸腾速率均有所增加，植株高度也有较大的增长；研究不同的氮磷负荷对植物的蒸腾及光合作用的影响表明，氮磷浓度较低可以促进植物的蒸腾光合作用，高浓度的氮磷则会对植物蒸腾光合作用起到抑制作用。

(4) 在充分供水条件下，湿地的蒸散量主要受气象条件的限制，影响湿地蒸散发的主要因素包括气温、相对湿度、光照等；运用自制有机玻璃装置测量6～8月湿地蒸腾蒸散量，可得单位面积日均蒸发量$0.002m^3/m^2$，日均植物蒸腾量$0.0199m^3/m^2$，日均蒸散总量为$0.0219m^3/m^2$，其中植物蒸腾量占蒸散量的比例达到90.87%，表明植物蒸腾是湿地蒸散的主要部分。

(5) Design-Expert中选用的多元二次响应面回归方程能够较好地模拟人工湿地对污染物TN、TP、NH_4^+-N的去除效果。影响N去除率的主要因素为水力停留时间和水深，影响P去除率的主要因素为运行间隔天数和水力停留时间，运行间隔天数及水深对NH_4^+-N的去除效果也有较大的影响。通过小试装置研究湿地蒸散及蒸腾量的日变化过程与氮磷净化的关系发现，二者变化过程呈现出相似的规律，表明湿地蒸散及植物蒸腾也与氮磷的去除过程密切相关。

(6) 模型优化结果表明，在复合流情况下，人工湿地试验运行间隔天数为6.31天，水力停留时间HRT为50.95小时，水深为656.65mm，在最优工况组合条件下水体中TN、TP、NH_4^+-N三种的去除率分别为88.7%、75.0%、和63.0%。

(7) 本章在对人工湿地除磷脱氮机理方面研究还不够深入，对微观环境的认识和解决途径还有待提高，可进一步比较分析在不同的季节、不同的温度下人工湿地的净化效果；考察植物根系密度、微生物种类及数量等对人工湿地净化效果的影响；建立相应的统计关系，并增加试验中各影响因素的水平数，以便更好地掌握影响人工湿地运行的参数的特点；深入分析和了解人工湿地系统中污染物的迁移转化过程，建立人工湿地的净化机理模型；为防止水体富营养化和水质恶化，要尽可能与当地天气情况相结合以充分发挥人工湿地高效的处理效率。

参考文献

曹世玮，陈卫，荆肇乾．2012．高钙粉煤灰陶粒对人工湿地强化除磷机制．中南大学学报，43(12)：4939～4943

陈娟．2006. 潜流人工湿地种植美人蕉对污水重金属的去除效果及机理研究．扬州:扬州大学硕士学位论文
陈曦．2014. 储冰蓄冷油豆角保鲜试验研究．哈尔滨:东北农业大学硕士学位论文
陈显利．2014. 滞蓄型人工湿地水质净化试验研究．成都:西南交通大学硕士学位论文
丛旭日,王君石,马劲．2008. 沸石在废水处理中的应用．科技论坛,14(1):5
戴兴春,徐亚同,谢冰．2004. 浅谈人工湿地法在水污染控制中的应用．上海化工,10:7～9
丁晔,韩志英,吴坚阳,等．2006. 不同基质垂直流人工湿地对猪场污水季节性处理效果研究．环境科学学报,26(7):1093～1099
董敏慧,胡曰利,吴晓芙．2006. 基质填料在人工湿地污水处理系统中的研究应用进展．资源环境与发展,(3):40～42
高志新．2014. 多级串联人工湿地对城市路面径流的净化规律研究．西安:西安理工大学硕士学位论文
韩耀宗．2010. 不同水力条件下水平潜流人工湿地脱氮效果研究．上海:东华大学硕士学位论文
何成达,谈玲,葛丽英,等．2004. 波式潜流人工湿地处理生活污水的试验研究．农业环境科学学报,23(4):766～769
黄池钧．2012. 多级串联潜流人工湿地净化城市地面径流的试验研究．西安理工大学硕士学位论文
籍国东,倪晋仁．2004. 人工湿地废水生态处理系统的作用基质．环境污染治理技术和设备,5(6):71～75
季宏飞,许杨,李燕萍．2008. 采用响应面法优化红曲霉固态发酵产红曲色素培养条件的研究．食品科技,(8):9-27
李方文,魏先勋,李彩亭,等．2002. 粉煤灰在环境工程中的应用．污染防治技术,15(3):27～29
李芳柏,吴启堂．1997. 无土栽培美人蕉等植物处理生活废水的研究．应用生态学报，8(1):88～92
李丽．2011. 11 种湿地植物在污染水体中的生长特性及对水质净化作用研究．广东:暨南大学硕士学位论文
李龙山．2014. 5 种湿地植物对生活污水的生理响应及其去污能力的研究．银川:宁夏大学硕士学位论文
李茂迁,胡萍萍,王艳艳．2011. Design-Expert 在超临界 CO_2 萃取工艺优化中的应用．广东化工,38(8):8～10
李文奇．2009. 人工湿地处理污水技术．北京:中国水利水电出版社
李旭东,张旭,薛玉,等．2003. 沸石芦苇床除氮中试研究．环境科学,24(3):158～160
李智,杨在娟,岳春雷．2005. 人工湿地基质微生物和酶活性的空间分布．浙江林业科技,25(3):1～5
梁继东,周启星,孙铁珩．2003. 人工湿地污水处理系统研究及性能改进分析．生态学杂志,22(2):49～55
梁威,吴振斌．2000. 人工湿地对污水中氮磷的去除机制研究进展．环境科学动态,(3):32～37
刘红,代明利,刘学燕,等．2004. 人工湿地系统用于地表水水质改善的效能及特征．环境科学,25(4):65～69
刘宏伟,张岩．2010. 基质在人工湿地处理生活污水中的研究现状．四川环境,29(5):63～66
刘佳,王泽民,李亚峰,等．2005. 潜流人工湿地系统对污染物的去除与转化机理．环境与生态,31(2):53～57
刘心中,姚德,董风芝,等．2002. 粉煤灰在废水处理中的应用．化工矿物与加工,(8):4～8
刘洋,王世和,黄娟,等．2006. 两种人工湿地长期运行效果研究．生态环境,15(6):1156～1159
卢观彬．2008. 水平潜流型人工湿地处理小区雨水径流的试验研究．重庆:重庆大学硕士学位论文
卢少勇,张彭义,余刚,等．2008. 湿地系统蒸腾蒸发损失量及污染物去除规律研究．中国给排水,24(7):85～91
雒维国．2005. 潜流型人工湿地对氮污染物的去除效果研究．江苏:东南大学硕士学位论文
潘瑞炽．1997. 植物生理学．北京:高等教育出版社
钱鸣飞,李勇,黄勇．2008. 芦苇和香蒲人工湿地系统净化微污染河水效果比较．工业用水与废水,39(6):55～58
钱卫一．2005. 人工湿地的蒸发蒸腾及其对去除效果的影响．南京:东南大学硕士学位论文
任西营．2014. 生物保鲜剂在带鱼制品中的应用研究．浙江:浙江大学硕士学位论文
孙兴滨,韩金柱,潘华鋆．2010. 沸石的改性及除磷性能研究．哈尔滨商业大学学报,26(2):161～164
王立业,王殿武,王铁良,等．2013. 控制性间歇灌溉模式下湿地芦苇节水潜力分析．节水灌溉,(8):7～9
王宜明．2000. 人工湿地净化机理和影响因素探讨．昆明冶金高等专科学校学报,16(2):3～4
王梓．2008. 湖南 5 种园林地被植物蒸腾耗水性研究．长沙:中南林业科技大学硕士学位论文
魏成,刘平,秦晶．2008. 不同基质和不同植物对人工湿地净化效率的影响．生态环境,28(8):3691～3697
吴天龙．2014. 海洋立管相互碰撞问题研究．兰州:兰州理工大学硕士学位论文
修海峰．2011. 水平潜流人工湿地氮循环微生物效应及生态模型研究．内蒙古:内蒙古农业大学硕士学位论文
徐光来,袁新田．2008. 人工湿地植物的作用与影响因素．河北农业科学,12(12):63～65
徐惠风,徐克章,刘兴土,等．2003. 向日葵花期叶片蒸腾特性时空变化及其与环境因子的相关性研究．中国油料作

物学报,25(2):39～42
徐丽花,周琪. 2002. 人工湿地控制暴雨径流污染的实验研究. 上海环境科学,21(5):274～277
徐祖信,谢海林,叶建锋,等. 2007. 模拟煤灰渣垂直潜流人工湿地的除磷新能分析. 环境污染与防治,29(4):241～242
薛玉,张旭,李旭东,等. 2003. 复合沸石吸氮系统控制暴雨径流污染. 清华大学学报,43(6):84～85
鄢璐,王世和,刘洋,等. 2007. 人工湿地氧状态影响因素研究,水处理技术,33(1):31～34
严立,刘志明,陈建刚,等. 2005. 潜流式人工湿地净化富营养化景观水体. 中国给水排水,21(2):11～13
严弋,海热提. 2007. 潜流式人工湿地在我国干旱区的试运行. 水处理技术,33(10):42～45
阳承胜,蓝崇钰,束文圣. 2000. 宽叶香蒲人工湿地对铅/锌矿废水净化效能的研究. 深圳大学学报,17(2):51～57
杨淑慧. 2012. 不同管理措施对长江口芦苇群落土壤呼吸及生长、生理的影响. 上海:华东师范大学硕士学位论文
杨舒. 2011. 重金属 Cu、Cd、Pb、Zn 在人工湿地中的形态分布与转化. 兰州:兰州大学硕士学位论文
杨晓忠. 2007. 人工湿地脱氮除磷研究进展. 现代农业科技,(4):128～129
尹炜,李培军,叶闽,等. 2006. 复合潜流人工湿地处理城市地表径流研究. 中国给水排水,22(1):5～8
张葆华. 2007. 不同水深条件下芦苇湿地对氮磷的去除研究. 环境科学与技术,30(7):4～6
张怀芹. 2003. 煤渣结构形成及其综合利用. 辽宁城乡环境科技,23(5):37～38
张伟欣. 2014. 田间水稻秧苗和稗草力学特性研究. 哈尔滨:东北农业大学硕士学位论文
张颖,郑西来,伍成成,等. 2011. 辽河口芦苇湿地蒸散试验研究. 水科学进展,22(3):351～358
赵桂瑜,杨永兴,杨长明. 2005. 人工湿地污水处理系统工艺设计研究. 四川环境,24(6):24～27
周炜,黄民生,谢爱军,等. 2006. 人工湿地净化富营养化河水试验研究(二)——基质层及流态对氮素污染物净化效果的影响. 净水技术,25(4):40～43
朱夕珍,崔理华,温晓露,等. 2003. 不同基质垂直流人工湿地对城市污水的净化效果. 农业环境科学学报,22(4):454～457
Armstrong J and Armstrong M. 1988. Phragmites australis-A preliminary study of soil-oxidizing sites and internal gas transportpathways. New Phytologist,108(4):373～382
Brix H. 1997. Domacrophytesplay a role in constructed treatment wetlands. Water Science and Technology, 35(5):11～17
Brix H. 1994. Use of constructed wetland in water pollution control: historical development, present status, and future perspectives. Wat Sci Tech,30(8):209～223
Deletic A. 1998. The first flush load of urban surface runoff. Water Research,32(8):2462～2470
Drizo A, Frost C A, Grace J, et al. 1996. Physico-chemical screening of phosphate-removing substrates for use in constructed wetland systems. Water Research,33(17B):3595～3602
Fetter C W Jr, Sloey W E, Spangler F L. 1976. Potential replacement of septic tank drain fields by artificial marsh wastewater treatment systems. GroundWater,14(6):396～401
Konnerup D, Koottatep T, Brix H. 2009. Treatment of domestic wastewater in tropical, subsurface flow constructed wetlands planted with Canna and Heliconia. Ecological Engineering,35(2):248～257
Reddy K R, Angelo E M. 1997. Biogeochemical indicators to evaluate pollutant removal efficiency in constructed wetlands. Water science and Technology,35(5):1～10
Rijsberman M A, van de Ven F H M. 2011. Different approaches to assessment of designand management of sustainable urban water systems. Environmental Impact Assessment Review, 20(3):333-345
Scholes L, Shutes R B E, Revitt D M, et al. 1998. The treatment of metals in urban runoff by constructed wetlands. The Science of the Total Environment,214:211～219
Sperry J S, Hacke U G, Oren R. 2002. Water deficits and hydraulic limits to leaf water supply. Plant, Cell and Environment,25:251-263
Yuan G, Lakulich L M. 1994. Phosphate adsorption in relationship to extractable iron and aluminum in spodosols. SoilScience,58:343～346

第4章 生态滤沟净化城市路面径流的小试研究与效果模拟

生态滤沟作为一种典型的低影响开发(LID)生物滞留技术，将径流污染控制与雨水蓄滞利用有机结合，对于干旱缺水地区具有重要意义和实用价值。本章设计了6组30根生态滤沟小型试验柱，通过室外试验、数理统计和数学模拟，研究填料的组合方式与种类、填料厚度、淹没区的深度和植物条件等因素对生态滤沟水质水量调控效果的影响；将生态滤沟小型试验的调控效果与生态滤沟的填料组合方式、填料厚度、淹没区深度及植物条件等各因素之间的相互关系进行集成化模拟，建立相应的水质水量多元统计模型，并运用HYDRUS-1D软件对装置的出水水质进行模拟。

4.1 生态滤沟小型试验设计

4.1.1 小型试验装置

本章于2013年自行设计了6组30根滤柱，如表4-1、表4-2所示，滤柱装置柱体为DN400的PVC管，壁厚6mm，内部填充自下而上依次为砾石层、填料层、种植土层、覆盖层和蓄水层。试验场平面布置、试验柱剖面，以及内外构造分别如图4-1、图4-2和彩图7所示。

表4-1 小型试验装置设计一览表(一)

试验目的	空白对照					填料组合方式					填料厚度				
编号	A1	A2	A3	A4	A5	B1	B2	B3	B4	B5	C1	C2	C3	C4	C5
植物	无					黄杨＋黑麦草					黄杨＋黑麦草				
蓄水层	15cm	15cm	15cm	15cm	15cm	15cm	15cm	15cm	15cm	15cm	15cm	15cm	15cm	15cm	15cm
覆盖层	5cm树叶	5cm树叶	5cm树叶	5cm树叶	5cm树叶	5cm树叶	5cm树叶	5cm树叶	5cm树叶	5cm树叶	5cm树叶	5cm树叶	5cm树叶	5cm树叶	5cm树叶
种植土层	30cm种植土	30cm种植土	30cm种植土	30cm种植土	30cm种植土	30cm种植土	30cm种植土	30cm种植土	30cm种植土	30cm种植土	30cm种植土	30cm种植土	30cm种植土	20cm种植土	10cm种植土
填料层	土工布	土工布	土工布	土工布	土工布	土工布	土工布	土工布	土工布	土工布	土工布	土工布	土工布	土工布	土工布
	40cm沙子	40cm种植土	40cm炉渣	40cm沙子＋粉煤灰5∶1	40cm沙子＋炉渣1∶1	40cm沙子	40cm种植土	40cm炉渣	40cm沙子＋粉煤灰5∶1	40cm沙子＋炉渣5∶1	30cm炉渣	50cm炉渣	60cm炉渣	50cm炉渣	60cm炉渣
砾石层	土工布	土工布	土工布	土工布	土工布	土工布	土工布	土工布	土工布	土工布	土工布	土工布	土工布	土工布	土工布
	15cm砾石	15cm砾石	15cm砾石	15cm砾石	15cm砾石	15cm砾石	15cm砾石	15cm砾石	15cm砾石	15cm砾石	15cm砾石	15cm砾石	15cm砾石	15cm砾石	15cm砾石

表 4-2　小型试验装置设计一览表(二)

试验目的	淹没区深度和碳源投加量					植物条件									
编号	D1	D2	D3	D4	D5	E1	E2	E3	E4	E5	F1	F2	F3	F4	F5
植物	黄杨＋黑麦草					水蜡＋麦冬草					小叶女贞＋金边吊兰				
蓄水层	15cm	15cm	15cm	15cm	15cm	15cm	15cm	15cm	15cm	15cm	15cm	15cm	15cm	15cm	15cm
覆盖层	5cm 树叶	5cm 树叶	5cm 树叶	5cm 树叶	5cm 树叶	5cm 树叶	5cm 树叶	5cm 树叶	5cm 树叶	5cm 树叶	5cm 树叶	5cm 树叶	5cm 树叶	5cm 树叶	5cm 树叶
种植土层	30cm 种植土	30cm 种植土	30cm 种植土	30cm 种植土	30cm 种植土	30cm 种植土	30cm 种植土	30cm 种植土	30cm 种植土	30cm 种植土	30cm 种植土	30cm 种植土	30cm 种植土	30cm 种植土	30cm 种植土
填料层	土工布	土工布	土工布	土工布	土工布	土工布	土工布	土工布	土工布	土工布	土工布	土工布	土工布	土工布	土工布
	40cm 炉渣	40cm 炉渣	40cm 炉渣	40cm 炉渣	40cm 炉渣	40cm 沙子	40cm 种植土	40cm 炉渣	40cm 沙子＋ 粉煤灰 5∶1	40cm 沙子＋ 炉渣 1∶1	40cm 沙子	40cm 种植土	40cm 炉渣	40cm 沙子＋ 粉煤灰 5∶1	40cm 沙子＋ 炉渣 1∶1
砾石层	土工布	土工布	土工布	土工布	土工布	土工布	土工布	土工布	土工布	土工布	土工布	土工布	土工布	土工布	土工布
	15cm 砾石	15cm 砾石	15cm 砾石	15cm 砾石	15cm 砾石	15cm 砾石	15cm 砾石	15cm 砾石	15cm 砾石	15cm 砾石	15cm 砾石	15cm 砾石	15cm 砾石	15cm 砾石	15cm 砾石
碳源	废报纸	—	废报纸	废报纸	废报纸	—									
淹没区深度	—	50cm	50cm	40cm	30cm	—									

注：表 1、表 2 中种植土为西安市本地黄土；填料层中混合比例为体积比

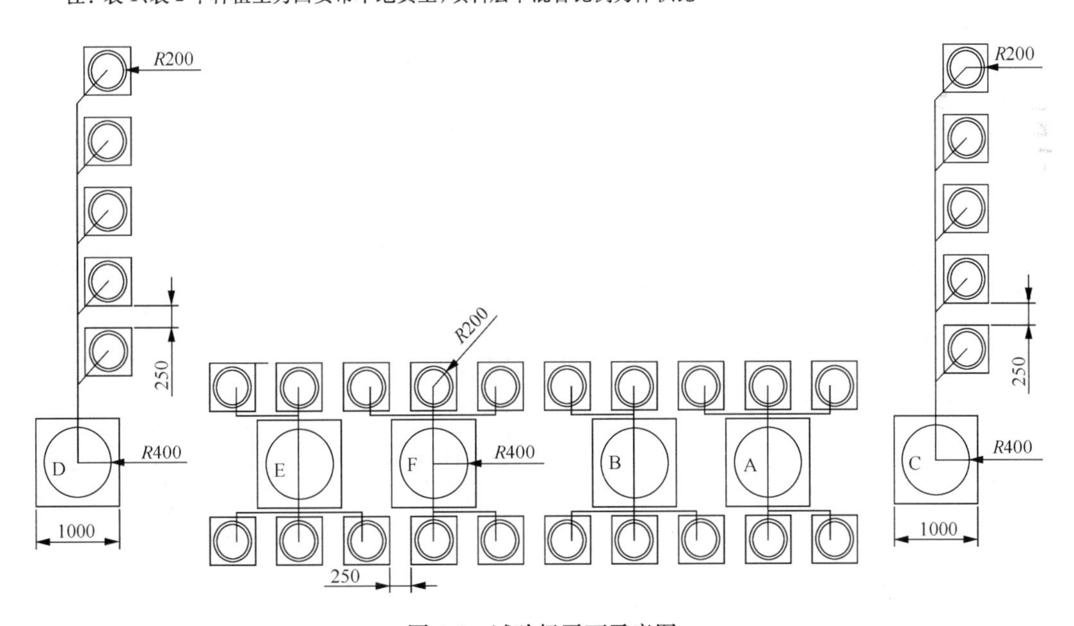

图 4-1　试验场平面示意图

A 组为空白对照组，不种植植物，研究在不种植植物的条件下生态滤沟的净化效果，并与种植植物的生态滤沟进行对照；B 组进行填料组合方式对生态滤沟净化效果影响的

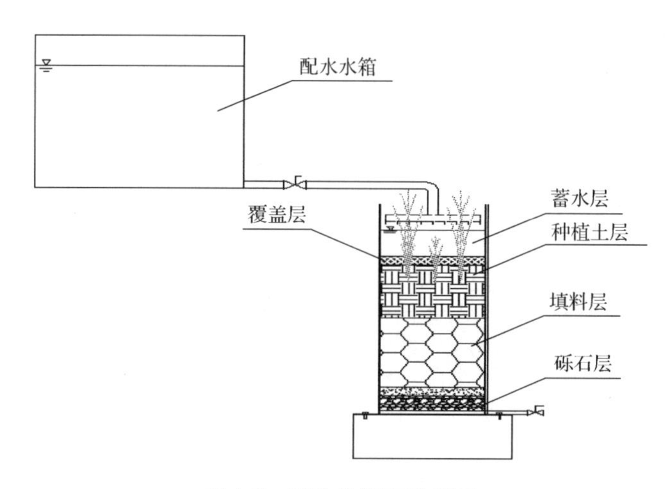

图 4-2 试验柱剖面示意图

研究;C 组进行填料厚度对净化效果影响的研究,包括了填料层厚度与总厚度同时变化、填料层厚度变化总厚度不变化两种方案;D 组进行淹没区深度与碳源投加量对净化效果影响的研究;通过种植不同植物的 B、E、F 三组,研究植物条件的影响。

4.1.2 试验方案

1. 配水水质的确定

试验配水水质主要结合国内路面径流雨水水质情况调查和监测的西安市城市道路地表径流水质情况进行配制,其具体污染物浓度通过比选杜光斐(2012)、袁宏林等(2011)、林原等(2011)、王宝山(2011)、陈莹等(2011)等对西安市城市道路地表径流水质监测结果总结而得。

杜光斐的总结结果如表 4-3 所示。

表 4-3 杜光斐对西安市道路雨水水质监测结果

类型	COD/(mg/L)	TN/(mg/L)	TP/(mg/L)
初期雨水	600	13	5.6
中后期雨水	200	6	1.5

袁宏林等的监测结果如表 4-4 所示。

表 4-4 袁宏林等对西安市道路雨水质监测结果

类型	COD/(mg/L)	TP/(mg/L)
3 月 14 日平均浓度	86～221	0.49～1.3
3 月 21 日平均浓度	114.6～431	0.51～1.29
初期雨水	330～430	0.9～1.1
中后期雨水	100	0.5

林原等的监测结果如表 4-5 所示。

表 4-5　林原等对西安市道路雨水水质监测结果

类型	COD/(mg/L)	TP/(mg/L)
5 月 3 日平均浓度	291～411(EMC=330)	0.404～0.982(0.7)
6 月 7 日平均浓度	89～512.1(346.15)	0.411～1.132(0.962)
7 月 23 日平均浓度	59.9～219.1(98.67)	0.085～0.523(0.267)
9 月 24 日平均浓度	24.96～204.1(86.92)	0.504～0.763(0643)
初期雨水	80～280	0.1～1.4
中后期雨水	30～80	0.05～0.4

王宝山的监测结果如表 4-6 所示。

表 4-6　王宝山对西安市道路雨水水质监测结果

类型	COD/(mg/L)
多年平均值	58～412(EMC=167)

陈莹等的监测结果如表 4-7 所示。

表 4-7　陈莹等对西安市道路雨水水质监测结果

类型	COD/(mg/L)
2009 年平均浓度	240～1640(EMC=692)

综合杜光斐等对西安市城市道路地表径流水质监测结果，将生态滤沟小型试验配水浓度分为高、中、低三种浓度，具体浓度如表 4-8 所示。

表 4-8　生态滤沟小型试验配水浓度

类型	COD/(mg/L)	TN/(mg/L)	TP/(mg/L)
高浓度	600	14	2.5
中浓度	400	10	1.5
低浓度	200	6	0.5

2. 配水水量的确定

本试验整体采用人工配水，配水结合国内城市路面径流雨水水量调查与监测得到的西安市路面雨水水量情况进行配置，试验设计大中小 3 种水量。降雨历时选择为 100 分钟，由于滤柱的面积小，试验时间小于 100 分钟时污染物的净化效果大大降低，所以本试验降雨历时选择使用 100 分钟。确定方法如下：

西安市暴雨径流 q 可由式(4-1)计算：

$$q = \frac{2785.833 \times (1 + 1.16581 \times \lg P)}{(t + 16.813)^{0.9302}} \tag{4-1}$$

式中，P 为重现期，a；t 为集水时间，min。

生态滤沟面积公式：

$$A_f = \frac{A_d \cdot H \cdot \varphi \cdot d_f}{60K \cdot T(d_f + h) + h_m \cdot (1 - f_v) \cdot d_f + n \cdot d_f{}^2 - H \cdot d_f} \tag{4-2}$$

式中，A_d 为生态滤沟汇流面积，m^2；H 为设计降水量（根据现有资料，设计降水量为30mm），m；K 为种植土渗透系数，取 2.715×10^{-5} m/s；T 为单场雨的降雨历时，取 100 分钟；d_f 为种植土和填料层总厚度，m；h 为蓄水层设计平均水深，一般为最大水深 h_m 的一半，m；f_v 为淹没在水中的植物平均体积率，20%；φ 为径流系数，0.9；n 为孔隙率，种植土层和填料层平均为 0.3。

经过计算，暴雨强度以及汇流面积，代入 $Q = \frac{A_d \cdot \varphi \cdot q}{10000}$，计算出设计流量 Q，代入公式 $V = Q \times T$ 计算出配水的总水量，试验设计参数如表 4-9 所示。

表 4-9　试验设计参数表

重现期/a	集水时间/min	暴雨强度/[L/(s·hm²)]	汇流面积/m²	设计流量/(L/s)	滤柱水量/L
0.5	100	21.580	5	0.006	58.267
2	100	44.917	5	0.012	121.276
5	100	60.342	5	0.016	162.923

试验设计了三种水量，将重现期为 0.5 年计算出的水量设定为小水量；将重现期为两年计算出的水量设定为中水量；重现期为 5 年的水量设定为大水量。

小型试验模拟雨型的设计采用芝加哥雨型，因为研究发现芝加哥雨型最为相似于西安市降雨雨型分布规律，其具体降水量分布由式(4-3)、式(4-4)计算。

当 $0 \leqslant t \leqslant t_a$ 时：

$$i_a = \frac{(1-n) \times (1-r)^n A}{[t - t_b + (1-r) \times b]^n} + \frac{n \times b \times r^{n+1} \times A}{(t_a - t + r \times b)^{n+1}} \tag{4-3}$$

当 $t_b \leqslant t \leqslant T$ 时：

$$i_b = \frac{(1-n) \times (1-r)^n \times A}{[t - t_b + (1-r) \times b]^n} + \frac{n \times b \times (1-r)^{n+1} \times A}{[t - t_b + (1-r) \times b]^{n+1}} \tag{4-4}$$

式中，A、b、n 为暴雨雨强计算公式地方的参数，采用卢金锁等(2010)西安暴雨强度公式：$A = 16.715 \times (1 + 1.658 \times \lg r)$、$b = 16.813$、$n = 0.9302$；$r$ 为雨峰系数，降雨开始至暴雨洪峰历时与总降雨历时的比例，一般选取 0.3～0.5，本试验选取 0.5；T 为总降雨历时，min；i_a 为峰前雨强，L/(s·hm²)；i_b 为峰后雨强，L/(s·hm²)；t_a 为峰前降雨历时，min；t_b 为峰后降雨历时，min。

小型试验水量经过折算成时间步长为 5 分钟的放水水量，进而换算成每 5 分钟放水水桶下降的高度，增加了试验操作的准确性，具体降水量分布如表 4-10 所示。

表 4-10 小型试验降水量分布表

时间步长/min	重现期 0.5 年/(mm/5min)	水桶下降高/mm	重现期 2 年/(mm/5min)	水桶下降高/mm	重现期 5 年/(mm/5min)	水桶下降高/mm
0	0.13	1.139	0.27	2.371	0.37	3.185
5	0.15	1.314	0.32	2.735	0.43	3.674
10	0.18	1.540	0.37	3.206	0.50	4.308
15	0.21	1.842	0.44	3.834	0.60	5.151
20	0.26	2.258	0.54	4.699	0.73	6.313
25	0.33	2.857	0.69	5.947	0.92	7.989
30	0.44	3.773	0.91	7.853	1.22	10.549
35	0.61	5.287	1.27	11.004	1.71	14.783
40	0.94	8.097	1.95	16.853	2.62	22.640
45	1.66	14.356	3.46	29.881	4.65	40.143
50	3.93	33.933	8.18	70.629	10.99	94.884
55	1.66	14.356	3.46	29.881	4.65	40.143
60	0.94	8.097	1.95	16.853	2.62	22.640
65	0.61	5.287	1.27	11.004	1.71	14.783
70	0.44	3.773	0.91	7.853	1.22	10.549
75	0.33	2.857	0.69	5.947	0.92	7.989
80	0.26	2.258	0.54	4.699	0.73	6.313
85	0.21	1.842	0.44	3.834	0.60	5.151
90	0.18	1.540	0.37	3.206	0.50	4.308
95	0.15	1.314	0.32	2.735	0.43	3.674
100	13.63	117.720	28.37	245.024	38.11	329.169

3. 水质水量试验

本试验拟采用正交试验来研究不同的影响因素对水质(污染物浓度去除)的净化效果影响比较。水质净化效果分别从人工填料厚度、淹没区深度、人工填料种类、植物种类 4 个方面设计正交试验(水质试验中配水水量如表 4-10 所示),每个方面研究污染物 TN、TP、NH_4^+-N、PO_4^{3-}、NO_3^--N,综合考虑以便确定各影响因素的最佳工况。COD 浓度净化效果试验安排单一因素试验,在进水浓度、入流水量、间隔时间条件完全相同情况下,单因素对比不同影响因素对滤柱污染物浓度去除效果的影响。

水量削减试验安排单一因素试验,过程历时均为 120 分钟,时间步长为 6 分钟;为了后续各因素(进水流量、植物条件、填料厚度、人工填料种类及淹没区深度)对水量削减率的影响分析(需要产生溢流),因此选取汇流面积为 8.4m^2,因此,大、中、小三种水量分别为 283.76L、211.23L 和 101.48L。

选取不同人工填料厚度(C1:30cm 种植土+30cm 炉渣、D1:30cm 种植土+40cm 炉渣、C2:30cm 种植土+50cm 炉渣、C3:30cm 种植土+60cm 炉渣)进行正交试验采用 3 因素 3 水平正交表,3 个因素为进水浓度(高、中、低 3 个水平)、入流水量(大、中、小 3 个水平)、间隔时间(3 天、10 天、17 天 3 个水平),得到正交试验表如表 4-11 所示。

表 4-11　填料厚度正交试验表

成分	进水浓度/(mg/L)	入流水量/L	间隔时间/d
1(C1、D1、C2、C3)	低	小	3
2(C1、D1、C2、C3)	低	中	10
3(C1、D1、C2、C3)	低	大	17
4(C1、D1、C2、C3)	中	小	10
5(C1、D1、C2、C3)	中	中	17
6(C1、D1、C2、C3)	中	大	3
7(C1、D1、C2、C3)	高	小	17
8(C1、D1、C2、C3)	高	中	3
9(C1、D1、C2、C3)	高	大	10

选取不同淹没区深度(D3—40cm、D4—30cm、D5—20cm)设计正交试验为 3 因素 3 水平标准正交表,与人工填料厚度的正交表设计相同,试验研究不同淹没区深度对污染物浓度去除率的影响,以及出水率的影响,正交试验表如表 4-12 所示。

表 4-12　淹没区深度正交试验表

成分	进水浓度/(mg/L)	入流水量/L	间隔时间/d
1(D3、D4、D5)	低	小	3
2(D3、D4、D5)	低	中	10
3(D3、D4、D5)	低	大	17
4(D3、D4、D5)	中	小	10
5(D3、D4、D5)	中	中	17
6(D3、D4、D5)	中	大	3
7(D3、D4、D5)	高	小	17
8(D3、D4、D5)	高	中	3
9(D3、D4、D5)	高	大	10

人工填料种类对水质净化效果影响试验选择 A 组的 5 个滤柱,在进水浓度、入流水量、间隔时间条件完全相同情况下,单因素对比 5 种不同的人工填料对滤柱污染物浓度的去除率的影响。

植物种类(B4—黄杨和黑麦草、E4—水蜡和麦冬草、F4—小叶女贞和金边吊兰)正交试验表如表 4-13 所示,试验研究不同植物种类对污染物浓度去除率的影响,正交试验表如表 4-13 所示。

表 4-13　植物种类正交试验表

植物种类		入流水量/L	进水浓度/(mg/L)	间隔时间/d
1	黄杨＋黑麦 B	小	低	3
2	黄杨＋黑麦 B	中	中	10
3	黄杨＋黑麦 B	大	高	17
4	水蜡＋麦冬 E	小	中	17
5	水蜡＋麦冬 E	中	高	3
6	水蜡＋麦冬 E	大	低	10
7	小叶女贞＋吊兰 F	小	高	10
8	小叶女贞＋吊兰 F	中	低	17
9	小叶女贞＋吊兰 F	大	中	3

4. 采样安排

按小型试验计划采样分别进行水量试验、水质试验。其中：

水量试验:水量部分每 6 分钟读取一次流量直到 120 分钟降雨过程结束,溢流从出现每隔 6 分钟读取一次流量直到溢流结束,来测量水量试验的出水率、溢流率及削减率。

水质试验:出水采样时间从出现出水进行第一次取样,之后每过 25 分钟取样一次,共 5 次,对 5 次取样的浓度去除率的平均值进行试验结果分析,溢流采样从有溢流后每间隔 10 分钟取样一次。

4.1.3　植物与填料性能参数的测定

1. 植物蒸腾作用的确定

植物蒸腾作用强弱是通过以下试验确定的:

分别将 B(黄杨＋黑麦草)、E(水蜡＋麦冬草)、F(小叶女贞＋金边吊兰)三个试验组中植物(包括草本植物以及灌木各一株)置于密封的采样瓶中分别加入等量的自来水,经过 24h 后,观察水位的下降。各植物蒸腾作用的强弱如表 4-14 所示。

表 4-14　植物蒸腾作用表

植物种类	植物蒸腾作用强弱/cm
黄杨＋黑麦草(B 组)	0.1
水蜡＋麦冬草(E 组)	0.25
小叶女贞＋金边吊兰(F 组)	0.15

2. 填料孔隙率的确定

生态滤沟的水量削减与填料的孔隙率密切相关。填料的孔隙率与多孔介质固体颗粒的形状、结构和排列有关。在常见的非生物多孔介质中,鞍形填料和玻璃纤维的孔隙率最大达到 83%～93%;煤、混凝土、石灰石和白云石等的孔隙率最小可低至 2%～4%,地下砂岩的孔隙率大多为12%～34%，土壤的孔隙率为43%～54%，砖的孔隙率为12%～34%。为了确定试验中各种基质的孔隙率，在实验室进行了烧杯实验，得到各填料孔隙率的大小依次为：砾石43.5%，粉煤灰37.3%，炉渣44.6%，沙子33.8%，种植土43.3%。

3. 填料下渗率的确定

填料下渗效果强弱是通过以下试验确定的：

分别将五种填料置于同种矿泉水瓶中，填充同样的厚度(14cm)并压实分别在每个矿泉水瓶上端进水，维持水头在4cm，分别记录稳定出水时间，通过查得的土壤下渗率0.5m/d，最终换算出各填料的下渗率估计值。

各填料穿透时间分别为：土304.50秒、沙子105.67秒、沙子+粉煤灰338.33秒、炉渣112.78秒、沙子+炉渣126.88秒。各人工填料的下渗率如表4-15所示。

表4-15 人工填料的填料下渗率

填料种类	填料下渗率/(m/d)
沙子	1.44
种植土	0.5
炉渣	1.35
沙子5∶1粉煤灰	0.45
沙子1∶1炉渣	1.2

4. 填料COD吸附性能的确定

首先通过填料的静态吸附试验，确定各种填料对COD吸附量。方法如下：配置100mg/L葡萄糖溶液200mL置于锥形瓶中，并分别加入不同种类的填料各20g，静置24小时后，通过重铬酸钾法测得各锥形瓶中溶液的COD浓度，通过计算得到每种填料对COD溶液的吸附量；计算公式为

$$p=\frac{(C_0-C_t)\times\frac{200}{1000}}{20} \tag{4-5}$$

式中，C_0、C_t分别为初始与最终浓度，mg/L；200为溶液体积，mL；1000为单位转换，mL/L；20为填料的质量，g；p为吸附量，mg/g。

最终测得各填料的COD吸附量为：沙子142.34mg/g、土196.24mg/g、炉渣232.58mg/g、沙子+粉煤灰168.44mg/g、沙子+炉渣169.8mg/g。根据填料吸附能力因子=填料吸附量/填料下渗率，计算得到各填料COD吸附因子的大小依次为沙子98.85d/km、土392.58d/km、炉渣172.28d/km、沙子+粉煤灰374.31d/km、沙子+炉渣141.5d/km。

5. 填料TN、TP吸附性能的确定

确定填料吸附TN、TP性能的方法同COD，通过试验测得各填料对TN吸附量：沙子74.534mg/g、土132.133mg/g、炉渣213.010mg/g、沙子+粉煤灰109.717mg/g、沙子+

炉渣 166.134mg/g；各填料对 TP 吸附量：沙子 128.439mg/g、土 163.189mg/g、炉渣 202.794mg/g、沙子＋粉煤灰 159.436mg/g、沙子＋炉渣 187.967mg/g。

计算得到各填料 TN 吸附因子的大小依次为沙子 51.76d/km、土 264.225d/km、炉渣 157.785d/km、沙子＋粉煤灰 243.813d/km、沙子＋炉渣 138.445d/km。各填料 TP 吸附因子的大小依次为沙子 89.194d/km、土 326.378d/km、炉渣 150.218d/km、沙子＋粉煤灰 354.302d/km、沙子＋炉渣 156.639d/km。

4.2 生态滤沟小试的调控效果及其影响因素分析

4.2.1 生态滤沟的水量削减效果及其影响因素研究

滤沟水量削减的主要因素有：进水流量的改变、植物条件的改变（植物的种类、植物的种植密度）、填料结构的变化（土层的厚度、人工填料的厚度、人工填料的种类）、淹没区深度的改变。为定量分析生态滤沟的水量削减效果，将下述指标作为水量削减效果的评价指标。

$$R_V = \frac{V_{进} - V_{溢}}{V_{进}} \times 100\% \tag{4-6}$$

$$R_{出} = \frac{V_{出}}{V_{进}} \times 100\% \tag{4-7}$$

$$R_{溢} = \frac{V_{溢}}{V_{进}} \times 100\% \tag{4-8}$$

式中，R_V 为水量削减率，%；$R_{出}$ 为出流率，%；$V_{进}$ 为入流水量，m^3；$V_{出}$ 为出流水量，m^3；$R_{溢}$ 为溢流率，%；$V_{溢}$ 为溢流水量，m^3。

1. 进水流量对生态滤沟水量削减效果的影响

柱 B5 在纵向结构为：黄杨＋黑麦草＋5cm 覆盖层＋15cm 蓄水层＋30cm 土层＋40cm 炉渣、沙子＋15cm 砾石，对 B5 进行不同流量下水量削减效果分析，结果如图 4-3 所示。

由图 4-3(a) 可以看出，试验柱 B5 在低流量进水条件下，没有发生溢流，出水流量由最初的对数增长而逐渐趋于平稳，出水出现洪峰较进水推迟了 30 分钟，洪峰削减率为 42.31%。试验结果表明：试验柱 B5 在低流量进水条件下，具有很好水量削减率，对雨水的截留效果较好。这是由于在低入流水量条件下蓄水层水位未达到出现溢流的蓄水层深度，因而未发生溢流。而填料层介质中，是分层发生饱和的，只有上一层介质发生了饱和，下一层介质才会出现饱和，因此在出水口的出水也遵循这一规律：由开始出水的低流量渐渐增长到底层饱和的高流量并且维持稳定状态。

由图 4-3(b) 可以看出，试验柱 B5 在中流量进水条件下，开始出现溢流，溢流流量波形图与进水流量波形图较为相似，表现出延迟现象与削减现象，溢流洪峰出现较进水洪峰推迟 12 分钟，溢流洪峰削减率为 47.82%。出水流量由最初的倍数增长而逐渐趋于平稳，出水出现洪峰较进水推迟了 30 分钟，洪峰削减率为 53.96%。试验结果表明，试验柱

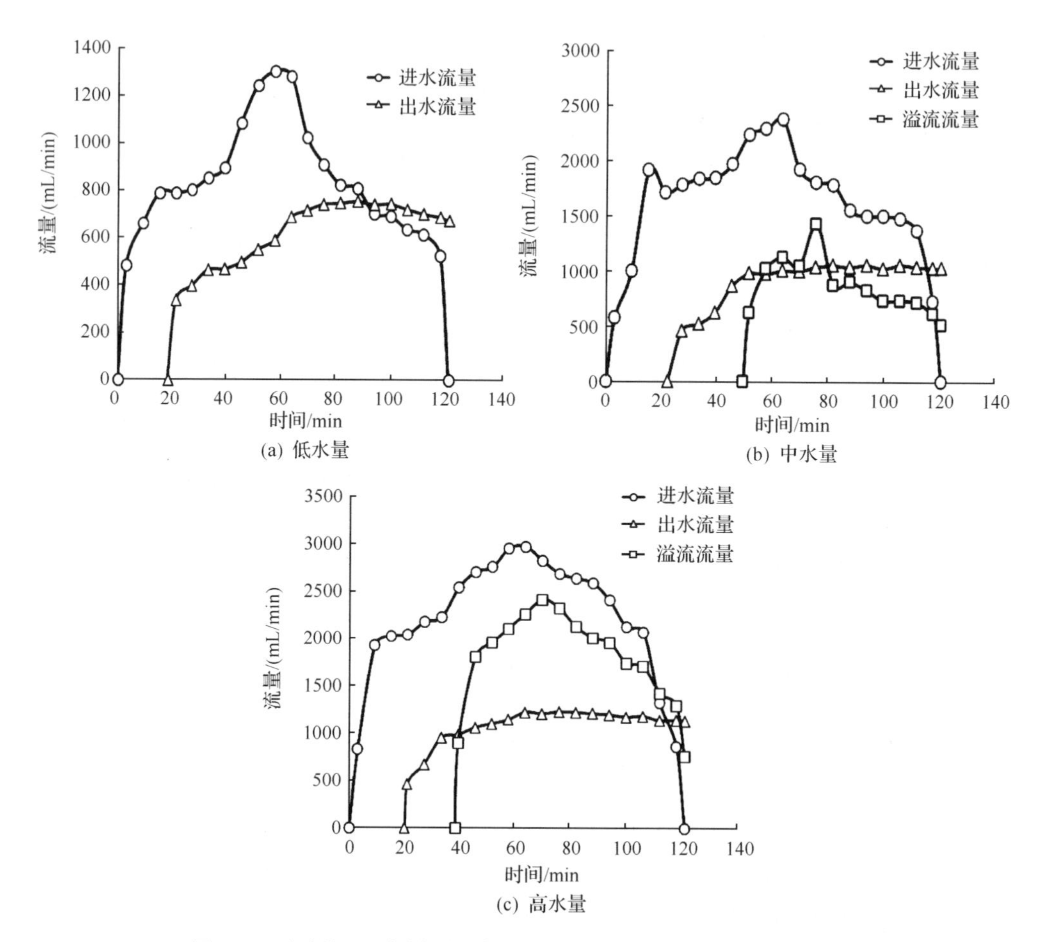

图 4-3　试验柱 B5 在低、中、高流量进水条件下进水出水流量情况

在承受中流量进水的情况下，具有一定的水量蓄滞能力，在这一流量下，对雨水具有一定的截留能力。这是由于在中入流水量条件下，试验柱蓄水层水位随着入流水量的增大，逐渐达到饱和水位，因而出现溢流，且溢流流量会随着进水流量的增大而增大，而出现最大流量之后，随着进水流量的降低，下渗量相比于进水量又逐渐占据主动地位，溢流流量逐渐降低，直到进水停止而溢流停止。出水规律与低进水流量下的出水情况较为相似，只是由于蓄水层的水位较为稳定而具有较为稳定的水头，因而出水水量后期较为稳定。

由图 4-3(c)可以看出，试验柱 B5 在高流量进水条件下，出现较多溢流，溢流流量波形图与进水流量波形图较为相似，表现出延迟现象与削减现象，溢流洪峰出现较进水洪峰推迟了 6 分钟，溢流洪峰削减率为 18.85％。出水流量由最初的线性增长而逐渐趋于平稳，出水出现洪峰较进水推迟了 12 分钟，洪峰削减率为 58.54％。试验结果表明，试验柱在承受高流量进水的情况下，对水量蓄滞能力较弱，在这一流量下，试验柱已经表现出水量负荷过高，对雨水截留能力较弱的状态。高入流水量下的溢流与出水规律与中入流水量下的规律基本一致。

对比试验柱 B5 在三个流量下水量削减效果，如图 4-4 所示。

由图 4-4 可以看出，试验土柱 B5 在植物条件、填料结构、淹没区及蓄水层深度不发生改变的情况下，仅改变进水流量，装置对水量削减的效果表现为：在低流量进水的条件下，

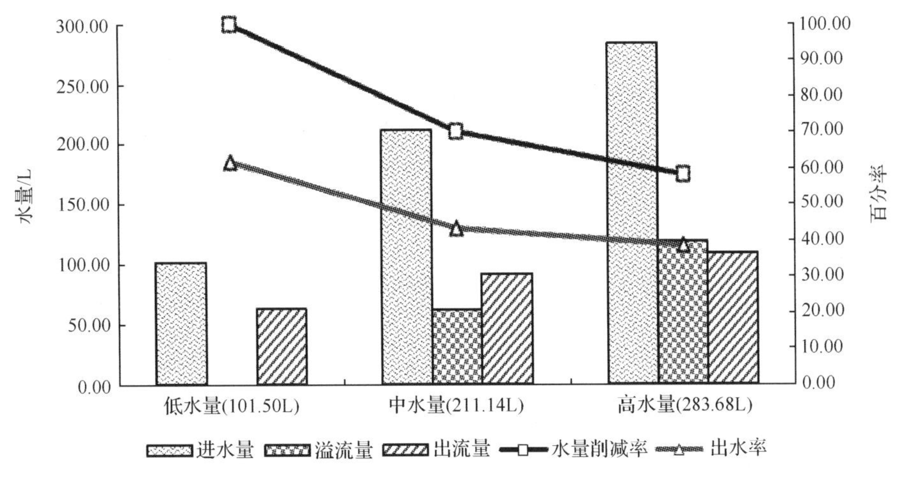

图 4-4 柱 B5 在不同进水流量下水量削减效果

未发生溢流，水量完全削减，出水率较高为 61.82%；在中流量进水的条件下，开始出现溢流，水量削减率为 70.31%，出水率为 41.83%；在高流量进水的条件下，出现较多溢流，水量削减率为 58.27%，出水率较低，为 38.53%。三种进水条件下，水量削减率依次为 100%、70.31%、58.27%，t 检验差异性显著。水量削减率会随着入流水量的增加而降低，这是由于土壤以及填料的下渗率并不会随着水量而发生改变，因此，随着入流水量的增加，溢流量也会逐渐增加，这就导致水量削减率逐渐降低。

2. 植物条件对生态滤沟水量削减效果的影响

试验柱 A5、B5、E5、F5 在纵向结构依次为：A5(无植物)、B5(黄杨＋黑麦草)、E5(水蜡＋麦冬草)、F5(小叶女贞＋金边吊兰)，对这四组试验柱进行相同流量下水量削减效果分析，结果如图 4-5 所示。

由图 4-5(a)可以看出，试验柱 A5 在中流量进水条件下，第 44 分钟发生溢流，溢流流量波形图与进水流量波形图较为相似，表现出延迟现象与削减现象，溢流洪峰推迟 6 分钟，洪峰削减率为 16.63%，第 28 分钟开始出水，出水流量由最初的对数增长而逐渐趋于平稳，出水出现洪峰较进水推迟了 24 分钟，洪峰削减率为 33.25%。

由图 4-5(b)可以看出，试验柱 E5 在中流量进水条件下，第 46 分钟发生溢流，溢流流量波形图与进水流量波形图较为相似，表现出延迟现象与削减现象，溢流洪峰推迟 6 分钟，洪峰削减率为 27.71%，第 20 分钟开始出水，出水流量由最初的对数增长而逐渐趋于平稳，出水出现洪峰较进水推迟了 12 分钟，洪峰削减率为 57.59%。

由图 4-5(c)可以看出，试验柱 F5 在中流量进水条件下，第 55 分钟发生溢流，溢流流量波形图与进水流量波形图较为相似，表现出延迟现象与削减现象，溢流洪峰推迟 18 分钟，洪峰削减率为 38.96%，第 22 分钟开始出水，出水流量由最初的对数增长而逐渐趋于平稳，出水出现洪峰较进水推迟了 36 分钟，洪峰削减率为 61.48%。

试验柱 B5 在中流量进水条件下的进出水情况如图 4-3(b)所示。通过对试验柱 A5、B5、E5、F5 进行综合比较得到如下结果，如图 4-6 所示。

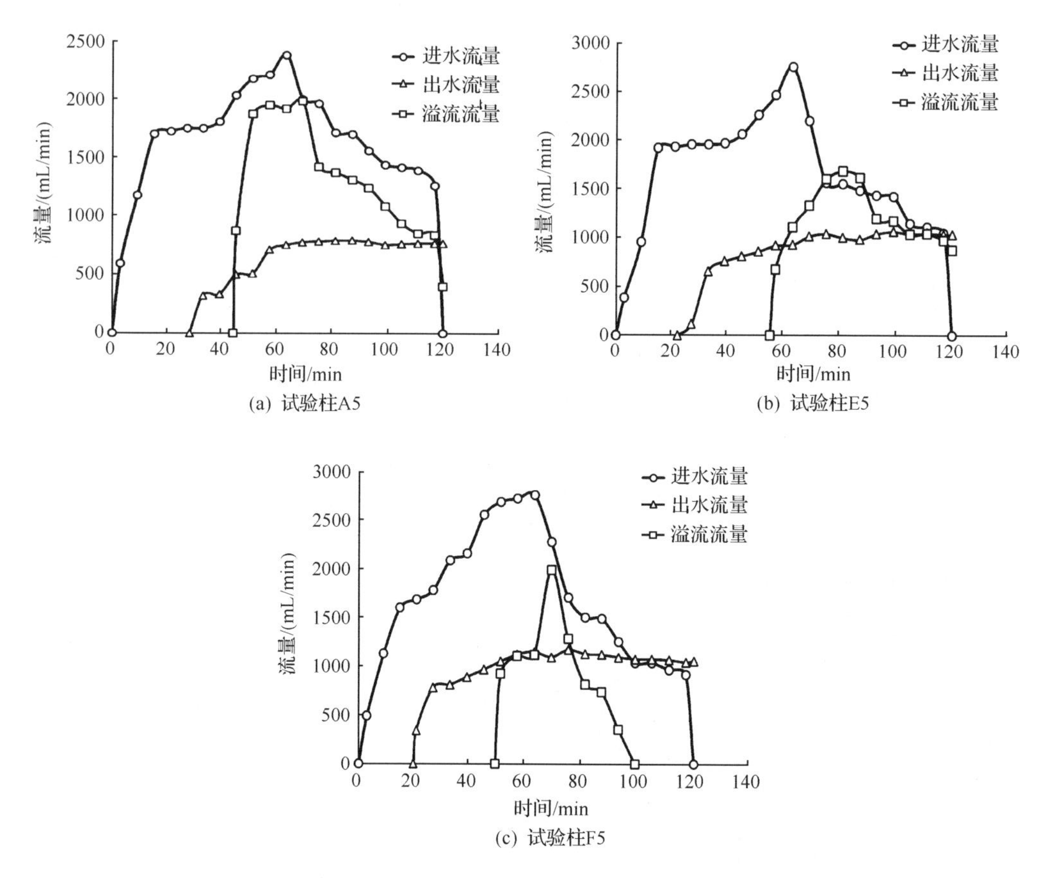

(a) 试验柱A5

(b) 试验柱E5

(c) 试验柱F5

图 4-5　试验柱 A5、E5、F5 在中流量进水条件下进出水流量情况

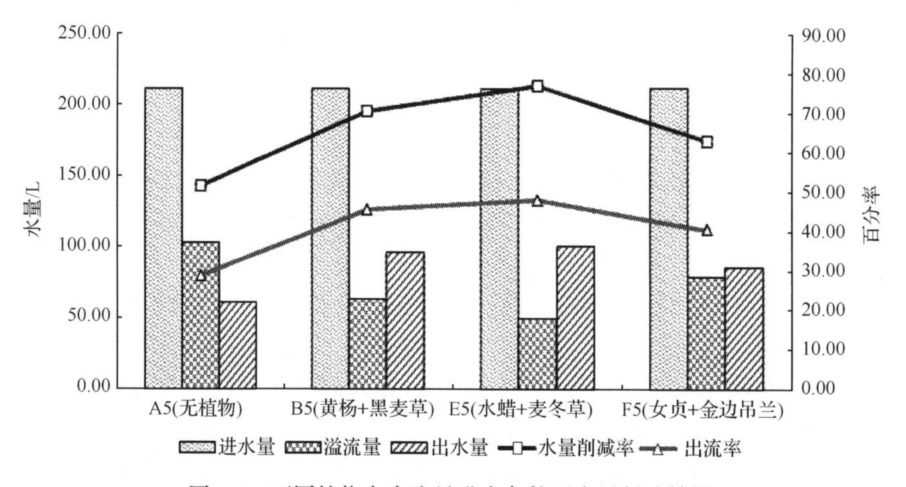

图 4-6　不同植物在中流量进水条件下水量削减效果

由图 4-6 可以看出，试验滤柱 A5、B5、E5、F5 在填料结构、淹没区及蓄水层深度、进水流量相同的情况下，仅有植物条件不同，各装置对水量削减的效果表现为：E5 水量削减率 76.67％＞B5 水量削减率 70.31％＞F5 水量削减率 62.67％＞A5 水量削减率 52.28％，t 检验差异性显著，表明各植物的对水量削减率影响的大小依次是：水蜡＋麦冬草＞黄

杨＋黑麦草＞小叶女贞＋金边吊兰＞无植物，与植物蒸腾作用因子分析结果基本相同（水蜡＋麦冬草 0.25cm＞小叶女贞＋金边吊兰 0.15cm＞黄杨＋黑麦草 0.10cm，而小叶女贞＋金边吊兰与黄杨＋黑麦草的植物蒸腾作用与效果分析的差异可能是试验误差等因素引起的）。各植物对水量削减率的影响作用差异是由于水蜡与麦冬草的植物组合具有较好的蒸腾作用效果，小叶女贞幼苗叶面积较小。

3. 填料层厚度对生态滤沟水量削减效果的影响

试验柱 C1、C2、C3、B3 在纵向结构依次为：C1（黄杨＋黑麦草＋5cm 覆盖层＋15cm 蓄水层＋30cm 土层＋30cm 炉渣＋15cm 砾石）、C2（黄杨＋黑麦草＋5cm 覆盖层＋15cm 蓄水层＋30cm 土层＋50cm 炉渣＋15cm 砾石）、C3（黄杨＋黑麦草＋5cm 覆盖层＋15cm 蓄水层＋30cm 土层＋60cm 炉渣＋15cm 砾石）、B3（黄杨＋黑麦草＋5cm 覆盖层＋15cm 蓄水层＋30cm 土层＋40cm 炉渣＋15cm 砾石），对这四组试验柱进行相同流量下水量削减效果分析，结果如图 4-7 所示。

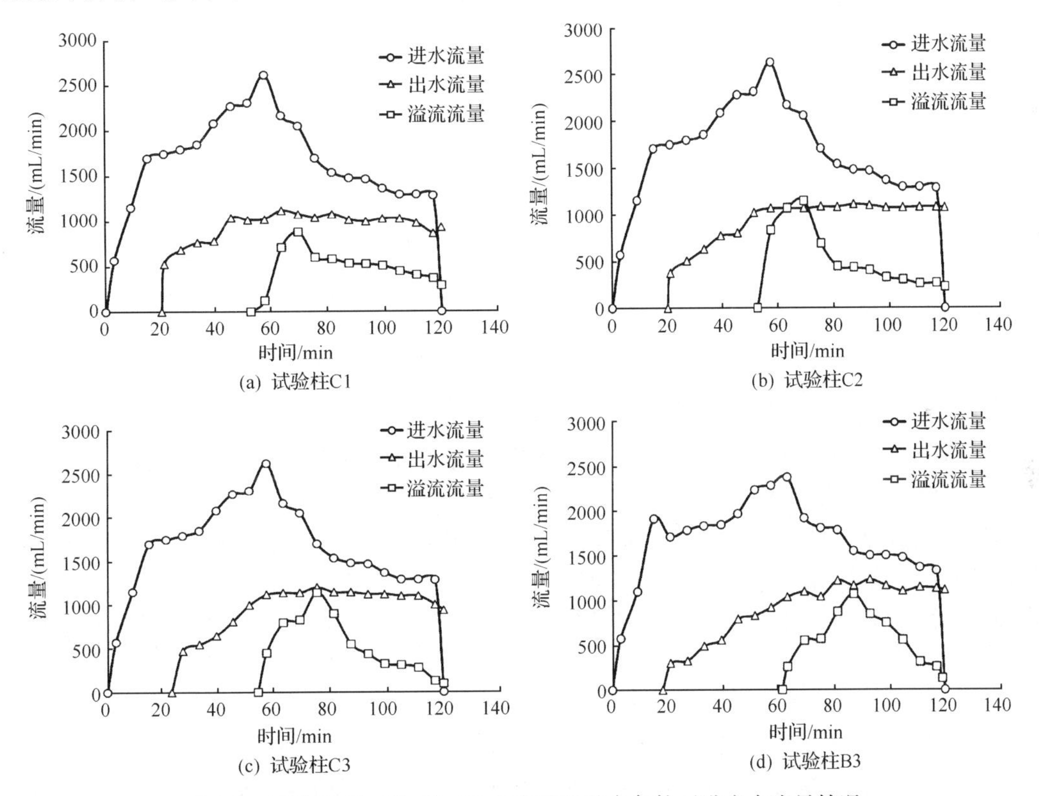

图 4-7 试验柱 C1、C2、C3、B3 在中流量进水条件下进出水流量情况

由图 4-7(a)可以看出，试验柱 C1 在中流量进水条件下，第 52 分钟发生溢流，溢流流量波形图与进水流量波形图较为相似，表现出延迟现象与削减现象，溢流洪峰推迟 12 分钟，洪峰削减率为 66.32%，第 20 分钟开始出水，出水流量由最初的倍数增长而逐渐趋于平稳，出水出现洪峰较进水推迟了 6 分钟，洪峰削减率为 57.35%。

由图 4-7(b)可以看出，试验柱 C2 在中流量进水条件下，第 52 分钟发生溢流，溢流流量波形图与进水流量波形图较为相似，表现出延迟现象与削减现象，溢流洪峰推迟 12 分钟，洪峰削减率为56.18%，第20分钟开始出水，出水流量由最初的倍数增长而逐渐趋于平稳，出水出现洪峰较进水推迟了6分钟，洪峰削减率为57.67%。

由图4-7(c)可以看出，试验柱C3在中流量进水条件下，第54分钟发生溢流，溢流流量波形图与进水流量波形图较为相似，表现出延迟现象与削减现象，溢流洪峰推迟18分钟，洪峰削减率为56.46%，第23分钟开始出水，出水流量由最初的倍数增长而逐渐趋于平稳，出水出现洪峰较进水推迟了18分钟，洪峰削减率为54.19%。

由图4-7(d)可以看出，试验柱B3在中流量进水条件下，第61分钟发生溢流，溢流流量波形图与进水流量波形图较为相似，表现出延迟现象与削减现象，溢流洪峰推迟24分钟，洪峰削减率为49.66%，第18分钟开始出水，出水流量由最初的倍数增长而逐渐趋于平稳，出水出现洪峰较进水推迟了36分钟，洪峰削减率为48.05%。

通过对试验柱C1、C2、C3、B3在中流量进水条件下进行综合对比，得到如下结果，如图4-8所示。

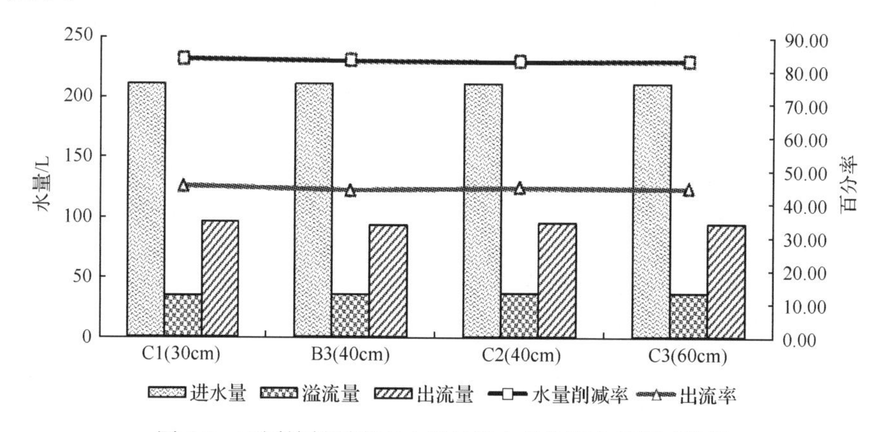

图4-8 不同填料厚度在中流量进水条件下水量削减效果

通过图4-8可以看出试验柱C1(人工填料层为30cm炉渣，其余纵向结构均相同)、B3(人工填料层为40cm炉渣)、C2(人工填料层为50cm炉渣)、C3(人工填料层为60cm炉渣)在进水流量基本相同的情况下表现出的水量削减率基本相同，出流率也较为接近，表明在种植土层一定的前提下，仅改变人工填料层厚度对生态滤沟水量削减的影响较小，依次为试验柱C1水量削减率83.52%、试验柱C2水量削减率82.67%、试验柱C3水量削减率82.95%、试验柱B3水量削减率83.09%，t检验差异性较小。

试验柱C4、C5在纵向结构依次为：C4(黄杨+黑麦草+5cm覆盖层+15cm蓄水层+20cm土层+50cm炉渣+15cm砾石)、C5(黄杨+黑麦草+5cm覆盖层+15cm蓄水层+10cm土层+60cm炉渣+15cm砾石)，对这两组试验柱进行相同流量下水量削减效果分析，结果如图4-9所示。

由图4-9(a)可以看出，试验柱C4在中流量进水条件下，未发生溢流(出现短时间溢流，且未到6分钟，只用于以后续分析)，第13分钟开始出水，出水流量经过较长时间的倍数增长而逐渐趋于平稳，出水出现洪峰较进水推迟了24分钟，洪峰削减率为45.97%。

由图4-9(b)可以看出，试验柱C5在中流量进水条件下，未发生溢流，第11分钟开始出水，出水流量由最初的对数增长逐渐变为缓慢增长，出水出现洪峰较进水推迟了54分钟，洪峰削减率为25.80%。

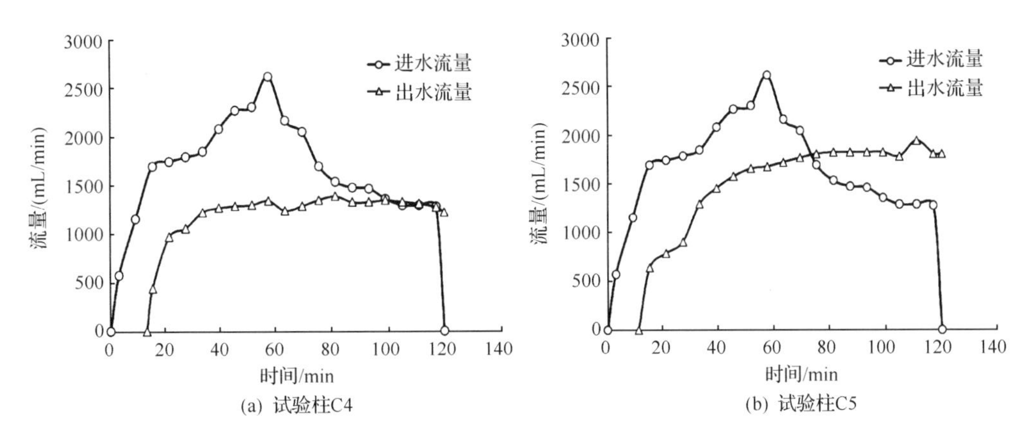

图 4-9　柱 C4、C5 在中流量进水条件下进出水流量情况

通过对试验柱 B3、C4、C5 在中流量进水条件下进行综合对比，得到结果如图 4-10 所示。

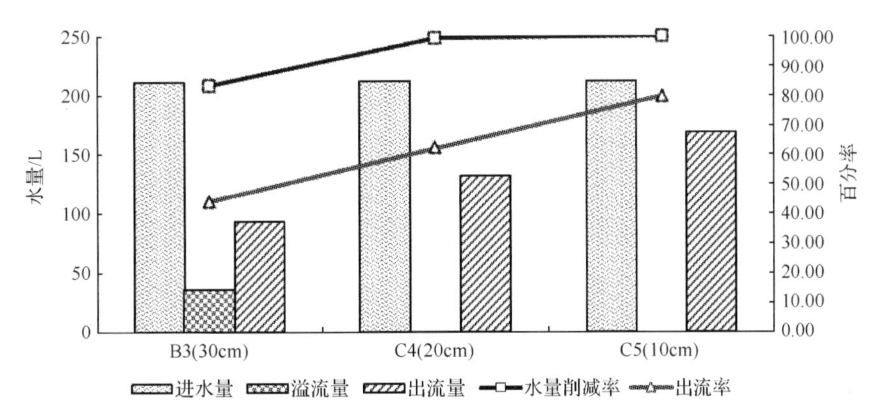

图 4-10　试验柱在填料层总厚度相同种植土层厚度不同条件下水量削减效果

通过图 4-10 可以看出试验柱 B3(人工填料层为 40cm 炉渣，种植土层为 30cm，填料层总厚度 70cm，其余纵向结构均相同)、C4(人工填料层为 50cm 炉渣，种植土层为 20cm，填料层总厚度 70cm)、C5(人工填料层为 60cm 炉渣，种植土层为 10cm，填料层总厚度 70cm)，在进水流量基本相同的情况下，表现出随着种植土层厚度的降低水量削减率依次升高，出流率依次升高的规律，t 检验差异性十分明显，这是由于与人工填料相比，种植土层具有相对较低的下渗率，因此在整个填料层中，种植土层的厚度就具有相对显著的影响性。

4. 人工填料对生态滤沟水量削减效果的影响

试验柱 B1、B2、B3、B4、B5 在纵向结构依次为：B1(黄杨＋黑麦草＋5cm 覆盖层＋15cm 蓄水层＋30cm 土层＋40cm 沙子＋15cm 砾石)、B2(黄杨＋黑麦草＋5cm 覆盖层＋15cm 蓄水层＋30cm 土层＋40cm 土层＋15cm 砾石)、B3(黄杨＋黑麦草＋5cm 覆盖层＋15cm 蓄水层＋30cm 土层＋40cm 炉渣＋15cm 砾石)、B4(黄杨＋黑麦草＋5cm 覆盖层＋15cm 蓄水层＋30cm 土层＋40cm 沙子与粉煤灰混合体积比 5∶1＋15cm 砾石)、B5(黄杨＋黑麦草＋5cm 覆盖层＋15cm 蓄水层＋30cm 土层＋40cm 沙子与炉渣混合体积比

1∶1+15cm 砾石)对这五组试验柱进行相同流量下水量削减效果分析,结果如图 4-11 所示。

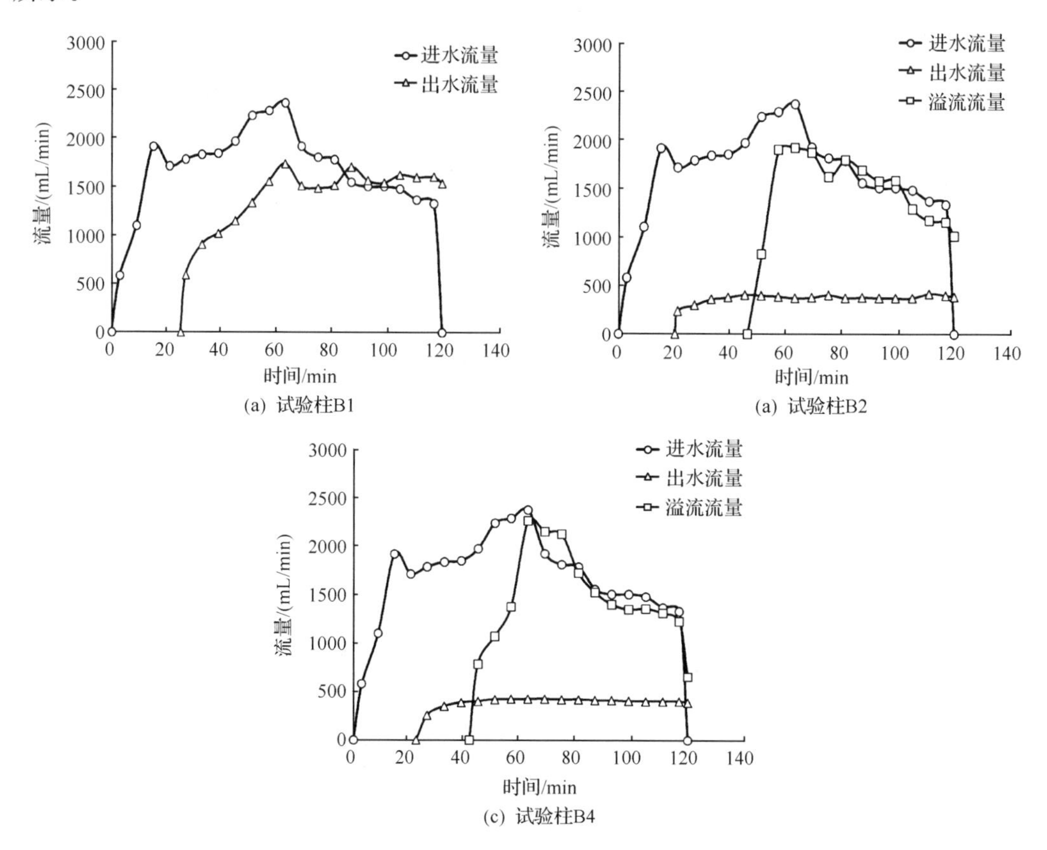

(a) 试验柱B1

(a) 试验柱B2

(c) 试验柱B4

图 4-11 柱 B1、B2、B4 在中流量进水条件下进出水流量情况

由图 4-11(a)可以看出,试验柱 B1 在中流量进水条件下,未发生溢流,第 25 分钟开始出水,出水流量由最初的倍数增长而逐渐趋于平稳,出水出现洪峰较进水未推迟,洪峰削减率为 26.58%。

由图 4-11(b)可以看出,试验柱 B2 在中流量进水条件下,第 46 分钟发生溢流,溢流流量波形图与进水流量波形图较为相似,表现出削减现象,但溢流洪峰未发生推迟,洪峰削减率为 21.33%,第 20 分钟开始出水,出水出现洪峰较进水推迟了 48 分钟,洪峰削减率为 82.44%。

由图 4-11(c)可以看出,试验柱 B4 在中流量进水条件下,第 61 分钟发生溢流,溢流流量波形图与进水流量波形图较为相似,表现出延迟现象与削减现象,溢流洪峰推迟 24 分钟,洪峰削减率为 4.64%,第 18 分钟开始出水,出水流量由最初的倍数增长而逐渐趋于平稳,出水出现洪峰较进水推迟了 36 分钟,洪峰削减率为 82.06%。

通过对试验柱 B1、B2、B3、B4、B5 在中流量进水条件下进行综合对比,得到结果如图 4-12 所示。

通过图 4-12 可以看出试验柱 B1(人工填料为 40cm 沙子,其余纵向结构均相同)、B2(人工填料为 40cm 种植土)、B3(人工填料为 40cm 炉渣)、B4(人工填料为 40cm 沙子与粉

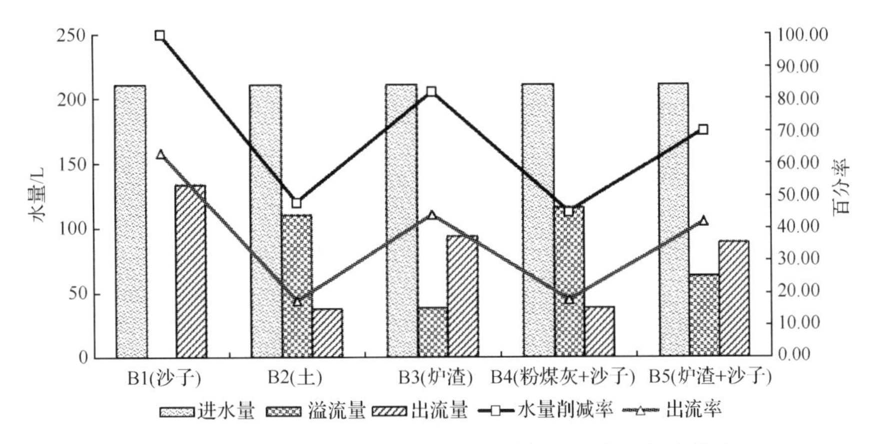

图 4-12　试验柱在不同人工填料组分条件下水量削减效果

煤灰混合填料,体积比 5∶1)、B5(人工填料为 40cm 沙子与炉渣混合填料,体积比 1∶1),在进水流量相同的情况下,表现出水量削减效果:试验柱 B1 水量削减率 100%>试验柱 B3 水量削减率 82.09%>试验柱 B5 水量削减率 70.31%>试验柱 B2 水量削减率 48.12%>试验柱 B4 水量削减率 45.12%,t 检验差异性显著。由此可以看出,各填料水量削减能力由强到弱依次为:沙子>炉渣>沙子+炉渣>土>沙子+粉煤灰,这与填料下渗因子所表现的规律一致(沙子下渗率为 1.44m/d>炉渣下渗率为 1.35m/d>沙子+炉渣下渗率为 1.20m/d>土的下渗率 0.5m/d>沙子+粉煤灰下渗率为 0.45m/d)。这是由于不同的人工填料组合具有不同的下渗率,因此具有较高下渗率的填料下渗效果要优于较低下渗率的填料,因而表现出不同的水量削减效果。

5. 淹没区深度对生态滤沟水量削减效果的影响

试验柱 D1、D3、D4、D5 在纵向结构均相同为黄杨+黑麦草+5cm 覆盖层+15cm 蓄水层+30cm 土层+40cm 炉渣+15cm 砾石,淹没区深度依次为:D1(0cm)、D3(50cm)、D4(40cm)、D5(30cm)对这四组试验柱进行相同流量下水量削减效果分析,结果如图 4-13 所示。

由图 4-13(a)可以看出,试验柱 D1 在中流量进水条件下,第 48 分钟发生溢流,溢流流量波形图与进水流量波形图较为相似,表现出延迟现象与削减现象,溢流洪峰推迟 6 分钟,洪峰削减率为 26.92%,第 19 分钟开始出水,出水流量由最初的线性增长而逐渐趋于平稳,出水出现洪峰较进水推迟了 12 分钟,洪峰削减率为 64.04%。

由图 4-13(b)可以看出,试验柱 D3 在中流量进水条件下,第 53 分钟发生溢流,溢流流量波形图与进水流量波形图较为相似,表现出延迟现象与削减现象,溢流洪峰推迟 12 分钟,洪峰削减率为 15.51%,第 44 分钟开始出水,出水流量由最初的对数增长而逐渐趋于平稳,出水出现洪峰较进水推迟了 24 分钟,洪峰削减率为 75.44%。

由图 4-13(c)可以看出,试验柱 D4 在中流量进水条件下,第 52 分钟发生溢流,溢流流量波形图与进水流量波形图较为相似,表现出延迟现象与削减现象,溢流洪峰推迟 12 分钟,洪峰削减率为 9.55%,第 30 分钟开始出水,出水流量由最初的对数增长而逐渐趋于平稳,出水出现洪峰较进水推迟了 24 分钟,洪峰削减率为 71.54%。

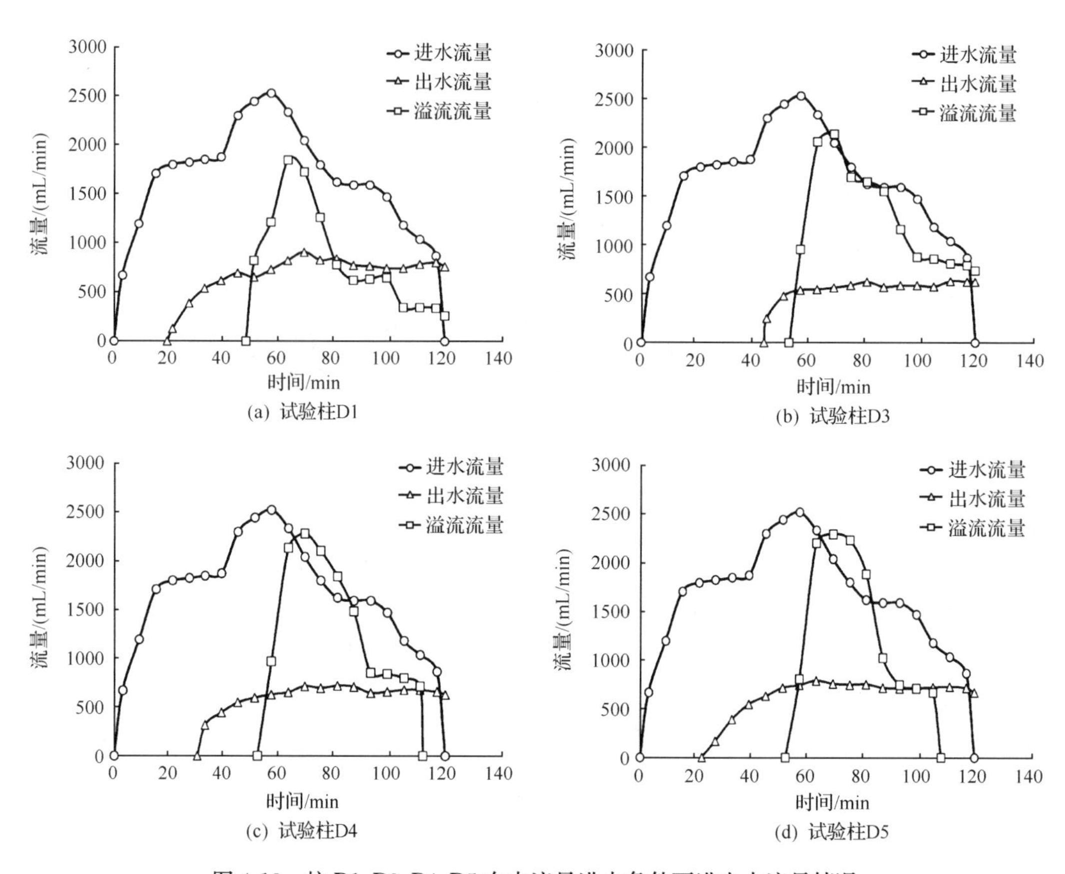

图 4-13　柱 D1、D3、D4、D5 在中流量进水条件下进出水流量情况

由图 4-13(d)可以看出，试验柱 D5 在中流量进水条件下，第 52 分钟发生溢流，溢流流量波形图与进水流量波形图较为相似，表现出延迟现象与削减现象，溢流洪峰推迟 12 分钟，洪峰削减率为 9.55%，第 22 分钟开始出水，出水流量由最初的线性增长而逐渐趋于平稳，出水出现洪峰较进水推迟了 6 分钟，洪峰削减率为 71.54%。

通过对试验柱 D1、D3、D4 和 D5 在中流量进水条件下进行综合对比，得到结果如图 4-14 所示。

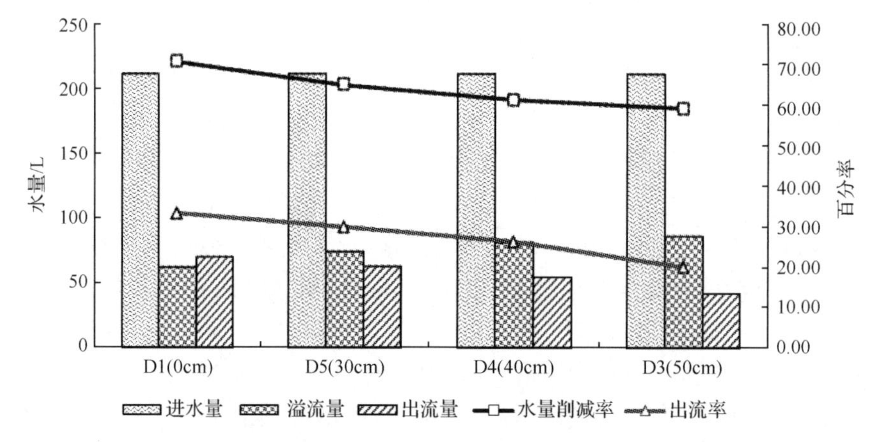

图 4-14　D 组试验柱在不同淹没区深度条件下水量削减效果

通过图 4-14 可以看出试验柱 D1(淹没区深度 0cm)、D3(淹没区深度 50cm)、D4(淹没区深度 40cm)、D5(淹没区深度 30cm),在进水流量相同的情况下,表现出水量削减效果:试验柱 D1 水量削减率 70.61%>试验柱 D5 水量削减率 64.97%>试验柱 D4 水量削减率 61.26%>试验柱 D3 水量削减率 59.25%,t 检验显著性相对较低。水量削减率会随着淹没区深度的增加而降低。这可能是由于,增加淹没区的深度会影响到试验柱出水效果,进而影响到填料的下渗效果,最终造成水量削减率下降这一情况。

4.2.2 生态滤沟对 COD 浓度净化效果及其影响因素研究

为定量分析生态滤沟的水质净化效果,将污染物浓度去除率作为水质净化效果的评价指标。

$$R_C = \frac{C_{进} - C_{出}}{C_{进}} \times 100\% \tag{4-9}$$

式中,R_C 为污染物浓度去除率,%;$C_{进}$ 为进水污染物浓度,mg/L;$C_{出}$ 为出水污染物浓度,mg/L。

以柱 B4 为例分析进水浓度、植物种类、人工填料厚度、人工填料种类以及淹没区深度对 COD 浓度去除效果的影响,其污染物净化效果如图 4-15 至图 4-20 所示。

1. 进水浓度对生态滤沟 COD 浓度去除效果的影响

以试验柱 B4 为例分析进水浓度对 COD 浓度去除效果的影响。试验柱 B4 在植物条件、填料结构、淹没区不发生改变的情况下,仅改变进水浓度,其浓度净化效果如图 4-15 所示。

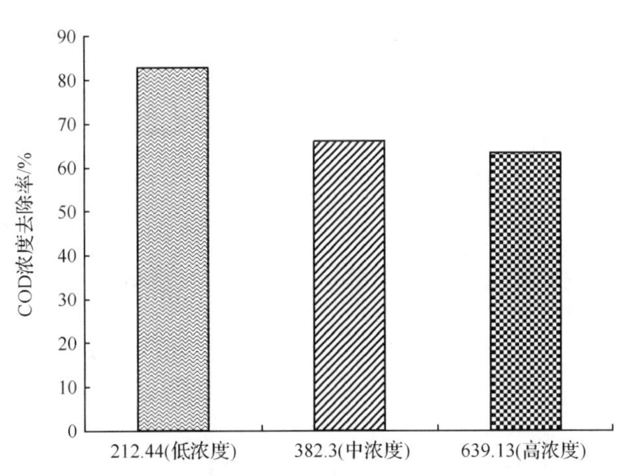

图 4-15 试验柱 B4 在不同进水浓度下 COD 浓度去除效果

由图 4-15 可以看出,装置对 COD 浓度去除的效果表现为:在低浓度进水条件下,去除率较高,为 82.94%;在中浓度进水条件下,COD 浓度去除率为 66.09%;在高浓度进水条件下,COD 浓度去除率较低,为 63.38%。COD 浓度去除率会随着进水浓度的增加而降低。这是由于填料吸附能力不会因进水浓度而改变,因此更高的进水浓度会降低 COD 浓度去除效果。

2. 植物种类对生态滤沟 COD 浓度去除效果的影响

以试验柱 A2、B2、E2、F2 为例，分析植物种类对 COD 浓度去除效果的影响。四个试验柱在进水浓度（均为低浓度进水）、填料结构、淹没区不发生改变的情况下，仅改变植物组合，其浓度净化效果如图 4-16 所示。

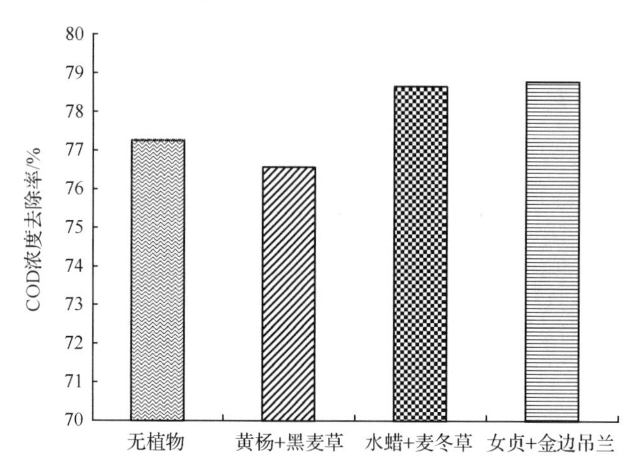

图 4-16　不同植物种类下 COD 浓度去除效果（低浓度进水）

由图 4-16 可以看出，试验柱 A2、B2、E2、F2 在填料结构、淹没区深度、进水浓度相同，仅有植物条件不同的情况下，各装置对 COD 浓度去除的效果表现为：A2（无植物）、B2（黄杨＋黑麦草）、E2（水蜡＋麦冬草）、F2（小叶女贞＋金边吊兰）基本相同，差距在 2％以内。这可能是由于试验时间在冬季，各植物根系活动处于非旺盛阶段，植物对于污染物的去除效果较差。

3. 人工填料、土层结构对生态滤沟 COD 浓度去除效果的影响

以试验柱 B3、C1、C2、C3 分析人工填料厚度对 COD 浓度去除效果的影响。四个试验柱在进水浓度、植物条件、人工填料种类（均采用炉渣）、土层厚度、淹没区不发生改变的情况下，仅改变人工填料厚度，其浓度净化效果如图 4-17 所示。

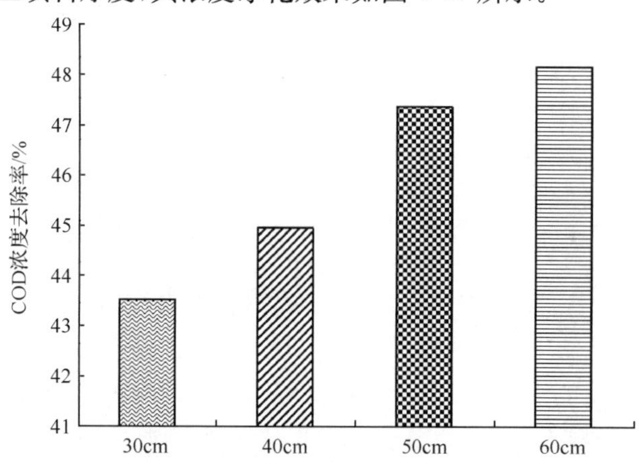

图 4-17　不同填料厚度下 COD 浓度去除效果（低浓度进水）

通过图 4-17 可以看出试验柱 C1(人工填料层为 30cm 炉渣，其余纵向结构均相同)、B3(人工填料层为 40cm 炉渣)、C2(人工填料层为 50cm 炉渣)、C3(人工填料层为 60cm 炉渣)在进水浓度基本相同的情况下表现出的 COD 浓度去除率为：C1<B3<C2<C3，表明在其他条件一定的前提下，生态滤沟 COD 浓度去除率会随着填料厚度的增加而增加。这是由于随着填料厚度的增加填料吸附能力逐渐增大，对于污染物去除能力也逐渐增大。

以试验柱 B3、C4、C5 为例分析人工填料、土层组合方式对 COD 浓度去除效果的影响。三个试验柱在进水浓度、植物条件、人工填料种类(均采用炉渣)、淹没区不发生改变的情况下，仅改变人工填料、土层的组合方式，其浓度净化效果如图 4-18 所示。

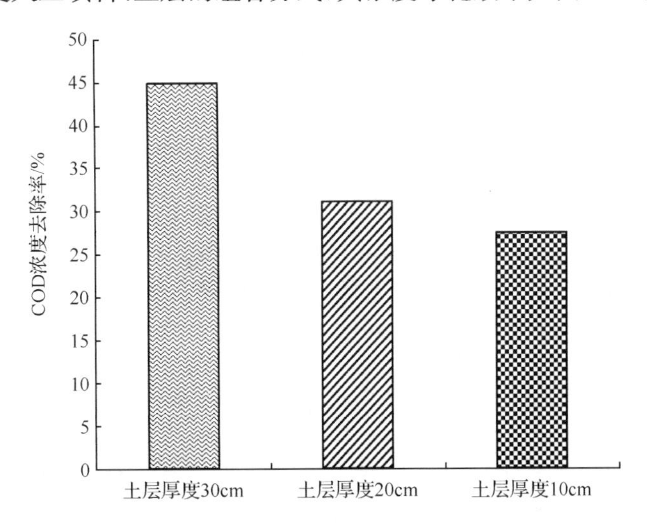

图 4-18　不同填料、土层组合方式下 COD 浓度去除效果(中浓度进水)

通过图 4-18 可以看出试验柱 B3(人工填料层为 40cm 炉渣，种植土层为 30cm，填料层总厚度 70cm，其余纵向结构均相同)、C4(人工填料层为 50cm 炉渣，种植土层为 20cm，填料层总厚度 70cm)、C5(人工填料层为 60cm 炉渣，种植土层为 10cm，填料层总厚度 70cm)，在进水浓度基本相同的情况下，表现出随着种植土层厚度的降低，人工填料厚度的增加 COD，浓度去除率依次降低。这是由于，随着土层厚度的增加，污染水体与土层接触时间增长，延长了吸附、反应的时间，因此会得到更好的污染物浓度去除效果。

4. 人工填料种类对生态滤沟 COD 浓度去除效果的影响

以试验柱 B1、B2、B3、B4 为例分析人工填料种类对 COD 浓度去除效果的影响。四个试验柱在进水浓度、植物条件、人工填料土层组合方式、淹没区不发生改变的情况下，仅改变人工填料种类，其浓度净化效果如图 4-19 所示。

通过图 4-19 可以看出试验柱 B1(人工填料为 40cm 沙子，其余纵向结构均相同)、B2(人工填料为 40cm 种植土)、B3(人工填料为 40cm 炉渣)、B4(人工填料为 40cm 沙子与粉煤灰混合填料，体积比 5∶1)、B5(人工填料为 40cm 沙子与炉渣混合填料，体积比 1∶1)，在入流浓度相同的情况下，表现出 COD 浓度去除效果：B4>B2>B3>B5>B1。生态滤沟对 COD 浓度去除效果由强到弱依次是沙子＋粉煤灰的混合填料>土>炉渣>沙子＋

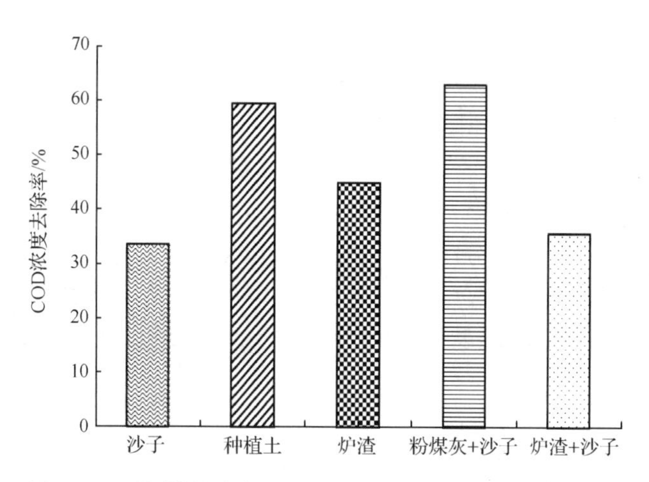

图 4-19　不同填料种类下 COD 浓度去除效果(中浓度进水)

炉渣的混合填料＞沙子。这与填料因子对于 COD 吸附能力强弱规律基本相同(土 392.58d/km＞沙子＋粉煤灰 374.31d/km＞炉渣 172.28d/km＞沙子＋炉渣 141.5d/km＞沙子 98.85d/km,而土以及沙子＋粉煤灰的差异可能是由于填料局部密实程度细微变化等因素引起的),填料对于 COD 的吸附性能强,则 COD 浓度去除效果较好。

5. 淹没区深度对生态滤沟 COD 浓度去除效果的影响

以试验柱 D1、D3、D4、D5 为例分析淹没区深度对 COD 浓度去除效果的影响。四个试验柱在进水浓度、植物条件、人工填料土层组合方式、人工填料种类不发生改变的情况下,仅改变淹没区深度,其浓度净化效果如图 4-20 所示。

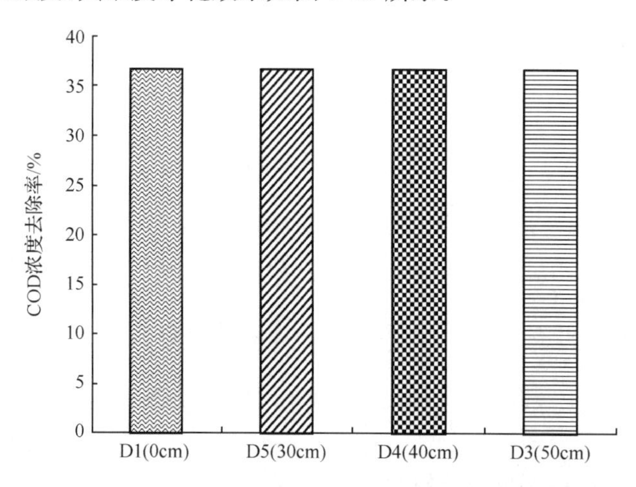

图 4-20　不同淹没区深度下 COD 浓度去除效果(高浓度进水)

通过图 4-20 可以看出试验柱 D1(淹没区深度 0cm)、D3(淹没区深度 50cm)、D4(淹没区深度 40cm)、D5(淹没区深度 30cm),在进水浓度相同的情况下,COD 浓度去除效果基本相同。这表明生态滤沟对于 COD 浓度去除机理与淹没区的设置无直接联系,改变淹没区深度不会影响到 COD 浓度去除效果。

4.2.3 生态滤沟对氮磷浓度净化效果及其影响因素研究

1. 人工填料厚度对氮磷污染物浓度去除的正交试验结果与分析

本试验主要研究人工填料厚度不同时，进水浓度、入流水量、间隔时间三个因素对生态滤沟净化污染物浓度去除效果的影响。本试验选取炉渣为人工填料，选择炉渣厚度不同，但是其他纵向结构均相同的4个试验柱，试验柱C1：黄杨＋黑麦草＋覆盖层（5cm）＋蓄水层（15cm）＋种植土层（30cm）＋炉渣层（30cm）＋砾石层（15cm）、D1：黄杨＋黑麦草＋覆盖层（5cm）＋蓄水层（15cm）＋种植土层（30cm）＋炉渣层（40cm）＋砾石层（15cm）、C2：黄杨＋黑麦草＋覆盖层（5cm）＋蓄水层（15cm）＋种植土层（30cm）＋炉渣层（50cm）＋砾石层（15cm）、C3：黄杨＋黑麦草＋覆盖层（5cm）＋蓄水层（15cm）＋种植土层（30cm）＋炉渣层（60cm）＋砾石层（15cm）进行正交试验，4个试验滤柱采用3因素3水平正交试验：因素1为进水浓度：低浓度、中浓度、高浓度；因素2是入流水量：小水量、中水量、大水量；因素3是间隔时间：3天、10天、17天，确定滤柱去除污染物的最佳工况之后再综合比对4个滤柱去除污染物的效果。

1）试验结果综合分析

（1）试验柱C1（30cm炉渣）正交试验的各影响因素重要程度分析如表4-16所示。

表4-16 C1正交试验结果分析表

试验号	试验因素			试验结果/%					
	进水浓度/(mg/L)	入流水量/L	间隔时间/d	TN	TP	NH_4^+-N	PO_4^{3-}	NO_3^--N	综合去除率
1	低	小	3	23.64	75.99	49.3	88.42	89.33	65.34
2	低	中	10	24.45	74.14	46.29	85.2	81.33	62.28
3	低	大	17	20.71	66.71	72.51	83.97	8.06	50.39
4	中	小	10	25.15	74.37	43.38	98.31	5.13	49.27
5	中	中	17	30.63	70.2	64.79	96.9	−0.04	52.50
6	中	大	3	24.14	65.45	65.08	48.55	11.19	42.88
7	高	小	17	24.6	74.27	84.75	58.1	2.13	48.77
8	高	中	3	28.43	69.58	15.08	41.05	11.44	33.12
9	高	大	10	23.29	64.15	44.47	71.59	12.34	43.17
$k1$	59.34	54.46	47.11						
$k2$	48.22	49.30	51.57						
$k3$	41.68	45.48	50.55						
极差	17.65	8.98	4.46						
影响程度	重要	次要	一般						

注：试验结果为各污染物浓度去除率，综合去除率为各污染物浓度去除率的平均值

从表4-16可以看出，C1的正交试验结果涵盖了TN、TP、NH_4^+-N、PO_4^{3-}和NO_3^--N五种污染物作为评价指标，综合去除率最大的是65.34%的1号试验；其次为2号试验的

62.28%。根据综合去除率，得出1号试验为最优方案：进水浓度为低浓度，入流水量为小水量，间隔时间为3天，此组合下C1试验柱综合处理效果最佳。极差结果表明进水浓度是对整体处理效果影响的重要因素，入流水量影响次之，间隔时间影响一般。

根据 $k1$、$k2$、$k3$ 的数值，可得到低进水浓度，小入流水量，10天间隔时间的组合为试验柱C1最佳工况。

(2) 试验柱D1(40cm炉渣)正交试验的各影响因素重要程度分析如表4-17所示。

表4-17 D1正交试验结果分析表

试验号	试验因素			试验结果/%					
	进水浓度/(mg/L)	入流水量/L	间隔时间/d	TN	TP	NH_4^+-N	PO_4^{3-}	NO_3^--N	综合去除率
1	低	小	3	42.04	71.58	67.66	20.69	93.68	59.13
2	低	中	10	30.91	72.03	80.7	91.05	88.72	72.68
3	低	大	17	20.91	69.77	52.24	91.67	7.32	48.38
4	中	小	10	46.89	69.4	55.24	98.94	0.70	54.23
5	中	中	17	52.83	71.23	9.86	95.51	1.78	46.24
6	中	大	3	33.03	68.86	38.44	52.10	18.35	42.16
7	高	小	17	44.2	67.35	81.44	47.65	1.09	48.35
8	高	中	3	47.81	70.43	31.33	77.92	1.34	45.77
9	高	大	10	26.65	68.59	53.42	91.64	49.17	57.89
$k1$	60.06	53.90	49.02						
$k2$	47.54	54.90	61.60						
$k3$	50.67	49.48	47.66						
极差	12.52	5.42	13.95						
影响程度	次要	一般	重要						

从表4-17看出，综合去除率最高的是2号试验为72.68%。2号试验为最优方案：低进水浓度，中入流水量，10天间隔时间时，D1试验柱综合处理效果最佳。极差结果表明间隔时间是对整体处理效果影响的重要因素，进水浓度影响次之，入流水量影响一般。

根据 $k1$、$k2$、$k3$ 的数值，D1正交试验的最佳工况组合为低进水浓度，中入流水量，10天间隔时间的组合，在此工况下运行的处理效果最佳。

(3) 试验柱C2(50cm炉渣)正交试验的各影响因素重要程度分析如表4-18所示。

从表4-18可以看出，C2综合去除率最大值的是1号试验，为70.01%；第二为5号试验的61.24%。表中可见，1号试验为最优方案，低进水浓度，小入流水量，间隔时间3天时C2试验柱综合处理效果最佳。极差结果表明进水浓度是对整体处理效果影响的重要因素，入流水量影响次之，间隔时间影响一般。

根据 $k1$、$k2$、$k3$ 的数值，C2正交试验的最佳组合为低进水浓度，小入流水量，17天间隔时间的组合，在此工况下运行的处理效果最佳。

表 4-18　C2 正交分析结果表

试验号	试验因素			试验结果/%					
	进水浓度/(mg/L)	入流水量/L	间隔时间/d	TN	TP	NH_4^+-N	PO_4^{3-}	NO_3^--N	综合去除率
1	低	小	3	43.20	84.37	46.7	84.16	91.64	70.01
2	低	中	10	50.99	87.2	0.38	75.56	92.07	61.24
3	低	大	17	30.53	81.53	74.48	95.56	3.54	57.13
4	中	小	10	47.42	76.64	58.34	98.69	4.20	57.06
5	中	中	17	54.37	85.99	64.79	99.51	2.98	61.53
6	中	大	3	35.97	80.42	64.77	43.82	21.55	49.31
7	高	小	17	45.03	78.67	72.06	27.86	3.64	45.45
8	高	中	3	52.17	83.26	39.62	50.88	−5.13	44.16
9	高	大	10	33.84	75.99	28.77	84.44	5.04	45.62
$k1$	62.79	57.51	54.49						
$k2$	55.96	55.64	54.64						
$k3$	45.08	50.68	54.70						
极差	17.72	6.82	0.21						
影响程度	重要	次要	一般						

（4）试验柱 C3(60cm 炉渣)正交试验的各影响因素重要程度分析如表 4-19 所示。

表 4-19　C3 正交试验结果分析表

试验号	试验因素			试验结果/%					
	进水浓度/(mg/L)	入流水量/L	间隔时间/d	TN	TP	NH_4^+-N	PO_4^{3-}	NO_3^--N	综合去除率
1	低	小	3	46.54	88.68	60.49	83.63	89.97	73.86
2	低	中	10	40.25	90.08	26.48	38.67	93.00	57.70
3	低	大	17	36.54	82.25	81.09	20.27	4.43	44.92
4	中	小	10	50.38	85.66	42.87	99.05	0.43	55.68
5	中	中	17	55.8	86.58	81.71	97.76	4.20	65.21
6	中	大	3	48.66	80.39	82.40	42.91	14.53	53.78
7	高	小	17	47.23	83.2	72.24	53.89	0.73	51.46
8	高	中	3	52.55	84.85	35.68	65.61	27.99	53.34
9	高	大	10	45.5	79.65	44.72	83.33	14.75	53.59
$k1$	58.82	60.33	60.33						
$k2$	58.22	58.75	55.65						
$k3$	52.79	50.76	53.86						
极差	6.03	9.57	6.46						
影响程度	一般	重要	次要						

从表 4-19 可以看出，C3 综合去除率最大值的是 1 号试验，为 73.86%；其次为 5 号试验的 65.21%；第三为 2 号试验，综合去除率为 57.70%。1 号试验为最优方案：低进水浓度，小入流水量，间隔时间 3 天时 C3 试验柱综合处理效果最佳。极差结果表明入流水量是对整体处理效果影响的重要因素，间隔时间影响次之，进水浓度影响一般。

根据 $k1$、$k2$、$k3$ 的数值，C3 正交试验的最佳组合为低进水浓度，小入流水量，3 天间隔时间的组合，此工况下运行处理效果最好。

2）人工填料厚度的正交试验 TN 的去除效果分析

用极差分析法评价各影响因素对 TN 去除效果的影响程度。各试验柱对 TN 的极差分析结果如表 4-20 所示。

表 4-20　各影响因素对 TN 去除效果的影响

影响因素	C1			D1			C2			C3		
	浓度	水量	间隔时间	浓度	水量	间隔时间	浓度	水量	间隔时间	浓度	水量	间隔时间
$k1$	22.93	24.46	25.85	31.29	44.38	40.96	41.57	45.22	43.78	41.11	48.05	49.25
$k2$	26.64	27.84	24.4	44.25	43.85	34.82	45.92	52.51	44.08	51.61	49.53	45.38
$k3$	25.44	22.71	24.76	39.55	26.86	39.31	43.68	33.45	43.31	48.43	43.57	46.52
极差	3.71	5.13	1.45	12.96	17.52	6.14	4.35	19.06	0.77	10.5	5.96	3.87
影响程度	次要	重要	一般	次要	重要	一般	次要	重要	一般	重要	次要	一般

由表 4-16 和表 4-20 看出，C1 各试验 TN 去除率的最大值是 5 号试验的 30.63%，5 号试验为最优方案，中进水浓度，中入流水量，17 天间隔时间时 C1 试验柱去除 TN 污染物效果最佳。极差结果表明入流水量是对整体处理效果影响的重要因素，进水浓度次之，间隔时间影响一般。综合分析，中进水溶度、中入流水量、3 天间隔时间为最佳组合，C1 在此工况下对 TN 处理效果最好。

由表 4-17 和表 4-20 看出，D1 各试验 TN 去除率的最大值是 5 号试验为 52.83%，5 号试验为最优方案，中进水浓度、中入流水量、17 天间隔时间时 D1 试验柱去除 TN 浓度效果最佳。极差结果表明入流水量是对整体处理效果影响的重要因素，进水浓度影响次之，间隔时间影响一般。综合分析，中进水浓度、小入流水量、3 天间隔时间为最佳组合，D1 在此工况下对 TN 处理效果最好。

由表 4-18 和表 4-20 看出，C2 各试验 TN 去除率的最大值是 5 号试验的 54.37%为最优方案，中进水浓度，中入流水量，17 天间隔时间时 C2 试验柱处理 TN 效果最佳。极差结果表明入流水量是对整体处理效果影响的重要因素，进水浓度次之，间隔时间影响一般。综合分析，中进水浓度、中入流水量、10 天间隔时间为最佳组合，C2 在此工况下对 TN 处理效果最好。

由表 4-19 和表 4-20 看出，C3 各试验 TN 去除率的最大值是 5 号试验的 55.8%，5 号试验为最优方案，中进水浓度，中入流水量，17 天间隔时间时 C3 试验柱处理 TN 效果最佳。极差结果表明进水浓度是对整体处理效果影响的重要因素，入流水量影响次之，间隔时间一般。综合分析，中进水浓度、中入流水量、3 天间隔时间为最佳组合，C3 在此工况下对 TN 处理效果最好。

综上分析 C1、D1、C2、C3，4 个试验柱，其试验外界条件完全相同，选取工况为中进水浓度、中入流水量、17 天间隔时间（5 号试验）时，TN 浓度去除率对比关系如图 4-21 所示。

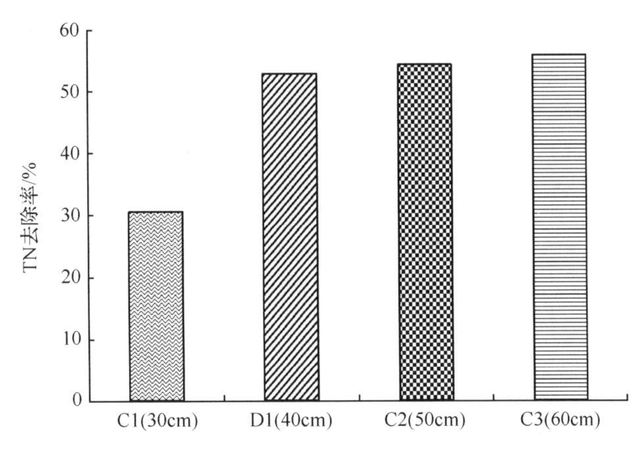

图 4-21　C1、D1、C2、C3 的 TN 浓度去除率

由图 4-21 看出，TN 去除率由 30cm 炉渣到 60cm 炉渣呈上升趋势，表明人工填料厚度是 30cm 炉渣时候去除 TN 效果最差，而 60cm 炉渣时 TN 去除率为 55.8%，相比填料厚度为 40cm 炉渣的试验柱，去除率仅增长了 2.97%。所以总体看来 TN 浓度去除率随人工填料的厚度增加而增大，而超过 40cm 炉渣的人工填料之后，TN 浓度去除率增长幅度很小仅为 2.97%，所以在实际应用中，当炉渣作为人工填料时，仅从 TN 去除效果方面考虑，选择 40cm 的炉渣厚度为宜，超过 40cm 后其去除效果的增强并不明显。

3）人工填料厚度的正交试验 TP 的去除效果分析

用极差分析法评价各影响因素对 TP 去除效果的影响程度。各试验柱对 TP 的极差分析结果如表 4-21 所示。

表 4-21　各影响因素对 TP 浓度去除效果的影响

影响因素	C1			D1			C2			C3		
	浓度	水量	间隔时间	浓度	水量	间隔时间	浓度	水量	间隔时间	浓度	水量	间隔时间
$k1$	72.28	74.88	70.34	71.13	69.44	70.29	84.37	79.89	82.68	87.01	85.85	84.64
$k2$	70.01	71.31	70.89	69.83	71.23	70.01	81.02	85.48	79.94	84.21	87.17	85.13
$k3$	69.33	65.44	70.39	68.79	69.07	69.45	79.31	79.31	82.06	82.57	80.76	84.01
极差	2.95	9.44	0.55	2.34	2.16	0.84	5.06	6.17	2.74	4.44	6.41	1.12
影响程度	次要	重要	一般	重要	次要	一般	次要	重要	一般	次要	重要	一般

由表 4-16 和表 4-21 看出，C1 各试验 TP 去除率的最大值是 1 号试验为 75.99%；第二是 4 号试验的 74.37%。1 号试验为最优方案，低进水浓度、小入流水量、3 天间隔时间时 C1 试验柱处理 TP 效果最佳。极差结果表明入流水量是对整体处理效果影响的重要因素，进水浓度影响次之，间隔时间影响一般。综合分析，低进水浓度、小入流水量、10 天间隔时间为最佳组合，C1 在此工况下的 TP 处理效果最好。

由表 4-17 和表 4-21 看出，D1 各试验 TP 去除率的最大值是 2 号试验为 72.03%，低进水浓度、中入流水量、10 天间隔时间的 2 号试验为最优方案。极差结果表明进水浓度为处理效果影响的重要因素，入流水量次之，间隔时间影响一般。综合分析，低进水浓度、中入流水量、3 天间隔时间为最佳组合，D1 在此工况下的 TP 处理效果最好。

由表 4-18 和表 4-21 看出，C2 各试验 TP 去除率的最大值是 5 号试验为 85.99%，中进水浓度、中入流水量、17 天间隔时间的 5 号试验为最优方案。极差结果表明入流水量为处理效果影响的重要因素，进水浓度次之，间隔时间影响一般。综合分析，低进水浓度、中入流水量、3 天间隔时间为最佳组合，C2 在此工况下的 TP 处理效果最好。

由表 4-19 和表 4-21 看出，C3 各试验 TP 去除率的最大值是 2 号试验为 90.08%，低进水浓度、中入流水量、10 天间隔时间的 2 号试验为最优方案。极差结果表明入流水量为处理效果影响的重要因素，进水浓度影响次之，间隔时间一般。综合分析，低进水浓度、中入流水量、10 天间隔时间为最佳组合，C3 在此工况下的 TP 处理效果最好。

综上分析 4 个试验柱最优方案不尽相同，并且各因素对试验柱的影响程度也不同，因此，选取在不同工况下 TP 的平均去除率，对比填料厚度对 TP 浓度去除的关系，对比关系如图 4-22 所示。

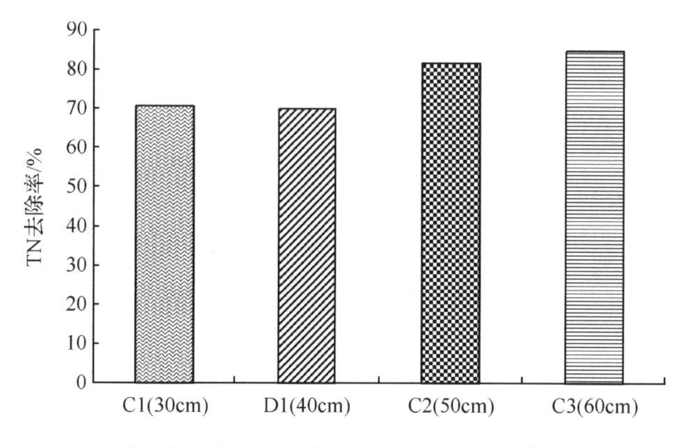

图 4-22　C1、D1、C2、C3 的 TP 浓度去除率

由图 4-22 看出，随着人工填料厚度的增加，TP 去除率基本呈上升趋势。在 40cm 以下，TP 去除率大体一致；人工填料炉渣的厚度为 60cm 时，炉渣 TP 浓度去除效果最好，但人工填料厚度从 50cm 增加到 60cm 时，TP 浓度去除效果增幅很小。表明 TP 浓度去除率随人工填料的厚度增加而增大，这是由于人工填料炉渣对 TP 有较强的吸附作用，炉渣厚度增大，相应对 TP 的吸附量也增大。

4）人工填料厚度的正交试验 NH_4^+-N 的去除效果分析

用极差分析法评价各影响因素对 NH_4^+-N 去除效果的影响程度。各试验柱对 NH_4^+-N 的极差分析结果如表 4-22 所示。

由表 4-16 和表 4-22 可以看出，C1 各试验 NH_4^+-N 去除率的最大值是 7 号试验为 84.75%，高进水浓度、小入流水量、17 天间隔时间的 7 号试验为最优方案。极差结果表明间隔时间为处理效果影响的重要因素，水量影响次之，浓度影响一般。综合分析，中进水浓度、大入流水量、间隔时间 17 天为最佳组合，C1 在此工况下对 NH_4^+-N 浓度去除效果最好。

表 4-22　各影响因素对 NH_4^+-N 浓度去除效果的影响

影响因素	C1			D1			C2			C3		
	浓度	水量	间隔时间	浓度	水量	间隔时间	浓度	水量	间隔时间	浓度	水量	间隔时间
$k1$	56.03	59.14	43.15	66.87	68.05	45.81	40.52	59.03	50.36	56.02	58.53	59.52
$k2$	57.75	42.05	44.71	34.45	40.63	63.05	62.62	34.93	29.16	68.99	47.96	38.02
$k3$	48.1	60.69	74.02	55.4	48.03	47.85	46.82	56.01	70.44	50.88	69.4	78.35
极差	9.65	18.63	30.86	32.42	27.42	17.24	22.11	24.1	41.28	18.11	21.45	40.32
影响程度	一般	次要	重要	重要	次要	一般	一般	次要	重要	一般	次要	重要

由表 4-17 和表 4-22 可以看出，D1 各试验 NH_4^+-N 去除率的最大值是 7 号试验为 81.44%，高进水浓度、小入流水量、17 天间隔时间的 7 号试验为最优方案。极差结果表明浓度为处理效果影响的重要因素，水量影响次之，间隔时间影响一般。由于间隔时间因素影响一般，综合分析，低进水浓度、小入流水量、间隔时间 10 天为最佳组合，则 D1 在此工况下对 NH_4^+-N 浓度去除效果最好。

由表 4-18 和表 4-22 可以看出，C2 各试验 NH_4^+-N 去除率的最大值是 3 号试验为 74.48%，低进水浓度、大入流水量、17 天间隔时间的 3 号试验为最优方案。极差结果表明间隔时间为处理效果影响的重要因素，水量影响次之，浓度影响一般。综合分析，中进水浓度、小入流水量、间隔时间 17 天效果为最佳组合，C2 在此工况下对 NH_4^+-N 浓度去除效果最好。

由表 4-19 和表 4-22 可以看出，C3 各试验 NH_4^+-N 去除率的最大值是 6 号试验为 82.4%，中进水浓度、大入流水量、3 天间隔时间的 6 号试验为最优方案。极差结果表明间隔时间为处理效果影响的重要因素，水量影响次之，浓度影响一般。综合分析，中进水浓度、大入流水量、间隔时间 17 天为最佳组合，C3 在此工况下对 NH_4^+-N 浓度去除效果最好。

综上分析 4 个试验柱最优方案不尽相同，并且各因素对试验柱的影响程度也不同，因此，选取在不同工况下 NH_4^+-N 的平均去除率，对比填料厚度对 NH_4^+-N 浓度去除的关系，对比关系如图 4-23 所示。

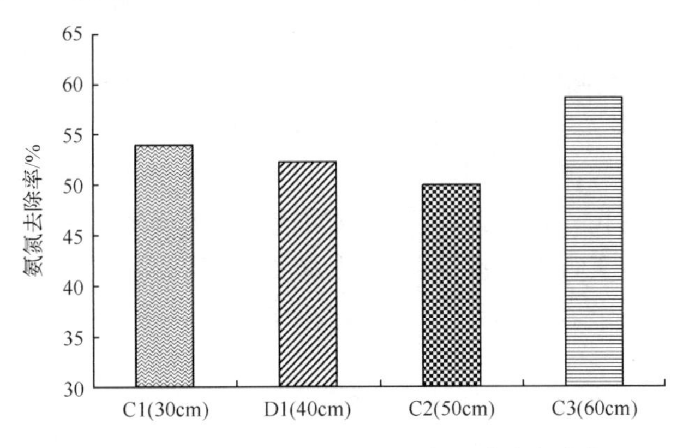

图 4-23　C1、D1、C2、C3 的 NH_4^+-N 浓度去除率

由图 4-23 可以看出：4 个试验滤柱对 NH_4^+-N 浓度去除呈现不稳定效果，由于硝化反硝化作用对氮产生的影响，硝化作用改变的是氮的形式，反硝化作用使氮以 N_2 和 N_2O 的形式得以去除。由于硝化反硝化作用是个慢性长期的过程，期间变化复杂，所以有可能会导致 NH_4^+-N 浓度去除效果的不稳定。

5）人工填料厚度的正交试验 PO_4^{3-} 的去除效果分析

用极差分析法评价各影响因素对 PO_4^{3-} 去除效果的影响程度。各试验柱对 PO_4^{3-} 的极差分析结果如表 4-23 所示。

表 4-23　各影响因素对 PO_4^{3-} 浓度去除效果的影响

影响因素	C1			D1			C2			C3		
	浓度	水量	间隔时间	浓度	水量	间隔时间	浓度	水量	间隔时间	浓度	水量	间隔时间
$k1$	85.86	81.61	59.34	67.8	55.76	50.24	85.09	70.24	59.62	47.52	78.86	64.05
$k2$	81.25	74.38	85.03	82.18	88.16	93.88	80.67	75.32	86.23	79.91	67.35	73.68
$k3$	56.91	68.04	79.66	72.4	78.47	78.28	54.39	74.61	74.31	67.61	48.84	57.31
极差	28.95	13.57	25.69	14.38	32.4	43.64	30.7	5.08	26.61	32.38	30.02	16.38
影响程度	重要	一般	次要	一般	次要	重要	重要	一般	次要	重要	次要	一般

由表 4-16 和表 4-23 可以看出，C1 各试验 PO_4^{3-} 去除率的最大值是 4 号试验为 98.31%，中进水浓度、小入流水量、10 天间隔时间的 4 号试验为最优方案。极差结果表明进水浓度为处理效果影响的重要因素，间隔时间影响次之，入流水量影响一般。综合分析，进水浓度低、入流水量小、间隔时间 10 天为最佳组合，则 C1 在此工况下的 PO_4^{3-} 浓度去除效果最好。

由表 4-17 和表 4-23 可以看出，D1 各试验 PO_4^{3-} 去除率的最大值是 4 号试验为 98.94%，中进水浓度、小入流水量、10 天间隔时间的 4 号试验为最优方案。极差结果表明间隔时间为处理效果影响的重要因素，入流水量影响次之，进水浓度影响一般。由于进水浓度因素影响一般，综合分析，进水浓度中、入流水量中、间隔时间 10 天为最佳组合，则 D1 在此工况下的 PO_4^{3-} 浓度去除效果最好。

由表 4-18 和表 4-23 可以看出，C2 各试验 PO_4^{3-} 去除率的最大值是 5 号试验为 99.51%，中进水浓度、中入流水量、17 天间隔时间的 5 号试验为最优方案。极差结果表明进水浓度为重要因素，间隔时间影响次之，入流水量影响一般。综合分析，进水浓度低、入流水量中、间隔时间 10 天为最佳组合，则 D1 在此工况下的 PO_4^{3-} 浓度去除效果最好。

由表 4-19 和表 4-23 可以看出，C3 各试验 PO_4^{3-} 去除率的最大值是 4 号试验为 99.05%，中进水浓度、小入流水量、10 天间隔时间的 4 号试验为最优方案。极差结果表明进水浓度为处理效果影响的重要因素，入流水量影响次之，间隔时间影响一般。综合分析，进水浓度中、入流水量小、间隔时间 10 天为最佳组合，C3 在此工况下的 PO_4^{3-} 浓度去除效果最好。

综上所述，C1、D1 和 C3 试验柱的最优方案均为 4 号试验；C2 试验柱的最优方案为 5 号试验，但 C2 的 4 号试验 PO_4^{3-} 浓度去除率与 5 号试验相差很小，因此，选取工况为中进水浓度、小入流水量、10 天间隔时间（4 号试验）时，对比关系如图 4-24 所示。

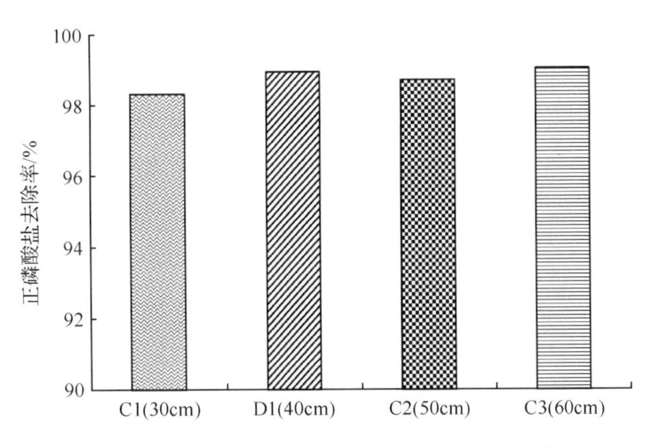

图 4-24　C1、D1、C2、C3 的 PO_4^{3-} 浓度去除率

由图 4-24 看出，随着人工填料厚度的增加，PO_4^{3-} 去除率略有波动，并且填料厚度的增加对于去除效果的增强并不明显，表明随着人工填料厚度的增加对 PO_4^{3-} 浓度去除效果的增强并不明显。

6）人工填料厚度的正交试验 NO_3^--N 的去除效果分析

用极差分析法评价各影响因素对 NO_3^--N 去除效果的影响程度。各试验柱对 NO_3^--N 的极差分析结果如表 4-24 所示。

表 4-24　各影响因素对 NO_3^--N 浓度去除效果的影响

影响因素	C1			D1			C2			C3		
	浓度	水量	间隔时间	浓度	水量	间隔时间	浓度	水量	间隔时间	浓度	水量	间隔时间
$k1$	59.57	32.2	37.32	63.24	31.82	37.79	62.42	33.16	36.02	62.47	30.38	44.16
$k2$	5.43	30.91	32.93	6.94	30.61	46.2	9.58	29.97	33.77	6.39	41.73	36.06
$k3$	8.64	10.53	3.38	17.2	24.95	3.4	1.18	10.04	3.39	14.49	11.24	3.12
极差	54.15	21.67	33.94	56.3	6.87	42.8	61.23	23.12	32.63	56.08	30.49	41.04
影响程度	重要	一般	次要	重要	一般	次要	重要	一般	次要	重要	一般	次要

由表 4-16 和表 4-24 可以看出，C1 各试验 NO_3^--N 去除率的最大值是 1 号试验为 89.33%，低进水浓度、小入流水量、3 天间隔时间为最优方案。极差结果表明进水浓度为处理效果影响的重要因素，间隔时间影响次之，入流水量影响一般。综合分析，进水浓度低、入流水量小、间隔时间 3 天为最佳组合，则 C1 在此工况下的 NO_3^--N 浓度去除效果最好。

由表 4-17 和表 4-24 可以看出，D1 各试验 NO_3^--N 去除率的最大值是 1 号试验为 93.68%，低进水浓度、小入流水量、3 天间隔时间为最优方案。极差结果表明进水浓度为处理效果影响的重要因素，间隔时间影响次之，入流水量影响一般。由于进水浓度为影响的最重要因素，综合分析，进水浓度低、入流水量小、间隔时间 10 天为最佳组合，则 D1 在此工况下的 NO_3^--N 浓度去除效果最好。

由表 4-18 和表 4-24 可以看出，C2 各试验 NO_3^--N 去除率的最大值是 2 号试验为

92.07%，低进水浓度、中入流水量、10 天间隔时间的 2 号试验为最优方案。极差结果表明进水浓度为处理效果影响的重要因素，间隔时间影响次之，入流水量影响一般。综合分析，进水浓度低、入流水量小、间隔时间 3 天效果最好，C2 在此工况下的 NO_3^--N 浓度去除效果最好。

由表 4-19 和表 4-24 可以看出，C3 各试验 NO_3^--N 去除率的最大值是 2 号试验为 93.00%，低进水浓度、中入流水量、10 天间隔时间的 2 号试验为最优方案。极差结果表明进水浓度为处理效果影响的重要因素，间隔时间影响次之，入流水量影响一般。综合分析，进水浓度低、入流水量中、间隔时间 3 天效果最好，C3 在此工况下的 NO_3^--N 浓度去除效果最好。

综上所述，从 C1、D1、C2 的 k 值不难看出水量影响一项中，小水量和中水量差别都很小，选取 4 个试验柱工况相对较好的低进水浓度，中入流水量，10 天间隔时间的 2 号试验来比对填料厚度对 NO_3^--N 浓度去除的关系。对比关系如图 4-25 所示。

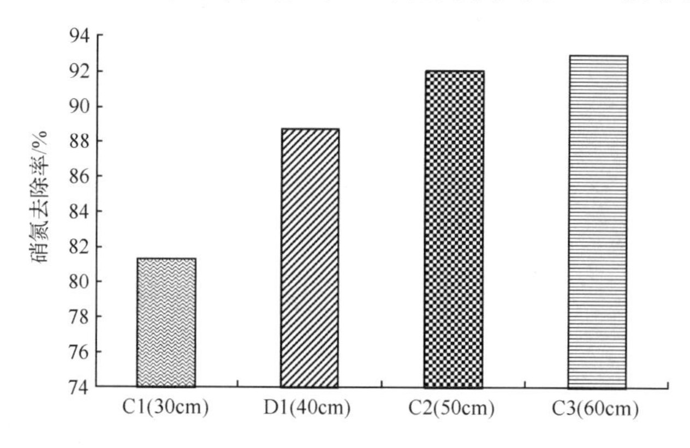

图 4-25 C1、D1、C2、C3 的 NO_3^--N 浓度去除率

由图 4-25 可以明显看出，NO_3^--N 去除率呈上升趋势，表明随着人工填料厚度的增加 NO_3^--N 浓度去除率明显提高，这与 TN 浓度去除率趋势类似。

综合 4 个滤柱对 TN、TP、NH_4^+-N、PO_4^{3-} 和 NO_3^--N 五种污染物的处理效果总体分析，五种污染物的去除效果都是随着人工填料层的厚度增加去除效果增强，即在 60cm 的填料厚度下，各种污染物浓度净化效果最佳，但 TN 浓度的去除率从 40cm 增加到 60cm 人工填料厚度时，TP 浓度的去除率从 50cm 增加到 60cm 人工填料厚度时，去除效果增幅很小；而其余三种污染物净化效果呈不同的波动趋势。因此，在实际建设生态滤沟中，建议相对增加人工填料厚度来提高对污染物浓度的净化效果，不过此次试验结果仅表示人工填料炉渣对各污染物浓度净化的处理效果。

值得注意的是，对于污染背景值较高的人工填料，由于填料中污染物的淋溶，可能会出现相反的情况，即随人工填料层厚度的增加，去除效果减弱（Bratieres et al.，2008；Brown and Hunt，2011）。因此，实际建设中，对于污染背景值较低的填料，建议可适当增加人工填料厚度来提高生物滞留设施对污染物浓度的净化效果。

2. 淹没区深度对氮磷污染物浓度去除的正交试验结果与分析

本试验主要研究不同淹没区对污染物浓度去除效果的影响，选择滤沟内部结构完全相同，而淹没区深度设置不同的 3 个试验柱：D3（40cm 淹没区）、D4（30cm 淹没区）、D5（20cm 淹没区）进行正交试验，3 个试验滤柱同样采用 3 因素 3 水平正交试验设计：因素 1 为进水浓度：低浓度、中浓度、高浓度，因素 2 是入流水量：小水量、中水量、大水量，因素 3 是间隔时间：3 天、10 天、17 天。

1）试验结果综合分析

（1）试验柱 D3（40cm）正交试验的各影响因素重要程度分析如表 4-25 所示。

表 4-25　D3 正交试验结果分析表

试验号	试验因素			试验结果/%					
	进水浓度/(mg/L)	入流水量/L	间隔时间/d	TN	TP	NH_4^+-N	PO_4^{3-}	NO_3^--N	综合去除率
1	低	小	3	42.04	71.62	42.71	35.79	39.43	46.32
2	低	中	10	57.65	72.95	66.93	6.25	91.95	59.15
3	低	大	17	42.69	70.58	42.72	99.55	12.42	53.59
4	中	小	10	50.35	69.03	27.7	97.06	1.57	49.14
5	中	中	17	61.3	70.86	45.07	97.49	8.57	56.66
6	中	大	3	48.77	68.43	18.07	57.9	11.32	40.90
7	高	小	17	48.37	68.75	75.4	41.92	3.08	47.50
8	高	中	3	60.66	69.07	20.26	95.38	7.9	50.65
9	高	大	10	45.7	66.36	70.79	49.55	53.47	57.17
$k1$	53.02	47.65	45.96						
$k2$	48.90	55.49	55.15						
$k3$	51.78	50.55	52.58						
极差	4.12	7.83	9.20						
影响程度	一般	次要	重要						

由表 4-25 得，试验结果以 TN、TP、NH_4^+-N、PO_4^{3-} 和 NO_3^--N 五种污染物作为评价指标，综合去除率最大值是 2 号试验为 59.15%；其次为 9 号试验的 57.17%；第三是 5 号试验的 56.66%。表中可见，2 号试验为最优方案，低进水浓度，中入流水量，10 天间隔时间时 D3 试验柱综合处理效果最佳。极差结果表明间隔时间是对整体处理效果影响的重要因素，入流水量影响次之，进水浓度影响一般。

根据 $k1$、$k2$、$k3$ 的数值，D3 正交试验的最佳组合为低进水浓度，中入流水量，10 天间隔时间，在此工况下运行的处理效果最好。

（2）试验柱 D4（30cm）正交试验的各影响因素重要程度分析如表 4-26 所示。

由表 4-26 得，D4 综合去除率最大值是 5 号试验为 62.13%；其次为 9 号试验的 57.17%。5 号试验为最优方案，中进水浓度，中入流水量，17 天间隔时间时 D4 试验柱综合处理效果最佳。极差结果表明间隔时间是对整体处理效果影响的重要因素，入流水量影响次之，进水浓度影响一般。

根据 $k1$、$k2$、$k3$ 的数值，D4 正交试验的最佳组合为高进水浓度，中入流水量，17 天间隔时间，在此工况下运行的处理效果最好。

表 4-26　D4 正交试验结果分析表

试验号	试验因素			试验结果/%					
	进水浓度/(mg/L)	入流水量/L	间隔时间/d	TN	TP	NH_4^+-N	PO_4^{3-}	NO_3^--N	综合去除率
1	低	小	3	36.50	70.08	46.92	32.63	68.02	50.83
2	低	中	10	51.90	72.05	17.98	13.75	65.29	44.19
3	低	大	17	24.60	70.82	29.5	99.52	17.2	48.33
4	中	小	10	48.67	69.9	26.84	98.96	12.74	51.42
5	中	中	17	56.32	71.98	69.95	99.15	13.27	62.13
6	中	大	3	28.69	68.97	1.89	76.77	12.68	37.80
7	高	小	17	43.7	67.92	69.02	45.3	12.09	47.61
8	高	中	3	54.39	70.58	9.44	91.21	26.76	50.48
9	高	大	10	26.93	68.73	45.29	70.6	64.3	55.17
$k1$	47.78	49.95	46.37						
$k2$	50.45	52.27	50.26						
$k3$	51.08	47.10	52.69						
极差	3.30	5.17	6.32						
影响程度	一般	次要	重要						

(3) 试验柱 D5(20cm)正交试验的各影响因素重要程度分析如表 4-27 所示。

由表 4-27 得，D5 综合去除率最大值是 5 号试验为 64.02%；其次为 1 号试验的 62.15；第三是 2 号试验的 60.90%。5 号试验为最优方案，中进水浓度，中入流水量，17 天间隔时间时 D5 试验柱综合处理效果最佳。极差结果表明入流水量是对整体处理效果影响的重要因素，间隔时间影响次之，进水浓度影响一般。

根据 $k1$、$k2$、$k3$ 的数值，D5 正交试验的最佳组合为低进水浓度，中入流水量，10 天间隔时间，在此工况下运行的处理效果最好。

表 4-27　D5 正交试验结果分析表

试验号	试验因素			试验结果/%					
	进水浓度/(mg/L)	入流水量/L	间隔时间/d	TN	TP	NH_4^+-N	PO_4^{3-}	NO_3^--N	综合去除率
1	低	小	3	47.33	71.39	66.07	68.42	57.56	62.15
2	低	中	10	49.15	72.25	63.42	20.38	99.32	60.90
3	低	大	17	22.79	69.52	15.47	99.38	6.01	42.63
4	中	小	10	47.46	69.21	27.99	99.57	0.19	48.88
5	中	中	17	55.26	71.14	91.08	98.24	4.37	64.02
6	中	大	3	31.24	68.7	24.4	45	10.62	35.99
7	高	小	17	43.02	67.72	69.82	38.4	3.32	44.46
8	高	中	3	50.33	70.66	7.04	94.34	11.34	46.74
9	高	大	10	26.75	68	61.14	86.72	49.56	58.43

续表

试验号	试验因素			试验结果/%					
	进水浓度/(mg/L)	入流水量/L	间隔时间/d	TN	TP	NH_4^+-N	PO_4^{3-}	NO_3^--N	综合去除率
*k*1	55.23	51.83	48.30						
*k*2	49.63	57.22	56.07						
*k*3	49.88	45.69	50.37						
极差	5.60	11.54	7.78						
影响程度	一般	重要	次要						

2）淹没区深度的正交试验 TN 的去除效果分析

用极差分析法评价各影响因素对 TN 去除效果的影响程度。各试验柱对 TN 的极差分析结果如表 4-28 所示。

表 4-28　各影响因素对 TN 去除效果的影响

影响因素	D3			D4			D5		
	浓度	水量	间隔时间	浓度	水量	间隔时间	浓度	水量	间隔时间
*k*1	47.46	46.92	50.49	37.67	42.96	39.86	39.76	45.94	42.97
*k*2	53.47	59.87	51.23	44.56	54.2	42.5	44.65	51.58	41.12
*k*3	51.58	45.72	50.79	41.67	26.74	41.54	40.03	26.93	40.36
极差	6.01	14.15	0.74	6.89	27.46	2.64	4.89	24.65	2.61
影响程度	次要	重要	一般	重要	一般	次要	次要	重要	一般

由表 4-25 和表 4-28，D3 各试验 TN 去除率最大值是 5 号试验 61.3%，中进水浓度，中入流水量，17 天间隔时间时 D3 试验柱处理 TN 效果最佳。极差结果表明入流水量是对整体处理效果影响的重要因素，进水浓度次之，间隔时间影响一般。综合分析，中进水浓度、中入流水量、间隔时间 10 天为最佳组合，D3 在此工况下的 TN 浓度去除效果最好。

由表 4-26 和表 4-28 看出，D4 各试验 TN 去除率的最大值是 5 号试验的 56.32%，5 号试验为最优方案，中进水浓度，中入流水量，间隔时间 17 天时处理 TN 效果最佳。极差结果表明进水浓度是对整体处理效果影响的重要因素，间隔时间次之，水量影响一般。综合分析，中进水浓度、中入流水量、间隔时间 10 天为最佳组合，D4 在此工况下的 TN 浓度去除效果最好。

由表 4-27 和表 4-28 看出，D5 中 TN 去除率最大值为 5 号试验 55.26%，最优方案为 5 号的中进水浓度，中入流水量，17 天间隔时间。极差显示入流水量为重要因素，进水浓度为次要因素，间隔时间为一般影响因素。综合分析，中进水浓度，中入流水量，3 天间隔时间为最佳组合，D5 在此工况下的 TN 浓度去除效果最好。

综上分析 D3、D4、C5，试验外界条件完全相同，淹没区 D3 为 40cm、D4 为 30cm、D5 为 20cm，重要因素均为入流水量，选择在中进水浓度、中入流水量、间隔 17 天下，对 TN 浓度去除率进行对比，对比关系如图 4-26 所示。

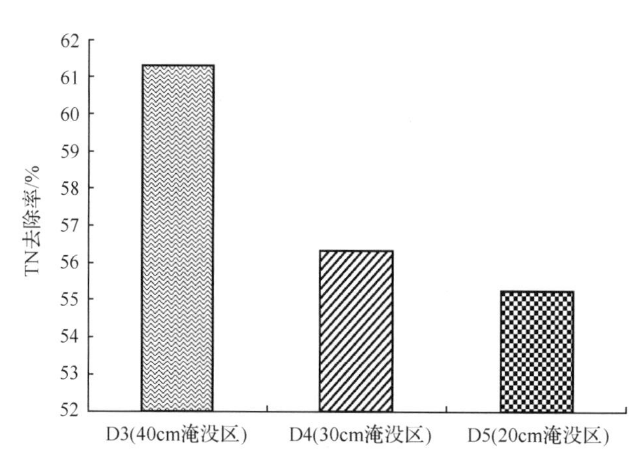

图 4-26　D3、D4、D5 的 TN 去除率

由上图看出，随着淹没区深度的增加，TN 去除率也随之增大。生态滤沟对 TN 的去除与厌氧淹没区息息相关，氮通过硝化反硝化作用被去除，淹没区深度越大，厌氧区也相应增大，从而 TN 去除效果增强。

3）淹没区深度的正交试验 TP 的去除效果分析

用极差分析法评价各影响因素对 TP 去除效果的影响程度。各试验柱对 TP 的极差分析结果如表 4-29 所示。

表 4-29　各影响因素对 TP 浓度去除效果的影响

影响因素	D3			D4			D5		
	浓度	水量	间隔时间	浓度	水量	间隔时间	浓度	水量	间隔时间
$k1$	71.72	69.8	69.71	70.98	69.3	69.88	71.05	69.44	70.25
$k2$	69.44	70.96	69.45	70.28	71.54	70.23	69.68	71.35	69.82
$k3$	68.06	68.46	70.06	69.08	69.51	70.24	68.79	68.74	69.46
极差	3.66	2.5	0.61	1.9	2.24	0.36	2.26	2.61	0.79
影响程度	重要	次要	一般	次要	重要	一般	次要	重要	一般

由表 4-25 和表 4-29 看出，D3 各试验 TP 去除率的最大值是 2 号试验为 72.95%，低进水浓度、中入流水量、间隔时间是 10 天为最优方案。极差结果表明进水浓度为处理效果影响的重要因素，入流水量次之，间隔时间影响一般。综合分析，进水浓度低、入流水量中、间隔时间 17 天为最佳组合，D3 在此工况下的 TP 浓度去除效果最好。

由表 4-26 和表 4-29 看出，D4 各试验 TP 去除率的最大值是 2 号试验为 72.05%，低进水浓度、中入流水量、间隔时间是 10 天为最优方案。极差结果表明入流水量影响为处理效果影响的重要因素，进水浓度影响次之，间隔时间影响一般。综合分析，进水浓度低、入流水量中、间隔时间 17 天为最佳组合，D4 在此工况下的 TP 浓度去除效果最好。

由表 4-27 和表 4-29 看出，D5 各试验 TP 去除率的最大值是 2 号试验为 72.25%，低进水浓度、中入流水量、间隔时间是 10 天为最优方案。极差结果表明入流水量影响为处理效果影响的重要因素，进水浓度影响次之，间隔时间影响一般。综合分析，进水浓度低、入流水量中、间隔时间 3 天为最佳组合，D5 在此工况下的 TP 浓度去除效果最好。

综上分析，D3、D4、D5 去除 TP 最佳工况均为：低浓度中水量 17 天间隔时间。而间隔时间为一般影响因素。则选择低进水浓度、中入流水量和间隔时间 10 天来进行 TP 浓度去除效果的比较，其去除率分别为 72.95%、72.05%、72.25%，三者相差不足 1%，则可以得出结论：生态滤沟对于 TP 的去除与淹没区设置并无直接关系。

4）淹没区深度的正交试验 NH_4^+-N 的去除效果分析

用极差分析法评价各影响因素对 NH_4^+-N 去除效果的影响程度。各试验柱对 NH_4^+-N 的极差分析结果如表 4-30 所示。

表 4-30　各影响因素对 NH_4^+-N 浓度去除效果的影响

影响因素	D3			D4			D5		
	浓度	水量	间隔时间	浓度	水量	间隔时间	浓度	水量	间隔时间
$k1$	50.79	48.6	27.01	31.47	47.59	19.42	48.32	54.63	32.5
$k2$	30.28	44.09	55.14	32.89	32.46	30.04	47.82	53.85	50.85
$k3$	55.48	43.86	54.4	41.25	25.56	56.16	46	33.67	58.79
极差	25.2	4.74	28.13	9.78	22.03	36.74	2.32	20.96	26.29
影响程度	次要	一般	重要	一般	次要	重要	一般	次要	重要

由表 4-25 和表 4-30 可以看出，D3 各试验 NH_4^+-N 去除率的最大值是 7 号试验为 75.4%，高进水浓度、小入流水量、17 天间隔时间为最优方案。极差结果表明间隔时间为处理效果影响的重要因素，浓度影响次之，水量影响一般。综合分析，进水浓度高、入流水量小、间隔时间 10 天为最佳组合，D3 在此工况下的 NH_4^+-N 浓度去除效果最好。

由表 4-26 和表 4-30 可以看出，D4 各试验 NH_4^+-N 去除率的最大值是 5 号试验为 69.95%，中进水浓度、中入流水量、17 天间隔时间的 5 号试验为最优方案。极差结果表明间隔时间为处理效果影响的重要因素，入流水量次之，进水浓度影响一般。综合分析，进水浓度高、入流水量小、间隔时间 17 天为最佳组合，D4 在此工况下的 NH_4^+-N 浓度去除效果最好。

由表 4-27 和表 4-30 可以看出，D5 各试验 NH_4^+-N 去除率的最大值是 5 号试验 91.08%，中进水浓度、中入流水量、17 天间隔时间的 5 号试验为最优方案。极差结果表明间隔时间为处理效果影响的重要因素，水量次之，浓度影响一般。综合分析，进水浓度低、入流水量小、间隔时间 17 天为最佳组合，D5 在此工况下的 NH_4^+-N 浓度去除效果最好。

综上，3 个试验柱最优方案不尽相同，并且各因素对试验柱的影响程度也不同，因此，选取在不同工况下 NH_4^+-N 的平均去除率，对比淹没区深度对 NH_4^+-N 浓度去除的关系，对比关系如图 4-27 所示。

由图 4-27 看出，随着淹没区深度的增加，3 个试验滤柱对 NH_4^+-N 浓度去除呈现出不稳定的效果。在 30cm 淹没区深度下，NH_4^+-N 去除率反而最差，这可能是由于硝化—反硝化作用是一个复杂的变化过程，其过程受到了多种因素的影响。

5）淹没区深度的正交试验 PO_4^{3-} 的去除效果分析

用极差分析法评价各影响因素对 PO_4^{3-} 去除效果的影响程度。各试验柱对 PO_4^{3-} 的极差分析结果如表 4-31 所示。

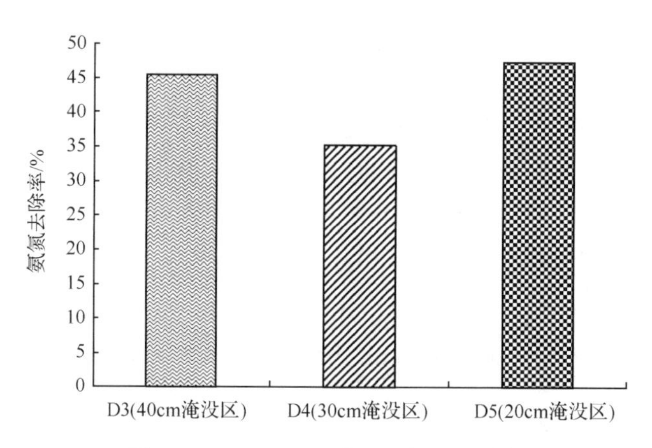

图 4-27　D3、D4、D5 的 NH_4^+-N 去除率

表 4-31　各影响因素对 PO_4^{3-} 浓度去除效果的影响

影响因素	D3			D4			D5		
	浓度	水量	间隔时间	浓度	水量	间隔时间	浓度	水量	间隔时间
$k1$	47.2	58.26	63.02	48.63	58.96	66.87	62.73	68.8	69.25
$k2$	84.15	66.37	50.95	91.63	68.04	61.1	80.94	70.99	68.89
$k3$	62.28	69	79.65	69.04	82.3	81.32	73.15	77.03	78.67
极差	36.95	10.74	28.7	42.99	23.33	20.22	18.21	8.24	9.78
影响程度	重要	一般	次要	重要	次要	一般	重要	一般	次要

由表 4-25 和表 4-31 可以看出，D3 各试验 PO_4^{3-} 去除率的最大值是 3 号试验为 99.55%，低进水浓度、大入流水量、17 天间隔时间为最优方案。极差结果表明进水浓度为处理效果影响的重要因素，间隔时间影响次之，入流水量影响一般。综合分析，进水浓度中、入流水量大、间隔时间 17 天为最佳组合，D3 在此工况下的 PO_4^{3-} 浓度去除效果最好。

由表 4-26 和表 4-31 可以看出，D4 各试验 PO_4^{3-} 去除率的最大值是 3 号试验为 99.52%，低进水浓度、大入流水量、17 天间隔时间为最优方案。极差结果表明进水浓度为处理效果影响的重要因素，入流水量次之，间隔时间影响一般。综合分析，进水浓度中、入流水量大、间隔时间 17 天为最佳组合，D4 在此工况下的 PO_4^{3-} 浓度去除效果最好。

由表 4-27 和表 4-31 可以看出，D5 各试验 PO_4^{3-} 去除率的最大值是 4 号试验为 99.57%，中进水浓度、小入流水量、10 天间隔时间的 4 号试验为最优方案；3 号试验为 99.38%，去除率相差很小。极差结果表明进水浓度为处理效果影响的重要因素，间隔时间次之，入流水量影响一般。综合分析，进水浓度中、入流水量大、间隔时间 17 天为最佳组合，D5 在此工况下的 PO_4^{3-} 浓度去除效果最好。

综上，选取低进水浓度、中入流水量、17 天间隔时间(3 号试验)，对各组 PO_4^{3-} 浓度去除率进行比较，去除率差别在 0.17%以内，三个试验柱的 PO_4^{3-} 浓度去除率无明显差异，表明淹没区的设置对 PO_4^{3-} 的去除基本无影响。

6) 淹没区深度的正交试验 NO_3^--N 的去除效果分析

用极差分析法评价各影响因素对 NO_3^--N 去除效果的影响程度。各试验柱对 NO_3^--N

的极差分析结果如表 4-32 所示。

表 4-32　各影响因素对 NO_3^--N 浓度去除效果的影响

影响因素	D3			D4			D5		
	浓度	水量	间隔时间	浓度	水量	间隔时间	浓度	水量	间隔时间
$k1$	47.93	14.69	19.55	50.17	30.95	35.82	54.3	20.36	26.51
$k2$	7.15	36.14	49	12.9	35.11	47.44	5.06	38.34	49.69
$k3$	21.48	25.74	8.02	34.38	31.39	14.19	21.41	22.06	4.57
极差	40.78	21.45	40.97	37.27	4.16	33.26	49.24	17.98	45.12
影响程度	次要	一般	重要	重要	一般	次要	重要	一般	次要

由表 4-25 和表 4-32 可以看出，D3 各试验 NO_3^--N 去除率的最大值是 2 号试验为 91.95%，低进水浓度、中入流水量、10 天间隔时间为最优方案。极差结果表明间隔时间为处理效果影响的重要因素，进水浓度影响次之，入流水量影响一般。综合分析，低进水浓度、中入流水量、间隔时间 10 天为最佳组合，则 D3 在此工况下的 NO_3^--N 浓度去除效果最好。

由表 4-26 和表 4-32 可以看出，D4 各试验 NO_3^--N 去除率的最大值是 1 号试验为 68.02%，低进水浓度、小入流水量、3 天间隔时间为最优方案。极差结果表明进水浓度为处理效果影响的重要因素，间隔时间次之，入流水量影响一般。综合分析，低进水浓度、中入流水量、间隔时间 10 天为最佳组合，D4 在此工况下的 NO_3^--N 浓度去除效果最好。

由表 4-27 和表 4-32 可以看出，D5 各试验 NO_3^--N 去除率的最大值是 2 号试验为 99.32%，低进水浓度、中入流水量、10 天间隔时间的 2 号试验为最优方案。极差结果表明进水浓度为处理效果影响的重要因素，间隔时间次之，入流水量影响一般。综合分析，低进水浓度、中入流水量、间隔时间 10 天为最佳组合，D5 在此工况下的 NO_3^--N 浓度去除效果最好。

综上，3 个试验柱最优方案不尽相同，并且各因素对试验柱的影响程度也不同，因此，选取在不同工况下 NO_3^--N 的平均去除率，对比淹没区深度对 NO_3^--N 浓度去除的关系，对比关系如图 4-28 所示。

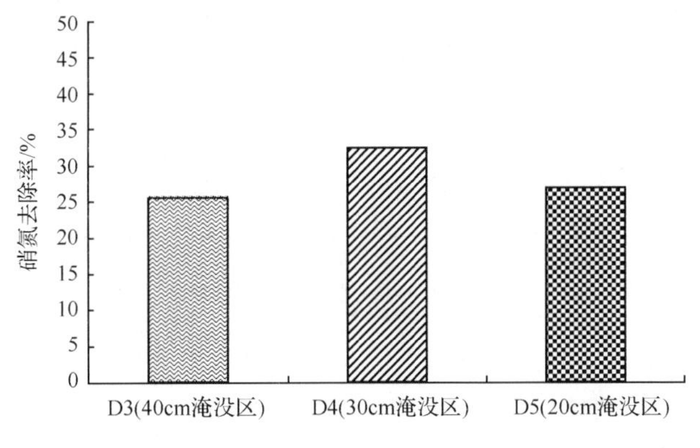

图 4-28　D3、D4、D5 的 NO_3^--N 去除率

由图 4-28 可以看出，3 个试验滤柱对 NO_3^--N 浓度去除也呈现出不稳定的效果。在 30cm 的淹没区深度下，去除效果最佳。在整个硝化—反硝化期间变化复杂，其过程受到了多种因素的影响；并且采样历时仅为 100 分钟，所以也有可能会导致去除率突然性的变化。

随着淹没区深度的变化，TP 和 PO_4^{3-} 浓度去除率均没有明显的变化；但 TN 去除率随着淹没区深度的降低而降低，40cm 深度下，TN 净化效果最佳；即淹没区深度的增加对 TN 净化效果影响较大，而对磷素的净化效果影响并不明显，这是由于淹没区增加的厌氧反硝化作用引起的。其中，在淹没区深度为 30cm 时，NO_3^--N 浓度去除效果最佳，而 NH_4^+-N 浓度去除效果最差，这可能是由于硝化—反硝化作用是个变化复杂的过程，其过程受到了多种因素的影响，如碳源的投加、溶解氧大小等（丁怡等，2015）。Dietz 和 Clausen（2006）研究发现，在设置淹没区的生物滞留系统中并未观察到滞留设施氮去除率的明显提升。

3. 人工填料种类对氮磷污染物浓度去除的影响

本试验选择 A 组试验滤柱（滤柱内部的结构除了人工填料种类不同其他纵向结构填料完全相同）进行试验，A1：覆盖层（5cm）＋蓄水层（15cm）＋种植土层（30cm）＋沙子（40cm）＋砾石层（15cm）、A2：覆盖层（5cm）＋蓄水层（15cm）＋种植土层（30cm）＋土层（40cm）＋砾石层（15cm）、A3：覆盖层（5cm）＋蓄水层（15cm）＋种植土层（30cm）＋炉渣（40cm）＋砾石层（15cm）、A4：覆盖层（5cm）＋蓄水层（15cm）＋种植土层（30cm）＋沙子和粉煤灰 5∶1 混合填料（40cm）＋砾石层（15cm）、A5：覆盖层（5cm）＋蓄水层（15cm）＋种植土层（30cm）＋沙子和炉渣 1∶1 混合填料（40cm）＋砾石层（15cm）5 个滤柱在进水浓度、入流水量、间隔时间条件完全相同情况下各污染物浓度去除率效果对比如图 4-29 所示。

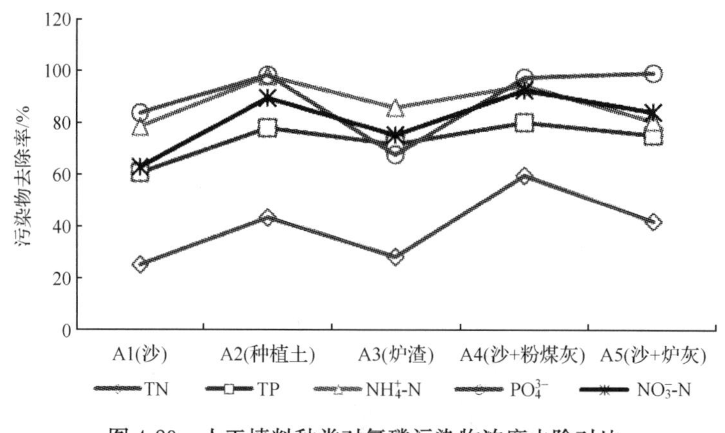

图 4-29 人工填料种类对氮磷污染物浓度去除对比

通过对 TN、TP、NH_4^+-N、PO_4^{3-} 和 NO_3^--N 五种污染物浓度在不同人工填料种类下的去除效果比对，各污染物的去除率结果对比图基本类似，A4（沙＋粉煤灰）、A5（沙＋炉渣）和 A2（种植土）对各污染物去除效果都很好。对于 TN、TP、NO_3^--N 三种污染物去除效果由强到弱依次为：沙子和粉煤灰混合填料＞种植土＞沙子和炉渣混合填料＞炉渣＞

沙子；NH_4^+-N 去除效果由强到弱依次为：种植土＞沙子和粉煤灰混合填料＞炉渣＞沙子和炉渣混合填料＞沙子；PO_4^{3-} 去除效果由强到弱为：沙子和炉渣混合填料＞种植土＞沙子和粉煤灰混合填料＞沙子＞炉渣。综合分析，沙子和粉煤灰 5∶1 的混合填料组合对污染物浓度的净化效果相对较好。因此，在选择沙子和粉煤灰 5∶1 的组合作为填料的基础上，研究植物种类生态滤沟净化效果的影响。

4. 植物种类对氮磷污染物浓度去除的影响

通过植物种类正交试验，确定 B4、E4、F4 滤柱在不同工况下各污染物去除率的平均值，对比植物种类不同时 TN、TP、NH_4^+-N、PO_4^{3-} 和 NO_3^--N 五种污染物的去除效果。各污染物浓度去除率的对比关系如图 4-30 所示。

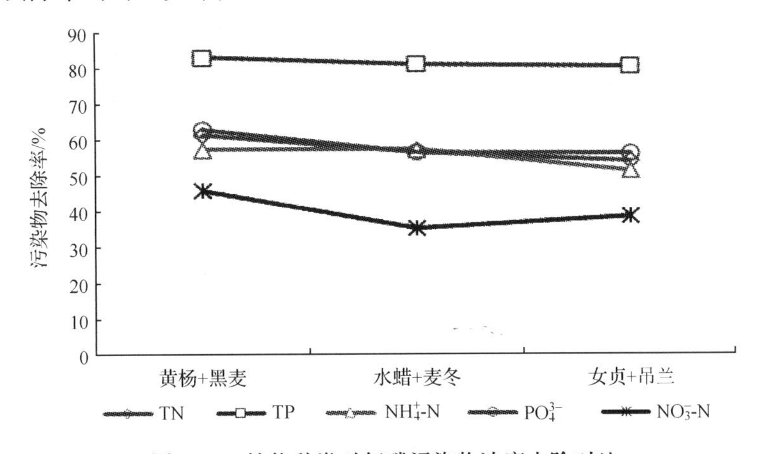

图 4-30　植物种类对氮磷污染物浓度去除对比

综合 3 个滤柱对五种污染物的平均处理效果总体分析，黄杨＋黑麦草对污染物的净化效果最佳，水蜡＋麦冬草处理效果次之；在硝氮的净化效果方面，相比于水蜡＋麦冬草，黄杨＋黑麦草可将净化效果提升 10%左右。因此，植物的选择对于生物滞留设施的净化效果至关重要，对于生物滞留设施来说，植物是重要构成元素。

通过对 TN、TP、NH_4^+-N、PO_4^{3-} 和 NO_3^--N 五种污染物浓度在不同植物种类下的去除效果比对，综合分析，B 组黄杨与黑麦草处理 5 种污染物浓度去除效果最好，水蜡＋麦冬次之，小叶女贞＋金边吊兰稍差，在实际应用中可以考虑使用黄杨＋黑麦草组合。

4.3　生态滤沟净化效果统计分析

4.3.1　生态滤沟对水量削减效果的统计分析

生态滤沟对水量削减率与入流水量、植物条件、人工填料、淹没区深度、土层厚度有关，要准确找到影响因素与水量削减率之间的相互关系，必须进行二者的相关性分析。本章采用 SPSS 软件中的曲线分析功能将影响生态滤沟水量削减效果的进水流量、植物条件、人工填料种类、淹没区深度以及土层厚度这 5 个因素与水量削减效果建立相关关系。

1. 各影响因素与水量削减率之间的曲线估计

曲线估计是通过自变量与因变量之间的散点图规律，绘制出一条具有统计意义的曲线，从而建立起自变量与因变量的相互关系曲线。

1）入流水量与水量削减之间的关系（表 4-33）

表 4-33 入流水量与水量削减率曲线估计表

试验柱	曲线估计	试验柱	曲线估计
A1	$y=-0.190x+120.292$ ($R^2=0.985$)	A2	$y=-0.130x+71.183$ ($R^2=0.847$)
A3	$y=-0.342x+133.738$ ($R^2=0.996$)	A4	$y=-0.106x+62.597$ ($R^2=0.761$)
A5	$y=-0.202x+107.083$ ($R^2=0.728$)	B1	$y=-0.072x+109.505$ ($R^2=0.643$)
B2	$y=-0.211x+88.436$ ($R^2=0.963$)	B3	$y=-0.172x+118.027$ ($R^2=0.994$)
B4	$y=-0.183x+75.186$ ($R^2=0.831$)	B5	$y=-0.232x+122.393$($R^2=0.985$)
C1	$y=-0.117x+118.062$ ($R^2=0.991$)	C2	$y=-0.168x+117.349$ ($R^2=0.998$)
C3	$y=-0.174x+118.259$ ($R^2=0.993$)	C4	$y=-0.068x+118.965$ ($R^2=0.636$)
C5	—	D1	$y=-0.082x+87.829$ ($R^2=1$)
D2	$y=-0.106x+81.588$ ($R^2=0.937$)	D3	$y=-0.164x+84.644$ ($R^2=0.776$)
D4	$y=-0.068x+74.994$ ($R^2=0.952$)	D5	$y=-0.059x+76.408$ ($R^2=0.977$)
E1	$y=-0.076x+109.848$ ($R^2=0.678$)	E2	$y=-0.169x+90.452$ ($R^2=0.840$)
E3	$y=-0.167x+112.498$ ($R^2=0.905$)	E4	$y=-0.317x+126.425$ ($R^2=0.993$)
E5	$y=-0.201x+120.022$ ($R^2=0.998$)	F1	$y=-0.067x+108.688$ ($R^2=0.690$)
F2	$y=-0.017x+56.364$ ($R^2=0.190$)	F3	$y=-0.190x+111.999$ ($R^2=0.881$)
F4	$y=-0.066x+66.855$ ($R^2=0.413$)	F5	$y=-0.232x+120.093$ ($R^2=0.893$)

2）植物条件与水量削减之间的关系（表 4-34）

表 4-34 植物条件与水量削减率曲线估计表

试验柱	曲线估计	试验柱	曲线估计
1#（低水量）	—	2#（低水量）	$y=55.362x+57.327$ ($R^2=0.437$)
3#（低水量）	—	4#（低水量）	$y=32.138x+53.848$ ($R^2=0.453$)
5#（低水量）	$y=31.808x+93.957$ ($R^2=0.641$)	1#（中水量）	$y=64.108x+87.257$ ($R^2=0.616$)
2#（中水量）	$y=35.325x+41.125$ ($R^2=0.509$)	3#（中水量）	—
4#（中水量）	$y=101.423x+33.315$ ($R^2=0.955$)	5#（中水量）	$y=103.531x+52.291$ ($R^2=0.974$)
1#（高水量）	$y=78.954x+70.751$ ($R^2=0.604$)	2#（高水量）	$y=56.738x+34.178$ ($R^2=0.245$)
3#（高水量）	$y=123.008x+43.372$ ($R^2=0.658$)	4#（高水量）	—
5#（高水量）	$y=24.577x+56.690$ ($R^2=0.880$)		

3）土层厚度与水量削减之间的关系

由于生态滤沟土层下方填充着入渗率较高的人工填料层，所以整个生态滤沟的水量削减率保持着较高水平。因此在进行曲线估计时，只能选择大水量下土层厚度不同的试验柱进行曲线拟合。综合比较选择试验柱 B3、试验柱 C4、试验柱 C5 进行曲线估计。最终得到土层厚度与水量削减率曲线估计：$y=-1.582x+116.613(R^2=0.993)$。

4）人工填料与水量削减之间的关系（表 4-35）

表 4-35 填料因子与水量削减率曲线估计表

试验组	曲线估计	试验组	曲线估计
A(低水量)	$y=45.720x+35.723$ ($R^2=0.994$)	B(低水量)	$y=47.049x+36.972$ ($R^2=0.950$)
E(低水量)	$y=35.167x+52.207$ ($R^2=0.889$)	F(低水量)	$y=43.549x+40.017$ ($R^2=0.933$)
A(中水量)	$y=37.967x+16.407$ ($R^2=0.831$)	B(中水量)	$y=46.732x+23.157$ ($R^2=0.915$
E(中水量)	$y=34.958x+36.408$ ($R^2=0.724$)	F(中水量)	$y=36.879x+27.585$ ($R^2=0.672$)
A(高水量)	$y=17.920x+28.683$ ($R^2=0.385$)	B(高水量)	$y=58.860x$-6.832 ($R^2=0.961$)
E(高水量)	$y=38.628x+21.680$ ($R^2=0.892$)	F(高水量)	$y=21.681x+41.799$ ($R^2=0.564$)

5）淹没区深度与水量削减之间的关系（表 4-36）

表 4-36 淹没区深度与水量削减率曲线估计表

试验组	曲线估计	试验组	曲线估计
D(低水量)	$y=-0.309x+79.349$ ($R^2=0.996$)	D(中水量)	$y=-0.229x+70.895$ ($R^2=0.983$)
D(高水量)	$y=-0.839x+74.273$ ($R^2=0.999$)		

2. 运用逐步回归模型对水量削减效果进行模拟（表 4-37）

根据曲线估计的模拟结果，生态滤沟对水量削减率与进水流量、植物条件、土层厚度、填料下渗率、淹没区深度均呈现线性关系，因此不需要数据转换直接将各因素代入公式得到式(4-10)：

$$Y=a_0+a_1X_1+a_2X_2+a_3X_3+a_4X_4+a_5X_5 \tag{4-10}$$

式中，Y 为水量削减率，%；X_1 为入流水量，L；X_2 为植物蒸腾作用，cm；X_3 为填料下渗率，m/d；X_4 为淹没区深度，cm；X_5 为土层厚度，cm。

表 4-37 水量削减效果逐步回归模型的建模样本

试验柱编号	入流水量 X_1/L	植物蒸腾作用 X_2/cm	填料下渗率 X_3/(m/d)	淹没区深度 X_4/cm	土层厚度 X_5/cm	水量削减率实测值 Y/%
A1	101.46	0	1.44	0	30	100.00
A2	101.46	0	0.5	0	30	60.32
A3	101.46	0	1.35	0	30	98.17
B1	101.50	0.1	1.44	0	30	100.00
B2	101.50	0.1	0.5	0	30	64.23
B3	101.50	0.1	1.35	0	30	100.00
C3	101.47	0.1	1.35	0	30	100.00
C4	101.47	0.1	1.35	0	20	100.00
C5	101.47	0.1	1.35	0	10	100.00

续表

试验柱编号	入流水量 X_1/L	植物蒸腾作用 X_2/cm	填料下渗率 X_3/(m/d)	淹没区深度 X_4/cm	土层厚度 X_5/cm	水量削减率实测值 Y/%
D3	101.73	0.1	1.35	50	30	64.35
D4	101.73	0.1	1.35	40	30	66.46
D5	101.73	0.1	1.35	30	30	70.08
E1	101.59	0.25	1.44	0	30	100.00
E2	101.59	0.25	0.5	0	30	76.34
E3	101.59	0.25	1.35	0	30	97.79
F1	101.08	0.15	1.44	0	30	100.00
F2	101.08	0.15	0.5	0	30	56.10
F3	101.08	0.15	1.35	0	30	95.69
A1	211.37	0	1.44	0	30	82.53
A2	211.37	0	0.5	0	30	37.94
A3	211.37	0	1.35	0	30	63.83
B1	211.14	0.1	1.44	0	30	100.00
B2	211.14	0.1	0.5	0	30	48.12
B3	211.14	0.1	1.35	0	30	83.09
C3	211.88	0.1	1.35	0	30	82.95
C4	211.88	0.1	1.35	0	20	99.25
C5	211.88	0.1	1.35	0	10	100.00
D3	211.38	0.1	1.35	50	30	59.25
D4	211.38	0.1	1.35	40	30	61.26
D5	211.38	0.1	1.35	30	30	64.97
E1	211.24	0.25	1.44	0	30	99.36
E2	211.24	0.25	0.5	0	30	46.91
E3	211.24	0.25	1.35	0	30	71.52
F1	211.39	0.15	1.44	0	30	99.19
F2	211.39	0.15	0.5	0	30	49.19
F3	211.39	0.15	1.35	0	30	64.49
A1	283.78	0	1.44	0	30	64.79
A2	283.78	0	0.5	0	30	37.85
A3	283.78	0	1.35	0	30	35.42
B1	283.68	0.1	1.44	0	30	85.81
B2	283.68	0.1	0.5	0	30	26.31
B3	283.68	0.1	1.35	0	30	68.36
C3	283.03	0.1	1.35	0	30	68.08
C4	283.03	0.1	1.35	0	20	86.56

续表

试验柱编号	入流水量 X_1/L	植物蒸腾作用 X_2/cm	填料下渗率 X_3/(m/d)	淹没区深度 X_4/cm	土层厚度 X_5/cm	水量削减率实测值 Y/%
C5	283.03	0.1	1.35	0	10	100.00
D3	283.17	0.1	1.35	50	30	32.70
D4	283.17	0.1	1.35	40	30	53.82
D5	283.17	0.1	1.35	30	30	59.26
E1	283.65	0.25	1.44	0	30	85.13
E2	283.65	0.25	0.5	0	30	47.10
E3	283.65	0.25	1.35	0	30	68.54
F1	283.09	0.15	1.44	0	30	86.75
F2	283.09	0.15	0.5	0	30	53.82
F3	283.09	0.15	1.35	0	30	62.67

将表中数据代入软件进行运算。得到计算结果如表 4-38 所示。

表 4-38　水量削减效果逐步回归模型计算结果

模型		非标准化系数		标准系数		R^2
		截距	标准误差	斜率	t	
1	(常量)	31.119	7.618		4.085	0.373
	填料下渗率	36.067	6.212	0.620	5.806	
2	(常量)	57.082	8.267		6.905	0.562
	填料下渗率	35.926	5.194	0.618	6.917	
	入流水量	−0.130	0.026	−0.440	−4.926	
3	(常量)	54.907	6.161		8.913	0.757
	填料下渗率	41.373	3.952	0.711	10.470	
	入流水量	−0.130	0.020	−0.440	−6.629	
	土层厚度	−0.646	0.098	−0.449	−6.611	
4	(常量)	84.469	10.154		8.319	0.800
	填料下渗率	38.891	3.655	0.668	10.639	
	入流水量	−0.130	0.018	−0.440	−7.301	
	土层厚度	−0.590	0.090	−0.410	−6.545	
	淹没区深度	−0.952	0.273	−0.216	−3.488	
5	(常量)	80.515	9.671		8.325	0.823
	填料下渗率	38.955	3.443	0.670	11.315	
	入流水量	−0.130	0.017	−0.440	−7.746	
	土层厚度	−0.566	0.085	−0.394	−6.639	
	淹没区深度	−1.011	0.258	−0.230	−3.917	
	植物蒸腾作用	46.301	16.912	0.157	2.738	

从输出结果看，逐步回归模型进入步骤共进行了五步，加入自变量的顺序依次是填料下渗率，入流水量，淹没区深度，土层厚度，植物蒸腾作用，最终得到的线性回归方程为

$$Y = 80.515 + 38.955X_1 - 0.13X_2 - 0.566X_3 - 1.011X_4 + 46.301X_5 \quad (4\text{-}11)$$

将余下几组数据代入回归方程进行检验：

表 4-39 水量削减效果逐步回归模型的检验样本

试验柱编号	入流水量 X_1/L	植物蒸腾作用 X_2/cm	填料下渗率 X_3/(m/d)	淹没区深度 X_4/cm	土层厚度 X_5/cm	水量削减率实测值 Y/%	水量削减率计算值 Y'/%
A4	101.46	0	0.45	0	30	54.35	54.52
A5	101.46	0	1.2	0	30	91.73	83.74
B4	101.50	0.1	0.45	0	30	53.05	59.15
B5	101.50	0.1	1.2	0	30	100.00	88.37
C1	101.47	0.1	1.35	0	30	100.00	94.21
C2	101.47	0.1	1.35	0	30	100.00	94.21
D1	101.73	0.1	1.35	0	30	79.46	94.18
D2	101.73	0.1	1.35	50	30	69.68	65.88
E4	101.59	0.25	0.45	0	30	60.63	66.08
E5	101.59	0.25	1.2	0	30	100.00	95.30
F4	101.08	0.15	0.45	0	30	63.43	61.52
F5	101.08	0.15	1.2	0	30	100.00	90.74
A4	211.37	0	0.45	0	30	34.01	40.24
A5	211.37	0	1.2	0	30	51.28	69.45
B4	211.14	0.1	0.45	0	30	45.12	44.90
B5	211.14	0.1	1.2	0	30	70.31	74.11
C1	211.88	0.1	1.35	0	30	83.53	79.86
C2	211.88	0.1	1.35	0	30	82.67	79.86
D1	211.38	0.1	1.35	0	30	70.61	79.92
D2	211.38	0.1	1.35	50	30	62.08	51.62
E4	211.24	0.25	0.45	0	30	60.27	51.83
E5	211.24	0.25	1.2	0	30	76.67	81.05
F4	211.39	0.15	0.45	0	30	44.57	47.18
F5	211.39	0.15	1.2	0	30	62.67	76.40
A4	283.78	0	0.45	0	30	36.36	30.82
A5	283.78	0	1.2	0	30	57.52	60.04
B4	283.68	0.1	0.45	0	30	17.86	35.47
B5	283.68	0.1	1.2	0	30	58.27	64.68
C1	283.03	0.1	1.35	0	30	68.53	70.61
C2	283.03	0.1	1.35	0	30	69.37	70.61
D1	283.17	0.1	1.35	0	30	64.58	70.59
D2	283.17	0.1	1.35	50	30	49.87	42.29

续表

试验柱编号	入流水量 X_1/L	植物蒸腾作用 X_2/cm	填料下渗率 X_3/(m/d)	淹没区深度 X_4/cm	土层厚度 X_5/cm	水量削减率实测值 Y/%	水量削减率计算值 Y'/%
E4	283.65	0.25	0.45	0	30	34.81	42.42
E5	283.65	0.25	1.2	0	30	63.64	71.63
F4	283.09	0.15	0.45	0	30	53.14	37.86
F5	283.09	0.15	1.2	0	30	59.62	67.07

对模拟结果检验采用确定性系数(Nash-Sutcliffe 模拟效率系数)。Nash-Sutcliffe 模拟效率系数(Ens)的计算公式为

$$\text{Ens} = 1 - \frac{\sum_{i=1}^{n}(Q_0 - Q_P)^2}{\sum_{i=1}^{n}(Q_0 - Q_{avg})^2} \tag{4-12}$$

式中,Q_0为实测值;Q_p为模拟值;Q_{avg}为实测平均值;n 为实测数据个数。

当 $Q_0 = Q_P$时,Ens=1;Ens 越接近于 1,表明模型效率越高。若 Ens 为负值,说明模型模拟平均值比直接使用实测平均值的可信度更低。将表 4-37、表 4-39 得到的结果代入式(4-12)中得到模拟结果 Ens=0.8582;检验结果 Ens=0.8324。模拟值与实测值对照如图 4-31 所示。

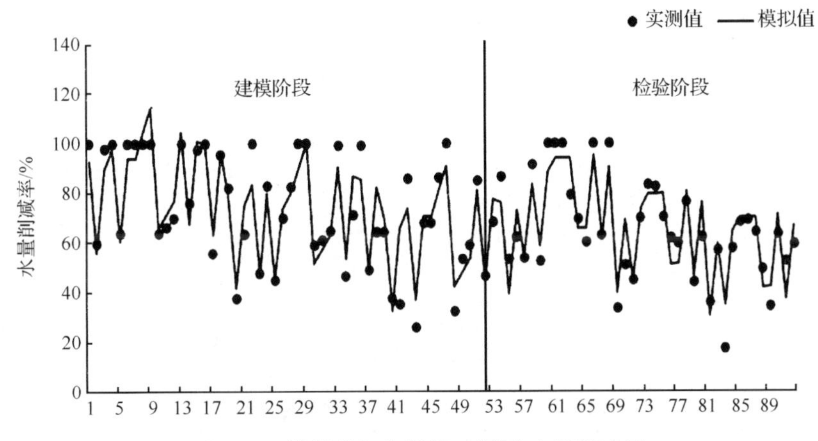

图 4-31　模拟值与实测值对照图-水量削减量

通过对实测值与模拟值对照图可以看出,模型的预测值与实测值相差较小,甚至很多点出现重合,再结合确定性系数 Ens 来看,模拟结果的确定性系数与检验结果的确定性系数相对接近且较为接近于 0.85,说明模拟方程选择较为合理。

4.3.2　生态滤沟对 COD 浓度去除效果与其影响因素统计分析

1. 各影响因素与水量削减率之间的曲线估计

生态滤沟对于 COD 浓度去除效果主要有以下几个影响因素:进水浓度、人工填料种类、填料厚度、土层厚度。

1）进水浓度与 COD 浓度去除之间的关系

表 4-40　进水浓度与 COD 浓度去除率曲线估计表

试验柱	曲线估计	试验柱	曲线估计
A1	$y=-0.025x+38.100$ ($R^2=0.392$)	A2	$y=-0.051x+84.266$ ($R^2=0.761$)
A3	$y=-0.012x+34.836$ ($R^2=0.421$)	A4	$y=-0.022x+82.054$ ($R^2=0.351$)
A5	—	B1	$y=-0.030x+39.990$ ($R^2=0.684$)
B2	$y=-0.042x+81.700$ ($R^2=0.733$)	B3	$y=-0.015x+35.028$ ($R^2=0.426$)
B4	$y=-0.043x+88.486$ ($R^2=0.760$)	B5	$y=-0.009x+31.836$ ($R^2=0.684$)
C1	$y=-0.014x+34.136$ ($R^2=0.437$)	C2	$y=-0.023x+37.757$ ($R^2=0.633$)
C3	$y=-0.028x+33.234$ ($R^2=0.784$)	C4	$y=-0.012x+37.018$ ($R^2=0.914$)
C5	$y=-0.004x+27.672$ ($R^2=0.311$)	D1	$y=-0.005x+43.401$ ($R^2=0.654$)
D2	—	D3	$y=-0.007x+44.119$ ($R^2=0.723$)
D4	—	D5	$y=-0.003x+41.755$ ($R^2=0.526$)
E1	$y=-0.028x+39.170$ ($R^2=0.486$)	E2	$y=-0.054x+86.519$ ($R^2=0.816$)
E3	$y=-0.016x+33.754$ ($R^2=0.397$)	E4	$y=-0.039x+87.383$ ($R^2=0.662$)
E5	$y=-0.012x+30.271$ ($R^2=0.509$)	F1	$y=-0.017x+36.151$ ($R^2=0.322$)
F2	$y=-0.059x+89.225$ ($R^2=0.951$)	F3	$y=-0.017x+32.344$ ($R^2=0.793$)
F4	$y=-0.044x+89.565$ ($R^2=0.829$)	F5	—

2）土层厚度与 COD 浓度去除之间的关系

表 4-41　土层厚度与 COD 浓度去除率曲线估计表

试验组	曲线估计	试验组	曲线估计
低浓度	$y=0.474x+20.957$ ($R^2=0.973$)	中浓度	$y=103.531x+52.291$ ($R^2=0.974$)
高浓度	$y=0.902x+16.133$ ($R^2=0.996$)		

3）填料种类与 COD 浓度去除之间的关系

表 4-42　填料因子与 COD 浓度去除率曲线估计表

试验组	曲线估计	试验组	曲线估计
A(低浓度)	$y=0.188x+6.519$ ($R^2=0.980$)	B(低浓度)	$y=0.185x+7.865$ ($R^2=0.967$)
E(低浓度)	$y=0.194x+5.592$ ($R^2=0.974$)	F(低浓度)	$y=0.193x+5.945$ ($R^2=0.976$)
A(中浓度)	$y=0.091x+26.701$ ($R^2=0.919$)	B(中浓度)	$y=0.099x+24.932$ ($R^2=0.940$)
E(中浓度)	$y=0.091x+26.912$ ($R^2=0.940$)	F(中浓度)	$y=0.103x+24.287$ ($R^2=0.974$)
A(高浓度)	$y=0.133x+12.631$ ($R^2=0.842$)	B(高浓度)	$y=0.120x+15.444$ ($R^2=0.821$)
E(高浓度)	$y=0.121x+15.052$ ($R^2=0.836$)	F(高浓度)	$y=0.111x+16.736$ ($R^2=0.865$)

4）填料厚度与COD浓度去除之间的关系

表 4-43　填料厚度与COD浓度去除率曲线估计表

试验组	曲线估计	试验组	曲线估计
低浓度	$y=0.292x+32.054$ ($R^2=0.973$)	中浓度	$y=0.163x+38.652$ ($R^2=0.967$)
高浓度	$y=0.163x+38.652$ ($R^2=0.967$)		

2. 运用偏最小二乘法对COD浓度去除效果进行模拟

生态滤沟对COD浓度去除效果与进水浓度、人工填料、填料厚度、土层厚度有关，要准确找到影响因素与COD浓度去除效果之间的相互关系，必须进行二者的相关性分析；对此，采用偏最小二乘法进行线性拟合求解各因素与COD浓度去除效果之间的方程。

偏最小二乘法(PLS)最基本思想是：设有1个因变量 y 和 m 个自变量$\{x_1, x_2, \cdots, x_m\}$，有 n 个观测样本点，由此构成了自变量与因变量的数据表 $X=[x_1, x_2, \cdots, x_m]_{n\times m}$和 $Y=[y]_{n\times 1}$。PLS分别在X与Y中提取成分 t_1 和 u_1（其中，t_1 是 $x_1, x_2, \cdots, x_m$的线性组合，u_1 是 y_1的线性组合）。在提取这两个成分时，必须满足以下两个条件：①t_1和 u_1应尽可能大地携带其各自数据表中的变异信息；②t_1 与 u_1 的相关程度能够达到最大。在第一个成分 t_1 和 u_1 被提取后，偏最小二乘回归分别实施 X 对 t_1 的回归以及 Y 对 t_1 的回归。如果回归方程已经达到满意的精度，则算法终止；否则，将利用 X 被 t_1 解释后的残余信息进行第二轮的成分提取。如此往复，直到能达到一个较满意的精度为止。若最终对 X 共提取了 k 个成分 $t_1, t_2, \cdots, t_k$，偏最小二乘回归将通过施行 y 对 $t_1, t_2, \cdots, t_k$的回归，然后再表达成 y 关于原变量 $x_1, x_2, \cdots, x_k$的回归方程。

根据曲线估计的模拟结果，发现影响COD浓度去除效果的各因素与COD浓度去除效果之间均呈线性关系，因此不需要数据转换直接将各因素代入公式得到式(4-13)：

$$Y = a_0 + a_1X_1 + a_2X_2 + a_3X_3 + a_4X_4 \tag{4-13}$$

式中，Y 为COD去除率，%；X_1为进水浓度，L；X_2 为填料下渗率，cm；X_3 为填料厚度，m/d；X_4 为土层厚度，cm。

得到标准化回归方程为：$Y^* = -0.1206X_1^* + 0.1975X_2^* + 0.8563X_3^* + 0.0334X_4^*$

原始变量回归方程为：$Y=-0.010X_1+0.915X_2+0.118X_3+0.270X_4-15.525$

将表4-44和表4-45得到的结果代入式(4-12)中得到模拟结果 Ens=0.8199；检验结果 Ens=0.8181。模拟值与实测值对照如图4-32所示。

表 4-44　COD去除效果进行PLS分析的建模样本

试验柱编号	进水浓度 X_1/(mg/L)	土层厚度 X_2/cm	填料因子 X_3/(d/km)	填料厚度 X_4/cm	去除率实测值 Y/%
A1	216.31	30	98.85	40	28.5
A2	216.31	30	392.53	40	77.25
A3	216.31	30	172.28	40	35.45
B1	212.44	30	98.85	40	30.45

续表

试验柱编号	进水浓度 X_1/(mg/L)	土层厚度 X_2/cm	填料因子 X_3/(d/km)	填料厚度 X_4/cm	去除率实测值 Y/%
B2	212.44	30	392.53	40	76.56
B3	212.44	30	172.28	40	35.63
C1	219.98	30	172.28	30	35
C2	219.98	30	172.28	50	36.41
C3	219.98	30	172.28	60	37.39
C4	219.98	20	172.28	50	29.53
C5	219.98	10	172.28	60	26.15
E1	210.47	30	98.85	40	29.41
E2	210.47	30	392.53	40	78.67
E3	210.47	30	172.28	40	34.47
F1	208.13	30	98.85	40	29.27
F2	208.13	30	392.53	40	78.78
F3	208.13	30	172.28	40	34.76
A1	393.34	30	98.85	40	35.85
A2	393.34	30	392.53	40	57.35
A3	393.34	30	172.28	40	42.80
B1	382.3	30	98.85	40	33.44
B2	382.3	30	392.53	40	59.51
B3	382.3	30	172.28	40	44.96
C1	401.11	30	172.28	30	43.52
C2	401.11	30	172.28	50	47.38
C3	401.11	30	172.28	60	48.16
C4	401.11	20	172.28	50	31.17
C5	401.11	10	172.28	60	27.55
E1	403.69	30	98.85	40	34.97
E2	403.69	30	392.53	40	58.59
E3	403.69	30	172.28	40	45.20
F1	407.5	30	98.85	40	35.29
F2	407.5	30	392.53	40	62.04
F3	407.5	30	172.28	40	41.48
A1	635.65	30	98.85	40	19.35
A2	635.65	30	392.53	40	54.84
A3	635.65	30	172.28	40	40.90
B1	639.13	30	98.85	40	18.49
B2	639.13	30	392.53	40	57.46

续表

试验柱编号	进水浓度 X_1/(mg/L)	土层厚度 X_2/cm	填料因子 X_3/(d/km)	填料厚度 X_4/cm	去除率实测值 Y/%
B3	639.13	30	172.28	40	42.84
C1	641.61	30	172.28	30	41.38
C2	641.61	30	172.28	50	46.81
C3	641.61	30	172.28	60	49.80
C4	641.61	20	172.28	50	34.84
C5	641.61	10	172.28	60	24.81
E1	637.25	30	98.85	40	18.15
E2	637.25	30	392.53	40	55.19
E3	637.25	30	172.28	40	41.84
F1	635.25	30	98.85	40	22.31
F2	635.25	30	392.53	40	53.52
F3	635.25	30	172.28	40	42.22

表 4-45　COD 去除效果进行 PLS 分析的检验样本

试验柱编号	进水浓度 X_1/(mg/L)	土层厚度 X_2/cm	填料因子 X_3/(d/km)	填料厚度 X_4/cm	去除率实测值 Y/%	去除率模拟值 Y'/%
A4	216.31	30	374.31	40	81.48	64.73
A5	216.31	30	141.5	40	31.96	37.26
B4	212.44	30	374.31	40	82.94	64.77
B5	212.44	30	141.5	40	32.34	37.30
D1	206.06	30	172.28	40	40.58	40.99
D2	206.06	30	172.28	40	39.48	40.99
D3	206.06	30	172.28	40	40.13	40.99
D4	206.06	30	172.28	40	39.37	40.99
D5	206.06	30	172.28	40	39.02	40.99
E4	210.47	30	374.31	40	82.9	64.79
E5	210.47	30	141.5	40	31.22	37.32
F4	208.13	30	374.31	40	82.98	64.81
F5	208.13	30	141.5	40	31.98	37.34
A4	393.34	30	374.31	40	66.05	62.96
A5	393.34	30	141.5	40	38.56	35.49
B4	382.3	30	374.31	40	66.09	63.07
B5	382.3	30	141.5	40	37.59	35.60
D1	399.94	30	172.28	40	44.87	39.05
D2	399.94	30	172.28	40	44.62	39.05

续表

试验柱编号	进水浓度 X_1/(mg/L)	土层厚度 X_2/cm	填料因子 X_3/(d/km)	填料厚度 X_4/cm	去除率实测值 Y/%	去除率模拟值 Y'/%
D3	399.94	30	172.28	40	45.98	39.05
D4	399.94	30	172.28	40	46.04	39.05
D5	399.94	30	172.28	40	44.7	39.05
E4	403.69	30	374.31	40	64.59	62.86
E5	403.69	30	141.5	40	38.21	35.39
F4	407.5	30	374.31	40	66.5	62.82
F5	407.5	30	141.5	40	38.82	35.35
A4	635.65	30	374.31	40	71.06	60.54
A5	635.65	30	141.5	40	33.51	33.07
B4	639.13	30	374.31	40	63.38	60.50
B5	639.13	30	141.5	40	36.64	33.03
D1	638.85	30	172.28	40	38.89	36.67
D2	638.85	30	172.28	40	40.22	36.67
D3	638.85	30	172.28	40	37.61	36.67
D4	638.85	30	172.28	40	39.59	36.67
D5	638.85	30	172.28	40	38.31	36.67
E4	637.25	30	374.31	40	65.47	60.52
E5	637.25	30	141.5	40	36.74	33.05
F4	635.25	30	374.31	40	63.69	60.54
F5	635.25	30	141.5	40	32.74	33.07

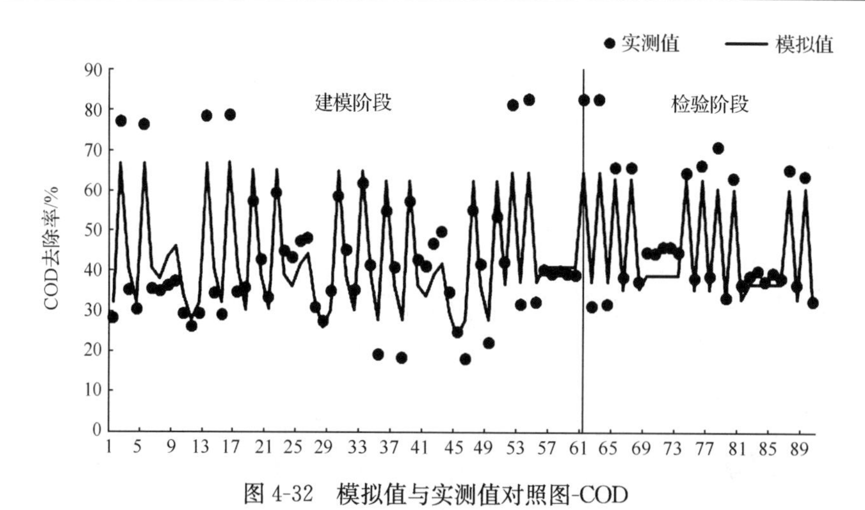

图 4-32　模拟值与实测值对照图-COD

通过实测值与模拟值对照图可以看出，模型的预测值与实测值相差较小，甚至很多点出现重合，再结合确定性系数 Ens 来看，模拟结果的确定性系数与检验结果的确定性系数相对接近且较为接近于 0.82，说明模拟方程选择较为合理。

4.3.3 生态滤沟对 TN 浓度去除效果与其影响因素统计分析

生态滤沟对 TN 浓度去除效果影响因素主要包含:进水浓度、淹没区深度、土层厚度、人工填料种类、人工填料厚度。运用多元线性回归模型对 TN 浓度去除效果进行模拟,多元线性回归方程建立如下:

$$Y = a_0 + a_1 X_1 + a_2 X_2 + a_3 X_3 + a_4 X_4 + a_5 X_5 + a_6 X_6 \quad (4\text{-}14)$$

式中,Y 为 TN 去除率,%;X_1 为入流水量,L;X_2 为进水浓度,mg/L;X_3 为淹没区深度,cm;X_4 为土层厚度,cm;X_5 为填料因子,d/km;X_6 为填料厚度,cm。

将表 4-46 中数据代入软件运算,本章采用系统默认的强行进入法,其他选项均采用系统默认的设置。得到的输出结果如表 4-47 所示。

表 4-46　TN 去除效果多元回归模型的建模样本

滤柱号	入流水量 X_1/L	进水浓度 X_2/(mg/L)	淹没区深度 X_3/cm	土层厚度 X_4/cm	填料因子 X_5/(d/km)	填料厚度 X_6/cm	TN 浓度去除率实测值 Y/%
B1	58.267	8.75	0	30	51.76	40	52.50
E1	58.267	8.90	0	30	51.76	40	32.40
F1	58.267	9.07	0	30	51.76	40	22.56
A1	58.267	9.00	0	30	51.76	40	21.22
B1	121.276	15.15	0	30	51.76	40	53.59
E1	121.276	13.05	0	30	51.76	40	32.61
F1	121.276	14.73	0	30	51.76	40	31.48
A1	121.276	15.53	0	30	51.76	40	28.59
B1	162.923	19.23	0	30	51.76	40	49.55
E1	162.923	20.55	0	30	51.76	40	38.77
F1	162.923	20.97	0	30	51.76	40	31.06
A1	162.923	19.98	0	30	51.76	40	25.65
B2	58.267	8.75	0	30	264.225	40	53.59
E2	58.267	8.90	0	30	264.225	40	48.86
F2	58.267	9.07	0	30	264.225	40	37.60
A2	58.267	9.00	0	30	264.225	40	35.67
B2	121.276	15.15	0	30	264.225	40	65.12
E2	121.276	13.05	0	30	264.225	40	57.55
F2	121.276	14.73	0	30	264.225	40	45.31
A2	121.276	15.53	0	30	264.225	40	43.57
B2	162.923	19.23	0	30	264.225	40	58.07
E2	162.923	20.55	0	30	264.225	40	43.92
F2	162.923	20.97	0	30	264.225	40	37.70
A2	162.923	19.98	0	30	264.225	40	22.57
B3	58.267	8.75	0	30	157.785	40	35.88
E3	58.267	8.90	0	30	157.785	40	29.29

续表

滤柱号	入流水量 X_1/L	进水浓度 X_2/(mg/L)	淹没区深度 X_3/cm	土层厚度 X_4/cm	填料因子 X_5/(d/km)	填料厚度 X_6/cm	TN浓度去除率实测值 Y/%
F3	58.267	9.07	0	30	157.785	40	27.61
A3	58.267	9.00	0	30	157.785	40	22.57
B3	121.276	15.15	0	30	157.785	40	61.15
E3	121.276	13.05	0	30	157.785	40	53.33
F3	121.276	14.73	0	30	157.785	40	43.35
A3	121.276	15.53	0	30	157.785	40	25.34
B3	162.923	19.23	0	30	157.785	40	53.33
E3	162.923	20.55	0	30	157.785	40	33.56
F3	162.923	20.97	0	30	157.785	40	31.79
A3	162.923	19.98	0	30	157.785	40	26.15
C1	58.267	8.78	0	30	157.785	30	23.64
C1	58.267	13.35	0	30	157.785	30	25.15
C1	121.276	8.78	0	30	157.785	30	24.45
C1	121.276	13.35	0	30	157.785	30	30.63
C1	162.923	8.78	0	30	157.785	30	20.71
C1	162.923	13.35	0	30	157.785	30	24.14
C2	58.267	8.78	0	30	157.785	50	43.20
C2	58.267	13.35	0	30	157.785	50	47.42
C2	121.276	8.78	0	30	157.785	50	50.99
C2	121.276	13.35	0	30	157.785	50	54.37
C2	162.923	8.78	0	30	157.785	50	30.53
C2	162.923	13.35	0	30	157.785	50	35.97
C3	58.267	8.78	0	30	157.785	60	46.54
C3	58.267	13.35	0	30	157.785	60	50.38
C3	121.276	8.78	0	30	157.785	60	40.25
C3	121.276	13.35	0	30	157.785	60	55.80
C3	162.923	8.78	0	30	157.785	60	36.54
C3	162.923	13.35	0	30	157.785	60	48.66
C4	58.267	8.78	0	20	157.785	50	35.95
C4	58.267	13.35	0	20	157.785	50	43.66
C4	121.276	8.78	0	20	157.785	50	37.66
C4	121.276	13.35	0	20	157.785	50	39.83
C4	162.923	8.78	0	20	157.785	50	28.43
C4	162.923	13.35	0	20	157.785	50	32.02
C5	58.267	8.78	0	10	157.785	60	28.10
C5	58.267	13.35	0	10	157.785	60	29.43
C5	121.276	8.78	0	10	157.785	60	29.60

续表

滤柱号	入流水量 X_1/L	进水浓度 X_2/(mg/L)	淹没区深度 X_3/cm	土层厚度 X_4/cm	填料因子 X_5/(d/km)	填料厚度 X_6/cm	TN 浓度去除率实测值 Y/%
C5	121.276	13.35	0	10	157.785	60	33.07
C5	162.923	8.78	0	10	157.785	60	19.54
C5	162.923	13.35	0	10	157.785	60	20.73
D1	58.267	8.78	0	30	157.785	40	42.04
D1	58.267	13.35	0	30	157.785	40	46.89
D1	121.276	8.78	0	30	157.785	40	30.91
D1	121.276	13.35	0	30	157.785	40	52.83
D1	162.923	8.78	0	30	157.785	40	20.91
D1	162.923	13.35	0	30	157.785	40	33.03
D3	58.267	9.10	40	30	157.785	40	42.04
D3	58.267	13.58	40	30	157.785	40	50.35
D3	121.276	9.10	40	30	157.785	40	57.65
D3	121.276	13.58	40	30	157.785	40	61.30
D3	162.923	9.10	40	30	157.785	40	42.69
D3	162.923	13.58	40	30	157.785	40	48.77
D4	58.267	9.10	30	30	157.785	40	36.50
D4	58.267	13.58	30	30	157.785	40	48.67
D4	121.276	9.10	30	30	157.785	40	51.90
D4	121.276	13.58	30	30	157.785	40	56.32
D4	162.923	9.10	30	30	157.785	40	24.60

表 4-47　模型汇总表

模型	R	R^2	调整 R^2	标准估计的误差
1	0.610a	0.372	0.323	9.80546

表 4-47 是对模型的汇总表，其中有衡量该回归方程优劣的统计量。R 表示为复相关系数，值为 0.610，它表示模型中所有因变量与自变量两者之间的线性回归关系的密切程度；调整系数 R^2 为重点关注的统计量，值为 0.323；标准估计得误差为 9.80546。

从表 4-48 中回归模型的方差分析看出，回归平方和为 4389.798，残差平方和为 7403.328，方差分析中的 F 统计量等于 7.610，概率 P 值(0.000)小于显著性水平(0.05)，所以该模型是有统计学意义的。

表 4-48　方差分析表

模型		平方和	df	均方	F	Sig.
1	回归	4389.798	6	731.633	7.610	0.000a
	残差	7403.328	77	96.147		
	总计	11793.127	83			

表 4-49 给出了回归模型的常数项、入流水量、进水浓度、淹没区深度、土层厚度、填料因子、填料厚度的相关系数，得到回归方程如下：

$$Y = -32.614 - 0.070X_1 + 0.963X_2 + 0.298X_3 + 1.014X_4 + 0.051X_5 + 0.677X_6 \tag{4-15}$$

将其余几组数据代入式(4-15)进行检验：

表 4-49　回归系数表

模型		非标准化系数		标准系数	t	Sig.
		B	标准误差			
1	(常量)	−32.614	13.785		−2.366	0.021
	入流水量	−0.070	0.029	−0.255	−2.409	0.018
	进水浓度	0.963	0.333	0.316	2.891	0.005
	淹没区深度	0.298	0.090	0.312	3.325	0.001
	土层厚度	1.014	0.246	0.478	4.129	0.000
	填料因子	0.051	0.019	0.244	2.698	0.009
	填料厚度	0.677	0.171	0.463	3.962	0.000

将表 4-46 和表 4-50 中得到的结果代入式(4-12)中得到率定结果 Ens=0.78；检验结果 Ens=0.81。模拟值与实测值对照如图 4-33 所示。

表 4-50　TN 去除效果多元回归模型的检验样本

滤柱号	入流水量 X_1/L	进水浓度 X_2/(mg/L)	淹没区深度 X_3/cm	土层厚度 X_4/cm	填料因子 X_5/(d/km)	填料厚度 X_6/cm	TN 浓度去除率实测值 Y/%	TN 浓度去除率预测值 Y'/%
B4	58.267	8.75	0	30	243.815	40	57.79	60.42
E4	58.267	8.90	0	30	243.815	40	56.52	60.27
F4	58.267	9.07	0	30	243.815	40	57.56	60.10
A4	58.267	9.00	0	30	243.815	40	48.50	60.17
B4	121.276	15.15	0	30	243.815	40	72.94	54.16
E4	121.276	13.05	0	30	243.815	40	66.52	56.24
F4	121.276	14.73	0	30	243.815	40	60.92	54.58
A4	121.276	15.53	0	30	243.815	40	59.86	53.78
B4	162.923	19.23	0	30	243.815	40	53.5	50.17
E4	162.923	20.55	0	30	243.815	40	46.50	48.86
F4	162.923	20.97	0	30	243.815	40	43.95	48.44
A4	162.923	19.98	0	30	243.815	40	40.93	49.43
B5	58.267	8.75	0	30	138.445	40	50.2	49.70
E5	58.267	8.90	0	30	138.445	40	48.84	49.55
F5	58.267	9.07	0	30	138.445	40	47.36	49.38
A5	58.267	9.00	0	30	138.445	40	42.22	49.45

续表

滤柱号	入流水量 X_1/L	进水浓度 X_2/(mg/L)	淹没区深度 X_3/cm	土层厚度 X_4/cm	填料因子 X_5/(d/km)	填料厚度 X_6/cm	TN浓度去除率实测值 Y/%	TN浓度去除率预测值 Y'/%
B5	121.276	15.15	0	30	138.445	40	52.1	43.44
E5	121.276	13.05	0	30	138.445	40	50.93	45.53
F5	121.276	14.73	0	30	138.445	40	47.56	43.86
A5	121.276	15.53	0	30	138.445	40	42.22	43.07
B5	162.923	19.23	0	30	138.445	40	48.92	39.46
E5	162.923	20.55	0	30	138.445	40	46.05	38.14
F5	162.923	20.97	0	30	138.445	40	45.2	37.72
A5	162.923	19.98	0	30	138.445	40	45.93	38.71
C1	58.267	20.15	0	30	157.785	30	24.6	34.63
C1	121.276	20.15	0	30	157.785	30	28.43	34.73
C1	162.923	20.15	0	30	157.785	30	23.29	34.80
C2	58.267	20.15	0	30	157.785	50	45.03	46.05
C2	121.276	20.15	0	30	157.785	50	52.17	46.15
C2	162.923	20.15	0	30	157.785	50	33.84	46.21
C3	58.267	20.15	0	30	157.785	60	47.23	51.75
C3	121.276	20.15	0	30	157.785	60	52.55	51.85
C3	162.923	20.15	0	30	157.785	60	45.5	51.92
C4	58.267	20.15	0	20	157.785	50	39.24	33.93
C4	121.276	20.15	0	20	157.785	50	38.69	34.03
C4	162.923	20.15	0	20	157.785	50	30.2	34.09
C5	58.267	20.15	0	10	157.785	60	28.17	27.52
C5	121.276	20.15	0	10	157.785	60	31.42	27.61
C5	162.923	20.15	0	10	157.785	60	20.18	27.68
D1	58.267	20.15	0	30	157.785	40	44.2	40.34
D1	121.276	20.15	0	30	157.785	40	47.81	40.44
D1	162.923	20.15	0	30	157.785	40	26.65	40.50
D3	58.267	20.63	40	30	157.785	40	48.37	48.13
D3	121.276	20.63	40	30	157.785	40	60.66	48.23
D3	162.923	20.63	40	30	157.785	40	45.7	48.29
D4	58.267	20.63	30	30	157.785	40	43.7	46.06
D4	121.276	20.63	30	30	157.785	40	54.39	46.16
D4	162.923	20.63	30	30	157.785	40	26.93	46.23

通过实测值与模拟值对比图看出，模型的预测值与实测值相差相对较小，结合确定性系数 Ens 综合看来，模拟出的结果确定性系数与检测结果确定性系数都趋近于 0.8，则说明方程选择合理。

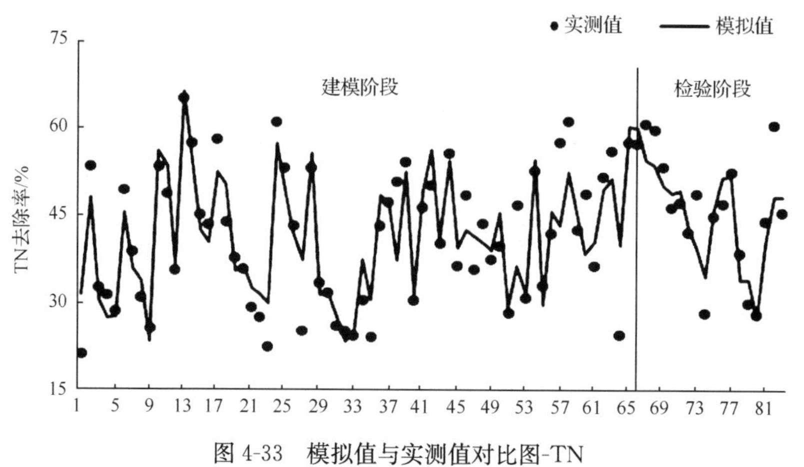

图 4-33 模拟值与实测值对比图-TN

4.3.4 生态滤沟对 TP 浓度去除效果与其影响因素统计分析

生态滤沟对 TP 浓度去除效果影响因素主要包含：进水浓度、土层厚度、人工填料种类、人工填料厚度。

运用多元线性回归模型对 TP 浓度去除效果进行模拟，多元线性回归方程建立如下：

$$Y = a_0 + a_1 X_1 + a_2 X_2 + a_3 X_3 + a_4 X_4 \tag{4-16}$$

式中，Y 为 TP 去除率，%；X_1 为进水浓度，mg/L；X_2 为土层厚度，cm；X_3 为填料因子，d/km；X_4 为填料厚度，cm。

将表 4-51 中数据代入软件运算，采用系统默认的强行进入法，其他选项均采用系统默认的设置。得到的输出结果如表 4-52 所示。

表 4-51 TP 去除效果多元回归模型的建模样本

滤柱号	进水浓度 X_1/(mg/L)	土层厚度 X_2/cm	填料因子 X_3/(d/km)	填料厚度 X_4/cm	TP 浓度去除率实测值 Y/%
B1	0.56	30	89.194	40	63.70
E1	0.52	30	89.194	40	63.50
F1	0.55	30	89.194	40	61.60
A1	0.57	30	89.194	40	60.90
B1	2.15	30	89.194	40	62.40
E1	1.96	30	89.194	40	61.56
F1	2.15	30	89.194	40	61.09
A1	2.19	30	89.194	40	59.80
B1	2.43	30	89.194	40	61.50
E1	2.39	30	89.194	40	60.30
F1	2.41	30	89.194	40	59.70
A1	2.45	30	89.194	40	59.50
B2	0.56	30	326.378	40	81.57

续表

滤柱号	进水浓度 X_1/(mg/L)	土层厚度 X_2/cm	填料因子 X_3/(d/km)	填料厚度 X_4/cm	TP 浓度去除率实测值 Y/%
E2	0.52	30	326.378	40	80.55
F2	0.55	30	326.378	40	80.31
A2	0.57	30	326.378	40	78.12
B2	2.15	30	326.378	40	80.86
E2	1.96	30	326.378	40	80.60
F2	2.15	30	326.378	40	79.59
A2	2.19	30	326.378	40	75.67
B2	2.43	30	326.378	40	76.07
E2	2.39	30	326.378	40	73.92
F2	2.41	30	326.378	40	72.10
A2	2.45	30	326.378	40	70.70
B3	0.56	30	150.218	40	76.86
E3	0.52	30	150.218	40	74.59
F3	0.55	30	150.218	40	74.35
A3	0.57	30	150.218	40	71.85
B3	2.15	30	150.218	40	75.57
E3	1.96	30	150.218	40	74.88
F3	2.15	30	150.218	40	72.29
A3	2.19	30	150.218	40	69.61
B3	2.43	30	150.218	40	71.33
E3	2.39	30	150.218	40	70.64
F3	2.41	30	150.218	40	69.15
A3	2.45	30	150.218	40	67.14
C1	2.00	30	150.218	30	74.37
C1	0.56	30	150.218	30	75.99
C1	2.00	30	150.218	30	70.20
C1	0.56	30	150.218	30	74.14
C1	2.00	30	150.218	30	65.45
C1	0.56	30	150.218	30	66.71
C2	2.00	30	150.218	50	76.64
C2	0.56	30	150.218	50	84.37
C2	2.00	30	150.218	50	85.99
C2	0.56	30	150.218	50	87.20
C2	2.00	30	150.218	50	80.42
C2	0.56	30	150.218	50	81.53
C3	2.00	30	150.218	60	85.66
C3	0.56	30	150.218	60	88.68

续表

滤柱号	进水浓度 X_1/(mg/L)	土层厚度 X_2/cm	填料因子 X_3/(d/km)	填料厚度 X_4/cm	TP浓度去除率实测值 Y/%
C3	2.00	30	150.218	60	86.58
C3	0.56	30	150.218	60	90.08
C3	2.00	30	150.218	60	80.39
C3	0.56	30	150.218	60	82.25
C4	2.00	20	150.218	50	73.06
C4	0.56	20	150.218	50	73.70
C4	2.00	20	150.218	50	79.30
C4	0.56	20	150.218	50	80.71
C4	2.00	20	150.218	50	69.54
C4	0.56	20	150.218	50	71.73
C5	2.00	10	150.218	60	66.75
C5	0.56	10	150.218	60	68.30
C5	2.00	10	150.218	60	68.19
C5	0.56	10	150.218	60	69.35
C5	2.00	10	150.218	60	63.03
C5	0.56	10	150.218	60	63.17
D1	2.00	30	150.218	40	69.40
D1	0.56	30	150.218	40	71.58
D1	2.00	30	150.218	40	71.23
D1	0.56	30	150.218	40	72.03
D1	2.00	30	150.218	40	68.86
D1	0.56	30	150.218	40	69.77
D3	2.00	30	150.218	40	69.03
D3	0.56	30	150.218	40	71.62
D3	2.00	30	150.218	40	70.86
D3	0.56	30	150.218	40	72.95
D3	2.00	30	150.218	40	68.43
D3	0.56	30	150.218	40	70.58
D4	2.00	30	150.218	40	69.90
D4	0.56	30	150.218	40	70.08
D4	2.00	30	150.218	40	71.98
D4	0.56	30	150.218	40	72.05
D4	2.00	30	150.218	40	68.97
D4	0.56	30	150.218	40	70.82

表 4-52　模型汇总表

模型	R	R^2	调整 R^2	标准估计的误差
1	0.795a	0.632	0.613	4.5584

表 4-52 是对模型的汇总表，给出了衡量该回归方程优劣的统计量。R 为复相关系数 0.795，它表示模型中所有自变量与因变量之间的线性回归关系的密切程度；调整系数 R^2 值为 0.613；标准估计得误差为 4.5584。

从表 4-53 回归模型的方差分析看出，回归平方和为 2820.035，残差平方和为 1641.526，方差分析中的 F 统计量等于 33.929，概率 P 值（0.000）小于显著性水平（0.05），所以该模型是有统计学意义的。

表 4-53　方差分析表

模型		平方和	df	均方	F	Sig.
1	回归	2820.035	4	705.009	33.929	0.000a
	残差	1641.526	79	20.779		
	总计	4461.561	83			

表 4-54 给出了回归模型的常数项、进水浓度、土层厚度、填料因子、填料厚度的相关系数，得到回归方程如下：

$$Y = 15.779 - 2.243X_1 + 0.796X_2 + 0.052X_3 + 0.668X_4 \tag{4-17}$$

将其余几组数据代入式(4-17)进行检验：

表 4-54　回归系数表

模型		非标准化系数		标准系数	t	Sig.
		B	标准误差			
1	（常量）	15.779	6.152		2.565	0.012
	进水浓度	−2.243	0.633	−0.244	−3.545	0.001
	土层厚度	0.796	0.114	0.609	6.999	0.000
	填料因子	0.052	0.007	0.489	7.104	0.000
	填料厚度	0.668	0.078	0.744	8.523	0.000

将表 4-51、表 4-55 中得到的结果代入式(4-12)中得到率定结果 Ens=0.8634；检验结果 Ens=0.8577。模拟值与实测值对照如图 4-34 所示。

表 4-55　TP 去除效果多元回归模型的检验样本

滤柱号	进水浓度 X_1/(mg/L)	土层厚度 X_2/cm	填料因子 X_3/(d/km)	填料厚度 X_4/cm	TP 浓度去除率实测值 Y/%	TP 浓度去除率预测值 Y'/%
B4	0.56	30	354.302	40	84.8	83.97
E4	0.52	30	354.302	40	82.56	84.06
F4	0.55	30	354.302	40	82.03	83.99
A4	0.57	30	354.302	40	80.48	83.94

续表

滤柱号	进水浓度 X_1/(mg/L)	土层厚度 X_2/cm	填料因子 X_3/(d/km)	填料厚度 X_4/cm	TP浓度去除率实测值 Y/%	TP浓度去除率预测值 Y'/%
B4	2.15	30	354.302	40	83.93	80.07
E4	1.96	30	354.302	40	81.62	80.53
F4	2.15	30	354.302	40	81.14	80.07
A4	2.19	30	354.302	40	79.78	79.97
B4	2.43	30	354.302	40	80.93	79.38
E4	2.39	30	354.302	40	79.46	79.48
F4	2.41	30	354.302	40	78.67	79.43
A4	2.45	30	354.302	40	78.24	79.33
B5	0.56	30	156.629	40	79.68	77.10
E5	0.52	30	156.639	40	78.57	77.19
F5	0.55	30	156.649	40	78.01	77.12
A5	0.57	30	156.659	40	75.41	77.07
B5	2.15	30	156.669	40	77.59	73.20
E5	1.96	30	156.679	40	76.83	73.66
F5	2.15	30	156.689	40	76.26	73.20
A5	2.19	30	156.699	40	74.59	73.10
B5	2.43	30	156.709	40	75.65	72.51
E5	2.39	30	156.719	40	74.51	72.61
F5	2.41	30	156.729	40	72.75	72.56
A5	2.45	30	156.739	40	69.88	72.46
C1	2.4	30	150.218	30	74.27	67.30
C1	2.4	30	150.218	30	69.58	67.30
C1	2.4	30	150.218	30	64.15	67.30
C2	2.4	30	150.218	50	78.67	77.42
C2	2.4	30	150.218	50	83.26	77.42
C2	2.4	30	150.218	50	75.99	77.42
C3	2.4	30	150.218	60	83.2	82.49
C3	2.4	30	150.218	60	84.85	82.49
C3	2.4	30	150.218	60	79.65	82.49
C4	2.4	20	150.218	50	71.69	69.43
C4	2.4	20	150.218	50	76.38	69.43
C4	2.4	20	150.218	50	68.41	69.43
C5	2.4	10	150.218	60	62.9	66.50
C5	2.4	10	150.218	60	68.11	66.50
C5	2.4	10	150.218	60	64.39	66.50
D1	2.4	30	150.218	40	67.35	72.36
D1	2.4	30	150.218	40	70.43	72.36

续表

滤柱号	进水浓度 X_1/(mg/L)	土层厚度 X_2/cm	填料因子 X_3/(d/km)	填料厚度 X_4/cm	TP浓度去除率实测值 Y/%	TP浓度去除率预测值 Y'/%
D1	2.4	30	150.218	40	68.59	72.36
D3	2.4	30	150.218	40	68.75	72.36
D3	2.4	30	150.218	40	69.07	72.36
D3	2.4	30	150.218	40	66.36	72.36
D4	2.4	30	150.218	40	67.92	72.36
D4	2.4	30	150.218	40	70.58	72.36
D4	2.4	30	150.218	40	68.73	72.36

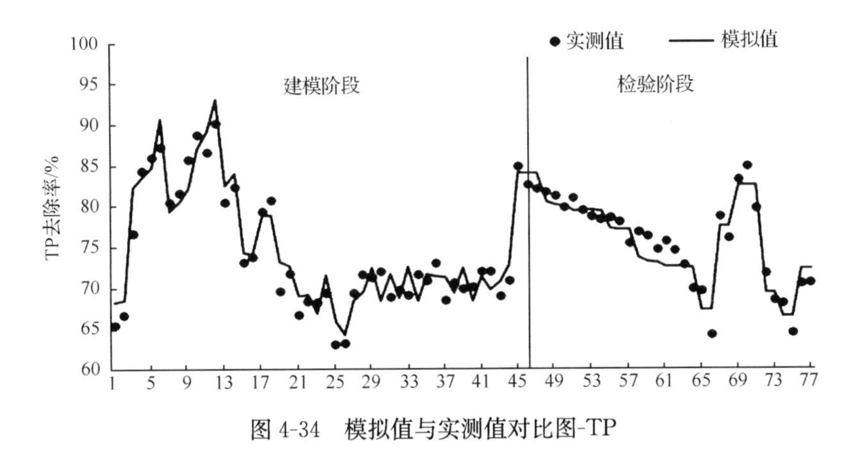

图 4-34　模拟值与实测值对比图-TP

通过实测值与模拟值对比图看出，模型的预测值与实测值相差相对较小，结合确定性系数 Ens 综合看来，模拟出的结果确定性系数与检测结果确定性系数都趋近于 0.86，则说明方程选择合理。

4.4　生态滤沟小试净化效果模拟

HYDRUS-1D 是国际地下水模型中心推荐，由美国盐土实验室开发的，计算包气带水分、盐分运移规律的软件，用它可以解算在不同边界条件制约下的数学模型（乔刚，2006）。HYDRUS-1D 是基于 Windows 环境下进行建模用以分析饱和—非饱和多孔介质水流和溶质运移（Hilten，2008）。该软件包括一维有限元模型 HYDRUS 模型用于模拟饱和—非饱和介质水的运动，热量和多种溶质运移（喻啸，2004）。通过交互图形界面进行数据的预处理、土壤剖面的离散化，并把结果以图形的形式表示出来。

4.4.1　生态滤沟水分运移机理

1. 机理方程

HYDRUS 软件模拟一维饱和—非饱和水分运移基本方程为（假设地面为坐标轴，向下为正）（喻啸，2004；Šimůnek，2008）：

$$\frac{\mathrm{d}\theta}{\mathrm{d}h}\times\frac{\partial h}{\partial t}=\frac{\partial}{\partial z}\left[K(\theta)\left(\frac{\partial h}{\partial z}-1\right)\right]-S \tag{4-18}$$

式中，h 为压力水头，m；θ 为土壤体积含水率；K 为土壤的导水率；Z 为土壤深度，m；t 为时间，d；S 为植物根系吸水量，对裸露区为 0。

模型假设水利特性曲线 $\theta(h)$ 和 $K(\theta)$ 可以用 Van Genuchten 方程来描述（李玮和何江涛，2013）：

$$\theta(h)=\theta_r+\frac{\theta_s-\theta_r}{(1+|\alpha\times h|^{\beta})^{\gamma}} \tag{4-19}$$

$$K(S_e)=K_s S_e^{0.5}\times[1-(1-S_e^{\frac{1}{\gamma}})^{\gamma}]^2 \tag{4-20}$$

式中，θ_s 为饱和含水率；θ_r 为残余含水率；α、β 为形状参数，$\alpha(\mathrm{m}^{-1})$。S_e 为相对饱和度，$S_e=(\theta-\theta_r)/(\theta_s-\theta_r)$；$K_s$ 为饱和导水率，m/d；γ 为饱和度参数，$\gamma=1-1/\beta$。

2. 边界条件

上表面边界条件为第一类边界条件或者第二类边界条件（叶永红和宁立波，2009）：

$$h(0,t)=h_0(t) \tag{4-21}$$

$$\left(-K\frac{\partial h}{\partial z}+K\right)\bigg|_{z=0}=q_0(t) \tag{4-22}$$

式中，$h_0(t)$ 为赋值的压力水头；$q_0(t)$ 为赋值的进水通量。

下边界条件为第一类边界条件、第二类边界条件以及自由排水条件：

$$h(l,t)=h_1(t) \tag{4-23}$$

$$\left(-K\frac{\partial h}{\partial z}+K\right)\bigg|_{z=l}=q_l(t) \tag{4-24}$$

$$\frac{\partial h}{\partial z}\bigg|_{z=l}=0 \tag{4-25}$$

4.4.2 生态滤沟溶质运移机理

1. 机理方程

HYDRUS 软件模拟溶质运移基本方程为（假设地面为坐标轴，向下为正）：

$$\frac{\partial}{\partial z}\left(\theta D\frac{\partial c}{\partial z}\right)-\frac{\partial qc}{\partial z}-\lambda_1\theta c-\lambda_2\rho_b s=\frac{\partial\theta c}{\partial t}+\frac{\partial\rho_b s}{\partial t} \tag{4-26}$$

式中，c 为溶液中的溶质浓度，kg/m^3；s 为溶质在固相上的吸附量；D 为弥散系数，m^2/d；q 为达西流动通量，m/d；λ_1、λ_2 为溶解相和吸收相的一级降解系数，1/d；ρ_b 为土壤干容重 kg/m^3。

HYDRUS 模型中吸附模型引用 Freundlich 非线性方程：$s=k_1c^{\eta}$（k_1 和 η 均为经验系数）。常取 $\eta=1$（线性吸附），k_1 则等于固液相分配系数 k_d，即 $s=k_dc$。

2. 边界条件

上表面边界条件可以定义为第一类边界条件或者第三类边界条件：

$$c(0,t) = c_0(t) \tag{4-27}$$

$$\left(-\theta D\frac{\partial c}{\partial z} + qc\right)\bigg|_{z=0} = \begin{cases} q_0 c_0 & q_0 > 0 \\ 0 & q_0 \leqslant 0 \end{cases} \tag{4-28}$$

式中，c_0为土壤表面入渗溶液浓度，kg/m^3；q_0为土壤表面入渗溶液达西流动通量，($q_0 \leqslant 0$)土壤表面溶液零通量。

下边界条件可以定义为第一类边界条件以及零梯度条件：

$$c(1,t) = c_1(t) \tag{4-29}$$

$$\frac{\partial c}{\partial z}\bigg|_{z=l} = 0 \quad q_l > 0 \tag{4-30}$$

4.4.3 运用 HYDRUS-1D 软件模拟生态滤沟中 TN 迁移

在进行 TN 迁移模拟时进行如下设定：

(1) 水分运移上边界条件为定水头边界，从最初的时刻开始淹没区达到蓄满状态并且之后进水流量等于溢流流量。

(2) 试验放水过程整个填料层初始处于非饱和状态，经过进水过程，逐渐形成分层饱和，并最终达到完全饱和，而模拟过程则从整个填料层完全饱和开始进行，并假设这一时刻便是初始状态。

1. 参数的选择

运用 Hydrus-1D 模拟试验滤柱人工填料层为中粗砂的滤柱的溶质运移过程，模拟滤柱内 85cm 深的填料层的溶质运移过程，滤柱溶质及水分运移参数如表 4-56 所示(张博等，2013；杨栩，2012)。

表 4-56 试验柱 B1 水分运移、溶质运移参数表

填料	θ_r	θ_s	Alpha/(cm^{-1})	n	Ks/(cm/min)	ρ_b/(mg/cm^3)	K_d/(cm^3/mg)
土壤	0.078	0.43	0.036	1.56	0.0173	1.4	0.00028
中粗砂	0.057	0.41	0.124	2.28	0.2432	1.32	0.00012
砾石层	0.045	0.43	0.145	2.68	0.495	1.91	0.00009

2. 模拟结果

本试验研究滤柱总深度为 85cm，其中分为 3 层进行模拟研究。在 Hydrus-1D 的 Soil Profile-Graphical Editor 模块中剖分滤柱纵向结构，土壤层为第 1 层：0～30cm；中粗砂层为第 2 层：30～70cm；砾石层为第 3 层：70～85cm；本试验设置一个观测点在最底部，以研究溶质在垂向上的运动变化规律。本试验研究了当 TN 浓度为 15mg/L 时，具体结果显示如图 4-35 和图 4-36 所示。

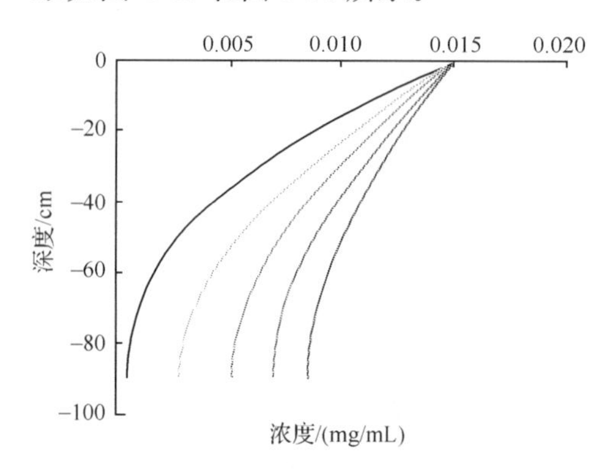

图 4-35　Hydrus-1D 软件模拟浓度为 15mg/L 时沿程浓度

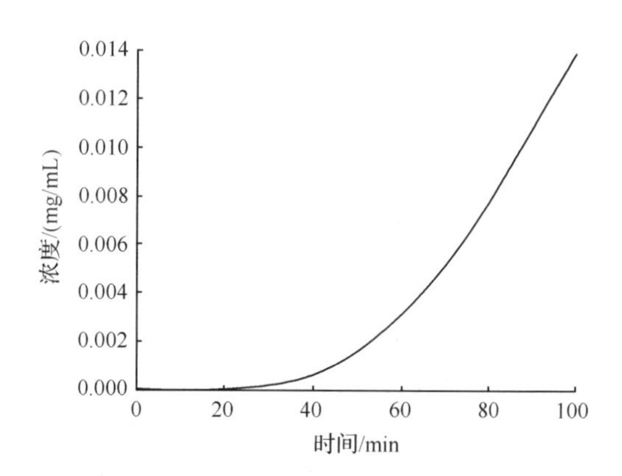

图 4-36　Hydrus-1D 软件模拟浓度为 15mg/L 时出水浓度

图 4-35 中由左至右 5 条曲线分别为开始放水后 20 分钟、40 分钟、60 分钟、80 分钟、100 分钟的沿程浓度。

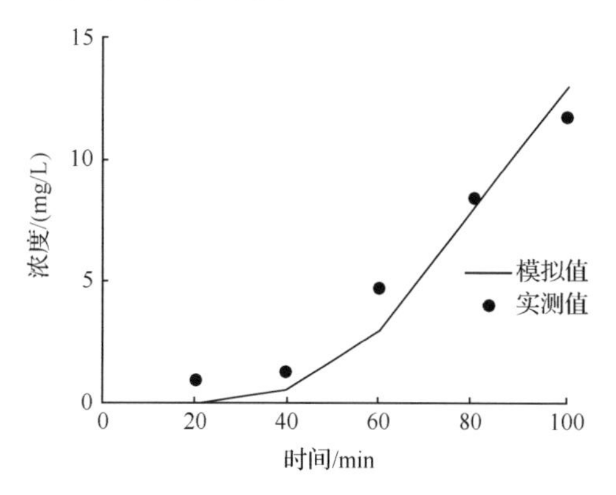

图 4-37　模拟值与实测值对比图

本试验从开始放水后 20 分钟、40 分钟、60 分钟、80 分钟、100 分钟分别取出水的 TN 浓度实测值依次为 0.925mg/L、1.275mg/L、4.7mg/L、8.425mg/L、11.8mg/L。图 4-37 为这 5 个时刻 TN 浓度实测值与模拟值得对比情况，结果表明实测值基本符合模拟值结果，且整个模拟过程均较为相似，但是在 100 分钟时刻，实测值稍小于模拟值，这可能是由于本试验模拟之前的设定，试验设定介质在试验开始时处于饱和状态，但是实际上这是理想的情况，实际试验中介质在开始时很多情况还是有空隙的非饱和状态，可能是此原因造成的结果偏低；还可能是由于填料的吸附性能具有一定的饱和性，相较于试验初期，填料的吸附性能都是极高的，随着试验过程填料的吸附作用有所降低，所以可能造成了试验结果稍低于模拟结果。

4.5　本章小结

生态滤沟为生物滞留技术的一种，对城市路面径流污染物的净化效果以及水量的削减有很大作用，本章主要分别从这两方面进行试验，得出以下结论：

(1) 综合不同人工填料厚度对 TN、TP、NH_4^+-N、PO_4^{3-} 和 NO_3^--N 五种污染物的处理效果总体分析，五种污染物的去除效果都是随着人工填料层的厚度增加去除效果增强，即在 60cm 的填料厚度下，各种污染物浓度净化效果最佳；但是人工填料厚度从 40cm 增加到 60cm 时，TN 浓度的去除率增幅很小；人工填料厚度从 50cm 增加到 60cm 时，TP 浓度的去除率增幅很小。而其余三种污染物净化效果呈不同的波动趋势；COD 浓度去除效果随着填料厚度的增加而增强。因此，在实际建设生态滤沟中，建议相对增加人工填料厚度来提高对污染物浓度的净化效果，不过此次试验结果仅表示人工填料炉渣对各污染物浓度净化的处理效果。

(2) 综合不同淹没区深度对 TN、TP、NH_4^+-N、PO_4^{3-} 和 NO_3^--N 五种污染物的处理效果总体分析，随着淹没区深度的变化，TP 和 PO_4^{3-} 浓度去除率均没有明显的变化；但 TN 去除率随着淹没区深度的降低而降低，40cm 深度下，TN 净化效果最佳；即淹没区深度增加对 TN 净化效果影响较大，而对磷素净化效果影响并不明显，这是由于淹没区增加的厌氧反硝化作用引起的。其中，在淹没区深度为 30cm 时，NO_3^--N 浓度去除效果最佳，而 NH_4^+-N 浓度去除效果最差，这可能是由于硝化—反硝化作用是个变化复杂的过程，其过程受到了多种因素的影响；而淹没区深度的设置对于 COD 浓度去除效果无明显作用。

(3) 人工填料种类对 COD 浓度去除效果由强到弱依次为沙子和粉煤灰混合填料、种植土、炉渣、沙子和炉渣混合填料，而沙子的去除效果最差。对于 TN、TP、NO_3^--N 三种污染物浓度去除率效果相同，由强到弱依次为：沙子和粉煤灰混合填料、种植土、沙子和炉渣混合填料、炉渣、沙子；NH_4^+-N 浓度去除率效果由强到弱依次为：种植土、沙子和粉煤灰混合填料、炉渣、沙子和炉渣混合填料、沙子；PO_4^{3-} 浓度去除效果由强到弱为：沙子和炉渣混合填料、种植土、沙子和粉煤灰混合填料、沙子、炉渣。整体上看，沙子和粉煤灰 5∶1 混合填料对污染物浓度的去除效果最好。

(4) 综合不同植物种类对 TN、TP、NH_4^+-N、PO_4^{3-} 和 NO_3^--N 五种污染物的平均处理效果总体分析，黄杨＋黑麦草对污染物的净化效果最佳，水蜡＋麦冬草处理效果次之；在 NO_3^--N 净化效果方面，相比于水蜡＋麦冬草，黄杨＋黑麦草可将净化效果提升 10%左右，在实际应用中可以考虑使用黄杨＋黑麦草的植物组合。植物的选择对于生物滞留设施的净化效果至关重要，对于生物滞留设施来说，植物是重要构成元素。

(5) 入流水量对生态滤沟的水量削减效果有一定影响，在其他条件不变的情况下，生态滤沟的水量削减率会随着入流水量的增大而减小。植物条件不同，生态滤沟表现出的水量削减效果也不同，小型试验结果表明：水蜡＋麦冬草的组合的水量削减率要高于黄杨＋黑麦草的组合，而黄洋＋黑麦草的组合又优于小叶女贞＋金边吊兰的组合，不栽种植物的生态滤沟水量削减率低于栽种植物的滤沟。土层厚度是影响生态滤沟水量削减的一个主要因素，在填料总厚度不发生变化的前提下，仅改变土层以及人工填料所占的比例，生态滤沟的水量削减率会发生明显改变，水量削减率会随着土层厚度的减少而明显增加；而仅仅改变人工填料层厚度不改变土层厚度，生态滤沟水量削减率不会发生明显改变。人工填料也是生态滤沟水量削减效果的重要影响因素，试验结果表明：沙子作为人工填料时，水量削减率最高；其后依次是炉渣、沙子与炉渣的混合填料、土，沙子和粉煤灰的混合填料水量削减率最低。设置不同淹没区深度略微改变生态滤沟的水量削减率，水量削减率会随着淹没区深度的增加而降低。

(6) HYDRUS-1D 软件可以较为准确地模拟生态滤沟小型试验出水情况以及污染物浓度的垂向分布。在各参数实测值以及经验值相对准确的条件下，其模拟结果与实测值较为接近，具有很高的应用价值。但是，HYDRUS 软件不能较为精确地模拟生态滤沟填料层中微生物生化反应，仅能模拟污染物的物理吸附及其伴随的化学反应，在模拟部分污染物时具有一定的局限性。同时，中下层非饱和介质土壤特性曲线的参数值较难准确获得，也是目前将 HYDRUS 应用于生态滤沟技术的阻碍。

参考文献

陈莹，赵剑强，胡博. 2011. 西安市城市主干道路面径流污染负荷研究. 安全与环境学报，11(4)：112～116

丁怡，王玮，王宇晖，等. 2015. 水平潜流人工湿地的脱氮机理及其影响因素研究. 工业水处理，35(6)：6～9

杜光斐. 2012. 生态滤沟处理城市路面径流的试验研究. 西安：西安理工大学硕士学位论文

李玮，何江涛. 2013. Hydrus—1D 软件在地下水污染风险评价中的应用. 中国环境科学，33(4)：629～647

林原，袁宏林，陈海清. 2011. 西安市屋面、路面雨水水质特征分析. 科技风，11(6)：128～133

卢金锁，程云，郑琴，等. 2010. 西安市暴雨强度公式的推求研究. 中国给水排水，26(17)：82～84

乔刚. 2006. 天山北麓平原区包气带水分运移机理与数值分析. 西安：长安大学硕士学位论文

汪冬华. 2010. 多元统计分析与 SPSS 应用. 上海：华东理工大学出版社

王宝山. 2011. 城市雨水径流污染物输移规律研究. 西安：西安建筑科技大学博士学位论文

杨栩. 2012. 城市绿地对降雨径流及其污染物削减研究. 天津：天津大学博士学位论文

叶永红，宁立波. 2009. 石油类污染物在包气带中的迁移预测——以兰州西固商业石油储备库为例. 环境科学与技术，11(11)：186～190

喻啸. 2004. 绿地雨洪利用水量水质问题研究. 北京：清华大学硕士学位论文

袁宏林，陈海清，林原. 2011. 西安市降雨水质变化规律分析. 西安建筑科技大学学报(自然科学版)，43(3)：391～395

张博，孙法圣，王帆. 2013. Hydrus—1D 在基于过程的地下水污染评价中的应用. 科技导报，31(17)：37～40

Bratieres K, Fletcher T D, Deletic A, et al. 2008. Nutrient and sediment removal by stormwater biofilters: A large-scale design optimisation study. Water Research, 42(14): 3930～3940

Brown R A, Hunt W F. 2011. Impacts of media depth on effluent water quality and hydrologic performance of undersized bioretention cells. Journal of Irrigation and Drainage Engineering, 137(3): 132～143

Dietz M E, Clausen J C. 2006. Saturation to improve pollutant retention in a rain garden flow. Environment science & technology, 40(4): 1335～1340

Hilten R N. 2008. Modeling stormwater runoff from green roofs with HYDRUS-1D. Journal of Hydrology, 358(3): 288～293

Šimůnek J. 2008. Modeling nonequilibrium flow and transport with HYDRUS. Vadose Zone Journal, 7(2): 782～797

第5章　基于试验装置(Ⅰ)的生态滤沟净化城市路面径流的中试研究与模拟

生态滤沟净化城市路面径流中型试验分两个阶段进行，主要考虑从单纯物理化学作用到物理化学和生物综合作用下生态滤沟系统的运行效果及其影响因素。第一阶段，生态滤沟对模拟雨水的物理化学吸附试验。在不考虑植物和生物活动的前提下，采用双边进水方式，着重研究生态滤沟中填料对各污染物的物化吸附去除效果。第二阶段，模拟配水净化能力试验，在栽种植物情况下，用试验配水模拟路面径流，通过正交试验，研究各个因素对生态滤沟运行效果(浓度去除、水量削减)的影响，识别主要影响因素，确定试验条件下各因素最适值。采用SPSS软件线性分析中的逐步回归模型对生态滤沟水量削减效果与影响因素(进水水量、运行间隔时间、填料种类)进行线性拟合；采用多元线性回归模型对生态滤沟污染物净化效果与影响因素(进水污染物浓度、运行间隔时间、填料种类、沟宽)进行线性拟合。采用Hydrus-1D软件模拟生态滤沟中型试验装置出水情况以及污染物浓度的垂向分布。

5.1　试验设计

5.1.1　试验装置概况

本试验在西安理工大学露天试验场设计和建造了两套中型试验装置(平面图如图5-1所示，剖面图如图5-2所示)，其中一套为0.5米宽的10条滤沟，每条沟槽的规格为2m×0.5m×1.05m(长×宽×深，下同)，10条沟共用一个水箱，水箱体积为2700L；另一套为1.0m宽的8条滤沟，每条沟槽的规格为2.5m×1.0m×1.05m，水箱体积2520L。实物照片如彩图8所示，装置内部填充情况如表5-1所示。

表5-1　中试装置设计一览表

试验组	装置编号	植物	构造								
			蓄水层/cm	覆盖层/cm	种植土/cm	填料层	填料层厚度/cm	米石层/cm	砾石层/cm	淹没区	是否防渗
0.5m	北1	黄杨+麦冬草	15	5	30	种植土	40	5	10	—	不防渗
	北2	黄杨+麦冬草	15	5	30	高炉渣	40	5	10	—	不防渗
	北3	黄杨+麦冬草	15	5	30	高炉渣+沙子1:1	40	5	10	—	不防渗

续表

试验组	装置编号	植物	构造								
			蓄水层/cm	覆盖层/cm	种植土/cm	填料层	填料层厚度/cm	米石层/cm	砾石层/cm	淹没区	是否防渗
0.5m	北 4	黄杨+麦冬草	15	5	30	粉煤灰+沙子 1∶1	40	5	10	—	不防渗
	北 5	黄杨+麦冬草	15	5	—	沙子+种植土+腐殖质 18∶1∶1	70	5	10	—	不防渗
	北 6	黄杨+麦冬草	15	5	—	沙子+种植土+腐殖质 18∶1∶1	70	5	10	700	防渗
	北 7	黄杨+麦冬草	15	5	30	粉煤灰+沙子 1∶1	40	5	10	0	防渗
	北 8	黄杨+麦冬草	15	5	30	高炉渣+沙子 1∶1	40	5	10	550	防渗
	北 9	黄杨+麦冬草	15	5	30	高炉渣	40	5	10	350	防渗
	北 10	黄杨+麦冬草	15	5	30	种植土	40	5	10	150	防渗
1m	西 1	黄杨+麦冬草	15	5	30	粉煤灰+沙子 1∶1	40	5	10	—	不防渗
	西 2	黄杨+麦冬草	15	5	30	高炉渣+沙子 1∶1	40	5	10	—	不防渗
	西 3	黄杨+麦冬草	15	5	30	高炉渣+沙子 1∶1	40	5	10	550	防渗
	西 4	黄杨+麦冬草	15	5	30	粉煤灰+沙子 1∶1	40	5	10	—	防渗
	东 1	黄杨+麦冬草	15	5	30	高炉渣	40	5	10	—	不防渗
	东 2	黄杨+麦冬草	15	5	30	种植土	40	5	10	—	不防渗
	东 3	黄杨+麦冬草	15	5	30	种植土	40	5	10	150	防渗
	东 4	黄杨+麦冬草	15	5	30	高炉渣	40	5	10	350	防渗

注：表 5-1 中种植土为西安市本地黄土；填料层中混合比例为体积比；装置淹没区设置 0mm、150mm、350mm、550mm、700mm5 个高度，表中显示物化吸附试验淹没区高度设置情况

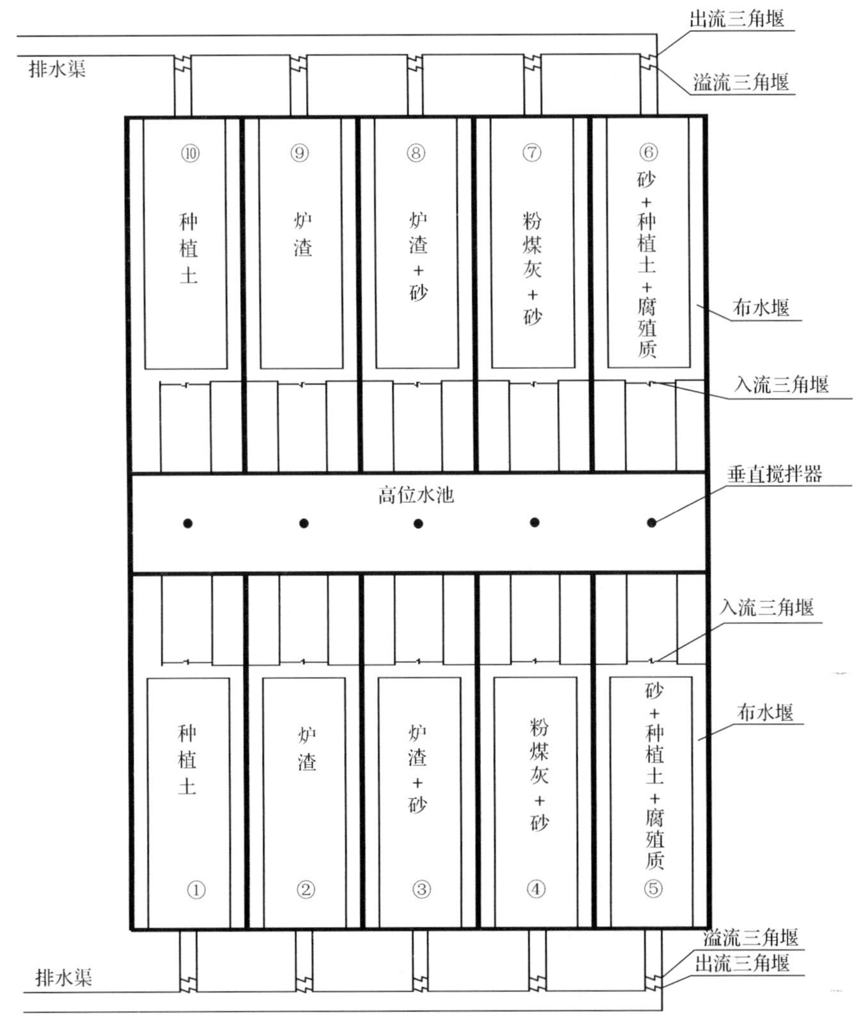

图 5-1　生态滤沟中试装置(0.5m 宽)平面图

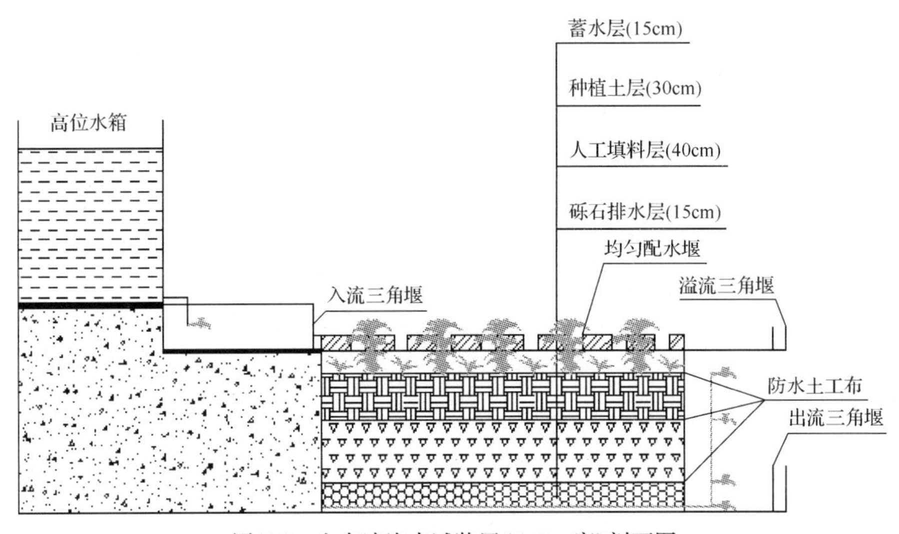

图 5-2　生态滤沟中试装置(0.5m 宽)剖面图

5.1.2 试验方案设计

1. 进水水量

1）物化吸附水量试验

影响滤沟水量削减的主要因素有：进水水量、填料种类、运行间隔时间。本试验设计了大、中、小三个降雨强度，降雨历时为60分钟。0.5m沟的试验总需水量分别为849.6L/60min、1771.2L/60min、2379.6L/60min，1m沟试验总水量分别为2019.6L/60min、4204.8L/60min、5648.4L/60min（表5-2）。试验的运行间隔天数分别为1d和3d。

表5-2 试验水量

装置	降雨强度	水池体积/L	每条沟进水水量/(L/60min)	每场试验放水次数	沟槽个数	实际每池水水量/(L/60min)
0.5m	小水量	2700	424.8	1	6	2548.8
	中水量	2700	885.6	2	3	2656.8
	大水量	2700	1189.8	3	2	2379.6
1m	小水量	2580	1009.8	1	2	2019.6
	中水量	2580	2102.4	2	1	2102.4
	大水量	2580	2824.2	2	1	2824.2

2）净化能力水量试验

由滞留带面积计算公式（李俊奇等，2010）计算得本试验汇流比为17：1；试验配水水量计算结果如表5-3和表5-4所示。

表5-3 进水流量(0.5m)

降雨强度	重现期/a	暴雨强度/[L/(s·h)]	汇流面积/m^2	降雨历时/min	设计流量/(L/s)	进水水量/(L/60min)
小水量	0.5	31.872	17.000	60	0.049	175.550
中水量	2	66.338	17.000	60	0.101	365.388
大水量	5	89.118	17.000	60	0.136	490.863

表5-4 进水流量(1.0m)

降雨强度	重现期/a	暴雨强度/[L/(s·h)]	汇流面积/m^2	集水时间/min	设计流量/(L/s)	进水水量/(L/60min)
小水量	0.5	31.872	42.500	60	0.122	438.876
中水量	2	66.338	42.500	60	0.254	913.469
大水量	5	89.118	42.500	60	0.341	1227.158

2. 雨型确定

1957 年，Keifer 和 Chu 根据“雨强-历时”的关系提出了芝加哥雨型，该雨型中任何历时内的雨量等于设计雨量。设计试验降雨历时为 1 小时，三种重现期分别为 0.5 年、2 年和 5 年，则 1 小时内通过降雨强度公式计算得到降水量。本试验按照芝加哥雨型放水（曾晓岚等，2004），雨峰系数取 0.5，降雨分布图如图 5-3 所示。

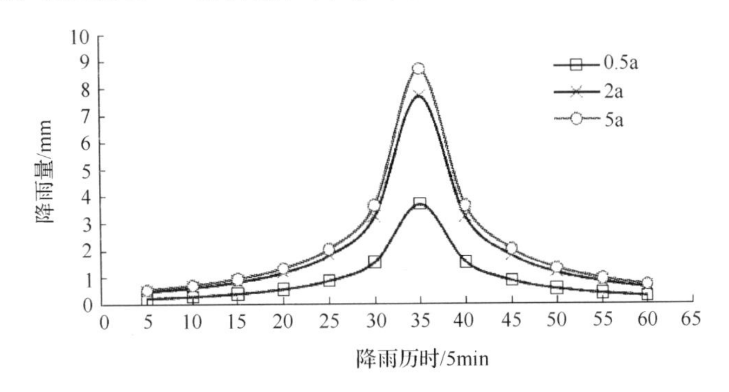

图 5-3　模拟配水降雨分布图

3. 配水浓度

试验用水为人工配水，试验模拟配水浓度参照路面径流水质调查和监测情况进行配置（李家科等，2012），配置好定水量的浓度通过向自来水中添加化学药剂模拟雨水水质。表 5-5 为试验配水浓度表，表 5-6 为试验配水各个污染物药品表。

表 5-5　试验配水浓度

指标	COD/(mg/L)	TN/(mg/L)	NH_4^+-N/(mg/L)	TP/(mg/L)	Zn/(mg/L)	Cd/(mg/L)	Pd/(mg/L)
大浓度	600	14	6	2.5	1.5	0.05	0.85
中浓度	400	10	4	1.5	1	0.03	0.45
小浓度	200	6	2	0.5	0.5	0.01	0.05

表 5-6　试验配水药品

项目	COD	NH_4^+-N	TN	DP	TP	Zn	Cd	Pb
药品名称	葡萄糖	氯化铵	硝酸钾	磷酸二氢钾	磷酸二氢钾	硝酸锌	硝酸镉	硝酸铅

5.1.3　试验安排

1. 物化吸附水量实验

试验中通过阀门对进水量进行控制，物化吸附水量试验工况如表 5-7 和表 5-8 所示。

表 5-7 水量试验(0.5m)

试验时间	工况编号	入流水量/(L/60min)	填料种类	淹没区深度/mm	间隔时间/d
2013-12-13	1-1	424.8	种植土	150	0
			高炉渣	350	0
			高炉渣+沙子 1∶1	550	0
			粉煤灰+沙子 1∶1	0	0
			腐殖质+沙+种植土	700	0
2013-12-15	1-2	424.8	种植土	150	1
			高炉渣	350	1
			高炉渣+沙子 1∶1	550	1
			粉煤灰+沙子 1∶1	0	1
			腐殖质+沙+种植土	700	1
2013-12-19	1-3	424.8	种植土	150	3
			高炉渣	350	3
			高炉渣+沙子 1∶1	550	3
			粉煤灰+沙子 1∶1	0	3
			腐殖质+沙+种植土	700	3
2013-11-22	2-1	885.6	种植土	150	0
			高炉渣	350	0
			高炉渣+沙子 1∶1	550	0
			粉煤灰+沙子 1∶1	0	0
			腐殖质+沙+种植土	700	0
2013-11-24	2-2	885.6	种植土	150	1
			高炉渣	350	1
			高炉渣+沙子 1∶1	550	1
			粉煤灰+沙子 1∶1	0	1
			腐殖质+沙+种植土	700	1
2013-11-28	2-3	885.6	种植土	150	3
			高炉渣	350	3
			高炉渣+沙子 1∶1	550	3
			粉煤灰+沙子 1∶1	0	3
			腐殖质+沙+种植土	700	3
2013-12-25	3-1	1189.8	种植土	150	0
			高炉渣	350	0
			高炉渣+沙子 1∶1	550	0
			粉煤灰+沙子 1∶1	0	0
			腐殖质+沙+种植土	700	0

续表

试验时间	工况编号	入流水量/(L/60min)	填料种类	淹没区深度/mm	间隔时间/d
2013-12-27	3-2	1189.8	种植土	150	1
			高炉渣	350	1
			高炉渣+沙子 1∶1	550	1
			粉煤灰+沙子 1∶1	0	1
			腐殖质+沙+种植土	700	1
2013-12-30	3-3	1189.8	种植土	150	3
			高炉渣	350	3
			高炉渣+沙子 1∶1	550	3
			粉煤灰+沙子 1∶1	0	3
			腐殖质+沙+种植土	700	3

表 5-8　水量试验(1m)

试验时间	工况编号	入流水量/(L/60min)	填料种类	淹没区深度/mm	间隔时间/d
2013-12-13	1-1	1009.8	种植土	150	0
			高炉渣	350	0
			高炉渣+沙子 1∶1	550	0
			粉煤灰+沙子 1∶1	0	0
2013-12-15	1-2	1009.8	种植土	150	1
			高炉渣	350	1
			高炉渣+沙子 1∶1	550	1
			粉煤灰+沙子 1∶1	0	1
2013-12-19	1-3	1009.8	种植土	150	3
			高炉渣	350	3
			高炉渣+沙子 1∶1	550	3
			粉煤灰+沙子 1∶1	0	3
2013-11-22	2-1	2102.4	种植土	150	0
			高炉渣	350	0
			高炉渣+沙子 1∶1	550	0
			粉煤灰+沙子 1∶1	0	0
2013-11-24	2-2	2102.4	种植土	150	1
			高炉渣	350	1
			高炉渣+沙子 1∶1	550	1
			粉煤灰+沙子 1∶1	0	1

续表

试验时间	工况编号	入流水量/(L/60min)	填料种类	淹没区深度/mm	间隔时间/d
2013-11-28	2-3	2102.4	种植土	150	3
			高炉渣	350	3
			高炉渣+沙子 1∶1	550	3
			粉煤灰+沙子 1∶1	0	3
2013-12-25	3-1	2824.2	种植土	150	0
			高炉渣	350	0
			高炉渣+沙子 1∶1	550	0
			粉煤灰+沙子 1∶1	0	0
2013-12-27	3-2	2824.2	种植土	150	1
			高炉渣	350	1
			高炉渣+沙子 1∶1	550	1
			粉煤灰+沙子 1∶1	0	1
2013-12-30	3-3	2824.2	种植土	150	3
			高炉渣	350	3
			高炉渣+沙子 1∶1	550	3
			粉煤灰+沙子 1∶1	0	3

2. 物化吸附水质实验

水质试验主要考察进水污染物浓度对净化效果的影响。影响滤沟对污染物净化效果的因素主要有:进水污染物浓度、填料种类、运行间隔时间、滤沟宽度,本试验设计了低、中、高三种浓度,固定入流水量为中流量,历时均为 60 分钟,进水污染物浓度如表 5-4 所示,试验工况如表 5-9 和表 5-10 所示。试验的运行间隔天数分别为 1 天和 3 天。

表 5-9 水质试验(0.5m)

试验时间	工况编号	入流浓度/(mg/L)	填料种类	淹没区深度/mm	间隔时间/d
2013-11-22	1-1	200	种植土	150	0
			高炉渣	350	0
			高炉渣+沙子 1∶1	550	0
			粉煤灰+沙子 1∶1	0	0
			腐殖质+沙+种植土	700	0
2013-11-24	1-2	200	种植土	150	1
			高炉渣	350	1
			高炉渣+沙子 1∶1	550	1
			粉煤灰+沙子 1∶1	0	1
			腐殖质+沙+种植土	700	1

续表

试验时间	工况编号	入流浓度/(mg/L)	填料种类	淹没区深度/mm	间隔时间/d
2013-11-28	1-3	200	种植土	150	3
			高炉渣	350	3
			高炉渣+沙子 1∶1	550	3
			粉煤灰+沙子 1∶1	0	3
			腐殖质+沙+种植土	700	3
2013-11-29	2-1	400	种植土	150	0
			高炉渣	350	0
			高炉渣+沙子 1∶1	550	0
			粉煤灰+沙子 1∶1	0	0
			腐殖质+沙+种植土	700	0
2013-12-1	2-2	400	种植土	150	1
			高炉渣	350	1
			高炉渣+沙子 1∶1	550	1
			粉煤灰+沙子 1∶1	0	1
			腐殖质+沙+种植土	700	1
2013-12-4	2-3	400	种植土	150	3
			高炉渣	350	3
			高炉渣+沙子 1∶1	550	3
			粉煤灰+沙子 1∶1	0	3
			腐殖质+沙+种植土	700	3
2013-12-6	3-1	600	种植土	150	0
			高炉渣	350	0
			高炉渣+沙子 1∶1	550	0
			粉煤灰+沙子 1∶1	0	0
			腐殖质+沙+种植土	700	0
2013-12-8	3-2	600	种植土	150	1
			高炉渣	350	1
			高炉渣+沙子 1∶1	550	1
			粉煤灰+沙子 1∶1	0	1
			腐殖质+沙+种植土	700	1
2013-12-12	3-3	600	种植土	150	3
			高炉渣	350	3
			高炉渣+沙子 1∶1	550	3
			粉煤灰+沙子 1∶1	0	3
			腐殖质+沙+种植土	700	3

表 5-10 水质试验(1m)

试验时间	工况编号	入流浓度/(mg/L)	填料组合方式	淹没区深度/mm	间隔时间/d
2013-11-22	1-1	200	种植土	150	0
			高炉渣	350	0
			高炉渣+沙子 1∶1	550	0
			粉煤灰+沙子 1∶1	0	0
2013-11-24	1-2	200	种植土	150	1
			高炉渣	350	1
			高炉渣+沙子 1∶1	550	1
			粉煤灰+沙子 1∶1	0	1
2013-11-28	1-3	200	种植土	150	3
			高炉渣	350	3
			高炉渣+沙子 1∶1	550	3
			粉煤灰+沙子 1∶1	0	3
2013-11-29	2-1	400	种植土	150	0
			高炉渣	350	0
			高炉渣+沙子 1∶1	550	0
			粉煤灰+沙子 1∶1	0	0
2013-12-1	2-2	400	种植土	150	1
			高炉渣	350	1
			高炉渣+沙子 1∶1	550	1
			粉煤灰+沙子 1∶1	0	1
2013-12-4	2-3	400	种植土	150	3
			高炉渣	350	3
			高炉渣+沙子 1∶1	550	3
			粉煤灰+沙子 1∶1	0	3
2013-12-6	3-1	600	种植土	150	0
			高炉渣	350	0
			高炉渣+沙子 1∶1	550	0
			粉煤灰+沙子 1∶1	0	0
2013-12-8	3-2	600	种植土	150	1
			高炉渣	350	1
			高炉渣+沙子 1∶1	550	1
			粉煤灰+沙子 1∶1	0	1
2013-12-12	3-3	600	种植土	150	3
			高炉渣	350	3
			高炉渣+沙子 1∶1	550	3
			粉煤灰+沙子 1∶1	0	3

3. 水质水量正交试验

正交试验设计(orthogonal experimental design)被应用于研究多因素多水平试验，具有高效率、快速、经济等特点。

1) 防渗 0.5m 沟水质水量正交试验

0.5m 宽滤沟共 10 条，其中北 6 至北 10 为防渗沟，将填料组合、间隔时间、淹没区高度、入流流量和入流浓度作为因素，共 5 个因素。其中填料组合为 5 水平，分别为种植土、高炉渣、高炉渣＋沙、粉煤灰＋沙和沙＋腐殖质＋种植土；时间间隔为 3 水平，分别为 5 天、10 天、15 天；淹没区高度为 3 水平，分别为 0mm、150mm、350mm；入流流量 3 水平，分别为小流量、中流量、大流量；入流浓度 3 水平，分别为小浓度、中浓度、大浓度。根据正交试验设计表，得到 $L_{36}(5^1\times3^4)$ 正交表，如表 5-11 所示。

表 5-11　防渗正交试验(0.5m)

试验次数		填料组合	间隔时间/d	淹没区高度/mm	入流流量/(L/min)	入流浓度/(mg/L)
基本试验次数(18 次)	1	种植土	5	0	小	小
	2	种植土	10	150	中	中
	3	种植土	15	350	大	大
	4	高炉渣	5	0	中	中
	5	高炉渣	10	150	大	大
	6	高炉渣	15	350	小	小
	7	高炉渣＋沙	5	150	小	大
	8	高炉渣＋沙	10	350	中	小
	9	高炉渣＋沙	15	0	大	中
	10	种植土	5	350	大	中
	11	种植土	10	0	小	大
	12	种植土	15	150	中	小
	13	高炉渣	5	150	大	小
	14	高炉渣	10	350	小	中
	15	高炉渣	15	0	中	大
	16	高炉渣＋沙	5	350	中	大
	17	高炉渣＋沙	10	0	大	小
	18	高炉渣＋沙	15	150	小	中
追加试验次数(12 次)	19	粉煤灰＋沙	5	0	小	小
	20	粉煤灰＋沙	10	150	中	中
	21	粉煤灰＋沙	15	350	大	大
	22	沙＋腐殖质＋种植土	5	0	中	中
	23	沙＋腐殖质＋种植土	10	150	大	大
	24	沙＋腐殖质＋种植土	15	350	小	小
	25	粉煤灰＋沙	5	350	大	中
	26	粉煤灰＋沙	10	0	小	大
	27	粉煤灰＋沙	15	150	中	小
	28	沙＋腐殖质＋种植土	5	150	大	小
	29	沙＋腐殖质＋种植土	10	350	小	中
	30	沙＋腐殖质＋种植土	15	0	中	大

2）不防渗 0.5m 沟水质水量正交试验表

北 1 至北 5 为不防渗滤沟，将填料组合、间隔时间、入流流量和入流浓度作为因素，共 4 个因素。不考虑淹没区高度，其他因素水平设置和防渗型滤沟一致，根据正交试验设计表，得到 $L_{15}(5^1 \times 3^3)$ 正交表，如表 5-12 所示。

表 5-12　不防渗沟正交试验(0.5m)

试验次数		填料组合	间隔时间/d	入流流量/(L/min)	入流浓度/(mg/L)
基本试验次数（9 次）	1	种植土	5	小	小
	2	种植土	10	中	中
	3	种植土	15	大	大
	4	高炉渣	5	中	大
	5	高炉渣	10	大	小
	6	高炉渣	15	小	中
	7	高炉渣＋沙	5	大	中
	8	高炉渣＋沙	10	小	大
	9	高炉渣＋沙	15	中	小
追加试验次数（6 次）	10	粉煤灰＋沙	5	小	小
	11	粉煤灰＋沙	10	中	中
	12	粉煤灰＋沙	15	大	大
	13	沙＋腐殖质＋种植土	5	中	大
	14	沙＋腐殖质＋种植土	10	大	小
	15	沙＋腐殖质＋种植土	15	小	中

3）防渗 1m 沟水质水量正交试验表

西 1 至西 4 和东 1 至 4 共 8 条 1.0m 宽的滤沟，其中 4 条防渗沟。将填料组合、间隔时间、淹没区高度、入流流量和入流浓度作为因素，共五个因素。其中填料组合为 3 水平，分别为西 3、西 4、东 4，对应特殊填料层分别为高炉渣＋沙、粉煤灰＋沙、高炉渣；时间间隔为3 水平，分别为 5 天、10 天、15 天；淹没区高度为 3 水平，分别为 0mm、150mm、350mm；入流流量 3 水平，分别为小流量、中流量、大流量；入流浓度 3 水平，分别为小浓度、中浓度、大浓度。根据正交试验设计表，得到 $L_{18}(3^5)$ 正交表，如表 5-13 所示。

表 5-13　防渗正交试验(1.0m)

试验次数		填料组合	间隔时间/d	淹没区高度/mm	入流流量/(L/min)	入流浓度/(mg/L)
基本试验次数（18 次）	1	高炉渣	5	0	小	小
	2	高炉渣	10	150	中	中
	3	高炉渣	15	350	大	大
	4	高炉渣＋沙	5	0	中	中

续表

试验次数		填料组合	间隔时间/d	淹没区高度/mm	入流流量/(L/min)	入流浓度/(mg/L)
基本试验次数(18次)	5	高炉渣+沙	10	150	大	大
	6	高炉渣+沙	15	350	小	小
	7	粉煤灰+沙	5	150	小	大
	8	粉煤灰+沙	10	350	中	小
	9	粉煤灰+沙	15	0	大	中
	10	高炉渣	5	350	大	中
	11	高炉渣	10	0	小	大
	12	高炉渣	15	150	中	小
	13	高炉渣+沙	5	150	大	小
	14	高炉渣+沙	10	350	小	中
	15	高炉渣+沙	15	0	中	大
	16	粉煤灰+沙	5	350	中	大
	17	粉煤灰+沙	10	0	大	小
	18	粉煤灰+沙	15	150	小	中

4) 不防渗 1m 沟水质水量正交试验表

西 1、西 2、东 1 为不防渗滤沟,不考虑淹没区高度,其他因素水平设置和防渗型滤沟一致,根据正交试验设计表,得到 $L_9(3^4)$正交表,如表 5-14 所示。

表 5-14 不防渗沟正交试验(1.0m)

试验次数		填料组合	时间间隔/d	入流流量/(L/min)	入流浓度/(mg/L)
基本试验次数(9次)	1	高炉渣	5	小	小
	2	高炉渣	10	中	中
	3	高炉渣	15	大	大
	4	高炉渣+沙	5	中	大
	5	高炉渣+沙	10	大	小
	6	高炉渣+沙	15	小	中
	7	粉煤灰+沙	5	大	中
	8	粉煤灰+沙	10	小	大
	9	粉煤灰+沙	15	中	小

4. 单因素附加试验

加入此试验主要是为了填补正交试验的空缺,具体做法如表 5-15 所示。0.5m 防渗沟进行淹没区高度单因素变化实验,通过保证填料组合、间隔时间、入流流量和入流浓度四因素的水平不变,只变化淹没区高度水平,研究淹没区高度对滤沟处理能力的影响。

表 5-15　单因素附加试验

单因素对比	填料组合	间隔时间/d	淹没区高度/mm	入流流量/(L/min)	入流浓度/(mg/L)
0.5m 防渗对比单因素淹没区高度	高炉渣+沙	5	0	小	小
	高炉渣+沙	5	150	小	小
	高炉渣+沙	5	350	小	小
	粉煤灰+沙	5	0	小	小
	粉煤灰+沙	5	150	小	小
	粉煤灰+沙	5	350	小	小
1.0m 防渗对比单因素淹没区高度	高炉渣+沙	5	0	小	小
	高炉渣+沙	5	150	小	小
	高炉渣+沙	5	350	小	小
	粉煤灰+沙	5	0	小	小
	粉煤灰+沙	5	150	小	小
	粉煤灰+沙	5	350	小	小
0.5m 不防渗对比单因素填料组合方式	种植土	5	0	小	小
	高炉渣	5	0	小	小
	高炉渣+沙	5	0	小	小
	粉煤灰+沙	5	0	小	小
	沙+腐殖质+种植土	5	0	小	小
	种植土	10	0	中	中
	高炉渣	10	0	中	中
	高炉渣+沙	10	0	中	中
	粉煤灰+沙	10	0	中	中
	沙+腐殖质+种植土	10	0	中	中
	种植土	15	0	大	大
	高炉渣	15	0	大	大
	高炉渣+沙	15	0	大	大
	粉煤灰+沙	15	0	大	大
	沙+腐殖质+种植土	15	0	大	大
1.0m 不防渗对比单因素填料组合方式	高炉渣+沙	5	0	小	小
	粉煤灰+沙	5	0	小	小
	高炉渣	5	0	小	小
	高炉渣+沙	10	0	中	中
	粉煤灰+沙	10	0	中	中
	高炉渣	10	0	中	中
	高炉渣+沙	15	0	大	大
	粉煤灰+沙	15	0	大	大
	高炉渣	15	0	大	大

5.1.4 分析与评价方法

1. 分析方法

试验过程中的水量由薄壁三角堰计量，堰前水位由 XTHJ 记录仪监测，其记录频率为 1s，再通过计算确定水量。填料吸附性能的确定见第 4 章(4.1.3)，其他分析项目及方法如表 5-16 所示。

表 5-16 试验分析项目、方法

分析项目	测试项目	测定方法及仪器
物理分析项目	水温(℃)	美国 HACH 哈希 HQ40d 双路输入多参数数字化分析仪
	DO(mg/L)	美国 HACH 哈希 HQ40d 双路输入多参数数字化分析仪
	电导率(μs/cm)	美国 HACH 哈希 HQ40d 双路输入多参数数字化分析仪
化学分析项目	pH	功能型台式 pH 计
	NH_4^+-N(mg/L)	纳氏试剂比色法
	NO_3^--N(mg/L)	酚二磺酸分光光度法
	TN(mg/L)	过硫酸钾氧化、紫外分光光度法
	DP(mg/L)	真空吸滤+过硫酸钾消氧化–钼酸盐分光光度法
	TP(mg/L)	过硫酸钾消氧化-钼酸盐分光光度法
	COD(mg/L)	重铬酸钾、HACH DRB200 消解、紫外分光光度法
	Zn(mg/L)	火焰原子吸收法
	Cd(mg/L)	火焰原子吸收法

2. 评价方法

1) 径流体积削减

对单场雨来说，假定生态滤沟的设计重现期为 P，设计降水量为 H_{mm}，小于此降水量的一场降雨生态滤沟的径流体积削减率为 100%；大于此降水量的降雨，径流体积削减率由式(5-1)计算：

$$\eta = \frac{V_{进水} - V_{溢流}}{V_{进水}} \times 100\% \tag{5-1}$$

式中，η 为径流体积削减率；$V_{溢流}$ 为溢流水量，m^3；$V_{进水}$ 为进水水量，m^3。

2) 出水率与溢流率

$$R_{出} = \frac{V_{出水}}{V_{进水}} \times 100\% \tag{5-2}$$

$$R_{溢} = \frac{V_{溢流}}{V_{进水}} \times 100\% \tag{5-3}$$

式中，$R_{出}$，$R_{溢}$分别为生物滞留设施出水率和溢流率；$V_{出}$ 为出流水量，m^3；$V_{进}$ 为进水水量，m^3。

3）洪峰流量削减

假定生态滤沟的设计重现期为 P，对应的峰值流量为 Q_{inmax}，则生态滤沟的洪峰削减率为

$$\gamma=\frac{Q_{in\ max}-Q_{out\ max}}{Q_{in\ max}}\times 100\% \tag{5-4}$$

式中，γ 为洪峰削减率；$Q_{in\ max}$ 为进水洪峰流量/m^3；$Q_{out\ max}$ 为生态滤沟溢流或底部出水洪峰流量/m^3。

4）生态滤沟的污染物削减效果评价

生态滤沟的污染物削减效果用污染物浓度去除率进行评价：

$$R_C=\frac{C_{进}-C_{出}}{C_{进}}\times 100\% \tag{5-5}$$

式中，R_C 为污染物浓度去除率；$C_{进}$ 为进水污染物浓度，mg/L；$C_{出}$ 为出水污染物浓度，mg/L。

5.2 试验结果与分析

5.2.1 物化吸附水量试验结果分析

1. 进水水量对径流体积削减效果

试验中选取三个重现期，分别为 0.5a、2a、5a，即对应为试验中小水量、中水量、大水量。对北 4、北 6 至北 10、西 3、西 4、东 3、东 4 号滤沟在不同重现期下单场雨径流体积削减进行效果分析，结果如图 5-4 所示。

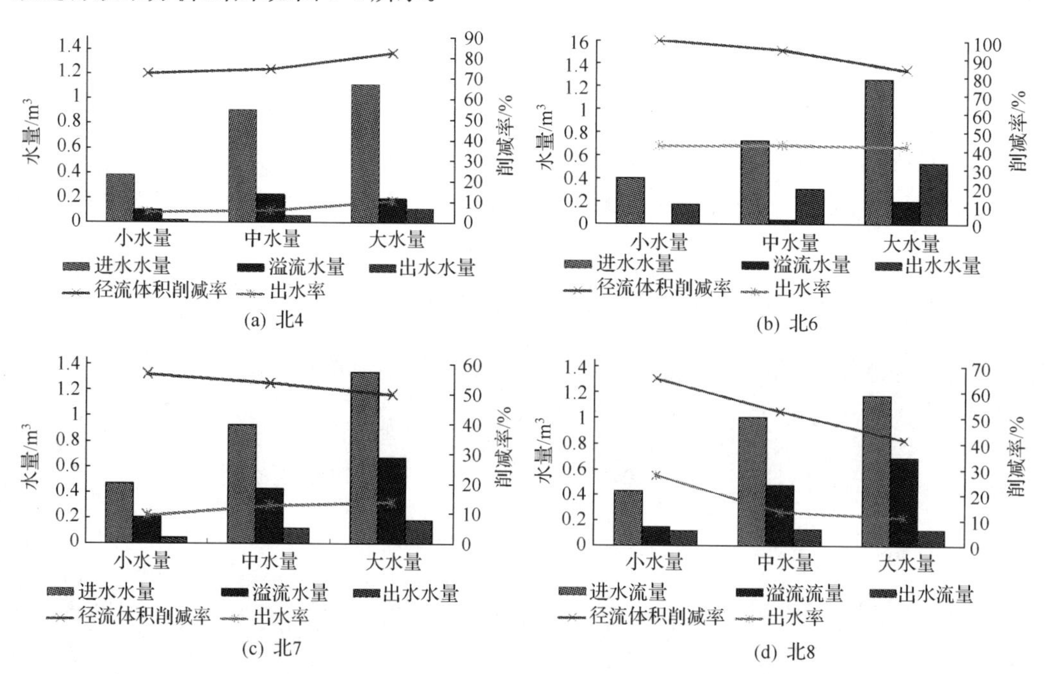

(a) 北4
(b) 北6
(c) 北7
(d) 北8

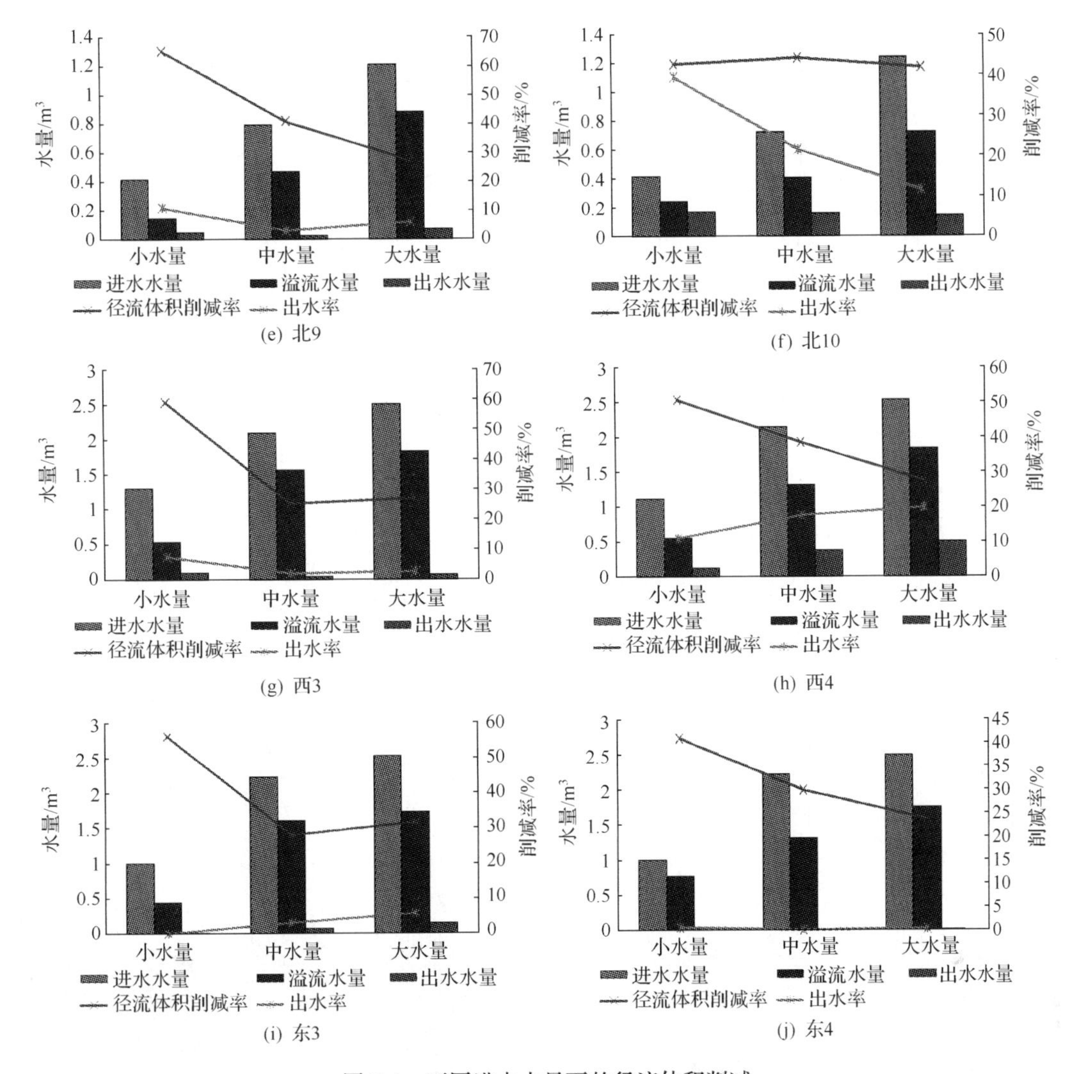

图 5-4　不同进水水量下的径流体积削减

由图 5-4 可以看出，北 4 号沟在小流量进水的条件下，径流体积削减率为 72.19%，出水率为 4.95%；在中流量进水的条件下，径流体积削减率为 74.45%，出水率为 6.04%；在大流量进水的条件下，径流体积削减率为 82.38%，出水率 10.35%。北 4 号沟为底部不防渗的沟槽，进入沟槽的径流除小部分从穿孔收集管出流外，其余大部分水量均从底部下渗。虽然在三种水量条件下均发生溢流，但溢流水量都很小，试验结果表现为随着进水水量增大，径流体积削减率和出水率均增大。

北 6 号沟在小水量情况下未发生溢流，在中水量、大水量情况下溢流水量都很小。北 6 号沟中人工填料层为沙＋腐殖质＋种植土，配比为 18：1：1，主要成分为沙子，透水性良好，蓄水能力较弱，所以试验结果表现为随着进水水量增大，径流体积削减率减小；北 7 号沟在三种水量条件下均发生溢流，且径流体积削减率较高，表现为随着进水水量的增大，径流削减率减小；北 8 号沟在三种水量条件下均发生溢流，且进水水量越大溢流量也越大，表现出随着进水水量增大，径流削减率减小的规律；北 9 号沟在三种水量条件下均发生溢流，中水量和大水量情况下溢流量大，径流体积削减率较小，结果表现为随水量的增大，径流体积削减率从65.1%减小到27.3%，出水率较低；北10号沟在三种水量条件下均发生溢流，径流体积削减率为41%～45%，出水率为11%～40%。北6至北10号沟均为底部做防渗处理的沟槽，对水量的削减能力有一定的局限性。随着进水水量的增大，各填料层逐渐饱和，溢流量也随之增大，径流削减率就随之减小。

西3、西4、东3、东4号沟底部均做防渗处理。由图5-4可以看出，西3号沟在三种水量条件下，均发生较大溢流，随着进水水量的增大，溢流量也增大；西4号沟随着进水水量增大径流体积削减率减小，从51%减小到27.5%，出水率为10%～20%；东3号沟在三种水量条件下均发生溢流，随着进水水量的增大，径流体积削减率从57%下降到31%；东4号沟在三种水量条件下均发生溢流，径流体积削减率也随着进水水量的增大而减小。

通过试验结果分析，得到结论：在不同进水水量条件下，0.5m装置（除4号沟外所有试验沟槽）及1m装置所有试验沟槽均表现出随着进水水量的增大，径流削减率减小的现象。4号沟为不防渗沟槽，径流削减率表现为随着进水水量的增大而增大。在不同进水水量条件下，6号沟的径流削减率最大，在小水量情况下没有出现溢流。

2. 运行间隔时间对径流体积的削减效果

试验中选取两个运行间隔时间，分别为1天和3天。小水量、中水量、大水量分别进行试验。中水量的三次试验分别在2013年的11月22日，11月24日，11月28日进行。

（1）对北4号沟和北7号沟在不同运行间隔时间下径流体积削减进行效果分析，结果如图5-5所示。

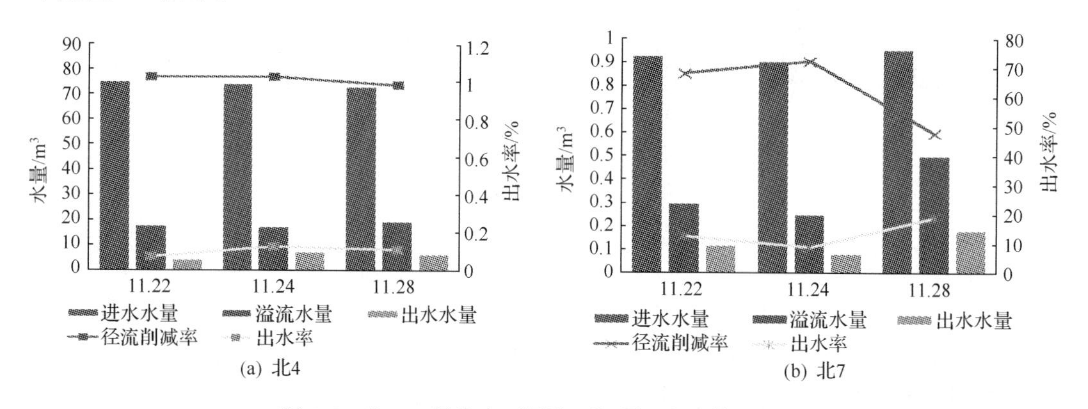

图5-5　北4、7号沟在不同降雨间隔下径流体积削减

由图5-5(a)可以看出北4号沟在间隔时间不同的三次中水量试验下，第一次试验与第二次试验间隔时间为1天，径流体积削减率略微增大；第二次试验与第三次试验间隔时间为3天，径流体积削减率与出水率均减小。由图5-5(b)可以看出北7号沟在间隔时间不同的三次中水量试验下，第一次试验与第二次试验间隔时间为1天，径流体积削减率增大，出水率减小；第二次试验与第三次试验间隔时间为3天，径流体积削减率减小、出水率增大。北4号沟与北7号沟内部填料填充方式完全相同。不同之处在于北4号沟底部为不防渗，北7号沟底部防渗。三次试验平行对比，北4号沟径流体积削减率均大于北7号沟，在实际应用中如果建造生态滤沟的区域地下水位低、土壤渗透能力强，则比较适合选取不防渗滤沟。

（2）对北 6、北 8、北 9、北 10、西 3、西 4 号沟在不同运行间隔时间下径流体积削减进行效果分析，结果如图 5-6 所示。

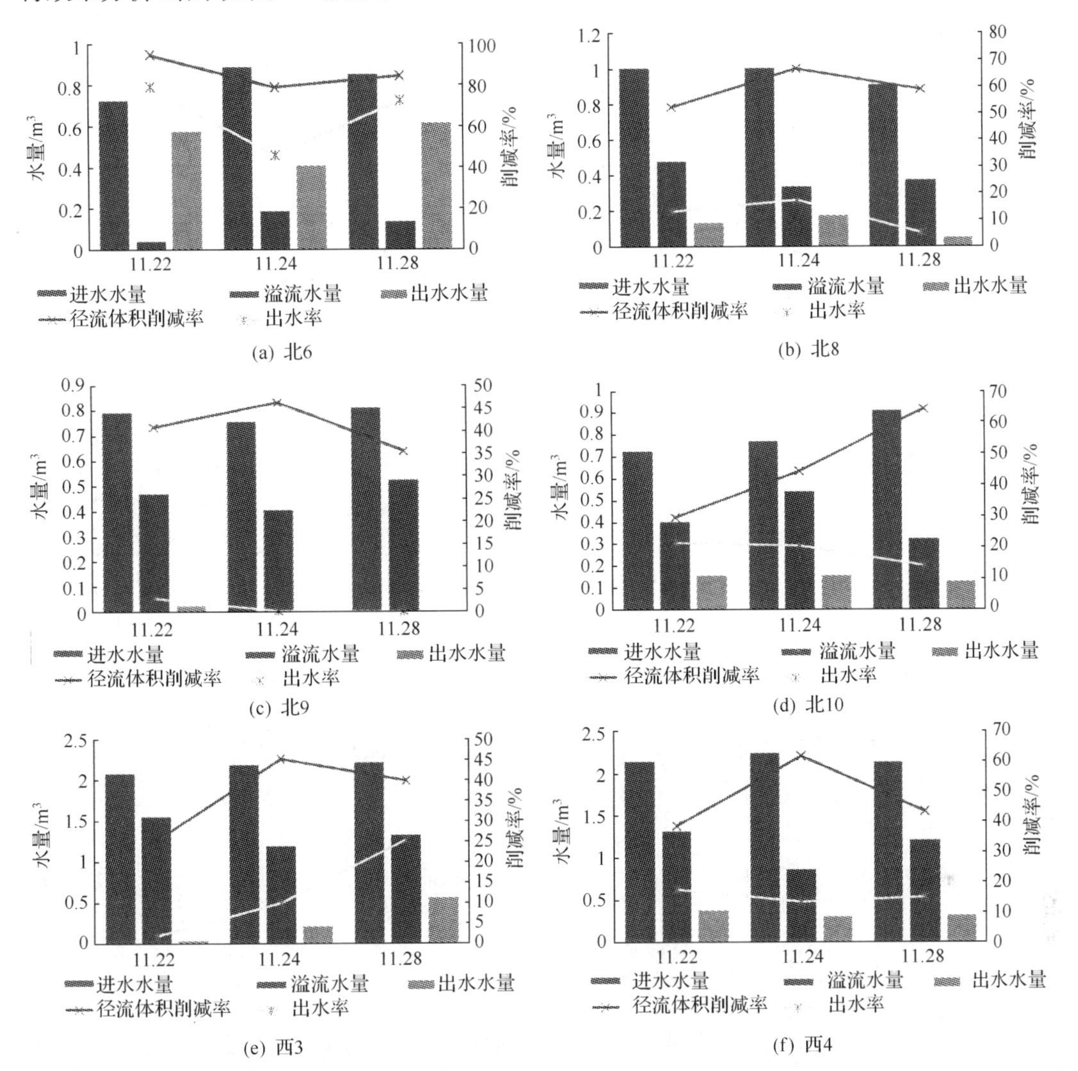

图 5-6　在不同降雨间隔下径流体积削减

一场试验中，填料层介质为分层饱和，随着时间的推移，进水水量越来越小，出水水量不断累积，各填料层从饱和到不饱和。运行间隔时间较短时，装置可以近似地看成连续运行状态，连续运行必然会导致填料层产生过饱和的状态，也可能填料的保水能力不能完全恢复。间隔时间较长时，给了填料一个"休整、缓冲时间"，使得填料从饱和状态恢复正常，从而使径流削减率增大。由图 5-6 得到结论：在间隔时间不同的三次中水量试验下，大部分试验沟槽均表现出随着运行间隔时间的增大，径流削减率减小的现象，这说明三天的间隔时间，大部分沟槽保水能力并没有恢复。

3．填料种类对径流体积的削减效果

对 11 月 28 号中水量试验结果分析，分别得到 0.5m、1m 装置中不同填料种类对径流体积的削减效果，结果如图 5-7 所示。

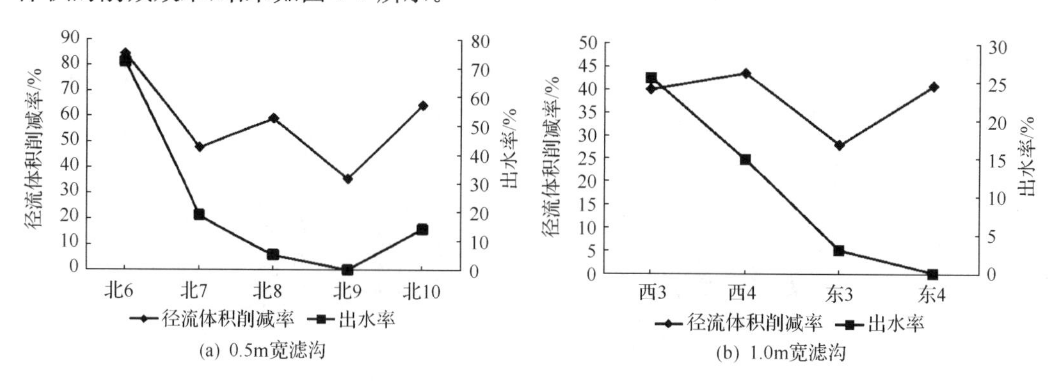

图 5-7　不同填料下的径流体积削减

北 6 号沟径流体积削减率为 84.35%，北 7 号沟径流体积削减率为 47.71%，北 8 号沟径流体积削减率为 59.01%，北 9 号沟径流体积削减率为 35.52%，北 10 号沟径流体积削减率为 64.24%。北 6 号沟出水率为 72.19%，北 7 号沟出水率为 18.91%，北 8 号沟出水率为 5.18%，北 9 号沟出水率为 0.10%，北 10 号沟出水率为 14.17%。人工填料为沙＋种植土＋腐殖质的生态滤沟，虽然淹没区高度设为 700mm，但相比而言依然具有较好的体积削减率和出流率。人工填料为高炉渣＋沙的滤沟设定的淹没区高度高于人工填料为高炉渣的滤沟，但高炉渣＋沙的滤沟径流体积削减率和出流率均优于人工填料为高炉渣的滤沟。

西 3 号沟径流体积削减率为 40.04%，西 4 号沟径流体积削减率为 43.54%，东 3 号沟径流体积削减率为 28.09%，东 4 号沟径流体积削减率为 40.86%，西 3 号沟出水率为 25.48%，西 4 号沟出水率为 14.94%，东 3 号沟出水率为 3.01%，东 4 号沟出水率为 0.06%，依然是人工填料为沙＋种植土＋腐殖质的生态滤沟具有较优的水量削减效果，高炉渣效果较差。

4. 不同进水水量下洪峰流量削减效果

进水水量设置小流量、中流量、大流量三个水平，如表 5-2 所示，对北 4、北 6、北 7、北 8、北 9、北 10、西 3、西 4、东 3、东 4 号沟在不同进水水量下洪峰流量削减效果进行分析如表 5-17 所示。

表 5-17　不同进水水量下洪峰流量削减计算表

沟槽编号	试验类型	进水洪峰流量/(m^3/h)	溢流洪峰流量/(m^3/h)	出水洪峰流量/(m^3/h)	溢流洪峰削减率/%	出水洪峰削减率/%	溢流洪峰推迟时间/min	出水洪峰推迟时间/min
北 4	小流量	0.010	0.005	0.0002	51.37	98.06	20	30
	中流量	0.039	0.015	0.0008	61.45	97.91	20	26
	大流量	0.039	0.004	0.0007	89.92	98.27	17	25
北 6	小流量	0.012	0	0.004	100.00	62.16	0	15
	中流量	0.032	0.004	0.012	87.01	62.10	30	20
	大流量	0.037	0.014	0.009	62.94	75.24	28	20

续表

沟槽编号	试验类型	进水洪峰流量/(m^3/h)	溢流洪峰流量/(m^3/h)	出水洪峰流量/(m^3/h)	溢流洪峰削减率/%	出水洪峰削减率/%	溢流洪峰推迟时间/min	出水洪峰推迟时间/min
北 7	小流量	0.012	0.011	0.001	36.68	91.57	20	30
	中流量	0.032	0.022	0.003	29.70	89.70	23	33
	大流量	0.035	0.015	0.001	26.23	96.32	15	30
北 8	小流量	0.012	0.009	0.001	33.77	90.55	20	60
	中流量	0.022	0.015	0.002	31.46	92.60	23	60
	大流量	0.041	0.036	0.001	11.54	97.70	20	80
北 9	小流量	0.011	0.008	0.001	24.59	93.41	20	80
	中流量	0.020	0.016	5.56E-05	18.87	99.72	20	80
	大流量	0.033	0.012	0.0005	13.22	98.54	20	65
北 10	小流量	0.009	0.006	0.001	34.26	91.49	20	27
	中流量	0.021	0.004	0.001	32.61	95.12	20	26
	大流量	0.040	0.034	0.001	13.22	98.15	20	25
西 3	小流量	0.040	0.022	0.005	44.81	87.56	20	90
	中流量	0.030	0.036	0.004	−18.59	87.19	19	80
	大流量	0.061	0.072	0.007	−17.31	87.87	17	80
西 4	小流量	0.037	0.024	0.001	34.15	96.82	20	30
	中流量	0.103	0.166	0.001	−60.26	99.36	17	59
	大流量	0.106	0.181	0.001	−69.77	99.18	15	60
东 3	小流量	0.029	0.020	2.72E-06	30.10	99.99	20	60
	中流量	0.069	0.091	0.0006	−30.79	99.04	17	60
	大流量	0.085	0.115	0.0007	−34.91	99.13	15	60
东 4	小流量	0.035	0.031	4.38E-05	11.48	99.88	20	70
	中流量	0.072	0.055	1.92E-05	23.99	99.97	17	89
	大流量	0.098	0.090	6.55E-05	8.96	99.93	16	90

由表 5-17 可以看出，试验沟槽溢流洪峰迟滞时间集中在 15～20 分钟之间，出流洪峰迟滞时间在 15～90 分钟之内，各沟槽间差异较大。试验结果表明，北 4 至北 6-10 号沟在三种流量进水条件下，均具有很好的出水洪峰削减率，对雨水的截留效果较好。北 8 至北 10 号沟在大流量进水条件下，溢流流量很大，溢流洪峰出现较进水洪峰推迟了 20 分钟左右，溢流洪峰削减率分别为 11.54%、13.22%、13.22%。

西 3 号沟在小流量进水条件下，发生溢流，溢流洪峰出现较进水洪峰推迟了 20 分钟，洪峰削减率为 44.81%；出水出现洪峰较进水推迟了 90 分钟，洪峰削减率为 87.56%。试验结果表明，西 3 号沟在中流量、大流量进水的情况下，溢流洪峰削减率均为负值，超出了生态滤沟对雨水的负荷能力；1m 宽试验沟槽出水洪峰推迟时间在 60 分钟左右，出流洪峰削减率较大，对雨水的截留效果较好。

5. 不同运行间隔时间下洪峰流量的削减效果

试验中选取两个运行间隔时间，分别为一天和三天。小水量、中水量、大水量分别进行三次试验。中水量的三次试验分别在2013年的11月22日，11月24日，11月28日进行。对北4至北10号沟在不同运行间隔时间下洪峰流量削减效果进行分析，如表5-18所示。

表5-18　不同运行间隔时间下洪峰流量削减计算表

试验沟槽	试验日期	进水洪峰流量/(m^3/h)	溢流洪峰流量/(m^3/h)	出水洪峰流量/(m^3/h)	溢流洪峰削减率/%	出水洪峰削减率/%	溢流洪峰推迟时间/min	出水洪峰推迟时间/min
北4	11.22	0.034	0.011	0.0007	66.48	97.74	20	25
	11.24	0.035	0.012	0.0010	65.34	97.03	17	31
	11.28	0.039	0.015	0.0008	61.45	97.91	17	26
北6	11.22	0.023	0.0002	0.016	98.95	33.19	25	26
	11.24	0.034	0.016	0.009	92.51	74.48	19	15
	11.28	0.032	0.004	0.012	87.01	62.10	30	20
北7	11.22	0.029	0.009	0.001	70.03	96.40	20	30
	11.24	0.031	0.007	0.001	67.71	96.11	20	32
	11.28	0.032	0.022	0.003	29.70	89.70	23	33
北8	11.22	0.036	0.026	0.001	47.70	96.03	20	55
	11.24	0.035	0.021	0.002	41.27	94.34	24	65
	11.28	0.022	0.015	0.002	31.46	92.60	23	60
北9	11.22	0.034	0.029	0.0003	25.35	99.04	20	80
	11.24	0.028	0.022	0.0002	21.19	99.39	18	80
	11.28	0.020	0.016	5.56E-05	18.87	99.72	20	80
北10	11.22	0.025	0.015	0.0009	38.23	96.43	20	26
	11.24	0.034	0.032	0.0008	36.26	97.82	24	30
	11.28	0.021	0.004	0.0010	32.61	95.12	20	26

除北6号沟槽外，其他试验沟槽出流洪峰削减率均在90%以上；随着降雨间隔时间由1天增加为3天，北7号和北9号试验沟槽洪峰迟滞时间稍有增加，其他试验沟槽均出现溢流迟滞时间减小的现象，说明1天、3天的间隔时间，部分沟槽的持水能力并未完全恢复。

对北7号沟在不同运行间隔时间下洪峰流量削减效果进行分析，图5-8(a)为11月22日7号沟试验结果，溢流洪峰较进水洪峰推迟了20分钟，溢流洪峰流量削减率为70.03%；溢流洪峰较进水洪峰推迟了30分钟，出水洪峰削减率为96.40%。图5-8(b)为11月24日7号沟试验结果，溢流洪峰较进水洪峰推迟了20分钟，溢流洪峰流量削减率为67.71%；出水洪峰较进水洪峰推迟了32分钟，出水洪峰削减率为96.11%。图5-8(c)为11月28日7号沟试验结果，溢流洪峰较进水洪峰推迟了23分钟，溢流洪峰流量削减率为29.70%；出水洪峰较进水洪峰推迟了33分钟，出水洪峰削减率为89.70%；对北9号沟在不同运行间隔时间下洪峰流量削减效果进行分析，在第一次试验中流量进水的条件下，溢流洪峰较进水洪峰推迟了20分钟，溢流洪峰流量削减率为25.35%；溢流洪峰较

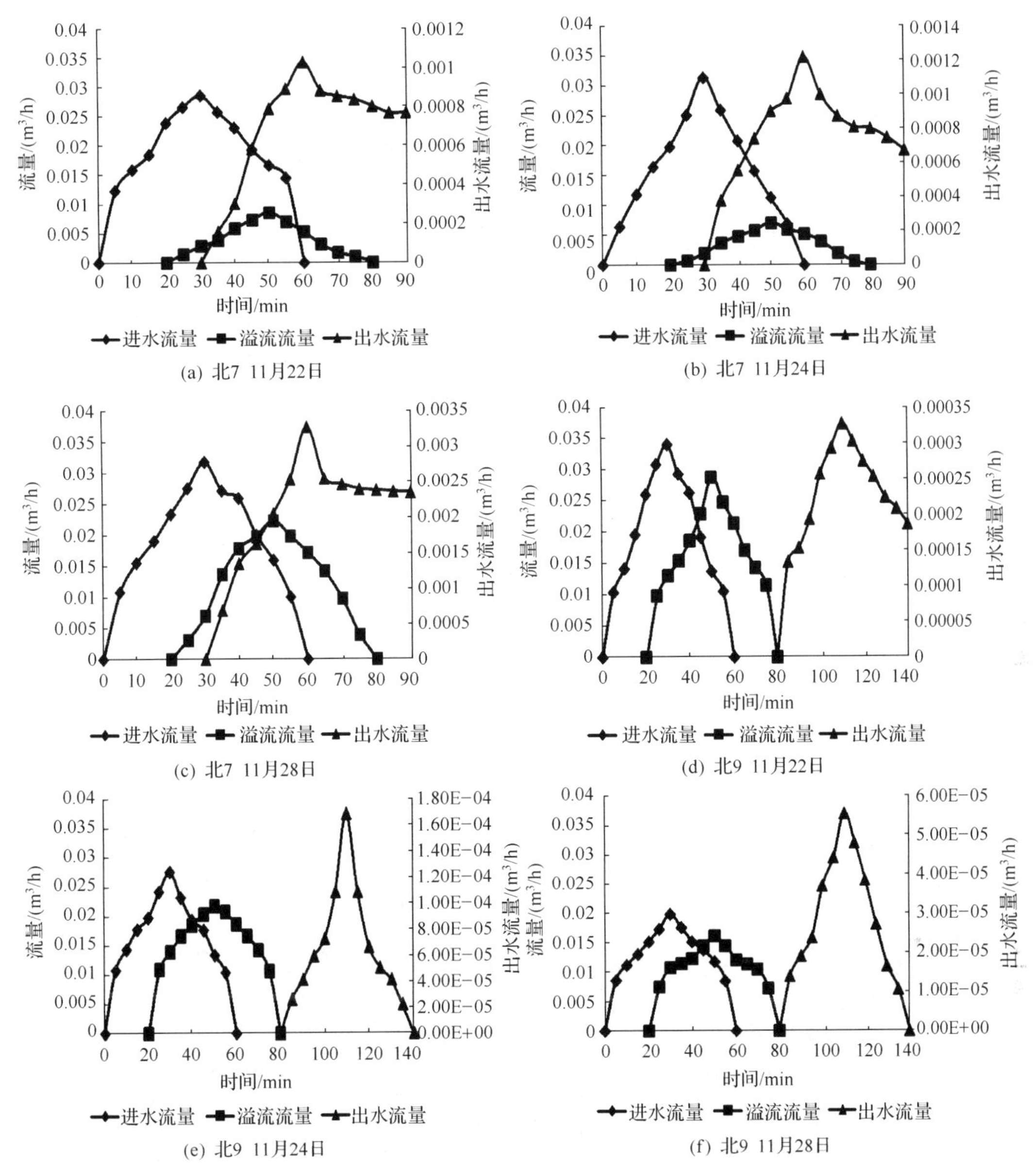

图 5-8 不同运行间隔时间下洪峰流量削减

进水洪峰推迟了 80 分钟，出水洪峰削减率为 99.04%。在第二次试验中流量进水的条件下，溢流洪峰较进水洪峰推迟了 18 分钟，溢流洪峰流量削减率为 21.19%；出水洪峰较进水洪峰推迟了 80 分钟，出水洪峰削减率为 99.39%。在第三次中流量进水的条件下，溢流洪峰较进水洪峰推迟了 20 分钟，溢流洪峰流量削减率为 18.87%；出水洪峰较进水洪峰推迟了 80 分钟，出水洪峰削减率为 99.72%。

6. 不同填料种类下洪峰流量的削减效果

对 11 月 28 日中水量试验结果分析，得到 0.5m 装置中不同填料种类对洪峰流量削减效果。结果如图 5-9 所示。

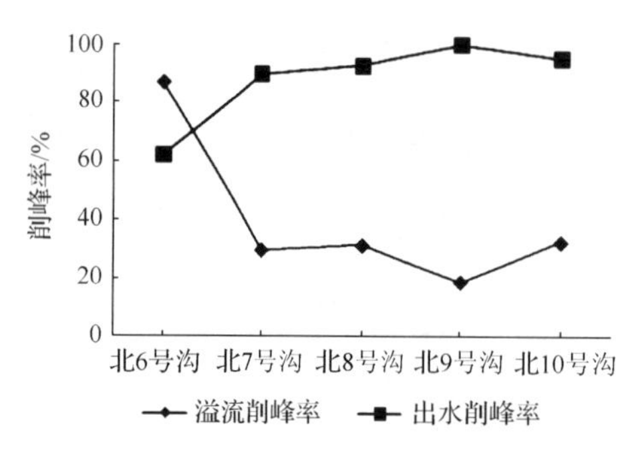

图 5-9　0.5m 装置中不同填料种类对洪峰流量的削减

由图 5-9 可得北 6 号沟溢流削峰率为 87.01%,出水削峰率为 62.10%;北 7 号沟溢流削峰率为 29.70%,出水削峰率为 89.70%;北 8 号沟溢流削峰率为 31.46%,出水削峰率为 92.60%;北 9 号沟溢流削峰率为 18.87%,出水削峰率为 99.72%;北 10 号沟溢流削峰率为 32.61%,出水削峰率为 95.12%。在进水流量相同的条件下,各个沟槽溢流洪峰流量削减率顺序为:沙+腐殖质+种植土>种植土>高炉渣+沙>粉煤灰+沙>高炉渣。

5.2.2　物化吸附水质试验结果分析

1. 进水浓度对各污染物净化效果的影响分析

1) 对氮类的净化效果

污染物浓度对氮类净化效果的影响如图 5-10 所示。

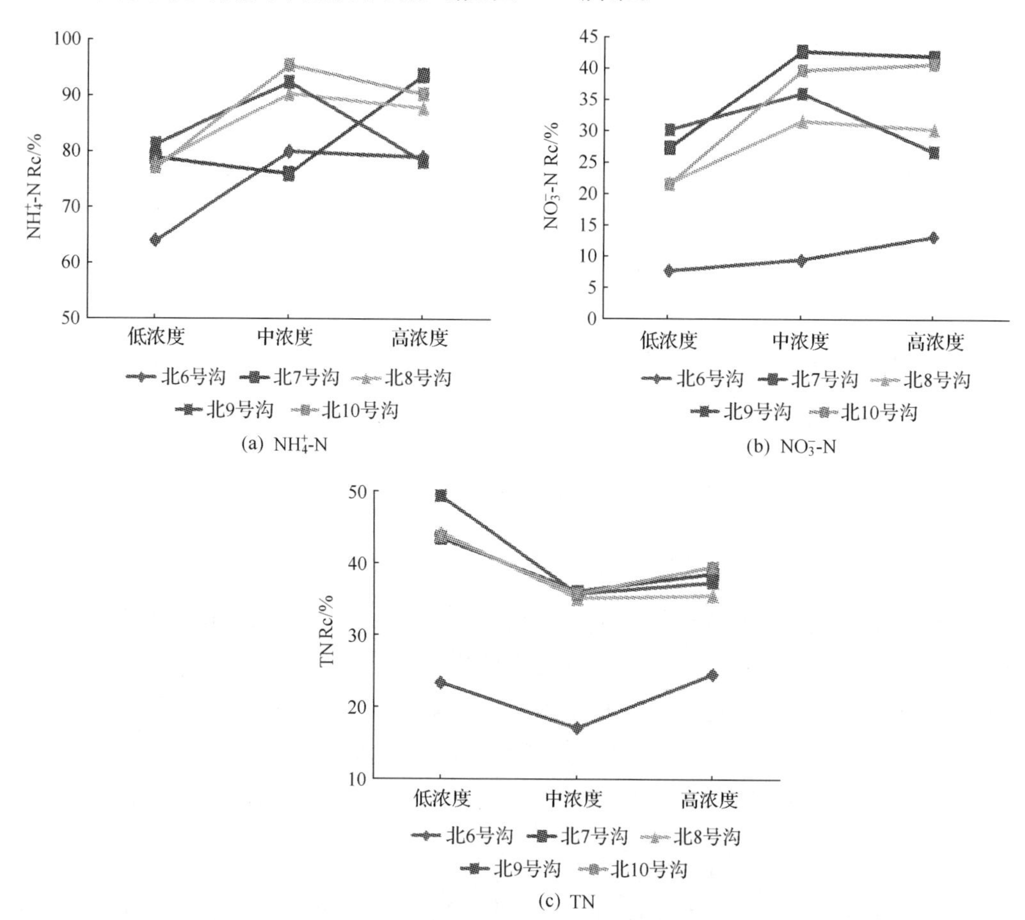

图 5-10　不同污染物浓度对氮类净化效果的影响

通过图 5-10 可以看出北 6 至北 10 号沟均表现为：低进水浓度下，氮类浓度去除率较高；中进水浓度下，氮类浓度去除率有所降低；而在高进水浓度下，氮类浓度去除率最低。说明氮类浓度去除率会随着进水浓度的增加而降低。这是因为填料对污染物的吸附能力是一定的，不会随着进水浓度而改变，因此更高的进水浓度会降低氮类浓度去除效果。

2）对磷的净化效果

污染物浓度对磷净化效果的影响如图 5-11 所示。

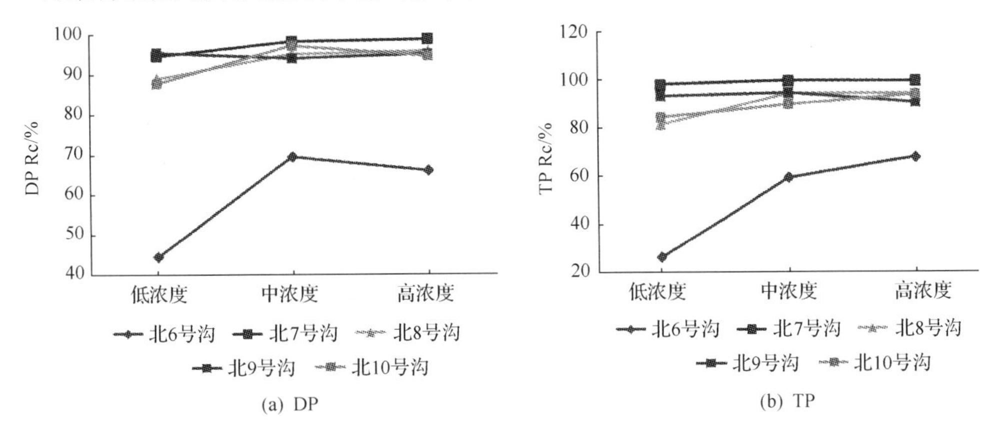

图 5-11 不同污染物浓度对磷净化效果的影响

通过图 5-11 可以看出北 6 至北 10 号沟均表现为：低进水浓度下，磷类浓度去除率较低；中进水浓度下，磷类浓度去除率有所升高；而在高进水浓度下，磷类浓度去除率最高。磷类浓度去除率会随着进水浓度的增加而增加。这说明在高浓度进水情况下，仍未达到填料吸附能力的最大值，填料吸附能力不会随着进水浓度而改变，因此磷类浓度去除率与进水污染物浓度呈正比。

3）对 COD 的净化效果

污染物浓度对 COD 净化效果的影响如图 5-12 所示。

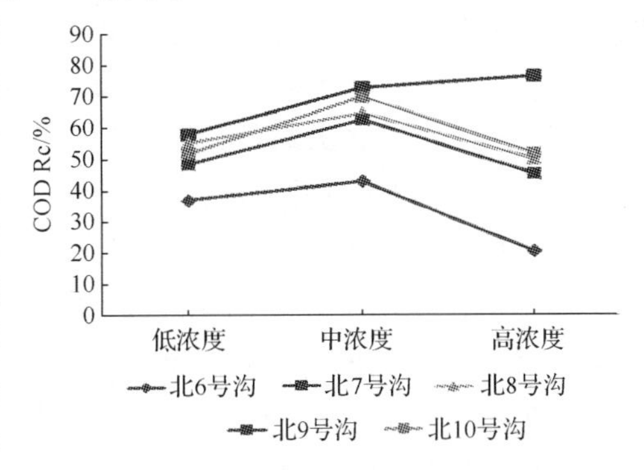

图 5-12 不同污染物浓度对 COD 净化效果的影响

如图 5-12 所示，在三种进水浓度下北 6 至北 10 号沟分别对 COD 的浓度去除率为 20.3%～42.8%，58%～76.6%，50%～64.7%，45.4%～62.6%，51.8%～69.8%。结果表明，除北 7 号沟外，其他试验沟槽浓度去除率随着进水污染物浓度的增大呈现先增大后减小的趋势，这是因为北 7 号沟填料层为粉煤灰＋沙，对 COD 的吸附系数为 718.18，而高浓度进水也未达到粉煤灰＋沙对 COD 吸附量的最大值。北 6 号沟填料层为沙＋腐殖质＋种植土，对 COD 的吸附系数为 122.09；北 8 号沟填料层为高炉渣＋沙，对 COD 的吸附系数为 141.50；北 9 号沟填料层为高炉渣，对 COD 的吸附系数为 172.28；北 10 号沟填料层为种植土，对 COD 的吸附系数为 392.48；填料吸附能力不会随着进水浓度而改变，因此 COD 浓度去除率随着进水污染物浓度增大而减小。

4）对重金属的净化效果

污染物浓度对重金属净化效果的影响如图 5-13 所示。

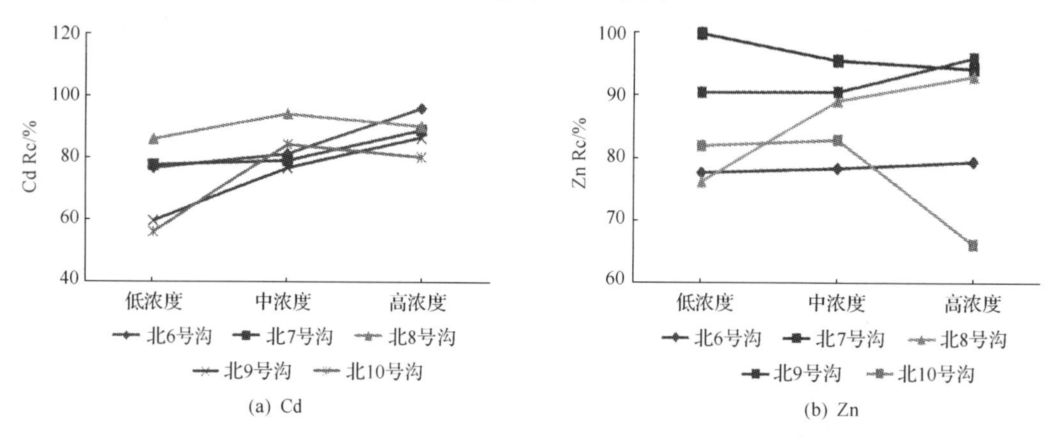

图 5-13　不同污染物浓度对重金属净化效果的影响

如图 5-13(a)所示，在三种进水浓度下北 6 至北 10 号沟对 Cd 的浓度去除率分别为 76.7%～96.1%，77.8%～89.1%，86%～90.2%，59.8%～86.5%，56.2%～84.3%。结果表明，Cd 浓度去除率随着进水污染物浓度的增大而增大。如图 5-13(b)所示，在三种进水浓度下北 6 至北 10 号沟对 Zn 的浓度去除率分别为 77.7%～79.5%，94.3%～99.9%，76.2%～93.1%，90.6%～96%，66.2%～82.9%。结果表明，北 6、北 8、北 9 号沟浓度去除率随着进水污染物浓度的增大而增大，北 7、北 10 号沟浓度去除率随着进水污染物浓度的增大而减小。

2. 运行间隔时间对各污染物净化效果的影响分析

试验中选取两个降雨间隔时间，分别为一天和三天。低浓度、中浓度、高浓度进水分别进行三次试验。低浓度的三次试验分别在 2013 年的 11 月 22 日，11 月 24 日，11 月 28 日进行。中浓度的三次试验分别在 2013 年的 11 月 29 日，12 月 1 日，12 月 4 日进行。高浓度的三次试验分别在 2013 年的 12 月 6 日，12 月 8 日，12 月 12 日进行。

1）对氮类、磷的净化效果

运行间隔时间对氮类净化效果的影响如图 5-14、图 5-15 所示。

如图 5-14 所示，当进水浓度为中浓度，装置运行间隔时间分别为 1 天和 3 天时，北 10 号沟对 NH_4^+-N 的浓度去除率分别为：96.54%、95.08%、94.95%；对 NO_3^--N 的浓度去除率分别为：50.66%、40.36%、28.53%；对 TN 的浓度去除率分别为：40.98%、37.11%、29.30%。结果表明，随着时间间隔的增大，NH_4^+-N、NO_3^--N、TN 的去除率在依次减小。

如图 5-15 所示，当进水浓度为中浓度，装置运行间隔时间分别为 1 天和 3 天时，北 10 号沟对 DP 的浓度去除率分别为：99.08%、98.62%、94.23%，去除率随着运行时间间隔的增大而减小；对 TP 的浓度去除率分别为：92.45%、83.85%、92.38%。运行间隔时间为 1 天时，TP 的浓度去除率明显减小，运行间隔时间为 3 天时，TP 的浓度去除率回复到最初值，可见间隔时间过短装置中还有残留的磷酸盐，影响装置对 TP 的去除率。

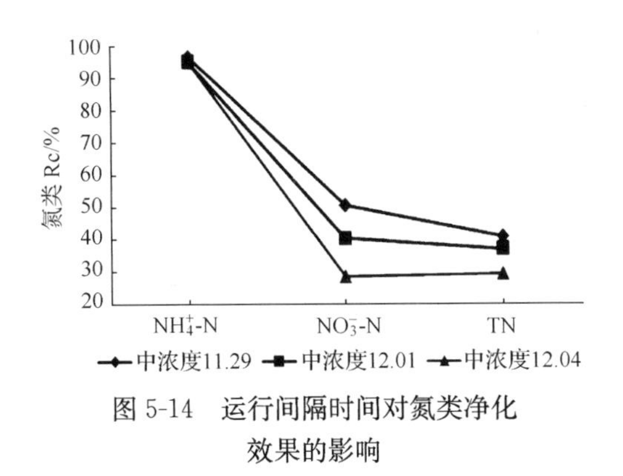

图 5-14 运行间隔时间对氮类净化效果的影响

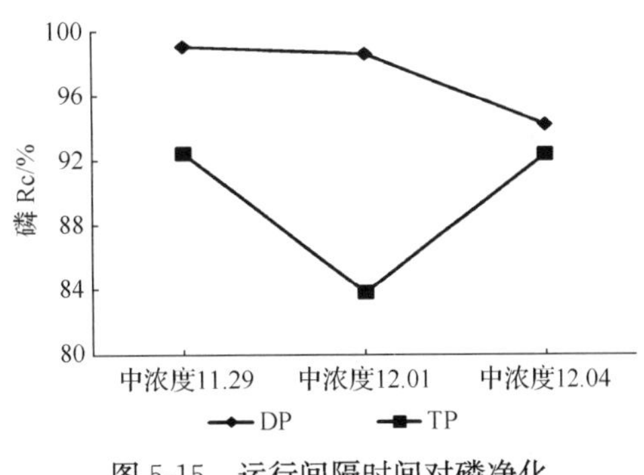

图 5-15 运行间隔时间对磷净化效果的影响

2）对 COD 的净化效果

运行间隔时间对 COD、重金属的净化效果的影响如图 5-16、图 5-17 所示。

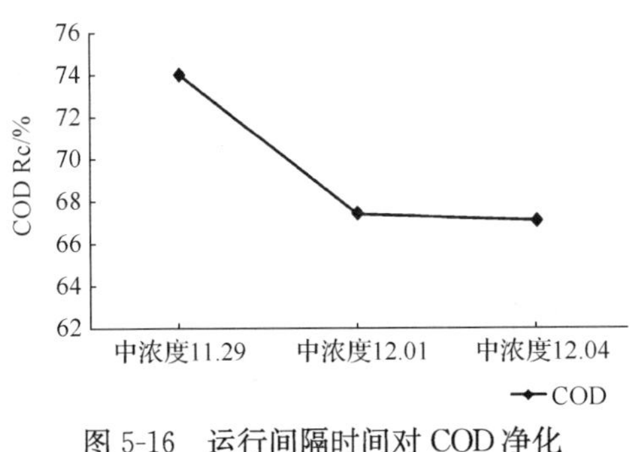

图 5-16 运行间隔时间对 COD 净化效果的影响

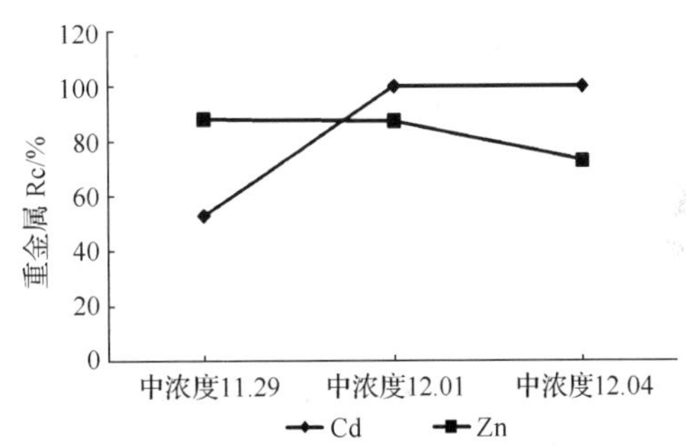

图 5-17 运行间隔时间对重金属净化效果的影响

如图 5-16 所示，当进水浓度为中浓度，装置运行间隔时间分别为 1 天和 3 天时，北 10 号沟对 COD 的浓度去除率分别为：74.02%、67.41%、67.09%，总体趋势为浓度去除率随着运行时间间隔的增大而减小。

如图 5-17 所示，当进水浓度为中浓度，装置运行间隔时间分别为 1 天和 3 天时，北 10 号沟对 Cd 的浓度去除率分别为：52.98%、100%、100%，总体趋势为浓度去除率随着运行时间间隔的增大而增大，甚至达到 100%全部去除。Zn 的浓度去除率分别为：88.19%、87.55%、72.94%，浓度去除率随着运行时间间隔的增大而减小。

3. 沟宽对各污染物净化效果的影响分析

北 7 号沟和西 4 号沟，北 8 号沟和西 3 号沟，北 9 号沟和东 4 号沟，北 10 号沟和东 3 号沟分别对应的内部填充方式完全相同，不同之处在于北 7、北 8、北 9、北 10 号沟宽度为 0.5m，西 3、西 4、东 3、东 4 号沟沟宽为 1m。选取 11 月 29 日中浓度进水试验进行分析。

1）对氮类的净化效果

沟宽对氮类净化效果的影响如图 5-18 所示。

由图 5-18 可以看出，除北 8 号沟和西 3 号沟去除率基本相同外，其余三组均表现出宽度为 1m 的沟槽对氮类的浓度去除率要高于宽度为 0.5m 的沟槽。即宽度越大，浓度去除率越大。这是因为，氮类的去除率与填料层的吸附性能和填料的孔隙率有关。沟宽越宽，孔隙率的体积比也就越大，对氮类的吸附空间也就越大。

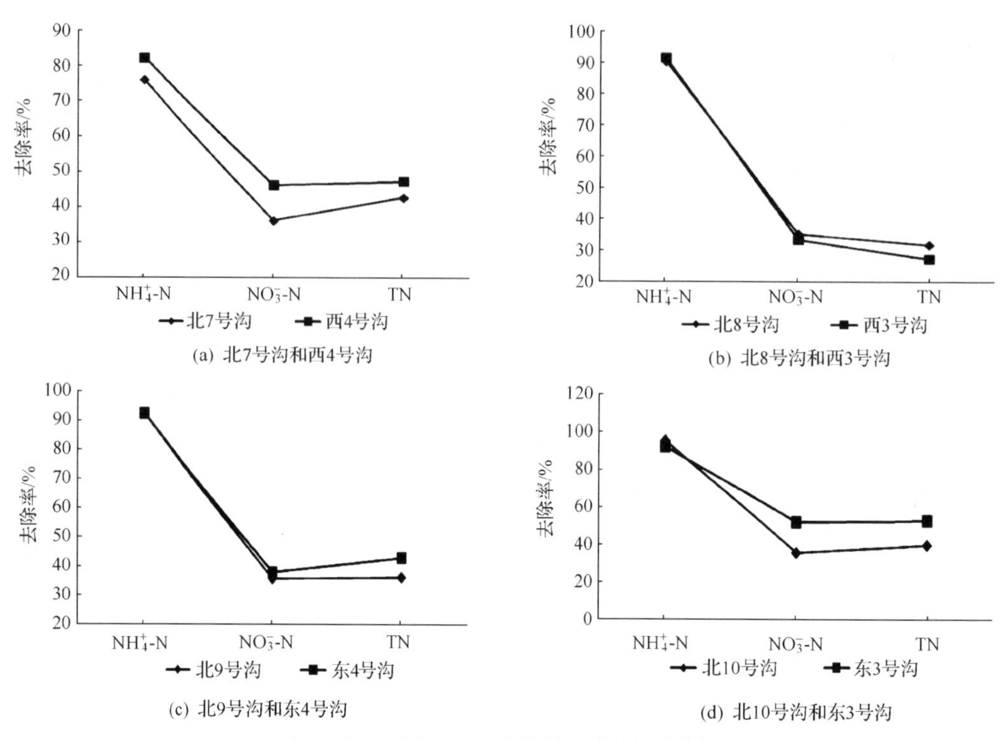

图 5-18　不同沟宽对氮类净化效果的影响

2）对磷的净化效果

沟宽对磷净化效果的影响如图 5-19 所示。

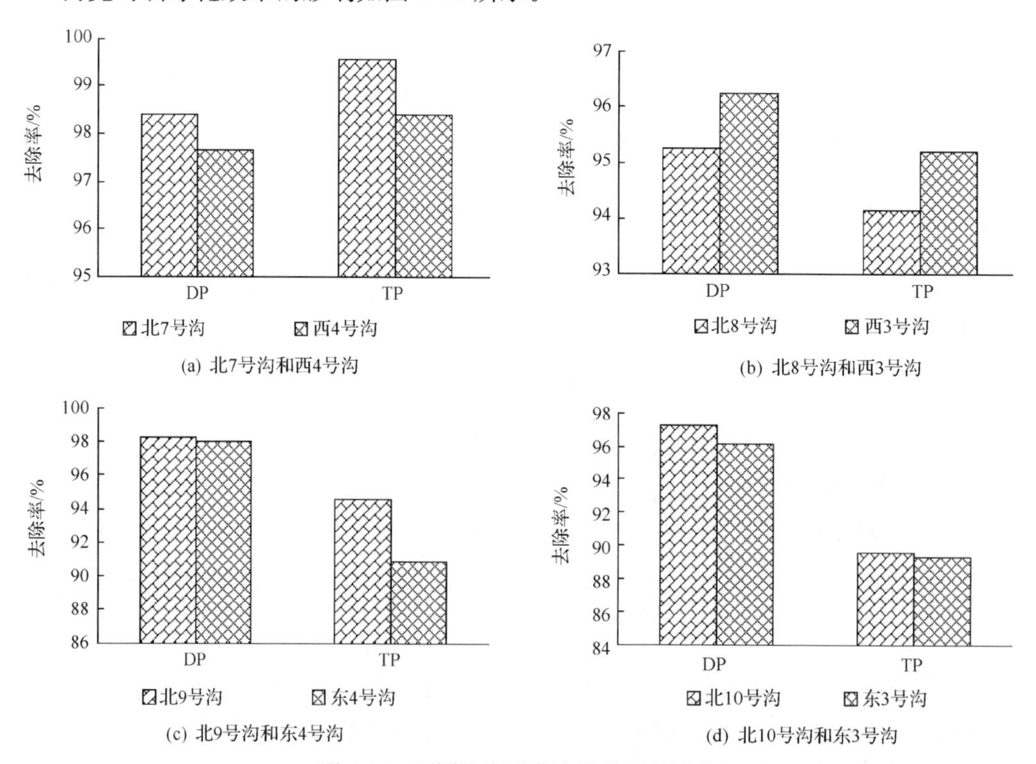

图 5-19　不同沟宽对磷净化效果的影响

由图 5-19 可得结论，北 7 号沟与西 4 号沟，北 9 号沟和东 4 号沟，北 10 号沟与东 3 号沟表现出随沟宽的增大去除率反而减小的趋势。北 8 号沟与西 3 号沟表现出沟宽越宽去除率越大。

3）对 COD 的净化效果

沟宽对 COD 净化效果的影响如图 5-20 所示。

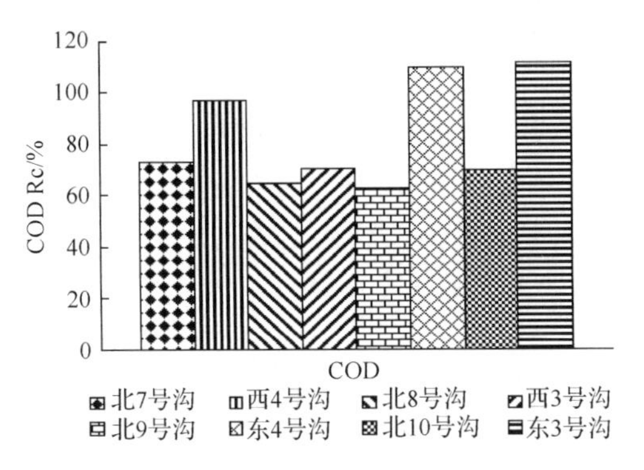

图 5-20　不同沟宽对 COD 净化效果的影响

如图 5-20 所示，北 7 和西 4、8 和西 3、北 9 和东 4、北 10 和东 3 号沟对 COD 的浓度去除率分别为：72.97%和 96.72%，64.71%和 70.28%，62.57%和 109.76%，69.84%和 111.80%。结果表明，沟宽越宽，COD 浓度去除率越大。

4）对重金属的净化效果

沟宽对重金属净化效果的影响如图 5-21 所示。

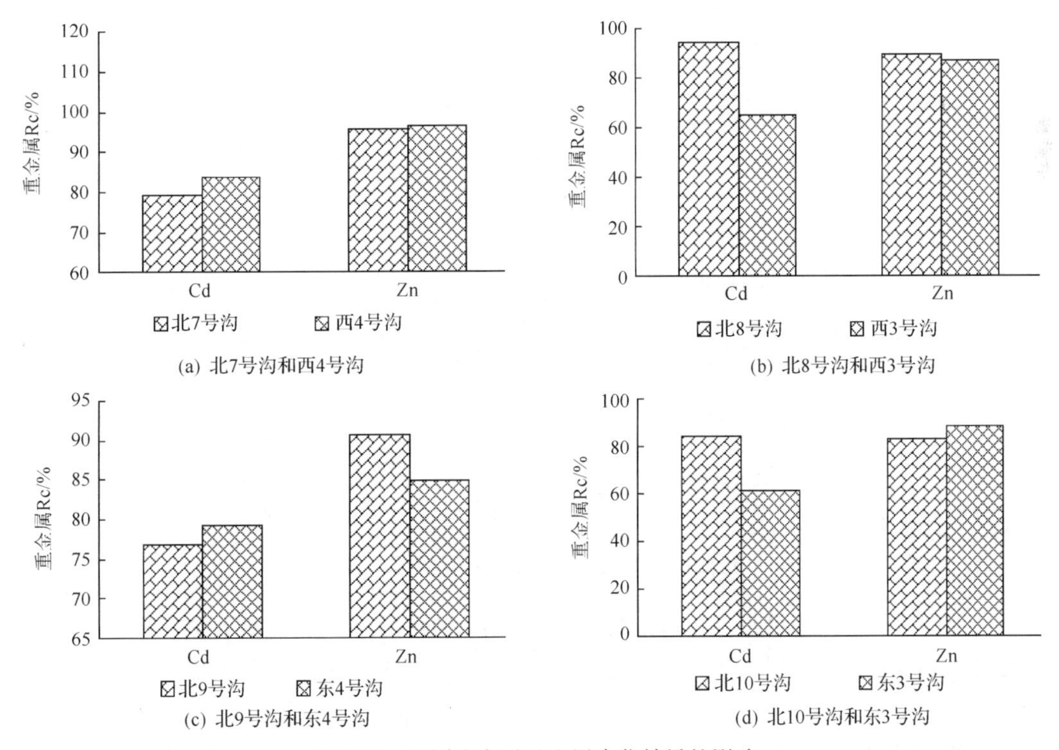

图 5-21　不同沟宽对重金属净化效果的影响

由图 5-21 可得结论，北 7 号沟与西 4 号沟表现出沟宽越宽去除率越大，北 8 号沟与西 3 号沟表现出随沟宽的增大去除率反而减小的趋势。

4. 填料种类对各污染物净化效果的影响分析

北 8 号沟填料层对 TN、TP、COD 的 24 小时吸附量分别为 166.13mg/g、187.97mg/g、169.80mg/g；北 9 号沟填料层对 TN、TP、COD 的 24 小时吸附量分别为 213.01mg/g、202.79mg/g、232.58mg/g；北 10 号沟填料层对 TN、TP、COD 的 24 小时吸附量分别为 132.13mg/g、163.19mg/g、196.24mg/g。因此计算得到高炉渣＋沙，高炉渣，种植土的 TN 填料因子分别为 138.45×10^{-3} d/m，157.79×10^{-3} d/m，264.23×10^{-3} d/m；TP 填料因子分别为 156.64×10^{-3} d/m，150.22×10^{-3} d/m，326.38×10^{-3} d/m；COD 填料因子分别为 141.50×10^{-3} d/m，172.28×10^{-3} d/m，392.48×10^{-3} d/m。

1）对氮类的净化效果

填料种类对氮素类净化效果的影响如图 5-22 所示。

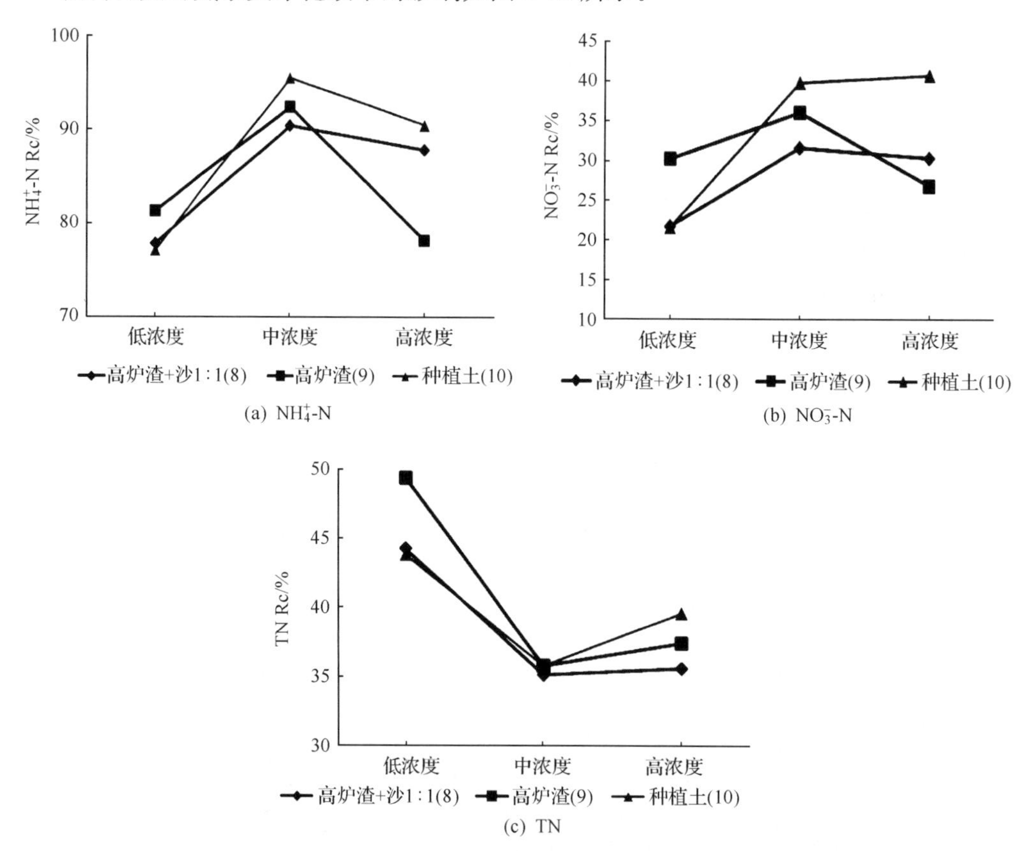

图 5-22 填料种类对氮素净化效果的影响

由图 5-22(a)可得结论，在低浓度进水的情况下，表现出三种填料对氨氮的去除率大小顺序为：高炉渣＞高炉渣＋沙＞种植土；在中浓度进水的情况下，表现出三种填料对氨氮的去除顺序为：种植土＞高炉渣＞高炉渣＋沙；在低浓度进水的情况下，表现出三种填料对氨氮的去除顺序为：种植土＞高炉渣＋沙＞高炉渣。由图 5-22(b)可以看出不管在哪种进水浓度下硝氮的去除率都很低，原因在于装置为新建，运行时间比较短且未种植植物。

如图 5-22(c)所示，当进水浓度为低浓度时，人工填料为高炉渣＋沙的 8 号沟、人工填料为高炉渣的 9 号沟、人工填料为种植土的 10 号沟对 TN 的浓度去除率分别为：44.22%、49.36%、43.78%；当进水浓度为中浓度时，8、9、10 号沟对总氮的浓度去除率分别为：35.12%、35.74%、35.79%；当进水浓度为高浓度时，8、9、10 号沟对总氮的浓度去除率分别为：35.58%、37.39%、39.55%。这与三种填料的填料因子对于 TN 吸附能力强弱规律相同(种植土 264.23×10^{-3} d/m＞炉渣 157.79×10^{-3} d/m＞高炉渣＋沙子 138.45×10^{-3} d/m)，填料对于 TN 的吸附性能强则 TN 浓度去除效果较好。

试验结果表明，在三种基质中，高炉渣在低浓度进水情况下对氨氮、硝氮、总氮的去除率都要高于其他两种填料；在中浓度和高浓度进水情况下，种植土对氨氮、硝氮、总氮的去除率都要高于其他两种填料。

2) 对磷的净化效果

填料种类对磷净化效果的影响如图 5-23 所示。

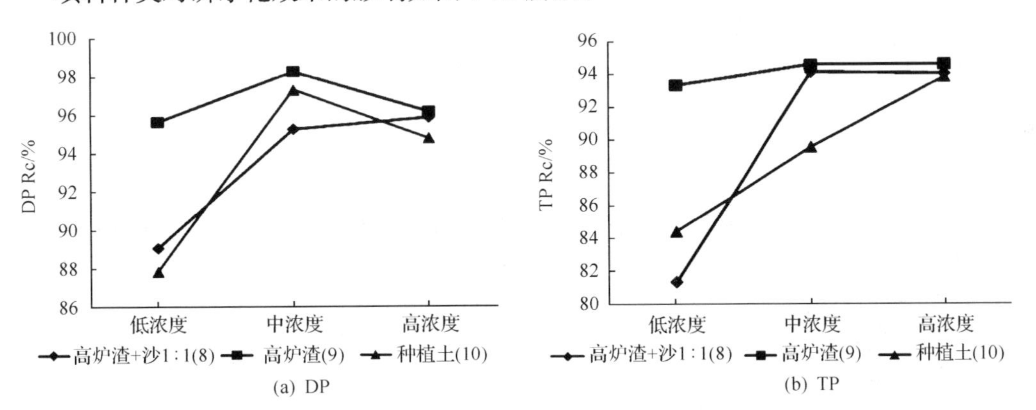

图 5-23 填料种类对磷净化效果的影响

P 的去除主要靠土壤、填料的物理吸附和离子交换的化学吸附、沉淀去除。所以 TP 的去除效果将直接反映填料的吸附性能。由图 5-23 可知高炉渣吸附性能最好，其次是高炉渣＋沙，种植土。

3) 对 COD 的净化效果

填料种类对 COD 净化效果的影响如图 5-24 所示。

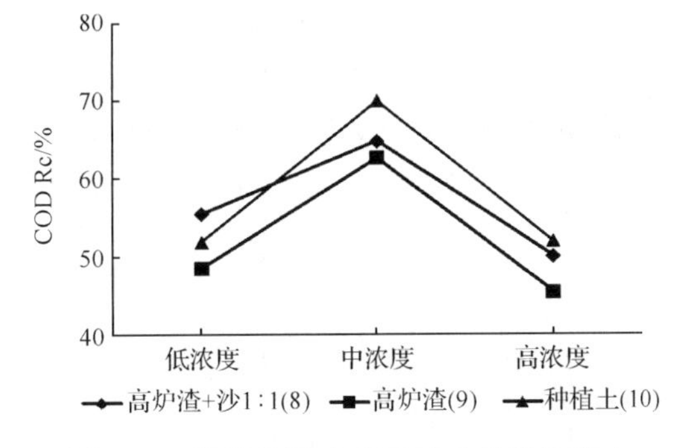

图 5-24 填料种类对 COD 净化效果的影响

由图 5-24 可得三种填料对 COD 去除率的去除规律为：种植土＞高炉渣＞高炉渣＋沙。填料因子对于 COD 吸附能力强弱规律为：种植土＞高炉渣＞高炉渣＋沙，和三种填料对 COD 去除率的去除强弱规律相同。这是因为在整个生态滤沟系统中，单次降雨过程时间内，土层以及填料层的吸附是最主要作用。

4）对重金属的净化效果

填料种类对重金属净化效果的影响如图 5-25 所示。

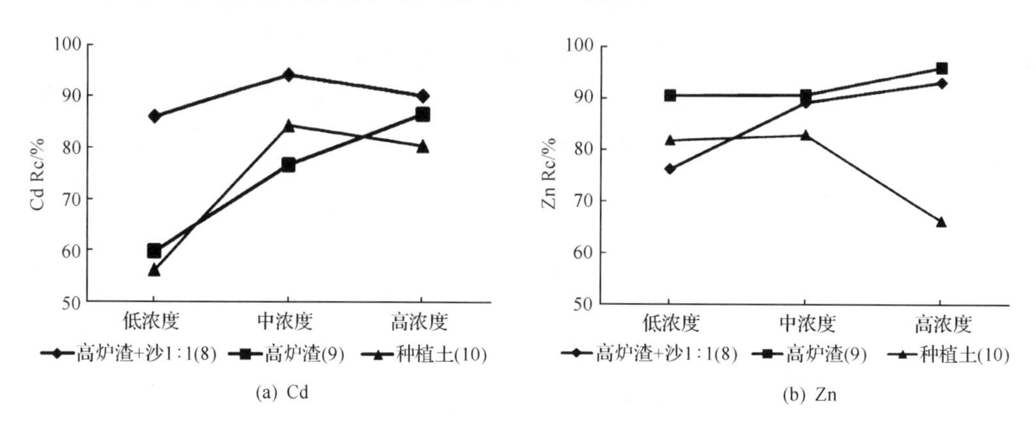

图 5-25　填料种类对重金属净化效果的影响

由图 5-25 可得结论，在三种填料中，高炉渣＋沙在三种浓度进水条件下对 Cd 的去除率均高于种植土和高炉渣；高炉渣在三种浓度进水条件下对 Zn 的去除率均高于其他两种填料，去除率分别为 90.53％、90.63％、96.01％。

5.2.3　净化能力正交试验分析

本章正交试验表设计分为正规试验表格和追加试验表格，其中追加试验表格追加方法如表 5-11 和表 5-12 所示。所有试验表格中，试验因素排序为正交试验设计设定，试验结果为各个污染物指标实测去除率，综合去除率为各个污染物指标去除率(CRR)之和的平均值。

$$CRR = \frac{1}{6}\sum_{i=1}^{i=6} R_{ci} \tag{5-6}$$

式中，R_{ci} 为每种特性污染物（TP、TN、DP、NO_3^--N、NH_4^+-N、重金属）的去除率。

每个正交表后的附表为重要程度分析表，其中 k_i 为各因素综合去除率之和，K_i 为各因素综合去除率之和的平均值，由 K_i 可计算出极差得出重要因素排序。

1. 北 0.5m 宽防渗沟正交试验分析

1）工况分析

北 0.5m 宽滤沟正交试验水质分析如表 5-19 所示，对应正交表为表 5-11。

表 5-19　防渗型滤沟正交试验水质分析(北区 0.5m 防渗沟)

试验号	试验因素					试验结果/%						
	填料组合	间隔时间/d	淹没区高度/mm	入流流量/(L/min)	入流浓度/(mg/L)	TP	TN	DP	NO_3^--N	NH_4^+-N	Zn	综合去除率
1	Z	5	0	小	小	67.39	82.43	57.32	24.12	41.30	87.49	56.13
2	Z	10	150	中	中	84.20	80.15	91.88	42.29	88.24	82.93	71.05
3	Z	15	350	大	大	72.04	69.05	65.62	35.39	61.81	81.23	53.16
4	G	5	0	中	中	83.61	75.84	89.88	16.30	75.56	89.62	71.80
5	G	10	150	大	大	92.94	67.78	94.51	74.33	20.38	84.27	72.37
6	G	15	350	小	小	84.30	25.82	20.57	40.24	80.32	87.62	56.48
7	GS	5	150	小	大	63.39	40.04	94.37	41.97	51.2	84.32	62.55
8	GS	10	350	中	小	49.86	17.8	45.76	−5.65	42.33	90.01	40.02
9	GS	15	0	大	中	79.69	58.46	46.48	−19.37	69.66	91.21	54.36
10	Z	5	350	大	中	88.06	80.82	81.19	55.78	70.31	80.79	76.16
11	Z	10	0	小	大	76.05	49.85	1.87	35.21	22.56	80.70	44.37
12	Z	15	150	中	小	77.85	38.48	72.88	35.48	72.13	88.57	64.23
13	G	5	150	大	小	61.81	12.44	55.44	4.69	74.52	88.73	49.61
14	G	10	350	小	中	87.03	75.3	86.38	27.36	81.67	90.12	74.64
15	G	15	0	中	大	69.92	54.05	51.29	25.1	70.55	86.67	59.60
16	GS	5	350	中	大	95.84	39.76	70.67	29.50	61.53	83.51	63.47
17	GS	10	0	大	小	50.86	37.28	75.13	25.42	76.03	90.34	59.18
18	GS	15	150	小	中	80.13	67.29	59.47	1.83	62.33	90.13	60.20
19	FS	5	0	小	小	89.14	42.90	84.57	−42.92	80.90	92.37	57.83
20	FS	10	150	中	中	94.14	57.16	85.92	−29.96	74.64	95.76	62.94
21	FS	15	350	大	大	96.28	74.72	88.78	54.2	96.25	83.27	82.25
22	SFZ	5	0	中	中	43.56	91.15	94.64	33.16	14.70	75.76	58.83
23	SFZ	10	150	大	大	34.98	40.07	49.43	10.74	46.42	79.79	43.57
24	SFZ	15	350	小	小	32.76	38.45	47.58	34.91	62.49	75.46	48.61
25	FS	5	350	大	中	94.71	94.45	74.59	64.69	74.54	95.76	83.12
26	FS	10	0	小	大	92.94	67.79	94.51	74.33	20.38	89.76	73.29
27	FS	15	150	中	小	81.56	47.64	75.5	10.61	19.37	93.49	54.70
28	SFZ	5	150	大	小	45.07	2.86	50.13	37.11	65.86	71.24	45.38
29	SFZ	10	350	小	中	47.82	72.27	92.36	63.21	67.69	80.10	70.58
30	SFZ	15	0	中	大	49.42	39.97	69.14	10.74	68.44	74.76	52.08

注:Z 为种植土;G 为高炉渣;GS 为高炉渣+沙;FS 为粉煤灰+沙;SFZ 为沙+腐殖质+种植土

从表 5-19 和表 5-20 可见，把特征污染物 TP 、TN 、DP、NH_4^+-N、NO_3^--N 和 Zn 的处理效果作为评价指标，各试验综合去除率最大值为第 25 号试验的 83.12。因此，生态滤沟综合处理效果最好的为第 25 号试验，为最优方案，其运行参数为填料组合为粉煤灰＋沙，时间间隔为 5 天，淹没区高度为 350mm，入流流量为大流量、入流浓度为中浓度。极差分析结果表明填料组合方式是对整体的处理效果的最重要影响因素，入流浓度次之，淹没区高度再次之，运行间隔天数倒数第二，入流流量的影响程度一般。整体综合去除率趋势图如图 5-26 所示。

表 5-20　防渗沟极差分析表(北区 0.5m 防渗沟)

因素	填料组合	间隔时间	淹没区高度	入流流量	入流浓度
k1	365.09	624.87	587.45	604.66	532.15
k2	384.49	612.00	586.59	598.71	620.73
k3	339.76	585.65	648.48	619.14	606.70
k4	414.12				
k5	319.04				
K1	60.85	62.49	58.74	60.47	53.21
K2	64.08	61.20	58.66	59.87	62.07
K3	56.63	58.56	64.85	61.91	60.67
K4	69.02				
K5	53.17				
极差	15.85	3.92	6.19	2.04	8.86
影响程度	最重要	次要	次重要	一般	重要

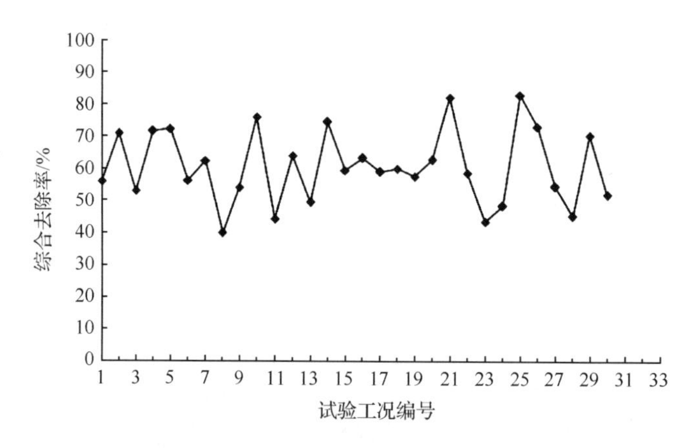

图 5-26　防渗正交试验水质分析(0.5m)

根据表 5-20 作出五个因素的水平趋势图如图 5-27 至图 5-31 所示。

从图 5-27 至图 5-31 五个图看出，在填料组合为粉煤灰＋沙，运行间隔时间为 5 天，淹没区高度 350mm，入流流量为大流量和入流浓度为中浓度的组合工况下，处理效果最好，可以认为是本正交试验的最优工况。

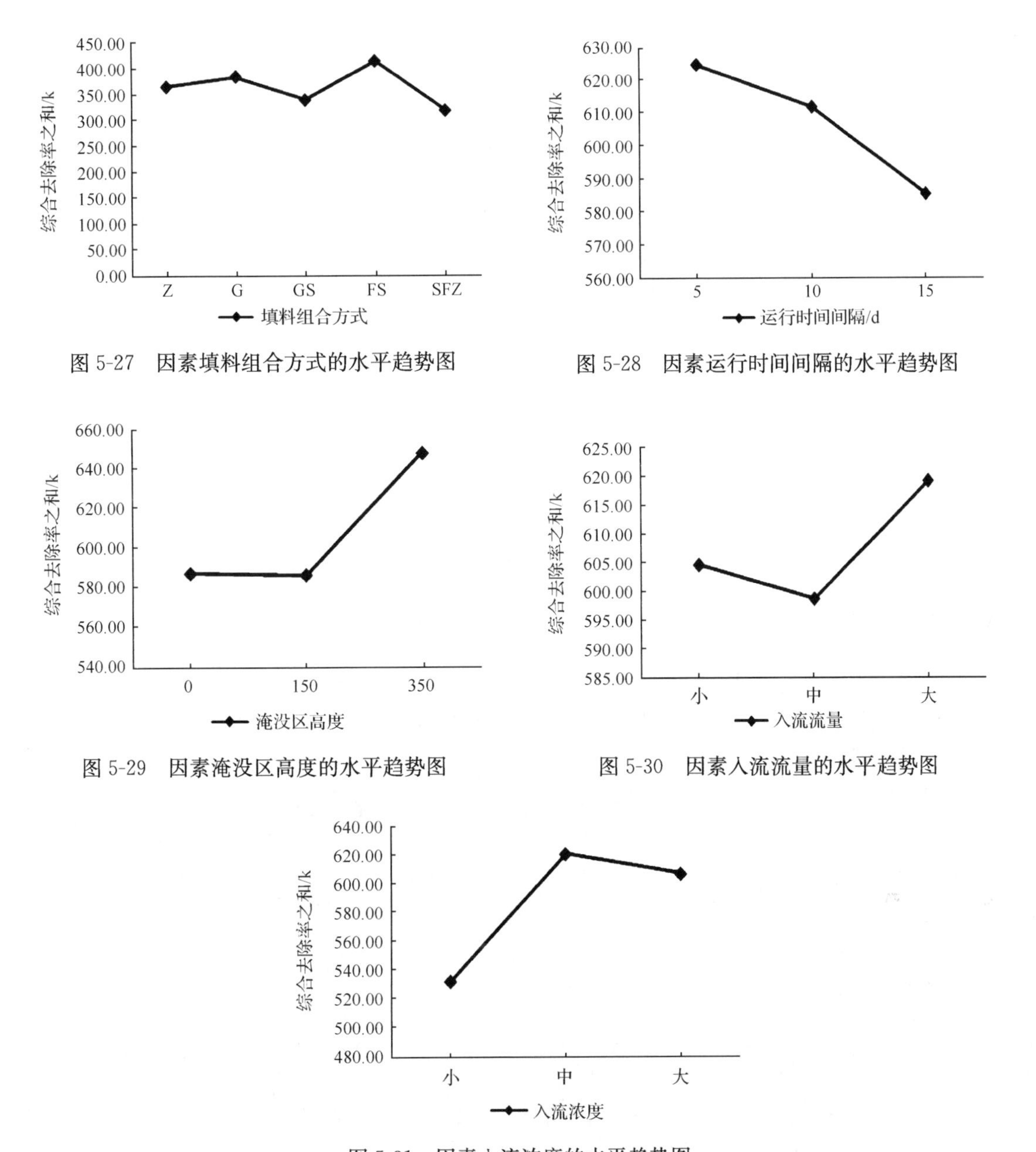

图 5-27　因素填料组合方式的水平趋势图

图 5-28　因素运行时间间隔的水平趋势图

图 5-29　因素淹没区高度的水平趋势图

图 5-30　因素入流流量的水平趋势图

图 5-31　因素入流浓度的水平趋势图

综上所述，通过直接观察综合去除率和通过水平趋势分析得出了同一个结论，本试验的最优组合方案为填料组合为粉煤灰＋沙，运行间隔时间为 5 天，淹没区高度 350mm，入流流量为大流量和入流浓度为中浓度的组合，在该工况下运行的处理效果最好。

2）因素影响分析（TP、TN、NH_4^+-N）

（1）TP 的去除。

生态滤沟属于植物-填料综合作用的处理系统，因此系统中的磷主要通过植物吸收、微生物同化及填料吸附过滤去除，其中填料起到主要作用。

用极差分析法评价各因素对 TP 去除效果的影响程度。对 TP 的极差分析结果如表 5-21 所示。

表 5-21　各因素对 TP 的去除影响(北区 0.5m 防渗沟)

因素	填料组合	间隔时间	淹没区高度	入流流量	入流浓度
K1	413.48	739.47	709.47	634.9	647.49
K2	479.61	674.44	679.69	693.58	746.57
K3	419.77	701.33	726.08	693.82	721.18
K4	548.77				
K5	253.61				
极差	295.16	65.03	46.39	58.92	99.08
影响程度	最重要	次重要	一般	次要	重要

极差分析结果表明,填料组合方式是 TP 去除的最主要影响因素。极差分析结果表明,对除磷影响的重要性顺序为:填料组合＞入流浓度＞时间间隔＞入流流量＞淹没区高度。

(2) TN 的去除。

研究表明,高吸附性能填料、低浓度进水、运行间隔时间短、沟宽较大的生态滤沟对于 TN 的去除效果较好。用极差分析法评价各因素对 TN 去除效果的影响程度。对 TN 的极差分析结果如表 5-22 所示。

表 5-22　各因素对 TN 的去除影响(北区防渗沟)

因素	填料组合	间隔时间	淹没区高度	入流流量	入流浓度
K1	284.66	483.53	520.56	482.98	266.94
K2	313.77	557.57	446.03	534.12	745.01
K3	260.63	484.85	559.36	693.82	514
K4	384.66				
K5	284.77				
极差	124.03	72.72	113.33	210.84	478.07
影响程度	最重要	次重要	一般	次要	重要

极差分析结果表明,填料组合方式是 TN 去除的最主要影响因素。极差分析结果表明,对除磷影响的重要性顺序为：填料组合＞入流浓度＞时间间隔＞入流流量＞淹没区高度。

(3) NH_4^+-N 的去除。

用极差分析法评价各因素对氨氮去除效果的影响程度。对 NH_4^+-N 的极差分析结果如表 5-23 所示。

表 5-23　各因素对 NH_4^+-N 的去除影响(北区防渗沟)

因素	填料组合	间隔时间	淹没区高度	入流流量	入流浓度
K1	389.05	657.04	586.7	617.46	661.87
K2	403	519.79	554.54	566.94	658.79
K3	363.08	669.98	663.24	662.41	526.15
K4	366.08				
K5	325.6				
极差	77.4	150.19	108.7	95.47	135.72
影响程度	一般	最重要	次重要	次要	重要

极差分析结果表明,时间间隔是氨氮去除的最主要影响因素。极差分析结果表明,对除磷影响的重要性顺序为:时间间隔>入流浓度>淹没区高度>入流流量>填料组合。

2. 北 0.5m 宽不防渗沟正交试验水质分析

1) 工况分析

北 0.5m 宽不防渗沟正交试验水质分析如表 5-24 所示,对应正交表为表 5-12。

表 5-24　不防渗正交试验水质分析(北区,不防渗沟)

试验号	试验因素				试验结果/%						
	填料组合	间隔时间/d	入流流量/(L/min)	入流浓度/(mg/L)	TP	TN	DP	NO_3^--N	NH_4^+-N	Zn	综合去除率
1	Z	5	小	小	74.28	3.27	83.42	0.38	87.92	83.54	55.47
2	Z	10	中	中	47.82	72.27	92.36	63.21	67.69	80.01	70.56
3	Z	15	大	大	49.42	39.97	69.14	10.74	68.44	79.55	52.88
4	G	5	中	大	61.26	45.23	91.81	60.21	45.17	87.62	65.22
5	G	10	大	小	73.91	48.80	12.21	23.32	63.62	84.46	51.05
6	G	15	小	中	79.71	62.41	90.21	27.64	68.62	86.47	69.18
7	GS	5	大	中	85.60	43.43	92.49	26.71	62.49	88.79	66.59
8	GS	10	小	大	74.12	58.07	95.42	2.65	68.56	82.34	63.53
9	GS	15	中	小	66.46	31.34	58.33	12.48	43.22	88.82	50.11
10	FS	5	小	小	90.90	28.20	94.41	49.30	85.03	91.25	73.18
11	FS	10	中	中	50.83	42.90	71.78	46.49	40.09	90.34	63.74
12	FS	15	大	大	98.86	33.58	97.66	−85.01	60.52	90.53	49.36
13	SFZ	5	中	大	65.39	40.04	94.36	41.97	51.20	70.46	60.57
14	SFZ	10	大	小	32.37	24.63	55.27	14.52	66.05	90.53	47.23
15	SFZ	15	小	中	48.42	87.01	84.83	12.49	91.67	76.65	66.85

从表 5-24 和表 5-25 可见,各试验综合去除率最大值为第 10 号试验的 73.18。因此,生态滤沟 0.5m 防渗沟正交试验中,综合处理效果最好的为第 10 号试验,为最优方案,其

运行参数为:填料组合为粉煤灰+沙,时间间隔 5 天,淹没区高度 350mm,入流流量大流量、入流浓度中浓度。极差分析结果表明入流流量是对整体的处理效果的最重要影响因素,入流浓度次之,运行时间间隔次要,填料组合方式的影响程度一般。整体综合去除率趋势图如图 5-32 所示。

表 5-25　北区不防渗沟极差分析

因素	填料组合	时间间隔	入流流量	入流浓度
k1	178.91	321.02	328.20	277.04
k2	185.45	296.11	310.19	336.91
k3	180.22	288.36	267.10	291.55
k4	186.28			
k5	174.64			
K1	59.64	64.20	65.64	55.41
K2	61.82	59.22	62.04	67.38
K3	60.07	57.67	53.42	58.31
K4	62.09			
K5	58.21			
极差	3.60	6.53	12.22	11.97
影响程度	一般	次要	重要	次重要

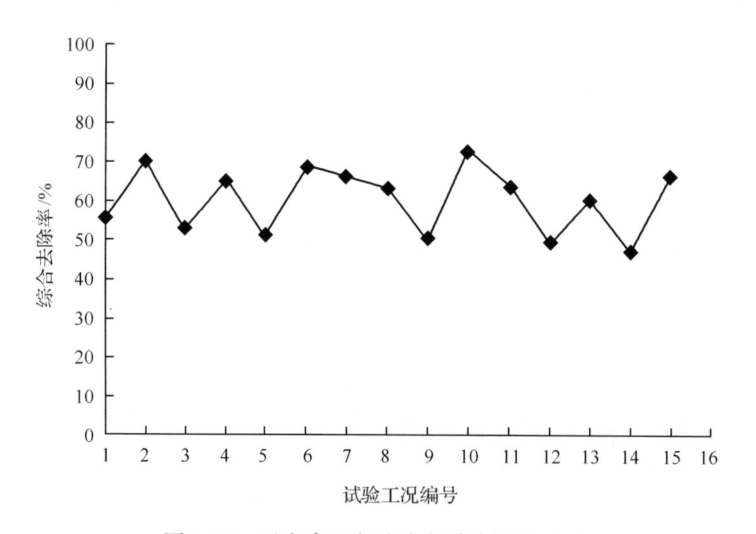

图 5-32　不防渗正交试验水质分析(0.5m)

根据表 5-24 作出四个因素的水平趋势图如图 5-33 至图 5-36 所示。

从图 5-33 至图 5-36 四个图看出,在填料组合为粉煤灰+沙、运行间隔时间为 5 天、入流流量为小流量和入流浓度为中浓度的组合工况下,处理效果最好,可以认为是本组正交试验的最优工况。

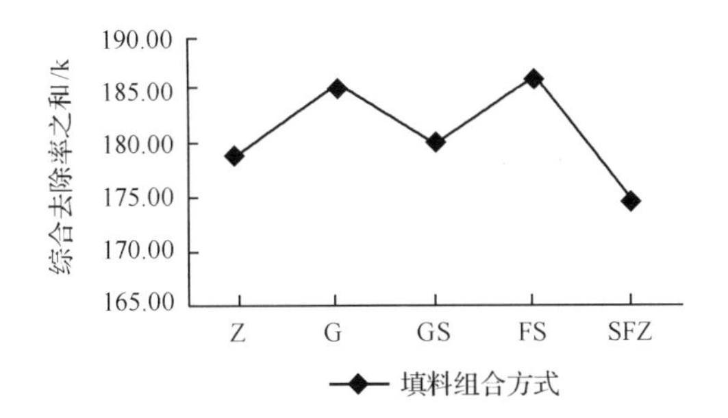

图 5-33　因素填料组合方式的水平趋势图

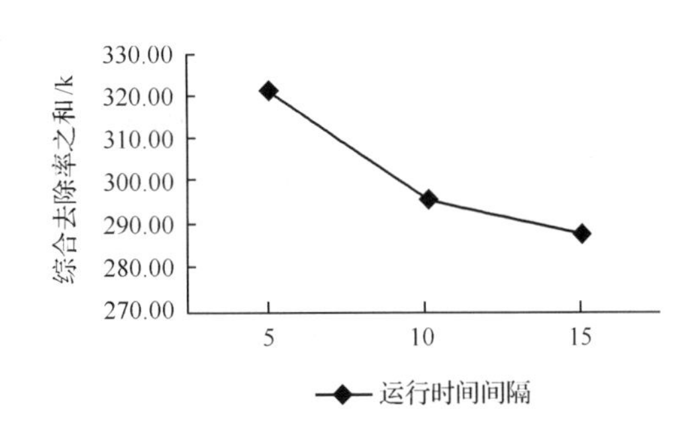

图 5-34　因素运行时间间隔的水平趋势图

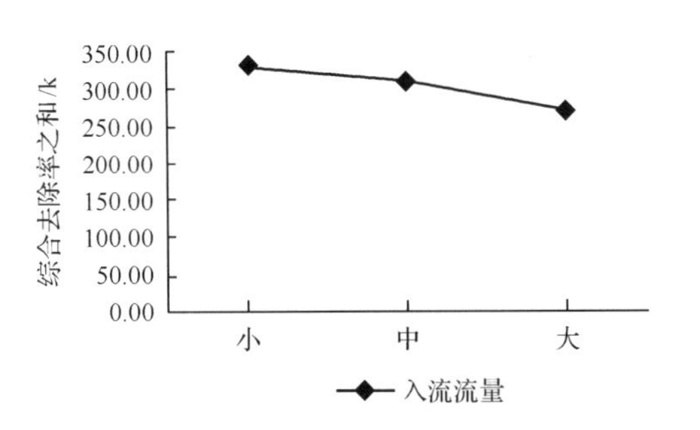

图 5-35　因素入流流量的水平趋势图

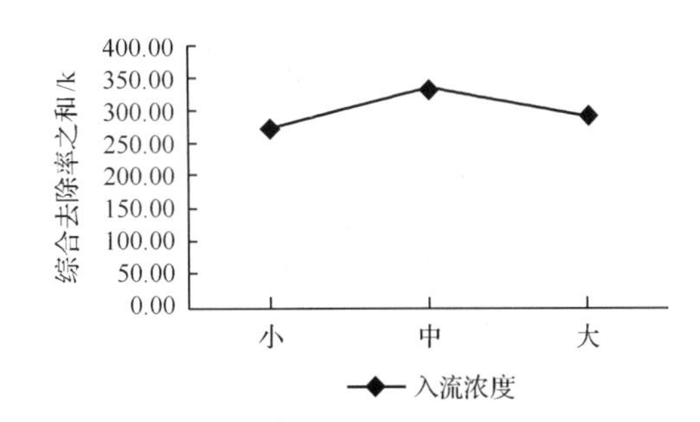

图 5-36　因素入流浓度的水平趋势图

综上所述,通过直接观察综合去除率和通过水平趋势分析得出了同一个结论,本试验的最优组合方案为填料组合为粉煤灰+沙、运行间隔时间为 5 天、入流流量为小流量和入流浓度为小浓度的组合,在该工况下运行的处理效果最好。

2) 因素影响分析(TP、TN、氨氮)

(1) TP 的去除。

用极差分析法评价各因素对 TP 去除效果的影响程度。对 TP 的极差分析结果如表 5-26 所示。

表 5-26　各因素对 TP 的去除影响(北区,不防渗沟)

因素	填料组合	间隔时间	入流流量	入流浓度
K1	171.52	377.43	367.43	337.92
K2	214.88	319.05	331.76	352.38
K3	226.18	342.87	340.16	349.05
K4	280.59			
K5	146.18			
极差	134.41	58.38	35.67	14.46
影响程度	重要	次重要	次要	一般

极差分析结果表明,填料组合方式是 TP 去除的最主要影响因素。极差分析结果表明,对除磷影响的重要性顺序为:填料组合>时间间隔>入流流量>入流浓度。

(2) TN 的去除。

用极差分析法评价各因素对 TN 去除效果的影响程度。对 TN 的极差分析结果如

表 5-27 所示。

表 5-27　各因素对 TN 的去除影响(北区 0.5m,不防渗沟)

因素	填料组合	间隔时间	入流流量	入流浓度
K1	115.51	160.17	238.96	136.24
K2	156.44	246.67	231.78	308.02
K3	132.84	254.31	190.41	410.5
K4	104.68			
K5	151.68			
极差	51.76	94.14	48.55	274.26
影响程度	次要	次重要	一般	重要

极差分析结果表明,入流浓度是影响 TN 去除率的最主要影响因素。极差分析结果表明,对除 TN 影响的重要性顺序为:入流浓度>时间间隔>填料组合>入流流量。

(3) NH_4^+-N 的去除。

用极差分析法评价各因素对 NH_4^+-N 去除效果的影响程度。对氨氮的极差分析结果如表 5-28 所示。

表 5-28　各因素对 NH_4^+-N 的去除影响(北区,不防渗沟)

因素	填料组合	间隔时间/d	入流流量/(L/min)	入流浓度/(mg/L)
K1	224.05	331.81	401.8	345.84
K2	177.41	306.01	247.37	330.56
K3	174.27	332.47	321.12	293.89
K4	185.64			
K5	208.92			
极差	49.78	26.46	154.43	51.95
影响程度	次要	一般	重要	次重要

极差分析结果表明,入流流量是氨氮去除的最主要影响因素。极差分析结果表明,对除氨氮影响的重要性顺序为:入流流量>入流浓度>填料组合>时间间隔。

3. 防渗 1.0m 滤沟正交试验水质分析

1) 工况分析

西区东区 1.0m 宽防渗沟正交试验水质分析如表 5-29 所示,对应正交表为表 5-12。

从表 5-30 可见,各试验综合去除率最大值为第 16 号试验的 438.27。因此,生态滤沟 1.0m 防渗沟正交试验中,综合处理效果最好的为第 16 号试验,为最优方案,其运行参数为:填料组合 FS,时间间隔 5 天,淹没区高度 350mm,入流流量中流量、入流浓度大浓度。

表 5-29　防渗正交试验水质分析(1.0m)

试验号	试验因素					试验结果/%						
	填料组合	间隔时间/d	淹没区高度/mm	入流流量/(L/min)	入流浓度/(mg/L)	TP	TN	DP	NO_3^--N	NH_4^+-N	Zn	综合去除率
1	G	5	0	小	小	86.57	71.09	88.60	30.22	7.30	87.64	61.90
2	G	10	150	中	中	89.89	16.64	96.87	31.18	53.08	86.73	62.44
3	G	15	350	大	大	78.85	53.01	60.06	43.55	53.36	81.49	61.72
4	GS	5	0	中	中	81.90	38.99	85.34	5.68	83.32	90.36	64.23
5	GS	10	150	大	大	74.72	19.36	33.18	9.00	6.64	87.65	38.43
6	GS	15	350	小	小	79.29	51.58	63.28	−42.94	73.83	91.47	52.75
7	FS	5	150	小	大	97.72	51.78	93.29	42.18	44.23	92.31	70.25
8	FS	10	350	中	小	92.56	36.00	95.68	19.92	95.35	93.29	72.13
9	FS	15	0	大	中	94.92	25.16	76.95	23.27	53.73	94.37	61.40
10	G	5	350	大	中	76.11	15.77	84.38	−19.20	76.57	85.44	53.12
11	G	10	0	小	大	91.50	54.69	82.57	43.54	31.52	80.44	64.04
12	G	15	150	中	小	82.63	28.96	37.97	29.62	52.56	86.45	53.03
13	GS	5	150	大	小	94.46	14.38	90.03	5.90	81.66	92.35	63.13
14	GS	10	350	小	中	70.83	31.45	93.66	9.29	96.57	89.12	65.15
15	GS	15	0	中	大	61.79	26.09	52.53	9.00	62.80	88.66	58.48
16	FS	5	350	中	大	96.06	35.45	98.14	42.84	72.11	93.67	73.05
17	FS	10	0	大	小	86.35	36.27	74.48	33.94	53.45	90.63	62.52
18	FS	15	150	小	中	96.06	35.45	80.45	−77.26	95.57	90.67	53.49

表 5-30　极差分析(北区防渗沟)

因素	填料组合	间隔时间	淹没区高度	入流流量	入流浓度
k1	356.26	385.67	372.57	367.59	365.47
k2	342.16	364.72	340.77	383.36	359.83
k3	392.84	340.87	377.92	331.28	365.96
K1	59.38	64.28	62.10	61.27	60.91
K2	57.03	60.79	56.80	63.89	59.97
K3	65.47	56.81	62.99	55.21	60.99
极差	8.45	7.47	6.19	8.68	1.02
影响程度	重要	次重要	次要	最重要	一般

极差分析结果表明入流浓度是对整体的处理效果的最重要影响因素，填料组合方式次之，入流流量再次之，时间间隔次要，淹没区高度影响程度一般。整体综合去除率趋势如图 5-37 所示。

根据表 5-30 作出五个因素的水平趋势如图 5-38 至图 5-42 所示。

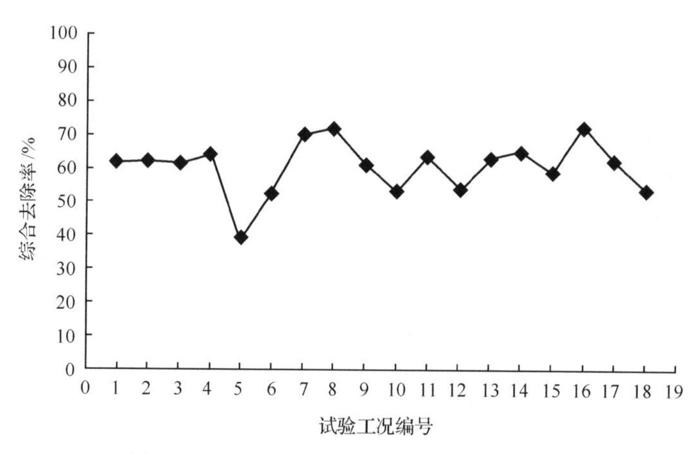

图 5-37 防渗正交试验水质分析(东区西区)

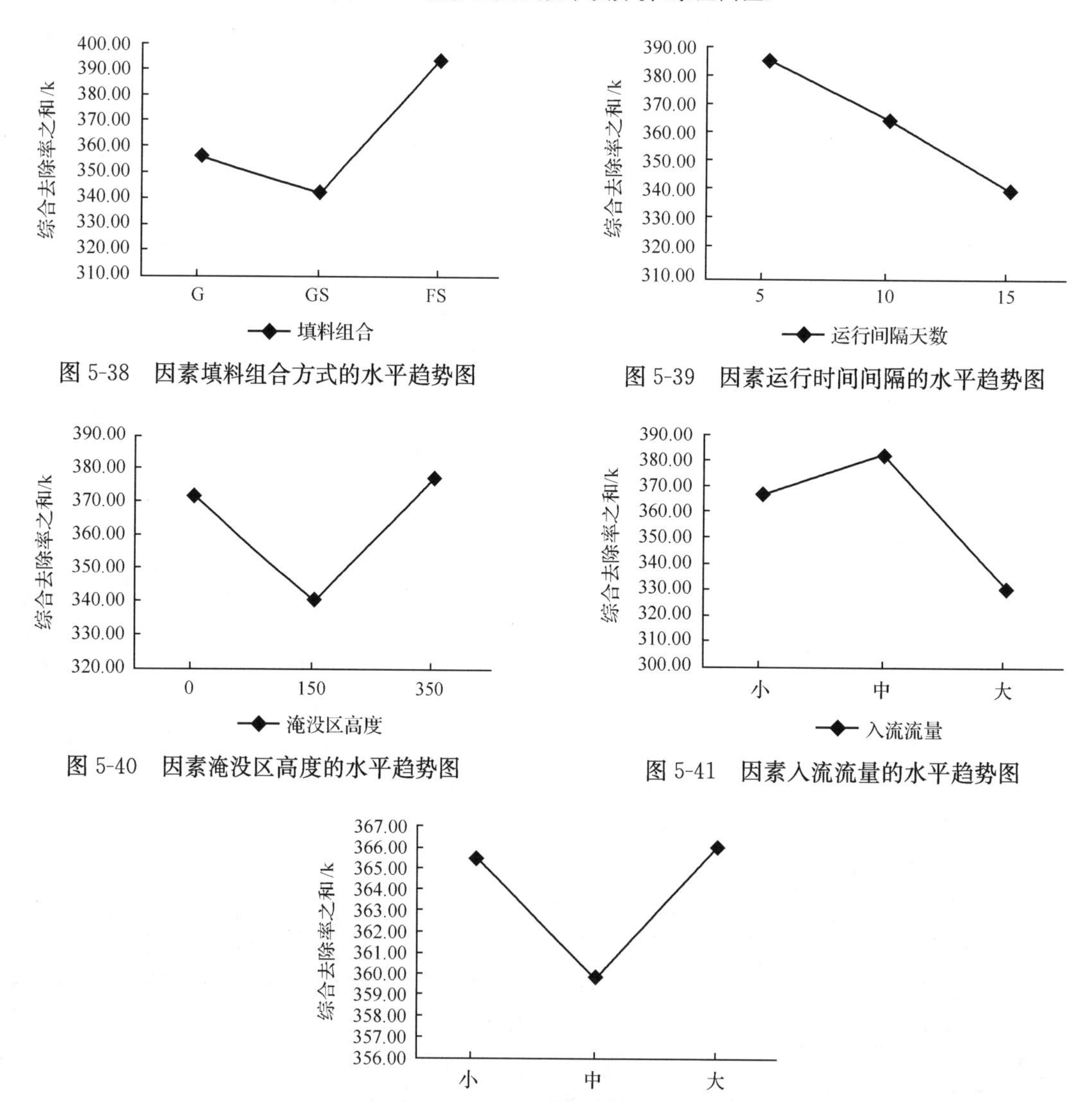

图 5-38 因素填料组合方式的水平趋势图

图 5-39 因素运行时间间隔的水平趋势图

图 5-40 因素淹没区高度的水平趋势图

图 5-41 因素入流流量的水平趋势图

图 5-42 因素入流浓度的水平趋势图

从图 5-38 至图 5-42 看出，在填料组合为粉煤灰＋沙、运行间隔时间为 5 天、淹没区高度 350mm、入流流量为中流量和入流浓度为大浓度的组合工况下，处理效果最好，可以认为是本组正交试验的最优工况。

综上所述，通过直接观察综合去除率和通过水平趋势分析得出了同一个结论，本试验的最优组合方案为填料组合为粉煤灰＋沙、运行间隔时间为 5 天、淹没区高度 350mm、入流流量为中流量和入流浓度为大浓度的组合，在该工况下运行的处理效果最好。

2）因素影响分析（TP、TN、NH_4^+-N）

（1）TP 的去除。

用极差分析法评价各因素对 TP 去除效果的影响程度。对 TP 的极差分析结果如表 5-31 所示。

表 5-31　各因素对 TP 的去除影响（东西区防渗沟）

因素	填料组合	间隔时间	淹没区高度	入流流量	入流浓度
K1	505.55	532.82	503.03	521.97	521.86
K2	462.99	505.85	535.48	504.83	509.71
K3	563.67	493.54	493.7	505.41	500.64
极差	100.68	39.28	41.78	17.14	21.22
影响程度	最重要	次重要	重要	一般	次要

极差分析结果表明，填料组合方式是 TP 去除的最主要影响因素。极差分析结果表明，对除磷影响的重要性顺序为：填料组合＞淹没区高度＞时间间隔＞入流浓度＞入流流量。

（2）TN 的去除。

用极差分析法评价各因素对 TN 去除效果的影响程度。对 TN 的极差分析结果如表 5-32 所示。

表 5-32　各因素对 TN 的去除影响（东西区防渗沟）

因素	填料组合	间隔时间	淹没区高度	入流流量	入流浓度
K1	240.16	227.46	252.29	296.04	238.28
K2	181.85	194.41	166.57	182.13	163.46
K3	220.11	220.25	223.26	163.95	240.38
极差	58.31	33.05	85.72	132.09	76.92
影响程度	次要	一般	重要	最重要	次重要

极差分析结果表明，入流流量是 TN 去除的最主要影响因素。极差分析结果表明，去除 TN 影响的重要性顺序为：入流流量＞淹没区高度＞入流浓度＞填料组合＞时间间隔。

（3）NH_4^+-N 的去除。

用极差分析法评价各因素对 NH_4^+-N 去除效果的影响程度。对 NH_4^+-N 的极差分析结果如表 5-33 所示。

表 5-33　各因素对 NH_4^+-N 的去除影响(东西区防渗沟)

因素	填料组合	间隔时间	淹没区高度	入流流量	入流浓度
K1	274.29	107.62	195.65	403.23	76.66
K2	404.58	146.87	40.62	188.24	−27.04
K3	414.44	35.24	53.46	96.46	240.11
极差	140.15	111.63	155.03	306.77	267.15
影响程度	次要	一般	次重要	最重要	重要

极差分析结果表明,入流流量是 NH_4^+-N 去除的最主要影响因素。极差分析结果表明,对除 NH_4^+-N 影响的重要性顺序为:入流流量>入流浓度>淹没区高度>填料组合>时间间隔

4. 不防渗 1.0m 滤沟正交试验水质分析

1) 工况分析

不防渗 1.0m 宽滤沟正交试验水质分析如表 5-34,对应正交表为表 5-14。

表 5-34　不防渗正交试验水质分析(1.0m 宽)

试验号	试验因素				试验结果/%						
	填料组合	间隔时间/d	入流流量/(L/min)	入流浓度/(mg/L)	TP	TN	DP	NO_3^--N	NH_4^+-N	Zn	综合去除率
1	G	5	小	小	82.87	84.9	64.09	10.04	78.57	86.74	67.87
2	G	10	中	中	58.94	28.74	71.83	−21.62	76.05	85.74	49.95
3	G	15	大	大	80.32	40.04	96.74	48.61	58.17	80.89	67.46
4	GS	5	中	大	79.83	37.66	49.19	25.07	89.28	87.97	61.50
5	GS	10	大	小	68.95	51.84	87	21.56	75.96	90.39	65.95
6	GS	15	小	中	91.27	43.23	84	33.91	93.23	90.85	72.75
7	FS	5	大	中	99.9	42.22	91.85	73.62	84.26	91.27	80.52
8	FS	10	小	大	47.98	52.21	96.04	59.65	87.88	89.78	72.26
9	FS	15	中	小	88.04	36.73	42.5	29.99	33.23	93.21	53.95

表 5-35　极差分析(1.0m 宽)

因素	填料组合	间隔时间	入流流量	入流浓度
k1	185.28	209.89	212.87	187.77
k2	200.20	188.15	165.40	203.22
k3	206.73	194.16	213.93	201.22
K1	61.76	69.96	70.96	62.59
K2	66.73	62.72	55.13	67.74
K3	68.91	64.72	71.31	67.07
极差	7.15	7.25	15.83	5.15
影响程度	次要	次重要	重要	一般

从表 5-34 和表 5-35 可见，各试验综合去除率最大值为第 7 号试验的 483.12。因此，生态滤沟 1.0m 不防渗沟正交试验中，综合处理效果最好的为第 7 号试验，为最优方案，其运行参数为：填料组合 FS，时间间隔 5 天，入流流量大流量、入流浓度中浓度。

极差分析结果表明入流流量是对整体的处理效果的最重要影响因素，时间间隔次之，填料组合方式次要，入流浓度影响程度一般。整体综合去除率趋势图如图 5-43 所示。

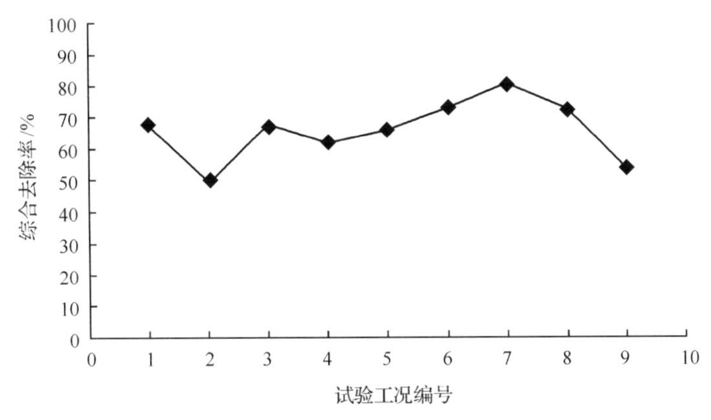

图 5-43　不防渗正交试验水质分析(1.0m)

根据表 5-34 作出四个因素的水平趋势图如图 5-44 至图 5-47 所示。

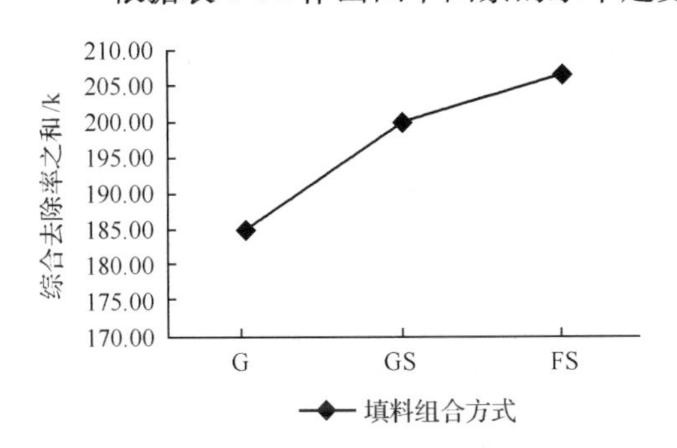

图 5-44　因素填料组合方式的水平趋势图

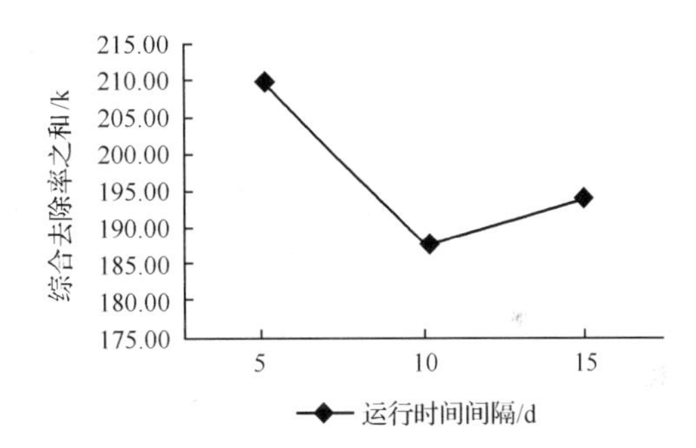

图 5-45　因素运行时间间隔的水平趋势图

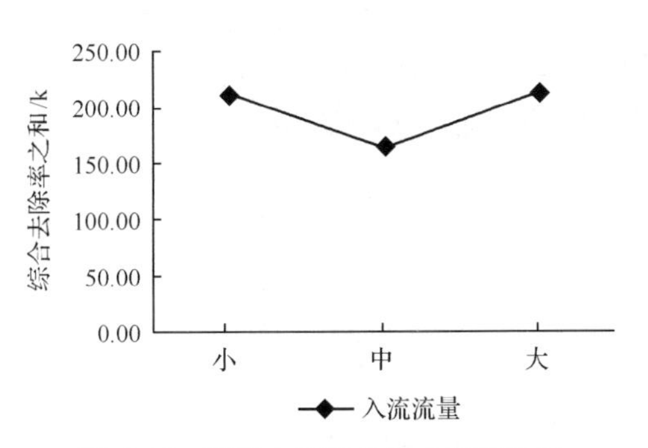

图 5-46　因素入流流量的水平趋势图

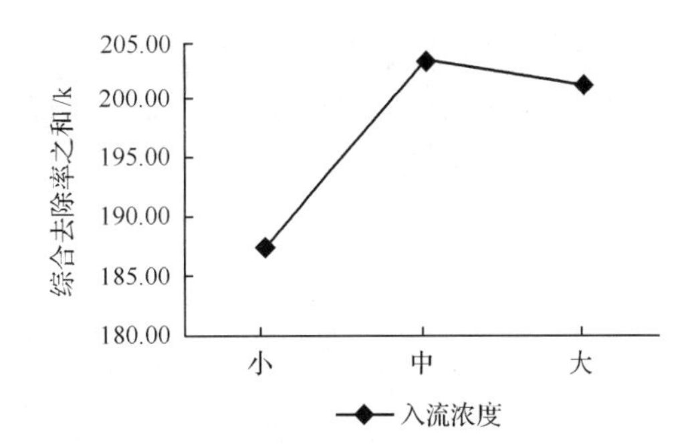

图 5-47　因素入流浓度的水平趋势图

从图 5-44 至图 5-47 可以看出，在填料组合为粉煤灰＋沙、运行间隔时间为 5 天、入流流量为大流量和入流浓度为中浓度的组合工况下，处理效果最好，可以认为是本组正交试验的最优工况。

综上所述，通过直接观察综合去除率和通过水平趋势分析得出了同一个结论，本试验的最优组合方案为填料组合为粉煤灰＋沙、运行间隔时间为5天、入流流量为大流量和入流浓度为中浓度的组合，在该工况下运行的处理效果最好。

2）因素影响分析（TP、TN、NH_4^+-N）

（1）TP的去除。

用极差分析法评价各因素对TP去除效果的影响程度。对TP的极差分析结果如表5-36所示。

表5-36　各因素对TP的去除影响（东西区防渗沟）

因素	填料组合	间隔时间	入流流量	入流浓度
K1	222.13	262.6	222.12	239.86
K2	240.05	175.87	226.81	250.11
K3	235.92	259.63	249.17	208.13
极差	17.92	86.73	27.05	41.98
影响程度	一般	最重要	次要	重要

极差分析结果表明，填料组合方式是TP去除的最主要影响因素。极差分析结果表明，对除磷影响的重要性顺序为：时间间隔＞入流浓度＞入流流量＞填料组合。

（2）TN的去除。

用极差分析法评价各因素对TN去除效果的影响程度。对TN的极差分析结果如表5-37所示。

表5-37　各因素对TN的去除影响（东西区防渗沟）

因素	填料组合	间隔时间	入流流量	入流浓度
K1	153.68	164.78	180.34	173.47
K2	132.73	132.79	103.13	114.19
K3	131.16	120	134.1	129.91
极差	22.52	44.78	77.21	59.28
影响程度	一般	次要	重要	次重要

极差分析结果表明，入流流量是TN去除的最主要影响因素。极差分析结果表明，对去除TN影响的重要性顺序为：入流流量＞入流浓度＞时间间隔＞填料组合。

（3）NH_4^+-N的去除。

用极差分析法评价各因素对NH_4^+-N去除效果的影响程度。对NH_4^+-N的极差分析结果如表5-38所示。

表5-38　各因素对NH_4^+-N的去除影响（东西区防渗沟）

因素	填料组合	间隔时间	入流流量	入流浓度
K1	212.79	252.11	259.68	187.76
K2	258.47	239.89	198.56	253.54
K3	205.37	184.63	218.39	235.33
极差	53.1	67.48	61.12	65.78
影响程度	一般	最重要	次要	重要

极差分析结果表明，间隔时间是氨氮去除的最主要影响因素。极差分析结果表明，对除氨氮影响的重要性顺序为：时间间隔＞入流浓度＞入流流量＞填料组合。

5.2.4 净化能力单因素对比试验结果分析

1. 对比单因素淹没区高度

1）0.5m 防渗沟对比淹没区高度试验

选择北区 0.5m 防渗沟中"高炉渣＋沙"（GS）填料沟和"粉煤灰＋沙"（FS）填料沟作为实验研究对象，具体实验方案如表 5-14 所示。规定时间间隔 5 天、入流流量小流量和入流浓度小浓度不变的情况下改变淹没区高度，三种高度分别为 0mm、150mm 和 350mm，通过实验研究改变淹没区高度，生态滤沟的处理效果。

（1）水质情况。

实验后，得出水质处理情况如表 5-39 所示。

表 5-39 单因素结果分析（北区防渗沟）

试验号	试验因素					试验结果/%						
	填料组合	间隔时间/d	淹没区高度/mm	入流流量/(L/min)	入流浓度/(mg/L)	TP	TN	DP	NO_3^--N	NH_4^+-N	Zn	综合去除率
1	GS	5	0	小	小	90.92	29.60	91.58	−52.04	83.52	89.13	55.45
2	GS	5	150	小	小	73.03	43.01	45.64	95.69	74.96	83.57	69.32
3	GS	5	350	小	小	40.23	9.08	59.61	77.49	44.86	97.67	54.82
4	FS	5	0	小	小	87.91	37.65	80.00	22.03	68.46	81.24	62.88
5	FS	5	150	小	小	93.44	63.06	76.84	90.91	95.43	96.77	86.08
6	FS	5	350	小	小	70.55	6.18	54.00	39.14	54.00	85.69	51.59

从试验结果看，综合去除率中 FS 和 GS 均在淹没区高度为 150mm 时，生态滤沟水质处理效果最佳，水质处理结果如图 5-48 所示。

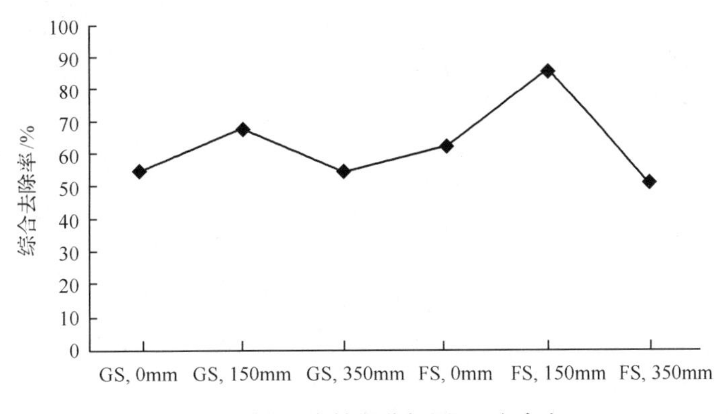

图 5-48 单因素结果分析（北区防渗沟）

从图 5-48 可看出，5 号试验（FS，150mm）综合评价最高为 516.45，远高于同种填料组合（FS，0mm）377.29 分，（FS，350mm）309.56 分；（GS，150mm）综合评价高于（GS，0mm）

332.71 分，(GS,350mm) 328.94 分，由此看出，淹没区高度为 150mm 的处理效果好于 0mm 和 350mm 的处理效果。

(2) 水量情况。

在淹没区 150mm 高度的体积削减率情况如图 5-49 所示，人工填料为粉煤灰＋沙的滤沟的径流削减率为 100%，出水率为 14.31%；高滤渣＋沙的滤沟径流削减率为 100%，出水率为 16.51%。高滤渣＋沙的滤沟在小流量的出水率较高。

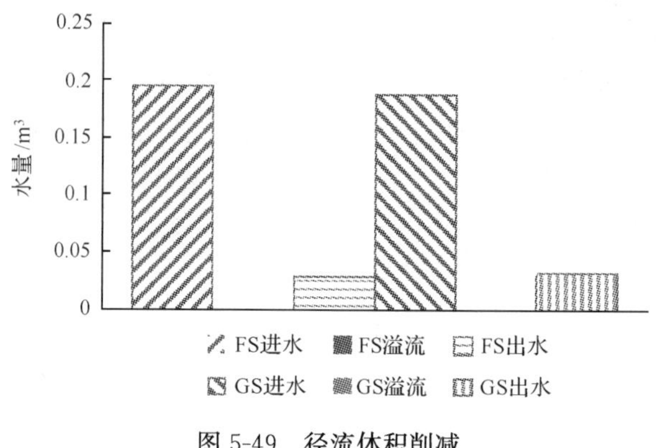

图 5-49　径流体积削减

2) 1.0m 防渗沟对比淹没区高度试验

选择西区 1.0m 防渗沟中"高炉渣＋沙"(GS)填料沟、"粉煤灰＋沙"(FS)填料沟作为实验研究对象，具体实验方案如表 5-14 所示。规定时间间隔 5 天、入流流量小流量和入流浓度小浓度不变的情况下改变淹没区高度，三种高度分别为 0mm、150mm 和 350mm，通过实验研究改变淹没区高度，改善生态滤沟的处理效果。

(1) 水质情况。

实验后，得出水质处理情况如表 5-40 所示。

表 5-40　单因素结果分析(1.0m，防渗沟)

试验号	试验因素					试验结果/%						
	填料组合	间隔时间/d	淹没区高度/mm	入流流量/(L/min)	入流浓度/(mg/L)	TP	TN	DP	NO_3^--N	NH_4^+-N	Zn	综合去除率
1	GS	5	0	小	小	73.02	18.63	91.06	1.29	86.97	82.34	58.89
2	GS	5	150	小	小	73.49	21.49	81.07	72.51	81.15	87.4	69.52
3	GS	5	350	小	小	78.35	25.91	14.68	−3.66	43.99	89.74	41.50
4	FS	5	0	小	小	63.64	22.52	91.54	−32.12	69.25	84.67	49.92
5	FS	5	150	小	小	95.36	37.49	92.47	97.30	43.64	89.45	75.95
6	FS	5	350	小	小	89.71	17.14	23.38	1.24	93.86	92.34	52.95

从试验结果看，综合去除率中 FS 和 GS 在淹没区高度为 150mm 时，生态滤沟水质处理效果最佳，水质处理结果图表如图 5-50 所示。

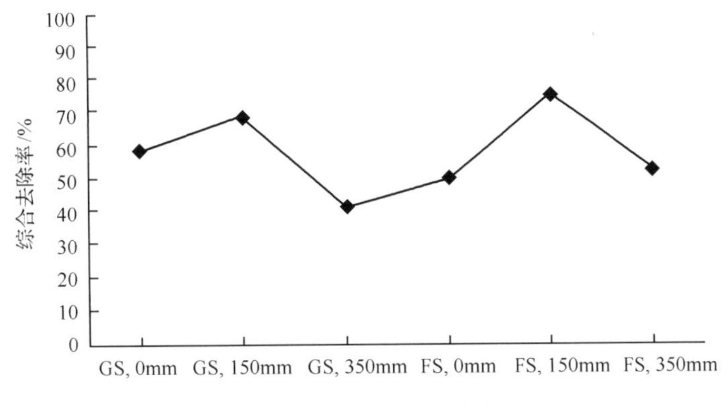

图 5-50　单因素结果分析

(2) 水量情况。

在 150mm 高淹没区高度的体积削减率情况如图 5-51 所示，人工填料层为粉煤灰＋沙的滤沟径流削减率为 100％，出水率为 8.91％；人工填料层为高炉渣＋沙的滤沟径流削减率为 100％，出水率为 7.59％。

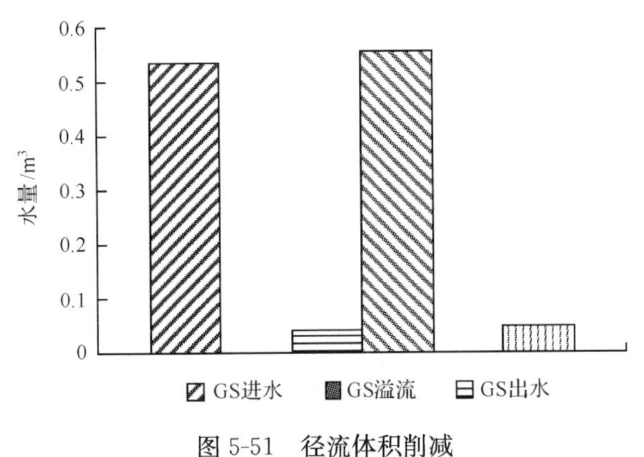

图 5-51　径流体积削减

2. 对比单因素填料组合方式

1) 0.5m 不防渗沟对比填料组合试验

选择北区 0.5m 不防渗沟中所有填料类型沟，“种植土”(Z)、“高炉渣”(G)、“高炉渣＋沙”(GS)填料沟、“粉煤灰＋沙”(FS)和“沙＋腐殖质＋种植土”(SFZ)作为实验研究对象，具体实验方案如表 5-14 所示。在淹没区为 0mm，三种时间间隔(5d、10d 和 15d)，三种入流流量(小流量、中流量和大流量)，三种入流浓度(小浓度、中浓度和大浓度)情况下，通过实验研究不同填料组合对生态滤沟的处理效果影响。

(1) 水质情况。

实验后，得出水质处理情况如表 5-41 所示。

表 5-41 单因素结果分析

试验号	试验因素				试验结果/%						
	填料组合	间隔时间/d	入流流量/(L/min)	入流浓度/(mg/L)	TP	TN	DP	NO_3^--N	NH_4^+-N	Zn	综合去除率
1	Z	5	小	小	87.45	38.90	95.40	53.78	53.03	86.74	69.22
2	G	5	小	小	94.84	50.23	89.57	47.56	85.57	87.62	75.90
3	GS	5	小	小	88.80	49.93	78.29	60.98	84.46	91.39	75.64
4	FS	5	小	小	89.36	46.29	88.86	69.67	74.98	90.78	66.66
5	SFZ	5	小	小	43.32	36.21	39.42	42.42	69.45	74.41	50.87
6	Z	10	中	中	85.97	44.35	62.51	32.73	81.33	86.70	65.60
7	G	10	中	中	84.57	47.57	31.01	40.70	80.88	90.79	62.59
8	GS	10	中	中	80.51	54.27	39.34	44.76	70.84	93.21	63.82
9	FS	10	中	中	92.58	62.49	30.77	47.60	84.43	94.67	68.76
10	SFZ	10	中	中	55.12	79.73	13.42	83.82	89.65	81.27	67.17
11	Z	15	大	大	90.30	46.11	96.61	17.75	72.41	76.81	66.67
12	G	15	大	大	94.17	57.11	99.12	46.88	79.36	92.68	78.22
13	GS	15	大	大	95.55	48.81	99.16	43.61	69.54	95.28	75.33
14	FS	15	大	大	99.52	65.13	99.66	65.49	78.26	97.56	84.27
15	SFZ	15	大	大	56.58	19.24	65.83	11.01	61.69	70.40	47.46

从试验结果看，综合去除率中 FS 的综合去除率最高处理效果最好，水质处理结果如图 5-52 所示。

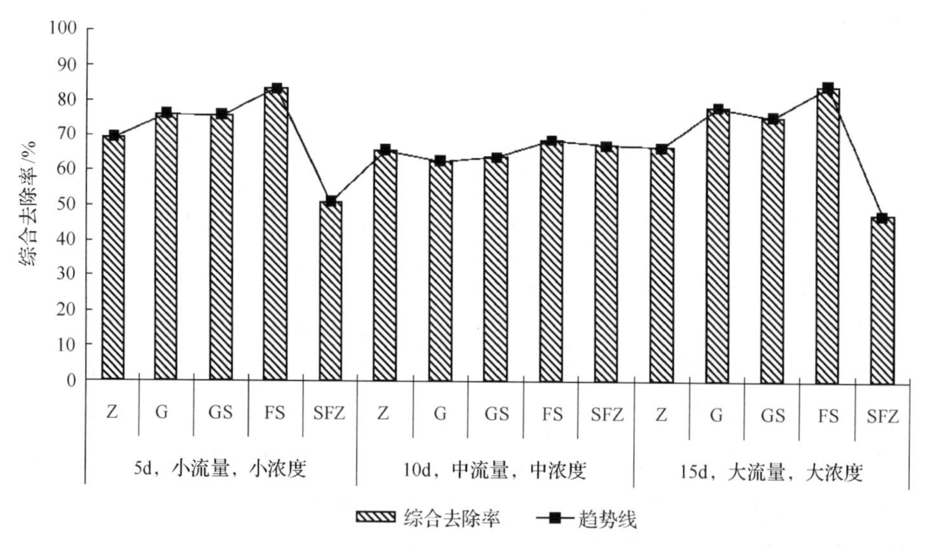

图 5-52 单因素结果分析(0.5m,不防渗)

由图 5-52 可看出，三种情况下，FS 的综合去除率最高，且随着时间间隔、入流流量和入流浓度的增大。三种情况下，五种填料综合去除率之和分别为：Z 为 201.48 分、G 为 216.71 分、GS 为 214.79 分、FS 为 219.68 分、SFZ 为 165.50 分。通过对综合去除率之和得出填料因素效果排序为:FS>G>GS>Z>SFZ。

(2) 水量情况。

小流量、中流量、大流量体积削减率情况如图5-53至图5-55所示。结果表明,小流量条件下,五种填料径流削减率均为100%,总体出流率GS的最好7.55%,其次是Z出流率为6.47%,最差的是SFZ为4.64%。中流量、大流量情况下,人工填料层分别为高滤渣和粉煤灰+沙的滤沟溢流量较大。

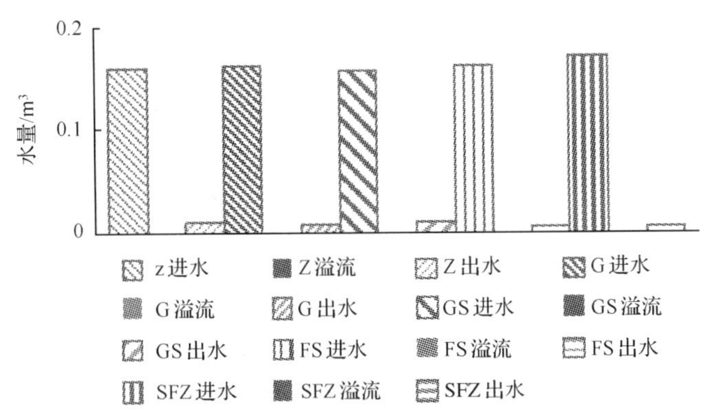

图5-53 径流体积削减(0.5m,不防渗,5天,小流量)

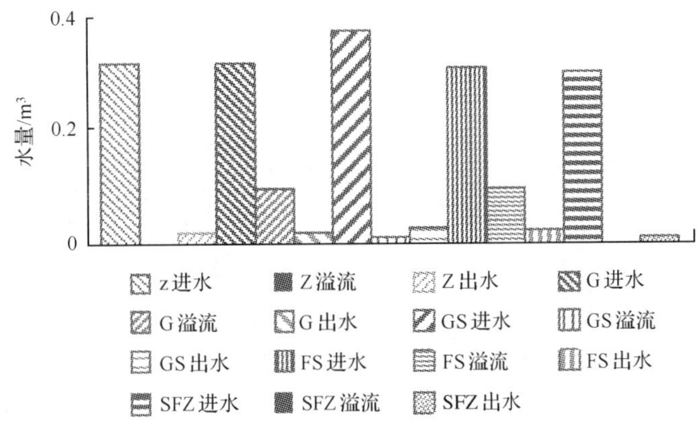

图5-54 径流体积削减(0.5m,不防渗,10天,中流量)

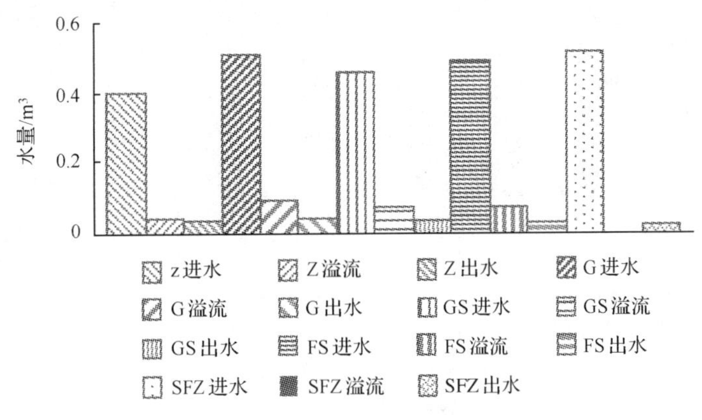

图5-55 径流体积削减(0.5m,不防渗,15天,大流量)

2）1.0m 不防渗沟对比填料组合试验

选择西区 1.0m 不渗沟中“高炉渣＋沙”(GS)填料沟、“粉煤灰＋沙”(FS)填料沟和东区“高炉渣”(G)作为实验研究对象，具体实验方案如表 2-18 所示。在淹没区为 0mm 情况下，改变间隔时间(5 天、10 天和 15 天)，入流流量(小流量、中流量和大流量)，入流浓度(小浓度、中浓度和大浓度)，通过实验研究不同填料组合对生态滤沟的处理效果影响。

（1）水质情况：

实验后，得出水质处理情况如表 5-42 所示。

表 5-42　单因素结果分析

试验号	试验因素				试验结果/%						
	填料组合	间隔时间/d	入流流量/(L/min)	入流浓度/(mg/L)	TP	TN	DP	NO_3^--N	NH_4^+-N	Zn	综合去除率
1	GS	5	小	小	73.02	18.63	91.06	1.29	86.97	70.67	56.94
2	FS	5	小	小	63.64	22.52	91.54	−32.12	69.25	87.32	50.36
3	G	5	小	小	82.78	47.75	90.55	1.38	64.59	80.38	61.24
4	GS	10	中	中	78.35	25.91	14.69	−3.67	43.99	89.11	41.40
5	FS	10	中	中	89.71	17.14	32.38	1.24	83.86	90.31	52.44
6	G	10	中	中	62.2	42.98	49.46	34.58	96.22	75.79	60.21
7	GS	15	大	大	87.48	28.37	51.17	16.55	46.33	86.01	52.65
8	FS	15	大	大	99.52	45.5	99.01	32.6	79.01	96.08	75.29
9	G	15	大	大	80.47	33.32	68.64	18.4	63.49	77.99	57.05

从试验结果看，综合去除率中 FS 的综合去除率最高，处理效果最好，各填料水质处理结果如图 5-56 所示。

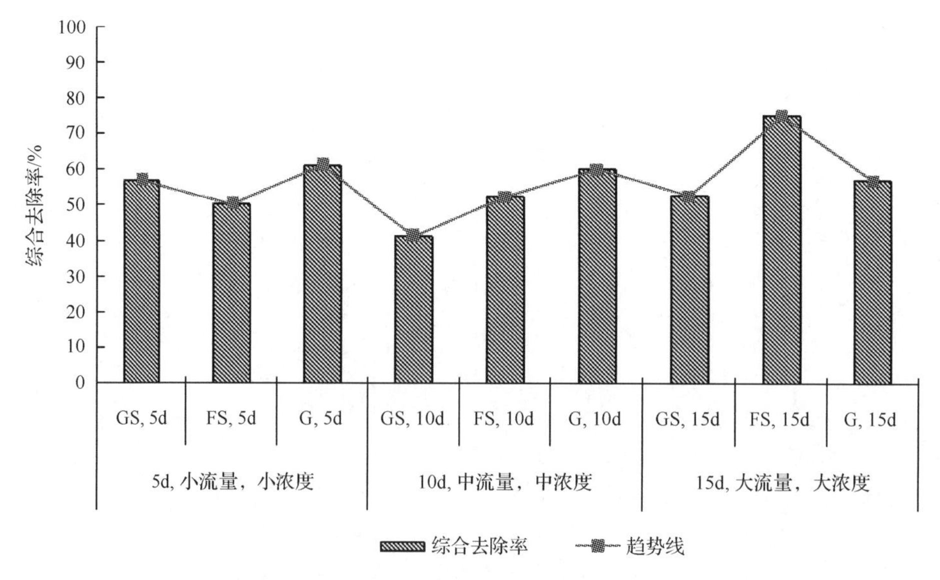

图 5-56　单因素结果分析(1.0m，不防渗)

由数据图可看出，FS 在间隔时间 15 天的综合去除率最高。

(2) 水量情况：

结果表明，三种填料径流削减率均为 100%，总体出流率 FS 的最好为 17.46%，其次是 GS 出流率为 7.59%，最后 G 为 5.16%。

体积削减率情况如图 5-57 所示。

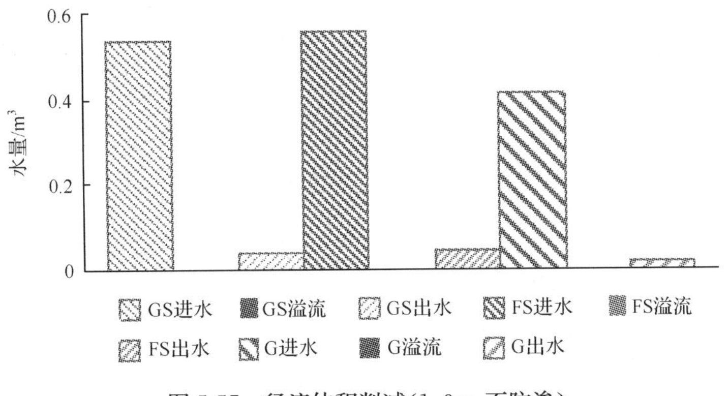

图 5-57　径流体积削减(1.0m，不防渗)

5.3　生态滤沟运行效果统计分析

本章拟采用 SPSS(statistial product and service solutions)统计分析软件，运用逐步回归对出水水质和出水水量与影响因素建立相互关系，建立其关系方程。SPSS 采用类似 Excel 表格的方式输入与管理数据，统计分析过程包括描述性统计、均值比较、一般线性模型、相关分析、回归分析、时间梳理分析等几大类，其中回归分析又分线性回归分析、曲线估计等。本章主要通过回归分析中逐步回归进行研究。

5.3.1　防渗滤沟统计分析及模拟

1. 水质统计分析

运用多元线性回归模型对 TP 去除率效果模拟。现取所有防渗滤沟所有小流量和中流量实验做试验结果做统计分析，大流量做检验分析。

1) TP 的浓度净化效果与其影响因素统计分析

假设因变量 TP 去除率与各影响因素呈线性关系，则可建立回归方程(5-7)，模型所需数据如表 5-43 所示。

$$Y = a + a_1 X_1 + a_2 X_2 + \cdots + a_6 X_6 \tag{5-7}$$

式中，Y 为 TP 去除率，%；X_1 为进水污染物浓度，mg/L；X_2 为运行间隔天数，d；X_3 为沟宽，m；X_4 为孔隙率，%；X_5 为填料因子，d/km；X_6 为淹没区高度，mm。

表 5-43　模型所需数据

试验沟槽	X_1	X_2	X_3	X_4	X_5	X_6	Y
6	0.5740	5	0.5	43.3	326.38	0	74.28
6	1.6300	10	0.5	43.3	326.38	150	47.82
6	2.4800	10	0.5	43.3	326.38	0	76.05
6	0.4500	15	0.5	43.3	326.38	350	77.85
7	0.5540	5	0.5	44.6	150.22	150	83.61
7	0.4700	15	0.5	44.6	150.22	350	84.3
7	1.8200	10	0.5	44.6	150.22	0	87.03
7	2.5300	15	0.5	44.6	150.22	150	69.92
8	0.8220	5	0.5	40.7	156.64	350	63.39
8	0.5900	10	0.5	40.7	156.64	0	49.86
8	2.8100	5	0.5	40.7	156.64	350	95.84
8	1.2800	15	0.5	40.7	156.64	150	80.13
9	0.6080	5	0.5	39.3	752.89	0	89.14
9	1.6200	10	0.5	39.3	752.89	150	94.14
9	2.2300	10	0.5	39.3	752.89	0	92.94
9	0.4300	15	0.5	39.3	752.89	350	81.56
10	0.5840	5	0.5	33.8	109.02	0	43.56
10	0.4400	15	0.5	33.8	109.02	150	32.76
10	1.7000	10	0.5	33.8	109.02	350	47.82
10	0.4400	15	0.5	33.8	109.02	0	49.42
东 4	0.8640	5	1.0	44.6	150.22	0	86.57
东 4	1.6800	10	1.0	44.6	150.22	150	89.89
东 4	1.3590	5	1.0	44.6	150.22	350	76.11
东 4	0.6730	15	1.0	44.6	150.22	150	82.63
西 3	1.5900	5	1.0	40.7	156.64	0	81.9
西 3	0.7340	15	1.0	40.7	156.64	350	79.29
西 3	0.3680	5	1.0	40.7	156.64	150	94.46
西 3	1.8100	10	1.0	40.7	156.64	350	70.83
西 4	0.8520	10	1.0	39.3	752.89	350	92.56
西 4	2.0600	15	1.0	39.3	752.89	0	94.92
西 4	0.8060	10	1.0	39.3	752.89	0	86.35
西 4	1.4300	15	1.0	39.3	752.89	150	96.06

本章选用逐步回归方法，将各个参数代入模型后得到上面定义模型的输出结果。率定结果：自变量（影响因素）和因变量（TP 去除率）之间的相关系数（R）为 0.844，拟合线性回归的确定性系数（R^2）0.712，调整后的确定性系数（调整 R^2）0.643，标准误差估计值 10.73。其中，R^2 反映模型与数据的拟合度情况，R^2 值越大模拟值和预测值越接近，说明

模拟结果越好。进行变异源、自由度、均方、F 值及对 F 的显著性检验，回归方程显著性检验结果表明：回归平方和为 7113.861，残差平方和为 2877.858，总平方和为 9991.719，对应的 F 统计量的值为 10.300，显著性水平 Sig. $=0.000<0.05$，可以认为所建立的回归方程为线性且有效。回归系数如表 5-44 所示。

表 5-44 回归系数

模型	非标准化系数		标准系数	t	Sig.
	B	标准误差			
（常量）	−60.515	24.924		−2.428	0.023
TP 进水浓度	2.275	2.369	0.112	0.961	0.346
时间间隔	−0.563	0.482	−0.129	−1.168	0.254
沟宽	14.128	8.548	0.194	1.653	0.111
孔隙率	2.813	0.588	0.542	4.782	0.000
填料因子	0.041	0.008	0.594	5.229	0.000
淹没区高度	0.012	0.013	0.096	0.871	0.392

由表 5-44 可得回归方程：

$$Y=-60.515+2.275X_1-0.563X_2+14.128X_3+2.813X_4+0.041X_5+0.012X_6 \tag{5-8}$$

将表 5-45 中数据代入式(5-8)进行检验：

表 5-45 模型参数检验

试验沟槽	X_1	X_2	X_3	X_4	X_5	X_6	Y
北 9	G	15	0.5	39.3	752.89	350	78.85
北 9	G	5	0.5	39.3	752.89	350	76.11
北 8	GS	10	0.5	40.7	156.64	150	74.72
北 8	GS	5	0.5	40.7	156.64	150	94.46
北 7	FS	10	0.5	44.6	150.22	0	86.35
北 7	FS	15	0.5	44.6	150.22	0	94.92
东 4	G	5	1.0	39.3	752.89	350	76.11
东 4	G	15	1.0	39.3	752.89	350	78.85
西 3	GS	10	1.0	40.7	156.64	150	74.72
西 3	GS	5	1.0	40.7	156.64	150	94.46
西 4	FS	15	1.0	44.6	150.22	0	94.92
西 4	FS	10	1.0	44.6	150.22	0	86.35

通过对模拟进行检验采用确定性系数(Nash-Sutcliffe 模拟效率系数)，Ens 越接近于 1(Ens=1，即 $Q_0=Q_P$时)，表明模拟结果越可靠模型效率越高。当 Ens<0.00 时，预测值可信度低。将表 5-45 的数据代入式(5-8)中得到模拟结果 Ens=0.984；检验结果 Ens=0.963。

2）TN的浓度净化效果与其影响因素统计分析

假设TN去除率与各个影响因素呈线性关系，通过SPSS代入数据得回归方程：

$$Y = 79.715 - 0.325X_1 - 0.825X_2 - 20.970X_3 - 0.090X_4 - 0.004X_5 - 0.024X_6 \quad (5\text{-}9)$$

式中，Y为TN去除率，%；X_1为污染物进水浓度，mg/L；X_2为时间间隔，d；X_3为滤沟宽度，m；X_4为填料孔隙率，%；X_5为填料因子，d/km；X_6为淹没区高度，mm。

模拟结果Ens=0.984；检验结果Ens=0.963。

2. 水量统计分析

不同进水水量、不同降雨间隔时间及不同填料种类和不同淹没区高度情况下，出水率也会改变。研究表明，进水水量为中水量、高渗透性能人工填料、间隔时间较长的生态滤沟对于水量的削减效果较好。不同进水污染物浓度、不同填料种类、不同运行时间间隔和不同淹没区高度的改变，污染浓度去除效果也会改变。运用逐步回归模型对出水率效果进行模拟。防渗0.5m宽沟和1.0m宽沟的小水量、中水量的分析建立回归方程，用其余大水量做检验。

假设生态滤沟出水率与其各个影响因素呈现线性关系，通过SPSS软件数据分析可证明其呈线性，建立回归方程见式(5-10)。模型所需数据如表5-46所示。

$$Y = a_0 + a_1X_1 + a_2X_2 + \cdots + a_6X_6 \quad (5\text{-}10)$$

式中，Y为出水率，%；X_1为进水水量，L；X_2为运行间隔时间，d；X_3为沟宽，m；X_4为孔隙率，%；X_5为渗透系数，m/d，X_6为淹没区高度，mm。

表5-46 模型所需数据

试验沟槽	X_1	X_2	X_3	X_4	X_5	X_6	Y
北6	171.1636	5	0.5	33.8	1.21	0	40.225
北6	167.0313	10	0.5	33.8	1.21	150	40.402
北6	298.8139	10	0.5	33.8	1.21	0	39.123
北6	366.9138	15	0.5	33.8	1.21	350	32.603
北7	172.3811	5	0.5	39.3	0.22	150	21.259
北7	176.329	15	0.5	39.3	0.22	350	21.708
北7	382.6276	10	0.5	39.3	0.22	0	22.157
北7	372.9258	15	0.5	39.3	0.22	150	20.275
北8	171.9315	5	0.5	40.7	1.20	350	26.569
北8	174.824	10	0.5	40.7	1.20	0	26.813
北8	414.2672	5	0.5	40.7	1.20	350	21.640
北8	415.3448	15	0.5	40.7	1.20	150	27.581
北9	171.0035	5	0.5	44.6	1.35	0	26.976
北9	175.1358	10	0.5	44.6	1.35	150	27.314
北9	327.3861	10	0.5	44.6	1.35	0	16.857

续表

试验沟槽	X_1	X_2	X_3	X_4	X_5	X_6	Y
北 9	312.6225	15	0.5	44.6	1.35	350	19.129
北 10	172.2119	5	0.5	43.3	0.50	0	17.616
北 10	173.0384	15	0.5	43.3	0.50	150	18.716
北 10	298.922	10	0.5	43.3	0.50	350	12.204
北 10	317.6787	15	0.5	43.3	0.50	0	18.302
西 3	516.0507	5	1.0	40.7	1.20	150	57.362
西 3	526.8117	10	1.0	40.7	1.20	350	58.390
西 3	863.1808	5	1.0	40.7	1.20	350	25.297
东 3	903.1677	15	1.0	40.7	1.20	150	45.257
西 4	456.6252	5	1.0	44.6	1.35	0	50.546
西 4	455.9077	10	1.0	44.6	1.35	350	51.722
西 4	884.8813	15	1.0	44.6	1.35	0	38.540
西 4	926.0959	15	1.0	44.6	1.35	350	46.144
东 4	412.9485	5	1.0	43.3	0.50	0	23.620
东 4	423.5537	10	1.0	43.3	0.50	150	31.902
东 4	884.8437	10	1.0	43.3	0.50	0	29.777
东 4	894.2985	15	1.0	43.3	0.50	150	31.407

自变量(影响因素)和因变量(出水率)之间的相关系数(R)为 0.897,拟合线性回归的确定性系数(R^2)0.805,调整后的确定性系数(调整 R^2)0.759,标准误差估计值 6.11。回归方程显著性检验结果:回归平方和为 3868.385,残差平方和为 934.745,总平方和为 4803.129,对应的 F 统计量的值为 17.244,显著性水平 Sig. $=0.00<0.05$,回归方程有效。逐步回归分析得到的回归方程为

$$Y = 4.917 - 0.02X_1 + 0.571X_2 + 5.792X_3 - 0.158X_4 + 1.316X_5 - 0.004X_6 \tag{5-11}$$

将表 5-47 中数据代入式(5-11)进行检验:

表 5-47　参数检验

试验沟槽	X_1	X_2	X_3	X_4	X_5	X_6	Y
北 9	499.6138	15	0.5	44.6	1.35	350	27.281
北 9	502.7064	5	0.5	44.6	1.35	350	28.657
北 8	485.257	10	0.5	40.7	1.20	150	31.271
北 8	493.5215	5	0.5	40.7	1.20	150	21.664
北 7	540.3605	10	0.5	39.3	0.22	0	48.676
北 7	536.2283	15	0.5	39.3	0.22	0	48.280
东 4	1036.777	5	1.0	43.3	0.50	350	29.777
东 4	1029.339	15	1.0	43.3	0.50	350	31.407

续表

试验沟槽	X_1	X_2	X_3	X_4	X_5	X_6	Y
西 3	994.3466	10	1.0	40.7	1.20	150	35.013
西 3	1015.798	5	1.0	40.7	1.20	150	37.405
西 4	1029.499	15	1.0	44.6	1.35	0	31.951
西 4	1044.926	10	1.0	44.6	1.35	0	38.360

模拟结果 Ens＝0.97，检验结果 Ens＝0.97。

3. 实测预测对比图

通过图 5-58 可以看出，逐步回归法预测值与实测值相差较小，模拟结果良好。

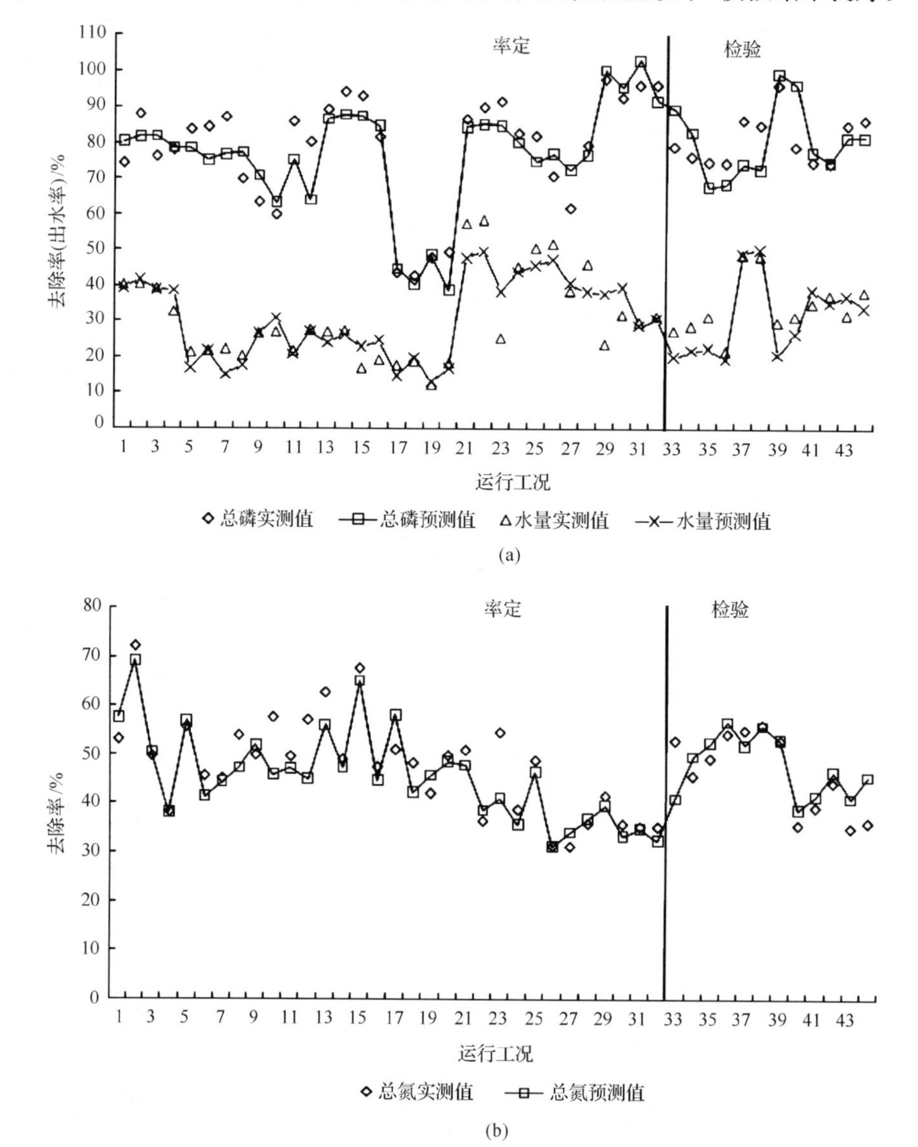

图 5-58 实测值与预测值对比图

5.3.2 不防渗滤沟统计分析及模拟

1. 水质统计分析

取0.5m宽和1.0m宽沟正交试验中小水量和中水量做回归分析建立方程，大水量实验做方程检验。方法和步骤同上。

1) TP的浓度净化效果与其影响因素统计分析

经过曲线分析，生态滤沟TP去除率与各个影响因素呈线性关系，假设公式为式(5-12)，模型所需数据如表5-48所示。

$$Y = a_0 + a_1X_1 + a_2X_2 + \cdots + a_5X_5 \tag{5-12}$$

式中，Y 为TP去除率，%；X_1 为污染物进水浓度，mg/L；X_2 为时间间隔，d；X_3 为滤沟沟宽，m；X_4 为孔隙率，%；X_5 为填料因子，1/m。

表5-48 模型所需数据

试验沟槽	X_1	X_2	X_3	X_4	X_5	Y
北1	0.579	5	0.5	43.3	326.38	74.28
北1	1.638	10	0.5	43.3	326.38	67.82
北2	2.507	5	0.5	44.6	150.22	61.26
北2	1.536	15	0.5	44.6	150.22	79.71
北3	2.619	10	0.5	40.7	156.64	64.12
北3	0.686	15	0.5	40.7	156.64	66.46
北4	0.601	5	0.5	39.3	752.89	80.9
北4	1.493	10	0.5	39.3	752.89	80.83
北5	2.586	5	0.5	33.8	109.02	65.39
北5	1.597	15	0.5	33.8	109.02	58.42
东1	0.591	5	1	44.6	150.22	82.87
东1	1.689	10	1	44.6	150.22	58.94
西2	2.603	5	1	40.7	156.64	69.83
西2	1.491	15	1	40.7	156.64	71.27
西1	2.697	10	1	39.3	752.89	67.98
西1	0.624	15	1	39.3	752.89	88.04

2) 建立数据表

预测变量为(常量)、TP进水浓度、沟宽、运行间隔时间、填料因子、孔隙率。因变量为TP去除率。率定结果：自变量和因变量TP去除率之间的相关系数为0.769，拟合线性回归的确定性系数为0.691，调整后确定性系数为0.587，标准误差的估计值7.093。检验结果：回归平方和727.724，残差平方和503.175，总平方和1230.899，F 统计量的值2.893，显著性水平Sig. =0.000<0.05，回归方程有效(即呈线性)，得回归方程：

$$Y = 62.692 - 5.426X_1 - 0.169X_2 + 4.684X_3 + 0.259X_4 + 0.016X_5 \tag{5-13}$$

将表 5-49 数据代入式(5-13)进行检验。

表 5-49　参数检验

试验沟槽	X_1	X_2	X_3	X_4	X_5	Y
北 1	2.607	15	0.5	43.3	326.38	49.42
北 2	0.572	10	0.5	44.6	150.22	73.91
北 3	1.683	5	0.5	40.7	156.64	85.6
北 4	2.641	15	0.5	39.3	752.89	98.86
北 5	0.568	10	0.5	33.8	109.02	62.37
东 1	5.613	15	1	44.6	150.22	80.32
西 2	0.553	10	1	40.7	156.64	68.95
西 1	1.583	5	1	39.3	752.89	89.9

得到模拟结果 Ens=0.633;检验结果 Ens=0.736。

3) TN 的浓度净化效果与其影响因素统计分析

假设 TN 去除率与各个影响因素呈线性关系,通过 SPSS 代入数据得回归方程:

$$Y = -9.491 + 0.369X_1 + 0.613X_2 + 2.014X_3 + 1.274X_4 - 0.002X_5 \quad (5\text{-}14)$$

式中,Y 为 TN 去除率,%;X_1为污染物进水浓度,mg/L;X_2 为时间间隔,d;X_3 为滤沟宽度,m;X_4 为填料孔隙率,%;X_5 为填料因子,d/km;X_6 为淹没区高度,mm。

得到模拟结果 Ens=0.982;检验结果 Ens=0.845。

2. 水量统计分析

运用逐步回归模型对水量削减效果模拟。通过对防渗 0.5m 宽沟和 1.0m 宽沟的小水量、中水量的分析建立回归方程,用大水量做检验。

首先设多元线性回归模型为

$$Y = a_0 + a_1X_1 + a_2X_2 + \cdots + a_5X_5 \quad (5\text{-}15)$$

式中,Y 为出水率,%;X_1为进水水量,L;X_2 为时间间隔,d;X_3 为滤沟沟宽,m;X_4 为孔隙率,%;X_5 为渗透系数,m/d。

表 5-50　模型所需数据

试验沟槽	X_1	X_2	X_3	X_4	X_5	Y
北 1	174.8398	5	0.5	43.3	0.50	4.472
北 1	379.393	10	0.5	43.3	0.50	6.109
北 2	391.8474	5	0.5	44.6	1.35	6.863
北 2	180.3827	15	0.5	44.6	1.35	6.724
北 3	168.7472	10	0.5	40.7	1.20	7.552
北 3	374.1373	15	0.5	40.7	1.20	7.139

续表

试验沟槽	X_1	X_2	X_3	X_4	X_5	Y
北4	177.0937	5	0.5	39.3	0.22	4.846
北4	381.4321	10	0.5	39.3	0.22	7.262
北5	351.1222	5	0.5	33.8	1.21	4.493
北5	173.1209	15	0.5	33.8	1.21	6.638
东1	181.0944	5	1	44.6	0.50	5.157
东1	366.5903	10	1	44.6	0.50	4.769
西2	347.9838	5	1	40.7	1.20	2.036
西2	180.1829	15	1	40.7	1.20	7.589
西1	169.2334	10	1	39.3	1.35	8.917
西1	390.2822	15	1	39.3	1.35	10.459

自变量(影响因素)和因变量(出水率)之间的相关系数(R)为0.773,拟合线性回归的确定性系数(R^2)0.545,调整后的确定性系数(调整R^2)0.480,标准误估计值3.893。回归方程显著性检验结果:回归平方和为27.305,残差平方和为32.894,总平方和为60.199,对应的F统计量的值为1.660,显著性水平Sig.=0.003<0.05,回归方程有效。逐步回归分析得到的回归方程为

$$Y = 2.512 - 0.0075X_1 + 0.287X_2 + 0.101X_3 + 0.010X_4 + 0.604X_5 \quad (5\text{-}16)$$

将表5-51数据代入式(5-16)进行检验。

表5-51 参数检验

试验沟槽	X_1	X_2	X_3	X_4	X_5	Y
北1	500.3812	15	0.5	43.3	0.50	10.67491
北2	482.0398	10	0.5	44.6	1.35	9.501598
北3	497.8292	5	0.5	40.7	1.20	9.448079
北4	518.0011	15	0.5	39.3	0.22	7.211827
北5	501.0023	10	0.5	33.8	1.21	5.844153
东1	492.9113	15	1	44.6	0.50	3.403722
西2	474.3874	10	1	40.7	1.20	2.627716
西1	507.6473	5	1	39.3	1.35	19.68387

得到模拟结果Ens=0.848;检验结果Ens=0.806。

3. 实测预测对比图

通过图5-59可以看出,实测值与预测值相差有些大,模拟结果不能很准确的反映实测值,但是趋势明显,预测值可供参考使用。

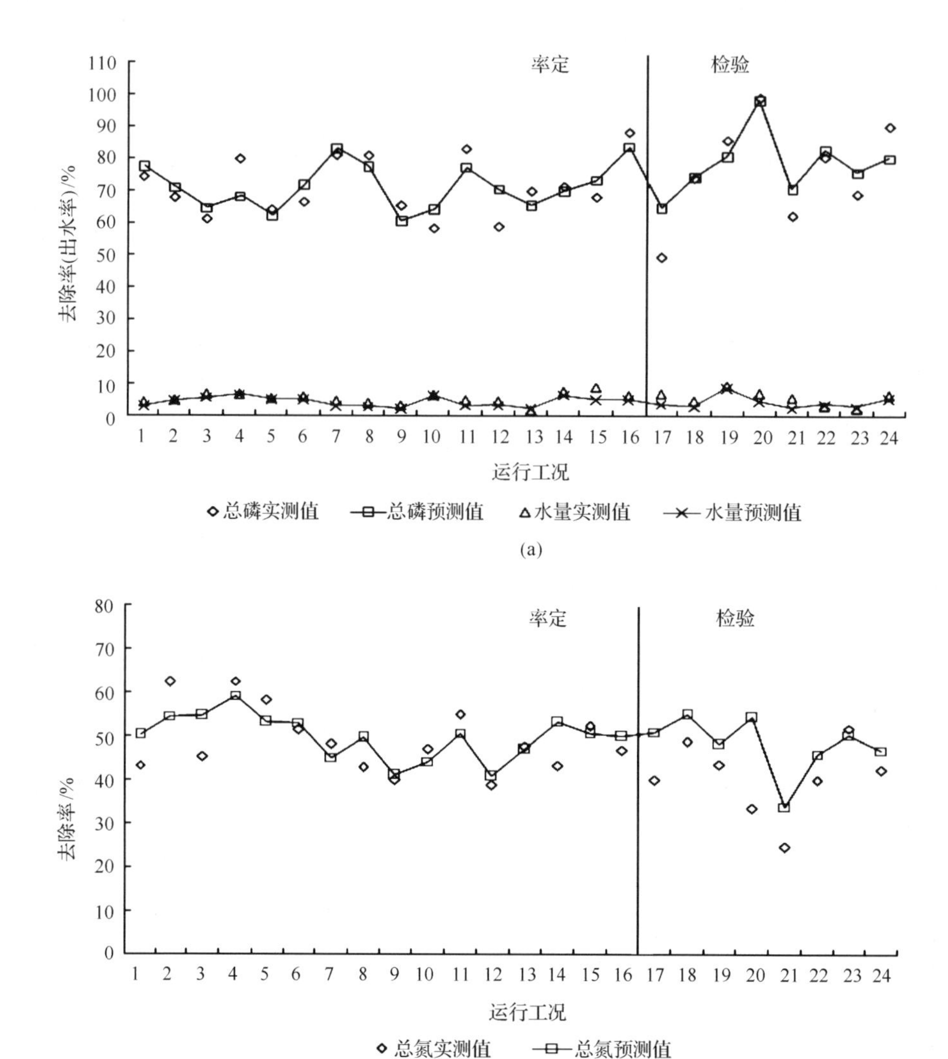

图 5-59 实测值与预测值对比图

5.4 运用 HYDRUS-1D 软件模拟生态滤沟中 TP 迁移

5.4.1 参数输入

选定填料组合为“种植土”0.5m 的不防渗滤沟作为参数的率定，选择同样填料 0.5m 宽防渗滤沟淹没区高度为 0mm 的工况作为检验，在进行 TP 迁移模拟时进行如下设定：

(1) 滤沟分为两层，土壤层和填料层，其总高(剖面深度)为 90cm；

(2) 初始时间为 0min，总时间为 120min；

(3) 迭代计算参数默认；

(4) 土壤水分特征曲线，选择 van Genuchten-Mualem 公式；

(5) 选择参数如表 5-52 所示(张博等，2013；杨栩，2012)；

(6) 试验放水过程整个填料层初始处于非饱和状态，经过进水过程，逐渐形成分层饱和，并最终达到完全饱和，而模拟过程则从整个填料层完全饱和开始进行，并假设此刻为初始状态；

(7) 单位选择 mg，初试 TP 浓度设定为 0.5mg/L，1.5mg/L，2.5mg/L；

(8) 选择土层 1 和填料层 2，选定观测点；

(9) 输入水头；

(10) 输出结果。

表 5-52 试验柱 B2 水分运移、溶质运移参数表

填料	θ_r	θ_s	Alpha(cm^{-1})	n	K_s(cm/min)	ρ_b(mg/cm^3)	K_d(cm^3/mg)
土壤	0.078	0.43	0.014	1.56	0.0173	0.5	0.00040
填料层	0.054	0.41	0.009	1.31	0.0048	0.5	0.00032

5.4.2 模拟结果

1. 进水 TP 浓度为小浓度

当输入进水 TP 浓度为 0.5mg/L 时，率定结果如图 5-60 所示，模拟结果如图 5-61 所示，检验结果如图 5-62 所示。

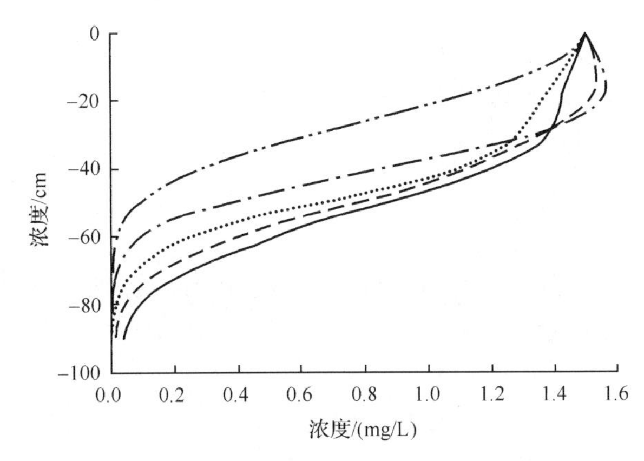

图 5-60 HYDRUS-1D 软件模拟进水浓度为 0.5mg/L 时，预设时间的沿程浓度

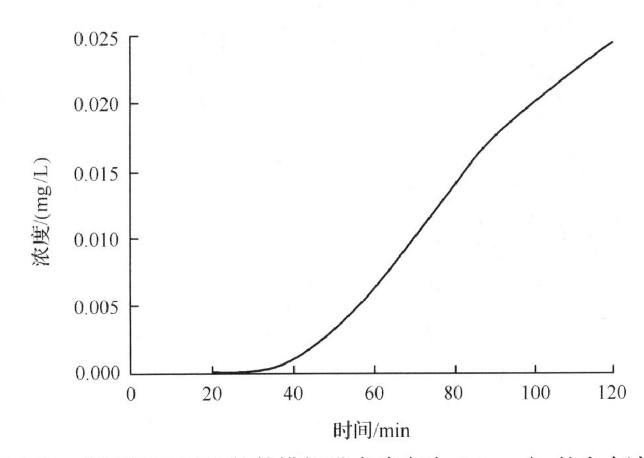

图 5-61 HYDRUS-1D 软件模拟进水浓度为 0.5mg/L 的出水浓度

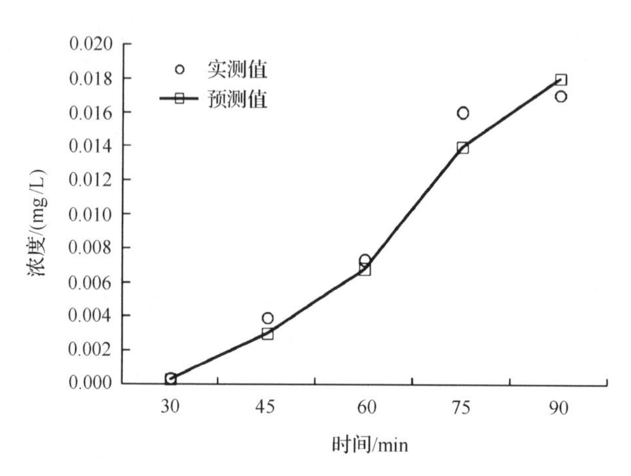

图 5-62　模拟值实测值对比图，0.5mg/L

如图 5-62 所示，线条由左到右分别表示土层在 30 分钟、45 分钟、60 分钟、75 分钟和 90 分钟对污染物浓度的吸附能力。图中显示，30 分钟吸附能力最好，随着时间增加，介质吸附能力有所减弱，笔者认为是由于介质刚开始接受浓度直至浓度饱和是关键的因素。

自放水时间开始后 30 分钟、45 分钟、60 分钟、75 分钟、90 分钟这 5 个时刻的出水 TP 浓度实测值依次为 0.00034mg/cm³、0.0039mg/cm³、0.0073mg/cm³、0.016mg/cm³、0.02mg/cm³。模拟结果与实测结果相比，实测值四个点偏高点，但相差不大，偏高原因可能是由于 HYDRUS-1D 模型模拟默认介质初始状态为饱和状态，但是实际情况并非如此，实际情况在最初状态时介质处于非饱和状态，因此介质具有空隙吸附污染物质。

2. 进水 TP 浓度为中浓度

当输入进水 TP 浓度为 1.5mg/L 时，率定结果如图 5-63 所示，模拟结果如图 5-64 所示，检验结果如图 5-65 所示。

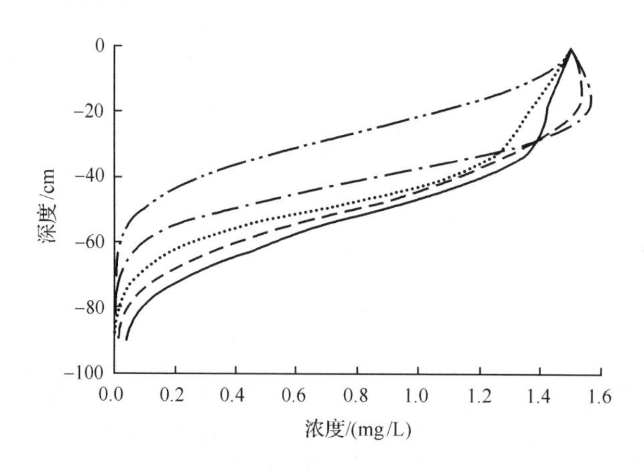

图 5-63　HYDRUS-1D 软件模拟进水浓度为 1.5mg/L 时，预设时间的沿程浓度

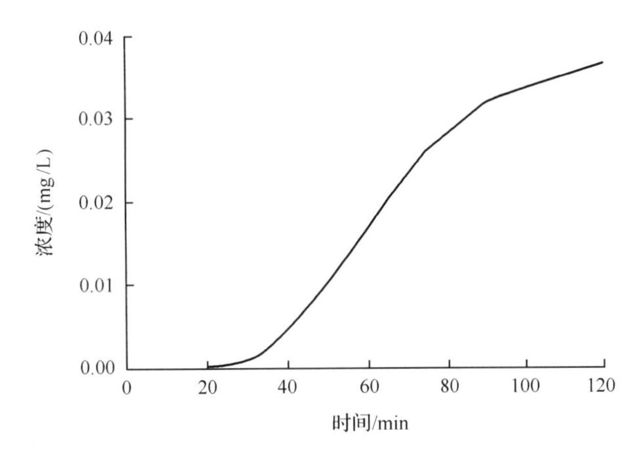

图 5-64　HYDRUS-1D 软件模拟进水浓度为 1.5mg/L 的出水浓度

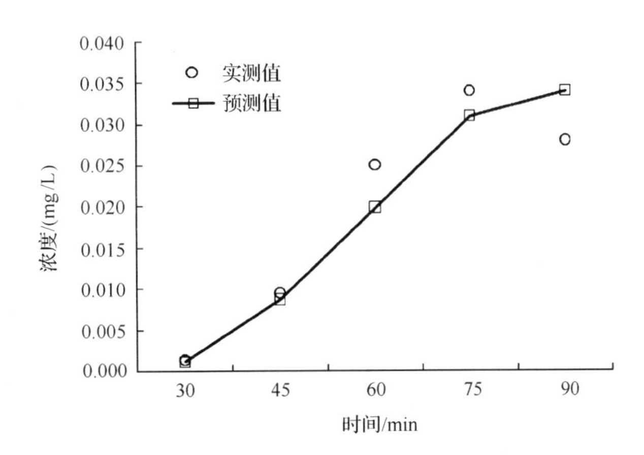

图 5-65　模拟值实测值对比图，1.5mg/L

3. 进水 TP 浓度为高浓度

当输入进水 TP 浓度为 2.5mg/L 时，率定结果如图 5-66 所示，模拟结果如图 5-67 所示，检验结果如图 5-68 所示。

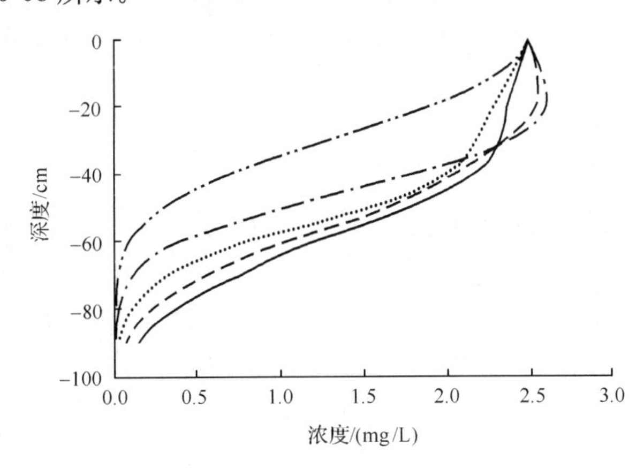

图 5-66　HYDRUS-1D 软件模拟进水浓度为 2.5mg/L 时，预设时间的沿程浓度

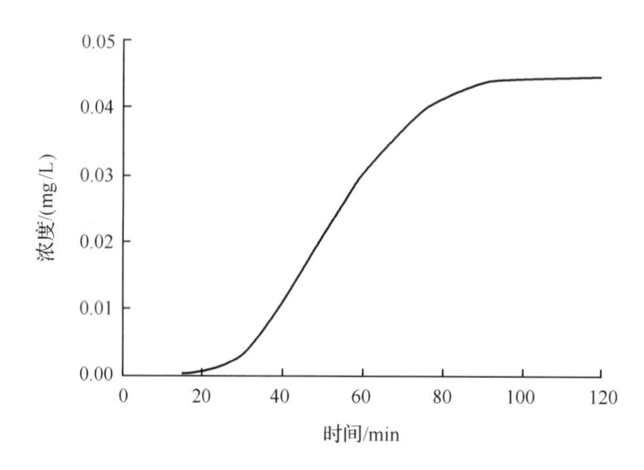

图 5-67　HYDRUS-1D 软件模拟进水浓度为 2.5mg/L 的出水浓度

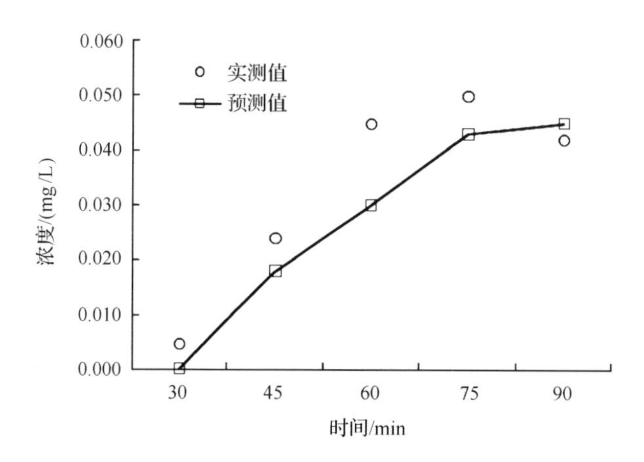

图 5-68　模拟值实测值对比图，2.5mg/L

三个浓度实测值曲线表现出逐渐平缓的趋势，而模拟值曲线表现出逐渐上升的趋势，笔者认为是由于实验前填料层处于非饱和状态，随着放水时间的增加污染物浓度亦增加，直至介质形成分层饱和最终达到全介质完全饱和状态，即介质吸附能力由最强逐渐降低到最弱，因此实测值趋势会出现逐渐放缓。而模拟默认所有填料层完全饱和即填料层吸附性能稳定，因此预测值趋势会出现随进水时间增加，进水污染物浓度逐渐增高的情况。

5.5　本章小结

生态滤沟作为一种新型的控制城市路面径流污染的 LID 技术具有良好的应用前景，但对其处理效果仍有待于进一步研究讨论。本章从不同进水水量、不同运行间隔时间、不同填料种类三个方面研究了生态滤沟水量削减效果；从不同进水污染物浓度、不同运行间隔时间、不同填料种类以及不同沟宽四个方面研究了生态滤沟的污染物净化效果，最后通过 SPSS 软件，应用逐步回归模型及多元回归模型对生态滤沟水量削减和污染物净化效果进行了统计分析，得出以下结论：

(1) 物化吸附试验中，在三种进水水量(0.5m 宽沟槽进水水量分别为 424.8L/

60min、885.6L/60min、1189.8L/60min；1m 宽沟槽进水水量分别为 1009.8L/60min、2102.4L/60min、2824.2L/60min）条件下，0.5m 宽沟槽（除北 4 号沟外）及 1m 宽沟槽均随进水水量的增大，径流削减率及洪峰流量削减率减小。随着进水水量的增大，洪峰推迟时间为 15～30 分钟，大部分情况下在 20 分钟左右。在不同运行间隔时间条件下，中水量（1771.2L/60min）进水时，随着间隔时间的增加，径流削减率先增大后减小。不同种类填料沟槽的径流体积削减率、洪峰流量削减率人工填料层为沙＋种植土＋腐殖质的生态滤沟最大，人工填料层为高炉渣的生态滤沟最小。

（2）物化吸附试验中，在相同试验条件下，高炉渣对 DP、TP 和 Zn 的去除率最高；种植土对氮和 COD 的去除率最高；高炉渣＋沙混合填料对 Cd 的去除率最高。装置运行间隔时间分别为 1 天和 3 天时，随着时间间隔的增大，试验沟槽对 NH_4^+-N、NO_3^--N、TN、DP、COD、Zn 的去除率减小；对 Cd 浓度去除率随着运行时间间隔的增大而增大，甚至达到 100％全部去除。在三种进水浓度下，试验沟槽氮类浓度去除率会随着进水浓度的增加而降低；磷类浓度去除率与进水污染物浓度呈正比；COD 浓度去除率随着进水污染物浓度增大而减小。Cd 浓度去除率随着进水污染物浓度的增大而增大。

（3）物化吸附试验中，不同宽度但填料相同的四条沟槽（分别为 0.5m 装置的北 7 至北 10 号沟和 1m 装置的西 4 号沟，西 3 号沟、东 4 号沟、东 3 号沟）在中浓度（COD 为 400mg/L）进水条件下，除北 8 号沟和西 3 号沟（人工填料均为高炉渣＋沙）氮去除率基本相同外，其余三组均表现出宽度越大，氮浓度去除率越大。北 8 号沟与西 3 号沟表现出沟宽越宽磷去除率越大，其他三组磷去除率随沟宽的增大而减小。沟宽越宽，COD 浓度去除率越大。北 7 号沟与西 4 号沟（人工填料均为粉煤灰＋沙）表现出沟宽越宽，Cd、Zn 去除率越大；北 8 号沟与西 3 号沟表现出沟宽越宽，Cd、Zn 去除率越小。

（4）通过正交试验分析，0.5m 宽防渗沟最佳工况为：填料组合为“粉煤灰＋沙”（FS）、时间间隔 5 天、淹没区高度 350mm、入流流量为大流量、入流浓度为中浓度，综合去除率为 498.74 分，远高于其他组合评分。影响最佳工况综合去除率的因素顺序为：填料组合＞入流浓度＞淹没区高度＞时间间隔＞入流流量。通过正交极差分析，得出影响 TP、TN 的处理效果的因素排序为：填料组合＞入流浓度＞时间间隔＞入流流量＞淹没区高度；影响氨氮去除效果的因素排序为：时间间隔＞入流浓度＞淹没区高度＞入流流量＞填料组合。

0.5m 宽不防渗沟，正交分析表明，最佳工况为：填料组合为“粉煤灰＋沙”（FS）、时间间隔 5 天、入流流量小流量、入流浓度小浓度，综合去除率为 439.09 分，同样是高于其他组合评分；影响最佳工况评分的因素排序为：填料组合＞时间间隔＞入流流量＞入流浓度；影响 TP 处理效果的因素排序为：填料组合＞时间间隔＞入流流量＞入流浓度；影响 TN 处理效果的因素排序：入流浓度＞时间间隔＞填料组合＞入流流量；影响氨氮处理效果的因素排序为：入流浓度＞入流流量＞填料组合＞时间间隔

1.0m 宽防渗沟最佳工况为：“粉煤灰＋沙”（FS）、时间间隔为 10 天、淹没区高度为 350mm、入流流量为中流量（365.388L/60min）、入流浓度为小浓度。影响最佳工况的因素排序为：入流流量＞填料组合＞时间间隔＞淹没区高度＞入流浓度；1.0m 宽不防渗沟最佳工况为：填料组合“粉煤灰＋沙”（FS）、时间间隔 5 天、入流流量大流量（490.863L/60min）、入流浓度中浓度。影响最佳工况的因素排序为：入流流量＞时间间隔＞填料组

合>入流浓度。

(5) 单因素实验表明,淹没区高度为 150mm 高为最佳淹没区高度;填料组合处理排序为:“粉煤灰+沙”>“高炉渣”>“高炉渣+沙”>“种植土”>“沙+腐殖质+种植土”,“粉煤灰+沙”为最佳填料组合。

(6) 通过 SPSS 分析,对 0.5m 与 1.0m 装置防渗沟运用逐步回归模型对 TP 与影响因素,率定结果 Ens=0.984;检验结果 Ens=0.963,相关关系很好。对 TN 与影响因素,率定结果 Ens=0.984;检验结果 Ens=0.963,相关关系较好。对出水率与影响因素,率定结果 Ens=0.97;检验结果 Ens=0.97,相关关系也较好。

对 0.5m 与 1.0m 不防渗沟装置运用逐步回归模型对 TP 与影响因素运用逐步回归模型对出水率与影响因素,率定结果 Ens=0.633;检验结果 Ens=0.736,相关关系一般。运用逐步回归模型对 TN 与影响因素,率定结果 Ens=0.848;检验结果 Ens=0.806,相关关系一般。不防渗沟水量方面出水率与影响因素,率定结果 Ens=0.848;检验结果 Ens=0.706,相关关系不是很好,波动较大,但趋势较为准确。

(7) HYDRUS-1D 软件可以较为准确的模拟生态滤沟中型试验出水情况以及 TP 污染物浓度的沿程分布。但笔者认为 HYDRUS-1D 还是有很多局限性,比如在参数选择中,并没有提供生态滤沟的装置类型选项进行工况模拟等。同时,HYDRUS-1D 软件仅能模拟填料对污染物的物理吸附及化学反应,并不能模拟生态滤沟填料层中的微生物与污染物之间的生化反应情况,因此具有一定的局限性。但不可否认,在各参数实测值以及经验值相对较为准确的条件下,其模拟结果与实测值相对较为接近,具有很高的应用价值。

参考文献

李家科,杜光斐,李怀恩,等. 2012. 生态滤沟对城市路面径流的净化效果. 水土保持学报,26(4):1~6,11

李俊奇,王文亮,边静,等. 2010. 城市道路雨水生态处置技术及其案例分析. 中国给水排水,26(16):60~64

杨栩. 2012. 城市绿地对降雨径流及其污染物削减研究. 天津:天津大学博士学位论文

曾晓岚,张智,丁文川,等. 2004. 城市雨水口地面暴雨径流模型研究. 重庆建筑大学学报,26(6):78~85

张博,孙法圣,王帆. 2013. HYDRUS-1 D在基于过程的地下水污染评价中的应用. 科技导报,31(17):37~40

第6章　基于试验装置(Ⅱ)的生态滤沟净化城市路面径流中试研究与模拟

随着城市化进程的加快,城市路面径流污染问题日益严重,运用工程措施对其进行控制显得尤为重要。本章设计和建造了6条配置不同填料的生态滤沟中型试验装置,通过室外试验、数理统计和数学模拟,研究了基质类型、基质组合方式、填料组合方式、植被条件、进水水量、进水污染物浓度、降雨间隔时间、季节等因素对生态滤沟净化效果的影响;将生态滤沟的净化效果与生态滤沟各因素之间的相互关系及协同作用进行集成化模拟,建立相应的水质水量多元统计模型,并运用HYDRUS-1D软件对装置的出水水质进行模拟。通过试验结果的分析探讨,以期为生态滤沟这一城市径流非点源污染防治的新型工程措施在我国推广应用提供科学依据和理论支撑,以实现环境效益、景观效益和经济效益的有机统一。

6.1　生态滤沟中型试验设计

6.1.1　试验装置概况

试验场位于西北水资源与环境生态教育部重点实验室露天试验场,共建有6条(长2.5m,宽0.5m,高1m,坡度为1.5%)生态滤沟中型试验装置,为便于试验进行,将装置抬高,建于地面之上。该装置将城市路面径流污染控制与城市雨水利用有机结合,由城市道路绿化植物和各种基质构成,装置两端设置有通气井,并在底部设置通气集水槽,二者构成生态滤沟的"U"形通气廊道;在沟槽填料中穿插通气管,管内打孔密度从上到下依次变小,从而有效改善沟槽填料内部的氧气分布状态,提高大气复氧强度;每条生态滤沟的出流口均设有三角堰和液位计,溢流口均设有流量计量装置。试验装置的俯视图、平视图分别如图6-1(a)、图6-1(b)所示,试验场实景图如彩图9所示。试验系统基质填充和植物种植情况如表6-1所示。

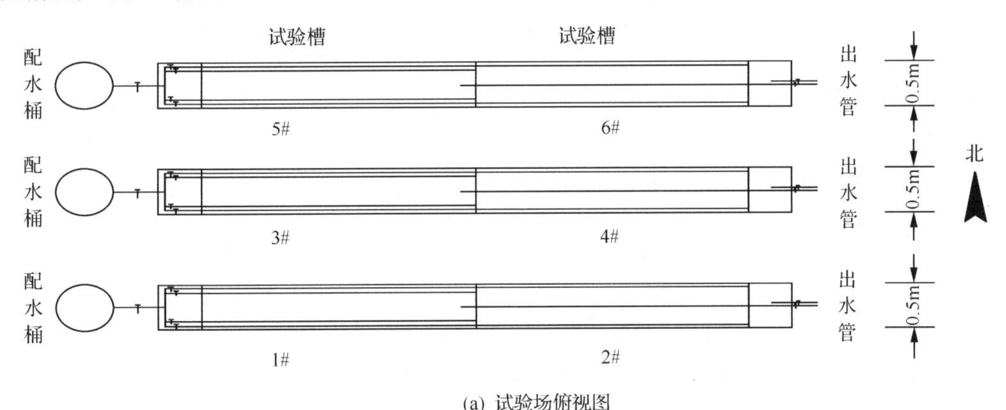

(a) 试验场俯视图

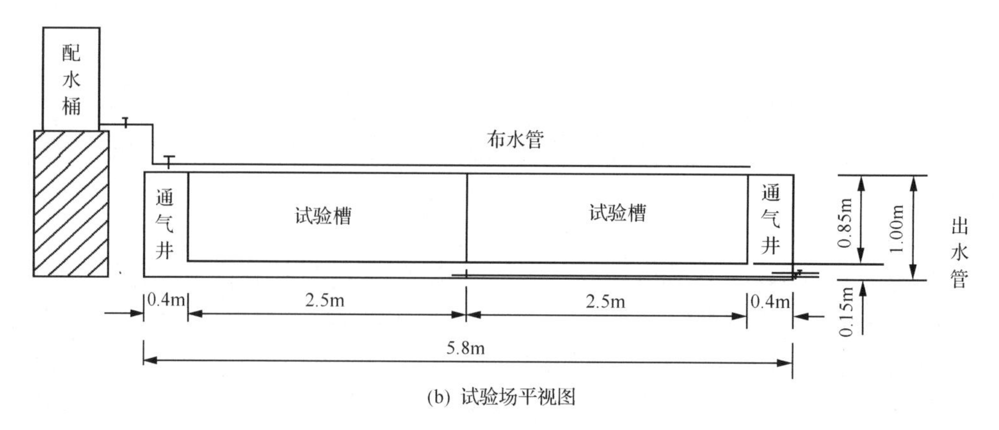

(b) 试验场平视图

图 6-1 试验场示意图

表 6-1 试验系统填充基质和植物情况

序号	基质厚度				植物名称
	30cm	25cm	20cm	10cm	
1#	种植土	高炉渣	砾石	鹅卵石	黑麦草+小叶女贞
2#		粉煤灰			
3#		砾石			
4#		粉煤灰			
5#		沸石	砾石		
6#		高炉渣			麦冬草+黄杨

在滤沟填料充填时，从下至上依次填入鹅卵石承托层、砾石层、特殊材质基质层和种植土层，除鹅卵石层与砾石层之间外，其余各层中间均铺设有一层土工布，以减少填料随水流冲刷而向下迁移，进而影响出水水质及滤沟使用寿命，各填充基质设计粒径如表 6-2 所示，基质填充情况如彩图 10 所示。

表 6-2 各填充基质设计粒径

名称	鹅卵石	砾石	特殊材质基质			种植土
			粉煤灰	高炉渣	沸石	
粒径/mm	50～100	10～30	1～3	5～10	3～5	2～5
填充厚度/cm	5～20	10～30	10～30	10～30	10～30	20～30

6.1.2 试验设计

1. 试验用水水质

试验用水主要采用人工配制，配水水质主要以西安市路面径流水质监测情况（袁宏林等，2011；林原等，2011；王宝山，2011；陈莹等，2011；杜光斐，2012）为基础进行设计，详见第 4 章表 4-3 至表 4-7，最终确定的试验用水水质如表 6-3 所示。

表 6-3　试验水质　　单位:mg/L

污染物	COD	TN	NH_4^+-N	TP	Zn	Cd	Pb
高浓度	570～630	12～16	5～7	2.4～2.6	1.4～1.6	0.04～0.06	0.80～0.90
中浓度	370～430	8～12	3～5	1.4～1.6	0.8～1.2	0.02～0.04	0.40～0.50
低浓度	170～230	5～7	1～3	0.4～0.6	0.4～0.6	0.01～0.02	0.04～0.06

2. 试验水量

对于西安地区,降雨强度可由式(6-1)计算(卢金锁等,2010):

$$q = \frac{2785.833 \times (1 + 1.1658 \times \lg P)}{(t + 16.813)^{0.9302}} \tag{6-1}$$

式中,q 为暴雨径流强度,L/(s·hm²);P 为重现期,a;t 为降雨历时,min。

设计径流量、试验总水量可分别由式(6-2)和式(6-3)计算:

$$Q = \frac{A_d \cdot \varphi \cdot q}{10000} \tag{6-2}$$

式中,Q 为设计径流量,L/s;A_d为汇流面积,m^2;φ 为径流系数。

$$V = Q \cdot t \tag{6-3}$$

式中,V 为试验总水量,L;t 为降雨历时,s。

本装置设计生态滤沟服务区域的汇流面积为其自身面积的 13 倍,即汇流面积为

$$A_d = 13 \times 2.5 \times 0.5 = 16.25\text{m}^2$$

试验中,设计降雨历时为 90min,依据式(6-1)、式(6-2)、式(6-3)分别计算出暴雨强度、设计流量、试验总水量如表 6-4 所示。

表 6-4　不同重现期下的设计试验总水量

流量类型	重现期/a	暴雨强度 /[L/(s·hm²)]	设计流量 /(L/s)	总水量/L
小流量	0.5	102.03	0.0344	186.00
中流量	2	212.36	0.0717	387.12
大流量	5	285.28	0.0963	520.06

1) 雨型设计

每次试验时模拟降雨均按芝加哥雨型进行设计,设雨始点坐标为 0,时间步长为 5min,利用第 4 章式(4-3)及式(4-4)分别计算重现期为 0.5a、2a、5a,降雨历时为 90min 的降雨时程分布,结果如表 6-5 所示。

表 6-5　不同重现期下的降雨时程分布

时间/min	0.5年一遇/(mm/5min)	2年一遇/(mm/5min)	5年一遇/(mm/5min)
0	0.14	0.30	0.40
5	0.17	0.35	0.47
10	0.20	0.42	0.56
15	0.25	0.51	0.69
20	0.31	0.65	0.87
25	0.41	0.85	1.15
30	0.57	1.20	1.61
35	0.88	1.83	2.46
40	1.56	3.25	4.36
45	3.69	7.67	10.31
50	1.56	3.25	4.36
55	0.88	1.83	2.46
60	0.57	1.20	1.61
65	0.41	0.85	1.15
70	0.31	0.65	0.87
75	0.25	0.51	0.69
80	0.20	0.42	0.56
85	0.17	0.35	0.47
90 合计	12.5	26.1	35.0

2）试验方案

对于各沟单独逐一进行水质水量正交试验。正交试验主要考察进水污染物浓度、进水水量及降雨间隔时间对装置净化效果的影响，正交试验安排如表 6-6 所示。

表 6-6　正交试验表

试验号	试验因素		
	水量	间隔时间	水质
1	1 [小]	1 [3d]	1 [低]
2	1	2 [9d]	2 [中]
3	1	3 [15d]	3 [高]
4	2 [中]	1	3
5	2	2	1
6	2	3	2
7	3 [大]	1	2
8	3	2	3
9	3	3	1

表 6-6 中，低、中、高三种浓度径流水质分别对应表 6-3 中所列的浓度范围；小、中、大三种水量分别对应表 6-4 中 0.5 年一遇、2 年一遇、5 年一遇重现期下的径流总水量；降雨间隔时间分别选取 3 天，9 天，15 天。

正交试验完成后，对于每条滤沟，比较正交试验中各水质指标的处理效果，确定各沟的最佳处理工况(水质、水量、间隔时间的最优组合)。同时，比较在相同水质、水量和间隔时间下各滤沟处理效果，得出处理效果最优的填料组合工况和植被条件。针对滤沟中各污染物处理效果，确定各个污染物浓度去除率与填料类型、进水水量、进水浓度之间的耦合定量关系。

3. 采样安排

原水样在试验之初从配药桶中取 500mL 待测；出水样品则从装置出水开始分别间隔 10 分钟、10 分钟、10 分钟、10 分钟、10 分钟、20 分钟、20 分钟、30 分钟、30 分钟，在出口处各取水样 500mL 待测；溢流水样视溢流量的具体情况而定。出流水量的测量由三角堰及液位计综合测定；入流水量、溢流水量分别以流量计测定。

4. 分析指标

本试验的主要分析指标及其分析方法如表 6-7 所示。

表 6-7　试验分析项目和方法

测试项目	测定方法名称	国标代码
pH	玻璃电极法	GB/T 6920—86
Zn	原子吸收分光光度法	GB 7475—87
NH_4^+-N	纳氏试剂分光光度法	HJ 535—2009
TN	碱性过硫酸钾消解紫外分光光度法	HJ 636—2012
DP	钼酸铵分光光度法	GB 11893—89
TP	钼酸铵分光光度法	GB 11893—89

6.2　生态滤沟中试结果与分析

6.2.1　正交试验分析

正交试验按表 6-6 的方案进行，为定量分析生态滤沟正交试验的水质净化效果，本试验选取 TN、NH_4^+-N、TP、DP、Zn 等污染指标的去除率作为评价指标，污染物浓度去除率计算公式见式(4-9)。

1. 1# 生态滤沟正交试验结果与分析

1# 生态滤沟填料分别由 30cm 种植土、25cm 高炉渣、20cm 砾石和 10cm 鹅卵石构成，表层种植小叶女贞和麦冬草。正交试验中各污染指标去除率如表 6-8 所示。

表 6-8　1# 生态滤沟正交试验结果

试验号		试验因素			试验结果/%					
		水量	间隔时间	水质	TN	TP	NH_4^+-N	DP	Zn	综合
1		1	1	1	24.85	77.29	85.54	80.06	23.33	291.07
2		1	2	2	19.39	74.28	83.72	70.07	18.75	266.21
3		1	3	3	18.61	71.49	79.78	48.76	78.22	296.86
4		2	1	3	14.33	69.32	50.08	69.01	19.22	221.96
5		2	2	1	17.46	74.24	83.84	77.06	70.17	322.77
6		2	3	2	13.41	72.56	52.19	61.25	19.21	218.62
7		3	1	2	10.83	69.69	35.56	81.43	21.5	219.01
8		3	2	3	11.83	65.04	50.46	59.27	42.87	229.47
9		3	3	1	17.70	72.55	50.31	55.56	22.15	218.27
TN	k_1	20.950	16.670	20.003						
	k_2	15.067	16.227	14.543						
	k_3	13.453	16.573	14.923						
	极差 R	7.497	0.443	5.460						
TP	k_1	74.353	72.100	74.693						
	k_2	72.040	71.187	72.177						
	k_3	69.093	72.200	68.617						
	极差 R	5.260	1.013	6.076						
NH_4^+-N	k_1	83.013	59.393	73.230						
	k_2	61.370	72.673	57.157						
	k_3	45.443	60.760	59.440						
	极差 R	26.260	16.280	16.073						
DP	k_1	66.297	76.833	70.893						
	k_2	69.107	68.800	70.917						
	k_3	65.420	55.190	59.013						
	极差 R	3.687	21.643	11.904						
Zn	k_1	40.100	21.350	38.550						
	k_2	36.200	43.930	19.820						
	k_3	28.840	39.860	46.770						
	极差 R	11.260	22.580	26.950						
综合	k_1	284.713	244.013	277.370						
	k_2	254.450	272.817	234.613						
	k_3	222.250	244.583	259.430						
	极差 R	62.463	28.804	42.757						

1) 氮素去除效果分析

表 6-8 中极差分析表明三个因素对 TN 去除效果的重要性依次为:进水水量、进水水质、降雨间隔时间;对 NH_4^+-N 去除效果的重要性依次为:进水水量、降雨间隔时间、进水水质;各因素对 TN 和 NH_4^+-N 的去除效果影响趋势分别如图 6-2、图 6-3 所示。

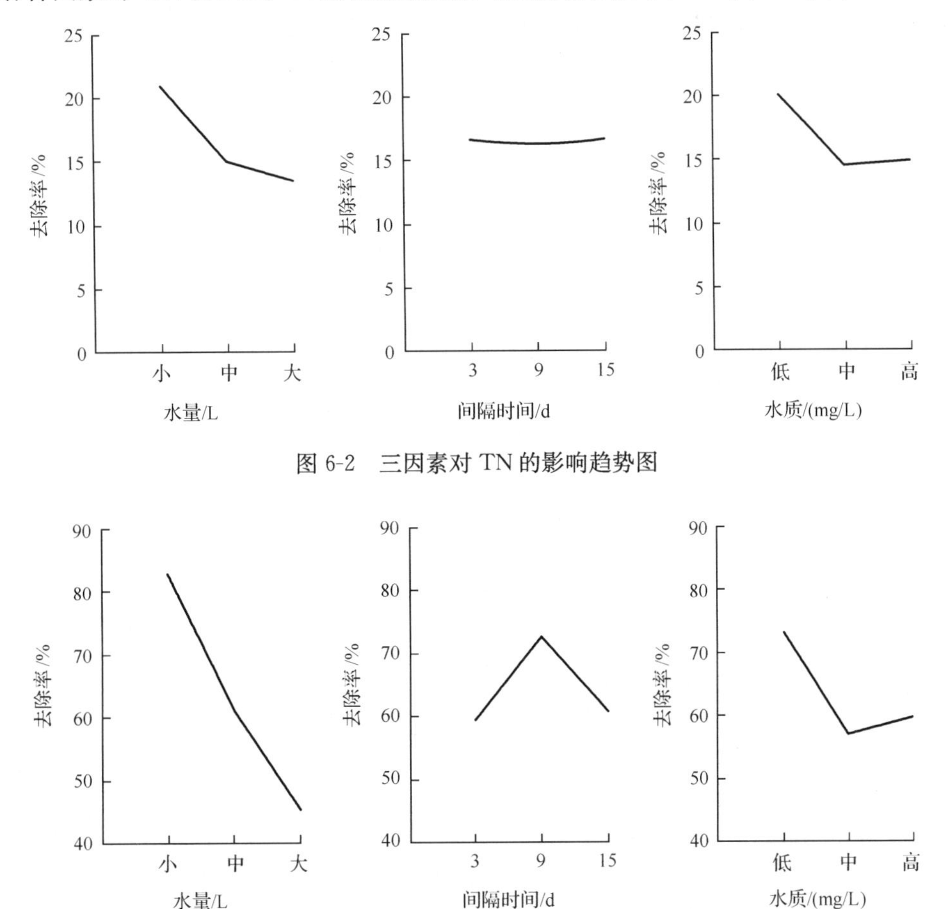

图 6-2　三因素对 TN 的影响趋势图

图 6-3　三因素对 NH_4^+-N 的影响趋势图

由图 6-2 可见,随着进水水量的增大,TN 浓度去除率逐渐减小;而间隔时间变化对于 TN 浓度去除效果的影响不明显;随着进水浓度的增大,TN 浓度去除率先减小后增大,但是增幅不大;TN 去除率约在 10%～25%。由图 6-3 可见,随着进水水量的增加,NH_4^+-N 浓度去除率显著降低,在小水量情况下,NH_4^+-N 浓度去除率可达到 83.0%,大水量时其去除率可降至 45.4%;而对于间隔时间而言,9 天间隔时间其去除率最高可达到 73%;随着进水浓度的升高,氨氮浓度去除率先减小,后又小幅度上升;氨氮去除率为 35%～85%。

生态滤沟中氮素主要是通过微生物硝化和反硝化作用来完成,硝化作用是在好氧条件下仅改变氮的存在形式(如将 NH_4^+-N 转化为 NO_2-N 和 NO_3-N),反硝化作用是在厌氧环境下将氮以 N_2 和 N_2O 形式从滤沟中释放。本生态滤沟装置中设有通气管道,因此滤沟处于好氧环境下,对于硝化作用的反应有一定促进作用,在一定程度上也可说明装置对氨氮的净化效果优于总氮。

2）磷素去除效果分析

表 6-8 中极差分析表明三个因素对 TP 去除效果的重要性依次为：进水水质、进水水量、降雨间隔时间；对 DP 去除效果的重要性依次为：降雨间隔时间、进水水质、进水水量；各因素对 TP 和 DP 的去除效果影响趋势分别如图 6-4、图 6-5 所示。

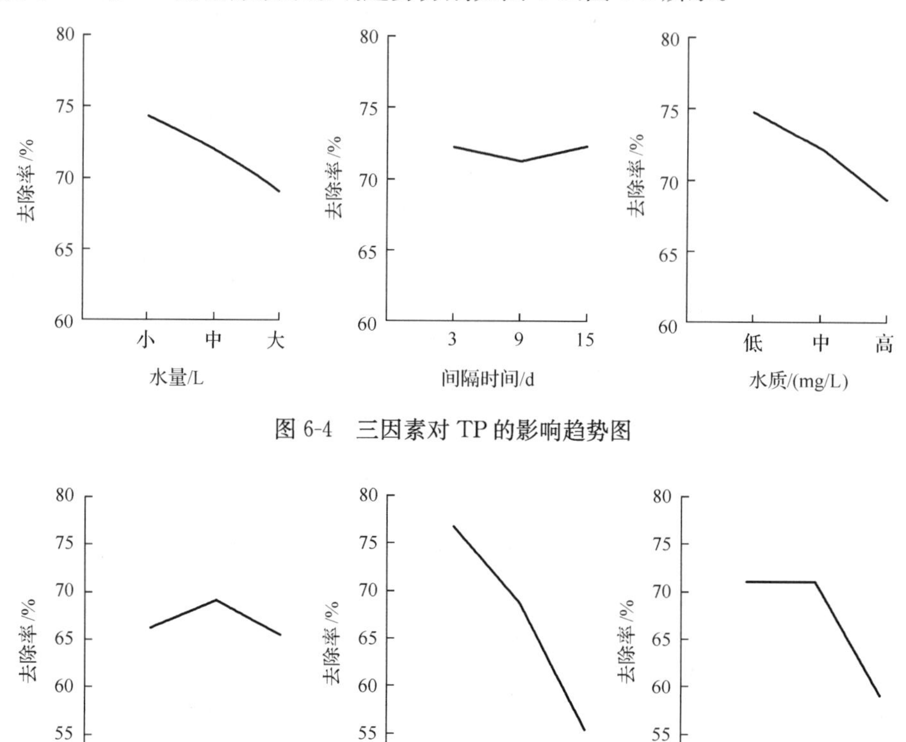

图 6-4　三因素对 TP 的影响趋势图

图 6-5　三因素对 DP 的影响趋势图

生态滤沟对磷的去除是基质吸附、植物吸收和微生物去除三者共同作用的结果，多数情况下，磷的去除途径主要是基质的沉淀和吸附作用。如图 6-4 所示，随着进水水量的增加，TP 浓度去除率逐渐减小；降雨间隔时间对 TP 影响不显著；进水水质对 TP 的影响同进水水量；TP 浓度去除率为 65%～77%。如图 6-5 所示，水量对于 DP 浓度去除率的影响并不大；而随着间隔时间的增大，DP 的浓度去除率反而减小；而对于水质来说，低进水浓度和中进水浓度的去除效果相当，高浓度进水的去除效果较低；DP 浓度去除率为 55%～81%。

3）Zn 的去除效果分析

表 6-8 中极差分析表明三个因素对 Zn 去除效果的重要性依次为：进水水质、降雨间隔时间、进水水量；各因素对 Zn 的去除效果影响趋势如图 6-6 所示。

重金属的去除一般依靠填料层的基质吸附作用，如图 6-6 所示，Zn 浓度去除效果随

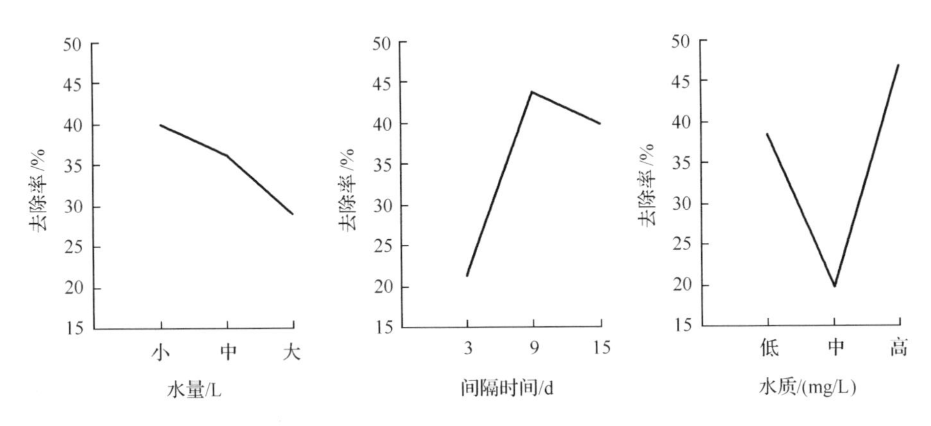

图 6-6　三因素对 Zn 的影响趋势图

着水量的增加而减小；而随着间隔时间的增加，Zn 浓度去除效果先升高后降低，在 9 天间隔时间的条件下，Zn 浓度去除率较高；随着进水 Zn 浓度的升高，其去除率先下降后上升，波动较大；Zn 的浓度去除率为 18％～78％。

4）综合净化效果分析

以正交实验中五个污染指标去除率的总和表示装置的综合净化效果，表 6-8 中极差分析表明三个因素对综合去除效果的重要性依次为：进水水量、进水水质、降雨间隔时间；各因素对综合去除效果影响趋势如图 6-7 所示。

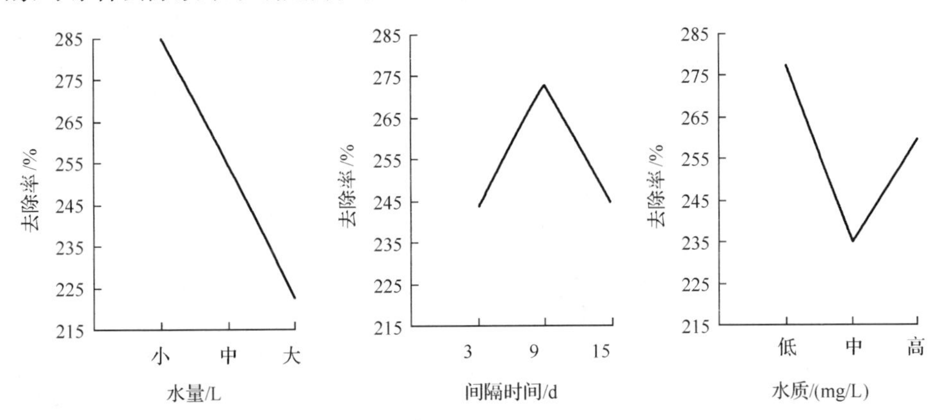

图 6-7　三因素对综合的影响趋势图

由图 6-7 可见，1# 生态滤沟随着水量的增加污染物处理效果降低，间隔时间在 9 天时达到最高，随着入流水质的增加先降低后升高。因此，该生态滤沟最佳工况为：低进水水量、9 天间隔时间、低浓度进水。

2. 2# 生态滤沟正交试验结果与运行适宜工况分析

2# 生态滤沟填料分别由 30cm 种植土、25cm 粉煤灰、20cm 砾石和 10cm 鹅卵石构成，表层种植小叶女贞和麦冬草。正交试验中各污染指标去除率如表 6-9 所示。各因素对 TN、NH_4^+-N、TP、DP、Zn、综合净化效果的影响趋势如图 6-8 所示。

表 6-9　2# 生态滤沟正交试验结果

试验号		试验因素			试验结果/%					
		水量	间隔时间	水质	TN	TP	NH_4^+-N	DP	Zn	综合
1		1	1	1	28.25	55.34	92.56	72.59	33.73	282.47
2		1	2	2	23.88	53.30	90.25	91.95	24.51	283.89
3		1	3	3	20.31	51.52	80.29	61.50	68.13	281.75
4		2	1	3	15.58	50.18	55.26	69.54	71.09	261.65
5		2	2	1	20.22	53.48	68.39	79.07	71.10	292.26
6		2	3	2	14.19	53.26	53.68	58.89	52.99	233.01
7		3	1	2	13.42	52.92	45.51	51.65	61.13	224.63
8		3	2	3	12.72	50.31	50.54	47.33	52.46	213.36
9		3	3	1	14.11	52.41	52.99	88.91	45.76	254.18
TN	k_1	24.147	19.083	20.860						
	k_2	16.663	18.940	17.163						
	k_3	13.417	16.203	16.203						
	极差 R	10.730	2.880	4.657						
TP	k_1	53.387	52.813	53.743						
	k_2	52.307	52.363	53.160						
	k_3	51.880	52.397	50.670						
	极差 R	1.507	0.450	3.073						
NH_4^+-N	k_1	87.700	64.443	71.313						
	k_2	59.110	69.727	63.147						
	k_3	49.680	62.320	62.030						
	极差 R	38.020	7.407	9.283						
DP	k_1	75.347	64.593	80.190						
	k_2	69.167	72.783	67.497						
	k_3	62.630	69.767	59.457						
	极差 R	12.717	8.190	20.733						
Zn	k_1	42.123	55.317	50.197						
	k_2	65.060	49.357	46.210						
	k_3	53.117	55.627	63.893						
	极差 R	22.937	6.270	17.683						
综合	k_1	282.570	256.117	276.170						
	k_2	262.307	263.573	247.177						
	k_3	230.723	256.313	252.253						
	极差 R	51.847	7.053	28.993						

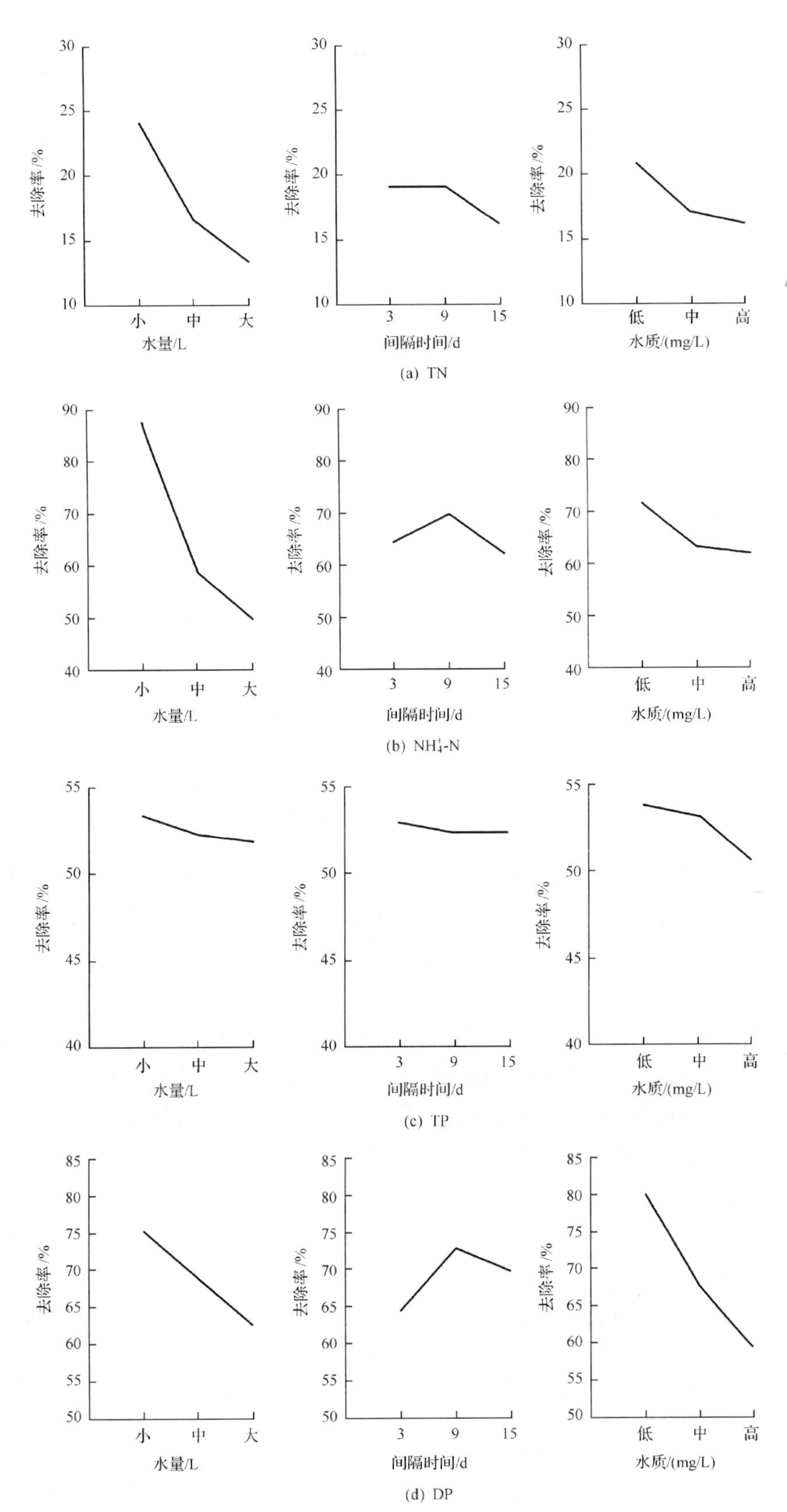

(a) TN

(b) NH_4^+-N

(c) TP

(d) DP

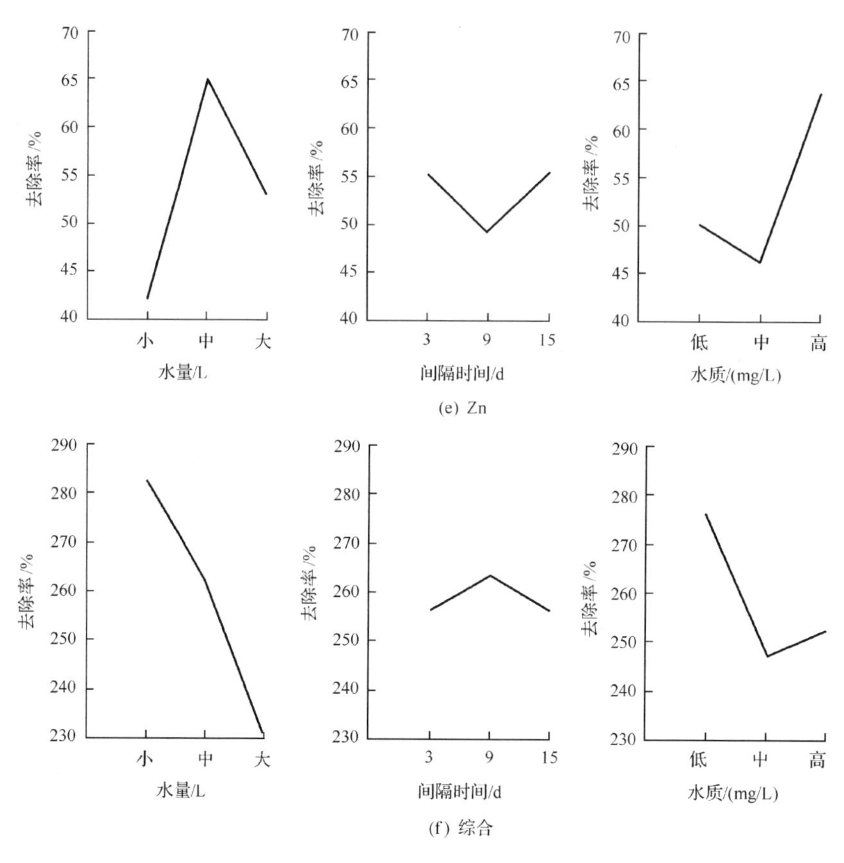

图 6-8 三因素对 2# 沟各污染指标影响趋势图

对于 2# 生态滤沟，TP 的去除率为 50%～55%；而 TN 的浓度去除率较低，为 12%～28%；NH_4^+-N 的去除率为 45%～92%；DP 的去除率为 47%～92%；Zn 的去除率为 24%～71%。三因素对 TP 去除效果的重要性依次为：进水水质、进水水量、降雨间隔时间；对 DP 去除效果的重要性依次为：进水水质、进水水量、降雨间隔时间；对 TN 去除效果的重要性依次为：进水水量、进水水质、降雨间隔时间；对 NH_4^+-N 去除效果的重要性依次为：进水水量、进水水质、降雨间隔时间；对 Zn 去除效果的重要性依次为：进水水量、进水水质、降雨间隔时间；对综合净化效果的重要性依次为：进水水量、进水水质、降雨间隔时间。2# 生态滤沟对于各污染物综合去除率的最佳工况为：小进水水量、9 天间隔时间、低浓度进水。

3. 3# 生态滤沟正交试验结果与运行适宜工况分析

3# 生态滤沟填料分别由 30cm 种植土、45cm 砾石和 10cm 鹅卵石构成，表层种植小叶女贞和麦冬草。正交试验中各污染指标去除率如表 6-10 所示。各因素对 TN、NH_4^+-N、TP、DP、Zn、综合净化效果的影响趋势如图 6-9 所示。

表 6-10　3# 生态滤沟正交试验效果分析

试验号		试验因素			试验结果/%					
		水量	间隔时间	水质	TN	TP	NH_4^+-N	DP	Zn	综合
1		1	1	1	24.67	76.68	54.08	87.98	30.96	274.37
2		1	2	2	22.57	72.34	53.02	62.13	62.29	272.35
3		1	3	3	19.65	67.39	50.84	48.36	46.64	232.88
4		2	1	3	16.25	67.27	53.97	75.34	48.54	261.37
5		2	2	1	21.71	74.64	61.44	77.45	87.96	323.20
6		2	3	2	20.52	70.70	50.80	52.63	21.88	216.53
7		3	1	2	18.80	65.27	41.25	64.09	50.48	239.89
8		3	2	3	16.05	56.18	48.12	53.93	24.86	199.14
9		3	3	1	22.02	68.09	46.10	84.71	56.87	277.79
TN	k_1	22.297	19.907	22.800						
	k_2	19.493	20.110	20.630						
	k_3	18.957	20.730	17.317						
	极差 R	3.340	0.823	5.483						
TP	k_1	72.137	69.740	73.137						
	k_2	70.870	67.720	69.437						
	k_3	63.180	68.727	63.613						
	极差 R	8.957	2.020	9.524						
NH_4^+-N	k_1	52.647	49.767	53.873						
	k_2	55.403	54.193	48.357						
	k_3	45.157	49.247	50.977						
	极差 R	10.246	4.946	5.516						
DP	k_1	66.157	75.803	83.380						
	k_2	68.473	64.503	59.617						
	k_3	67.577	61.900	59.210						
	极差 R	2.316	13.903	4.170						
Zn	k_1	46.630	43.327	58.597						
	k_2	52.793	58.370	44.883						
	k_3	44.070	41.797	40.013						
	极差 R	8.723	16.573	18.584						
综合	k_1	259.867	258.543	291.787						
	k_2	267.033	264.897	242.923						
	k_3	238.940	242.400	231.130						
	极差 R	28.093	22.497	60.657						

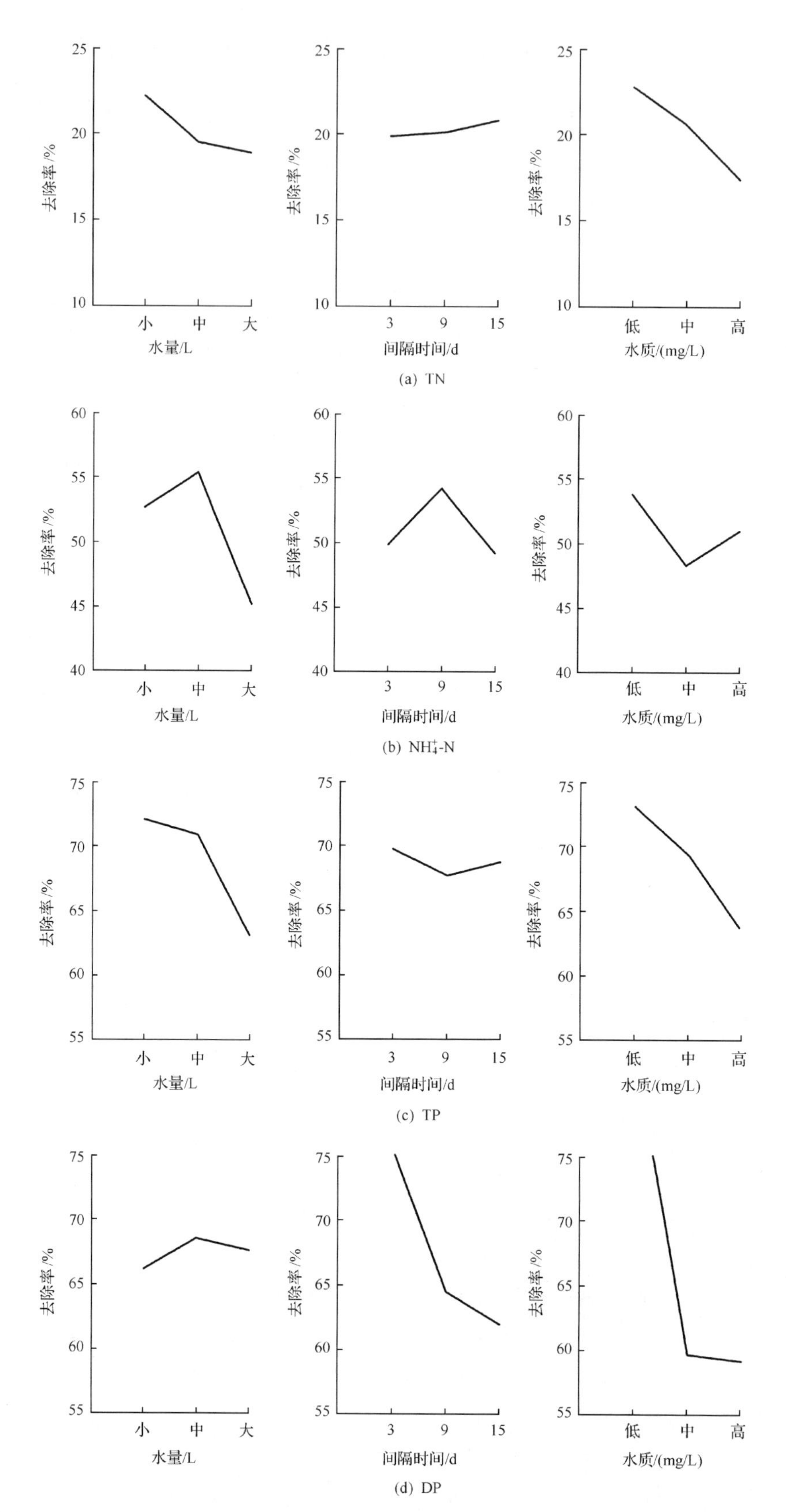

(a) TN

(b) NH_4^+-N

(c) TP

(d) DP

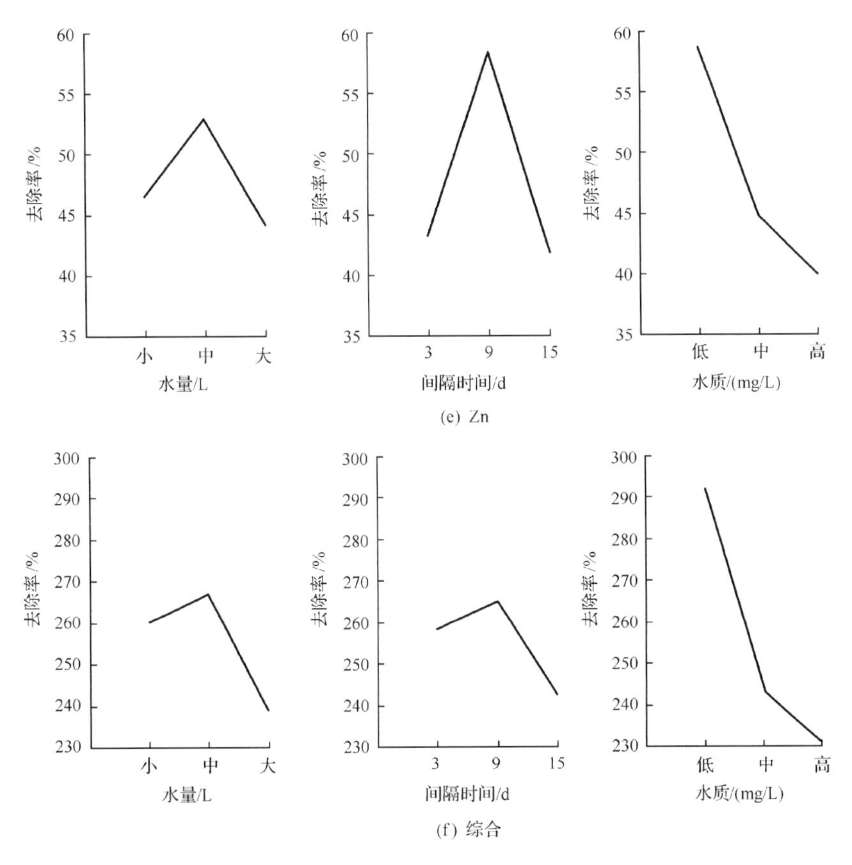

图 6-9　三因素对 3# 沟各污染指标影响趋势图

对于 3# 生态滤沟，TN 的浓度去除率较低，为 16%～25%；TP 的去除率为 56%～77%；NH_4^+-N 的去除率为 41%～61%；DP 的去除率为 48%～88%；Zn 的去除率为 22%～88%。三因素对 TP 去除效果的重要性依次为：进水水质、进水水量、降雨间隔时间；对 DP 去除效果的重要性依次为：进水水质、降雨间隔时间、进水水量；对 TN 去除效果的重要性依次为：进水水质、进水水量、降雨间隔时间；对 NH_4^+-N 去除效果的重要性依次为：进水水量、进水水质、降雨间隔时间；对 Zn 去除效果的重要性依次为：进水水质、降雨间隔时间、进水水量；对综合净化效果的重要性依次为：进水水质、进水水量、降雨间隔时间。3# 生态滤沟对于各污染物综合去除率的最佳工况为：中进水水量、9 天间隔时间、低浓度进水。

4. 4# 生态滤沟正交试验结果与运行适宜工况分析

4# 生态滤沟填料分别由 30cm 种植土、45cm 粉煤灰和 10cm 鹅卵石构成，表层种植小叶女贞和麦冬草。正交试验中各污染指标去除率如表 6-11 所示。各因素对 TN、NH_4^+-N、TP、DP、Zn、综合净化效果的影响趋势如图 6-10 所示。

表 6-11　4[#] 生态滤沟正交试验效果分析

试验号		试验因素			试验结果/%					
		水量	间隔时间	水质	TN	TP	NH_4^+-N	DP	Zn	综合
1		1	1	1	38.04	62.68	83.45	76.65	63.12	323.94
2		1	2	2	36.87	55.30	85.16	82.40	64.22	323.95
3		1	3	3	35.04	53.82	79.21	59.91	74.02	302.00
4		2	1	3	30.92	58.00	31.56	81.90	66.33	268.71
5		2	2	1	35.90	60.57	63.8	70.02	29.90	260.19
6		2	3	2	32.20	45.51	48.68	59.90	67.38	253.67
7		3	1	2	31.91	40.92	42.52	51.87	59.92	227.14
8		3	2	3	29.02	38.16	47.38	41.99	48.81	205.36
9		3	3	1	33.79	58.30	43.29	97.38	43.97	276.73
TN	k_1	36.650	33.623	35.910						
	k_2	33.007	33.930	33.660						
	k_3	31.573	33.677	31.660						
	极差 R	5.077	0.370	4.250						
TP	k_1	57.267	53.867	60.517						
	k_2	54.693	51.343	47.243						
	k_3	45.793	52.543	49.993						
	极差 R	11.474	2.524	13.274						
NH_4^+-N	k_1	82.607	52.510	63.513						
	k_2	48.013	65.447	58.787						
	k_3	44.397	57.060	52.717						
	极差 R	38.210	12.937	10.796						
DP	k_1	72.987	70.140	81.350						
	k_2	70.607	64.803	64.723						
	k_3	63.747	72.397	61.267						
	极差 R	9.240	7.594	20.083						
Zn	k_1	67.120	63.123	45.663						
	k_2	54.537	47.643	63.840						
	k_3	50.900	61.790	63.053						
	极差 R	16.220	15.480	18.177						
综合	k_1	316.630	273.263	186.953						
	k_2	260.857	263.167	268.253						
	k_3	236.410	277.467	258.690						
	极差 R	80.220	14.300	28.263						

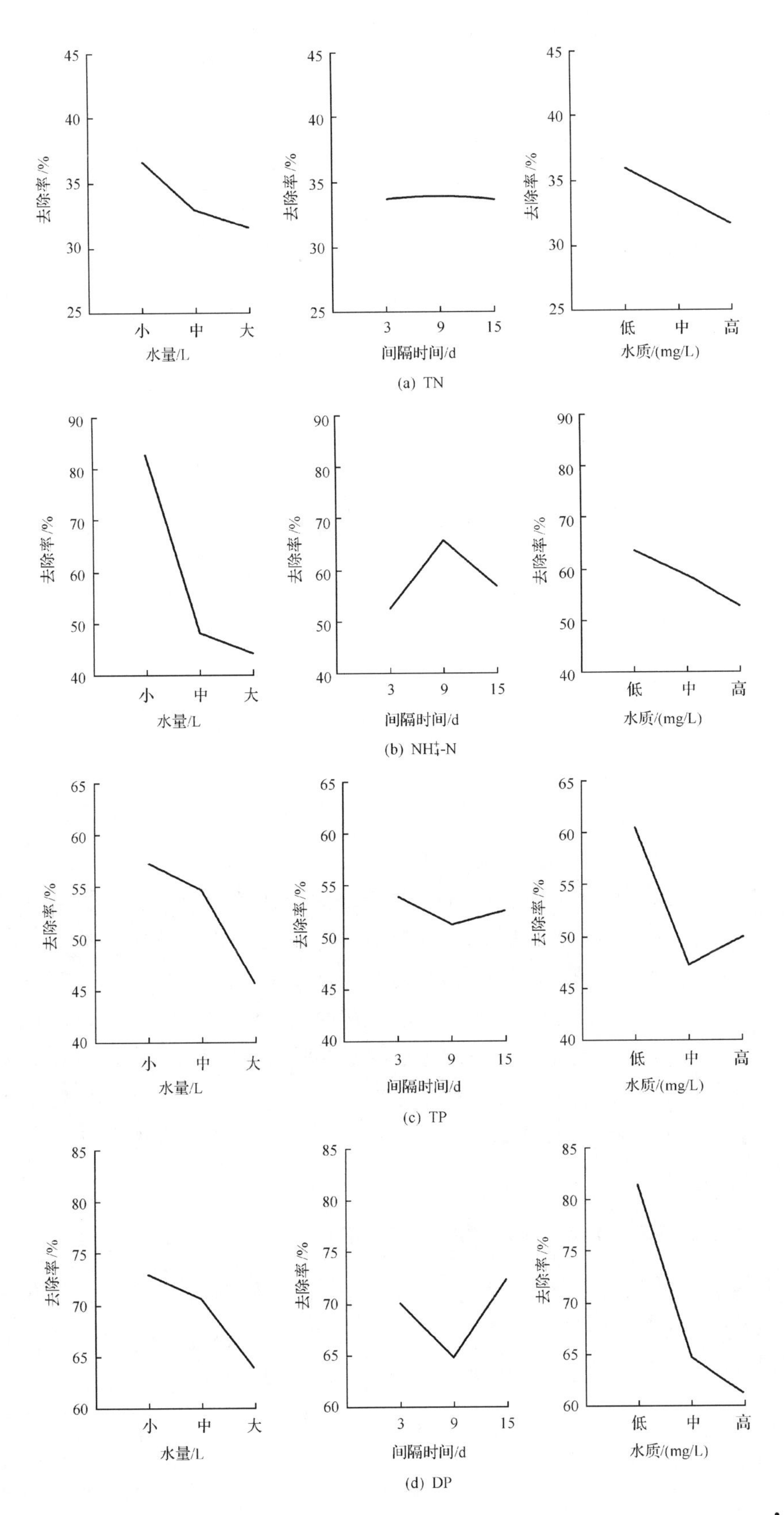

(a) TN

(b) NH_4^+-N

(c) TP

(d) DP

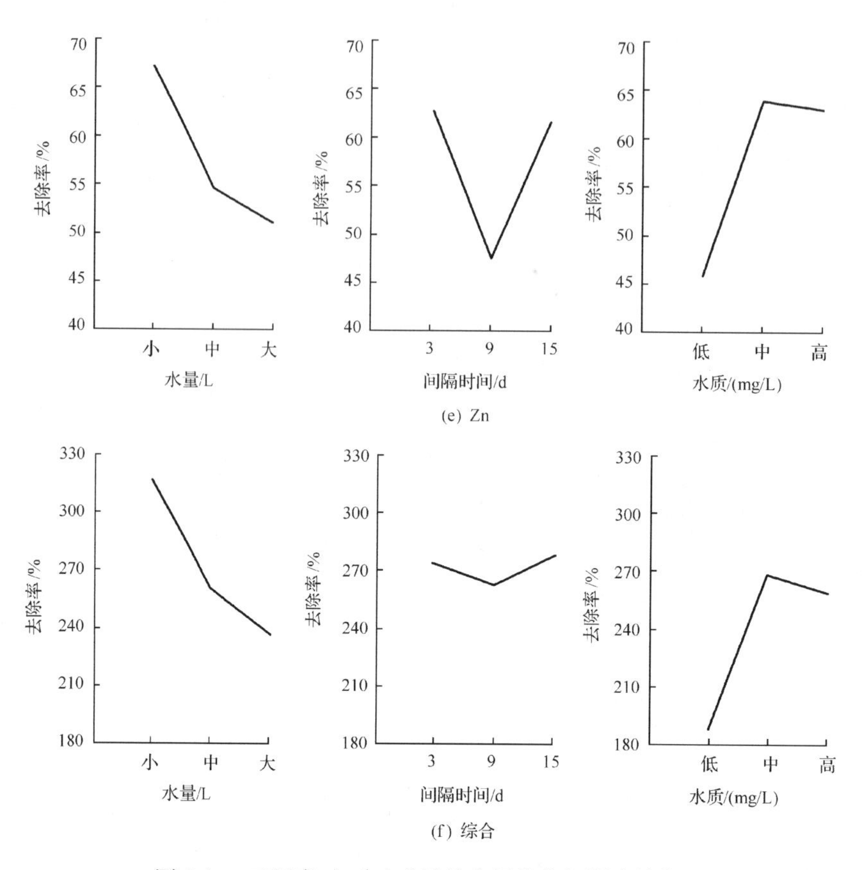

图 6-10　三因素对 4# 生态滤沟各污染指标影响趋势图

对于 4# 生态滤沟，TN 的浓度去除率较低，为 29%～38%；TP 的去除率为 40%～63%；NH_4^+-N 的去除率为 31%～85%；DP 的去除率为 42%～97%；Zn 的去除率为 30%～74%。三因素对 TP 去除效果的重要性依次为：进水水质、进水水量、降雨间隔时间；对 DP 去除效果的重要性依次为：进水水质、进水水量、降雨间隔时间；对 TN 去除效果的重要性依次为：进水水量、进水水质、降雨间隔时间；对 NH_4^+-N 去除效果的重要性依次为：进水水量、降雨间隔时间、进水水质；对 Zn 去除效果的重要性依次为：进水水质、进水水量、降雨间隔时间；对综合净化效果的重要性依次为：进水水量、进水水质、降雨间隔时间。4# 生态滤沟对于各污染物综合去除率的最佳工况为：小进水水量、9 天间隔时间、中浓度进水。

5. 5# 生态滤沟正交试验结果与运行适宜工况分析

5# 生态滤沟填料分别由 30cm 种植土、25cm 沸石、20cm 砾石和 10cm 鹅卵石构成，表层种植小叶女贞和麦冬草。正交试验中各污染指标去除率如表 6-12 所示。各因素对 TN、NH_4^+-N、TP、DP、Zn、综合净化效果的影响趋势如图 6-11 所示。

表 6-12　5[#] 生态滤沟正交试验效果分析

试验号	试验因素			试验结果/%					
	水量	间隔时间	水质	TN	TP	NH_4^+-N	DP	Zn	综合
1	1	1	1	23.04	68.84	86.31	89.59	59.99	327.77
2	1	2	2	20.98	67.81	84.92	67.12	30.93	271.76
3	1	3	3	18.04	64.00	78.24	24.25	59.41	243.94
4	2	1	3	13.35	62.60	40.41	69.85	53.95	240.16
5	2	2	1	17.55	67.53	75.16	71.88	70.10	302.22
6	2	3	2	13.24	64.87	65.63	34.21	83.43	261.38
7	3	1	2	9.21	58.78	46.05	49.11	41.67	204.82
8	3	2	3	7.94	59.86	55.13	39.75	55.59	218.27
9	3	3	1	12.22	65.91	55.68	98.06	35.44	267.31

指标		水量	间隔时间	水质
TN	k_1	20.687	15.200	17.603
	k_2	14.713	15.490	14.477
	k_3	9.790	14.500	13.110
	极差 R	10.897	0.990	4.493
TP	k_1	66.883	63.407	67.427
	k_2	65.000	65.067	63.820
	k_3	61.517	64.927	62.153
	极差 R	5.366	1.660	5.274
NH_4^+-N	k_1	83.157	57.590	72.383
	k_2	60.400	71.737	65.533
	k_3	52.870	66.517	57.927
	极差 R	30.870	14.147	14.456
DP	k_1	60.320	69.517	86.510
	k_2	58.647	59.583	50.147
	k_3	62.307	52.173	44.617
	极差 R	3.660	17.344	41.893
Zn	k_1	50.110	51.870	55.177
	k_2	69.160	52.207	52.010
	k_3	44.233	59.427	56.317
	极差 R	24.927	7.557	4.307
综合	k_1	281.157	257.583	299.100
	k_2	267.920	264.083	245.987
	k_3	230.133	257.543	234.123
	极差 R	51.024	6.540	64.977

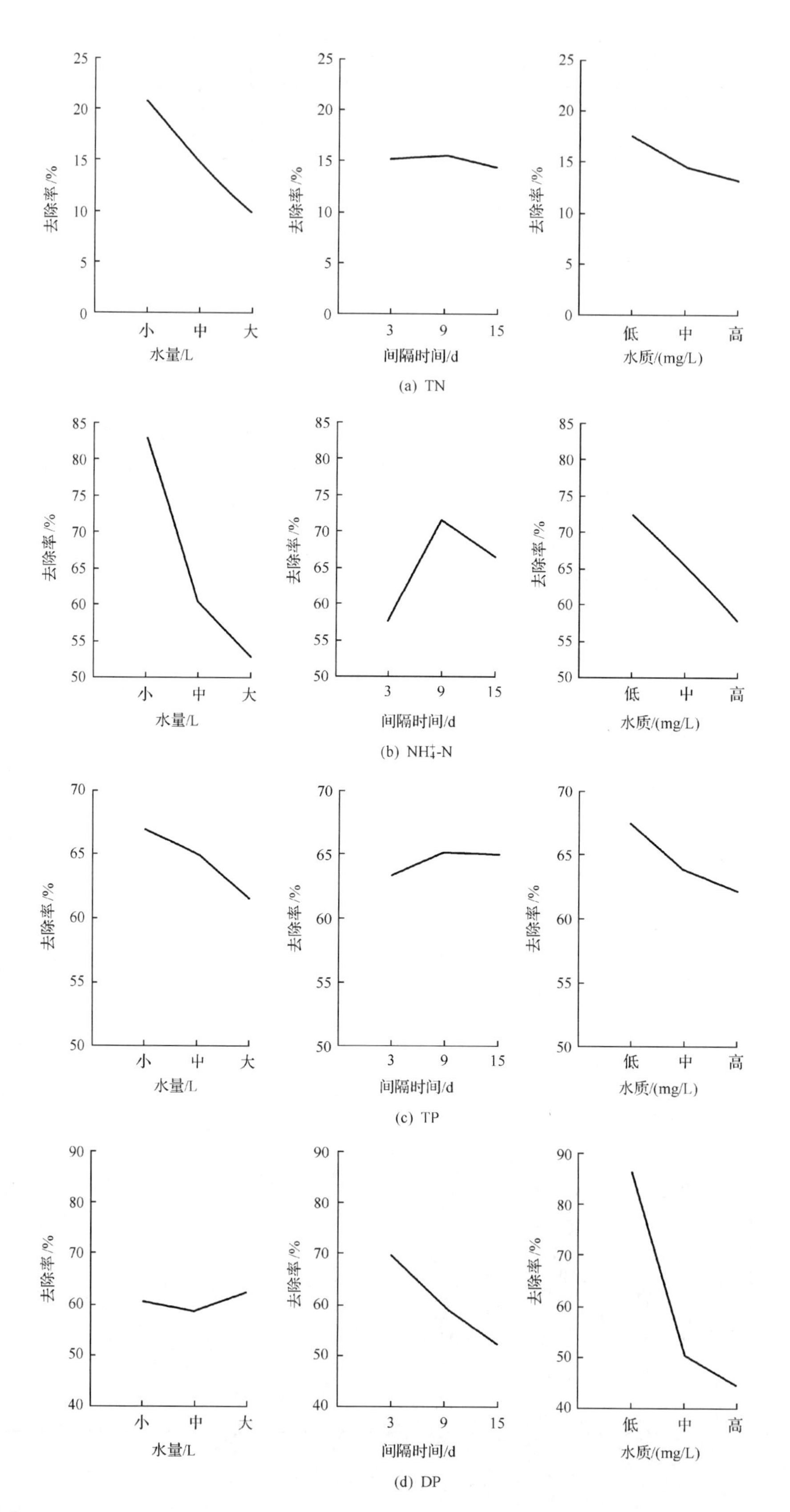

(a) TN

(b) NH_4^+-N

(c) TP

(d) DP

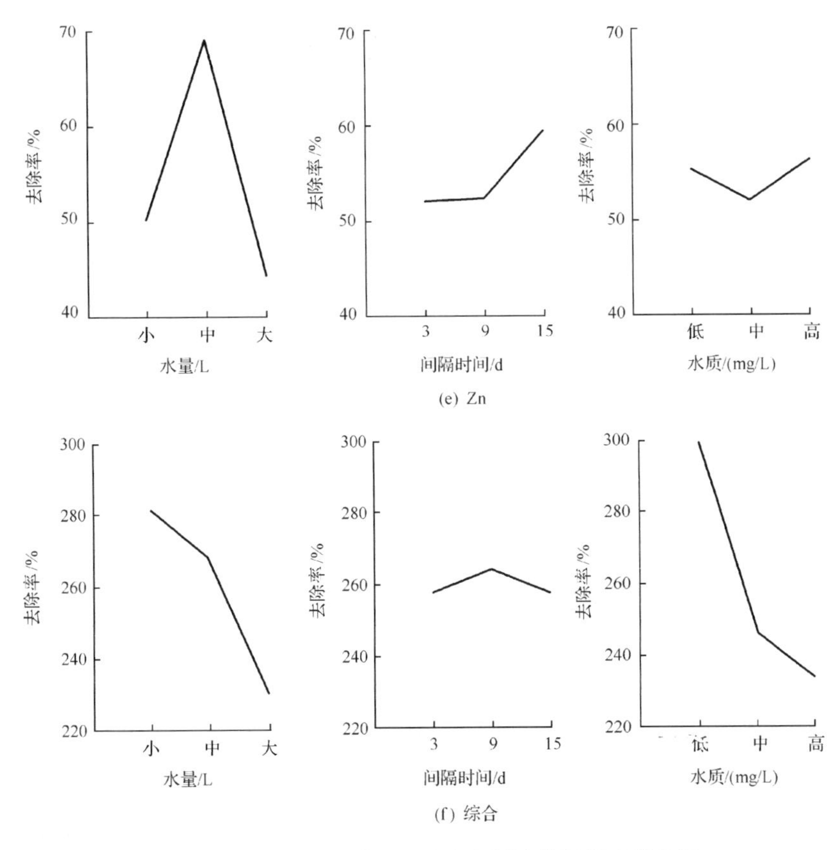

图 6-11 三因素对 5# 生态滤沟各污染指标影响趋势图

对于 5# 生态滤沟，TN 的浓度去除率较低，为 8%～23%；TP 的去除率为 58%～69%；NH_4^+-N 的去除率为 40%～86%；DP 的去除率为 24%～98%，波动较大；Zn 的去除率为 30%～83%。三因素对 TP 去除效果的重要性依次为：进水水量、进水水质、降雨间隔时间；对 DP 去除效果的重要性依次为：进水水量、降雨间隔时间、进水水质；对 TN 去除效果的重要性依次为：进水水量、进水水质、降雨间隔时间；对 NH_4^+-N 去除效果的重要性依次为：进水水量、进水水质、降雨间隔时间；对 Zn 去除效果的重要性依次为：进水水量、降雨间隔时间、进水水质；对综合净化效果的重要性依次为：进水水质、进水水量、降雨间隔时间，且进水水质和水量的影响远远大于降雨间隔时间。5# 生态滤沟对于各污染物综合去除率的最佳工况为：小进水水量、9 天间隔时间、低浓度进水。

6. 6# 生态滤沟正交试验结果与运行适宜工况分析

6# 生态滤沟填料分别由 30cm 种植土、25cm 高炉渣、20cm 砾石和 10cm 鹅卵石构成，表层种植小叶黄杨和麦冬草。正交试验中各污染指标去除率如表 6-13 所示。各因素对 TN、NH_4^+-N、TP、DP、Zn、综合净化效果的影响趋势如图 6-12 所示。

表 6-13　6# 生态滤沟正交试验效果分析

试验号		试验因素			试验结果/%					
		水量	间隔时间	水质	TN	TP	NH_4^+-N	DP	Zn	综合
1		1	1	1	27.14	69.43	93.81	76.86	64.81	332.05
2		1	2	2	20.54	61.57	87.17	76.50	42.75	288.53
3		1	3	3	21.65	60.59	59.26	54.89	49.39	245.78
4		2	1	3	17.59	67.00	30.16	63.96	64.62	243.33
5		2	2	1	20.67	68.94	73.06	76.55	77.91	317.13
6		2	3	2	15.91	68.70	58.11	46.01	70.54	259.27
7		3	1	2	15.63	60.95	48.47	58.42	84.72	268.19
8		3	2	3	13.69	57.73	53.03	43.37	38.39	206.21
9		3	3	1	18.14	66.40	57.47	99.01	34.37	275.39
TN	k_1	23.110	20.120	21.983						
	k_2	18.057	18.300	17.360						
	k_3	15.820	18.567	17.643						
	极差 R	7.290	1.820	4.623						
TP	k_1	63.863	65.793	68.257						
	k_2	68.213	62.747	63.740						
	k_3	61.693	65.230	61.773						
	极差 R	6.520	3.046	6.484						
NH_4^+-N	k_1	80.080	57.480	74.780						
	k_2	53.777	71.087	64.583						
	k_3	52.990	58.280	47.483						
	极差 R	27.090	13.607	27.297						
DP	k_1	69.417	66.413	84.140						
	k_2	62.173	65.473	60.310						
	k_3	66.933	66.637	54.073						
	极差 R	7.244	1.164	30.067						
Zn	k_1	52.317	71.383	59.030						
	k_2	71.023	53.017	66.003						
	k_3	52.493	51.433	50.800						
	极差 R	18.706	19.950	15.203						
综合	k_1	288.787	281.190	308.190						
	k_2	273.243	270.623	271.997						
	k_3	249.930	260.147	231.773						
	极差 R	38.857	21.043	76.417						

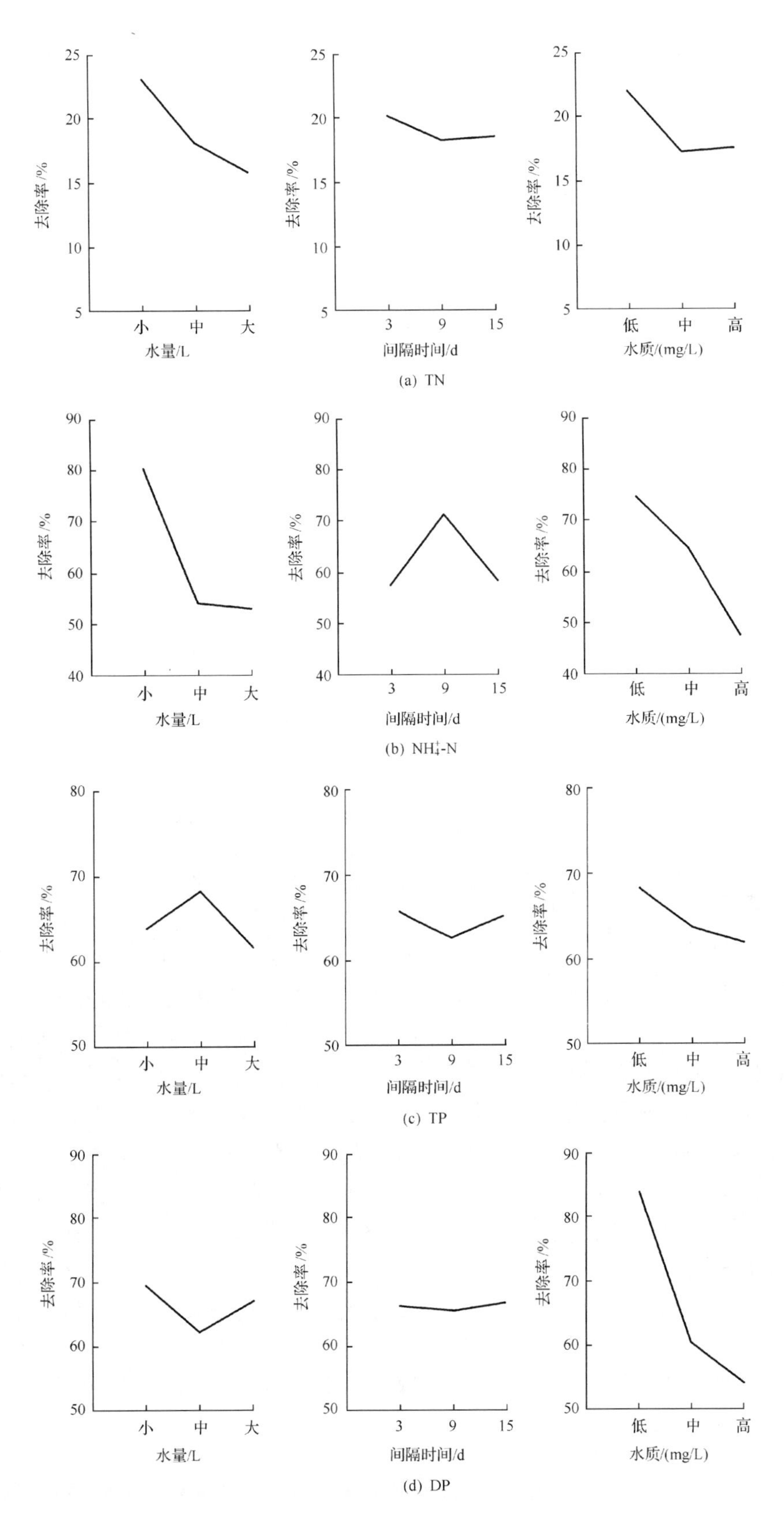

(a) TN

(b) NH_4^+-N

(c) TP

(d) DP

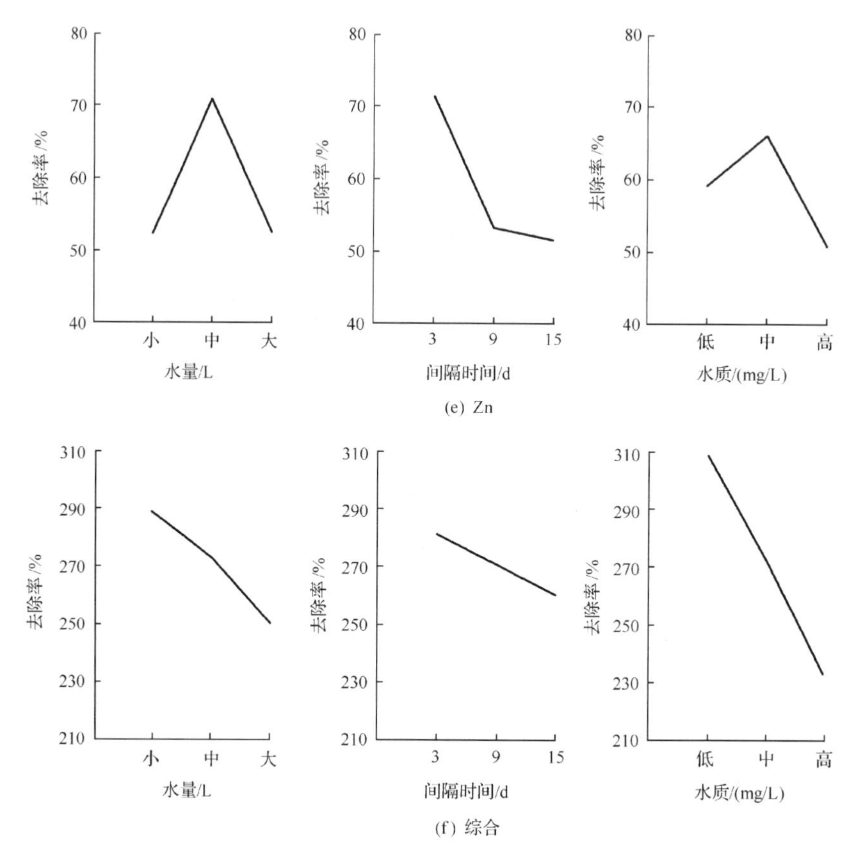

图 6-12　三因素对 6# 生态滤沟各污染指标影响趋势图

对于 6# 生态滤沟，TN 的浓度去除率均较低，为 14%～27%；TP 的去除率为 58%～69%；NH_4^+-N 的去除率为 30%～94%，波动较大；DP 的去除率为 43%～99%，波动亦较大；Zn 的去除率为 34%～85%。三因素对 TP 去除效果的重要性依次为：进水水量、进水水质、降雨间隔时间，水质与水量的影响非常接近；对 DP 去除效果的重要性依次为：进水水质、降雨间隔时间、进水水量，三者影响差异不显著；对 TN 去除效果的重要性依次为：进水水量、进水水质、降雨间隔时间；对 NH_4^+-N 去除效果的重要性依次为：进水水质、进水水量、降雨间隔时间，且进水水质与水量的影响接近；对 Zn 去除效果的重要性依次为：降雨间隔时间、进水水量、进水水质，三者影响差异不显著；对综合净化效果的重要性依次为：进水水质、进水水量、降雨间隔时间，且进水水质的影响远大于进水水量和降雨间隔时间。6# 生态滤沟对于各污染物综合去除率的最佳工况为：小进水水量、3 天间隔时间、低浓度进水。

综合以上正交试验结果可见，各条生态滤沟对 TN 的去除率整体较低，为 10%～30%；对 TP 去除率为 50%～80%，对 DP、Zn 的去除率为 20%～90%，对 NH_4^+-N 去除率为 30%～90%；试验结果亦表明在各生态滤沟的最佳运行条件下，其对径流中的主要污染物有较好的净化效果。

6.2.2 生态滤沟正交试验净化效果影响因素研究

1. 生态滤沟对 TN 净化效果及影响因素

1) 人工填料对 TN 净化效果的影响

$3^{\#}$、$4^{\#}$ 生态滤沟均由三层填料组成，对这两条滤沟在相同试验条件下的 TN 浓度去除效果对比如图 6-13 所示。$1^{\#}$、$2^{\#}$、$5^{\#}$ 生态滤沟均由四层填料组成，其在相同试验条件下 TN 浓度去除效果对比如图 6-14 所示。

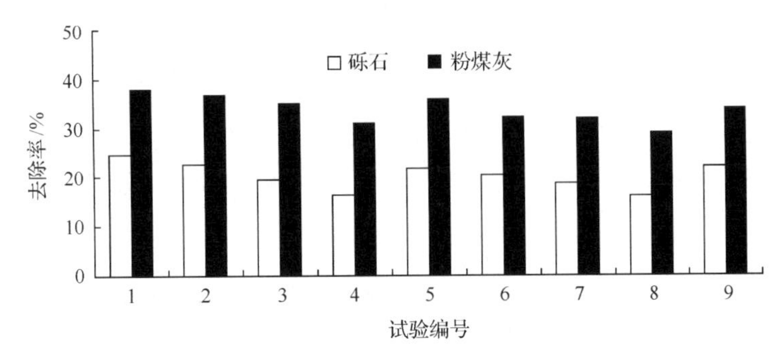

图 6-13　$3^{\#}$、$4^{\#}$ 生态滤沟 TN 浓度去除效果对比

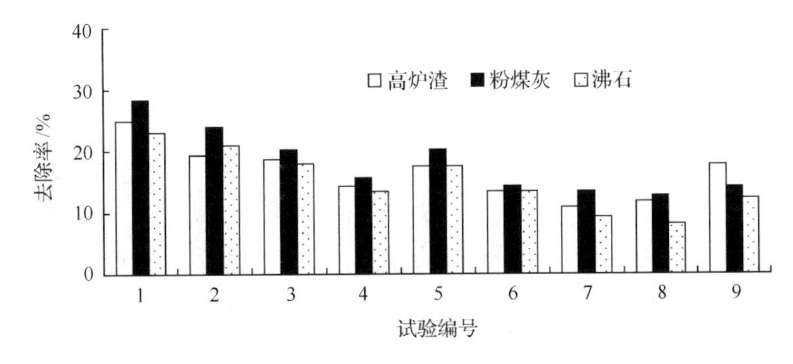

图 6-14　$1^{\#}$、$2^{\#}$、$5^{\#}$ 生态滤沟 TN 浓度去除效果对比

由试验结果可知，生态滤沟对 TN 的去除率较低，保持在 15%～40%，这是由于生态滤沟装置在设计时加入了通气管道，改变了滤沟填料层中的氧气分布状况，使滤沟中填料大部分处于好氧状态下，好氧状态有利于硝化细菌工作，却对反硝化细菌形成抑制作用，因此，造成 TN 的去除效果较低。另由图 6-13 还可以看出，砾石对 TN 的浓度去除率为 16%～25%，粉煤灰对 TN 的浓度去除率为 29%～38%。在相同进水量、水质条件下，粉煤灰对 TN 浓度去除效果略优于砾石。由图 6-14 可以看出，$1^{\#}$、$2^{\#}$、$5^{\#}$ 生态滤沟中，高炉渣对 TN 的浓度去除率约为 11%～25%，粉煤灰对 TN 的浓度去除率为 13%～28%，沸石对 TN 的浓度去除率为 8%～23%；在相同进水水量、水质条件下，三种填料对 TN 的去除效果从高到低依次为：粉煤灰、高炉渣、沸石。

2) 填料厚度对 TN 净化效果的影响

$2^{\#}$、$4^{\#}$ 生态滤沟均填充有粉煤灰，其中 $2^{\#}$ 沟粉煤灰层厚度为 25cm，$4^{\#}$ 沟粉煤灰层厚度为 45cm，两沟在相同试验条件下对 TN 浓度去除效果对比如图 6-15 所示。

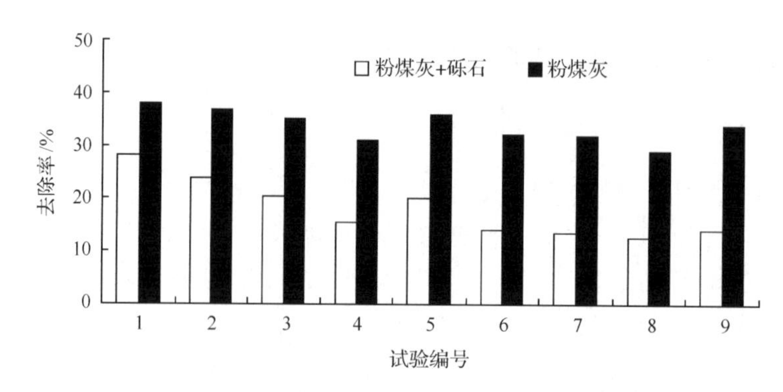

图 6-15　2#、4#生态滤沟 TN 浓度去除效果对比

由图 6-15 可以看出，2#沟对 TN 浓度去除率为 13%～28%，4#沟对 TN 浓度去除率为 29%～38%，4#沟较 2#沟的 TN 净化效果有一定程度的提高，这可说明填料层厚度越厚，TN 去除率越高。

3）植物组合对 TN 净化效果的影响

1#、6#生态滤沟填充基质完全相同，但植被不同，1#沟种植小叶女贞和麦冬草，6#沟种植小叶黄杨和麦冬草，两沟在相同试验条件下 TN 浓度去除效果对比如图 6-16 所示。

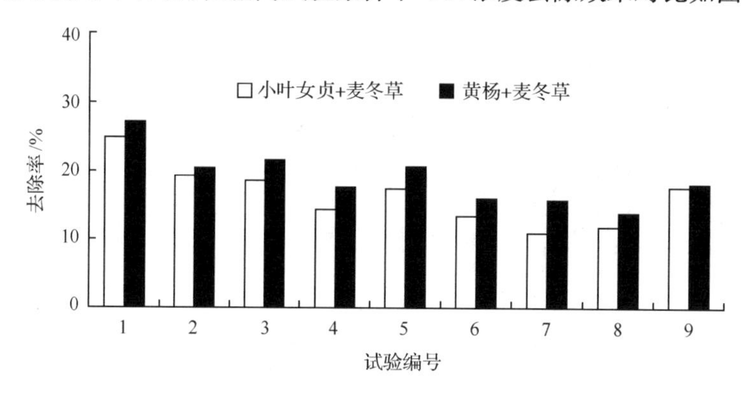

图 6-16　1#、6#生态滤沟 TN 浓度去除效果对比

由图 6-16 可以看出，1#生态滤沟中小叶女贞和麦冬草的植物组合对于 TN 去除率为 11%～25%，6#生态滤沟中黄杨和麦冬草的植物组合对于 TN 去除率为 14%～27%。由此可见，黄杨和麦冬草组合方式的净化效果略好，但两种植被组合方式对 TN 净化效果相差不大，即植被条件的差异对于生态滤沟 TN 去除效果影响较小。

2. 生态滤沟对 NH_4^+-N 净化效果及其影响因素

1）人工填料对 NH_4^+-N 净化效果的影响

3#、4#生态滤沟均由三层填料组成，其中特殊填料分别为砾石、粉煤灰，对这两条滤沟在相同试验条件下 NH_4^+-N 去除效果对比如图 6-17 所示。1#、2#、5#生态滤沟均由四层填料组成，其中特殊填料分别为：高炉渣＋砾石、粉煤灰＋砾石、沸石＋砾石，其在相同试验条件下 NH_4^+-N 去除效果对比如图 6-18 所示。

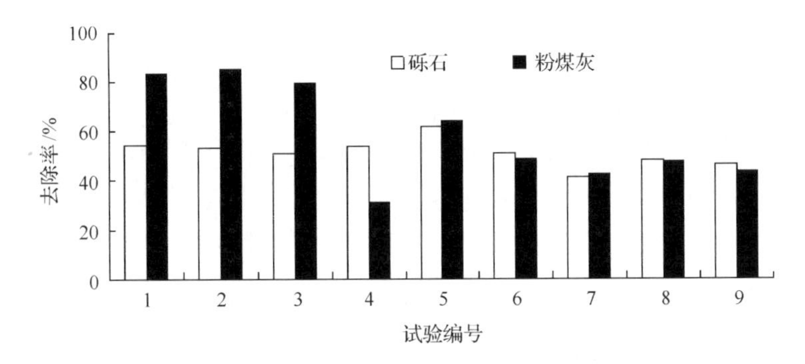

图 6-17　3#、4#生态滤沟对 NH_4^+-N 去除效果对比

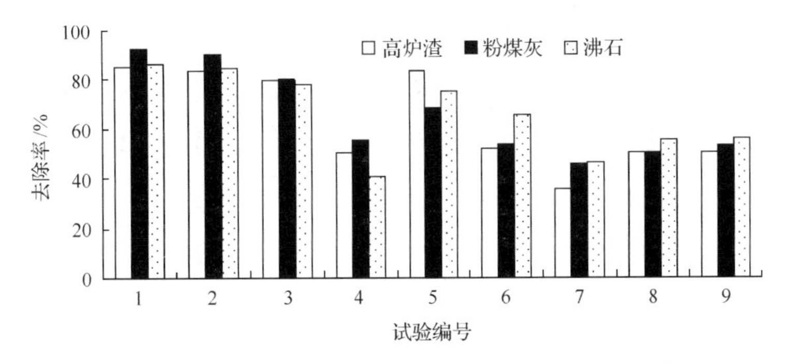

图 6-18　1#、2#、5#生态滤沟对 NH_4^+-N 去除效果对比

由图 6-17 可以看出，3#沟特殊基质为砾石层时 NH_4^+-N 去除率为 41%～61%，4#沟特殊基质为粉煤灰时 NH_4^+-N 去除率为 31%～85%，显然粉煤灰较砾石对 NH_4^+-N 净化效果明显。由图 6-18 可以看出，1#沟高炉渣对 NH_4^+-N 去除率为 35%～86%，2#沟粉煤灰对 NH_4^+-N 浓度去除率为 45%～93%，5#沟沸石对 NH_4^+-N 浓度去除率为 40%～86%，在相同试验条件下，三种填料对 NH_4^+-N 去除效果从高到低依次为：粉煤灰、沸石、高炉渣，但三者净化效果相差不大。

2）人工填料厚度对 NH_4^+-N 净化效果的影响

2#、4#生态滤沟均填充有粉煤灰，其中 2#沟粉煤灰层厚度为 25cm，4#沟粉煤灰层厚度为 45cm，两条沟在相同试验条件下对 NH_4^+-N 浓度去除效果对比如图 6-19 所示。

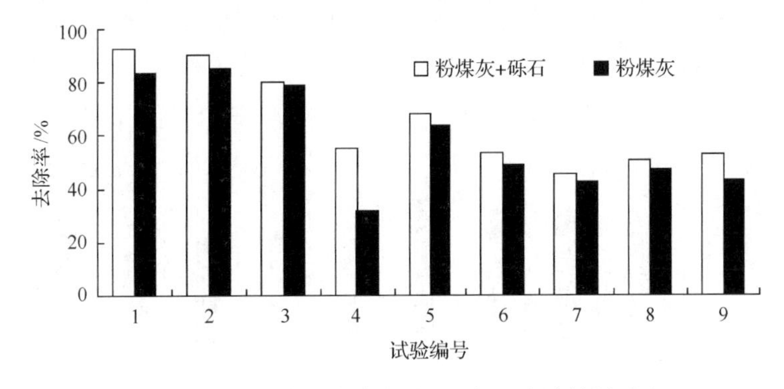

图 6-19　2#、4#生态滤沟对 NH_4^+-N 去除效果对比

由图 6-19 可以看出，2# 沟中粉煤灰层为 25cm 时 NH_4^+-N 去除率为 45%～92%，4# 沟中粉煤灰层为 45cm 时 NH_4^+-N 去除率在 31%～85%，可见对于粉煤灰填料，其厚度越大，NH_4^+-N 净化效果反而有所降低，究其原因在于粉煤灰颗粒细小，堆积过于致密，其通气性能较差，其厚度增加则通氧能力下降，进而对 NH_4^+-N 去除率有所降低。

3）植物组合对 NH_4^+-N 净化效果的影响

1#、6# 生态滤沟在相同试验条件下对 NH_4^+-N 去除效果对比如图 6-20 所示。

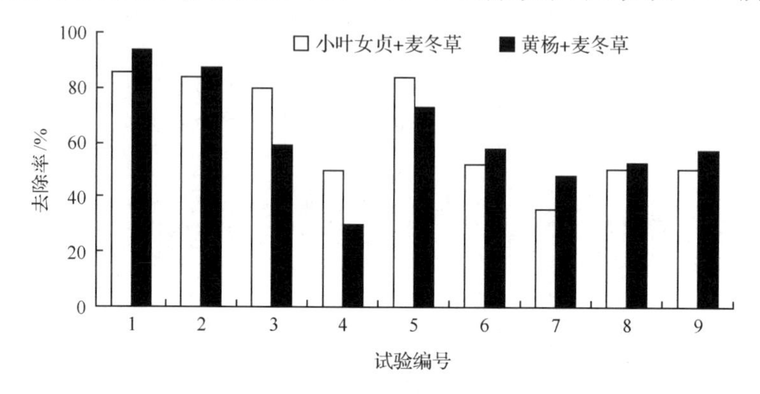

图 6-20　1#、6# 生态滤沟对 NH_4^+-N 去除效果对比

由图 6-20 可以看出，1# 沟中小叶女贞和麦冬草的植物组合对 NH_4^+-N 去除率为 35%～86%，6# 沟中黄杨和麦冬草的植物组合对 NH_4^+-N 去除率为 30%～94%。由此可见，黄杨和麦冬草组合方式的净化效果略好，但两种植被组合方式对 TN 净化效果相差不大，即植被条件的差异对 NH_4^+-N 去除效果影响不大。

3. 生态滤沟对 TP 净化效果及其影响因素

1）人工填料对 TP 净化效果的影响

3#、4# 生态滤沟在相同试验条件下对 TP 去除效果对比如图 6-21 所示。1#、2#、5# 生态滤沟在相同试验条件下对 TP 去除效果对比如图 6-22 所示。

由图 6-21 可以看出，3# 沟中特殊填料为砾石时对于 TP 的浓度去除率在 56%～77%，4# 沟中特殊填料为粉煤灰时对 TP 去除率为 40%～63%。由图 6-22 可以看出，1# 沟高炉渣对 TP 去除率为 65%～77%，2# 沟粉煤灰对于 TP 的浓度去除率为 50%～55%，5# 沟沸石对于 TP 的去除率为 58%～69%。在相同试验条件下，三种填料对 TP 的去除效果略有差异，但差异不大。

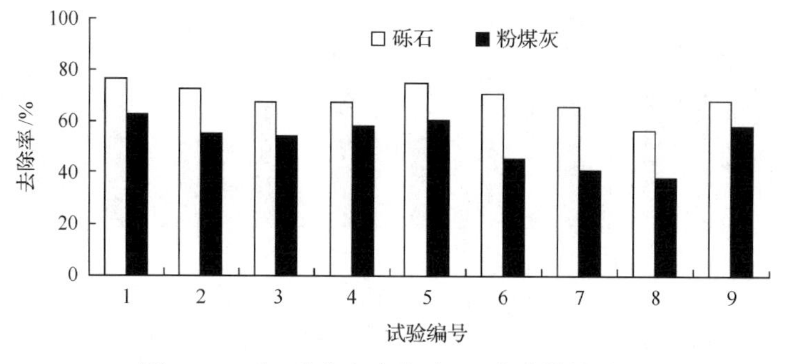

图 6-21　3#、4# 生态滤沟对 TP 去除效果对比

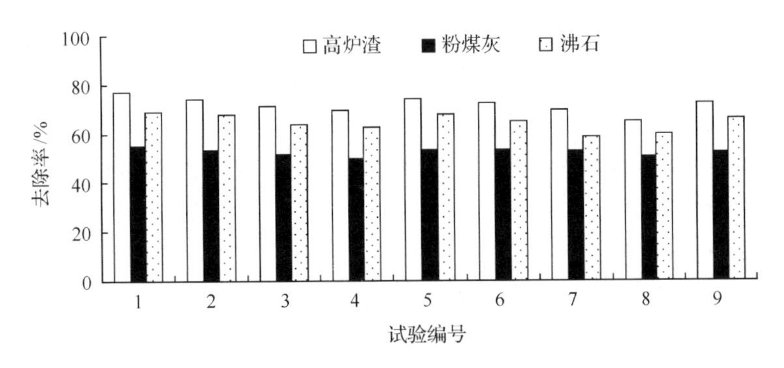

图 6-22　1#、2#、5#生态滤沟对 TP 去除效果对比

2）人工填料厚度对生态滤沟 TP 净化效果的影响分析

2#、4#生态滤沟均填充粉煤灰，其中 2#沟粉煤灰层厚度为 25cm，4#沟粉煤灰层厚度为 45cm，两条沟在相同试验条件下对 TP 浓度去除效果对比如图 6-23 所示。

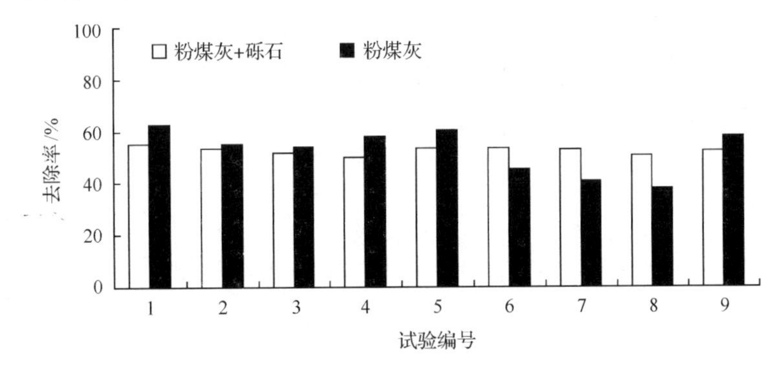

图 6-23　2#、4#生态滤沟对 TP 去除效果对比

由图 6-23 可以看出，2#沟中粉煤灰层为 25cm 时 TP 去除率为 50%～55%，4#沟中粉煤灰层为 45cm 时 TP 去除率为 40%～63%。整体而言，粉煤灰填料层厚度越大，TP 净化效果就越好，其原因在于 TP 的去除主要依靠粉煤灰的吸附效应，填料层越厚对 TP 的吸附量越多。

3）不同植被条件对生态滤沟 TP 净化效果的影响分析

1#、6#生态滤沟在相同试验条件下对 TP 去除效果对比如图 6-24 所示。

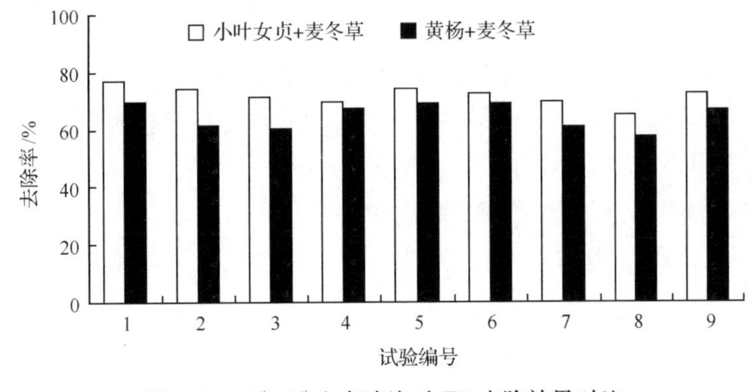

图 6-24　1#、6#生态滤沟对 TP 去除效果对比

由图 6-24 可以看出，1# 沟中植被组合为小叶女贞和麦冬草时 TP 去除率为 65%～77%，6# 沟中植被组合为黄杨和麦冬草时 TP 去除率为 58%～69%。整体而言，小叶女贞和麦冬草组合方式的净化效果略好，但两种植被组合方式对 TP 净化效果相差不大。相较初步试验研究时植被组合方式对 TP 的影响，麦冬草较黑麦草对 TP 净化效果略好，故麦冬草应是生态滤沟中首选植物之一。

4. 生态滤沟对 DP 净化效果及其影响因素

1）人工填料对生态滤沟 DP 净化效果的影响

3#、4# 生态滤沟在相同试验条件下对 DP 去除效果对比如图 6-25 所示；1#、2#、5# 生态滤沟在相同试验条件下对 DP 去除效果对比如图 6-26 所示。

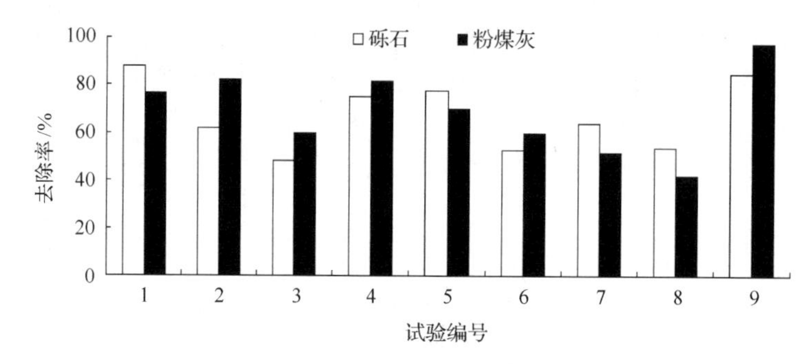

图 6-25　3#、4# 生态滤沟对 DP 去除效果对比

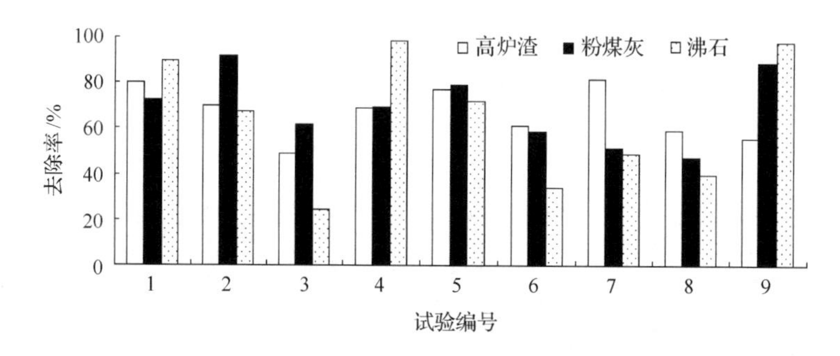

图 6-26　1#、2#、5# 生态滤沟对 DP 去除效果对比

虽然，3# 沟中特殊填料为砾石时对于 DP 的浓度去除率为 48%～88%，4# 沟中特殊填料为粉煤灰时对 DP 去除率约为 42%～98%。但由图 6-25 可以看出，粉煤灰和砾石对 DP 净化效果影响规律不明显。同样由图 6-26 可以看出，高炉渣、沸石、粉煤灰三者对 DP 净化效果影响规律不明显。

2）人工填料厚度对生态滤沟 DP 净化效果的影响

2#、4# 生态滤沟均填充有粉煤灰，两沟在相同试验条件下对 DP 浓度去除效果对比如图 6-27 所示。

对比 2#、4# 生态滤沟两种填料组合的 DP 去除效果，当粉煤灰层厚度为 25cm 时 DP 去除率为 47%～92%，厚度为 45cm 时 DP 去除率为 42%～98%，两者相差不大。由

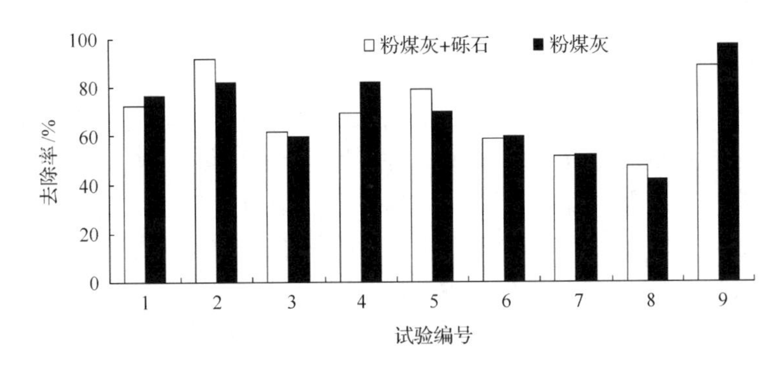

图 6-27　2#、4#生态滤沟对 DP 去除效果对比

图 6-27 可以看出，除第 2、4、9 次试验外，其余场次试验 DP 净化率相差均不大，即可认为粉煤灰厚度对 DP 的净化影响效应不明显。

3）不同植被条件对生态滤沟 DP 净化效果的影响

1#、6#生态滤沟在相同试验条件下对 DP 去除效果对比如图 6-28 所示。

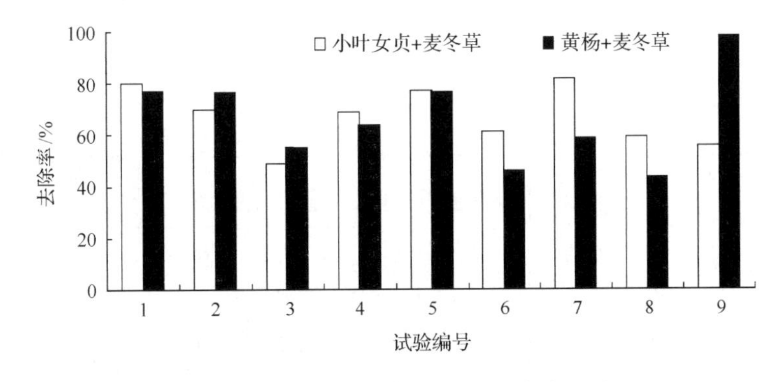

图 6-28　1#、6#生态滤沟对 DP 去除效果对比

对比 1#、6#生态滤沟两种植被组合的 DP 去除效果，小叶女贞＋麦冬草的植物组合对于 DP 的浓度去除率为 49％～82％，黄杨＋麦冬草的植物组合对于 DP 的浓度去除率为 43％～99％。由图 6-28 可以看出，在相同进水水量、水质条件下，小叶女贞＋麦冬草和黄杨＋麦冬草对 DP 去除率总体保持在 40％以上，但植被组合方式对 DP 去除率的影响无明显规律。

6.3　生态滤沟净化效果统计分析

6.3.1　TN 净化效果回归分析

生态滤沟对 TN 净化效果的主要影响因素有：填料厚度、填料种类、进水水量、进水水质。采用 SPSS 软件建立影响因素与净化效果之间的相互关系。在进行多元回归分析前进行影响因素与净化效果之间的曲线估计，分析影响因素与净化效果之间关系。

1. 各影响因素与 TN 去除率之间关系

在生态滤沟中，不同的填料具有不同的孔隙率、下渗率、比表面积，从而影响径流中污染物与填料的接触时间，因而对于污染物的吸附作用不同。在一定下渗率、吸附能力的情况下，填料厚度越大，径流在填料中滞留的时间越长，填料的吸附作用、硝化反应、反硝化反应的作用越显著。表 6-14 为填料种类与 TN 去除率之间的拟合曲线方程；表 6-15 为填料厚度与 TN 去除率之间的拟合曲线方程；表 6-16 为进水水量与 TN 去除率之间的拟合曲线方程，表 6-17 为进水浓度与 TN 去除率之间的拟合曲线方程。

表 6-14 填料种类与 TN 去除率间的拟合曲线

试验组	曲线估计	试验组	曲线估计
低浓度	$y=0.145x+2.970(R^2=0.895)$	高浓度	$y=0.158x+1.408(R^2=0.964)$
中浓度	$y=0.112x+8.303(R^2=0.678)$		

表 6-15 填料厚度与 TN 去除率间的拟合曲线

试验组	曲线估计	试验组	曲线估计
低浓度	$y=0.648x+4.399(R^2=0.640)$	高浓度	$y=0.703x+0.074(R^2=0.877)$
中浓度	$y=0.663x+1.490(R^2=0.708)$		

表 6-16 进水水量与 TN 去除率间的拟合曲线

试验组	曲线估计	试验组	曲线估计
1 号沟	$y=-0.043x+32.267(R^2=0.937)$	4 号沟	$y=-0.014x+39.793(R^2=0.612)$
2 号沟	$y=-0.044x+35.346(R^2=0.906)$	5 号沟	$y=-0.032x+29.256(R^2=0.988)$
3 号沟	$y=-0.009x+25.890(R^2=0.769)$	6 号沟	$y=-0.027x+31.954(R^2=0.983)$

表 6-17 进水浓度与 TN 去除率间的拟合曲线

试验组	曲线估计	试验组	曲线估计
1 号沟	$y=-0.681x+30.679(R^2=0.999)$	4 号沟	$y=-0.248x+40.633(R^2=0.629)$
2 号沟	$y=-0.538x+33.072(R^2=0.927)$	5 号沟	$y=-0.301x+25.074(R^2=0.758)$
3 号沟	$y=-0.472x+28.832(R^2=0.865)$	6 号沟	$y=-0.411x+30.441(R^2=0.997)$

从表 6-14 至表 6-17 中可以看出，填料种类、填料厚度、进水水量、进水浓度与 TN 去除率之间存在较好的线性关系，且其 R^2 均较高。

2. TN 净化效果多元回归模拟

在利用 SPSS 软件建立多个自变量的多元线性回归方程时，需在回归分析进行前，检测自变量与因变量之间是否符合线性标准，即进行线性检验，在进行曲线分析后，若自变量与各因变量之间存在线性关系，方可利用 SPSS 软件进行数据的线性拟合进而求解各自变量与因变量之间的多元回归方程。

首先设多元线性回归方程为

$$y = \alpha_0 + \alpha_1 x_1 + \cdots + \alpha_i x_i \tag{6-4}$$

式中，α_i 为自变量的偏回归系数，x_i 为自变量。

进行多元回归分析的方法：计算引入回归方程的自变量对于因变量的偏回归平方和，即为影响大小，依据偏回归平方和的大小排序对方程中自变量进行显著性检验，如果变量显著，则该变量可留在回归方程中，不必剔除；如果不显著，则变量被剔除，引入下一个变量，线性回归中的每一步都要进行 F 检验，由此确保每次新变量进入线性回归时，回归方程中只含有显著变量。此过程反复进行，再无显著变量时结束。

F 检验是对方程总体进行检验，其具体标准为：进入的概率 0.05，剔除的概率 0.1。当所引入自变量的 F 值>0.1 时，方程不满足显著性要求，剔除该自变量。对于已被引入回归方程的变量在引入新变量进行 F 检验后失去显著时，需要从回归方程中剔除出去。t 检验则是对每一个自变量进行检验(检验其偏相关系数)。逐步回归的每一步先进行 F 检验，若通过，则检查方程中各自变量的 t 检验结果，直至每个变量的 P 值均≤0.10，从而得到最优的回归方程。

由上可得，生态滤沟中 TN 浓度去除率与填料种类、填料厚度、进水浓度、进水水量呈线性关系，将数据代入模型中进行处理分析得到标准化方程：

$$y^* = c_1 \cdot x_1^* + c_2 \cdot x_2^* + c_3 \cdot x_3^* + c_4 \cdot x_4^* \tag{6-5}$$

以及原始变量回归方程：

$$y = c_1 \cdot x_1 + c_2 \cdot x_2 + c_3 \cdot x_3 + c_4 \cdot x_4 + d_0 \tag{6-6}$$

式中，x 分别代表自变量填料种类、填料厚度、进水浓度、进水水量，d_0 为常数项。

在进行了曲线分析后，表明各自变量因素与 TN 浓度去除率之间均呈线性关系，由此可利用 SPSS 软件中多元线性回归模型进行线性拟合求解各自变量因素与 TN 浓度去除率之间的线性回归方程。模型所需参数如表 6-18 所示。

表 6-18　模型所需数据

生态滤沟编号	填料因子 x_1/(d/km)	填料厚度 x_2/cm	进水浓度 x_3/(mg/L)	进水水量 x_4/L	TN 浓度去除率 y/%
1	95.79	25	8.55	185.23	24.85
2	158.36	25	8.53	185.23	28.25
4	158.36	45	10.48	185.23	38.04
5	104.45	25	7.5	185.23	23.04
6	95.79	25	8.15	185.23	27.14
1	95.79	25	16.73	185.23	19.39
2	158.36	25	19.28	185.23	23.88
4	158.36	45	18.88	185.23	36.87
5	104.45	25	18.8	185.23	20.98
6	95.79	25	24.5	185.23	20.54

续表

生态滤沟编号	填料因子 x_1/(d/km)	填料厚度 x_2/cm	进水浓度 x_3/(mg/L)	进水水量 x_4/L	TN 浓度去除率 y/%
1	95.79	25	19.53	385.53	14.33
2	158.36	25	24.18	385.53	15.58
4	158.36	45	24.23	385.53	30.92
5	104.45	25	18	385.53	13.35
6	95.79	25	22.13	385.53	17.59
1	95.79	25	9.83	385.53	17.46
2	158.36	25	11.28	385.53	20.22
4	158.36	45	11.23	385.53	35.9
5	104.45	25	10.48	385.53	17.55
6	95.79	25	10	385.53	20.67
1	95.79	25	15.03	517.92	10.83
2	158.36	25	17.53	517.92	13.42
4	158.36	45	18.7	517.92	31.91
5	104.45	25	20.85	517.92	9.21
6	95.79	25	21.95	517.92	15.63
1	95.79	25	17.73	517.92	11.83
2	158.36	25	19.05	517.92	12.72
4	158.36	45	18.38	517.92	29.02
5	104.45	25	18.03	517.92	7.94
6	95.79	25	22.33	517.92	13.69

由表 6-18 中参数可得到标准化回归方程为

$$y^* = 0.049 \times x_1^* + 0.697 \times x_2^* - 0.236 \times x_3^* - 0.410 \times x_4^* \tag{6-7}$$

其原始变量回归方程为

$$y = 0.093 \times x_1 + 0.545 \times x_2 - 0.338 \times x_3 - 0.022 \times x_4 + 6.599 \tag{6-8}$$

将数据代入回归方程进行检验，其结果如表 6-19 所示。

表 6-19 多元线性回归模型的参数检验

生态滤沟编号	填料因子 x_1/(d/km)	填料厚度 x_2/cm	进水浓度 x_3/(mg/L)	进水水量 x_4/L	去除率实测值 y/%	去除率模拟值 y'/%
1	95.79	25	8.55	185.23	24.85	22.16
2	158.36	25	8.53	185.23	28.25	27.98
4	158.36	45	10.48	185.23	38.04	38.23
5	104.45	25	7.50	185.23	23.04	23.32
6	95.79	25	8.15	185.23	27.14	22.29
1	95.79	25	16.73	185.23	19.39	19.39
2	158.36	25	19.28	185.23	23.88	24.35

续表

生态滤沟编号	填料因子 x_1/(d/km)	填料厚度 x_2/cm	进水浓度 x_3/(mg/L)	进水水量 x_4/L	去除率实测值 y/%	去除率模拟值 y'/%
4	158.36	45	18.88	185.23	36.87	35.39
5	104.45	25	18.80	185.23	20.98	19.50
6	95.79	25	24.50	185.23	20.54	16.77
1	95.79	25	17.60	185.23	18.61	19.10
2	158.36	25	22.00	185.23	20.31	23.43
4	158.36	45	18.83	185.23	35.04	35.40
5	104.45	25	17.38	185.23	18.04	19.98
6	95.79	25	20.85	185.23	21.65	18.00
1	95.79	25	19.53	385.53	14.33	14.04
2	158.36	25	24.18	385.53	15.58	18.29
4	158.36	45	24.23	385.53	30.92	29.17
5	104.45	25	18.00	385.53	13.35	15.36
6	95.79	25	22.13	385.53	17.59	13.16
1	95.79	25	9.83	385.53	17.46	17.32
2	158.36	25	11.28	385.53	20.22	22.65
4	158.36	45	11.23	385.53	35.90	33.57
5	104.45	25	10.48	385.53	17.55	17.90
6	95.79	25	10.00	385.53	20.67	17.26
1	95.79	25	19.53	385.53	13.41	14.04
2	158.36	25	22.13	385.53	14.19	18.98
4	158.36	45	22.13	385.53	32.20	29.88
5	104.45	25	19.23	385.53	13.24	14.95
6	95.79	25	22.20	385.53	15.91	13.14
1	95.79	25	15.03	517.92	10.83	12.65
2	158.36	25	17.53	517.92	13.42	17.62
4	158.36	45	18.70	517.92	31.91	28.13
5	104.45	25	20.85	517.92	9.21	11.49
6	95.79	25	21.95	517.92	15.63	10.31
1	95.79	25	17.73	517.92	11.83	11.74
2	158.36	25	19.05	517.92	12.72	17.11
4	158.36	45	18.38	517.92	29.02	28.24
5	104.45	25	18.03	517.92	7.94	12.44
6	95.79	25	22.33	517.92	13.69	10.18
1	95.79	25	10.40	517.92	17.70	14.21
2	158.36	25	10.23	517.92	14.11	20.09
4	158.36	45	11.20	517.92	33.79	30.66
5	104.45	25	9.40	517.92	12.22	15.36
6	95.79	25	10.70	517.92	18.14	14.11

将表 6-19 得到的结果代入模拟效率计算式(4-12)中,得到率定结果 Ens=0.860,检验结果 Ens=0.846;TN 实测值与模拟值对比见图 6-29,其残差如图 6-30 所示。

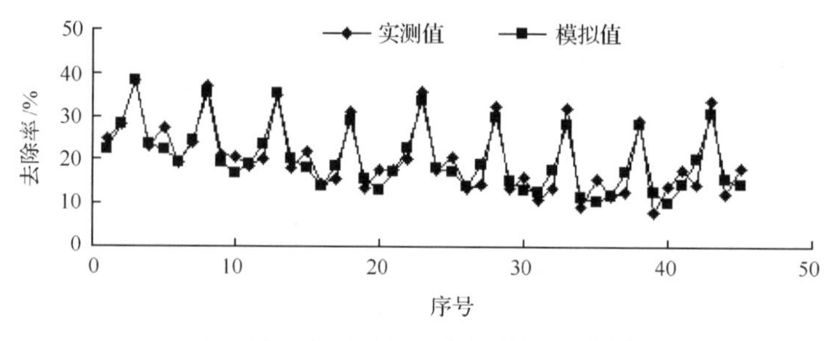

图 6-29 TN 实测值与模拟值对比图

通过图 6-29 可以看出,原始数据与多元线性回归法计算值相差较小,甚至很多点出现重合,模拟结果能较为准确的反映实测值。

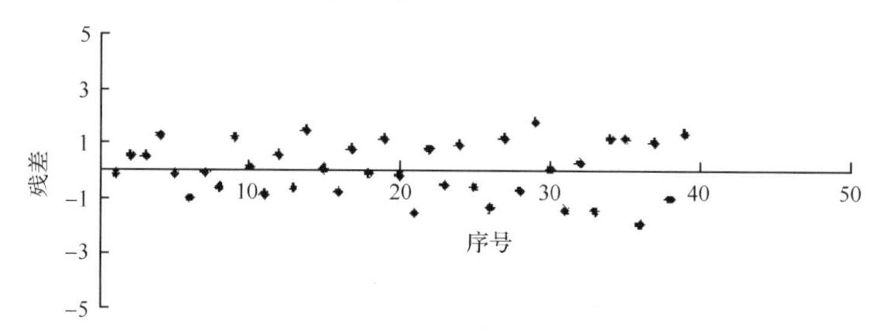

图 6-30 TN 浓度去除率残差图

由图 6-30 残差分析图可得出,残差基本在±3 之间,且较集中在 0 附近,表明残差基本接近零,也就是说模拟值基本上与实测值接近。

6.3.2 TP 净化效果回归分析

1. 各影响因素与 TP 去除率之间关系

在生态滤沟试验中,填料种类、填料厚度、进水水量、进水水质亦对 TP 浓度去除率有着重要的影响。表 6-20 为填料种类与 TP 去除率之间的拟合曲线方程;表为 6-21 为填料厚度与 TP 去除率之间的拟合曲线方程;表 6-22 为进水水量与 TP 去除率之间的拟合曲线方程,表 6-23 为进水浓度与 TP 去除率之间的拟合曲线方程。

表 6-20 填料种类与 TP 浓度去除率曲线估计表

试验组	曲线估计	试验组	曲线估计
低浓度	$y=-0.262x+106.373(R^2=0.724)$	高浓度	$y=-0.241x+98.316(R^2=0.734)$
中浓度	$y=-0.267x+105.055(R^2=0.797)$		

表 6-21 填料厚度与 TP 浓度去除率曲线估计表

试验组	曲线估计	试验组	曲线估计
低浓度	$y=-0.117x+52.415$	高浓度	$y=0.115x+48.645$
中浓度	$y=-0.100x+50.800$		

表 6-22　进水水量与 TP 浓度去除率曲线估计表

试验组	曲线估计	试验组	曲线估计
1 号沟	$y=-0.014x+79.892(R^2=0.998)$	4 号沟	$y=-0.013x+65.217(R^2=0.981)$
2 号沟	$y=-0.009x+56.953(R^2=0.989)$	5 号沟	$y=-0.009x+70.556(R^2=0.969)$
3 号沟	$y=-0.025x+82.048(R^2=0.840)$	6 号沟	$y=-0.009x+71.366(R^2=0.779)$

表 6-23　进水浓度与 TP 浓度去除率曲线估计表

试验组	曲线估计	试验组	曲线估计
1 号沟	$y=-3.912x+81.213(R^2=0.943)$	4 号沟	$y=-4.575x+66.782(R^2=0.997)$
2 号沟	$y=-2.000x+57.554(R^2=0.811)$	5 号沟	$y=-2.594x+71.216(R^2=0.526)$
3 号沟	$y=1-5.899x+82.106(R^2=0.923)$	6 号沟	$y=-5.097x+74.143(R^2=0.999)$

从表 6-20 至表 6-23 中可以看出，填料种类、填料厚度、进水水量、进水浓度与 TP 去除率之间亦存在较好的线性关系，且其 R^2 均较高。

2. TP 净化效果进行模拟

由上述分析可知，生态滤沟中填料类型、填料厚度、进水水量、进水浓度与 TP 去除率间均呈线性关系，将数据代入多元线性回归模型中进行处理分析得到标准化方程及原始变量回归方程，模型所需参数如表 6-24 所示。

表 6-24　模型所需数据

生态滤沟编号	填料因子 x_1/(d/km)	填料厚度 x_2/cm	进水浓度 x_3/(mg/L)	进水水量 x_4/L	TP 浓度去除率 y/%
1	134.80	25	0.95	185.23	77.29
2	190.45	25	1.09	185.23	55.34
4	190.45	45	0.89	185.23	62.68
5	123.27	25	0.85	185.23	68.84
6	134.80	25	0.93	185.23	69.43
1	134.80	25	1.97	185.23	74.28
2	190.45	25	2.55	185.23	53.30
4	190.45	45	2.57	185.23	55.30
5	123.27	25	2.02	185.23	67.81
6	134.80	25	2.43	185.23	61.57
1	134.80	25	2.32	385.53	69.32
2	190.45	25	2.37	385.53	50.18
4	190.45	45	1.98	385.53	58.00
5	123.27	25	1.73	385.53	62.60
6	134.80	25	2.66	385.53	67.00
1	134.80	25	0.48	385.53	74.24
2	190.45	25	0.56	385.53	53.48

续表

生态滤沟编号	填料因子 x_1/(d/km)	填料厚度 x_2/cm	进水浓度 x_3/(mg/L)	进水水量 x_4/L	TP浓度去除率 y/%
4	190.45	45	0.66	385.53	60.57
5	123.27	25	0.55	385.53	67.53
6	134.80	25	0.62	385.53	68.94
1	134.80	25	2.43	517.92	69.69
2	190.45	25	2.66	517.92	52.92
4	190.45	45	2.72	517.92	40.92
5	123.27	25	2.49	517.92	58.78
6	134.80	25	2.60	517.92	60.95
1	134.80	25	3.01	517.92	65.04
2	190.45	25	2.90	517.92	50.31
4	190.45	45	2.66	517.92	38.16
5	123.27	25	2.25	517.92	59.86
6	134.80	25	3.43	517.92	57.73

由表 6-24 中参数可得到标准化回归方程为

$$y^* = -0.720 \times x_1^* - 0.238 \times x_2^* - 2.295 \times x_3^* - 0.295 \times x_4^* \quad (6\text{-}9)$$

原始变量回归方程为

$$y = -0.166 \times x_1 - 0.225 \times x_2 - 2.830 \times x_3 - 0.015 \times x_4 + 104.208 \quad (6\text{-}10)$$

将余下几组数据代入回归方程进行检验，结果如表 6-25 所示。

表 6-25　多元线性回归模型的参数检验

生态滤沟编号	填料因子 x_1/(d/km)	填料厚度 x_2/cm	进水浓度 x_3/(mg/L)	进水水量 x_4/L	去除率实测值 y/%	去除率模拟值 y'/%
1	134.80	25	0.95	185.23	77.29	70.74
2	190.45	25	1.09	185.23	55.34	61.11
4	190.45	45	0.89	185.23	62.68	57.17
5	123.27	25	0.85	185.23	68.84	72.94
6	134.80	25	0.93	185.23	69.43	70.80
1	134.80	25	1.97	185.23	74.28	67.85
2	190.45	25	2.55	185.23	53.30	56.97
4	190.45	45	2.57	185.23	55.30	52.42
5	123.27	25	2.02	185.23	67.81	69.63
6	134.80	25	2.43	185.23	61.57	66.55
1	134.80	25	2.34	185.23	71.49	66.81
2	190.45	25	2.61	185.23	51.52	56.80
4	190.45	45	2.78	185.23	53.82	51.82

续表

生态滤沟编号	填料因子 x_1/(d/km)	填料厚度 x_2/cm	进水浓度 x_3/(mg/L)	进水水量 x_4/L	去除率实测值 y/%	去除率模拟值 y'/%
5	123.27	25	2.14	185.23	64.00	69.29
6	134.80	25	2.69	185.23	60.59	65.82
1	134.80	25	2.32	385.53	69.32	63.86
2	190.45	25	2.37	385.53	50.18	54.48
4	190.45	45	1.98	385.53	58.00	51.08
5	123.27	25	1.73	385.53	62.60	67.44
6	134.80	25	2.66	385.53	67.00	62.90
1	134.80	25	0.48	385.53	74.24	69.06
2	190.45	25	0.56	385.53	53.48	59.60
4	190.45	45	0.66	385.53	60.57	54.82
5	123.27	25	0.55	385.53	67.53	70.78
6	134.80	25	0.62	385.53	68.94	68.67
1	134.80	25	3.11	385.53	72.56	61.62
2	190.45	25	2.27	385.53	53.26	54.76
4	190.45	45	3.23	385.53	45.51	47.54
5	123.27	25	3.11	385.53	64.87	63.54
6	134.80	25	3.56	385.53	68.70	60.35
1	134.80	25	2.43	517.92	69.69	61.56
2	190.45	25	2.66	517.92	52.92	51.67
4	190.45	45	2.72	517.92	40.92	47.00
5	123.27	25	2.49	517.92	58.78	63.30
6	134.80	25	2.60	517.92	60.95	61.08
1	134.80	25	3.01	517.92	65.04	59.92
2	190.45	25	2.90	517.92	50.31	50.99
4	190.45	45	2.66	517.92	38.16	47.17
5	123.27	25	2.25	517.92	59.86	63.98
6	134.80	25	3.43	517.92	57.73	58.73
1	134.80	25	0.76	517.92	72.55	66.29
2	190.45	25	0.82	517.92	52.41	56.88
4	190.45	45	0.90	517.92	58.30	52.15
5	123.27	25	0.77	517.92	65.91	68.17
6	134.80	25	0.84	517.92	66.40	66.06

将表 6-25 得到的结果代入模拟效率计算式(4-12)中得到模拟结果 Ens=0.756,检验结果 Ens=0.709;TP 实测值与模拟值对比如图 6-31 所示,其残差图如图 6-32 所示。

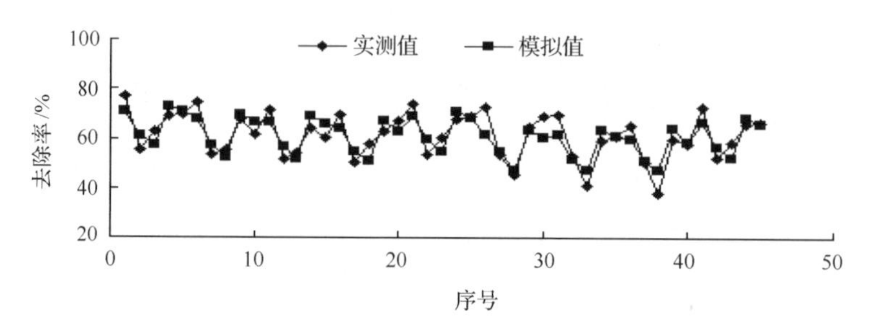

图 6-31　TP 实测值与模拟值对比图

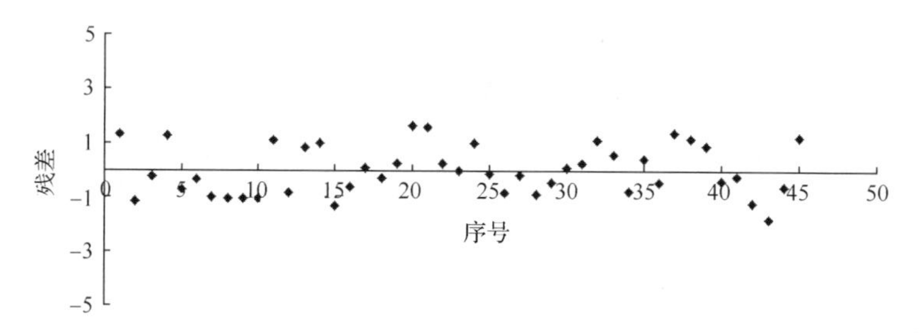

图 6-32　TP 浓度去除率残差图

通过图 6-31 可以看出，原始数据与多元线性回归法计算值相差较小，甚至很多点出现重合，模拟结果能较为准确的反映实测值。

由图 6-32 残差分析可得出，残差基本在±3 之间，且较集中在 0 附近，表明残差基本接近零，也就是说模拟值基本上与实测值接近。

6.4　生态滤沟中试装置对 TP 净化效果模拟

在进行 TP 迁移模拟时进行如下设定：

(1) 水分运移上边界条件为定水头边界，最初时刻开始滤沟处于饱和状态；

(2) 试验放水过程整个填料层初始处于非饱和状态，经过进水过程，逐渐形成分层饱和，并最终达到完全饱和，而模拟过程则从整个填料层完全饱和开始进行，并假设这一时刻便是初始状态。

6.4.1　参数的选择

选择 3# 生态滤沟运行过程进行 Hydrus-1D 软件模拟 TP 运移过程。具体参数如表 6-26 所示。

表 6-26　试验场滤沟水分运移、溶质运移参数表

填料	θ_r	θ_s	Alpha/cm^{-1}	n	K_s /(cm/min)	ρ_b /(mg/cm^3)	K_d /(cm^3/mg)
土壤	0.078	0.43	0.036	1.56	0.0173	1.4	0.00028
砾石	0.045	0.43	0.145	2.68	0.495	1.91	0.00009

6.4.2 模拟结果与分析

3# 生态滤沟在进水 TP 浓度分别为 0.5mg/L、1.5mg/L、2.5mg/L 时装置出流 TP 浓度采用 Hydrus 软件模拟值如图 6-33 所示，该装置出水 TP 实测值与模拟值对比如图 6-34 所示。

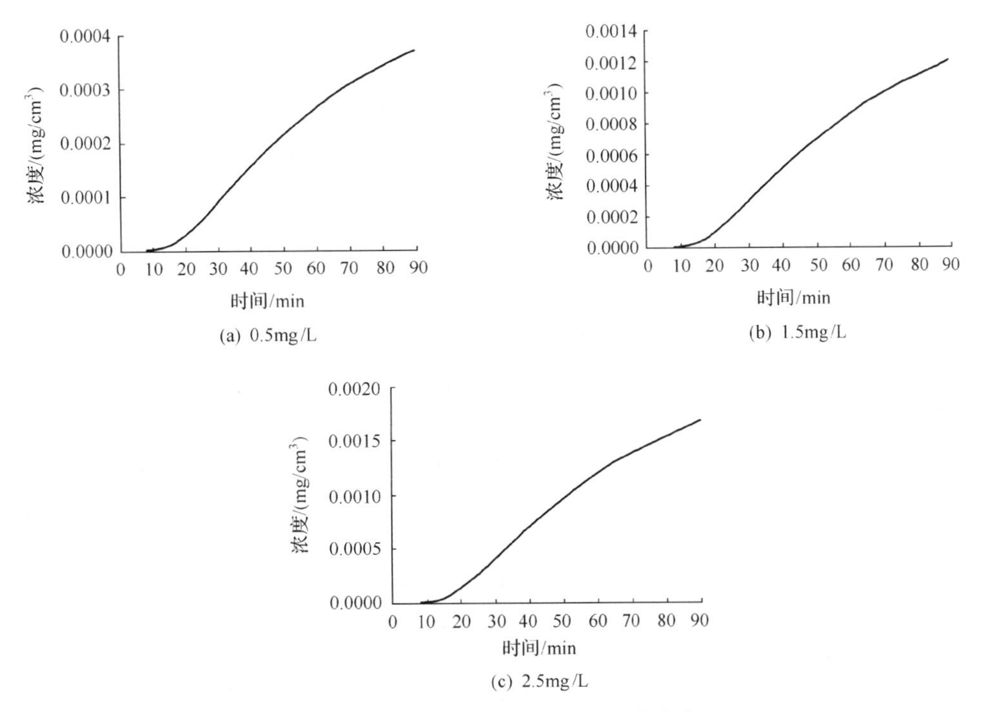

图 6-33 Hydrus 软件模拟 TP 出水浓度

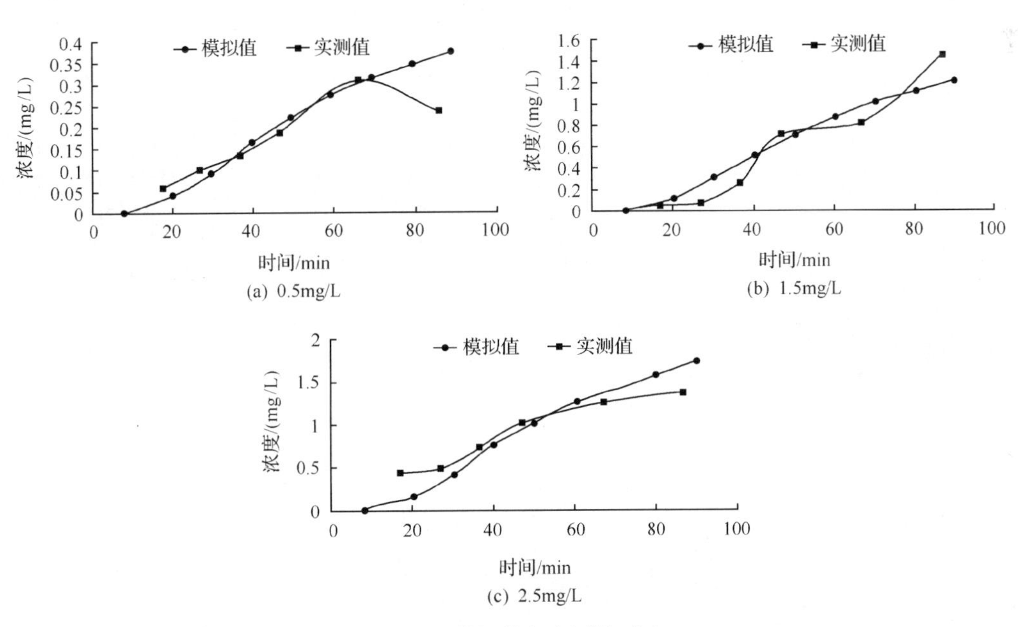

图 6-34 模拟值与实测值对比

由图 6-34(a)可以看出，模拟值与实测值整体较为接近，但在 90 分钟时，TP 出水模拟值相比实测值高，这可能的原因在于模拟之初便假设介质处于饱和状态，而在实际条件下，进水水量在 45 分钟后开始减少，不能完全保证介质中的水处于饱和状态；由图 6-34(b)和图 6-34(c)均可以看出，模拟值与实测结果基本吻合，实测值的曲线是由于进水水量冲刷作用下滤沟出水水质不稳定造成，而模拟值是在滤沟介质处于饱和状态下的出水水质模拟，因此，模拟出水的曲线随着时间的推移，出水浓度越来越大。因此，可以认为 Hydrus 软件能准确的模拟生态滤沟 TP 出水浓度。

6.5 生态滤沟冬季运行效果研究

生态滤沟作为低影响开发技术，因其主要利用土壤吸附、植物吸收、微生物分解等作用来净化径流污染，考虑到冬季植物、微生物活性有所降低，加之北方土壤上冻，渗透性能变化等因素，有关生态滤沟对冬季降水、融雪径流中污染物净化效应研究亦非常必要。

因此依据前述正交设计方案结果，选取 2#、4#、6# 生态滤沟进行试验，进水水量为 385.53L，间隔时间为 10d，水质选取表 6-3 中的中浓度水质。分别模拟两场冬季降水试验。表 6-27 为两场冬季试验的污染物浓度去除率的平均值。图 6-35 至图 6-38 为三条滤沟正交试验和冬季试验效果变化图。图中前 9 次数据均来自于正交试验结果。

表 6-27 生态滤沟污染物去除率 单位：%

试验场次	滤沟编号	TN	TP	NH_4^+-N	DP
1	2#	26.95	51.79	51.74	32.59
	4#	36.51	51.00	49.50	44.99
	6#	41.55	54.52	40.88	31.31
2	2#	28.65	52.55	50.39	42.63
	4#	43.52	56.23	54.56	54.22
	6#	43.66	53.35	50.68	51.78

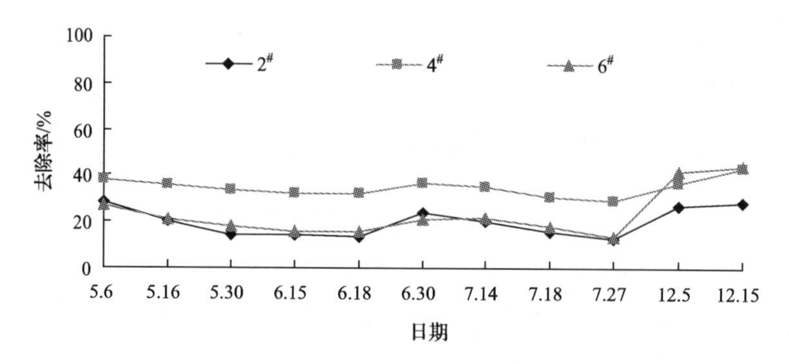

图 6-35 生态滤沟对 TN 去除率变化图

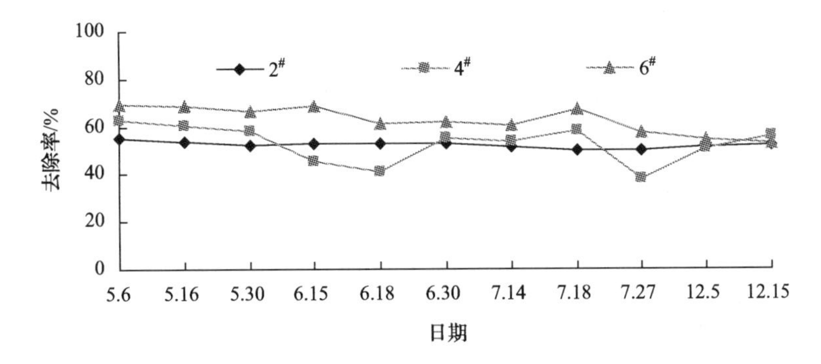

图 6-36　生态滤沟对 NH_4^+-N 去除率变化图

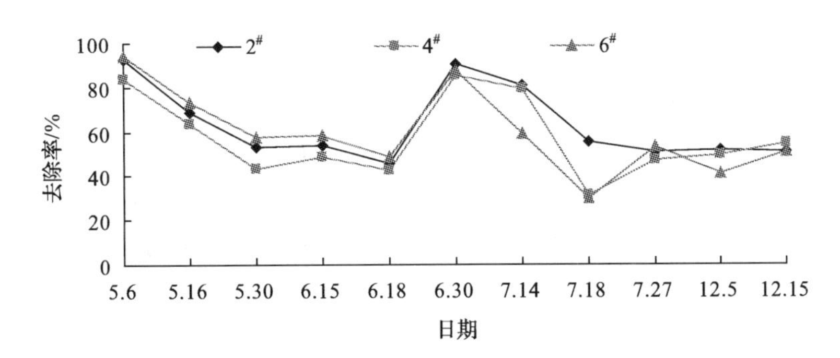

图 6-37　生态滤沟对 TP 去除率变化图

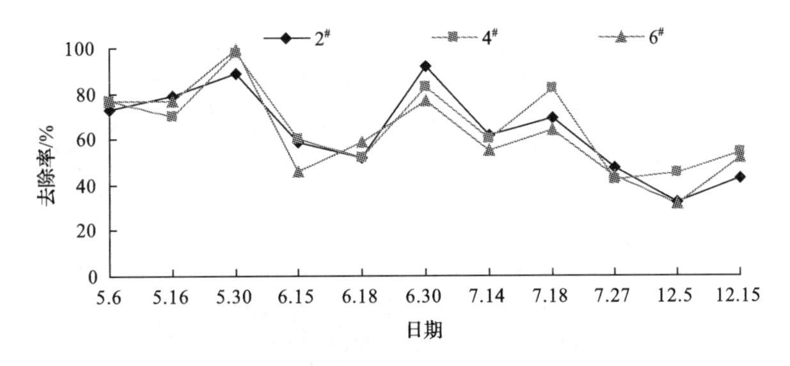

图 6-38　生态滤沟对 DP 去除率变化图

由表 6-27、图 6-35 和图 6-36 可以看出，在全年试验中，TN 净化率为 10%～45%，NH_4^+-N 净化率为 40%～80%。而冬季试验的效果表明，生态滤沟对于 TN 的净化率为 25%～45%，对 NH_4^+-N 净化率为 40%～55%，处理效果尚算稳定。因此，可以认为生态滤沟对于氮素的净化效果受季节温度变化的影响较小。

由表 6-27、图 6-37、图 6-38 可以看出，在全年试验中，TP 净化率为 40%～90%，DP 的净化率为 30%～95%。冬季时，生态滤沟对 TP 净化率为 50%，对 DP 净化率仅为 30%～50%，TP、DP 净化效果均较夏季有所下降。因此，可认为生态滤沟对于磷素的净化效果受季节温度变化的影响较为明显。

6.6 本章小结

本章对6套中型试验装置所进行了正交试验研究，主要探讨了生态滤沟对氮磷等污染物质净化效果，并对污染物净化效果做了统计分析，采用Hydrus软件模拟了TP运移过程。研究结果表明：

(1) 本章所采用具有通气廊道的生态滤沟装置对径流中TN、TP、NH_4^+-N、DP、Zn等污染指标有一定净化效应，对TN净化率可达10%～45%，对TP净化率可达40%～90%，对氨氮净化率可达30%～90%，对DP净化率可达40%～90%，对Zn的净化率可达30%～90%；生态滤沟对TN、TP的净化效果较为稳定，总体而言，其对磷素污染净化效果优于对氮素污染的净化效果。

(2) 基质的选择对生态滤沟净化效果有重要影响，三种填料中粉煤灰对NH_4^+-N、TN及Zn的去除效果最好；三种填料对磷素污染去除效果差异不明显。

(3) 运用SPSS软件对TN、TP去除效果进行模拟，得到TN净化率与填料种类、填料厚度、进水水量、进水浓度四个因素间的回归方程为：$y = 0.093 \times x_1 + 0.545 \times x_2 - 0.338 \times x_3 - 0.022 \times x_4 + 6.559$，TP净化率与上述四个因素间的回归方程为：$y = -0.166 \times x_1 - 0.225 \times x_2 - 2.830 \times x_3 - 0.015 \times x_4 + 104.208$，且模拟值与实测值均较为接近。

(4) Hydrus-1D软件可以较为准确的模拟生态滤沟试验出水情况以及TP浓度的沿程分布，在各参数实测值以及经验值相对较为准确的条件下，其模拟结果与实测值较为接近，具有较高的应用价值。

(5) 生态滤沟对于氮素的净化效果受季节温度变化的影响较小；而对于磷素的净化效果受季节温度变化的影响较为显著，且温度越低，其净化率越低。

参考文献

陈莹，赵剑强，胡博. 2011. 西安市城市主干道路面径流污染负荷研究. 安全与环境学报，11(4)：129～132

林原，袁宏林，陈海清. 2011. 西安市屋面、路面雨水水质特征分析. 科技风，3：108，113

卢金锁，程云，郑琴，等. 2010. 西安暴雨强度公式的推求研究. 中国给水排水，26(17)：82～84

王宝山. 2011. 城市雨水径流污染物输移规律研究. 西安：西安建筑科技大学博士学位论文

袁宏林，陈海清，林原. 2011. 西安市降雨水质变化规律分析. 西安建筑科技大学学报(自然科学版)，43(3)：23～34

第 7 章　多环芳烃高效降解菌群的优选与特性研究

多环芳烃(polycyclic aromatic hydrocarbons，PAHs)是具有两个或两个以上苯环的一类有机化合物的总称，在环境中自然降解缓慢，且有相当部分具有致癌性，是公认的持久性有机污染物(persistent organic pollutants，POPs)之一。在城市地表累积的 PAHs 类污染物经雨水冲刷进入路面径流，是径流中石油烃类污染物的重要组分。如何有效降低 PAHs 向地表水体和土壤环境的迁移量，进而从源头上防治环境恶化，是保证生态可持续发展的一个关键性问题。

生物滞留系统作为一种分散式、高效、经济的低影响开发(LID)技术措施，可促进解决城市水环境中的 PAHs 面源污染问题。随着研究的深入，人们开始认识到对生物滞留系统的研究作为一个新兴课题，在污染物的去除效果、机理和影响因素等方面的研究仍然缺乏系统性，尤其是生物滞留系统长期运行效果的监测数据不足，导致其设计和运行过程中的不确定性增强(孟莹莹等，2010；何卫华等，2012；LeFevre et al.，2012)。一般认为，生物滞留系统对径流中氨态氮、悬浮固体(SS)、重金属、油脂类及致病菌等污染物有较好的去除效果。Hsieh 和 Davis(2005)、Hong 等(2006)分别通过小试和现场试验表明，生物滞留系统对油脂类污染物的去除率可达 90%以上，并指出覆盖层的截留吸附起到了主要作用。然而，被截留在系统中的污染物可能并没有被完全降解或无害化。假如这些未完全降解或难降解的污染物在系统中不断积累并富集到一定程度，必然会对整个生物滞留系统中的微生物、植物产生抑制和毒性作用，最终导致系统整体净化效果的下降，甚至形成污染源向外扩散，引起周边土壤、地下水和地表水环境的污染问题。因此，有必要进行更多的室内外试验和研究工作，对生物滞留系统中 PAHs 等油脂类污染物的降解途径和机理进行深入分析和研究。

结合国外相关成果可知，目前生物滞留系统中 PAHs 的去除途径以吸附截留为主，微生物的降解效率不高，因此可以考虑采用生物强化技术，向生物滞留系统中投加具有特定功能的高效降解菌群，改善原有处理系统的处理效果，从而提高 PAHs 的生物降解率，避免系统中 PAHs 的积累和潜在的二次污染(韩力平等，1999)。作为一类高效、成本低、安全性高和环境友好的水体和土壤修复技术，生物强化技术可将经吸附富集的 PAHs 无毒无害化，避免二次污染，已逐渐成为国内外 PAHs 治理的重要技术手段之一。而如何构建满足生物滞留系统实际需要的高效降解 PAHs 混合菌群，则是生物强化技术能够成功应用的关键。本章拟通过菌群的驯化以及高效多环芳烃降解菌群的优选得到能够高效降解 PAHs 的菌群，通过研究不同外加碳源、氮源和 PAHs 初始浓度对菌群生长和降解效果的影响，揭示菌群对 PAHs 的降解特性；利用分子生物学方法分析混合菌群的种群结构，揭示菌群的协同作用机理和代谢途径，为解决城市水体环境中 PAHs 面源污染问题提供理论支持和技术保障。

7.1 多环芳烃降解菌群的筛选及其降解特性

7.1.1 多环芳烃降解菌群的富集与优选

1. 材料与方法

1）土样采集与处理

土壤样品于2014年分别在西安理工大学定点采集。采样点的位置设置在可能受到PAHs污染的地点，包括学科2楼停车场(T)、教2楼停车场(J)、网球场(W)、垃圾场(L)和塑胶操场(C)。采样时，先把土表的砾石和动植物残体等去除掉，然后铲取2～10cm深的土壤，按四分法取弃，最后留下1～3kg，装入干净样品袋中并快速带回实验室。风干后的土壤样品经研磨过20目筛后，在冰箱中低温保存。

2）培养基

LB培养基：胰蛋白胨(Tryptone)10g/L、酵母提取物(Yeast extract)5g/L、NaCl 10g/L，用1M HCl或NaOH调节该培养基的pH，使其达到7.2～7.4。

无机盐培养基(MSM培养基)配方如表7-1所示。

表7-1 MSM培养基配方

化合物	浓度
NH_4Cl	1g/L
K_2HPO_4	1g/L
KH_2PO_4	1g/L
NaCl	0.2g/L
$MgSO_4 \cdot 7H_2O$	0.2g/L
$FeSO_4 \cdot 7H_2O$	0.05g/L
$CaCl_2$	0.01g/L
$MnSO_4 \cdot H_2O$	2mg/L
$ZnSO_4 \cdot 7H_2O$	2mg/L
$NaMoO_4$	1mg/L
$CuSO_4 \cdot 5H_2O$	0.2mg/L
$CoCl_2 \cdot 6H_2O$	0.1mg/L
$NiCl_2 \cdot 6H_2O$	0.1mg/L

3）主要仪器与试剂

本章研究所用实验试剂和仪器如表7-2、表7-3所示。

表 7-2　实验试剂

试剂名称	级别	生产厂家
蒽	纯度大于 96%	上海晶纯生化科技股份有限公司
芘	纯度大于 96%	上海晶纯生化科技股份有限公司
LB 肉汤	生物试剂	北京奥博星生物技术有限责任公司
氯化铵	分析纯	国药集团化学试剂有限公司
硝酸钠	分析纯	广东省化学试剂工程技术研究中心
氢氧化钠	分析纯	国药集团化学试剂有限公司
葡萄糖	分析纯	天津市科密欧化学试剂有限公司
磷酸二氢钾	分析纯	广东省化学试剂工程技术研究中心
丁二酸	分析纯	天津市福星化学仪器厂
马铃薯葡萄糖琼脂	生物试剂	北京奥博星生物技术有限责任公司
酵母浸膏	生物试剂	杭州百思生物技术有限公司
琼脂粉	生物试剂	北京奥博星生物技术有限责任公司
硝酸	化学试剂	洛阳昊华化学试剂有限公司

注：试验用水为超纯水

表 7-3　实验仪器

仪器名称	仪器型号	生产厂家
超纯水机	UPH-I-5/10/20T	四川优普超纯科技有限公司
全温培养摇床	QYC-200	上海新苗医疗器械制造有限公司
超声波清洗器	KQ3200DB	昆山市超声仪器有限公司
紫外可见分光光度计	DR6000	哈希水质分析仪器(上海)有限公司
立式超低温保存箱	DW 86L388A	青岛海尔特种电器有限公司
立式压力蒸汽灭菌器	LDZX-30KBS	上海申安医疗器械厂
高速冷冻离心机	HC-3018R	安徽中科中佳科学仪器有限公司

4) 实验方法

(1) 富集与驯化：分别称取 5 组土壤样品各 1g，分别加入以葡萄糖为唯一碳源的 MSM 培养基(100mL)中，放于摇床 30℃、120rpm 培养。培养基富集一定时间后，取已到达对数生长期的菌悬液以 1%接种量转接入新制培养基中继续培养，待生长和降解情况良好时进行下一次转接。逐渐提高培养基中 PAHs 的含量，同时减少葡萄糖的含量，以达到驯化的目的。

(2) 菌群的优选：将驯化后的 5 个菌群分别接入以 50mg/L 蒽或芘为唯一碳源的 MSM 培养基中，30℃、120rpm 避光培养，逐日取培养液测定 OD_{600} 以绘制生长曲线，同时用乙酸乙酯萃取后测定剩余 PAHs 含量并绘制降解曲线。

2. 结果与讨论

通过多次转接与驯化，来自各土壤样品的菌液逐步适应了 PAHs 的碳源条件，最终获得了 5 个能够以蒽或芘为唯一碳源的微生物菌群样品。为了优选出高效的 PAHs 降解菌群，将 5 个菌群在初始浓度为 50mg/L 的蒽和芘条件下的生长状况与降解效果进行比较，结果如图 7-1 和图 7-2 所示。

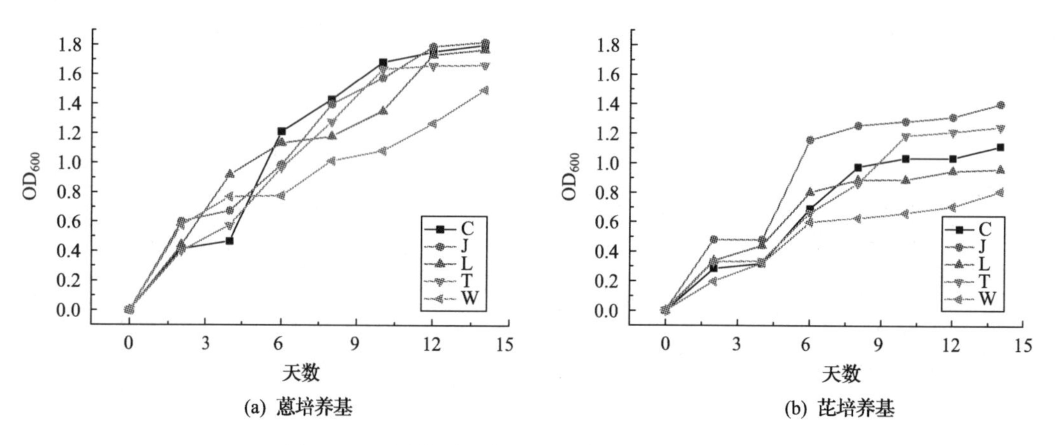

(a) 蒽培养基　　(b) 芘培养基

图 7-1　不同菌群在蒽和芘培养基中的生长曲线

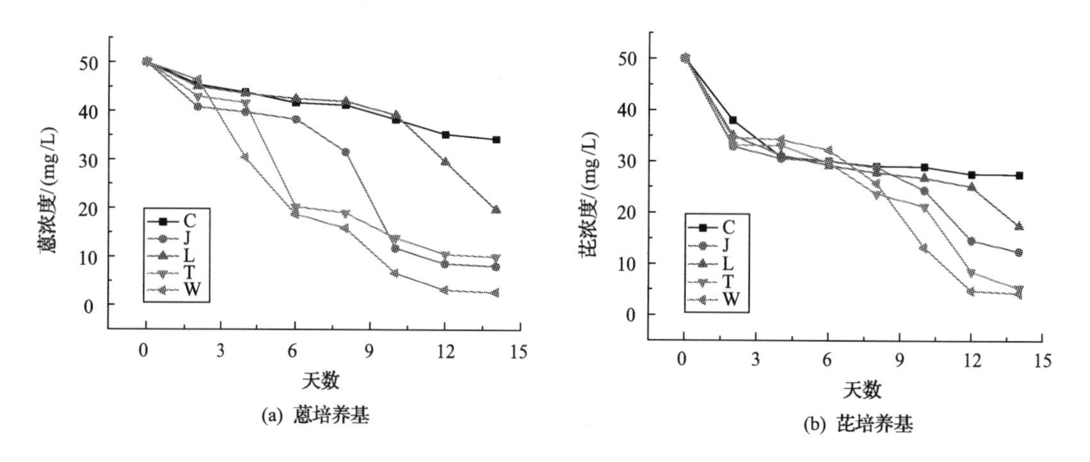

(a) 蒽培养基　　(b) 芘培养基

图 7-2　不同菌群在蒽和芘培养基中的降解曲线

由图 7-1 可知，各 PAHs 降解菌群的生长状况良好，OD_{600} 值随时间不断增长。其中各菌群在蒽培养基中增殖迅速，14 天后 OD_{600} 值可达 1.5～1.8；在芘培养基中的生长相对迟缓，部分菌群在生长 6～8 天后即达稳定期，OD_{600} 值为 0.8～1.4。这是因为相对于 3 环 PAHs 蒽，4 环 PAHs 芘的化学结构更复杂、生物可降解性更低，因此微生物利用芘的过程较为困难和缓慢，表现在各菌群的生长速率相对较慢。

由图 7-2 可知，各菌群对蒽和芘的降解率不尽相同。对于蒽的降解，菌群 C 的降解速率明显低于其他菌群，菌群 L 经过相当长的迟滞期后才开始降解，菌群 J、T 和 W 的降解趋势较为一致，降解速率高于菌群 C 和 L，其中菌群 W 的 12 天降解率已达 93.7%。对于芘的降解，各菌群均在前 2 天的较快降解(可能以生物吸附去除为主)后经历了一个较长的迟滞期，说明芘比蒽更难降解。到第 8～10 天后，部分菌群的生物降解速率开始明显提高，并在第 12～14 天后趋于稳定，降解过程基本结束。在各菌群中，菌群 W 的 14 天降解率最高，达 91.5%。

综合比较各菌群的生长与降解情况发现，菌群J、T和W在蒽和芘条件下的生长与降解能力强于菌群C和L，其中又以菌群W的降解效果最佳，因此选择菌群W作为高效菌群进行后续的降解特性和影响因素实验研究。

7.1.2 多环芳烃降解菌群的降解特性与影响因素

1. 材料与方法

1）生长曲线的测定

首先制备菌悬液，将1mL原始菌液接种于100mL LB培养基，30℃、120rpm培养，收集对数生长期细胞，以4000rpm离心10min，弃上清液，用灭菌过的0.01M磷酸盐缓冲溶液(PBS)洗涤(重悬-离心)3次制成接种菌悬液，使$OD_{600}=1.0$。接着配制含PAHs培养基，将100mL已灭菌的MSM培养基加入250mL锥形瓶，再投加1mL芘的丙酮溶液(5g/L，预先过0.22μm滤膜灭菌)，放置10小时以待丙酮挥发尽，制成芘浓度50mg/L的培养基。将20mL混合均匀的菌悬液加入芘培养基，30℃、120rpm避光培养，通过测定OD_{600}值绘制生长曲线，同时做空白对照实验。

2）降解曲线的测定

将10mL已灭菌的MSM培养基加入20mL棕色玻璃瓶，再投加0.1mL芘的丙酮溶液(5g/L，预先过0.22μm滤膜灭菌)，放置10小时以待丙酮挥发尽，制成芘浓度50mg/L的培养基。将2mL混合均匀的菌悬液加入芘培养基，30℃、120rpm避光培养。测定时向瓶中加入10mL乙酸乙酯进行萃取，涡旋振荡1min，静置10分钟。待样品分层后取上层有机溶液，用乙酸乙酯稀释一定倍数后置于10mm比色皿中，在272nm波长下测定吸光值，利用已建立的标准曲线计算芘浓度，同时做空白对照实验。

3）环境因子对菌群生长与降解的影响

(1) 不同外加碳源的影响。

首先配制5组芘浓度50mg/L的培养基，向其中4组中分别加入一定量灭菌后的琥珀酸、邻苯二甲酸、葡萄糖、乳糖溶液使培养基中外加碳源浓度达到50mg/L。随后以20%接种量向瓶中加入菌悬液，30℃、120rpm摇床振荡培养，在培养若干天后检测OD_{600}值和芘浓度。

(2) 不同氮源的影响。

首先配制6组芘浓度50mg/L的培养基，配制过程中将其中5组培养基中的原有氮源(1g/L NH_4Cl)换成其他氮源，包括1g/L $NaNO_3$、1g/L NH_4NO_3、0.5g/L酵母膏、1g/L酵母膏、2g/L酵母膏。随后以20%接种量向瓶中加入菌悬液，30℃、120rpm摇床振荡培养，在培养若干天后检测OD_{600}值和芘浓度。

(3) 不同初始浓度的影响。

首先配制5组MSM培养基，灭菌后分别加入一定量芘的丙酮溶液(5g/L，预先过0.22μm滤膜灭菌)，置于无菌操作台10小时，待丙酮挥发尽，使其浓度分别为50mg/L、100mg/L、200mg/L、500mg/L、1000mg/L。随后以20%接种量向瓶中加入菌悬液，30℃、120rpm摇床振荡培养，在培养若干天后检测OD_{600}值和芘浓度。

2. 结果与讨论

1）不同外加碳源对菌群 W 生长与降解的影响

为考察不同外加碳源作为共代谢底物对 PAHs 降解菌群生长与降解情况的影响，选择琥珀酸、邻苯二钾酸氢钾、葡萄糖和乳糖开展实验研究，结果如图 7-3 所示。

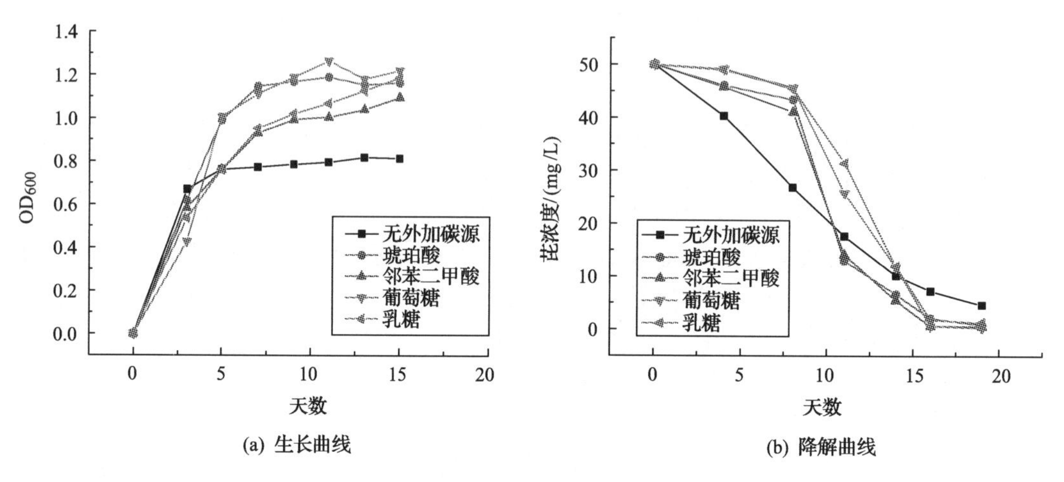

图 7-3　菌群 W 在不同外加碳源条件下的生长与降解曲线

由图 7-3(a)可知，菌群 W 在接种到培养基后即开始快速生长。OD_{600}值在第 5 天前的生长速率均较快，第 5 天的 OD_{600}值在 0.7～1.0 左右，说明易生物降解的共代谢底物的加入使微生物细胞代谢活跃，刺激了菌体生长。各培养基中的菌群生长变化情况不尽相同，琥珀酸、葡萄糖共代谢培养基中菌群在前期生长速率较快，5 天后生长速率减缓，9 天后 OD_{600}值达到 1.2 左右基本不变。邻苯二甲酸、乳糖共代谢培养基中菌群的生长速度相对低一些，但 OD_{600}值始终保持增长趋势，11 天后达到 1.1～1.2 左右；而无外加碳源培养基(对照组)中的菌群则在第 5 天后很快进入稳定期及衰退期，OD_{600}值在 0.8 左右基本不变。以上结果表明，外加碳源对菌群 W 的生长起到了明显的促进作用。

由图 7-3(b)可知，在降解反应前期(第 0～8 天)，外加碳源条件下芘的降解速率反而低于无外加碳源条件。无外加碳源培养基在第 8 天的芘降解率可达 46%，而外加碳源培养基的芘降解率在 10%～20%左右。这一现象表明微生物在碳源丰富的条件下，优先选择更易利用的外加碳源作为主要代谢对象，因此此时芘的降解量和速率偏低。随着可利用外加碳源量的减少，第 8 天后微生物利用芘的量开始提高，且降解速率高于无外加碳源对照组。琥珀酸、邻苯二甲酸共代谢培养基的芘降解率在 11 天后超过了对照组，在第 14 天达到 90%以上；葡萄糖、乳糖共代谢培养基的芘降解率则在 14 天后超过了对照组，在第 16 天达到 90%以上。这是因为在前期的反应阶段，丰富的碳源已使微生物量明显提高[图 7-3(a)]，其中可降解芘的关键微生物量也随之提高，同时外加碳源的存在可能诱导其他微生物产生了芘降解酶，从而进一步促进了芘的降解。反应 19 天后外加碳源培养基的芘降解率在 97%以上，高于对照组的 90%，这也说明了共代谢作用的存在。

在投加的不同外加碳源中，葡萄糖作为速效碳源，对菌群的生长，尤其是前期生长的促进作用最大。这是因为葡萄糖对微生物无毒害作用且结构简单，能迅速被微生物作为一级基质利用，从而刺激菌体生长增殖，维持降解活性。王蕾等(2009)发现，投加葡萄糖对一株放线菌 CB2# 的芘降解具有促进作用，5 天降解率可达 55%，比未加葡萄糖的对照组提高了 16%。Gottschalk(1979)指出，葡萄糖在氧化过程可以产生还原型辅酶 I，一定程度上可促进降解作用。但由于 PAHs 降解酶的产生需要特异性化合物的诱导，而葡萄糖的利用过程可能会与 PAHs 产生竞争性抑制，减少了微生物对 PAHs 的利用和 PAHs 降解酶的诱导(徐冰洁等，2014)。周乐和盛下放(2006)研究发现，葡萄糖的加入抑制了一株假单胞菌 *Pseudomonas* sp. B4 对芘的降解。乳糖作为迟效碳源，作用时间更长，可在菌群生长过程中为微生物持续提供能量，对 PAHs 降解的影响机制与葡萄糖类似。徐娜娜(2014)考察了 α-乳糖、可溶性淀粉等共代谢底物对混合菌群 PH 降解 PAHs 的影响发现，α-乳糖的投加提高了萘、芘、原油等污染物的生物降解率，其中初始浓度为 100mg/L 的芘的 10 天降解率达到 60%。邻苯二甲酸具有与 PAHs 相似的化学结构，且是 PAHs 常见的代谢产物，因此在代谢过程中可诱导产生关键的 PAHs 降解酶，从而促进共代谢作用。巩宗强等(2001)研究芘在土壤中的降解情况时发现，利用邻苯二甲酸、水杨酸、琥珀酸等为共代谢底物可明显提高芘的降解率，25 天的降解率从不加碳源的 57%提高到 80%。然而，过量的邻苯二甲酸投加可能会因为代谢产物的积累或本身的毒性作用使 PAHs 的降解受到抑制。王蕾等(2009)发现，投加邻苯二甲酸对一株细菌 CB9# 的芘降解具有明显抑制作用，降解率始终低于 30%。类似情况也在其他共代谢降解 PAHs 研究中被发现。例如，陈晓鹏等(2008)研究发现，投加适量的菲可提高混合菌群 GP3 的生长和对芘的降解率，但投加量过高会对菌体产生毒害作用，降解率反而降低。琥珀酸是微生物代谢 PAHs 过程中苯环断裂进入三羧酸循环后的中间产物(唐婷婷和金卫根，2010)，易被生物所利用，也可诱导 PAHs 降解酶的产生。Wang 等(2014)研究发现，红树林根际沉积物中 PAHs 的去除率与植物根系分泌的低分子量有机酸(LMWOAs)浓度有关，其中琥珀酸的相关性最高，促进了植物和微生物的增殖和活性。

结合前人研究和本实验结果可知，投加琥珀酸和葡萄糖对菌群生长的促进作用较为明显；投加琥珀酸和邻苯二甲酸促进了菌群 W 对芘的降解，且降解速率更快。因此，以琥珀酸为共代谢底物对菌群 W 的生长和降解芘的效果较好，可作为下一步实验的外加碳源。

2) 不同氮源对菌群 W 生长与降解的影响

为考察不同氮源对 PAHs 降解菌群生长与降解情况的影响，选择无机氮 NH_4Cl、$NaNO_3$、NH_4NO_3(1g/L)和有机氮酵母膏(0.5g/L、1g/L、2g/L)开展实验研究，结果如图 7-4 所示。

由图 7-4(a)可知，菌群 W 在各培养基中的生长变化特点基本一致。接种后微生物的生长速率最快，菌体处于大量繁殖阶段，3 天内基本达到生长稳定期，菌体个数基本维持不变，表现为 OD_{600} 值无明显变化。其中，NH_4Cl、$NaNO_3$ 和 NH_4NO_3 三种无机氮源条件下菌群 W 的生长差异很小，5 天后的 OD_{600} 值在 0.7～0.8 左右，说明铵态氮和硝态氮对微生物生长的影响不大。与无机氮不同，酵母膏富含蛋白质、氨基酸、生长因子和微量元素等，既可以作为迟效氮源，又可以作为能源，因而大大提高了微生物生长量，5 天后的

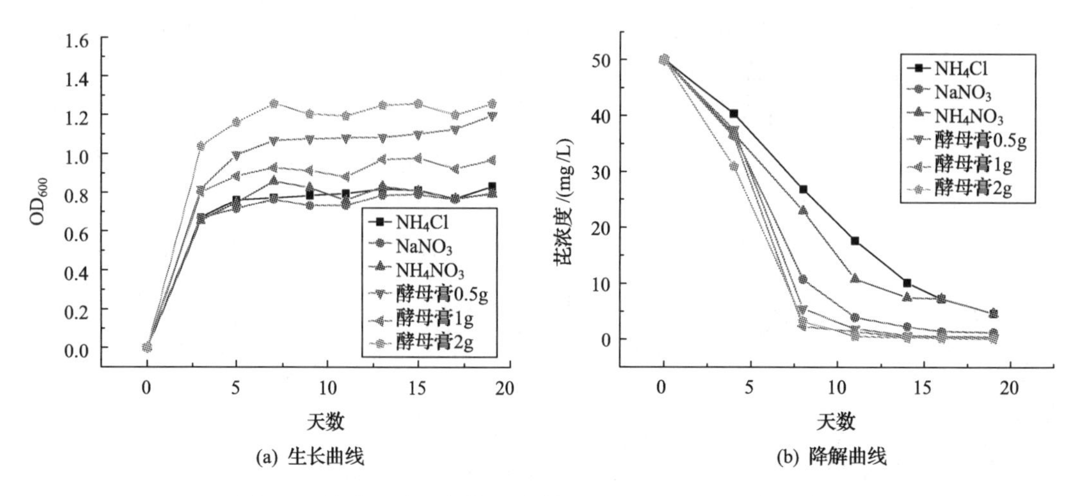

图 7-4　菌群 W 在不同氮源条件下的(a)生长与(b)降解曲线

OD_{600}值达到 1.0 以上，其中 2g/L 酵母膏条件下菌群 W 的生长最为旺盛，OD_{600}值可稳定在 1.2 以上。以上结果表明，酵母膏对菌群 W 的生长起到了明显的促进作用，这与朱生凤等(2013)的实验结果相同。

由图 7-4(b)可知，与 NH_4Cl(对照组)相比，其他氮源对菌群 W 降解芘的效果均有一定促进作用。其中，NH_4NO_3的作用不明显，仅表现为降解反应前期的降解速率略高于对照组，而反应后期并未对最终降解率有影响。$NaNO_3$作氮源条件下菌群 W 的芘降解速率提高，且 14 天的芘降解率达 95%以上。硝态氮可作为微生物的氮源促进其生长，在代谢较旺盛、溶解氧不足的微氧条件下也可为部分微生物提供呼吸作用所需的电子受体，因而促进了菌群对 PAHs 的降解。王鑫等(2014)研究外加氮源对石油降解菌降解柴油的影响时发现，$NaNO_3$的添加使柴油降解率大幅提高。与无机氮相比，酵母膏对菌群降解芘的促进更加显著，降解反应前期(第 0～8 天)的降解速率明显高于对照组，降解率在第 8 天达到 85%以上，14 天的芘降解率达 98%以上。以上结果表明，酵母膏对菌群 W 降解芘起到了明显的促进作用，这与张巧巧(2010)的实验结果相似。

综上所述，投加不同浓度的酵母膏对菌群生长的促进作用明显；投加酵母膏和 NH_4NO_3促进了菌群 W 对芘的降解，其中酵母膏显著提高了芘降解速率。结合菌群的生长降解状况和经济成本，以 1g/L 的酵母膏为有机氮源对菌群 W 的生长和降解芘的效果较好，可用于下一步实验。

3) 不同初始浓度对菌群 W 生长与降解的影响

不同 PAHs 浓度对菌群或菌株生长与降解性能的影响较大。例如，陶雪琴等(2007)研究一株鞘氨醇单胞菌 *Sphingomonas* sp. GY2B 的菲降解特性时发现，初始浓度分别为 10mg/L 和 60mg/L 的菲可在 24 小时和 60 小时内被几乎完全降解，而初始浓度为 230mg/L 的菲在 48h 降解了 70%后基本不再减少，推测是由于大量中间产物的积累导致了抑制作用的产生。为考察不同初始浓度对 PAHs 降解菌群生长与降解情况的影响，选择芘浓度 50mg/L、100mg/L、200mg/L、500mg/L、1000mg/L 开展实验研究，结果如图 7-5 所示。

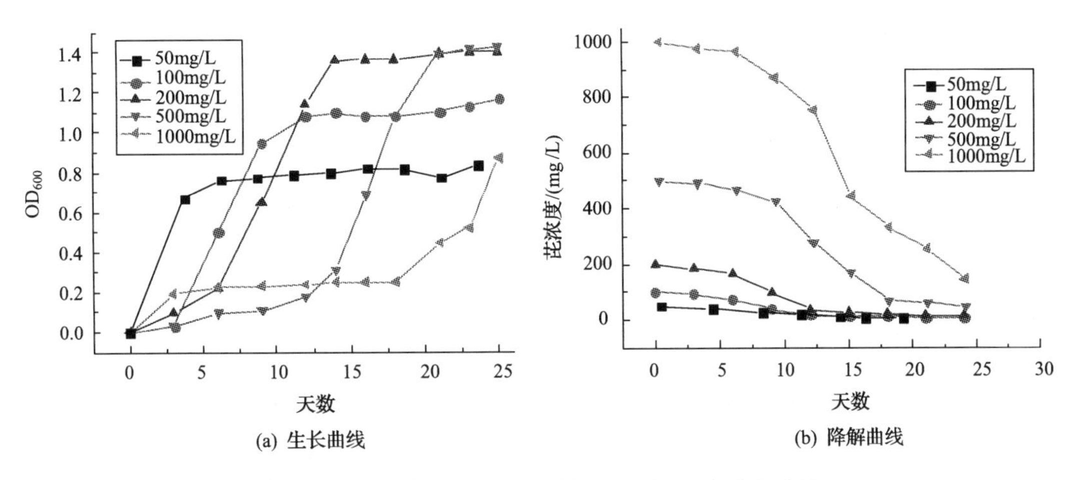

图 7-5　菌群 W 在不同芘浓度条件下的生长与降解曲线

由图 7-5(a)可知，随着芘初始浓度的提高，菌群 W 的生长曲线发生明显变化。除 50mg/L 芘浓度条件下的生长曲线外，其他浓度的曲线均出现了明显的迟滞期，且随着芘浓度的升高迟滞期变长，100mg/L、200mg/L、500mg/L 和 1000mg/L 芘浓度条件下的生长迟滞期分别为 3 天、5 天、12 天和 18 天。在此阶段，微生物需要逐渐适应较高浓度的芘浓度，并合成细胞分裂所需的酶、ATP 及其他细胞成分。迟滞期结束后，微生物依次进入对数增长期和稳定期。其中 200mg/L 和 500mg/L 芘浓度条件下菌群稳定期的 OD_{600} 值最高，达 1.4 左右，说明此浓度范围内菌群生长良好，较高浓度的芘为微生物提供了更多可利用的碳源。而在 1000mg/L 芘浓度条件下，OD_{600} 值增长迟缓，说明微生物的生长受到明显抑制。

由图 7-5(b)可知，和生长曲线一样，菌群 W 在较高芘浓度条件下的降解曲线也出现了迟滞期，并随芘浓度的升高而延长。100mg/L、200mg/L、500mg/L 和 1000mg/L 芘浓度下的降解迟滞期分别为 3 天、4 天、7 天和 8 天。当迟滞期结束后菌群仍可有效降解较高浓度的芘，但降解率随初始浓度升高而逐渐降低。菌群在第 24 天的芘降解率随芘浓度升高依次为 97%、96%、93%、91%和 86%，这应当是高浓度芘条件下积累的中间产物或芘本身产生的毒性作用使微生物降解受到抑制。然而，芘的降解量和降解速率并未随浓度的升高受抑制，这可能是因为高浓度的芘能诱导产生较多的芘降解酶。

以上结果表明，高浓度的芘会对菌群 W 的生长和降解起到抑制作用，但芘浓度在 1000mg/L 时仍可达到 80%以上的降解率，说明菌群对芘浓度的耐受性良好。

7.2　多环芳烃降解菌群的群落结构分析

7.2.1　材料与方法

1. 样品总 DNA 的提取

以 7.1.1 节经筛选与驯化获得的 5 组微生物菌群样品(L、J、C、T 和 W)为研究对象，分别在芘浓度 50mg/L 的降解体系中培养。使用 UltraClean® 细菌 DNA 提取试剂盒

(MoBio Laboratories，Carlsbad，CA，USA)对处于稳定期的菌液样品进行总 DNA 的提取。具体步骤如下：

(1) 加 1.8mL 菌液到 2mL 收集管中，室温下 10000g 离心 30 秒。倒掉上清液，10000g 再次离心 30 秒，移液器吸掉上清液。然后加入 300μL 研磨缓冲液，涡旋重悬细胞。

(2) 把重悬细胞转移到研磨珠套管中，加入 50μL MD1 溶液(裂解细胞)、20μL 溶菌酶溶液(100 mg/mL，Sigma-Aldrich，St. Louis，MO)和 10μL 的 achromopeptidase 溶液(25 mg/mL，Sigma-Aldrich，St. Louis，MO)，置于 37℃水浴中孵育 1 小时。

(3) 加入 45μL 蛋白酶 K 溶液(20 mg/mL，Sigma-Aldrich，St. Louis，MO)到研磨珠套管中，于 55℃水浴中孵育 1 小时。

(4) 将研磨珠套管在涡旋仪上连续涡旋振荡 10 分钟，室温下 10000g 离心 30 秒。

(5) 转移上清液到新收集管中，加入 100μL MD2 溶液(除蛋白污染)，涡旋 5s，4℃孵育 5 分钟，室温下 10000g 离心 1 分钟。

(6) 转移上清液到新收集管中，加入 900μL MD3 高盐溶液(促进 DNA 吸附)，涡旋 5 秒。

(7) 转移 700μL 上清液到离心柱中，室温 10000g 离心 30 秒。弃去滤液，再次加上清液，直至过滤完所有上清。

(8) 加入 300μL MD4 溶液(冲洗 DNA、除盐)，室温下 10000g 离心 30 秒，弃去滤液。室温下 10000g 再次离心 1 分钟。

(9) 把离心柱转移到新收集管中，加入 50μL MD5 溶液(洗脱 DNA)到滤膜，室温下 10000g 离心 30 秒，弃去离心柱。

(10) 将收集管中的 DNA 样品分装后，置于−80℃低温冰箱中保存待用。

2. 高通量测序分析

采用高通量测序分析 5 组微生物菌群的细菌群落信息。提取的 DNA 样品用 1%琼脂糖凝胶电泳检测完整性，用 Qubit® dsDNA BR 分析试剂盒和 Qubit® 2.0 荧光仪(Invitrogen，Life Technologies，Grand Island，NY，USA)测定样品浓度。对满足建库测序要求的样品，使用 IlluminaMiSeq 高通量分析仪进行 2×250bp 双末端测序。所得原始序列结果通过 QIIME 软件进行分析(Caporaso et al.，2010)，先滤除低质量序列，剩余高质量序列使用 FLASH 软件完成序列拼接，再在 97%相似度下聚类划分分类操作单元(operational taxonomic units，OTUs)。采用对测序序列进行随机抽样的方法，以抽到的序列数与它们所能代表 OTUs 的数目构建稀释性曲线(rarefaction curve)。

各样品的 Alpha 多样性分析通过 MOTHUR 软件进行(Schloss et al.，2009)，包括 Chao1 指数、ACE 指数、Shannon 指数以及 Simpson 指数等。其中，Chao1 指数和 ACE 指数为群落丰富度(community richness)指数。Chao1 指数计算公式见式(7-1)：

$$S_{chao1} = S_{obs} + \frac{n_1 \cdot (n_1 - 1)}{2 \times (n_2 + 1)} \tag{7-1}$$

式中，S_{chao1}为估计的 OTUs 数(Chao1 指数)；S_{obs}为观测到的 OTUs 数；n_1为只有一条序列的 OTUs 数目；n_2为只有两条序列的 OTUs 数目。

ACE 指数计算公式见式(7-2)：

$$S_{\mathrm{ACE}}=\begin{cases}S_{\mathrm{abund}}+\dfrac{S_{\mathrm{rare}}}{C_{\mathrm{ACE}}}+\dfrac{n_1}{C_{\mathrm{ACE}}}\cdot\hat{\gamma}^2_{\mathrm{ACE}}, & \hat{\gamma}_{\mathrm{ACE}}<0.80\\ S_{\mathrm{abund}}+\dfrac{S_{\mathrm{rare}}}{C_{\mathrm{ACE}}}+\dfrac{n_1}{C_{\mathrm{ACE}}}\cdot\tilde{\gamma}^2_{\mathrm{ACE}}, & \hat{\gamma}_{\mathrm{ACE}}\geqslant 0.80\end{cases}\tag{7-2}$$

其中

$$C_{\mathrm{ACE}}=1-\frac{n_1}{N_{\mathrm{rare}}}\tag{7-3}$$

$$N_{\mathrm{rare}}=\sum_{i=1}^{\mathrm{abund}}i\cdot n_i\tag{7-4}$$

$$\hat{\gamma}^2_{\mathrm{ACE}}=\max\left[\frac{S_{\mathrm{rare}}\cdot\sum_{i=1}^{\mathrm{abund}}i\cdot(i-1)\cdot n_i}{C_{\mathrm{ACE}}\cdot N_{\mathrm{rare}}\cdot(N_{\mathrm{rare}}-1)}-1,0\right]\tag{7-5}$$

$$\tilde{\gamma}^2_{\mathrm{ACE}}=\max\left[\hat{\gamma}^2_{\mathrm{ACE}}\cdot\left\{1+\frac{N_{\mathrm{rare}}\cdot(1-C_{\mathrm{ACE}})\cdot\sum_{i=1}^{\mathrm{abund}}i\cdot(i-1)\cdot n_i}{N_{\mathrm{rare}}\cdot(N_{\mathrm{rare}}-C_{\mathrm{ACE}})}\right\},0\right]\tag{7-6}$$

n_i为含有 i 条序列的 OTUs 数目；S_{rare}为含有或者少于“abund”条序列的 OTUs 数目；S_{abund}为多于“abund”条序列的 OTUs 数目；abund 为“优势”OTUs 的阈值，默认为 10。

Shannon 指数和 Simpson 指数为群落多样性(community diversity)指数，计算公式分别见式(7-7)和式(7-8)：

$$H_{\mathrm{shannon}}=-\sum_{i=1}^{S_{\mathrm{obs}}}\frac{n_i}{N}\cdot\ln\frac{n_i}{N}\tag{7-7}$$

$$D_{\mathrm{simpson}}=\frac{\sum_{i=1}^{S_{\mathrm{obs}}}n_i\cdot(n_i-1)}{N\cdot(N-1)}\tag{7-8}$$

式中，S_{obs}为观测到的 OTUs 数；n_i为第 i 个 OTUs 的序列数；N 为群落中所有序列总数。

各样品的 Beta 多样性分析主要通过 QIIME 软件进行(Lozuponeet al.，2005)，包括基于 UniFrac 的聚类分析、距离热图(heatmap)分析和主坐标分析(principal coordinates analysis，PCoA)等。分析中首先通过比对 OTU 序列信息构建系统发育树，再采用考虑序列丰度的加权计算方法得到 Unifrac 距离值以比较各样品的相似性。

通过与 RDP 数据库进行比对，对 OTUs 进行物种分类并分别在门、纲、目、科、属几个分类等级作各样品的物种分布图(Oberauner et al.，2013)，以反映样品在不同分类学水平上的群落结构。

7.2.2 结果与讨论

1. 微生物菌群多样性分析

通过高通量测序从5个微生物菌群样品中共得到167188条有效序列，平均每个样品33438条。运用QIIME工具去除长度小于30bp、平均质量值低于20、碱基连续出现长度大于等于10或含有模糊碱基、嵌合体、接头、引物错配的序列，最终得到162075条优质序列，平均每个样品32415条。将多条序列按其序列间的距离进行聚类，根据序列之间的相似性（取值97%）聚类划分成多个分类操作单元（OTUs）。OTUs被认为可能接近于属（Mark et al.，2005），表7-4显示各微生物菌群的OTUs数量为47～54。各样品的稀释曲线（图7-6）基本趋于平缓或者达到平台期，说明测序深度已经基本覆盖到样品中的所有物种，所得结果基本可以反映微生物菌群多样性的真实情况（Amato et al.，2013）。

表7-4 微生物菌群多样性统计结果

菌群名	有效序列数	优质序列数	OTUs数	Chao1指数	ACE指数	Shannon指数	Simpson指数
L	33658	32485	53	53.4	54.8	1.594	0.430
J	33462	32457	53	53.4	54.3	1.379	0.509
C	33790	32676	47	62.0	60.3	1.382	0.414
T	33019	32182	54	56.0	55.5	1.395	0.458
W	33259	32275	51	51.9	53.9	1.361	0.454

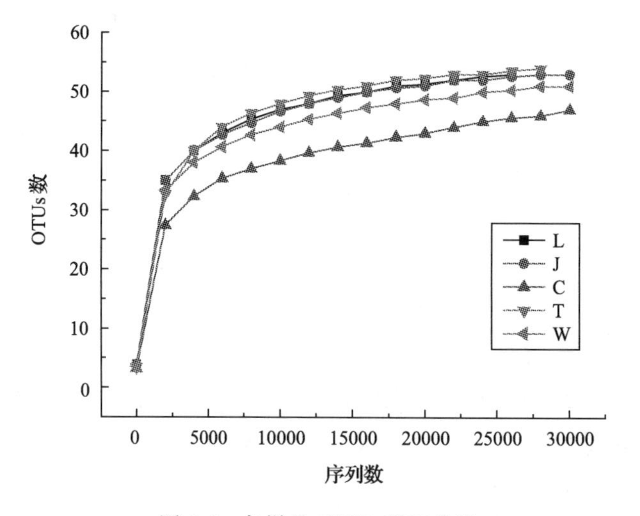

图7-6 各样品OTUs稀释曲线

1) Alpha多样性

Alpha多样性是对单个样品中物种多样性的分析。其中，Chao1指数和ACE指数在生态学中均是用来估计群落中含有OTUs数目的指数，可以表征菌群的物种丰富度。在5个微生物菌群中，菌群C的Chao1指数和ACE指数最高，分别为62.0和60.3；菌群W的Chao1指数和ACE指数最低，分别为51.9和53.9。Shannon指数和Simpson指数均是用来估算样品中微生物多样性的指数，Shannon指数越大、Simpson指数越小说明群落多样性越高。在 5 个微生物菌群中，菌群 L 的 Shannon 指数最高(1.594)，菌群 W 的 Shannon 指数最低(1.361)；菌群 C 的 Simpson 指数最低(0.414)，菌群 J 的 Simpson 指数最高(0.509)。

以上结果表明，5 个微生物菌群样品的物种丰富度和多样性低于一般土壤样品(Hill et al.，2003)，说明原始土样中的土著微生物菌群经过芘降解体系下的连续多代驯化与富集，群落结构和多样性发生显著变化：绝大多数菌种因不适应芘胁迫压力而被淘汰，只有能够以芘或芘相关降解产物为碳源和能源的菌种保留下来。这从侧面证明了 7.1.1 节多环芳烃降解菌群富集与优选的效果，进一步解释了优选菌群降解率显著高于原始土壤样品的原因。不同微生物菌群之间多样性的比较表明，菌群 W 的丰富度和多样性均略低于其他菌群，而其芘降解率高于其他菌群。这反映出菌群 W 在驯化过程中富集了以芘降解关键菌株为功能中心的相对简单、集中的群落结构，减少了不同菌种相互间的底物竞争，有利于发展协同共生关系。

2) Beta 多样性

Beta 多样性是不同微生物群落之间多样性的比较，利用各样品序列间的进化及丰度信息来计算样品间距离，可以反映样品在进化树中是否有显著的微生物群落差异。本研究根据各样品 Beta 多样性的统计结果，采用非加权组平均法(unweighted pair group method with arithmetic mean，UPGMA)对样品进行聚类分析[彩图 11(a)]并计算样品间距离，以判断各样品物种组成的相似性。由图可知，菌群 T、W 和 J 之间的关系较近，而菌群 C 和 L 则与其他样品间存在差异。同样的，距离热图[彩图 11(b)]通过各样品间 UniFrac 距离矩阵绘制，颜色块代表距离值，颜色越蓝表示样本间距离越近，相似度越高，越是越红则距离越远。热图也对样本间做了聚类，通过聚类树亦可得出与彩图 11(a)相同结果，即菌群 T、W 和 J 之间的距离值小，说明样本间的距离较近、相似性较高；菌群 C 与其他菌群的距离较远；菌群 L 则远离所有样品，具有显著差异。结合多环芳烃降解结果发现，菌群 T、W 和 J 的降解率均高于另两个菌群，推测其群落中关键性芘降解菌种具有较高的相似性，可能是同类菌种的存在使这三个菌群获得了较好的多环芳烃降解能力。

使用 PCoA 分析方法进一步展示样品间物种多样性差异，如果两个样品距离较近，则表示这两个样品的物种组成较相似(Vazquez-Baeza et al.，2013)。对各样品的 PCoA 分析结果显示，前 3 个主坐标的方差贡献率分别为 59.25%、38.55%和 2.12%，第 1、2 主坐标的总贡献率高达 97.80%，可以解释各样品的多样性信息。由第 1、2 主坐标二维散点图(图 7-7)可知，5 个菌群表现出明显差异性特征，菌群 T、W 和 J 距离较近，这与聚类分析和热图结果一致；菌群 C 和 L 则不仅与前 3 个菌群距离较远，两者之间也有明显距离。相对来说，菌群 C 在横轴方向上距离前 3 个菌群比菌群 L 近，菌群 L 在纵轴方向上距离前 3 个菌群较近。这一现象可能与菌群取样来源有关，菌群 T、W 和 J 取样位置均接近机动车道或车辆停放处，主要受到汽油、轮胎等来源的 PAHs 污染；菌群 C 来源于操场塑胶跑道附近土壤，主要受到塑胶材质中 PAHs 的渗入影响；菌群 L 则取自垃圾堆放车间，污染来源复杂。这些取样点情况的差异会导致土壤样品间土著微生物菌群结构的不同，使驯化后的菌群出现了多样性差异。

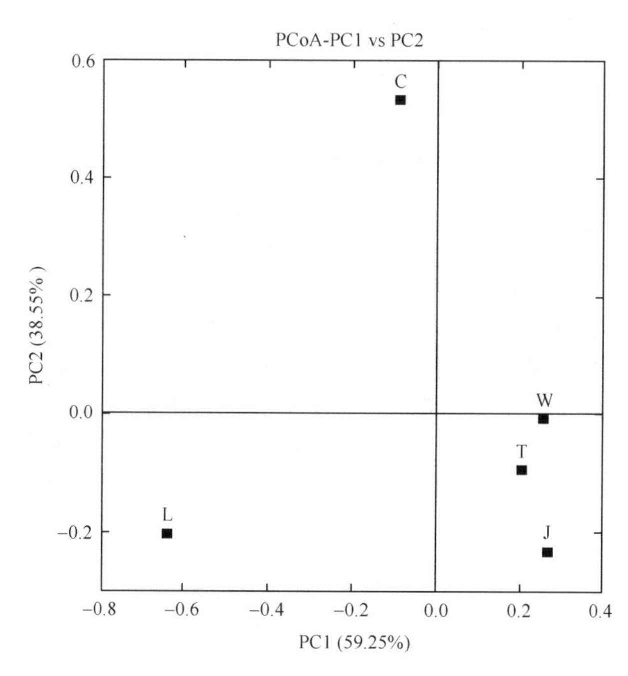

图 7-7　各样品的 PCoA 分析图

2. 微生物菌群群落结构分析

各样品的群落结构分别在门、纲、目、科、属等分类水平上作了比较，如彩图 12(a)至彩图 12(e)所示。在门的分类水平上[彩图 12(a)]，各样品所含细菌组成相对简单，主要包含 4 个门的细菌。其中，变形菌门(Proteobacteria)细菌在各样品菌群中均占绝对优势，含量占细菌总数的 86.65%～92.24%。拟杆菌门(Bacteroidetes)细菌含量在菌群 J 中较多，为 6.53%；在其他菌群中较少，为 1.82%～4.76%。放线菌门(Actinobacteria)细菌含量在菌群 L 中较多，为 6.29%；在其他菌群中较少，为 1.71%～3.29%。厚壁菌门(Firmicutes)细菌含量在各菌群中均较少，为 1.12%～3.53%。

在纲的分类水平上[彩图 12(b)]，所有样品的细菌共鉴定出 12 个纲，占比在 1%以上的有 8 个纲，优势细菌(占比 5%以上)主要分布在 γ-变形菌纲(γ-Proteobacteria)、β-变形菌纲(β-Proteobacteria)、α-变形菌纲(α-Proteobacteria)和放线菌纲(Actinobacteria)中。其中，γ-变形菌纲细菌在菌群 L、J、T 和 W 中所占比例均最高，为 67.47%～75.51%；在菌群 C 中较多，为 25.98%。β-变形菌纲细菌在菌群 C 中所占比例最高，达 61.01%；在菌群 J、T 和 W 中较多，为 8.34%～19.69%；在菌群 L 中较少，为 3.18%。α-变形菌纲细菌在菌群 L、C 和 T 中较多，为 5.25%～14.38%；在菌群 J 和 W 中较少，分别为 2.78%和 4.21%。放线菌纲细菌仅在菌群 L 中较多，为 6.29%；在其他菌群中较少，为 1.71%～3.29%。

在目的分类水平上[彩图 12(c)]，所有样品的细菌共鉴定出 21 个目，占比在 1%以上有 11 个目，优势细菌(占比 5%以上)主要分布在假单胞菌目(Pseudomonadales)、伯克氏菌目(Burkholderiales)、肠杆菌目(Enterobacteriales)、根瘤菌目(Rhizobiales)和放线菌目(Actinomycetales)。其中，假单胞菌目细菌在菌群 J、T 和 W 中所占比例均最高，为 67.01%～74.69%；在菌群 C 中较多，为 24.98%；在菌群 L 中较少，为 4.32%。伯克氏菌目细菌在菌群C中所占比例最高，达60.90%；在菌群J、T和W中较多，为7.91%～19.48%；在菌群L中较少，为3.02%。肠杆菌目细菌在菌群L中所占比例最高，达65.26%；在其他菌群中含量极少。根瘤菌目细菌在菌群L、C和W中较多，为5.18%～14.20%；在菌群J和T中较少，分别为2.47%和4.07%。放线菌目细菌仅在菌群L中较多，为6.29%；在其他菌群中较少，为1.71%～3.29%。

在科的分类水平上[彩图12(d)]，所有样品的细菌共鉴定出36个科，占比在1%以上有17个科，优势细菌(占比5%以上)主要分布在假单胞菌科(Pseudomonadaceae)、产碱杆菌科(Alcaligenaceae)、肠杆菌科(Enterobacteriaceae)、布鲁氏菌科(Brucellaceae)和诺卡氏菌科(Nocardiaceae)。其中，假单胞菌科细菌在菌群J、T和W中所占比例均最高，为67.01%～74.57%；在菌群C中较多，为24.95%；在菌群L中较少，为4.29%。产碱杆菌科细菌在菌群C中所占比例最高，达60.89%；在菌群J、T和W中较多，为7.80%～19.42%；在菌群L中极少。肠杆菌科细菌在菌群L中所占比例最高，达65.26%；在其他菌群中含量极少。布鲁氏菌科细菌在菌群L和T中较多，分别为10.25%和6.38%；在菌群J、C和W中较少，为1.31%～4.92%。诺卡氏菌科细菌仅在菌群L中较多，为5.86%；在其他菌群中较少，为1.64%～2.28%。

在属的分类水平上[彩图12(e)]，所有样品的细菌共鉴定出49个属，占比在1%以上有14个属，优势菌属(占比5%以上)主要分布在假单胞菌属(*Pseudomonas*)、无色杆菌属(*Achromobacter*)、苍白杆菌属(*Ochrobactrum*)和红球菌属(*Rhodococcus*)。其中，假单胞菌在菌群J、T和W中所占比例均最高，为66.55%～74.57%；在菌群C中较多，为24.89%；在菌群L中较少，为1.90%。无色杆菌在菌群C中所占比例最高，达60.85%；在菌群J、T和W中较多，为7.60%～19.28%；在菌群L中极少。苍白杆菌在菌群L中所占比例最高，为10.25%；在菌群T中较多，为6.38%；在其他菌群中含量较少，为1.31%～4.92%。红球菌仅在菌群L中较多，为5.86%；在其他菌群中较少，为1.64%～2.28%。

由以上结果可知，所有样品中的微生物均以变形菌门为主。菌群J、T和W的群落结构相似性高，均以γ-变形菌纲假单胞菌属为优势菌属，β-变形菌纲无色杆菌属为次优势菌属。菌群C与这3个菌群的结构近似，但无色杆菌属的相对丰度要高于假单胞菌属。菌群L与其他菌群结构有较明显差异，其主要优势菌属是γ-变形菌纲肠杆菌科，具体属未鉴定出(unclassified)，次优势菌属是α-变形菌纲苍白杆菌属。变形菌门是细菌中最大的一门，所有细菌均为革兰氏阴性菌，该门中许多细菌具有石油烃降解能力(Jurelevicius et al.,2013)，经常在石油污染土壤微生物中占优势(Sun et al.,2015；Hou et al.,2015)。假单胞菌属是认为常见的可降解石油烃和PAHs的微生物，相关研究很多(Haritash and Kaushik,2009)。Romero等(1998)最早从炼油厂污染水体中分离的一株假单胞菌*Pseudomonas aeruginosa*可在含有高浓度菲的条件下生长并在30天内将其完全降解。*Pseudomonas aeruginosa*还可以产生生物表面活性剂，促进了PAHs在水相中的溶解和生物可给性(Straube et al.,1999)。Vojtková等(2015)发现一株*Pseudomonas monteilii* CCM3423具有降解蒽、苯并[a]蒽、苯并[b]荧蒽、苯并[k]荧蒽、苯并[a]芘、芴、萘等多种PAHs的能力。Moscoso等(2015)发现一株*Pseudomonas stutzeri* CET 930不仅可降解低相对分子质量PAHs菲，还可降解60%以上的高相对分子质量PAHs芘。无色杆菌也在一些研究中被发现具备 PAHs 降解能力。Janbandhu 和 Fulekar(2011)发现一株无色杆菌 *Achromobacterinsolitus* MHF ENV IV 能降解菲、萘、蒽等。Tiwari 等(2010)发现一株 *Achromobacterxylooxidans* 能在 21 天内将初始浓度 200mg/L 的芘降解 80%以上。肠杆菌科的肠杆菌属(*Enterobacter*)和克雷白氏杆菌属(*Klebsiella*)等也被发现有能降解 PAHs 的细菌。Hesham 等(2014)发现一株 *Enterobacter hormaechei* ASU-01 能在 15 天内将初始浓度 100mg/L 的芘降解 70%以上,当加入低相对分子质量 PAHs 作为共代谢基质后,降解率提高到 90%以上。Ping 等(2014)发现一株 *Klebsiella pneumoniae* PL1 具有同时降解芘和苯并[a]芘的能力。Ortega-González 等(2015)发现一株苍白杆菌属 *Ochrobactrumanthropi* BPyF3 能在芘和荧蒽培养基中大量增殖,7 天降解率可达 50%以上。另有研究发现一株 *Ochrobactrum* sp. VA1 在降解 PAHs 的同时还具有高度耐盐特性,可在复杂条件下用于石油污染修复(Arulazhagan and Vasudevan,2011)。在石油污染土壤微生物修复过程中,α-变形菌纲细菌常在生物降解过程前期占优势,γ-变形菌纲细菌常在后期占优势(Viñas,et al.,2005),而β-变形菌纲常在 2～4 环 PAHs 生物降解基本完成时出现,因此可作为此类污染物生物处理阶段结束的指示生物(Lors et al.,2010)。结合本章研究结果表明,各菌群中 γ-变形菌纲和 β-变形菌纲微生物快速增殖,使 PAHs 被持续利用,降解过程基本处在中后期,因此应有大量可降解 PAHs 的微生物存在。

以上研究表明,经过培养与驯化的土壤微生物菌群形成了以 PAHs 降解菌为主体的群落结构,因此能够有效降解高浓度石油烃类污染物。不同菌群的群落结构在物种组成和数量比例上的不同是其降解率出现差异的重要原因。如何利用不同微生物菌种的 PAHs 降解特性,通过菌种间的合理调配提高协同作用,从而促进污染物的降解,是下一步需要解决的问题。

7.3 本章小结

本章拟通过菌群的驯化以及高效多环芳烃降解菌群的优选得到能够高效降解 PAHs 的菌群,通过研究不同外加碳源、氮源和 PAHs 初始浓度对菌群生长和降解效果的影响,揭示菌群对 PAHs 的降解特性;利用分子生物学方法分析混合菌群的种群结构,揭示菌群的协同作用机理。

(1) 通过筛选与富集,从土壤样品中得到 5 个能够以 PAHs 为唯一碳源和能源的菌群。其中,菌群 J、T 和 W 在蒽和芘条件下的生长与降解能力强于菌群 C 和 L,其中又以菌群 W 的降解效果最佳,14 天的蒽降解率达 94.6%,芘降解率达 91.5%。

(2) 通过比较不同外加碳源对高效菌群 W 生长与降解效果的影响发现,投加琥珀酸和葡萄糖对菌群生长的促进作用较为明显;投加琥珀酸和邻苯二甲酸促进了菌群 W 对芘的降解,且降解速率更快,可考虑以琥珀酸为共代谢底物促进菌群 W 的生长和芘的降解。通过比较不同外加氮源对高效菌群 W 生长与降解效果的影响发现,投加不同浓度的酵母膏对菌群生长的促进作用明显;投加酵母膏和 NH_4NO_3 促进了菌群 W 对芘的降解,其中酵母膏显著提高了芘降解速率,可考虑以 1g/L 酵母膏为有机氮源促进菌群 W 的生长和芘的降解。通过比较不同芘初始浓度对高效菌群 W 生长与降解效果的影响发现,高浓度的芘会对菌群 W 的生长和降解起到抑制作用,但芘浓度在 1000mg/L 时仍可达到 80%

以上的降解率，说明菌群对芘浓度的耐受性良好。

(3) 通过提取5组微生物菌群样品的DNA进行高通量测序分析发现，各菌群的丰富度指数中，菌群C的Chao1指数和ACE指数最高，分别为62.0和60.3；菌群W的Chao1指数和ACE指数最低，分别为51.9和53.9。各菌群的多样性指数中，菌群L的Shannon指数最高(1.594)，菌群W的Shannon指数最低(1.361)；菌群C的Simpson指数最低(0.414)，菌群J的Simpson指数最高(0.509)。5个菌群的物种丰富度和多样性均低于一般土壤样品，说明土著微生物菌群经过芘降解体系下的连续多代驯化，筛选得到以芘降解关键菌株为功能中心的群落结构。Beta多样性的比较发现，菌群T、W和J之间的UniFrac距离较近、群落结构相似性较高；菌群C与其他菌群的距离较远；菌群L远离所有样品，具有显著差异，这些差异与各菌群的PAHs降解特性和取样来源有相关性。群落结构分析显示，所有菌群中的微生物均以变形菌门为主，菌群J、T和W均以γ-变形菌纲假单胞菌属为优势菌属，菌群C以β-变形菌纲无色杆菌属为优势菌属，菌群L以γ-变形菌纲肠杆菌科为优势菌。研究表明，经过培养与驯化的土壤微生物菌群形成了以PAHs降解菌为主体的群落结构，因此能够有效降解高浓度石油烃类污染物。不同菌群的群落结构在物种组成和数量比例上的不同是其降解率出现差异的重要原因。

(4) 环境因子对多环芳烃降解菌群的影响有待研究，应考虑开展相关单因素、正交或响应曲面试验，对菌群降解性能进行优化。同时，应结合微生物群落结构分析结果，开展相关降解菌和功能性基因的定量分析工作，从而得到更全面的微生物生态学表征信息，为解释降解实验结果和揭示混合菌群协同降解机理提供数据支持。最后，高效降解菌群在生物滞留系统中的投加方式及工艺参数的优化也有待研究，可设计小型试验对生物强化系统进行模拟，对出水处理效果和系统积累效应进行评价。

参考文献

陈晓鹏，易筱筠，陶雪琴，等. 2008. 石油污染土壤中芘高效降解菌群的筛选及降解特性研究. 环境工程学报，2(3)：413～417

巩宗强，李培军，王新，等. 2001. 芘在土壤中的共代谢降解研究. 应用生态学报，12(3)：447～450

韩力平，王建龙，施汉昌，等. 1999. 生物强化技术在难降解有机物处理中的应用. 环境科学，20(6)：100～102

何卫华，车伍，杨正，等. 2012. 生物滞留技术在道路雨洪控制利用中的应用研究. 给水排水，38(S2)：132～135

孟莹莹，陈建刚，张书函. 2010. 生物滞留技术研究现状及应用的重要问题探讨. 中国给水排水，26(24)：20～24

唐婷婷，金卫根. 2010. 多环芳烃微生物降解机理研究进展. 土壤，42(6)：876～881

陶雪琴，卢桂宁，党志，等. 2007. 鞘氨醇单胞菌GY2B降解菲的特性及其对多种芳香有机物的代谢研究. 农业环境科学学报，26(2)：548～553

王蕾，聂麦茜，王志盈，等. 2009. 外加碳源对优良菌降解芘的影响研究. 水处理技术，35(6)：24～27

王鑫，王学江，卜云洁，等. 2014. 外加氮源强化石油降解菌降解性能. 同济大学学报(自然科学版)，42(6)：924～929

徐冰洁，高品，薛罡，等. 2014. 碘普罗胺降解菌Pseudomonas sp. I-24共代谢降解性能研究. 环境科学，4(4)：1443～1448

徐娜娜. 2014. PH混合菌对多环芳烃的吸附、摄取及生物降解. 北京：中国海洋大学博士学位论文

张巧巧. 2010. 芘降解菌株SE12的分离和鉴定及其降解效果研究. 南京：南京农业大学硕士学位论文

周乐，盛下放. 2006. 芘降解菌株的筛选及降解条件的研究. 农业环境科学学报，25(6)：1504～1507

朱生凤，李红芳，宫小明，等. 2013. 一株源自海洋环境多环芳烃降解菌的筛选、鉴定及适宜降解条件研究. 海洋环境科学，32(1)：58～62

Amato K R, Yeoman C J, Kent A, et al. 2013. Habitat degradation impacts black howler monkey (Alouattapigra) gastrointestinal microbiomes. The ISME Journal, 7(7): 1344～1353

Arulazhagan P, Vasudevan N. 2011. Biodegradation of polycyclic aromatic hydrocarbons by a halotolerant bacterial strain Ochrobactrum sp. VA1. Marine Pollution Bulletin, 62(2): 388～394

Caporaso J G, Kuczynski J, Stombaugh J, et al. 2010. QIIME allows analysis ofhigh-throughput community sequencing data. Nature Methods, 7(5): 335～336

Gottschalk G. 1979. Bacterialmetabolism. NewYork: Springer-Verlag

Haritash A K, Kaushik C P. 2009. Biodegradation aspects of Polycyclic Aromatic Hydrocarbons (PAHs): A review. Journal of Hazardous Materials, 169(1-3): 1～15

Hesham A E-L, Mawad A M M, Mostafa Y M, et al. 2014. Study of enhancement and inhibition phenomena and genes relating to degradation of petroleum polycyclic aromatic hydrocarbons in isolated bacteria. Microbiology, 83(5): 559～607

Hill T C J, Walsh K A, Harris J A, et al. 2003. Using ecological diversity measures with bacterial communities. FEMS Microbiology Ecology, 43(1): 1～11

Hong E Y, Seagren E A, Davis A P. 2006. Sustainable oil and grease removal from synthetic stormwater runoff using bench-scale bioretention studies. Water Environment Research, 78(2): 141～155

Hou J Y, Liu W X, Wang B B, et al. 2015. PGPR enhanced phytoremediation of petroleum contaminated soiland rhizosphere microbial community response. Chemosphere, 138: 592～598

Hsieh C H, Davis A P. 2005. Evaluation and optimization of bioretention media for treatment of urban storm water runoff. Journal of Environmental Engineering-Asce, 131(11): 1521～1531

Janbandhu A, Fulekar M H. 2011. Biodegradation of phenanthrene using adapted microbial consortium isolatedfrom petrochemical contaminated environment. Journal of Hazardous Materials, 187(1-3): 333～340

Jurelevicius D, Alvarez V M, Marques J M, et al. 2013. Bacterial community response to petroleum hydrocarbon amendments infreshwater, marine, and hypersaline water-containing microcosms. Applied and Environmental Microbiology, 79(19): 5927～5935

LeFevre G H, Novak P J, Hozalski R M. 2012. Fate of naphthalene in laboratory-scale bioretention cells: Implications for sustainable stormwater management. Environmental Science & Technology, 46(2): 995～1002

Lors C, Ryngaert A, Perie F, et al. 2010. Evolution of bacterial community during bioremediation of PAHs in a coal tar contaminated soil. Chemosphere, 81(10): 1263～1271

Lozupone C, Knight R. 2005. UniFrac: A new phylogenetic method for comparing microbial communities. Applied and Environmental Microbiology, 71(12): 8228～8235

Mark B, Jenna M, Tom C, et al. 2005. Defining operational taxonomic units using DNA barcode data. Philosophical Transactions of the Royal Society B-Biological Sciences, 360(1462): 1935～1943

Moscoso F, Deive F J, Longo M, et al. 2015. Insights into polyaromatic hydrocarbon biodegradationby Pseudomonas stutzeri CECT 930: Operation at bioreactorscale and metabolic pathways. International Journal of Environmental Science and Technology, 12(4): 1243～1252

Oberauner L, Zachow C, Lackner S, et al. 2013. The ignored diversity: Complex bacterial communities in intensive care units revealed by 16S pyrosequencing. Scientific Reports, 3: 1413

Ortega-González D K, Cristiani-Urbina E, Flores-Ortíz C M, et al. 2015. Evaluation of the removal of pyrene and fluoranthene by Ochrobactrumanthropi, Fusarium sp. and their coculture. Applied Biochemistryand Biotechnology, 175(2): 1123～1138

Ping L F, Zhang C R, Zhang C P, et al. 2014. Isolation and characterization of pyrene and benzo[a]pyrene-degrading Klebsiella pneumonia PL1and its potential use in bioremediation. Applied Microbiology and Biotechnology, 98(8): 3819～3828

Romero M C, Cazau M C, Giorgieri S, et al. 1998. Phenanthrene degradationby microorganisms isolated from a contaminated stream. Environmental Pollution, 101(3): 355～359

Schloss P D, Westcott S L, Ryabin T, et al. 2009. Introducingmothur: Open-source, platform-independent, community-supported softwarefor describing and comparing microbial communities. Applied and Environmental Microbiology, 75(23): 7537～7541

Straube W L, Jones-Meehan J, Pritchard P H, et al. 1999. Bench-scale optimization of bioaugmentation strategies for treatment of soils contaminatedwith high molecular weight polyaromatic hydrocarbons. Resources Conservation and Recycling, 27(1-2): 27～37

Sun W M, Dong Y R, Gao P, et al. 2015. Microbial communities inhabiting oil-contaminated soils from two major oilfields in Northern China: Implications for active petroleum-degrading capacity. Journal of Microbiology, 53(6): 371～378

Tiwari J N, Reddy M M K, PatelD K, et al. 2010. Isolation of pyrene degrading Achromobacterxylooxidansand characterization of metabolic product. World Journal of Microbiology & Biotechnology, 26(10): 1727～1733

Vazquez-Baeza Y, Pirrung M, Gonzalez A, et al. 2013. Emperor: A tool for visualizing high-throughput microbial community data. GigaScience, 2(1): 16

Viñas M, Sabaté J, Espuny M J, et al. 2005. Bacterial community dynamics and polycyclic aromatic hydrocarbon degradation during bioremediation of heavily creosote-contaminated soil. Applied and Environmental Microbiology, 71(11): 7008～7018

Vojtková H, Kosina M, Sedláček I, et al. 2015. Characterization of Pseudomonas monteilii CCM 3423 and its physiological potential for biodegradation of selectedorganic pollutants. Folia Microbiologica, 60(5): 411～416

Wang Y Y, Fang L, Lin L, et al. 2014. Effects of low molecular-weight organic acids and dehydrogenaseactivity in rhizosphere sediments of mangrove plants onphytoremediation of polycyclic aromatic hydrocarbons. Chemosphere, 99: 152～159

Zhang T, Shao M F, Ye L. 2011. 454 Pyrosequencing reveals bacterial diversity of activated sludge from 14 sewage treatment plants. ISME Journal, 6(6): 1137～1147

第8章　生物滞留技术设计方法研究

通过对生物滞留系统结构、植物配置、运行维护等方面的研究，在城市中设置生物滞留设施对保护和改善城市生态环境方面具有巨大的生态、经济价值。生物滞留将会成为城市改造和建设中的重要绿化方式之一。本章构建了典型生物滞留设施生态滤沟系统的设计方法，结合工程实例应用，为我国生物滞留系统设计和建造提供参考。生态滤沟的设计方法主要有两种：一种是以水量削减为控制目标的水量削减法；另一种是以水质净化为控制目标的浓度去除法。本章以水量削减为控制目标，假定蒸发量为零(由于单场降雨历时内生态滤沟植物通过蒸腾作用蒸发的水量很小)，假定生态滤沟蓄水层初始蓄水量为零(设计初始条件为生态滤沟处于干旱条件)、生态滤沟单场降雨过程溢流量为零(满足单场降雨完全削减不外排)建立生态滤沟系统设计方法。

8.1　设计原则

(1) 为减轻城市内涝灾害，降低城市道路径流污染，实现雨水资源化，修复城市生态环境，使建筑小区与城市道路雨水利用工程达到安全可靠、经济适用、技术先进的目的，编制了本设计；

(2) 本设计方法旨在为设计、施工和管理人员提供生态滤沟降雨径流处理系统的有关设计、施工和运行管理及维护方面的基本原则和要求；

(3) 本设计方法适用于新建、改建和扩建的城市道路及建筑小区道路雨水利用工程的规划设计、施工、管理与维护；

(4) 在有雨水利用规划区域内均应设置道路雨水生态滤沟净化设施，且生态滤沟设施应与道路主体工程同步设计、同步施工、同步投入使用；

(5) 雨水利用工程中建筑专业、室外总平面设计、雨水管网设计、园林景观设计等均应配合生态滤沟工艺设计，且相互协调；

(6) 生态滤沟的设计、施工、运行管理除执行本指南外，还应符合国家现行的相关强制性标准、规范的规定；

(7) 生态滤沟出水严禁进入生活饮用水给水系统。

8.2　有关定义

8.2.1　术语

(1) 生态滤沟：是指设在道路两侧或地势较低区域，由表面雨水滞留层、覆盖层、植被及种植土层、填料层、雨水收集及渗排系统组成的，可通过土壤及填料的过滤、吸附等理化反应，植物及微生物的吸收、分解等效应净化径流水质，通过植被阻滞、土壤及填料蓄积和下渗等作用削减地表径流洪峰及径流水量的设施。

(2) 径流:指降雨及冰雪融水在重力作用下沿地表或地下流动的水流。

(3) 径流量:指一次降雨经产流过程在流域出口断面产生的总水量。

(4) 降水量:指从天空降落到地面上的雨水,未经蒸发、渗透、流失而在水面上积聚的水层深度,常以 mm 为单位。

(5) 降雨强度:指单位时段内的降水量,以 mm/min 或 mm/h 计。

(6) 降雨历时:从次降雨开始至结束所经历的时间。

(7) 重现期:在一定年代的雨量记录资料统计期间内,大于或等于某暴雨强度的降雨出现一次的平均间隔时间,为该暴雨发生频率的倒数。

(8) 初期雨水:降雨初期时污染程度较高的径流雨水。

(9) 径流系数:指一定汇水面积内总径流量与降水量的比值。

(10) 汇流面积:指雨水管渠汇集降雨的面积。

(11) 汇流比:指汇流面积与生态滤沟表面积之比。

(12) 下垫面:降雨受水面的总称,包括屋面、地面、水面等。

(13) 城市内涝:指由于强降水或连续性降水超过城市排水能力致使城市内产生积水灾害的现象。

(14) 渗透系数:指在各向同性介质中,单位水力梯度下,单位时间内通过单位面积的水量。

8.2.2 主要符号

P:重现期;

t:降雨历时;

q:暴雨径流强度;

H:降水量;

r:雨峰系数;

Q:设计径流总体积;

ρ:径流系数;

A:汇流区总面积;

A_B:生物滞留池表面积;

N:汇水区面积与生态滤沟总面积之比,简称汇流比;

h:蓄水层设计水深;

D_B:种植土和填料层总深度;

L:豁口总长度;

S:纵向坡度;

n:曼宁系数;

i:路面横向坡度;

Q_w:设计溢流量;

B:阻塞系数;

C_w：开槽的堰流系数；

L'：竖管周长；

h_0：竖管上水头；

D：溢流竖管直径；

Q_{smax}：最大下渗量；

S：穿孔管孔口总面积；

C_d：孔口排放系数；

θ：填料层孔隙率；

f：植株横截面积占蓄水层表面积的比例。

8.3 设计降水量及径流水质

8.3.1 雨量雨型确定

降水量应根据当地气象资料，选取至少近 10 年降水量资料确定。对于西安地区，其暴雨强度可按式(8-1)计算(卢金锁等，2010)：

$$q = \frac{2785.833 \times (1 + 1.1658 \times \lg P)}{(t + 16.813)^{0.9302}} \tag{8-1}$$

式中，q 为降雨强度，$L/(s \cdot hm^2)$；P 为重现期，a；t 为降雨历时，min。

降水量可按下式计算，得到

$$H = \frac{60 \times q}{10000} \times t \tag{8-2}$$

式中，H 为单场降水量，mm。

对于一般城市道路雨水设计重现期宜采用 2～5a，特别重要道路、短期积水严重道路可结合当地历年降水量酌情增加。

表 8-1 和表 8-2 分别为降雨历时为 60 分钟，重现期分别为 2 年一遇、3 年一遇、5 年一遇、10 年一遇、20 年一遇的单场次降水量和降雨时程分布，以供设计时参考。

表 8-1 西安市不同降雨强度下的 1 小时降水量

重现期 P/a	降雨历时 t /min	暴雨强度 q /[$L/(s \cdot hm^2)$]	暴雨强度 i /(mm/min)	1h 降水量 H /mm
2	60	66.338	0.398	23.882
3	60	76.418	0.459	27.511
5	60	89.118	0.535	32.083
10	60	106.351	0.638	38.286
20	60	123.584	0.742	44.490

表 8-2 西安市不同降雨强度下 1 小时降雨时程分布 单位:mm

时间步长/min	降水量				
	2 年一遇	3 年一遇	5 年一遇	10 年一遇	20 年一遇
5	0.689	0.793	0.925	1.104	1.283
10	0.909	1.047	1.221	1.458	1.694
15	1.274	1.468	1.712	2.043	2.374
20	1.951	2.248	2.621	3.128	3.635
25	3.460	3.985	4.648	5.546	6.445
30	8.177	9.420	10.986	13.110	15.234
35	3.460	3.985	4.648	5.546	6.445
40	1.951	2.248	2.621	3.128	3.635
45	1.274	1.468	1.712	2.043	2.374
50	0.909	1.047	1.221	1.458	1.694
55	0.689	0.793	0.925	1.104	1.283
60	0.544	0.627	0.731	0.872	1.014
降水量	25.287	29.129	33.970	40.539	47.108

说明:由表 8-2 计算所得 1 小时降水量与表 8-1 计算所得 1 小时降水量略有出入,系不同公式计算误差引起,两者皆可用于径流量计算

对于西安地区可采用芝加哥雨型进行设计(曾小兰等,2004),其具体降水量分布见式(8-3)、式(8-4):

$$\text{当 } 0 \leqslant t \leqslant t_a \text{ 时:} \quad i_a = \frac{(1-n) \cdot r^n \cdot A}{(t_a - t + r \cdot b)^n} + \frac{n \cdot b \cdot r^{n+1} \cdot A}{(t_a - t + r \cdot b)^{n+1}} \tag{8-3}$$

$$\text{当 } t_b \leqslant t \leqslant T \text{ 时:} \quad i_b = \frac{(1-n) \cdot (1-r)^n \cdot A}{[t - t_b + (1-r) \cdot b]^n} + \frac{n \cdot b \cdot (1-r)^{n+1} \cdot A}{[t - t_b + (1-r) \cdot b]^{n+1}} \tag{8-4}$$

式中,A、b、n 为暴雨雨强计算公式中地方参数,这里采用卢金锁的西安暴雨强度公式,其中 $A=16.715(1+1.1658\lg P)$,$b=16.813$,$n=0.9302$;r 为雨峰系数,降雨开始至暴雨洪峰形成的时间与总降雨历时的比例,一般为 0.3~0.5,常取 0.5;i_a 为峰前雨强,mm/min;i_b 为峰后雨强,mm/min;t_a 为峰前降雨历时,min;t_b 为峰后降雨历时,min;t 为总降雨历时,min。

8.3.2 径流水质

降雨径流水质应以实测资料为准。对于西安及周边地区,若无实测资料可参考表 8-3 的经验值(李家科等,2012)。

表 8-3　西安地区雨水径流水质　　单位:mg/L

类型	COD	氨氮	总氮	总磷	Zn	Cd
初期雨水	600	2.3	13.0	5.6	1.5	0.04
中后期雨水	200	1.5	6.0	1.5	0.2	0.015

8.4　生态滤沟系统设计

8.4.1　生态滤沟布置方式和系统结构

生态滤沟设施一般包括入流系统、溢流系统、蓄水层、覆盖层、植被及种植土层、填料层、穿孔管及砾石排水层等,生态滤沟常设在城市硬化路面周边。其布置方式可参考图 8-1,剖面结构可参考图 8-2,平面布置可参考图 8-3。

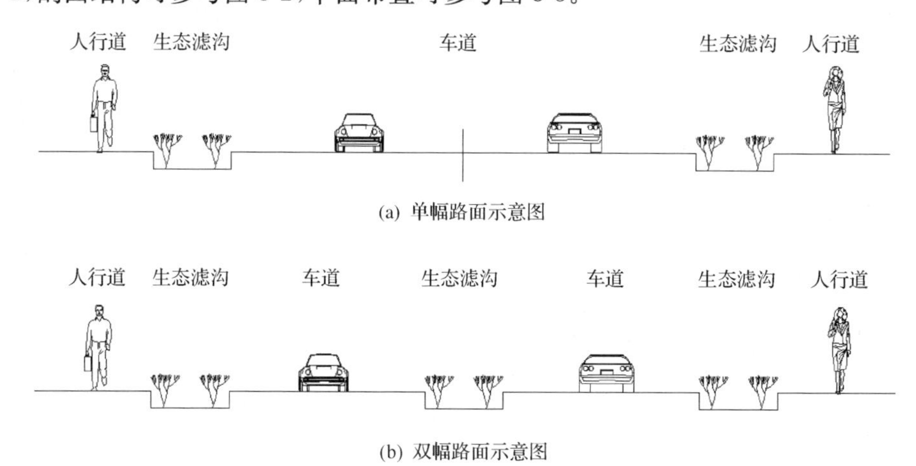

图 8-1　生态滤沟布置方式示意图

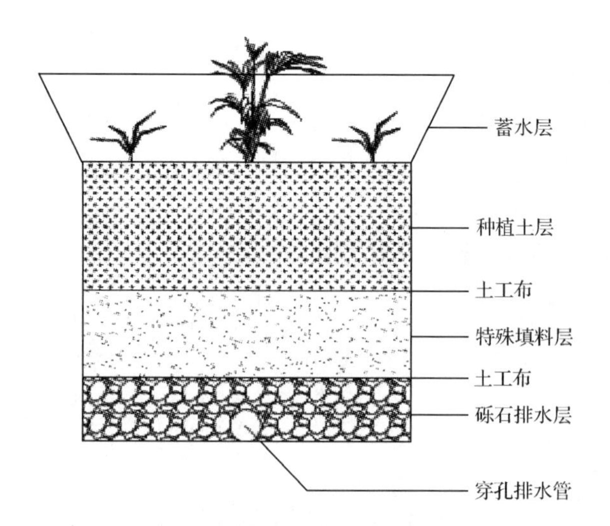

图 8-2　生态滤沟剖面结构示意图

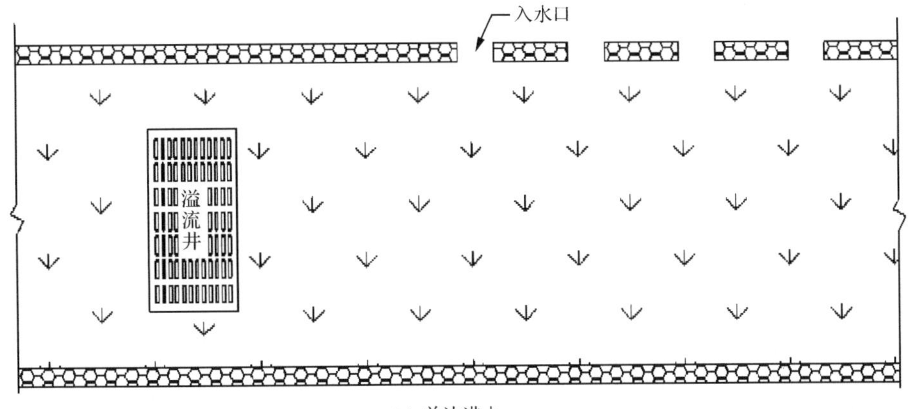

(a) 单边进水

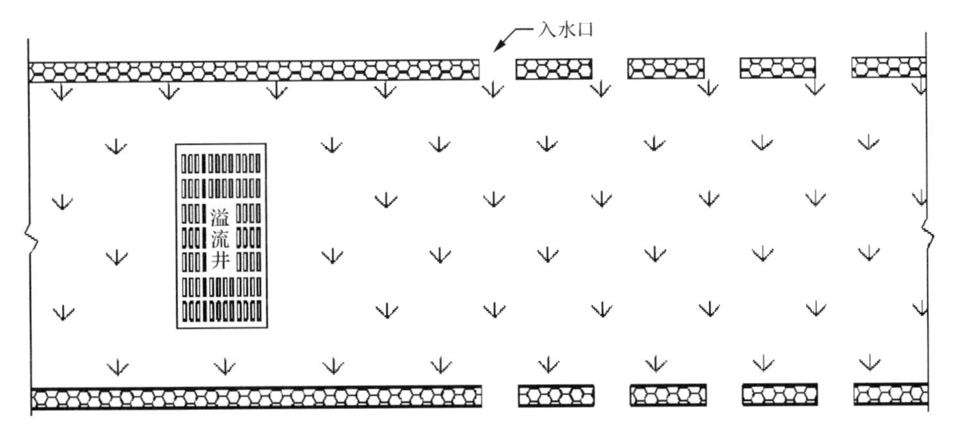

(b) 双边进水

图 8-3　生态滤沟平面布置示意图

8.4.2　一般规定

生态滤沟在设计时应满足以下要求：

(1) 设计降水量不应小于当地 2 年一遇设计重现期下 1 小时降水量值；

(2) 生态滤沟所在场所应有详细的地质勘察资料，主要包括区域土壤种类、渗透系数、孔隙率、滞水层分布等；

(3) 土壤渗透系数宜为 $10^{-6}\sim10^{-4}$m/s，且地下水位埋深宜大于 1m；

(4) 生态滤沟的纵向坡度应与道路纵向坡度一致；

(5) 若经生态滤沟系统处理后雨水需回收利用，则可在沟底部及侧壁铺设防渗膜并用穿孔管收集雨水，否则，处理后雨水可直接下渗以补充地下水；

(6) 生态滤沟系统不应对地下水水质、道路路基、周围环境卫生造成危害；

(7) 生态滤沟设在道路两侧，其形状以带状为宜，长度可根据需要确定。

8.4.3　生态滤沟设计的一般步骤

生态滤沟设计宜按以下步骤进行：

确定项目所在地土壤类型及渗透系数；

(1) 确定设计区域道路汇水面类型、面积、径流系数、横向及纵向坡度；

(2) 确定设计的降雨重现期、降雨强度、降水量；

(3) 计算汇流比及生态滤沟总表面积；

(4) 结合市政道路类型确定生态滤沟布设位置及滤沟数量；

(5) 确定单条滤沟面积、宽度、长度，并使所有单沟面积之和等于生态滤沟总面积；

(6) 根据滤沟出水收集与否确定滤沟内部结构及防渗要求，若出水无需收集回用，则可省略；

(7) 沟底防渗处理及穿孔管埋设；

(8) 设定表面蓄水层深度；

(9) 设计入水口形状及开孔总面积、总长度；

(10) 设计溢流口形状、数量及位置；

(11) 确定特殊填料种类、各填料层厚度及滤沟总深度；

(12) 选择适宜的植被。

8.4.4 生态滤沟表面积计算

总径流量、生态滤沟总表面积、汇流比计算式(李俊奇等，2010)分别如式(8-5)、式(8-6)、式(8-7)所示：

$$Q = \varphi \cdot A \cdot H \tag{8-5}$$

$$A_B = \frac{A}{N+1} \tag{8-6}$$

$$N = \frac{60 \times K \times (0.5 \times h + D_B) \cdot t + \theta \cdot D_B^2 + h \cdot d_f(1-f) - H \cdot D_B}{H \cdot \varphi \cdot D_B} \tag{8-7}$$

式中，Q 为设计区域内总径流体积，m^3；A 为设计道路红线区域内总面积，m^2；H 为设计时段降水量(按设计要求决定)，m；A_B为设计区域内生态滤沟总表面积，m^2；N 为汇水区面积与生态滤沟面积之比，简称汇流比；K 为渗透系数，m/s；t 为降雨历时，min；φ 为径流系数；h 为蓄水层设计水深，m；D_B为种植土和填料层总深度，m；θ 为填料层孔隙率，对土壤可取 0.05，未过筛炉渣可取 0.15；f 为植株横截面积占蓄水层表面积的比例，常取 0.2。

对于单组生态滤沟，其面积应满足式(8-8)的要求：

$$A_B = \sum A_{bi} \tag{8-8}$$

式中，A_{bi} 为第 i 组生态滤沟面积，m^2。

式(8-7)中径流系数宜采用表 8-4 中给出的数据，汇水面积的平均径流系数应按下垫面种类加权平均计算。

表 8-4　径流系数

下垫面种类	径流系数 φ
硬屋面、未铺石子的平屋面、沥青屋面	1.0
铺石子的平屋面	0.8
绿化屋面	0.4
混凝土和沥青路面	0.9
块石等铺砌路面	0.7
干砌砖、石及碎石路面	0.5
非铺砌土路面	0.4
绿地	0.25
水面	1.0

不同填料的渗透系数可采用表 8-5 中的数值。

表 8-5　渗透系数经验值

土质类别	K/(cm/s)	土质类别	K/(cm/s)
粗砾	1～0.5	黄土(砂质)	10^{-3}～10^{-4}
砂质砾	0.1～0.01	黄土(泥质)	10^{-5}～10^{-6}
粗砂	5×10^{-2}～10^{-2}	黏壤土	10^{-4}～10^{-6}
细砂	5×10^{-3}～10^{-3}	淤泥土	10^{-6}～10^{-7}
黏质砂	2×10^{-3}～10^{-4}	黏土	10^{-6}～10^{-8}
沙壤土	10^{-3}～10^{-4}	均匀肥黏土	10^{-8}～10^{-10}

针对西安及周边地区，土壤渗透系数多介于 1×10^{-5}～1×10^{-7}m/s，对于混凝土和沥青路面，径流系数 φ 常取 0.9。若设计蓄水层深度取 20cm，滤沟填料层总深度 D_B分别为 0.6m、0.8m、1.0m、1.2m，暴雨重现期分别取 2 年一遇、3 年一遇、5 年一遇，降雨历时 t 取 120 分钟，土壤渗透系数分别取 5×10^{-6}m/s、1×10^{-5}m/s、5×10^{-5}m/s，汇流比 N 的取值如表 8-6 至表 8-8 所示。

表 8-6　P=2a 时汇流比 N 的取值

K/(m/s)	D_B/m	N	备注
5×10^{-6}	0.6	4.97	φ=0.9 h=20cm t=120min θ=0.1 f=0.2
	0.8	5.41	
	1.0	5.85	
	1.2	6.30	
1×10^{-5}	0.6	6.00	
	0.8	6.35	
	1.0	6.77	
	1.2	7.21	
5×10^{-5}	0.6	13.77	
	0.8	13.88	
	1.0	14.14	
	1.2	14.46	

表 8-7　P=3a 时汇流比 N 的取值

K/(m/s)	D_B/m	N	备注
5×10^{-6}	0.6	4.18	φ=0.9 h=20cm t=120min θ=0.1 f=0.2
	0.8	4.56	
	1.0	4.94	
	1.2	5.33	
1×10^{-5}	0.6	5.03	
	0.8	5.37	
	1.0	5.74	
	1.2	6.12	
5×10^{-5}	0.6	11.82	
	0.8	11.92	
	1.0	12.14	
	1.2	12.42	

表 8-8　P=5a 时汇流比 N 的取值

K/(m/s)	D_B/m	N	备注
5×10^{-6}	0.6	3.42	φ=0.9 h=20cm t=120min θ=0.1 f=0.2
	0.8	3.74	
	1.0	4.07	
	1.2	4.41	
1×10^{-5}	0.6	4.15	
	0.8	4.44	
	1.0	4.76	
	1.2	5.08	
5×10^{-5}	0.6	9.97	
	0.8	10.05	
	1.0	10.24	
	1.2	10.48	

不同汇流比下生态滤沟面积与汇水区总面积之间关系曲线如图 8-4 所示。

设计举例：沣西新城某道路长 2000m，道路红线范围内总面积 $A=60000\text{m}^2$，项目所在地土壤渗透系数 $K=5\times10^{-6}$m/s（采用统一路地段数据），土壤孔隙率 $\theta=0.1$，道路建成后径流系数 $\varphi=0.9$，设计滤沟蓄水层深度 $h=20$cm，设计降雨历时 $t=120$min，降雨重现期 $P=2$a，滤沟内植株横截面积占蓄水层表面积的比率为 $f=0.2$，设计滤沟深度 $D_B=1.0$m，查表 8-6 可知汇流比 $N=5.85$，由式(8-8)计算可知 $A_B=8759\ \text{m}^2$，或由图 8-4 可查知 $A_B\approx8800\ \text{m}^2$。若生态滤沟采用图 8-1(a)的布置方式，滤沟分段设置，单侧设置 40 座，则单组滤沟平均面积为 $8800/80=110\text{m}^2$，具体到每一组生态滤沟的表面积可结合道路实际状况做出相应的调整。

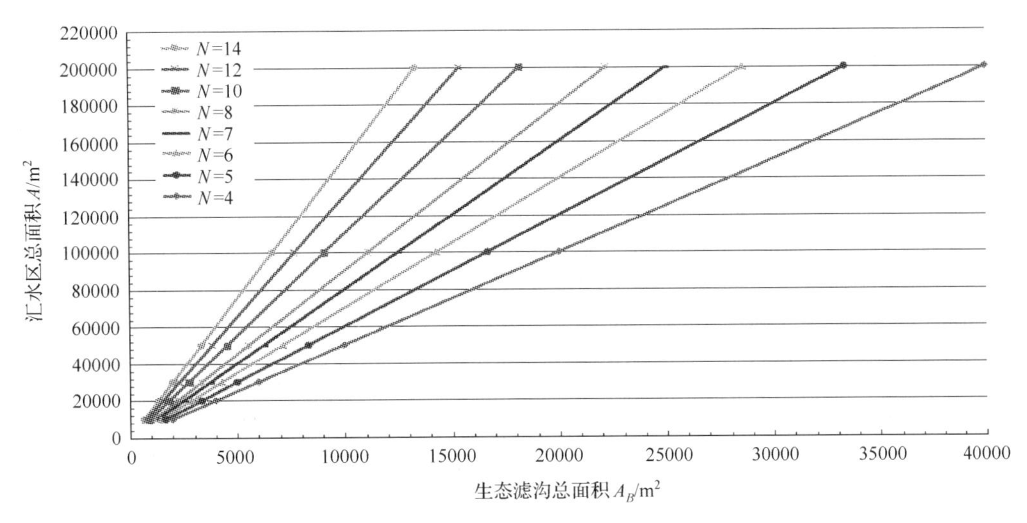

图 8-4　汇流面积与生态滤沟面积关系曲线

8.4.5　生态滤沟纵向结构及深度设计

生态滤沟自上而下依次为：蓄水层（滞流层）、覆盖层、植被及种植土层、特殊填料层、砾石排水层等，其中不同种类填料之间应采用渗透型土工布隔开，具体结构如图 8-2 所示。各层在设计时还应满足以下要求：

（1）蓄水层顶部宜低于道路边缘 3～5cm，在底部渗透系数较小的地区蓄水层深度不宜过高，以免积水时间过久而滋生蚊虫；

（2）覆盖层宜采用树皮落叶等组成，应均匀平铺于整个滤沟之上；

（3）种植土层一般选用当地壤土，且以渗透系数较大的砂质壤土为宜，若土壤渗透系数较小，可采用沙、土混合以提高渗透性能；

（4）种植土层厚度不宜低于 0.25m，以保证滤沟内植株的根系生长，当滤沟内栽种较大灌木时，种植灌木处土层厚度宜适当增加；

（5）特殊填料可根据设计需要考虑设置与否，常见的特殊填料有粉煤灰、高炉渣、沙等，其粒径以 2～5mm 为宜，特殊填料可单独使用，也可联合使用，若设计中无需特殊填料，该层可用种植土代替；

（6）排水层中所用砾石直径一般不宜大于 50mm，排水层中常埋设有 Φ110mm 或 Φ160mm 穿孔管，穿孔区域应采用透水土工布包裹以防止泥沙等进入；

（7）生态滤沟总深度（不含蓄水层）不宜小于 0.6m。

生态滤沟各层设计深度可采用表 8-9 中列出的数值（向璐璐，2009；万乔西，2010）。

表 8-9　生态滤沟各层深度设计值

组成结构	设计参考深度/cm
蓄水层	10～25
覆盖层	3～5
种植土层	≥25
人工填料层	20～50
砾石排水层	15～30

8.4.6 入流口设计

入流系统是生态滤沟的一个重要组成部分，其结构可影响到生态滤沟的净化效果、维护和使用寿命。目前应用较普遍的就是在道路边石上预留豁口，将径流导入滤沟之中。入流口设计应满足以下要求：

(1) 应使全部的道路径流均匀分配至整个滤沟系统之中；

(2) 在生态滤沟入口内侧应铺设一层砾石，砾石层宽度宜略大于入水口宽度，以起到消能、分割水流及防冲刷效应。

(3) 为提高滤沟的进水能力，豁口数量可适当增加，但考虑到景观学和行车安全等方面因素，豁口数量不宜增加过多。

一般边石豁口高度可取 100～250mm，边石豁口总长度可按式(8-9)计算：

$$L = K_0 \cdot Q^{0.42} \cdot S^{0.3} \cdot (ni)^{-0.6} \tag{8-9}$$

式中，L 为豁口长度，m；Q 为设计径流量，m^3/s；K_0 为经验常数，一般取 0.817；S 为纵向坡度；n 为曼宁系数，一般可取 0.016。

在求得豁口总长后，可按比例均匀分配到各组生态滤沟之上，边石豁口布置形式可参考图 8-5，若采用(a)图中的布置形式，单个豁口长度宜在 20～30cm，若采用(b)图布置形式，单个豁口长度宜在 30～50cm。每组豁口的间距可取 20～50m，或参考城市道路雨水口设计相关规范。

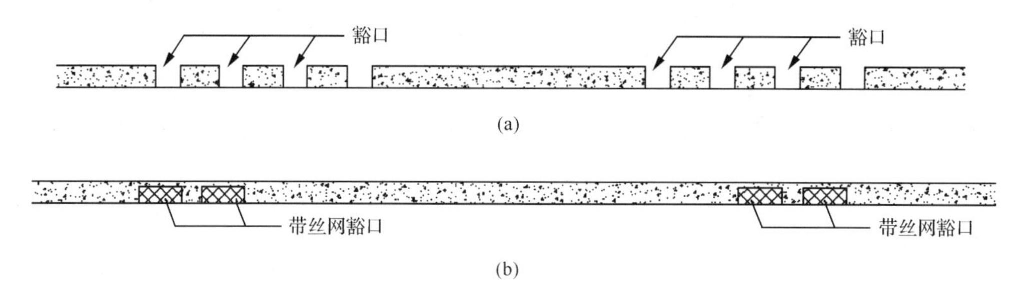

图 8-5 边石豁口布置形式

除采用公式计算外，道路边石开口长度还可按开口率(豁口长度占生态滤沟长度的比例)求算，一般边石开口率宜取 5%～10%。

8.4.7 溢流口设计

大于设计降水量 H 的降雨事件降水量为 H'，体积削减率为 $\eta = H/H' \times 100\%$。

对于大于设计降水量的降雨事件，生态滤沟就必须设有溢流设施，常用的溢流口有溢流管和溢流井两种形式。对新建道路，可将雨水篦子设在生态滤沟内部，作为溢流口，其数量及位置可参考《城市道路工程设计规范》(CJJ37—2012)和《室外排水设计规范》(2014年版)；对于改建道路，可采用 PVC 竖管作为溢流口，与原道路雨水口或检查井衔接。两种形式溢流口的标高均不宜低于蓄水层的顶部高度，并不高于道路边缘标高。

PVC 竖管式溢流口尺寸可按式(8-10)计算：

$$L' = \frac{Q_w}{B \cdot C_w \cdot h_0^{3/2}} \tag{8-10}$$

式中，Q_w为设计溢流量，m^3/s；B 为阻塞系数，取 0.5；C_w为开槽的堰流系数，取 1.66；L'为竖管周长，m；h_0为竖管上水头，一般为 0.1～0.2m。

其中竖管直径 D 可按式(8-11)计算：

$$D = \frac{L'}{\pi} \tag{8-11}$$

若采用 PVC 竖管，其顶部应有防堵措施。

溢流井的布置形式可参考图 8-6。

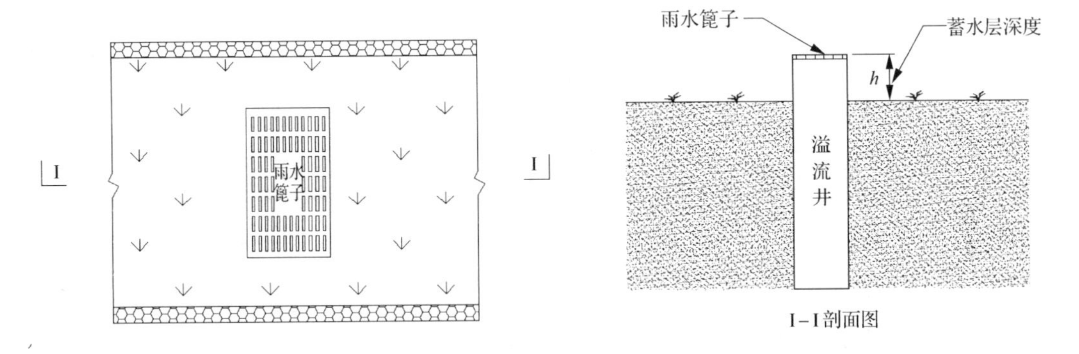

图 8-6　溢流口布置形式

8.4.8　穿孔排水管布置

生态滤沟在底部砾石层中设置穿孔管收集排放净化后的雨水，穿孔管坡向雨水口箅子或溢流竖管，坡度应不小于 0.5%。

1. 最大下渗流量

防渗型生态滤沟的最大出流量在数值上等于最大下渗流量 $Q_{s\max}$，其可按式(8-12)计算：

$$Q_{s\max} = \frac{A_f \cdot k \cdot (h_m + d_f)}{d_f} \tag{8-12}$$

式中，$Q_{s\max}$为最大出流量，m^3/s。

2. 穿孔管孔口总面积

穿孔管的孔口总面积的大小可按式(8-13)计算：

$$S = \frac{Q_{\max}}{B \cdot C_d \cdot \sqrt{2 \times g \cdot h}} \tag{8-13}$$

式中，S 为穿孔收集管所需总孔口面积，m^2；B 为阻塞系数，取 0.5；C_d 为孔口排放系数，常取 0.61；h 为孔口上水头高度，应为总水头高度，m。

穿孔管还应满足以下要求：

(1) 所开穿孔孔口直径以 5～10mm 为宜，且应均匀分布以确保各方向来水均能进入穿孔管中；

(2) 孔口面积计算结果可适当放大，以保证有足够的排水能力。

8.4.9 植物选择

生态滤沟内植物选取时应尽量符合以下要求：

(1) 尽量选取本地常用绿化植物，且以多年生四季植物为主；

(2) 耐旱并短期耐水淹，耐水时间应大于两天；

(3) 可以根据装置建造地点和环境可以适当选取一些景观类植物；

(4) 植物的净化能力和耐污能力强，具有较高营养盐去除率的植物可以维护生态滤沟稳定运行、增长滤沟运行寿命。

对于西安及周边地区，较适合的生态滤沟植物主要有：麦冬草、黑麦草、黑眼苏三、万寿菊、黄杨、小叶女贞、黄叶女贞、水蜡、月季等，可根据景观需要搭配种植。

8.4.10 地基处理

根据地下水位高低、土壤渗透能力和环境条件等，生态滤沟设施可设计为防渗型或入渗型两种。

防渗型滤沟：设施底部素土夯实，可设置防渗膜、防渗墙或水泥浇筑，穿孔管设在砾石层底部，处置的径流全部进入穿孔管中，适合离建筑物近、地下水位埋深较浅的区域或有雨水回用设计需求的场合。

入渗型滤沟：设施底部不设防渗膜或防渗墙，不得浇筑水泥等材料，处置的径流全部渗入地下，适合地下水位埋深较大、土壤渗透能力强的区域。

以上两种类型生态滤沟靠近行车道一侧应铺设防渗膜为宜。

8.5 施工安装

8.5.1 一般规定

生态滤沟在建设施工时应满足以下要求：

(1) 生态滤沟设施应严格按照批准的设计文件和施工标准进行；

(2) 施工应由具有相应施工资质的单位承担，施工人员应经过相应培训或有相关经验；

(3) 管道铺设应符合相应管材的管道工程技术规范的相关要求；

(4) 施工前应对表层土壤做入渗能力评价；

(5) 施工前应进行事前调查、选择施工方法、编制施工计划和安全规程。

8.5.2 施工工序

生态滤沟设施可按以下工序进行施工：

土方开挖—铺砾石、穿孔管—铺土工布—充填特殊填料—铺土工布—回填种植土—铺砌入流、溢流设施—栽种植被—铺设覆盖层—清扫整理—汇流、溢流及入渗性能确认。

土方施工时还应满足以下要求：

(1) 土方开挖尽可能使用人工或小型机械施工，以免破坏自然土壤的渗透能力；

(2) 应避免超挖，超挖时不得用超挖土回填，而应以砾石回填；

(3) 防渗型生态滤沟，沟底部 3∶7 灰土夯实，入渗型滤沟沟底不得夯实；

(4) 沟槽开挖后，应根据设计要求及时铺设回填，回填后各层填料不得采用机械碾压；

(5) 土工布隔离各层填料时应向沟两壁上延伸 10～20cm，以防止上下层填料混合。

8.6 管理维护

生态滤沟设施运行管理及维护应满足以下要求：

(1) 应建立相应的管理制度，运行管理人员应经过必要的培训上岗；

(2) 雨水径流入口、溢流口等处应及时清扫、清淤，以确保运行安全；

(3) 定期观测生态滤沟表面，及时清除杂物，以保证其雨水渗透能力；

(4) 在雨季来临前及雨季期间至少每个月对铅丝网笼进行清理、冲洗，以保障对雨水的配水及防冲刷作用。

(5) 定期检查生态滤沟的植被生长情况，对枯死植物需及时更换；

(6) 根据植物生长状况及降水情况，适当对植物进行灌溉、修剪；

(7) 定期检查植物群落，防治病虫害，清理入侵植物。

(8) 对上层种植土层应每年至少进行一次松土，或根据景观要求进行松土。

具体维护目标与周期如表 8-10 所示。

表 8-10 维护内容与周期

维护内容	周期	目标
污/杂物清理排除	1 个月或间隔超过 10 日之单场降雨后	不影响景观及设施正常运行
植物修剪与灌溉	根据景观要求	植物正常生长、不影响景观
检视	1 年或大暴雨过后	雨水入流、入渗、排放正常
松土	1 年左右	土壤下渗正常

8.7 工程实例

沣西新城同德佳苑建设项目位于沣西新城同德路以西，统一路以南，秦皇大道以东，康定路以北。项目规划总用地面积 202 亩，总建筑面积 42 万 m^2，地上建筑面积 35 万 m^2，建设约 3786 套公租房，944 套商品房，总投资约 10 亿元，小区效果图如彩图 13 所示。沣西新城保障房的亮点是，推进绿色建筑，最大限度地节能、节地、节水、节材，保护环境和减少污染。为此，推行了一系列绿色建筑措施，如太阳能热水系统、太阳能光伏发电系统、雨水收集利用等。生态滤沟工程试验点设在同德佳苑小区内，两处生态滤沟分别在小区主干道两侧空地图中 B1、B2（3＃楼与 9＃楼之间），如图 8-7 所示。

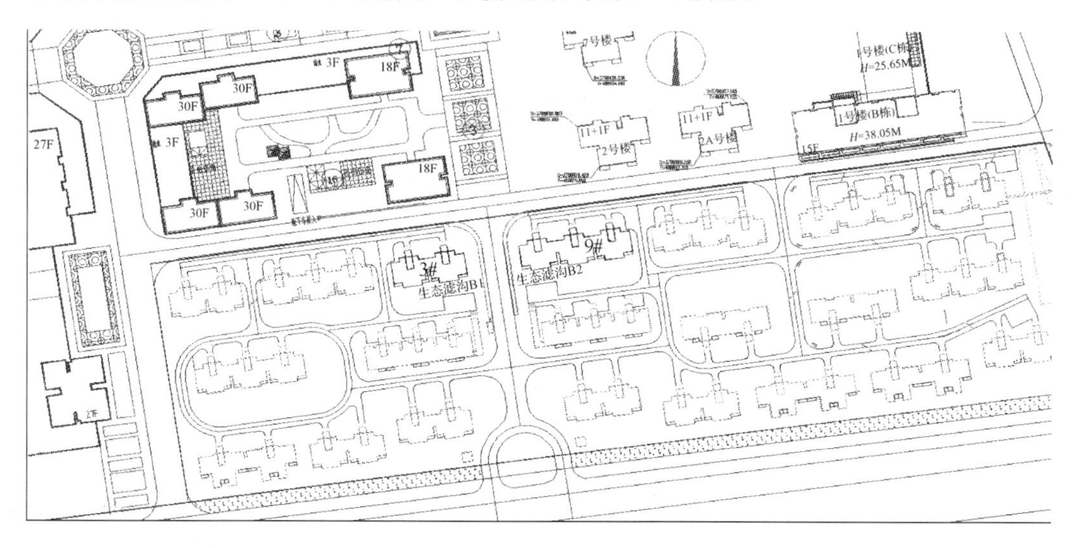

图 8-7　同德佳苑小区平面布置

该工程设计完成防渗与不防渗两种类型生态滤沟。防渗型的生态滤沟 B1 在两侧和底部做砖砌处理（一砖），不防渗型滤沟 B2 只在两侧做砖砌处理（一砖）。防渗型滤沟 B1 底部砾石层中间沿纵向铺设一根穿孔收集管，用于试验取水，正常工况下，出水阀门处于关闭状态，将雨水储存并在滤沟中削减，在穿孔收集管尾端修建长 2m×宽 1m×深 1.55m 的集水井用以收集净化后的雨水和溢流雨水，最终排入小区排水管网。防渗型滤沟 B1 与不防渗型滤沟 B2 尾部均连接溢流堰，防渗型滤沟 B1 溢流堰出水排入集水井，不防渗型滤沟 B2 溢流堰出水排入小区排水管网。

由场地实际情况以及业主方的要求，确定生态滤沟有效沟深为 0.85m（从标高 −0.05m 向下开始为生态滤沟设施）。两条生态滤沟有效处理面积均为 16.8m^2，进水渠道 0.6m，边坡 0.1m。根据对水量削减效果以及污染物浓度去除效果的试验研究，种植土土层下渗率 K=1m/d，进水水质较好，设置深度方向构造既要满足良好水量削减，又拥有较高的污染物浓度去除效果；而植物选择为黄杨与麦冬草混种，长势较好—可通过修剪植物将植物根系吸附的污染物质去除系统。生态滤沟的豁口总长度为 2.68m，为了防止进水过大而造成堵塞，设计豁口总长度设为 4m，每隔 1m 设置一个开口大小为 20cm 的豁口。由公式 8-13 计算出孔口总面积 0.003m^2，孔口直径约为 61.8m^2，保险起见，选取 DN110 的 PVC 管作为穿孔收集管。具体布置如表 8-11 所示，实物照片如彩图 14 所示，生态滤沟设计图如彩图 15 和彩图 16 所示。

表 8-11　结构参数

项目		参数	尺寸
平面布置	长度	直线部分	12m
		圆弧部分	9m
	宽度	边坡宽度	0.1m
		进配水渠道宽度	0.6m
		有效宽度	0.8m
纵向结构及深度设计		蓄水层	0.2m
		种植土层	0.3m
		特殊填料层	0.2m
		砾石层	0.15m
		底部穿孔管	DN110

8.8　本章总结

城市化带来的雨洪与非点源污染问题突出，针对在建新区及部分改造的城市老区，建议采用生物滞留设施控制城市化带来的问题。本章结合生态滤沟小、中型试验及研究结果，总结构建了生态滤沟的设计方法。并结合西咸新区沣西新城同德佳苑生态小区建设，对小区主干道生态滤沟进行工程实例设计。为我国城市生物滞留工程实践提供技术导则。

参考文献

李家科，杜光斐，李怀恩，等．2012．生态滤沟对城市路面径流的净化效果．水土保持学报，26(4)：1～6，11
李俊奇，王文亮，边静，等．2010．城市道路雨水生态处置技术及其案例分析．中国给水排水，26(16)：60～64
万乔西．2010．雨水花园研究设计初探．北京：北京林业大学硕士学位论文
王佳，王思思，车伍，等．2012．雨水花园植物的选择与设计．北方园艺，(19)：77～81
向璐璐．2009．雨水生物滞留技术设计方法与应用研究．北京：北京建筑工程学院硕士学位论文
曾晓岚，张智，丁文川，等．2004．城市雨水口地面暴雨径流模型研究．重庆建筑大学学报，26(6)：78～85
张钢．2010．雨水花园设计研究．北京：北京林业大学硕士学位论文

第9章 基于SWMM模型的城市低影响开发调控措施的效果模拟

随着我国城市化水平发展的进一步加快，可渗透下垫面面积比例越来越小(孙艳伟等，2012)，城市雨水排水系统压力不断增大(李卓熹等，2012)，由城市暴雨引起的城市内涝现象越来越多(王雯雯等，2012)，城市非点源污染也变得越来越严重(李春林等，2013)，如何有效控制暴雨引起的城市内涝及非点源污染问题亟待解决。低影响开发(low impact development，LID)是目前国际社会城市水环境保护和可持续发展雨洪管理的新策略(Davis et al.，2012)，它是基于模拟自然水文条件原理，采用源头控制理念，实现雨水控制与利用的一种雨水管理方法(Chang，2010；王峰等，2012；王红武等，2012；Ahiablame et al.，2012；Aad et al.，2010)。LID通过渗透和蒸腾作用达到减少径流总量以及改善径流水质的目的(Palhegy，2010)，与传统雨水管理方法相比，LID不但可以提高开发项目的环境效益，而且还能降低项目开发的费用(USEPA，2000)，对缓解及治理由城市暴雨引起的内涝频发以及非点源污染加重具有重要作用。雨水花园，又称生物滞留池，是LID中一种重要的调控措施(Trowsdale and Simcock，2011)，它通过利用植物、微生物和土壤的化学、生物及物理特性进行污染物的移除，从而达到城市雨水径流量和水质调控目的(Yang et al.，2010；Prince Georges County，1999；Palhegyi，2010；Kim et al.，2012)。国外相关研究表明(Blecken et al.，2009；Davis，2005；Davis et al.，2009)，雨水花园可以有效减小径流总量以及去除径流中悬浮物、重金属、磷、油脂类、致病菌等。

目前，低影响开发(LID)的模拟软件最常用的是EPA SWMM以及Hydro CAD，而以SWMM最为广泛(孙艳伟等，2011)。暴雨洪水管理模型(SWMM)是美国环境保护署研发的一个雨水资源管理软件，能够模拟雨水径流的流量及水质(Rossman，2010)。SWMM通过对调蓄、渗透及蒸发等水文过程的模拟，实现LID调控措施对径流量、峰值流量及径流污染控制效果的模拟(王文亮等，2012)。其最新版本添加了低影响开发(LID)模块，提供了生物滞留网格、多孔路面、渗渠、雨水桶、草洼等八种分散的雨水处置技术。现阶段，我国对于低影响开发的研究大多为小面积试验或者住宅小区的模拟，对于结合城市排水管网的大范围雨水流域的研究少之又少。本章分别以西安市浐河、皂河某片区以及西咸新区沣西新城为研究区域，根据现有的城市雨水管网系统以及实测资料，采用暴雨管理模型(SWMM)模拟不同情景下研究区域设置LID调控措施前后的水量及水质情况，研究低影响开发调控措施对城市降雨径流及其污染物的调控效果，为城市生态建设和雨洪管理提供科学依据。

9.1 SWMM模型概述及原理

暴雨洪水管理模型(storm water management model，SWMM)，是一个面向城市地区的雨水径流水量和水质预测分析的综合性计算机模型。SWMM暴雨洪水管理模型从

1971 年开发以来历经数次升级，目前最新版已更新至 SWMM Version 5.1.010 (2015.08.05)。之前的 SWMM 都是基于 DOS 的 FORTRAN 语言开发，随着 Windows 操作系统和编程技术的发展，SWMM5.0 版本已具有非常好的操作界面和更加完善的处理功能，它不仅将以前版本中的各个模块进行了整合，将数据输入、水文、水力和水质模拟以及结果显示集成在一个系统中，而且能对输入的数据进行编辑，并可以用多种形式对结果进行更直观地表达(Rossman，2010)。SWMM 是一个综合性的数学模型，可模拟完整的城市降雨径流循环，包括地表径流和排水网络中水流、管路中串联或非串联的蓄水池、暴雨径流的处理设施以及受纳水体各点的水流和水质变化。根据降雨输入(雨量过程线)和系统特性(流域、泄水、蓄水和处理等)模拟暴雨的径流水质过程。SWMM 的核心模拟流程包括：①地表产流过程；②地表汇流过程；③管网汇流过程；④水质模拟过程。其中，其地表产汇流模块综合处理各子汇水区所产生的降水，径流流量和污染物污染负荷；其管网汇流过程则通过城市管网系统、渠道、蓄水设施和处理设施、水泵、调节闸等进行传输。SWMM 可以模拟不同时间序列任意时刻每个子汇水区域所产生径流的水质和水量情况，还可以模拟每个管道和河道中水的流量、水深及水质等情况。其模型计算流程图如图 9-1 所示。

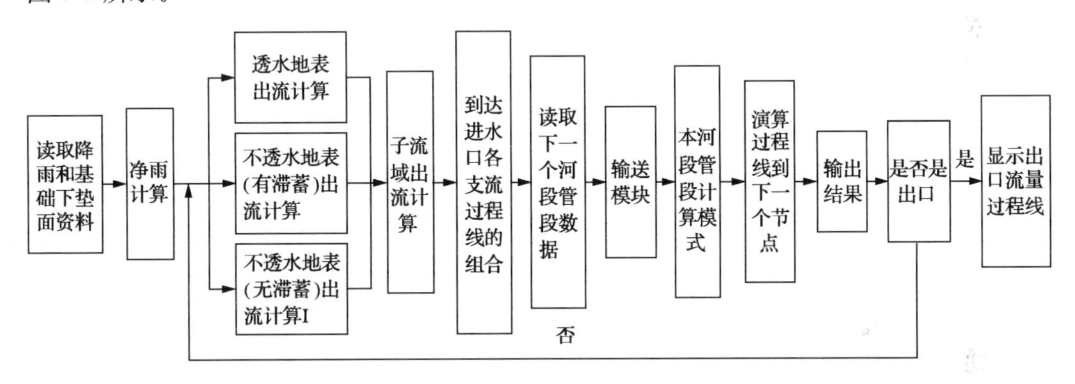

图 9-1　SWMM 计算流程图

与其他城市非点源污染负荷计算模型相比，SWMM 的输入数据要求相对较低，资料较容易收集，输出结果直观多样。SWMM 的数据输入时间间隔是任意的，输出结果也是任意的整数步长，对于计算区域的面积大小也没有限制，是一个通用性较好的模型。SWMM5.0 具有友好的可视化界面和更完善的处理功能，能够用颜色标记汇流区域，导入导出系统地图，输出时间系列图、表格、管道剖面图和统计数据(陈守珊，2006)。可以在图上动态显示所有的模型计算输出结果，也可以查询任一时刻小区、节点、管道的各项参数和计算结果。因此为模拟研究区降雨过程、水文地质、水动力与水质变化提供了综合技术方法平台。

9.1.1　地表产流过程

地表产流是指降雨经过损失变成净雨的过程。根据土地的利用情况和地表排水走向，SWMM 一般将研究区域划分为若干个子流域，根据各子排水小区的特性计算各自的径流过程，并通过流量演算方法将各排水子流域的出流组合起来。每一排水子流域再分为三个部分。有洼蓄量的不透水地表 A1，其出流侧向排入边沟或小下水道管；无洼蓄量的不透水地表 A2，暴雨初始就立即产生地表径流；集中所有的透水地表 A3。三种类型地表单独进行产流计算，排水子流域出流量等于三个部分出流量之和，如图 9-2 所示。

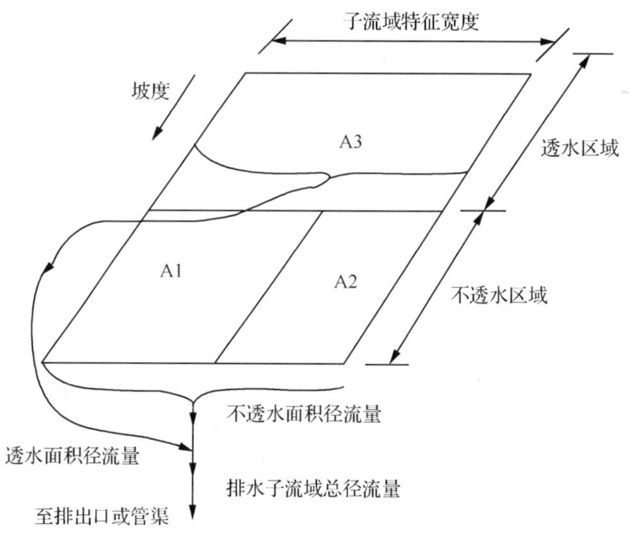

图 9-2　排水子区域的地表汇流示意图

1. 无洼蓄量不透水地表产水量

无洼蓄量的不透水地表上的降雨损失为雨期蒸发。产流量表示见式(9-1)：

$$R_1 = P - E \tag{9-1}$$

式中，R_1 为无洼蓄量的不透水地表的产水量，mm；P 为降水量，mm；E 为蒸发量，mm。

2. 有洼蓄量的不透水地表产量

有洼蓄量的不透水地表的降雨损失主要为洼蓄量。产流量表示见式(9-2)：

$$R_2 = P - D \tag{9-2}$$

式中，R_2 为有洼蓄量的不透水地表产水量，mm；P 为同上式；D 为洼蓄量，mm。

3. 透水地表产水量

透水地表降雨损失包括洼蓄和下渗。下渗是指降雨入渗到地表不饱和土壤带的过程。产流量表示见式(9-3)：

$$R_3 = (i - f) \cdot \Delta t \tag{9-3}$$

式中，R_3为透水地表的产水量，mm；i 为降雨强度，mm/s；f 为入渗强度，mm/s。

4. 下渗计算模型

SWMM 模型中有 Horton 模型、Green-Ampt 模型以及 SCS-CN 模型三种不同的入渗模型。三种入渗模型的对比如表 9-1 所示。

表 9-1　三种入渗模型的比较

入渗模型	Horton 模型	Green-Ampt 模型	SCS-CN 模型
模型特点	假设降雨强度总是大于入渗率;反映了入渗率与降雨历时的变化关系;未考虑降雨期间土壤层的蓄水量;不反映土壤饱和带和不饱和带下垫面的情况	假设土壤层中存在急剧变化的干湿界面(土壤非饱和带和土壤饱和带界面)。充分的降雨入渗将使下垫面经历不饱和到饱和的变化过程;入渗量按照土壤非饱和与饱和两个过程分别计算;降雨初期,降雨强度可以小于入渗率;可计算入渗率(或损失)随时间的变化情况	有多种下垫面的平均径流曲线数(CN 值)可以利用;反映的是流域下垫面情况和前期土壤含水量状况对降雨产流的影响;不反映降雨过程(降雨强度)对产流的影响;能给出完整的流量过程线
适用性	待率定参数较少,适于小流域	土壤资料要求较高,待率定参数少	适于大流域($50km^2$)和较大暴雨设计强度,雨强较小的洪峰流量估计值偏低(谢莹莹,2007)

9.1.2　地表汇流过程

地表径流的汇流过程是指将各排水子流域的净雨汇集到出水口控制断面或直接排入河道,可采用非线性水库模型模拟该过程,它将子区域视为一个水深很浅的水库,降雨是该水库的入流,土壤入渗和地表径流是水库的出流。地表径流模拟采用非线性水库模型,由连续方程和曼宁方程联立求解。模型需要输入研究区域的面积、排水子流域的宽度、三种不同地表的曼宁粗糙系数、有洼蓄量地表的洼蓄量以及整个排水子流域的坡度。地表径流由三种类型的地面产生,由非线性水库模型模拟,如图 9-3 所示。

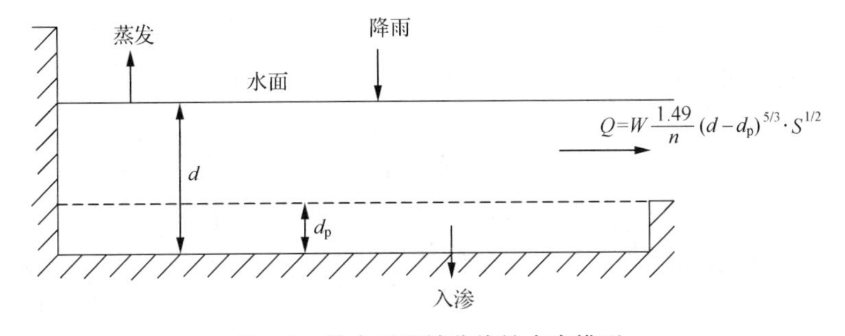

图 9-3　排水子流域非线性水库模型

非线性水库模型由连续方程和曼宁公式耦合求解。连续方程,见式(9-4)。

$$\frac{\mathrm{d}V}{\mathrm{d}t}=A\frac{\mathrm{d}d}{\mathrm{d}t}=A\cdot i^{*}-Q \tag{9-4}$$

出流流量计算使用曼宁公式,见式(9-5)。

$$Q=W\frac{1.49}{n}(d-d_{\mathrm{p}})^{5/3}\cdot S^{1/2} \tag{9-5}$$

式中,V 为子排水子流域的总水量,m^3;d 为水深,m;t 为时间,s;A 为排水子流域面积,m^2;i^* 为净雨强度,mm/s;Q 为流量,m^3/s;W 为排水子流域特征宽度,m;n 为曼宁粗糙系数；d_p为地面洼蓄量，mm；S 为排水子流域坡度。

式(9-4)和式(9-5)联立合并为非线性微分方程，求解未知数 Q，d。

$$Q = i^* - \frac{1.49 \cdot W}{A \cdot n}(d - d_p)^{5/3} \cdot S^{1/2} = i^* + \mathrm{WCON} \cdot (d - d_p)^{5/3} \tag{9-6}$$

其中

$$\mathrm{WCON} = -\frac{1.49 \cdot W}{A \cdot n} S^{1/2} \tag{9-7}$$

WCON 为排水子流域的宽度、坡度、曼宁粗糙系数组合的参数。式(9-6)用有限差分法进行求解。因而，净入流和出流在时间步长内取均值。净雨值 i^* 在程序中也是在时间步长内取平均值。平均出流近似由时间开始和终了的水深值求平均值得出，分别以下标 1 和 2 来表示，则式(9-6)可近似改写为

$$\frac{d_2 - d_1}{\Delta t} = i^* + \mathrm{WCON} \cdot \left[d_1 + \frac{1}{2}(d_2 - d_1) - d_p\right]^{5/3} \tag{9-8}$$

式中，Δt 为时间步长，s。利用牛顿-雷普森(Newton-Raphson)迭代求解式(9-8)中的 d_2，然后由通过 d_2由出流方程式(9-5)计算时段末的瞬时出流量。

从连续方程可以看出，这里作了一个合理的近似，即认为排水沟或管道仅仅在上游末端接受一个集中的入流，而不是沿着排水沟长度的侧向入流(曹韵霞等，1993)。

9.1.3 地表污染物累积及冲刷模拟过程

SWMM 可将同一排水小区划分为不同的功能，如工业区、商业区、居民区等；也可划分为不同的土地利用类型，如建筑物的屋面、交通道路、绿地等。根据不同的功能区或不同的土地利用定义地表污染物的累积模型和各个污染物的冲刷模型。在水质模拟过程中，累积和冲刷过程决定了降雨径流中的污染物浓度。

SWMM 中的污染物累积方程有幂函数方程、指数函数方程、饱和浸润方程 3 种，3 种累积方程都是以一定的累积速度逼近最大累积量；SWMM 中的污染物冲刷方程主要有比例径流曲线方程、场次平均方程和指数函数冲刷方程 3 种，比例径流曲线方程和场次平均方程均仅考虑了降雨径流量对冲刷过程的影响，指数函数冲刷方程则同时考虑污染物累积量和降雨径流量对冲刷过程的影响(李海燕，2011)。污染物累积量通常由雨前干期长度、交通流量及街道清扫频率来决定，而冲刷方程则由冲刷经验公式及沉积物传输理论建立(Rossman，2009)。

1. 地表污染物的累积模拟

污染物在子流域地表累积模拟有很多种方法。污染物多以尘埃和颗粒物的方式累积存在。SWMM 可以线性或非线性的累积方式模拟地表污染物的增长过程。不同的累积曲线及累积方程如下所述。

1) 幂函数方程(power function)

污染物累积与时间成一定的幂函数关系，累至最大极限即停止，见式(9-9)。

$$B = \mathrm{Min}(C_1, C_2 t^{C_3}) \tag{9-9}$$

式中，C_1为最大累积量，质量/单位面积或单位“路边石”长度；C_2为累积速率常数；C_3为时间指数。当$C_3=1$时，幂函数累积公式变化成为线性累积公式。

2）指数函数方程(exponential function)

污染物累积与时间成一定的比例关系，累积至极限即停止，见式(9-10)。

$$B = C_1 \cdot (1 - \mathrm{e}^{-c_2 \cdot t}) \tag{9-10}$$

式中，C_1、C_2同式(9-9)。

3）饱和函数方程(saturation function)

该公式也称米切里斯-门顿函数，污染物累积与时间成饱和函数关系，累积至极限值即停止，见式(9-11)。

$$B = \frac{C_1 \cdot t}{C_2 + t} \tag{9-11}$$

式中，C_1同式(9-9)；C_2为达到半饱和时的天数。

2. 地表污染物的冲刷模拟

冲刷过程是指在径流期地表被侵蚀和污染物质溶解的过程。SWMM可以模拟不同单位计量的被冲刷污染物质，如浊度(单位为JTU)，细菌总数等。可以用以下三种方法模拟地表污染物的冲刷过程。

1）指数方程(exponential washoff)

被冲刷的污染物的量与残留在地表的污染物的量呈正比，与径流量成指数关系。

$$P_{\mathrm{off}} = \frac{-\mathrm{d}P_{\mathrm{p}}}{\mathrm{d}t} = R_{\mathrm{c}} \cdot r^n \cdot P_{\mathrm{p}} \tag{9-12}$$

式中，P_{off}为t时刻径流冲刷的污染物的量，kg/s；冲刷负荷，质量/小时，与径流量成一定的指数关系，与剩余地表污染物量呈正比；R_{c}为冲刷系数；n为径流率指数；r为在时间t时刻的子流域单位面积的径流量，mm/h；P_{p}为t时刻剩余地表污染因子的量，$\mathrm{kg/hm^2}$；R_{c}和n是该模型需要输入的参数，每种污染物对应的数值是不同的。

2）流量特性冲刷曲线(rating curve washoff)

该冲刷模型假设冲刷量与径流率为简单的函数关系。污染物的冲刷模型独立于污染物的地表累积总量，见式(9-13)。

$$P_{\mathrm{off}} = R_{\mathrm{c}} \cdot Q^n \tag{9-13}$$

式中，R_{c}为冲刷系数；n为冲刷指数；Q为流量。其中，R_{c}和n是该模型需要输入的参数，每种污染物对应的数值是不同的。

3）次降雨平均浓度(event mean concentration)

这是流量特性曲线的特殊情况，当指数为1.0时候，系数C_1代表冲刷污染物浓度(质量/升)，见式(9-14)。

$$\mathrm{EMC} = \frac{M}{V} = \frac{\int_0^T C_t \cdot Q_t \mathrm{d}t}{\int_0^T Q_t \mathrm{d}t} \tag{9-14}$$

式中，M 为径流全过程的某污染物总量，kg；V 为相应的径流总体积，L；C_t为随径流时间而变化的某污染物浓度 kg/L；Q_t为随径流时间而变化的径流流量，L/s；T 为总的径流时间，EMC 是该模型需要输入的参数，每种污染物的值是不同的。

在以上三个模型中，剩余的地表污染物为零的时候，冲刷停止。

3．街道清扫模拟

在不同的土地利用类型地表，街道清扫将阶段性减少地表累积物量。见式(9-15)。

$$M = \alpha \cdot \beta \cdot B \tag{9-15}$$

式中，α 为可清扫去除污染物的比率；β 清扫效率；B 为地表累积物的量。模型需要输入的参数：两次清扫间的天数、模拟起始时间距前一次清扫的天数、清扫去除全部污染物的比率、清扫分别去除各个污染物的比率。

9.1.4 管网的汇流过程

1．管网水动力计算过程

SWMM 中，管网的汇流过程采用圣维南方程组求解，即用连续方程和动量方程联立求解来模拟渐变非恒定流(Gironás，et al. ，2010)，可简化为运动波法和动力波法。

运动波法仅采用连续的动量守恒方程计算管道的水流运动，其中假定管道坡度与水流表面坡度一致，由满管的曼宁公式求解管道可输送的最大流量。它可模拟管道内的面积和水流随时空的变化，能削弱和延缓管道中的水流流量。它在采用较大时间步长(1～5 分钟)时，能得到较稳定的模拟效果，所以常被用于长期的模拟分析。

动力波法是通过求解管道中水流的连续方程、动量方程以及节点处的质量守恒方程来进行汇流演算，不仅能得到理论上的精确解，而且还能模拟运动波法无法模拟的复杂水流状况，如：管道的调整蓄、回水和进出流损失、逆流和有压流等，适用于任何管网系统。但为了保证数值计算的稳定性，该法必须采用较小的时间步长(如 1 分钟或更小)进行计算(任伯帜等，2006)。

2．管网水质计算

污染物在管网系统中的模拟假定为连续搅动水箱式反应器(CSTR)，即完全混合一阶衰减模型，见式(9-16)。在调蓄节点处的模拟原理与其在管段中的原理一样。没有调蓄体积的节点处，所有进入这些节点的水流充分混合。其控制微分方程见式(9-16)。

$$\frac{\mathrm{d}VC}{\mathrm{d}t} = \frac{V\mathrm{d}C}{\mathrm{d}t} + \frac{C\mathrm{d}V}{\mathrm{d}t} = (Q_i \cdot C_i) - (Q \cdot C) - K \cdot C \cdot V \pm L \tag{9-16}$$

式中，$\frac{\mathrm{d}VC}{\mathrm{d}t}$ 为管段内单位时间内的变化；$Q_i \cdot C_i$ 为管段的质量变化率；$Q \cdot C$为管段的质量

变化率；$K \cdot C \cdot V$ 为管段中的质量衰减；L 为源汇项；C 为管道中及排出管道中的污染物浓度，kg/m³；V 为管道中的水体体积，m³；Q_i 为管道的入流量，m³/s；C_i 为入流的污染物浓度，kg/m³；Q 为管道的出流量，m³/s；K 为一阶衰减系数，1/s；L 为管道中污染物的源汇项，kg/s。

9.2 浐河某片区城市雨水花园调控措施效果模拟

9.2.1 材料与方法

1. 研究区概况

选取西安市城区"西影路—浐河"区域为研究区域，该区域面积为 802hm²，区域范围为南起西影路、咸宁东路，北至长乐路，西起东二环路，东至长田路、万寿路。依照研究区域的城市规划图和雨水管网图，遵循概化原则，将研究区域划分为 80 个子汇水区域，各个子汇水区域的面积为 2.88～62hm²，划分结果如图 9-4 所示。排水管网系统管道概化为 97 段，区域内所有管道均为钢筋混凝土圆管，管径为 500～2500mm，检查井节点 97 个，浐河排水口 1 个。

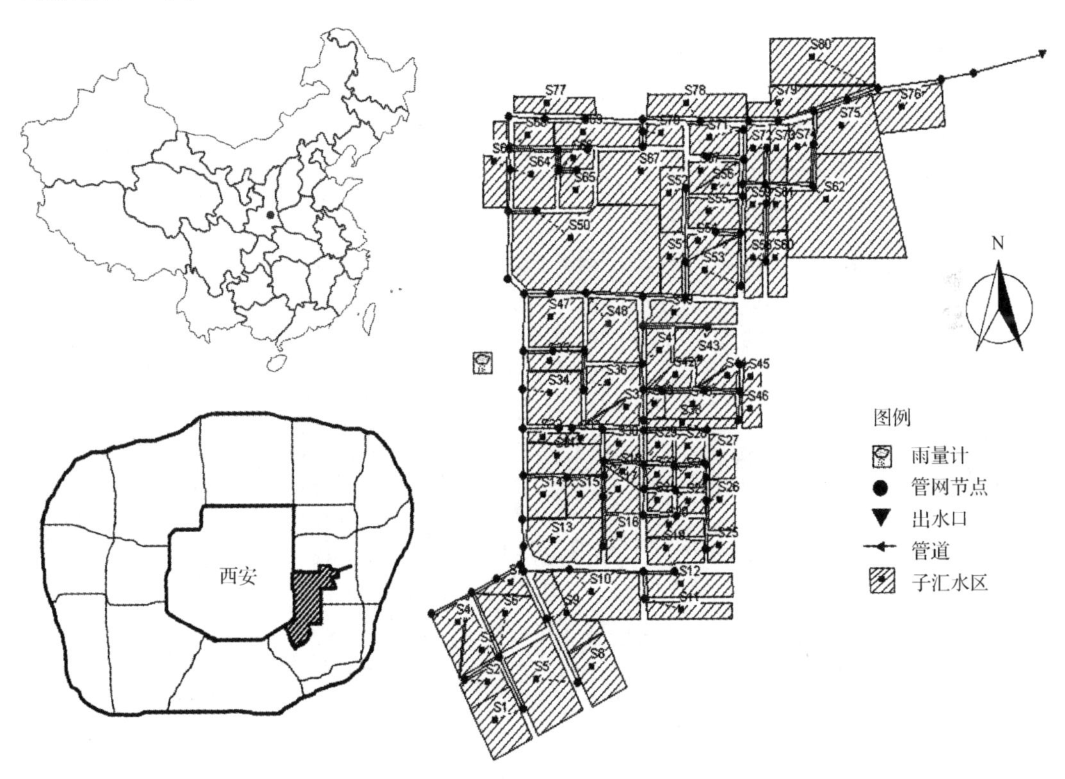

图 9-4 研究区排水分区概化图

2. 模型水量参数的率定与验证

根据现有的资料条件和模型原理，研究区土地利用类型分为交通区、工业区和生活区，地表径流子系统入渗和汇流的过程分别选用 Horton 模型和非线性水库地表漫流模型，排水管网系统的流动和输送模拟过程选用运动波方程和完全混合一阶衰减方程。选用"2013-08-28"和"2013-10-14"两场降雨的气象数据及研究区域总出口的实际水量监测数据，对所建模型水量相关参数进行率定，率定结果如图 9-5 和表 9-2 所示。采用"2014-06-13"和"2014-08-30"两场降雨的气象数据及研究区域总出口的实际监测数据验证模型率定之后的水量参数，模型验证结果如图 9-6 所示。结果表明，研究区域总排水口模型模拟的流量过程线与实际监测的数据吻合度较好，洪峰流量的模拟值与实测值较接近，说明所建模型能够较好地模拟该区域的流量变化过程。

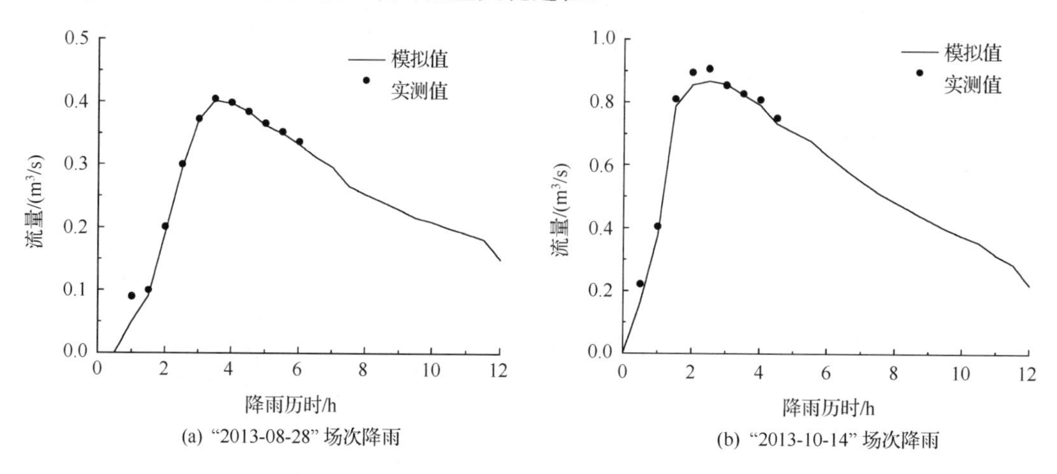

图 9-5 模型流量的率定结果

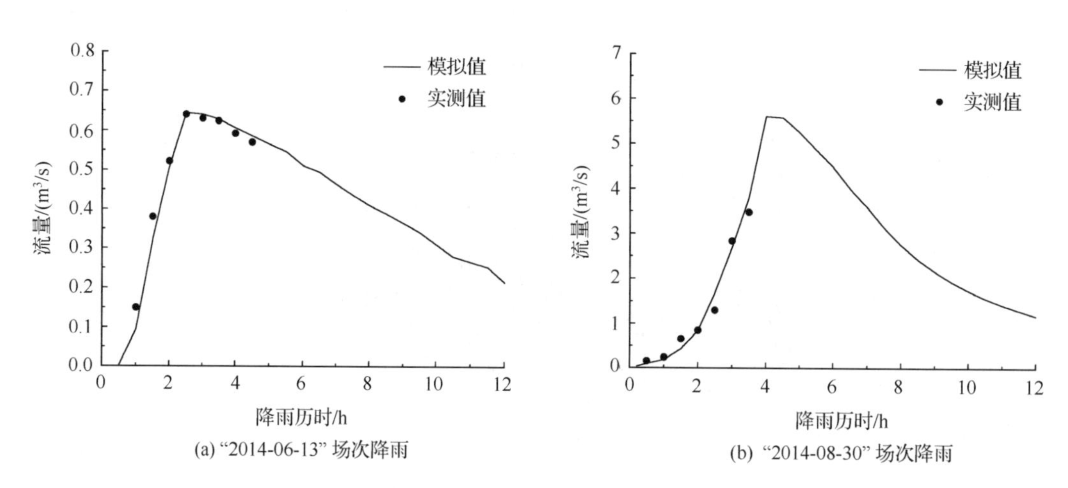

图 9-6 模型流量的验证结果

表 9-2　SWMM 模型相关参数

参数	取值	参数	取值
面积/hm^2	2.54～62	不渗透性洼地蓄水/mm	0.01
特征宽度/m	1.27～31	渗透性洼地蓄水/mm	3
平均坡度/%	0.5	无洼蓄量不透水区率/%	25
不渗透性/%	10～95	最大渗入速率/(mm/h)	76
不渗透性粗糙系数 N 值	0.015	最小渗入速率/(mm/h)	3
渗透性粗糙系数 N 值	0.1	渗入衰减系数	4

3. 模型水质参数的率定与验证

选用饱和函数和指数函数模拟地表累积物在晴天的累积和降雨时的冲刷过程，SS、COD、TN 以及 TP 四个主要污染物作为水质模拟指标。采用“2013-08-28”和“2013-10-14”两场降雨的气象数据及研究区域总出口的实际监测数据对 SWMM 模型的水质相关参数进行率定，率定结果如图 9-7 所示。模型率定后不同土地利用类型，各污染物累积和冲刷参数如表 9-3 和表 9-4 所示。

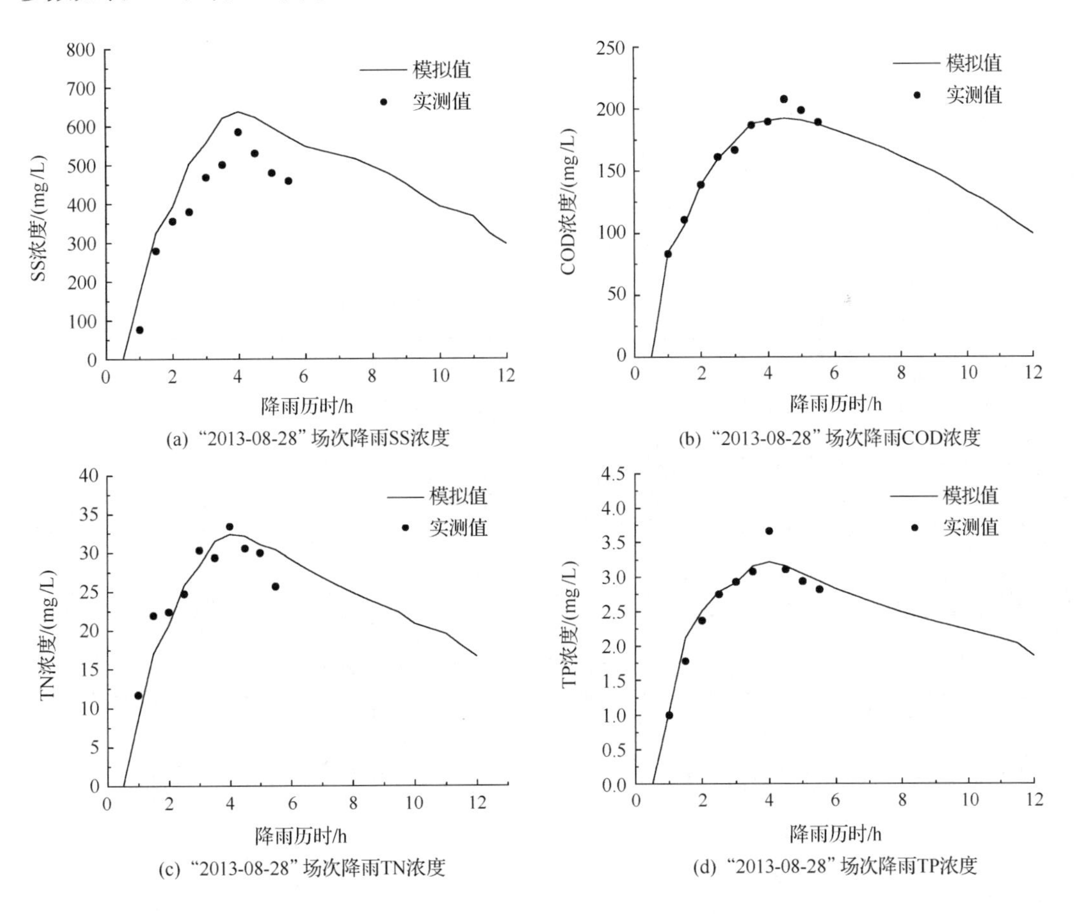

(a) “2013-08-28” 场次降雨SS浓度

(b) “2013-08-28” 场次降雨COD浓度

(c) “2013-08-28” 场次降雨TN浓度

(d) “2013-08-28” 场次降雨TP浓度

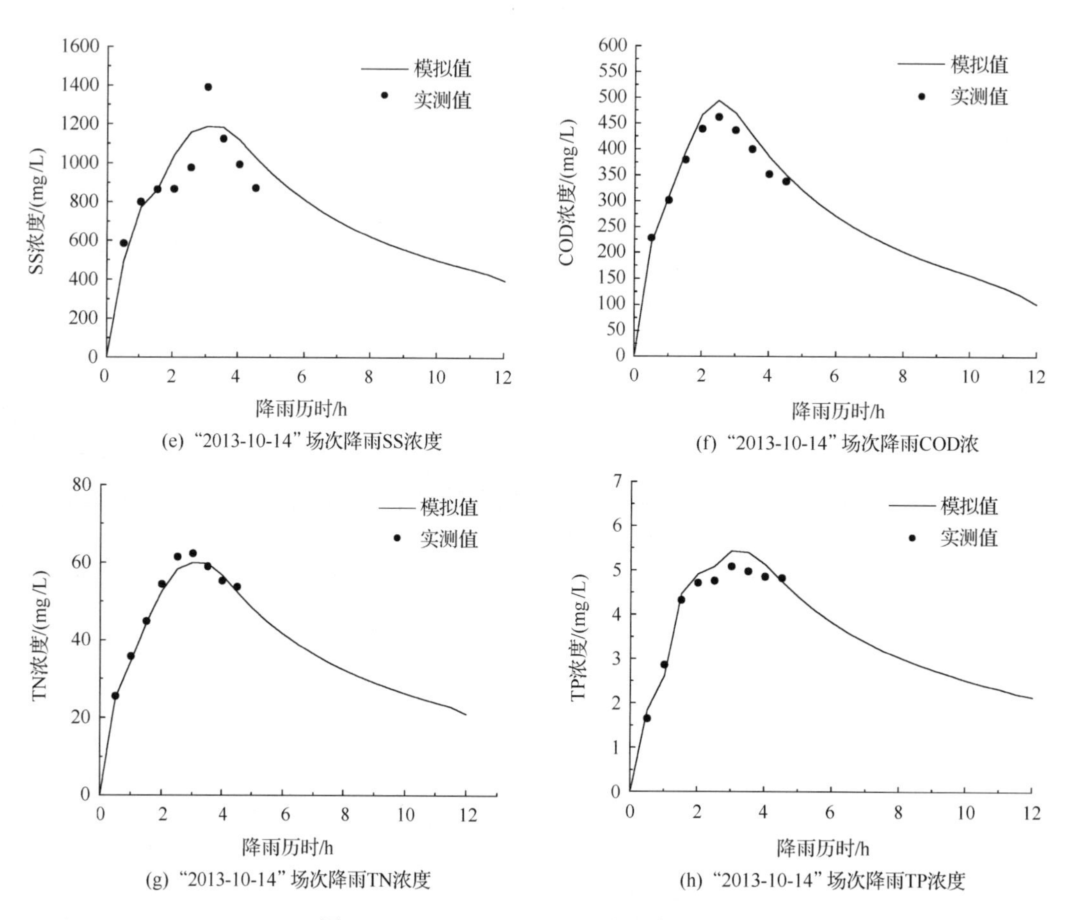

(e) “2013-10-14” 场次降雨SS浓度

(f) “2013-10-14” 场次降雨COD浓

(g) “2013-10-14” 场次降雨TN浓度

(h) “2013-10-14” 场次降雨TP浓度

图 9-7　SS、COD、TN、TP 的浓度率定结果

表 9-3　不同土地利用类型的各污染物累积参数

污染物	生活区		商业区		工业区		交通区	
	最大累积量/(kg/hm²)	半饱和常数	最大累积量/(kg/hm²)	半饱和常数	最大累积量/(kg/hm²)	半饱和常数	最大累积量/(kg/hm²)	半饱和常数
SS	200	10	270	10	200	10	500	10
COD	150	15	180	15	180	15	270	15
TN	6	15	6	15	8	15	8	15
TP	0.2	15	0.4	15	0.6	15	0.55	15

表 9-4　不同土地利用类型的各污染物冲刷参数

污染物	生活区			商业区			工业区			交通区		
	系数	指数	清洁效率/%	系数	指数	清洁效率/%	系数	指数	清洁效率/%	系数	指数	清洁效率/%
SS	0.14	1.8	60	0.14	2.0	60	0.14	1.9	60	0.18	2.0	60
COD	0.14	12	60	0.15	2.2	60	0.15	2.1	60	0.16	2.2	60
TN	0.07	1.6	50	0.08	1.6	50	0.07	1.6	50	0.08	1.5	50
TP	0.06	1.0	50	0.05	1.0	50	0.06	1.0	50	0.05	1.0	50

选用“2014-06-13”场次降雨的气象数据及研究区域总出口的实际监测数据，验证模型率定后的水质相关参数，模型的验证结果如图 9-8 所示。由模拟结果可知，总排水口的水质过程线与实际监测的数据吻合度较好，污染物最大值的模拟值与实测值较接近，说明所建模型能够较好的模拟该区域的水质情况。

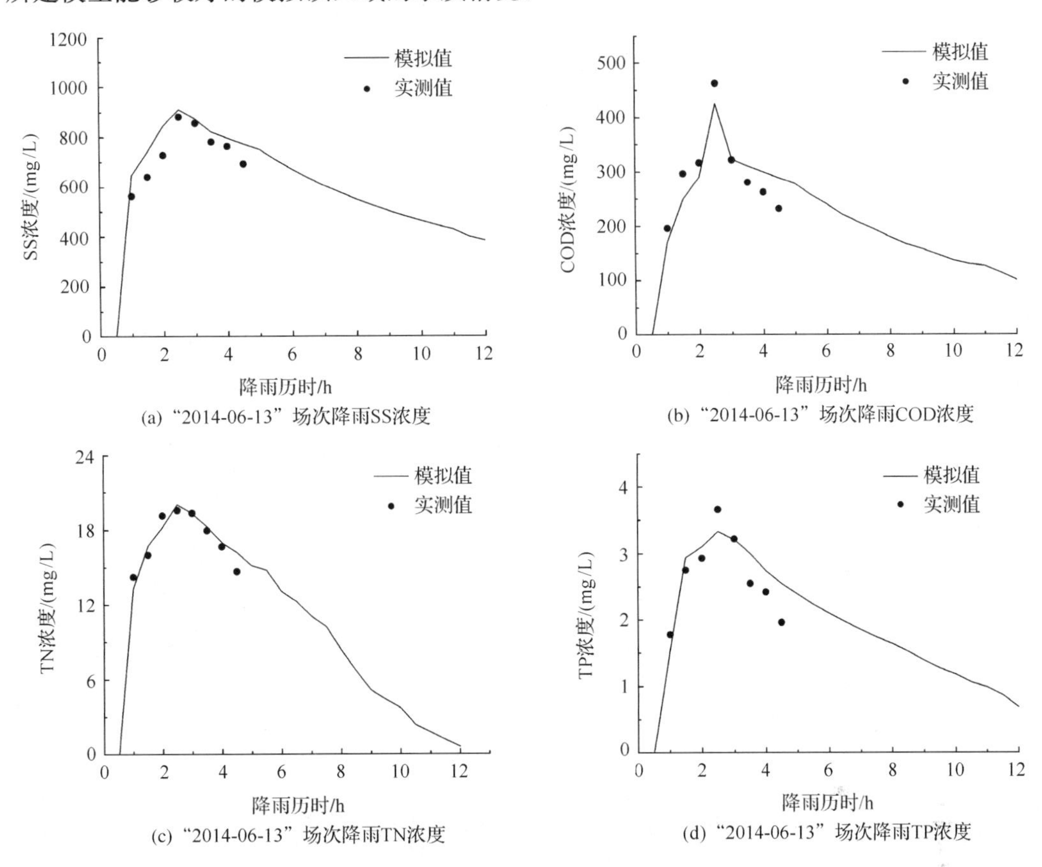

(a)“2014-06-13”场次降雨SS浓度

(b)“2014-06-13”场次降雨COD浓度

(c)“2014-06-13”场次降雨TN浓度

(d)“2014-06-13”场次降雨TP浓度

图 9-8 SS、COD、TN、TP 的浓度验证结果

9.2.2 不同模拟情景设置

1. 不同降雨强度设计

设定降雨历时为 1 小时，分别选取 0.5 年、1 年、2 年、10 年及 20 年为重现期，设计不同强度下的降雨事件，分析降雨强度对污染物排出过程的影响。根据西安市暴雨强度公式(卢金锁等，2010)，分别计算不同强度下的降雨事件在 1 小时的降水量，结果如表 9-5 所示。

西安市的暴雨强度公式为

$$q=\frac{2785.833\times(1+1.1658\times\lg P)}{(t+16.813)^{0.9302}} \tag{9-17}$$

转化成降雨强度表示形式为

$$i=\frac{16.715\times(1+1.1658\times \lg P)}{(t+16.715)^{0.9302}} \tag{9-18}$$

式中，q 为设计暴雨强度，L/s・hm²；P 为重现期，a；t 为降雨历时，min。

表 9-5　不同降雨强度下历时 1 小时的降水量

重现期/a	降雨强度/(L/s・hm²)	降水量/mm
0.5	31.87	11.47
1	49.1	17.68
2	66.33	23.88
10	106.35	38.29
20	123.58	44.49

1957 年，Keifer 和 Chu 通过研究“雨强-历时”的关系，提出芝加哥雨型(Keifer et al.，1978；Keifer and Chu，1957)。一直以来，芝加哥雨型受到了国内外学者的广泛推广与应用，且其效果良好。该雨型引入了暴雨强度过程的平均雨型和强度高峰位置，它描述的暴雨模式概括了降雨强度先大后小和先小后大等特殊雨型，综合了暴雨平均强度、暴雨最强时段强度和暴雨强度过程的瞬时暴雨强度，形成了更为全面反映暴雨各种特征的雨型。本章选用芝加哥雨型作为设计雨型。

芝加哥暴雨强度时程分布(Barco et al.，2008；Goldstein et al.，2010)计算的基本公式如下(设雨始点坐标为 0)：

当 $0\leqslant t\leqslant t_a$ 时，

$$i_a=\frac{(1-n)\cdot r^n\cdot A}{(t_a-t+r\cdot b)^n}+\frac{n\cdot b\cdot r^{n+1}\cdot A}{(t_a-t+r\cdot b)^{n+1}} \tag{9-19}$$

当 $t_a\leqslant t\leqslant T$ 时，

$$i_b=\frac{(1-n)\cdot(1-r)^n\cdot A}{[t-t_b+(1-r)\cdot b]^n}+\frac{n\cdot b\cdot(1-r)^{n+1}\cdot A}{[t-t_b+(1-r)\cdot b]^{n+1}} \tag{9-20}$$

式中，A、b、n 为暴雨强度公式中地方性的参数，在此 $A=16.715(1+1.658\lg P)$、$b=1.1658$、$n=0.9302$；r 是雨峰系数；i_a是峰前雨强；i_b为峰后雨强；t_a是峰前降雨历时；T 是总降雨历时。

雨峰系数 r 表征了雨峰的相对位置，是指在任何暴雨历时中，降雨从开始到形成雨峰的时间间隔与总降雨历时的比值。大量的国内外研究成果表明，各地的雨峰系数 r 一般取值 0.3～0.5，相差较小，在缺乏当地降雨统计资料的情况下，通常用经验值 0.4，一般不会造成显著误差(江晔，2006)，故在本章中 r 近似取为 0.4，则雨峰出现的时间是 $t_a=60\times 0.4=24$ 分钟。

利用式(9-19)和式(9-20)计算不同降雨强度的降水量分布结果，结果如表 9-6 所示。

表 9-6　西安市不同降雨强度下的 1 小时降水量分布结果

时间步长/min	降水量/mm				
	0.5 年一遇	1 年一遇	2 年一遇	10 年一遇	20 年一遇
0	0.26	0.40	0.54	0.86	1.00
5	0.35	0.54	0.73	1.16	1.35
10	0.51	0.78	1.06	1.70	1.97
15	0.83	1.28	1.73	2.77	3.22
20	1.66	2.56	3.45	5.53	6.43
25	3.29	5.07	6.85	10.99	12.77
30	1.66	2.56	3.45	5.53	6.43
35	1.01	1.56	2.11	3.39	3.93
40	0.69	1.07	1.44	2.31	2.69
45	0.51	0.78	1.06	1.70	1.97
50	0.39	0.60	0.82	1.31	1.52
55	0.31	0.48	0.65	1.05	1.21

2. 不同雨型设计

采用重现期为一年一遇、降雨历时 1 小时、雨峰相对位置 r 分别为 0.4、0.5、0.6 的三种情况进行降雨径流污染负荷模拟，分析不同雨型条件下对污染物排出过程的影响。三种雨峰情况下的降雨分布情况如表 9-7 所示。

表 9-7　三种雨峰情况下的降雨分布情况

时间步长/min	$r=0.4$	$r=0.5$	$r=0.6$
0	0.40	0.32	0.40
5	0.54	0.42	0.48
10	0.78	0.59	0.60
15	1.28	0.86	0.78
20	2.56	1.36	1.07
25	5.07	2.47	1.56
30	2.56	5.97	2.56
35	1.56	2.47	5.07
40	1.07	1.36	2.56
45	0.78	0.86	1.28
50	0.60	0.59	0.78
55	0.48	0.42	0.54

3. 不同土地利用设计

不同的土地利用类型，对区域的气候、土壤、水量及水质有着较大的影响，它极大地改变了地表的水文特征及水流的方向，是人类活动影响水文系统最为显著的表现形式(刘华祥,2005)。为明确不同的城市土地利用对城市非点源污染的影响,选取生活区、商业区、工业区及交通区四种城市典型的土地利用类型,在重现期为一年一遇,降雨历时1小时,雨峰相对位置 r 为0.4(表9-6)的设计降雨条件下,模拟不同土地利用类型条件下的水量和水质情况。其中,生活区以S36为代表,面积13.03hm²,排放口为节点J42;商业区以S14为代表,面积7.28hm²,排放口为节点J17;工业区以S62为代表,面积50.05hm²,排放口为节点J91;交通区以S32为代表,面积3.92hm²,排放口为节点J19(图9-4)。

4. 雨水花园设计及布置

由于研究区域面积较大,考虑到降雨的突发性,将雨水花园设置在离研究区域排水口较近和主排水干管边侧的多个子汇水区,共铺设46个雨水花园,详细铺设情况如图9-9所示。采用基于WQ_v和达西定律的方法(孙艳伟,2011),计算雨水花园的表面积,计算步骤如下:

(1) 计算流量系数RV:

$$RV = 0.05 + 0.009 \times I \tag{9-21}$$

式中,I 为该子汇水区的不透水性面积比例。

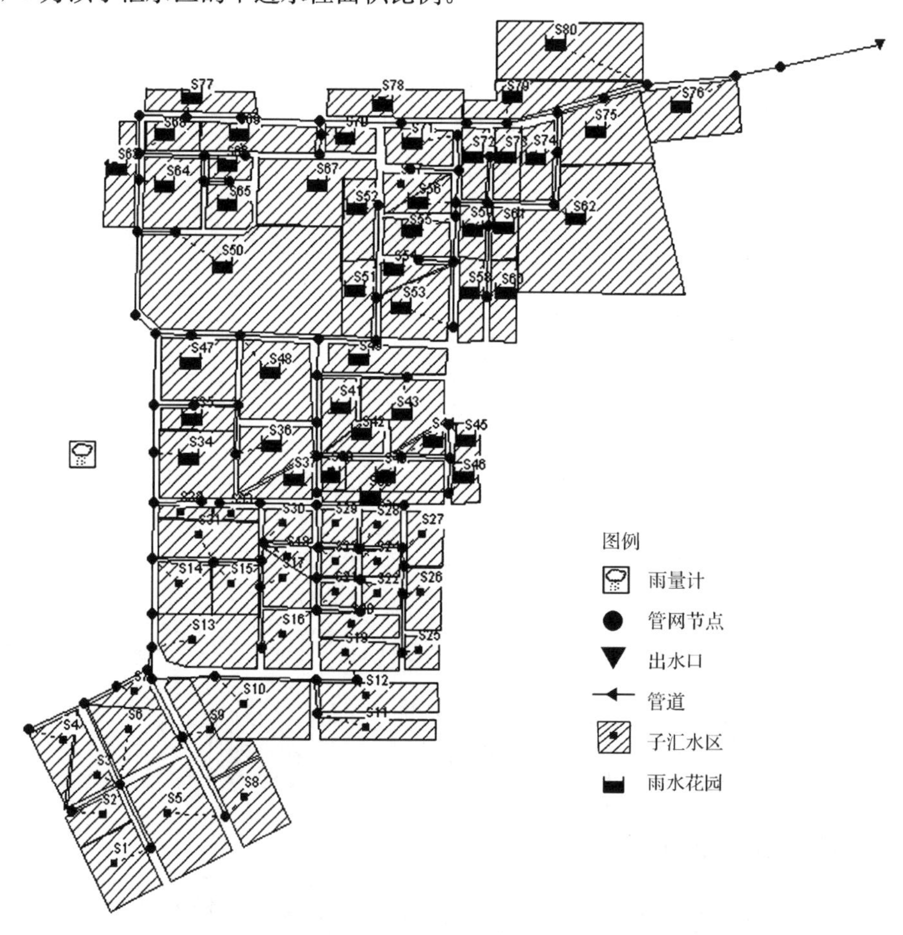

图9-9 雨水花园在SWMM模型中的模拟示意图

（2）计算水质流量 WQ_v：

$$WQ_v = \frac{A_T \cdot P \cdot RV}{100} \tag{9-22}$$

式中，A_T为雨水花园所对应的子汇水区面积，m^2；P 为该子汇水区大于 90%的降水事件的降水量，cm；

（3）计算雨水花园的面积

$$A_f = \frac{WQ_v \cdot d_f}{k \cdot t_f \cdot (h_{avg} + d_f)} \tag{9-23}$$

式中，WQ_v 为流量总量 m^3；d_f 为雨水花园中植物生长的土壤层厚度，m，值一般为 0.76～1.2；k 为植物生长土壤层的入渗系数，m/d，最小取值 0.305；h_{avg} 为平均积水深度，m，$h_{avg}=h_{max}/2$，h_{max} 为最大积水深度，m，值一般为 0.076～0.152；t_f 为排泄时间，d，值一般为 1～3。

计算得到雨水花园总面积为 16.7hm^2，约占研究区域面积的 2%。雨水花园的设计参数，如表 9-8 所示。采用 RECARGA 对积水时间进行模拟，确定雨水花园的排水管道上的孔口直径，经计算，各排水孔的直径为 4.2cm，5.0cm 或者 6.8cm。

表 9-8　雨水花园的参数设计

设计参数	数值	设计参数	数值
表面积/hm^2	0.09～1.43	传导度坡度	10
表面粗糙系数	0.1	土壤水吸力/mm	3.5
存水深度/cm	15	砂砾石厚度/mm	200
土壤厚度/mm	500	孔隙率	0.75
孔隙度	0.5	下渗率/(mm/h)	250
传导率/(mm/h)	0.5	排水指数	0.5

9.2.3　结果与讨论

1. 不同降雨强度下非点源污染负荷模拟结果

采用西安市不同重现期强降雨强度下的 1 小时降水量分布（表 9-6）模拟总排放口的流量以及各主要污染物的变化过程，如图 9-10 和图 9-11 所示。不同降雨重现期下，研究区域内总出水口污染物负荷量，如表 9-9 所示，总出水口污染物负荷量随降雨强度的变化曲线如图 9-12 所示。模拟过程中，前期干旱天数统一设定为 17 天。

从图 9-10 中可以看出，降雨初期，管网系统末端总排放口的流量较小，这主要是因为研究区域的面积较大，汇流的时间较长，到达排放口的汇流时间一般为 0.5～1min；随着雨量的增加，总排放口的流量也在不断地增大，流量的最大值发生在 1.5～2min 之间；之后随着降雨强度的减小，总排放口的流量又随之慢慢地减小，直至没有流量发生。同时，从图中可以看出，在相同的降雨历时时，雨量越大，达到峰值的时间越少，总排放口的流量越大，即 20 年一遇＞10 年一遇＞2 年一遇＞1 年一遇＞0.5 年一遇。

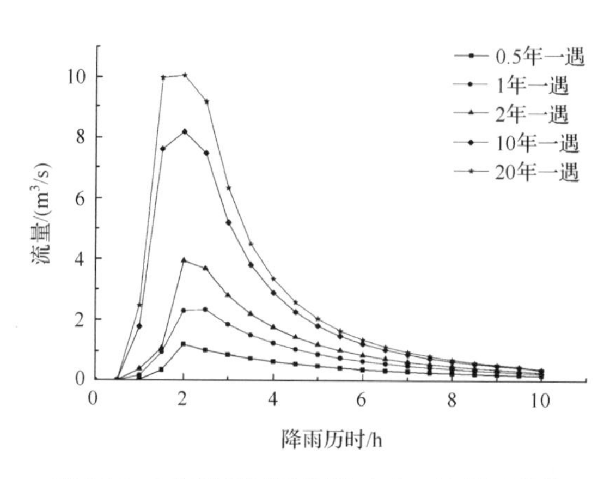

图 9-10 不同降雨强度下总出水口流量过程线

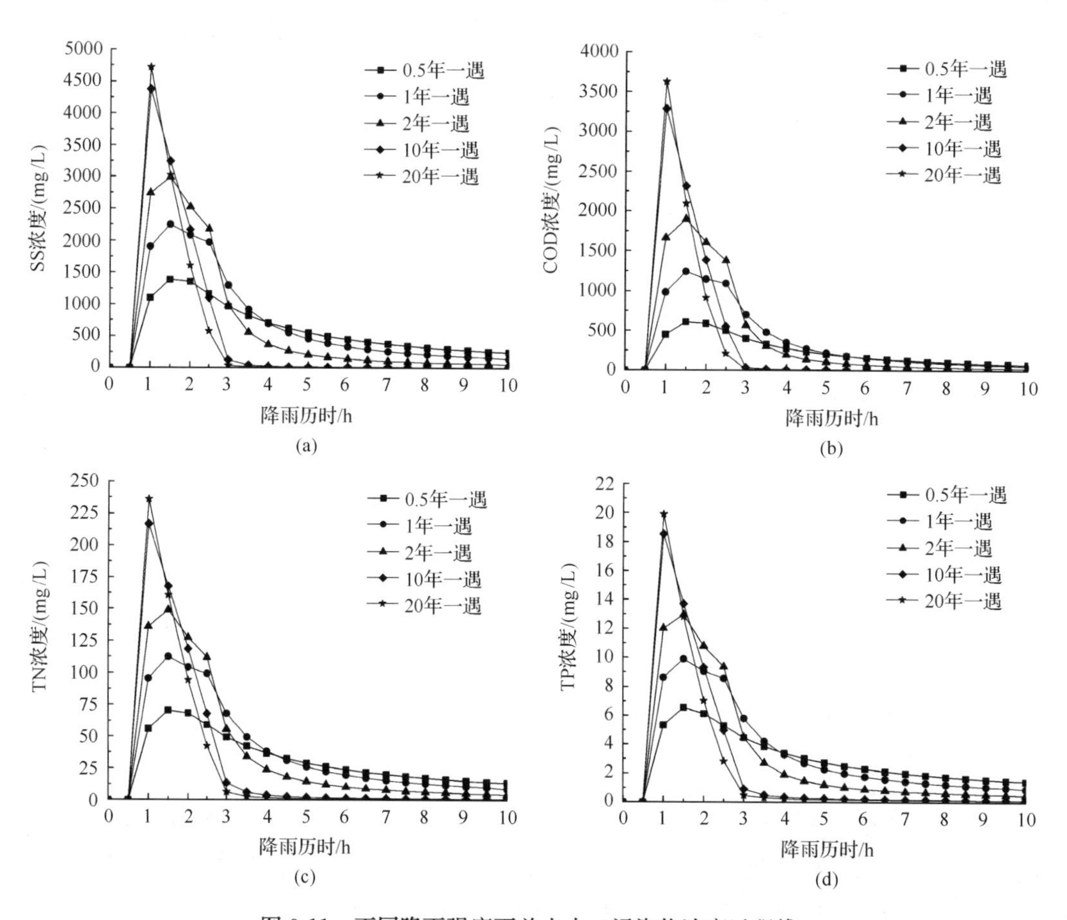

图 9-11 不同降雨强度下总出水口污染物浓度过程线

从图 9-11 中可以看出，SS、COD、TN、TP 四种污染物浓度随降雨历时的总体变化相似，都表现出明显的前期冲刷特性。随着雨量的增大，污染物浓度从最小值迅速增加到最大值，峰值出现在降雨发生后的 1～2 小时，且降雨强度越大，峰值出现时间越早；随着降雨强度的减小，污染物的浓度也随之减少，且降雨强度越大，污染物浓度从峰值减小到最小值所需的时间越短。降雨强度越大，前期冲刷现象越明显。对比模拟流量以及污染物变化过程(图 9-10、图 9-11)可知，流量达到最大时，各污染物浓度不一定达到最大，这是因为在雨量和降雨强度大的降雨事件下，虽然流量冲刷能力以及污染物的冲刷量都很大，但径流量的大幅增长相当于对污染物浓度进行了稀释，使得污染物浓度不一定大。由表 9-9 和图 9-12 可知，随着重现期以及降雨强度的不同，地表污染物的冲刷量也不同，且污染物的负荷量与降雨强度成正相关，即降雨强度越大对地表污染物的冲刷能力就越强，污染物负荷量也就越大。

表 9-9　不同重现期下总排放口的污染物负荷量

重现期	污染物/kg			
	COD	SS	TN	TP
0.5 年一遇	3294.1	7865.4	402.6	36.7
1 年一遇	14143.5	26078.2	1341.5	115.9
2 年一遇	45345.9	70967.3	3728.6	317.78
10 年一遇	68287.8	109766.5	6265.3	493.8
20 年一遇	131798.4	182812.1	9608.4	783.4

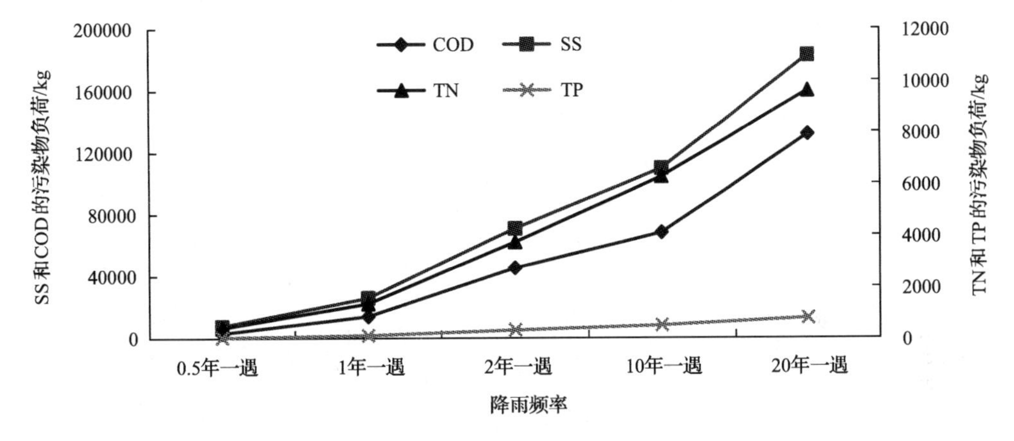

图 9-12　总排放口的污染物负荷量随降雨强度的变化曲线

2. 不同雨型下非点源污染负荷模拟结果

选取重现期为一年一遇，降雨历时 1 小时，雨峰相对位置 r 分别为 0.4、0.5、0.6 的三种不同雨型情况模拟研究区域总出水口的流量及污染物浓度变化过程，结果如图 9-13 和图 9-14 所示；总出水口污染物负荷量如表 9-10 所示。

从图 9-13 可以看出，三种不同雨型情况模拟的流量过程线的后期变化不大，主要区别在于出现径流的时间、前期流量大小和流量峰值。$r=0.4$ 的雨型时，总口出现径流所需的时间和形成流量峰值的时间最短，同一时间前期流量较大，但流量峰值最小；$r=0.5$ 的雨型时，总口出现径流所需的时间、形成流量峰值的时间、同一时间前期流量大小及流量峰值次之；$r=0.6$ 的雨型时，总口出现径流所需的时间和形成流量峰值的时间最长，同一时间前期流量最小，但流量峰值最大。由此可知，对于一场降雨来说，不同的雨型对研究区域的出口出流时间、前期流量的大小及流量峰值都有一定的影响。

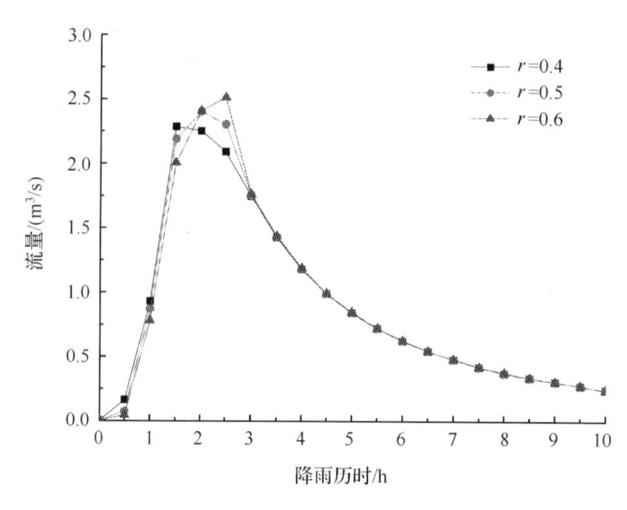

图 9-13　不同雨型条件下总出水口流量过程线

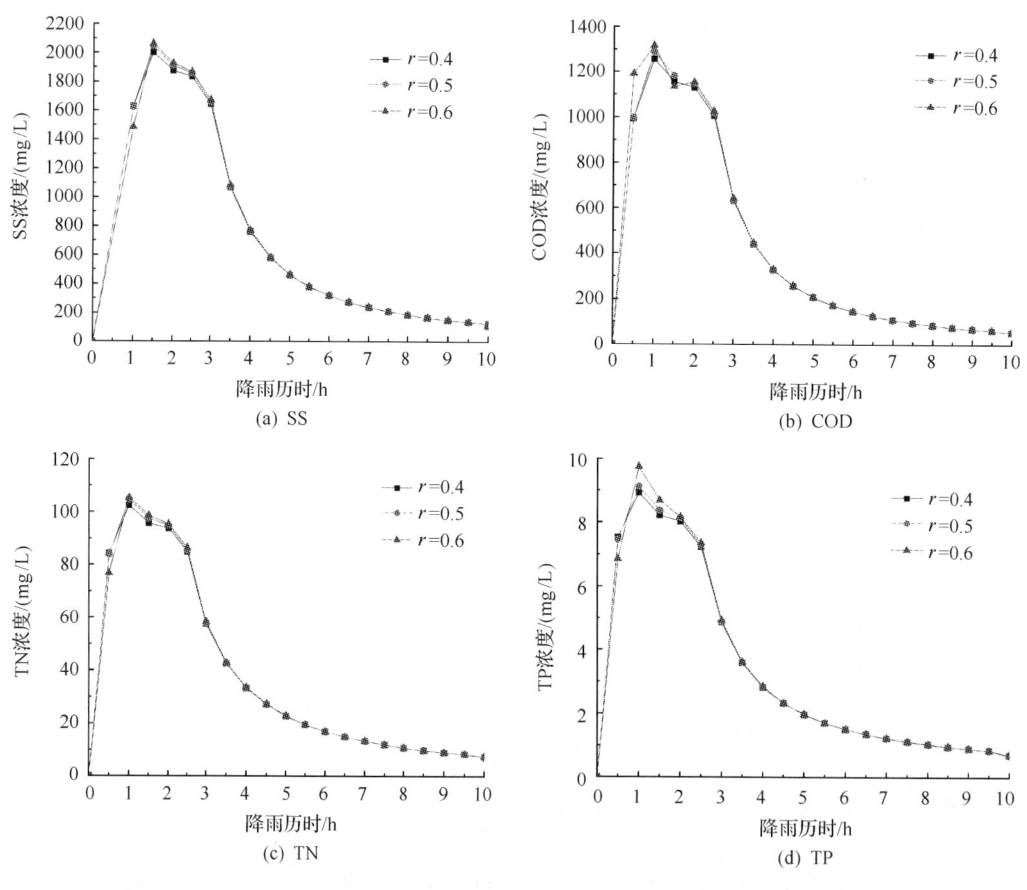

图 9-14　不同雨型条件下总出水口污染物浓度过程线

从图 9-14 可以看出，三种不同雨型情况模拟的污染物浓度过程线的后期变化不大，主要区别在于前期污染物浓度的大小和污染物浓度的峰值。在出现雨峰之前，同一时间污染物的浓度大小是 $r=0.4>r=0.5>r=0.6$。三种不同雨型污染物的浓度峰值出现的时间没有变化，主要区别在于峰值的大小，雨峰靠后的峰值越大，雨峰靠前的峰值反而越小，这与流量峰值大小是相应的。由表 9-10 可以看出，三种不同雨型情况模拟的污染物负荷大小存在一定的差异，降雨雨峰靠前，污染物的负荷越小，这与污染物过程线中峰值的规律性一致。

表 9-10　不同雨型条件下总排放口的污染物负荷量

不同雨型	污染物/kg			
	COD	SS	TN	TP
r=0.4	19336.0	31690.9	1650.0	141.2
r=0.5	19523.0	32328.7	1687.1	144.3
r=0.6	19887.1	32614.5	1681.9	145.4

3. 不同土地利用类型下非点源污染负荷模拟结果

采用重现期为 1 年一遇，降雨历时 1 小时，雨峰相对位置 r 为 0.4 的降雨事件，模拟的典型生活区、商业区、工业区及交通区的单位面积径流量变化过程，如图 9-15 所示。不同土地利用类型（生活区、商业区、工业区及交通区）单位面积上的污染物负荷量及其变化过程，如表 9-11 和图 9-16 所示。

表 9-11　不同土地利用单位面积上的污染物负荷

不同的土地利用类型	污染物/(kg/m^2)			
	SS	COD	TN	TP
生活区	5.02	2.98	0.26	0.022
商业区	5.40	3.27	0.28	0.025
工业区	5.8	3.72	0.31	0.029
交通区	12.01	6.12	0.59	0.053

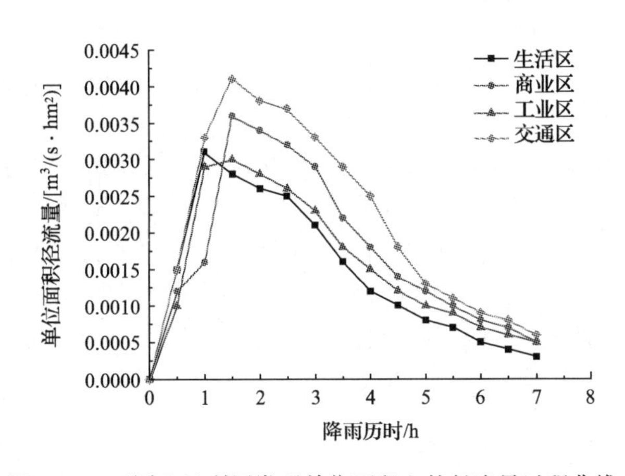

图 9-15　不同土地利用类型单位面积上的径流量过程曲线

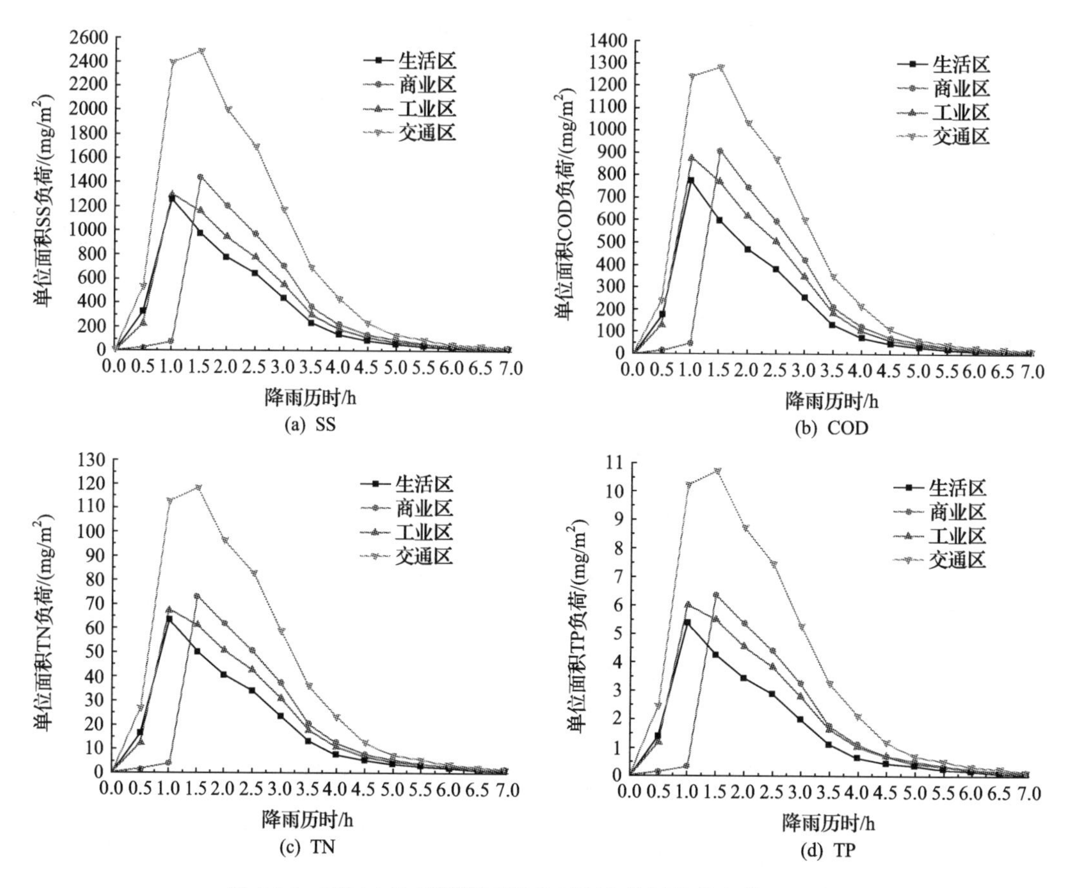

(a) SS　(b) COD　(c) TN　(d) TP

图 9-16　不同土地利用类型单位面积上的污染物负荷过程线

结果表明，不同土地利用类型单位面积上的径流量过程相似，峰值不同，峰值出现的时间也有较小的差别。生活区相比于其他 3 个区域的峰值时间较早，其他 3 个区域峰值时间相近，径流流量的峰值由大到小的顺序是交通区＞商业区＞工业区＞生活区。这主要是因为城市化的加剧，使得交通路面、商业区等的不透水地面面积增大，加剧了地表径流的形成。而生活区的透水面积相对较大，洼蓄量较大，产流量相对较少，径流量以及峰值都相对较小。

不同土地利用单位面积上的污染物负荷变化规律基本相似，在降雨初期，不同土地利用单位面积上的污染物负荷变化较快，随着降雨雨峰的出现，不透水面积比例大的地表非点源污染物负荷迅速减小。单位面积上的污染物负荷峰值的大小是：交通区＞商业区＞工业区＞生活区，可见城市地表不透水面积越大，水质的污染越严重。不同土地利用单位面积上的污染物负荷的大小顺序为：交通区＞商业区＞工业区＞生活区，在降雨径流冲刷城市地表的过程中，交通区是产生非点源污染负荷最多的区域。

4. 雨水花园调控效果模拟结果

添加雨水花园调控措施后，在重现期分别为 2 年一遇、10 年一遇、20 年一遇，降雨历时 1 小时，雨峰系数 r 为 0.4 的设计暴雨条件下，研究区域添加 LID 措施（雨水花园）前后总出水口流量 Q 以及各污染物浓度（TN、TP、COD、SS）的模拟结果及削减率如表 9-12 所示。

表 9-12　不同降雨强度下出水口的流量及污染物模拟结果

水量及污染物	模拟结果	2 年一遇		10 年一遇		20 年一遇	
		无雨水花园调控	雨水花园调控	无雨水花园调控	雨水花园调控	无雨水花园调控	雨水花园调控
Q	峰值大小/(m^3/s)	3.928	2.443	8.454	6.909	10.466	8.936
	峰现时间/h	2:22	4:29	1:45	2:29	1:45	2:15
	峰值削减率/%	37.8		18.3		14.6	
	总量/m^3	43250.4	22001.4	92268.9	70578	114891.3	94337.1
	总量削减率/%	49.1		23.5		17.9	
SS	峰值大小/(mg/L)	2720.88	2295.8	4361.7	3554.4	4815.58	3844.35
	峰现时间/h	1:19	2:18	1:03	1:23	1:02	1:13
	峰值削减率/%	15.6		18.5		20.2	
	总量/kg	70967.3	32022.8	109766.5	52004.3	182812.1	89943.6
	负荷削减率/%	54.9		52.6		50.8	
COD	峰值大小/(mg/L)	1839.57	1503.03	3197.46	2509.79	3506.29	2712.6
	峰现时间/h	1:18	2:17	1:03	1:22	1:02	1:13
	峰值削减率/%	18.3		21.5		22.6	
	总量/kg	45345.8	20277.6	68287.8	31260.0	131798.4	63658.6
	负荷削减率/%	55.3		54.2		51.7	
TN	峰值大小/(mg/L)	136.58	114.88	214.18	176.39	237.45	192.7
	峰现时间/h	1:17	2:16	1:03	1:22	1:02	1:16
	峰值削减率/%	15.9		17.6		18.8	
	总量/kg	3728.6	1703.1	6265.3	3170.8	9608.4	4977.2
	负荷削减率/%	54.3		49.4		48.2	
TP	峰值大小/(mg/L)	14.22	9.76	24.38	17.06	26.26	18.52
	峰现时间/h	1:17	2:16	1:03	1:22	0:47	1:13
	峰值削减率/%	31.4		30.0		29.5	
	总量/kg	317.78	140.16	493.8	236.4	783.4	390.92
	负荷削减率/%	55.9		52.1		50.1	

添加雨水花园的调控措施后，总出水口的流量峰值在 2 年一遇、10 年一遇及 20 年一遇的降雨事件中，削减率分别为 37.8%、18.3%和 14.6%；流量峰值出现的时间分别推迟了 67 分钟、44 分钟和 30 分钟；径流总量的削减率分别为 49.1%、23.5%、17.9%。结果表明：雨水花园对城市降雨径流具有削峰减量和洪峰迟滞的作用，但随着重现期的变大，降雨强度的增加，流量峰值和流量总量的削减率随之相应减小，流量峰值迟滞时间也随之相应减少。这与潘国艳等(2012)试验研究结果一致。雨水花园主要是通过植被根区土壤的储蓄、植物的蒸腾蒸发及下渗共同作用使总径流量达到减小的效果。

雨水花园不仅对径流有削峰减量的作用，对各污染物的负荷也有同样的效果。在 2 年一遇、10 年一遇及 20 年一遇的降雨事件中，雨水花园对污染物 SS 的浓度峰值和总量的削减率分别为15.6%、18.5%、20.2%和54.9%、52.6%、50.8%，浓度峰值出现的时间分别推迟了59分钟、20分钟和11分钟；对污染物COD的浓度峰值和总量的削减率分别为18.3%、21.5%、22.6%和55.3%、54.2%、51.7%，浓度峰值出现的时间分别推迟了59分钟、22分钟和11分钟。由此可知，雨水花园对污染物SS和COD浓度峰值和总量的削减相对较稳定，有较好的去除效果。随着重现期的变大，降雨强度的增加，浓度峰值削减率随之增加，而总量的削减率随之减小，但削减率为50%～60%，浓度峰值迟滞时间都随之相应减小。雨水花园对污染物TN的浓度峰值和总量的削减率分别为15.9%、17.6%、18.8%和54.3%、49.4%、48.2%，浓度峰值出现的时间分别推迟了59分钟、19分钟和14分钟；对污染物TP的浓度峰值和总量的削减率分别为31.4%、30.0%、29.5%和55.9%、52.1%、50.1%，浓度峰值出现的时间分别推迟了59分钟、19分钟和26分钟。由此可知，随着重现期的变大，降雨强度的增加，雨水花园对污染物TN浓度峰值削减率随之增加，总量的削减率随之减小，浓度峰值迟滞时间也随之相应减小，而雨水花园对污染物TP浓度峰值和总量的削减率都随之减少，浓度峰值迟滞时间也变化不一，说明雨水花园对N、P的去除效果不稳定。

9.3 皂河某片区城市雨水花园调控措施效果模拟

9.3.1 材料与方法

1. 研究区概况

选取西安市皂河第十八号雨水口的排水区域为研究区域。该区域属东亚暖温带大陆性季风气候，冷热干湿四季分明，冬、春季受西北气流影响，寒冷少雨；夏、秋季受东南气流控制，高温多雨，多年平均降水量583.7mm。该研究区域范围为：东起雁塔路、西至皂河、南始南三环、北至纬一街，汇水总面积约1646km^2，区域内大体地势是东南高，西北与西南低。该雨水管网系统沿途截留长安路、朱雀大街、山门路、紫薇路、太白路、翠华路、东仪路等管道系统的雨水，流域内雨水排放系统采取重力流，使雨水就近自然向地势较低的方向流动，排入主干管，最后向西自流排入皂河。

根据研究区域地形图以及雨水管网分布图，遵循概化原则，将研究区域划分为90个汇水子区域，排水管网管段70段，管网节点70个，末端出水口1个，划分结果如图9-17所示。

2. 实地监测

选取研究区出水口(即西安市皂河第十八号雨水口)为监测点，同步监测出水口的水质水量过程。降水量监测数据来自西安理工大学环境科学研究所Mobitor自动气象站。由于研究区域出水口处未设置自动取样以及监测设备，故水样采集过程均由试验人员手动收集。出水口测流取样均尽可能地控制径流涨落过程，取样至少5次以上，且分别位于径流过程的起涨段、峰顶段和退水段，其中起涨段采2～3次样，峰顶段采1～2次样，退水段采2～3次样。

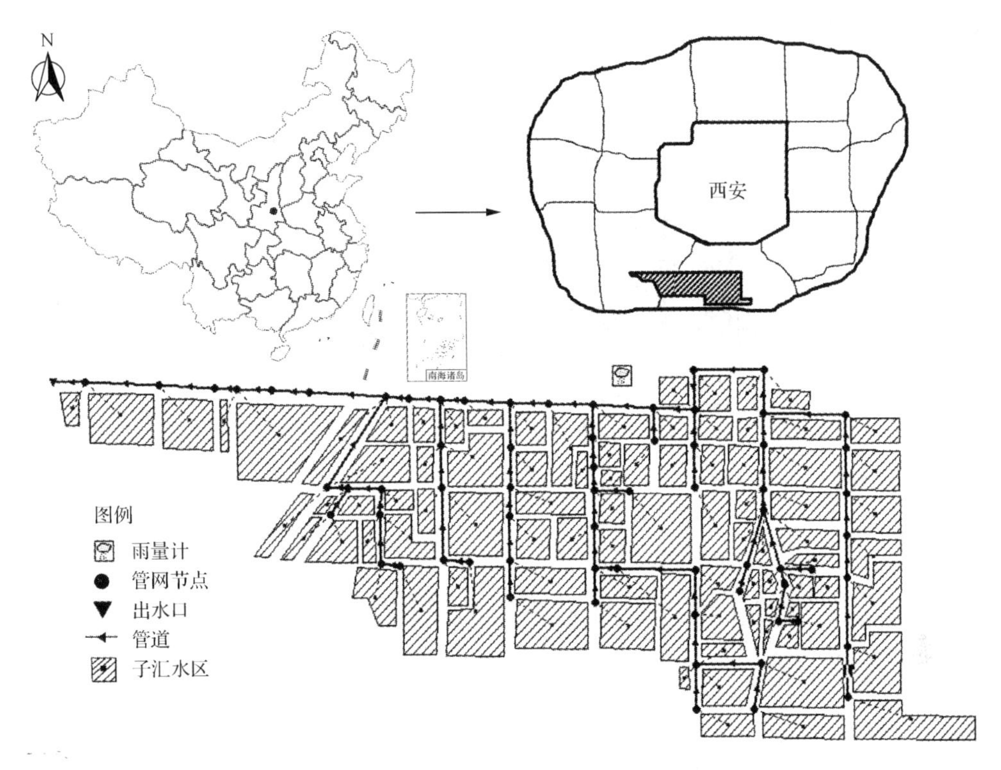

图 9-17　研究区域概化图

流量的测定方法是在研究区域的出水口顺水流方向选择 10m 长的距离，使用浮标法或流速枪测定表面流速，再换算为断面平均流速，同时通过测量断面形状和水深计算过水断面面积，最后根据计算出的流速和过水断面面积推求流量。测流的同时取样，装入聚乙烯塑料桶并加硫酸保存，然后及时运回试验室进行 TN、TP、COD、SS 的测定。水质分析参照《水和废水监测分析方法》(第四版，2002)。

3. *参数率定以及模型验证*

结合现有的资料条件和模型原理，研究区土地利用类型分为屋面、绿地、交通道路；入渗选用 Horton 模型，最大、最小入渗率分别为 76.2mm/h 和 3.8mm/h，衰减系数为 $2h^{-1}$；汇流过程采用非线性水库模型，管道传输系统采用运动波方程；对 TN、TP、COD 和 SS 四种主要污染物进行水质模拟，选用饱和函数、指数函数分别模拟污染物非雨期的累积和雨期的冲刷过程。其他参数根据研究区域的下垫面特征，综合参考 SWMM 模型用户手册(Rossman，2009)以及相关文献(李卓熹等，2012；王雯雯等，2012)初设，并由实测资料率定。

根据 2008 年 11 月研究区监测的一场降雨过程的实测降水量、水质和水量同步监测数据，对 SWMM 模型进行参数率定，该场降雨实测降水量为 10.8mm，降雨过程如图 9-18(a)所示，相关水力参数率定结果如表 9-13 所示，研究区出口流量过程及四种主要污染物浓度过程的模拟结果与实测数据对比如图 9-18(b)至(f)所示，率定结果如表 9-14 和表 9-15 所示。

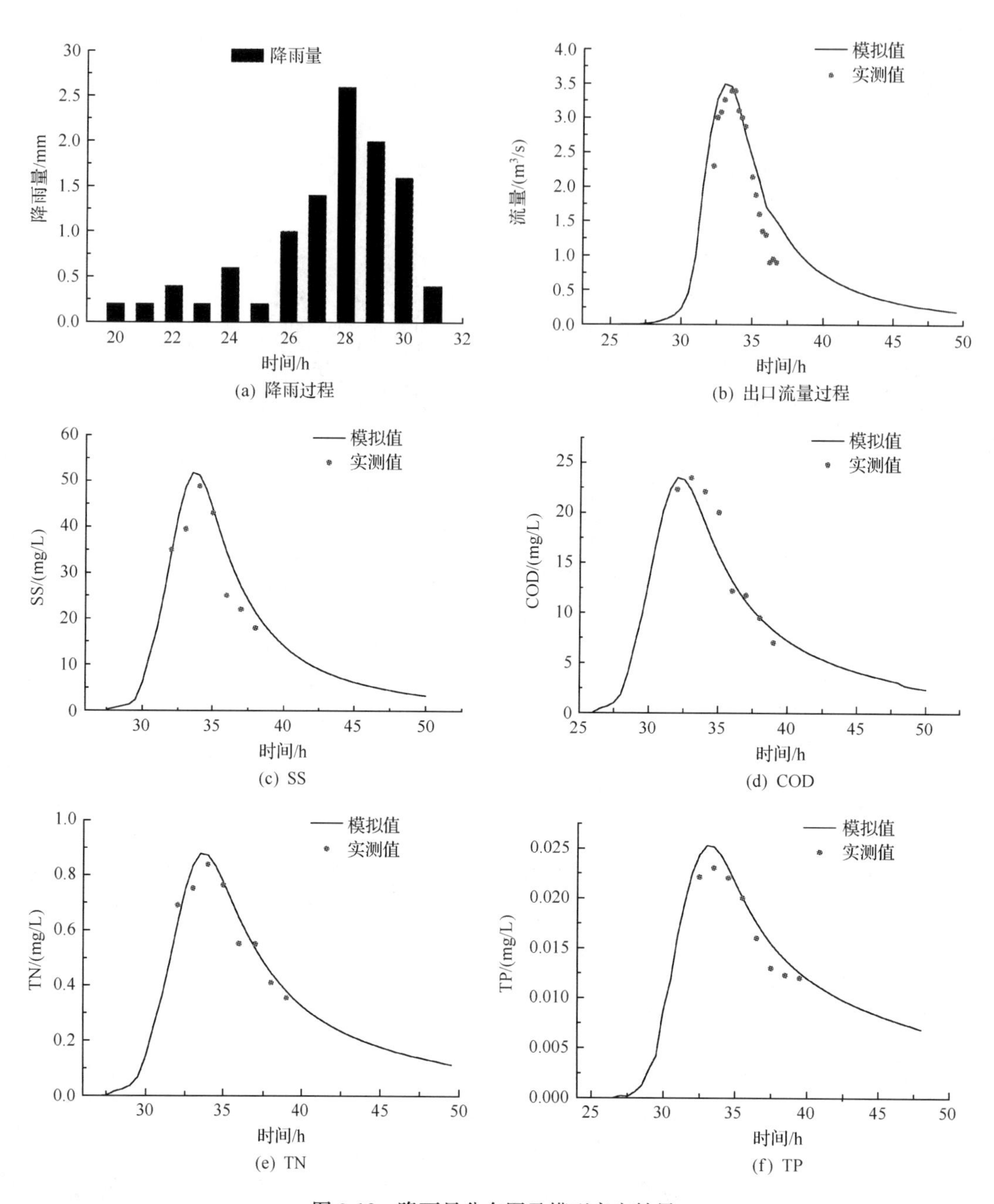

图 9-18 降雨量分布图及模型率定结果

表 9-13 SWMM 模型相关水力参数率定结果

参数	取值	参数	取值
面积/hm^2	1.89～89.1	透水区曼宁糙率(N-perv)	0.1
宽度/m	39～879	不透水区洼蓄量(Dstore-imperv)/mm	3
坡度/%	0.3～0.5	透水区洼蓄量(Dstore-perv)/mm	7
不渗透性/%	15～80	无洼蓄量不透水区率(%zero-imperv)	25
不透水区曼宁糙率(N-imperv)	0.01	管道糙率(roughness)	0.010

表 9-14 不同土地利用方式地表污染物累积模拟参数

项目		TN	TP	COD	SS
屋面	最大累积量/(kg/km²)	4	0.15	80	140
	累积常数/d	10	10	10	10
交通道路	最大累积量/(kg/km²)	6	0.15	170	270
	累积常数/d	10	10	10	10
绿地	最大累积量/(kg/km²)	10	0.6	40	60
	累积常数/d	10	10	10	10

表 9-15 不同土地利用方式地表污染物冲刷模拟参数

项目		TN	TP	COD	SS
屋面	冲刷系数	0.004	0.005	0.007	0.010
	冲刷指数	1.7	1.7	1.7	1.7
	清扫去除率/%	0	0	0	0
交通道路	冲刷系数	0.005	0.006	0.008	0.010
	冲刷指数	1.7	1.8	1.8	1.8
	清扫去除率/%	70	70	70	70
绿地	冲刷系数	0.002	0.001	0.005	0.005
	冲刷指数	1.2	1.2	1.2	1.2
	清扫去除率/%	0	0	0	0

鉴于研究区域大部分 2008 年之前就已开发，至今其土地利用情况未发生明显变化，故继续根据研究区 2013 年 5 月监测的一场实际降雨资料对模型进行参数验证。其降雨过程如图 9-19(a)所示。研究区出口流量过程及四种主要污染物浓度过程的模拟结果与实测数据对比如图 9-19(b)至(f)所示。由图 9-19 可见，模型模拟的流量过程与实测径流过程拟合较好，洪峰流量的模拟值和实测值相接近。出水口各污染物(TN、TP、COD、SS)浓度变化过程模拟与实际监测数据拟合较好，说明所建模型满足精度要求，可用来进行雨水花园调控措施效果模拟。

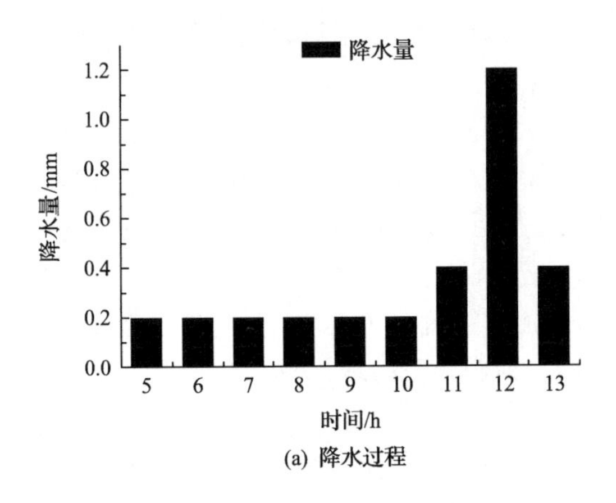

(a) 降水过程

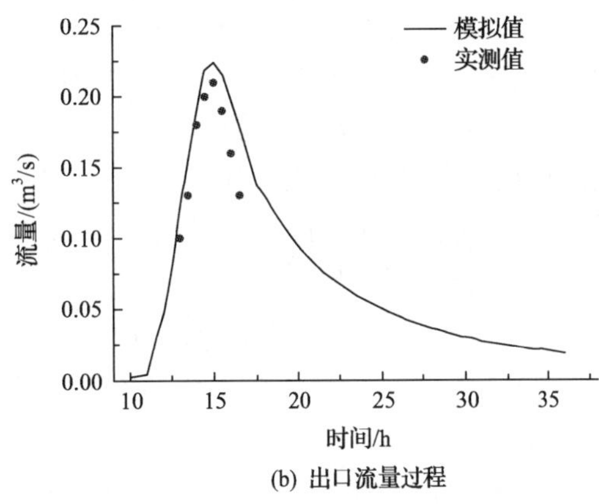

(b) 出口流量过程

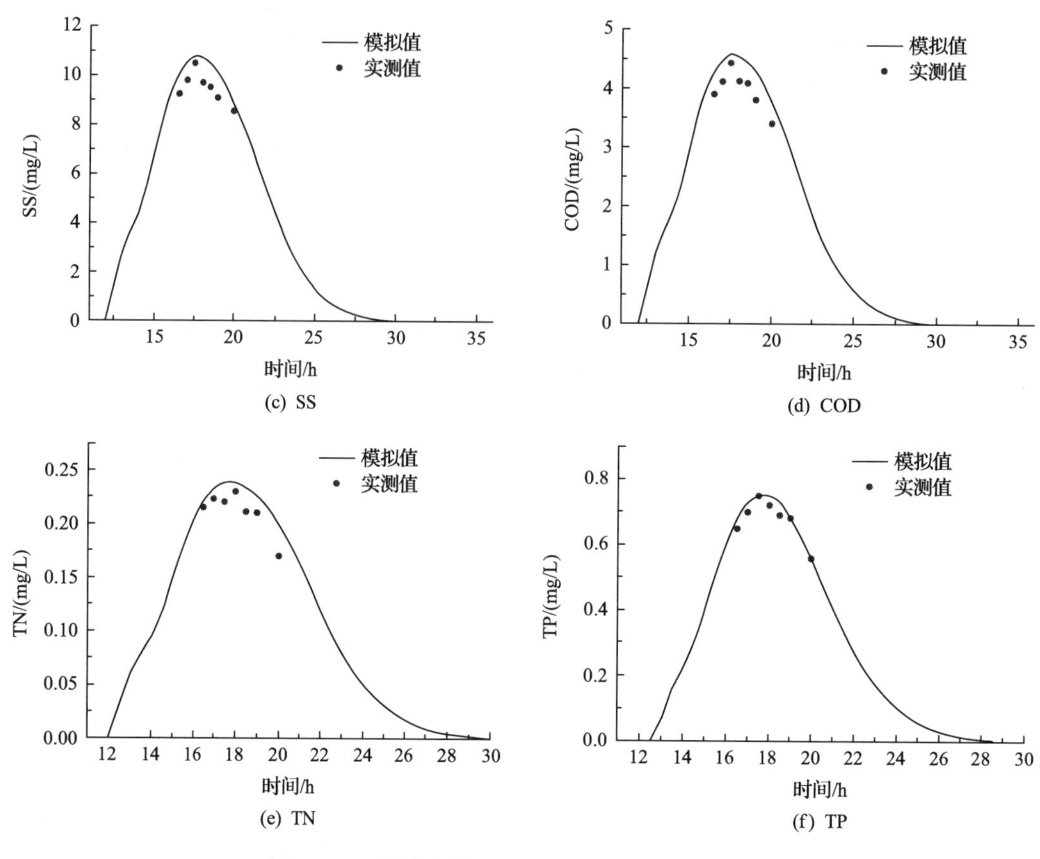

图 9-19　雨水花园在 SWMM 模型中的模拟示意图

9.3.2　不同模拟情景设置

1. 雨水花园的设置

研究区域内大体地势为东南高，西北与西南低，雨水由南向北汇流到主干管，再向西自流排入皂河。考虑到主干管承受了研究区域所有的水量以及污染物负荷，一旦降雨就会遭受巨大的排水压力，为减少排水主干管压力，所以在排水主干管附近需要设置雨水花园。而由于流域上游离出水口较远，降雨后径流以及污染物的汇流时间较长，因此其对于出水口冲击相对于流域下游较为迟缓，也较小，且因为流域内上游地区为西安市区繁华地段，土地大多已开发，土地利用能够改变的面积比例较小，不适宜设置雨水花园进行模拟。综合考虑上述因素，在研究区域的出水口以及较为接近出水口的下游设置 LID 措施进行调控效果的模拟。研究区域内共设置 36 个雨水花园(具体布置如图 9-20 所示)，雨水花园的表面积采用基于达西定律和水质流量 WQ_v(达西径流频率波谱法)的方法进行计算(孙艳伟，2011)，以子汇水区 S89 内的雨水花园 Z1 为例说明雨水花园的表面积的计算方法，如表 9-16 所示，各雨水花园设置面积结果及受控面积(即设置雨水花园的子汇水区面积)如表 9-17 所示。计算得到雨水花园总面积为 36 km^2(初始设置)，约占总受控面积的 5.2%，占研究区域面积的 2%。雨水花园布置方式为子集水区层面(王文亮，2012)(即将预先定义好的 LID 设施直接应用到子集水区内)，雨水花园底部可渗透，无防渗措施，不设暗渠，雨水下渗后补给地下水。雨水花园结构如图 9-21 所示，设计参数如表 9-18 所示。

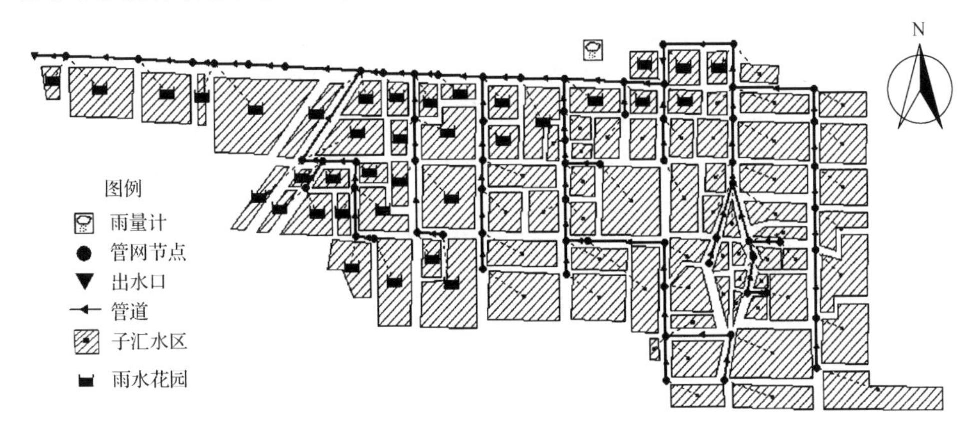

图 9-20　雨水花园在 SWMM 模型中的模拟示意图

表 9-16　雨水花园设计方法

计算步骤	计算结果
步骤 1:计算流量系数 RV	
RV=0.05+0.009×I(I 是区域的不透水性面积比例)	0.77
步骤 2:计算水质流量 WQ_v	
(1) 雨水花园所对应的汇流面积,A_T(m^2)	6.0
(2) 计算 WQ_v:$WQ_v=A_T\times P\times RV/100$($P$ 是该区域大于 90%的降水事件的降水量,取 25cm)	1.155
步骤 3:计算雨水花园的面积	
(1) 雨水花园植物生长土壤层的厚度,d_f(m)	0.7
(2) 植物生长土壤层的入渗系数,k(m/d),取西安市黄土下渗率[27]	2.346
(3) 平均积水深度,$h_{avg}=h_{max}/2$(m),一般取最大积水深度的一半	0.2
(4) 排泄时间,t_f(d)	0.1d
(5) 雨水花园的面积,$A_f=(WQ_v\times d_f)/(k\times t_f\times(h_{avg}+d_f))$	0.38

表 9-17　雨水花园计算结果

编号	雨水花园面积/km^2	受控面积/km^2	编号	雨水花园面积/km^2	受控面积/km^2	编号	雨水花园面积/km^2	受控面积/km^2	编号	雨水花园面积/km^2	受控面积/km^2
Z1	0.38	6.00	Z10	2.40	37.59	Z19	0.38	9.89	Z28	0.72	13.52
Z2	2.61	40.84	Z11	0.72	20.99	Z20	0.44	8.28	Z29	0.80	13.26
Z3	1.84	30.52	Z12	1.20	21.22	Z21	0.57	10.74	Z30	1.28	24.26
Z4	0.12	6.11	Z13	0.54	10.12	Z22	2.22	49.04	Z31	0.94	19.03
Z5	4.03	89.10	Z14	0.34	8.17	Z23	0.65	11.09	Z32	0.46	10.15
Z6	0.60	9.40	Z15	1.20	26.52	Z24	2.90	55.03	Z33	0.42	10.00
Z7	0.25	4.20	Z16	0.63	12.87	Z25	1.67	31.60	Z34	0.70	11.63
Z8	0.44	7.20	Z17	1.38	26.14	Z26	0.53	9.36	Z35	0.60	10.70
Z9	0.44	7.71	Z18	0.64	12.22	Z27	0.46	8.08	Z36	0.54	9.60

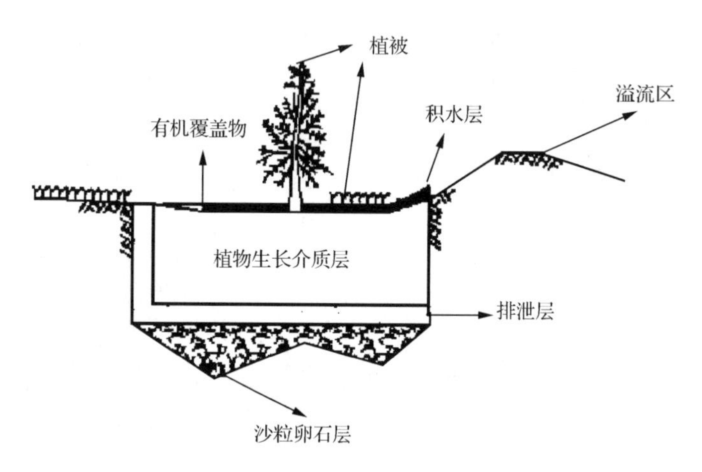

图 9-21　雨水花园结构

表 9-18　雨水花园的设计参数

设计参数		数值
表面	表面积/km^2	0.12～4.03
	蓄水层深度/mm	200
	植物体积比	0.2
土壤	厚度/mm	700
	孔隙率	0.5
	凋萎点	0.2
	渗透系数/(mm/h)	97.75
蓄水	厚度/mm	200
	孔隙比	0.75

2. 模拟降雨条件设计

本节设计雨型选用芝加哥雨型，降雨历时为 1h，雨峰相对位置为 0.4，其余参数依据西安市暴雨强度公式[式(9-17)]而定。设计重现期分别为 2 年一遇、10 年一遇、20 年一遇，降水量分别为 24.40mm/h、40.49mm/h、47.43mm/h(表 9-6)。

3. 不同面积比例设计

为比较不同雨水花园设置面积对城市地表径流及其污染物调控效果的影响，将每个子汇水区的雨水花园面积分别调整为初设设置的 50%以及 200%(表 9-19)，使雨水花园设置面积约占总受控面积的 2.6%以及 10.4%，分别占研究区总面积的 1%以及 4%。雨水花园其他相关参数基本不变，如蓄水深度、根区土壤厚度和渗透系数、沙砾层厚度和渗透系数、天然土壤入渗系数等，均与初设保持一致。

表 9-19　不同雨水花园铺设情景下面积比例　　单位:%

面积比例	情景1	情景2(初始设置)	情景3
占受控面积比例	2.6	5.2	10.4
占研究区面积比例	1	2	4

4. 出流设施(防渗)设置

为研究出流设施对雨水花园调控城市地表径流及其污染物的影响,在雨水花园中设置不可渗透底部,并设置暗渠,作对比模拟。雨水花园其他相关参数基本不变,如蓄水深度、根区土壤厚度和渗透系数、沙砾层厚度和渗透系数、均与初设保持一致。

9.3.3　结果与讨论

1. 无出流设施雨水花园调控效果及其规律

添加了雨水花园调控措施(不防渗)后,设置不同面积比例(雨水花园设置面积分别约占总研究区域面积的1%、2%、4%)在重现期分别为2年一遇、10年一遇、20年一遇的设计暴雨条件下,研究区域添加LID措施(雨水花园)前后出水口流量Q以及各污染物浓度(TN、TP、COD、SS)的峰值、峰值到达时间及总量如表9-20和表9-21所示。

表 9-20　无防渗措施不同设计降水下研究区域出水口的流量及污染物模拟结果

水量及污染物	模拟参数		模拟结果					
			2年一遇		10年一遇		20年一遇	
	无雨水花园	雨水花园	无雨水花园	雨水花园(1%)	无雨水花园	雨水花园(1%)	无雨水花园	雨水花园(1%)
Q	峰值大小/(m^3/s)	峰值削减率/%	23.6	38.6%	45.07	18.1%	54.92	12.9%
	峰现时间点	迟滞时间/min	1:34	6	1:22	6	1:20	3
	总量/kg	总量削减率/%	260008	29.3%	467581	14.7%	551718	12.3%
TN	峰值大小/(mg/L)	峰值削减率/%	2.94	1.4%	4.54	2.0%	5.09	3.5%
	峰现时间点	迟滞时间/min	1:36	27	1:14	23	1:10	17
	总量/kg	总量削减率/%	470	36.3%	1104	23.1%	1341	23.0%
TP	峰值大小/(mg/L)	峰值削减率/%	8.1	1.2%	12.6	0.8%	14.3	2.1%
	峰现时间点	迟滞时间/min	1:39	22	1:18	19	1:12	15
	总量/kg	总量削减率/%	12.80	35.9%	30.70	22.5%	37.50	22.5%
COD	峰值大小/(mg/L)	峰值削减率/%	79.49	2.8%	128.88	4.6%	145.78	7.0%
	峰现时间点	迟滞时间/min	1:31	30	1:14	21	1:09	16
	总量/kg	总量削减率/%	11939	37.5%	28127	26.0%	33526	27.0%
SS	峰值大小/(mg/L)	峰值削减率/%	196.19	4.0%	308.36	9.6%	341.93	13.1%
	峰现时间点	迟滞时间/min	1:27	31	1:11	20	1:07	14
	总量/kg	总量削减率/%	28135	38.0%	59138	29.8%	65929	31.2%

表 9-21　无防渗措施不同面积比例下研究区域出水口的流量及污染物模拟结果

水量及污染物	模拟参数	模拟结果					
		2年一遇		10年一遇		20年一遇	
		雨水花园(2%)	雨水花园(4%)	雨水花园(2%)	雨水花园(4%)	雨水花园(2%)	雨水花园(4%)
Q	峰值削减率/%	38.6%	38.6%	43.0%	42.8%	44.5%	44.6%
	迟滞时间/min	5	6	6	6	7	6
	总量削减率/%	42.0%	42.1%	31.2%	43.3%	25.7%	44.2%
TN	峰值削减率/%	1.4%	1.4%	3.1%	3.1%	4.9%	4.3%
	迟滞时间/min	27	27	29	30	26	27
	总量削减率/%	42.4%	42.5%	40.3%	44.6%	37.9%	46.0%
TP	峰值削减率/%	2.5%	2.5%	2.4%	2.4%	4.2%	4.9%
	迟滞时间/min	21	23	22	25	20	25
	总量削减率/%	37.5%	42.2%	34.9%	43.3%	32.9%	45.8%
COD	峰值削减率/%	2.7%	2.7%	5.2%	5.2%	7.2%	6.7%
	迟滞时间/min	30	30	27	27	24	25
	总量削减率/%	42.7%	42.8%	41.8%	45.1%	40.6%	46.7%
SS	峰值削减率/%	3.9%	3.9%	7.0%	6.9%	8.0%	7.9%
	迟滞时间/min	31	31	25	25	21	24
	总量削减率/%	42.7%	42.9%	42.3%	42.3%	42.1%	46.1%

(1) 添加了雨水花园调控措施后，设置不同雨水花园面积比例条件下，研究区域出水口 2 年一遇、10 年一遇及 20 年一遇的洪峰流量减少了 12.9%～44.6%；峰现时刻分别推迟了 3～7 分钟；径流总量分别减少了 12.3%～44.2%。

由模拟结果可以看出：不同面积比例下的雨水花园调控效果的规律大致相同。雨水花园对降雨径流具有削峰减量的作用，以及洪峰迟滞作用，由于雨水花园中蓄水层的设置，一方面能够对雨水进行储蓄，另一方面雨水的汇流时间也会延长。且雨水花园面积比例越大，它在削峰减量、峰值迟滞作用方面的调控效果就越好。当雨水花园面积比例为 1%以及 2%时，随着重现期的增大，降雨强度的增大，径流削减率随之减小。雨水花园面积比例增大到 4%时，随着重现期的增大，降雨强度的增大，径流总量削减率随之增大。这是由于雨水花园铺设面积比例越大，雨水花园对径流的储蓄量也随之增大，削减率也随之增大。模型模拟效果也可从相关文献得到印证。唐双成等(2012)利用雨水花园蓄渗屋面雨水径流的现场试验结果表明，以西安地区黄土为基质的雨水花园能够有效滞留和入渗不透水面上的雨水径流，当设计蓄水深度为 20cm，汇流面积比为 20：1 时(雨水花园设置比例为 5%)，在较湿润的 2011 年(7～10 月对 14 场降雨过程进行监测，降水量为 5.6～37.6mm)没有发生溢流；当雨水花园的入渗率和设计深度一定时，溢流时间与雨水花园汇流面积比及雨强都成反比关系。潘国艳等(2012)试验研究也表明：生物滞留池(即雨水花园)对洪峰的削减率平均为 70.85%，延迟洪峰到达时间约 26.6 分钟，对小流量的洪峰延迟时间最长(达 31.7 分钟)，对径流总量的削减率为 12.83%～48.12%。雨水花园对总径流量有减小效果，这是下渗、植被根区土壤的储蓄和植物的蒸腾蒸发共同作用的结果。孙艳伟和魏晓妹(2011)的研究也表明：生物滞留池的面积是影响其径流削减幅度、地下水补给幅度和积水时间最重要的影响因素，生物滞留池的面积愈大，其径流削减幅度及地下水补给增加幅度越大，积水时间越短。

(2) 添加了雨水花园调控措施(不防渗)后，雨水花园面积比例设置为1%～4%时，研究区域出水口2年一遇、10年一遇及20年一遇的TN、TP、COD和TSS的峰值浓度分别减少了1.4%～4.9%，0.8%～4.9%，2.7%～7.2%，3.9%～13.1%；峰值到达时间分别推迟了17～30分钟，15～25分钟，16～30分钟和14～31分钟；污染物负荷总量分别减少了23.0%～46.0%，22.5%～45.8%，26.0%～46.7%和29.8%～46.1%。

由模拟结果可看出：不同面积比例的雨水花园对于各污染物控制效果和规律大体相似，对各种污染浓度峰值和负荷总量均有不同程度的降低，对峰值到达时间具有迟滞作用，这是由于当雨水通过雨水花园时，雨水花园中填料的吸附作用、土壤中微生物的降解以及植物根部的吸收等都会对雨水中各污染物有一定去除作用，从而能够有效减少初期降雨产生的污染物浓度。雨水花园铺设面积越大对各污染物的控制效果越好，且能使非点源污染增加的幅度减小，减小其骤增骤减的现象。对于各污染指标而言，在相同降雨条件下，面积比例从1%增大到4%时，对应的削减率逐渐增大。径流中各种污染物浓度的减小，主要是受到植被、有机物和沙层的过滤作用。但是随着重现期的增大，暴雨强度增加，迟滞效果随之下降，雨水花园对各污染物总量削减率会随之减小。胡爱兵等(2011)研究也表明生物滞留池对雨水径流中的总悬浮颗粒物(SS)、重金属、油脂类及致病菌等污染物有较好的去除效果，而对N、P等营养物质的去除效果不稳定。

2. 有出流设施雨水花园调控效果及其规律

为研究出流设施对雨水花园调控城市地表径流及其污染物的影响，在雨水花园中设置不可渗透底部(防渗)，并设置暗渠，作对比模拟。在重现期分别为2年、10年、20年的设计暴雨条件下，不同面积比例(约占总研究区域面积的1%、2%、4%)的雨水花园时研究区域出水口流量Q以及各污染物浓度(TN、TP、COD、SS)总量如表9-23所示。由表9-23可以看出：

(1) 设置出流设施(防渗)后，雨水花园面积比例为1%～4%时，研究区域出水口2年一遇、10年一遇及20年一遇的洪峰流量分别减少了12.7%～44.6%；峰现时刻分别推迟了2～7分钟；径流总量分别减少了2.7%～40.2%。

由模拟结果可看出：设置出流设施(防渗)后，不同面积比例下的雨水花园对降雨径流的调控作用趋势大体相同，均对降雨径流具有削峰减量以及洪峰迟滞作用，且随着重现期的增大，降雨强度的增大，迟滞效果随之下降，总量削减率随之减小。在相同降雨条件下，随着雨水花园铺设面积比例的增大，洪峰和径流总量削减率随之增大，峰现迟滞时间增长，即雨水花园面积比例越大，它在削峰减量、峰值迟滞作用方面的调控效果就越好。

(2) 设置出流设施(防渗)后，雨水花园面积比例为1%时，研究区域出水口2年一遇、10年一遇及20年一遇的TN、TP、COD、SS的峰值浓度分别减少了1.4%～4.9%，0.8%～3.5%，2.7%～7.2%和3.9%～13.1%；峰值到达时间分别推迟了18～30分钟，15～25分钟，16～30分钟和14～31分钟；污染物负荷总量分别减少了20.2%～42.3%，

17.1%～40.6%,24.1%～42.7%和27.9%～42.8%。

由上述模拟结果可看出:设置出流设施(防渗)后,不同面积比例的雨水花园对于各污染物控制效果大体相似,对各种污染浓度峰值和负荷总量均有不同程度的降低,对峰值到达时间具有迟滞作用。随着重现期的增大,降雨强度的增大,各污染物负荷削减率随之减小。随着雨水花园铺设面积比例的增大,各污染物削减率随之增大,峰现迟滞时间增长,即雨水花园面积比例越大,对于各污染物削峰减量以及峰值迟滞作用方面的调控效果就越好,且能使非点源污染增加的幅度减小,减小其骤增骤减的现象。值得注意的是,相比于无出流的雨水花园,设置出流设施的雨水花园在重现期为2年一遇的条件下,径流量的削减受雨水面积比例设置大小影响较大。面积比例变化为1%～4%,其相应的径流削减率变化幅度为9.3%～40.2%(表9-22),而无出流设施的雨水花园在相同降雨条件下,径流总量削减率为29.3%～42.0%(表9-20和表9-21)。这是由于设置出流设施的雨水花园对于径流的调控完全依赖于雨水花园自身的蓄水量,故在保持雨水花园其他参数不变的条件下,雨水花园设置面积的大小直接确定了其对于雨水的储蓄量。而无出流设施的雨水花园,径流削减不仅依靠蓄水层的储水,更大程度依赖的是可渗透底部雨水的下渗,这很大程度削减了面积参数对于雨水花园的影响。所以在降雨条件相同时,对于雨水的削减,有出流设施的雨水花园对于设置面积的比例更加为敏感。唐双成等(2012)的研究也表明,雨水花园的设计参数直接影响其溢流时间,在实际雨水花园设置应用中,以控制径流量为主要目的雨水花园的设计尺度要相应放大。

表9-22 设置防渗措施后不同面积比例下研究区域出水口的流量及污染物模拟结果

水量及污染物	模拟参数	模拟结果								
		2年一遇			10年一遇			20年一遇		
		雨水花园(1%)	雨水花园(2%)	雨水花园(4%)	雨水花园(1%)	雨水花园(2%)	雨水花园(4%)	雨水花园(1%)	雨水花园(2%)	雨水花园(4%)
Q	峰值削减率/%	38.7%	38.6%	38.9%	18.5%	42.9%	42.7%	12.7%	44.5%	44.6%
	迟滞时间/min	6	6	6	6	7	6	2	6	7
	总量削减率/%	9.3%	20.3%	40.2%	3.4%	8.6%	20.5%	2.7%	6.5%	16.4%
TN	峰值削减率/%	1.4%	1.4%	1.4%	2.0%	3.1%	3.1%	3.5%	4.9%	4.3%
	迟滞时间/min	26	27	27	23	29	30	18	26	27
	总量削减率/%	23.9%	31.4%	42.3%	20.2%	30.5%	35.8%	21.3%	31.9%	35.7%
TP	峰值削减率/%	1.2%	2.5%	2.5%	0.8%	2.4%	2.4%	2.1%	3.5%	3.5%
	迟滞时间/min	21	21	22	19	21	25	15	20	25
	总量削减率/%	18.8%	23.4%	40.6%	17.6%	20.2%	34.2%	17.1%	20.9%	32.6%
COD	峰值削减率/%	2.9%	2.7%	2.7%	4.6%	5.3%	5.2%	7.0%	7.2%	6.7%
	迟滞时间/min	29	29	30	21	27	27	16	24	25
	总量削减率/%	26.2%	33.1%	42.7%	24.1%	34.2%	38.2%	26.2%	36.6%	39.2%
SS	峰值削减率/%	4.1%	3.9%	3.9%	9.7%	7.0%	6.9%	13.1%	7.7%	7.7%
	迟滞时间/min	30	31	31	20	25	25	14	21	21
	总量削减率/%	27.9%	34.0%	42.8%	28.6%	36.9%	39.5%	30.6%	39.6%	41.3%

3. 有无出流设施对雨水花园调控效果的影响

对比研究有无出流设施(防渗与否)对雨水花园对研究区域城市地表径流及其污染物的调控效果,研究区域出水口两年一遇降雨条件下不同面积比例(约占总研究区域面积的1%、2%、4%)有无出流设施对降雨径流及其污染物总量对比结果如图 9-22 所示,由图 9-22 可以看出:

相同降雨条件下,相同面积比例的雨水花园设置出流设施后径流总量及各污染物总量削减率小于无出流设施雨水花园的径流总量及各污染物总量削减率,即无出流设施(不防渗)的雨水花园的水文性能及对于各污染物调控效果要优于有出流设施(防渗)的雨水花园。这是因为底部的不渗透以及排水管的设置较大的影响了雨水花园对于雨水滞留,在雨水花园本体未消解的水量直接通过排水管排入了市政管网,最后使得出水口的径流总量大于无出流设置的雨水花园,而未设置出流设施的雨水花园由于底部可渗透,在地下条件允许的情况下,能将大量的雨水下渗到地层,甚至是地下水层,但是由此对于地下水位以及地下水的污染问题值得商榷,对此可以进行更深入研究。但随着雨水花园设置面积的增大,有无出流设施的径流及其污染物的削减率差值也随之减小,即雨水花园有无出流设施对径流及其污染物调控效果的差异随之减小。

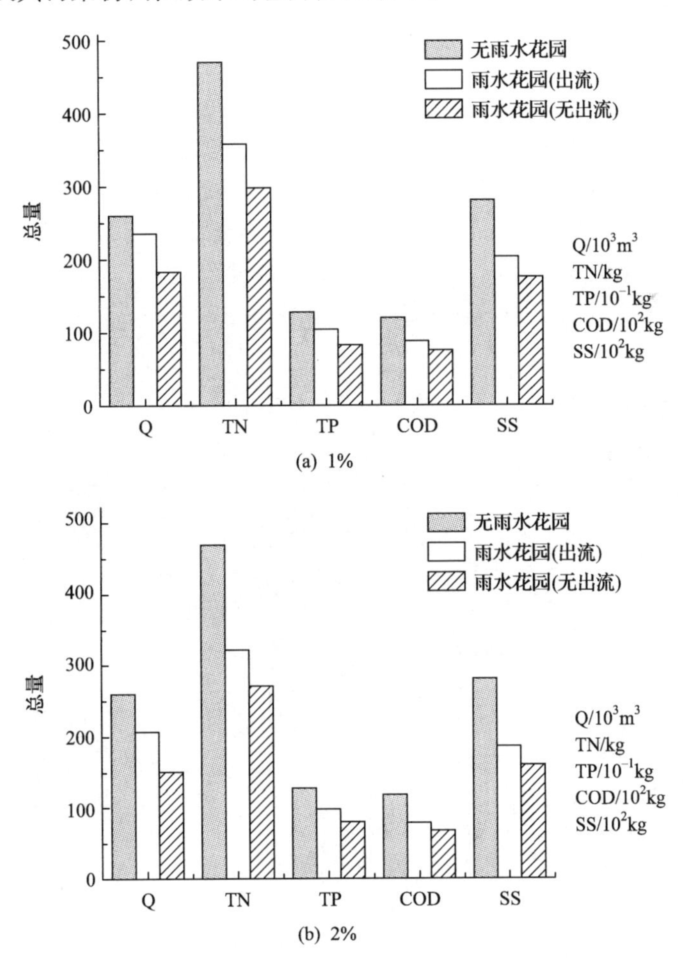

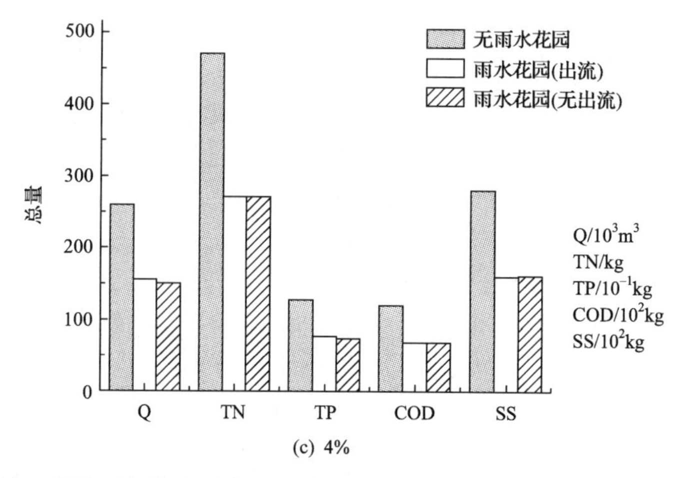

图 9-22　两年一遇降雨条件下不同面积比例下有无出流设施流量及各污染物总量模拟结果

9.4　西咸新区低影响开发措施的效果模拟与评价

9.4.1　材料与方法

1. 研究区概况

陕西省西咸新区位于陕西省西安市和咸阳市建成区之间，总面积 882 km^2，2014 年经国务院批准成为首个以创新城市发展方式为主题的国家级新区，如图 9-23 所示。其中沣西新城位于沣河以西、渭河以南、是西咸新区的五个组团之一，总面积 143.17km^2，其中西安市占地 93 km^2，咸阳市占地 50 km^2。沣西新城位置如图 9-24 所示。沣西新城属于关

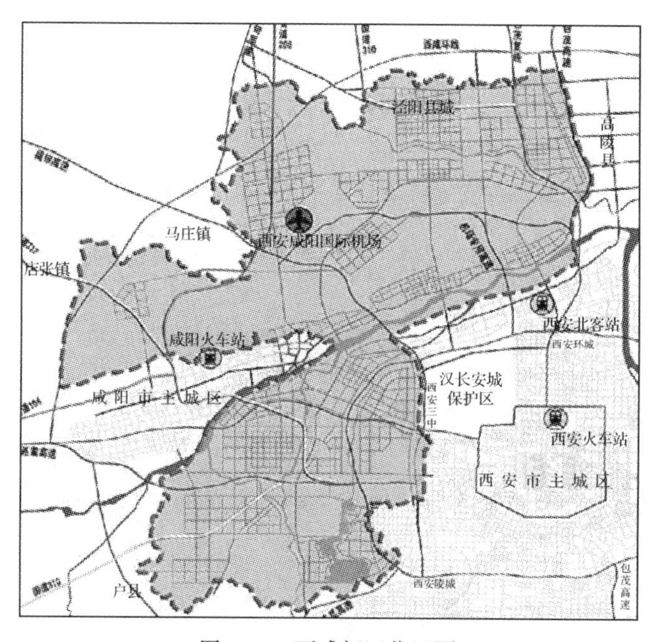

图 9-23　西咸新区位置图

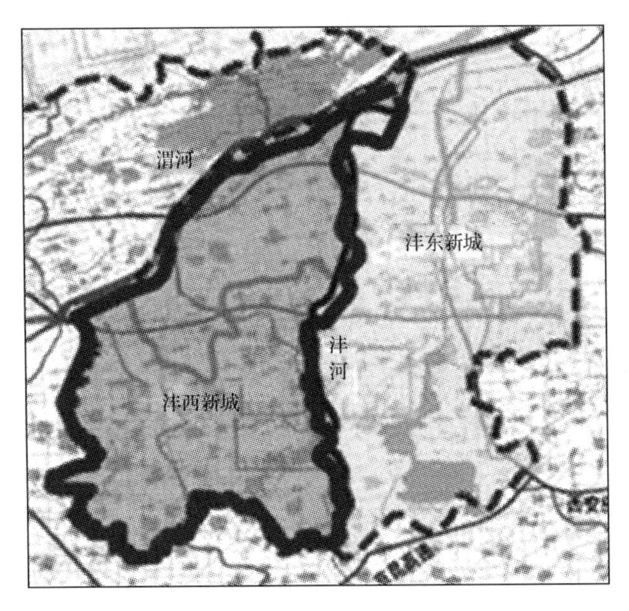

图 9-24　沣西新城位置图

中平原，地势平坦，土地肥沃。新区属暖温带半湿润大陆性季风气候区，四季冷暖干湿分明，光、热、水资源丰富，全年光照总时数 1983.4 小时，年平均气温 13.6℃，区内降水量年际变化不大，季节分配不均，9 月降水大，冬季相对较少，雨量多集中在 7 月、8 月、9 月(西安市政设计院有限公司，2013)。依据在建工程地勘报告，地质概况自上而下主要分为杂填土、黄土状土、细砂及中粗砂。其中杂填土层厚 1m 左右；黄土状土层厚 3～5m，湿陷等级为Ⅰ级(轻微)；细砂层厚 4.0～6.0m；中粗砂以石英、长石为主；地下水埋深＞10m。

西咸新区是我国西北地区首家全面推行低影响开发雨水综合利用的新区，现已入选我国首批“海绵城市”建设试点城市，成为全国 16 个试点城市之一。沣西新城自 2011 年成立以来，全方位深入推行低影响开发雨水综合利用，因地制宜采用了生态滤沟、雨水花园、渗井、透水路面等多种低影响开发雨水利用措施。

2. *研究方法*

基于 SWMM 模型原理，利用具有实测降水量和水量水质资料的临近流域——皂河流域进行参数的率定与验证，将其应用于沣西新城核心区西部排水区，结合沣西新城全区雨水工程规划图、土地利用规划图，在选取科学合理的数据基础上，构建研究区非点源污染负荷计算模型(马晓宇等，2012)。使用芝加哥雨型设计 3 场降雨事件(重现期分别为 $P=2a$、$P=5a$、$P=10a$)，计算降雨历时为 1 小时的降水过程。利用模型分别模拟三场降雨事件下研究区域排放口水量水质变化过程，分析得到排放过程中的峰值，并计算出水量和污染物负荷总量。低影响开发措施选取两种——雨水花园和渗渠，对研究区分别添加 LID 措施后，再次模拟低影响措施调控后的排放口水量水质状况，分别将两种结果与未添加 LID 措施时的情况进行对比，计算 LID 措施添加后对水量和污染物峰值和总量的削减率，最后讨论各措施的处理效果并进行分析评价。

3. 数据来源

（1）实际资料：参照雨水规划分区图、雨水管网布置图确定子汇水面积的划分，获取管径、坡度等参数。

（2）经验参数：在SWMM模型的水文、水力和水质模块有许多参数很难进行实际测量，但在模型的运行过程中又必不可少，这部分数据的初值主要来自于模型手册及相关文献（黄金良等，2012），之后通过率定和检验获取适合本研究区实际情况的经验参数。

（3）实测资料：建立成功的模型需要实测水量水质资料进行参数的率定和检验，本研究区属于城市新区，所以无法获取准确的降水量、径流量及水质实测资料，故选用与之气象条件和下垫面条件相似的临近流域——西安市皂河流域进行参数的率定和验证（王华，2013）。

4. SWMM模型的率定与检验

目前，国内外的很多学者对SWMM模型的效用及其功能予以肯定，在使用SWMM模型来模拟沣西新城西部排水区的径流量和污染负荷时，必须将该研究区与其他城市、地区的区域差异予以考虑，所以对于模型的经验参数需要通过实测水量水质的率定和检验，保证模型的合理性和适用性，才能为后续的模拟研究保证一定的精确度。

对于一个缺乏实测资料的新城区来说，可以选取临近流域建立模型，利用该流域的实测水量水质资料对模型中的参数进行调试和验证，再将参数应用于沣西新城的LID模拟。

（1）水量率定：本研究区用来建立模型的资料来自皂河的9场降雨事件，考虑到降雨幅度的强、中、小各种情况以及水质数据所有的情况，选择其中6场的降雨事件来率定模型有关流量的参数，用余下的3场降雨事件来验证模型流量参数的率定情况。

（2）水质率定：综合9场降雨事件的水质资料情况，其中有3场有水质数据，选取2场降雨事件率定模型有关水质的参数，用余下的1场降雨事件进行模型水质参数的验证。

模型的连续性误差和流量、水质对应的相对误差均在合理范围中，故认为模型参数可以应用于后期的低影响开发研究，基于率定和验证的结果，模型各参数选取值如表9-23所示。

表9-23　SWMM模型参数

参数	取值	参数	取值
汇水宽度/m	170～9986	不透水区洼地蓄水/mm	3.54
汇水区坡度/%	0.9	透水区洼地蓄水/mm	2.5
不渗透性/%	10～95	最大入渗率/(mm/h)	76.2
不透水区曼宁系数	0.05	最小入渗率/(mm/h)	3.3
透水区曼宁系数	0.1	衰减常数	2

9.4.2 不同模拟情景设置

1. 雨水规划概况

沣西新城核心区为西宝高速和西宝新线之间区域，是近期重点开发建设区域。雨水规划主要分为四个分区，分别为文景路系统、天雄西路系统、白马河路系统和天府路系统，流域面积分别为 502.02hm^2、771.22hm^2、489.67hm^2 和 1110.66hm^2；其中天府路系统经泵站提升排入沣河，其余系统均经泵站提升排入渭河，雨水规划分区如图 9-25 所示。

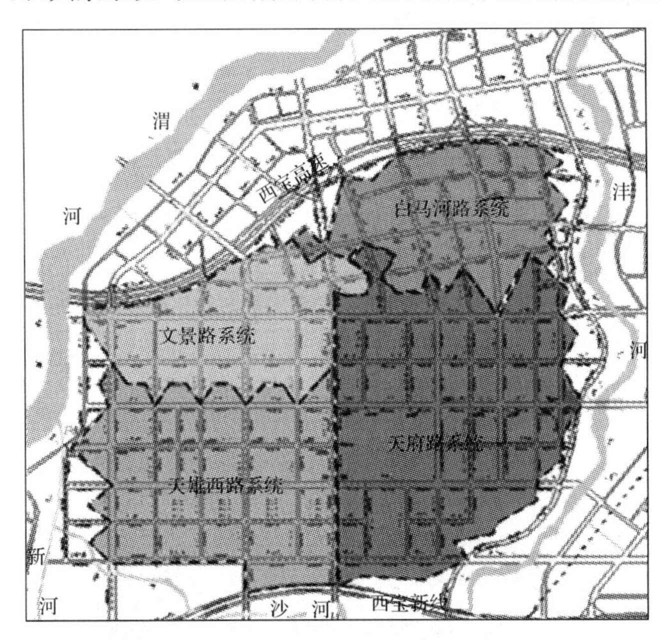

图 9-25 沣西新城核心区雨水规划分区图

2. 研究区概化结果

结合核心区雨水规划，研究区选定在核心区西部的排水区域，总面积为 3.09 km^2，建立研究区 SWMM 模型，共计 16 个子汇水面积，10 条管段，10 个节点，1 个排放口，并对其进行 SWMM 模拟的低影响开发并进行效果评价，进而为全区的雨水规划及工程管理提供理论依据，研究区位置及概化结果如图 9-26 和图 9-27 所示。

3. 降雨事件选择

基于研究区 SWMM 模型，分别进行不同降雨强度条件下的两种 LID 措施效果模拟。本节设计降雨选用芝加哥雨型(陈扬，2013)，设计降雨历时为 1 小时，在缺乏当地降雨统计资料的情况下，雨峰系数的选取通常用经验值 0.4(江晔，2013)。再结合西安市暴雨强度公式(根据西咸新区实际情况对部分参数作出调整)进行设定，重现期为 2 年、5 年、10 年，水量计算结果分别如下：23.71mm、31.88mm、38.02mm。

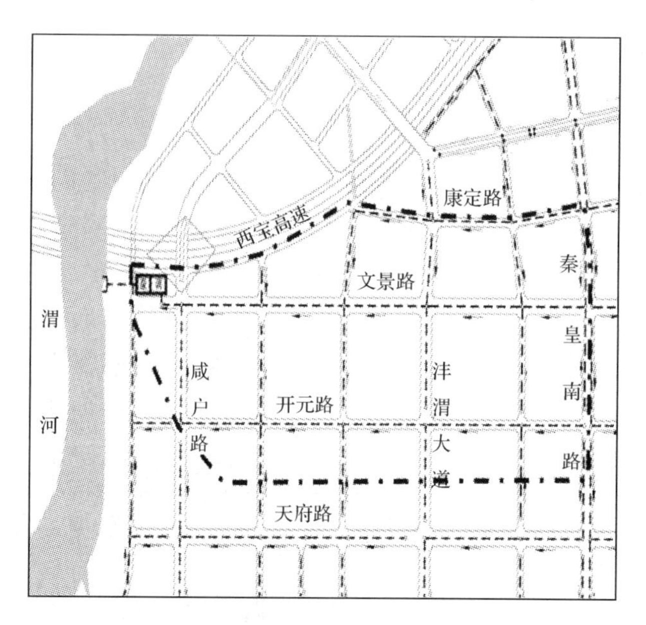

图 9-26　研究区范围图

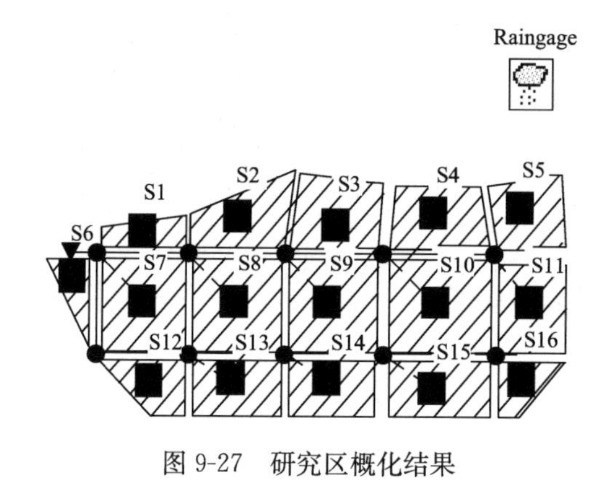

图 9-27　研究区概化结果

4. LID 措施的选取及参数设置

(1) 雨水花园，又称为生物滞留池，它是指在低洼区域种有灌木、花草乃至树木等植物的工程措施，通过土壤和植物的两重作用得以净化雨水并减少地面径流量。适用于处理和利用城市建筑屋面、停车场、广场及道路等不透水区域的雨洪径流，具有结构简单、造价低、施工管理简便的优点，这些优势在新城建设中尤为重要(罗红梅等，2008)。

(2) 渗渠，它是开挖后用石头集料回填的渠道，用于捕获径流并将其渗透到地下，也可加入暗渠进行排水，其通常应用于从中小型河谷地区的厚度为 3～5m 左右的薄含水层中取水(王允麒，1997)。渗渠用于 SWMM 模型的 LID 措施的研究较少，本节特选取渗渠措施研究分析它对水量水质的调节情况。

通过采用水质流量 WQ_v(达西径流频率波谱法)和达西定律的方法(李家科等，2014)，对雨水花园的表面积等多参数进行设计计算，在 S7～S11 这五个子汇水区分别设置雨水花园，面积约占各个子汇水区面积的 3.5%，为了对比雨水花园和渗渠的处理特点，渗渠布置的位置和面积均与雨水花园一致。两者的结构如图 9-28 和图 9-29 所示。

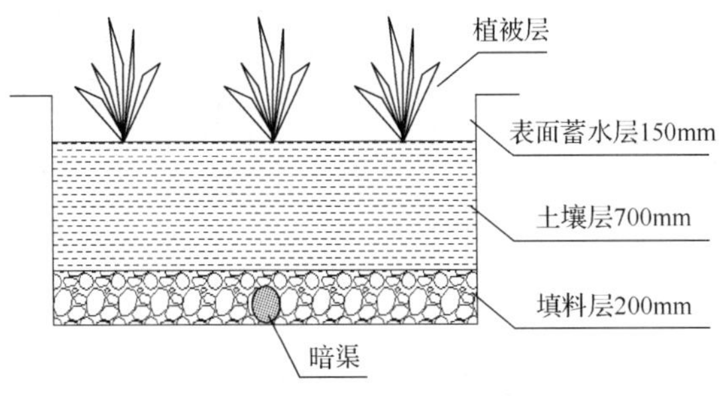

图 9-28　雨水花园结构图

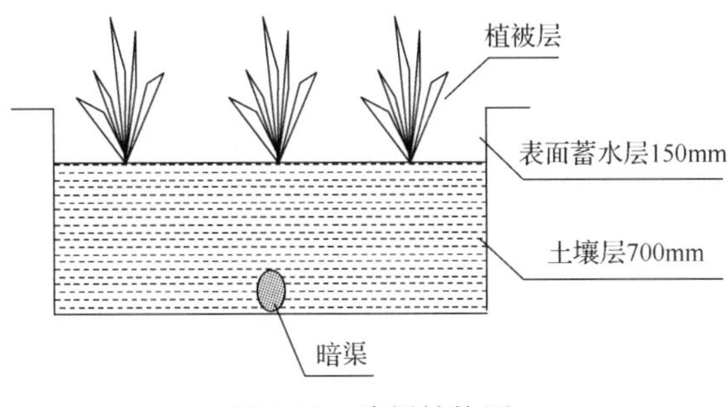

图 9-29　渗渠结构图

9.4.3　结果与讨论

1. LID 模拟结果

分别添加雨水花园和渗渠后，在降雨 1 小时过程中，对研究区的水量和水质进行模拟，并通过计算得出添加 LID 前后不同重现期下的 Q(径流)和 SS、COD、TP、TN(污染物)的峰值与总量削减率，计算结果如表 9-24 和表 9-25 所示。

表 9-24　不同设计降雨下的雨水花园调控模拟结果　　单位:%

模拟参数		削减率		
		2 年一遇	5 年一遇	10 年一遇
Q	峰值	30.71	21.99	14.87
	总量	15.18	10.94	10.27
SS	峰值	3.72	1.14	0.16
	总量	23.92	17.51	14.38
COD	峰值	6.51	3.14	1.98
	总量	28.11	20.95	16.77
TN	峰值	7.64	3.91	2.22
	总量	31.83	22.81	16.37
TP	峰值	8.57	4.86	3.51
	总量	33.83	25.19	18.93

表 9-25　不同设计降雨下的渗渠调控模拟结果　　单位:%

模拟参数		削减率		
		2年一遇	5年一遇	10年一遇
Q	峰值	17.89	16.49	16.61
	总量	5.11	7.03	8.52
SS	峰值	5.67	5.19	5.21
	总量	12.48	12.89	13.35
COD	峰值	8.52	7.92	7.98
	总量	16.11	16.25	16.43
TN	峰值	10.76	10.29	10.63
	总量	20.43	18.79	17.45
TP	峰值	12.38	11.81	16.61
	总量	22.67	21.86	21.18

2. 结果与分析

分析表 9-24 和表 9-25 中数据,可以得出以下结论:

(1) 在分别添加雨水花园和渗渠措施模拟后,均发现随着降雨强度的增加,两种措施都在减少径流、污染物的峰值和总量削减方面都呈现出减小的趋势。即来水量较小时,生物滞留措施未达到饱和状态时,其表面植被、填料、土壤等都对水量和污染物有着很好的削减效果,约在 3.72%~33.83%的区间内。随着降雨强度的增大,两种设施各层迅速达到饱和状态,所以其对水量和污染物的调蓄作用就相对减弱,降至在 0.16%~21.28%区间内。

(2) 对比两种措施在三种降雨事件下的处理效果可知,雨水花园的处理效果受降雨强度的影响较大,降幅较大,流量 Q 削减的变化为:31.71%、21.99%、14.87%,对比同一条件下的渗渠处理效果受雨强的影响较小,处理效果为:17.89%、16.49%、16.61%。

(3) 分析表中两种生物措施对峰值的处理效果可以发现,添加雨水花园处理后对水量和污染物峰值的处理效果比渗渠较差,雨水花园处理效果为:0.16%~30.71%;渗渠处理后效果为:5.19%~22.67%。分析可知,雨水花园与渗渠的不同之处在于雨水花园有土壤层,其饱和速度较填料层较快,因而来水量增大时,土壤层很快进入饱和状态,处理效果下降。相反渗渠无土壤层,全部由入渗较快的填料组成,处理效果较好。

(4) 通过分析低影响开发措施对水量和污染物总量的削减率情况,可以看出添加雨水花园后的处理效果比渗渠要好。雨水花园集中在 10.27%~33.83%;渗渠则为 5.11%~22.67%。由两者的结构可知,雨水花园的土壤层有着极强的储水能力,可以将大量的雨水保存并滞留在土壤内,在土壤内部的微生物和填料的共同作用下可以有效分解减少污染物含量,对水质和污染物的排放总量处理效果较好。而渗渠无土壤层,来水量除通过填料少量处理外,大部分水量较快地下渗并通过管道排放至河道,在存储和分解过程中的效果较差。

9.5 本章小结

分别以西安市浐河、皂河某片区以及西咸新区沣西新城为研究区域，根据现有的城市雨水管网系统以及实测资料，采用暴雨管理模型(SWMM)模拟不同情景下研究区域设置LID调控措施前后的水量及水质情况，研究低影响开发调控措施对城市降雨径流及其污染物的调控效果。根据模拟结果，得出以下结论：

(1) 以西安市浐河某片区沣西新城为研究区域，构建SWMM模型，在不同的降雨强度下，在不同雨型情况下，不同的土地利用类型情景下，模拟总出水口水量及水质变化过程。结果表明：降雨强度越大，峰现时间越靠前，前期冲刷现象越明显，不同的降雨强度对地表污染物的冲刷量不同，且污染物的负荷量与降雨强度成正相关。雨峰位置对于总出水水量、水质的影响主要在于出现径流的时间、前期流量大小和流量峰值，前期污染物浓度的大小和峰值。r值越小，径流峰值出现越早，前期流量和污染物的浓度越大，但流量以及污染物峰值越小。四种不同的土地利用类型，其单位面积上的径流量过程相似，而单位面积上的污染物负荷，在降雨初期变化较快，随着降雨雨峰的出现，不透水面积比例大的地表非点源污染物负荷迅速减小，其中交通区的单位面积上的污染物负荷最大，表明城市地表不透水面积越大，水质的污染越严重。在研究区域内铺设46个雨水花园，结果表明：雨水花园对城市降雨径流具有削峰减量和洪峰迟滞的作用，但随着重现期的变大，降雨强度的增加，流量峰值和流量总量的削减率随之相应减小，流量峰值迟滞时间也随之相应减少。雨水花园对SS和COD浓度峰值和总量的削减相对较稳定，有较好的去除效果。但对N、P的去除效果不稳定。

(2) 以西安市皂河某片区为研究区域，构建SWMM模型。添加雨水花园后，研究区域出水口2年一遇、10年一遇及20年一遇的径流及其各污染物的峰值均有不同程度减小，峰现时刻有所推迟，径流总量及各污染物负荷有不同程度的减少。结果表明，雨水花园能够有效调控城市暴雨径流及其污染，对水量和水质都具有一定的削峰减量及迟滞效果。设计重现期越长，降雨强度越大，雨水花园的调控效果也随之下降。且雨水花园面积比例越大，对径流及各污染物的控制效果越好。在相同降雨条件下，相同面积比例条件下，无出流设施(不防渗)的雨水花园水文性能及对各污染物调控效果要优于有出流设施(防渗)的雨水花园。且随着雨水花园设置面积的增大，雨水花园有无出流设施对径流及其污染物调控效果的差异也随之减小。相比于无出流的雨水花园，设置出流设施的雨水花园在重现期为2年一遇的条件下，径流量的削减受雨水面积比例设置大小影响较大。

(3) 利用基础数据，搭建西咸新区沣西新城SWMM模型，并在模型运行良好情况下，分别进行了添加雨水花园和渗渠两种LID措施后水质和污染物的效果模拟。由数据分析可知，两种措施对水质和污染物的峰值和总量都有一定的削减程度，但随着降雨强度的增大，削减程度都呈现出减小的趋势，其中雨水花园受雨强影响较大，而渗渠对降雨强度的敏感度相对较低。综合对水质及污染物的整体处理效果，雨水花园在处理总量的效果要优于渗渠的处理效果，雨水花园的处理效果为15.18%～33.83%、渗渠的处理效果为5.11%～22.67%。而渗渠对于峰值的削减则优于雨水花园的处理效果，渗渠的处理效果为5.21%～17.89%、雨水花园的处理效果为0.16%～14.87%。

参考文献

曹韵霞，张恭肃，韦明杰. 1993. 用美国暴雨水管理模型计算北京城区防洪排水. 水文，(6)：19～24

陈守珊. 2006. 城市化地区雨洪模拟及雨洪资源化利用研究. 南京：河海大学硕士学位论文

陈扬. 2013. 南京市暴雨地表产流模型研究. 水利与建筑工程学报，(1)：102～104

胡爱兵，张书涵，陈建刚. 2011. 生物滞留池改善城市雨水径流水质的研究进展. 环境污染与防治，33(1)：74～82

黄金良，林杰，杜鹏飞. 2012. 城市降雨径流模拟的参数不确定性分析. 环境科学，33(7)：2224～2234

江晔. 2006. 截留干管截留倍数的环境与经济效益分析研究. 长沙：湖南大学硕士学位论文

李春林，胡远满，刘淼，等. 2013. 城市非点源污染研究进展. 生态学杂志，32(3)：492～500

李海燕，岳利涛. 2011. SWMM 中典型水质参数值确定方法的研究. 给水排水，(37)：159～162

李家科，李亚，沈冰，等. 2014. 基于SWMM模型的城市雨水花园调控措施的效果模拟. 水力发电学报，04：60～67

李卓熹，秦华鹏，谢坤. 2012. 不同降雨条件下低冲击开发的水文效应分析. 中国给水排水，28(21)：37～41

刘华祥. 2005. 城市暴雨径流面源污染影响规律研究. 武汉：武汉大学硕士学位论文

卢金锁，程云，郑琴，等. 2010. 西安市暴雨强度公式的推求研究. 中国给水排水，2(17)：82～84

罗红梅，车伍，李俊奇，等. 2008. 雨水花园在雨洪控制与利用中的应用. 中国给水排水，(6)：48～52

马晓宇，朱元励，梅琨，等. 2012. SWMM 模型应用于城市住宅区非点源污染负荷模拟计算. 环境科学研究，25(1)：95～102

潘国艳，夏军，张翔，等. 2012. 生物滞留池水文效应的模拟试验研究. 水电能源科学，30(5)：13～15

任伯帜，邓仁健，李文健. 2006. SWMM 模型原理及其在霞凝港区的应用. 水运工程，(4)：41～44

孙艳伟. 2011. 城市化和低影响发展的生态水文效应研究. 西安：西北农林科技大学博士学位论文

孙艳伟，魏晓妹. 2011. 生物滞留池的水文效应分析. 灌溉排水学报，30(2)：98～103

孙艳伟，魏晓妹，Pomeroy C A. 2011. 低影响发展的雨洪资源调控措施研究现状与展望. 水科学进展，22(2)：287～293

孙艳伟，王文川，魏晓妹，等. 2012. 城市化生态水文效应. 水科学进展，23(4)：569～574

唐双成，罗纨，贾忠华，等. 2012. 西安市雨水花园蓄渗雨水径流的试验研究. 水土保持学报，26(6)：75～84

王峰，颜正惠，黄伟乐，等. 2012. 城市雨水内涝成因及对策. 中国给水排水，28(12)：15～20

王海潮，陈建刚. 2011. 基于 GIS 与 RS 技术的 SWMM 构建. 新技术应用，3(3)：46～49

王红武，毛云峰，高原，等. 2012. 低影响开发的工程措施及其效果. 环境科学及技术，35(10)：99～103

王华. 2013. 基于 SWMM 的城市 LID 措施效果模拟. 西安理工大学硕士学位论文

王文亮，李俊奇，宫永伟，等. 2012. 基于 SWMM 模型的低影响开发雨洪控制效果模拟. 中国给水排水，28(21)：42～44

王雯雯，赵智杰，秦华鹏. 2012. 基于 SWMM 的低冲击开发模式水文效应模拟评估. 北京大学学报(自然科学版)，48(2)：303～309

王允麒，谭浩，孙海英，等. 1997. 关于渗渠取水设计的几个问题. 给水排水，(10)：11～14

谢莹莹. 2007. 城市排水管网系统模拟方法和应用. 上海：同济大学硕士学位论文

Aad M P A，Suidan M T，Shuster W D. 2010. Modeling techniques of best management practices：rain barrels and rain gardens using EPA SWMM-5. Journal of Hydraulic Engineering，15(6)：434～443

Ahiablame L M，Engel B A，Chaubey I. 2012. Effectiveness of low impact development practices：literature review and suggestions for future research. Water Air and Soil Pollution，223(7)：4253～4273

Barco J，Wong K M，Stenstrom M K. 2008. Automatic calibration of the U S. EPA SWMM model for a large urban catchment. Journal of Hydraulic Engineering，134(4)：678 ～793

Blecken G T，ZingerY，Deletic A，et al. 2009. Influence of intermittent wetting and drying conditions on heavy metal removal by stormwater biofilters. Water Research，43(18)：4590～4598

Chang N B. 2010. Hydrological connections between low-impact development，watershed best management practices，and sustainable development. Journal of Hydrologic Engineering，15(6)：384～385

Davis A P，Hunt W F，Traver R G et al. 2009. Bioretention technology：overview of current practice and future needs. Journal of Environment Engineering-Asce, 135(3): 109~117

Davis A P. 2005. Green engineering principles promote low impact development. Environment Science Technology, 39: 338~344

Davis A P, Traver R G, Hunt W F et al. 2012. Hydrologic performance of bioretention storm-water control measures. Journal of Hydrologic Engineering, 17(5): 604~614

Gironás J, Roesner L, Rossman L, et al. 2010. A new applications manual for the Storm Water Management Model (SWMM). Environmental Modelling & Software, 25(6): 813~814

Goldstein A, Giovanni K D, Montalto F. 2010. Resolution and sensitivity analysis of a block-scale urban drainage model. World Environmental and Water Resources Congress 2010: Challenges of Change. ASCE: 4270~4279

Keifer C J, Chu H H. 1957. Synthetic storm pattern of drainage design. Journal of Hydraulic Engineering, ASCE, 83, (4): 1~25

Keifer C J, Hung C Y, Wolka K. 1978. Modified Chicago Hydrograph Method. Storm Sewer Design(B. C. YenEd.), Dept of Civil Engineering, University of Illinois, Urban Champaign, Illinois

Kim M H, Sung C Y, Li M H, et al. 2012. Bioretention for stormwater quality improvement in texas: removal effectiveness of escherichia Coli. separation and purification technology, 84(SI): 120~124

Palhegy G E. 2010. Designing storm water controls to promote sustainable ecosystems: science and application. Journal of Hydrologic Engineering, 15(6): 504~511

Prince Georges County. 1999. Low impact development design strategies: an integrated approach. Prince Georges County Department of Environmental Resources. Largo: Maryland

Rossman L A. 2010. Storm water management model user's manual version 5. 0. U. S. Washington DC: Environmental Protection Agency Rep

Trowsdale S A, Simcock R. 2011. Urban stormwater treatment using bioretention. Journal of Hydrology, 397(3-4): 167~174

United States Environmental Protection Agency. 2000. Low impact development (LID) A Literature Review. http://www. epa. gov/nps/lid

Yang H, Mccoy E L, Grewal P S. 2010. Dissolved nutrients and atrazine removal by column-scale monophasic and biphasic rain garden model systems. Chemosphere, 80(8): 929~934

彩 图

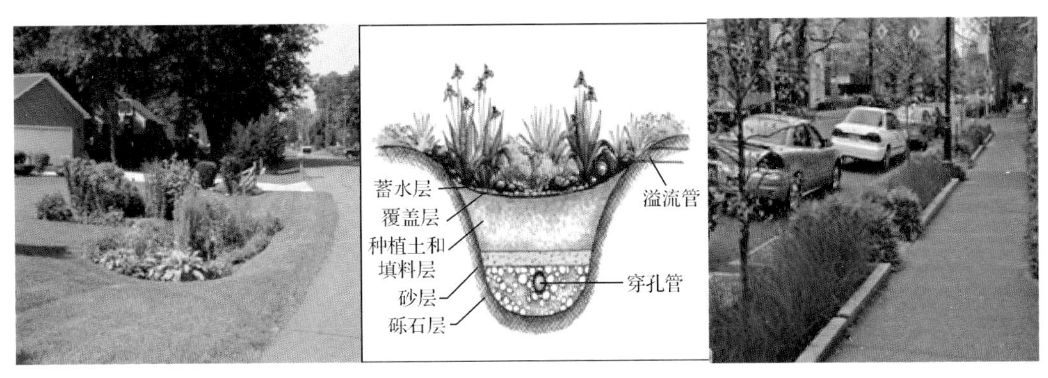

(a) 雨水花园(Rain garden)　(b) 生物滞留设施典型结构　(c) 生物滞留带(Bioswale)

彩图 1　生物滞留典型设施和结构

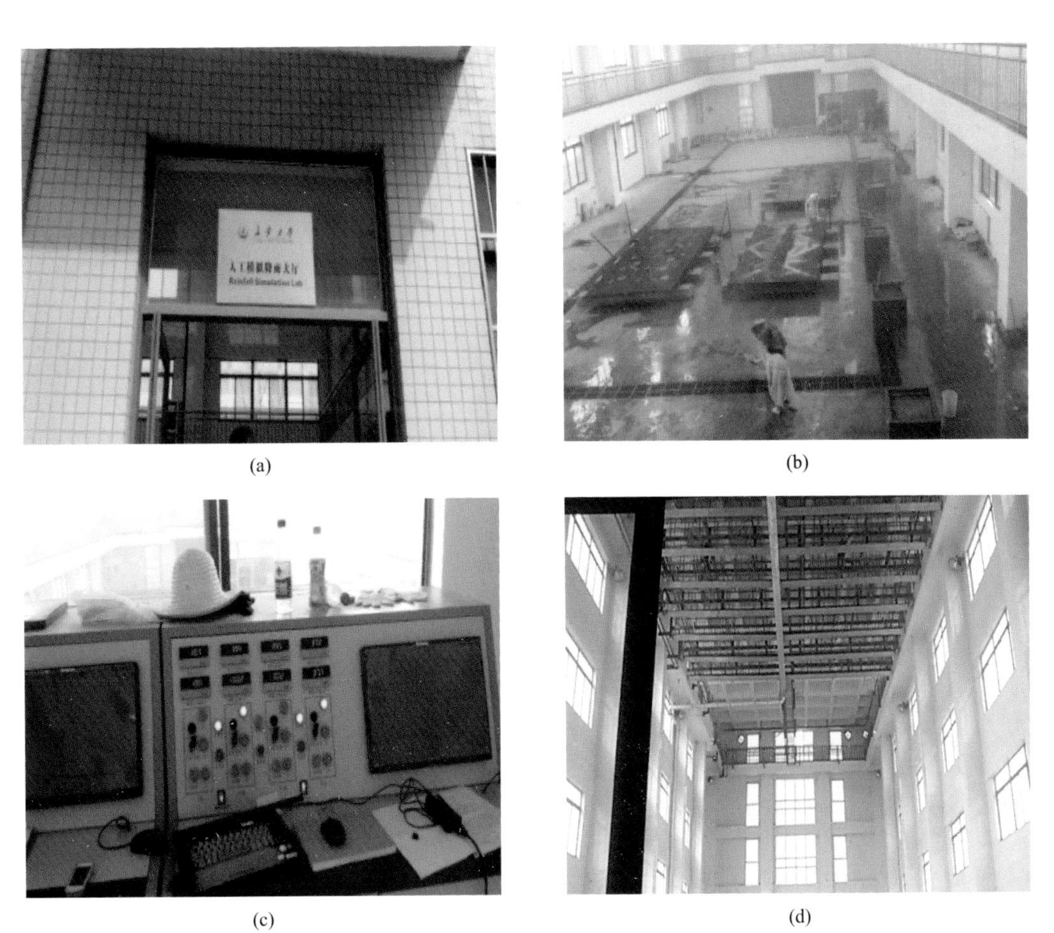

(a)　(b)　(c)　(d)

彩图 2　人工模拟降雨装置

(a)

(b)

彩图 3　人工湿地实物图

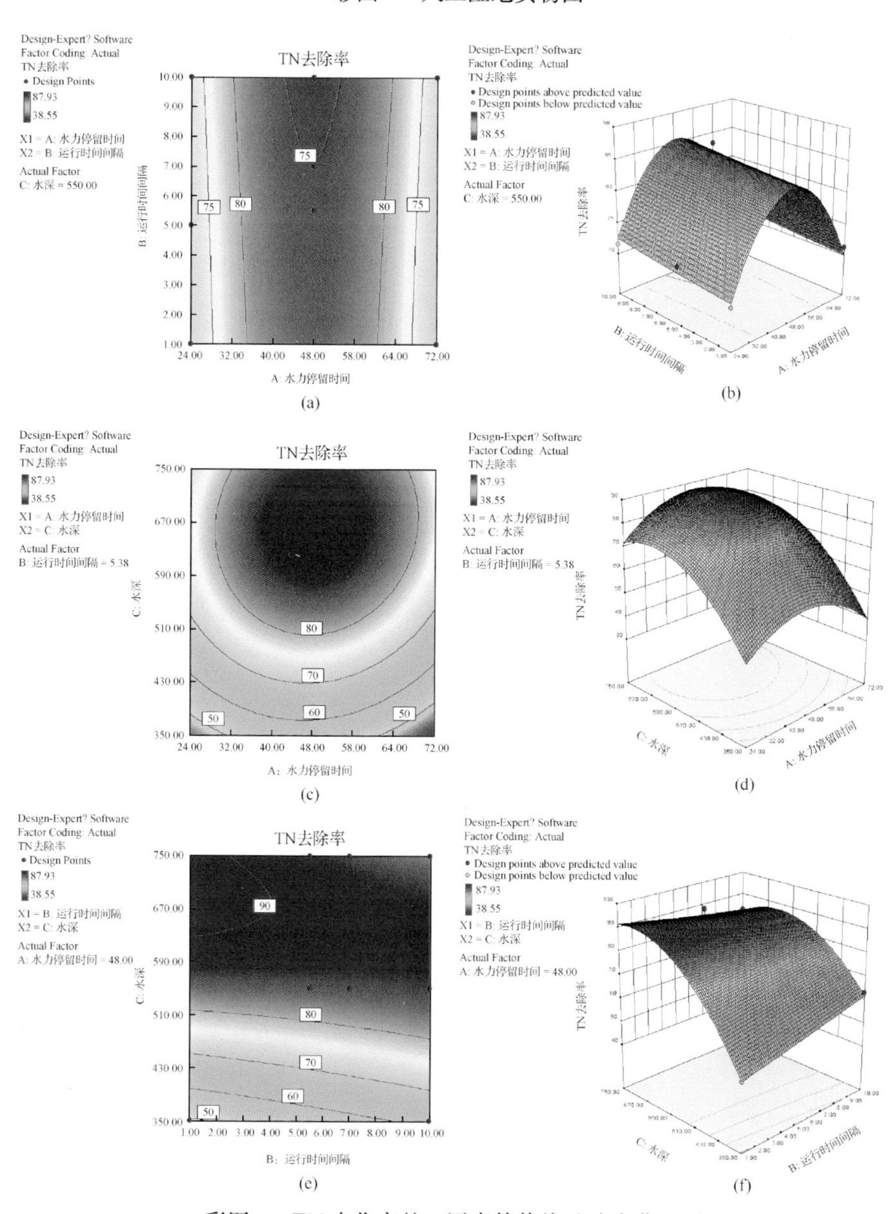

彩图 4　TN 净化率的双因素等值线及响应曲面图

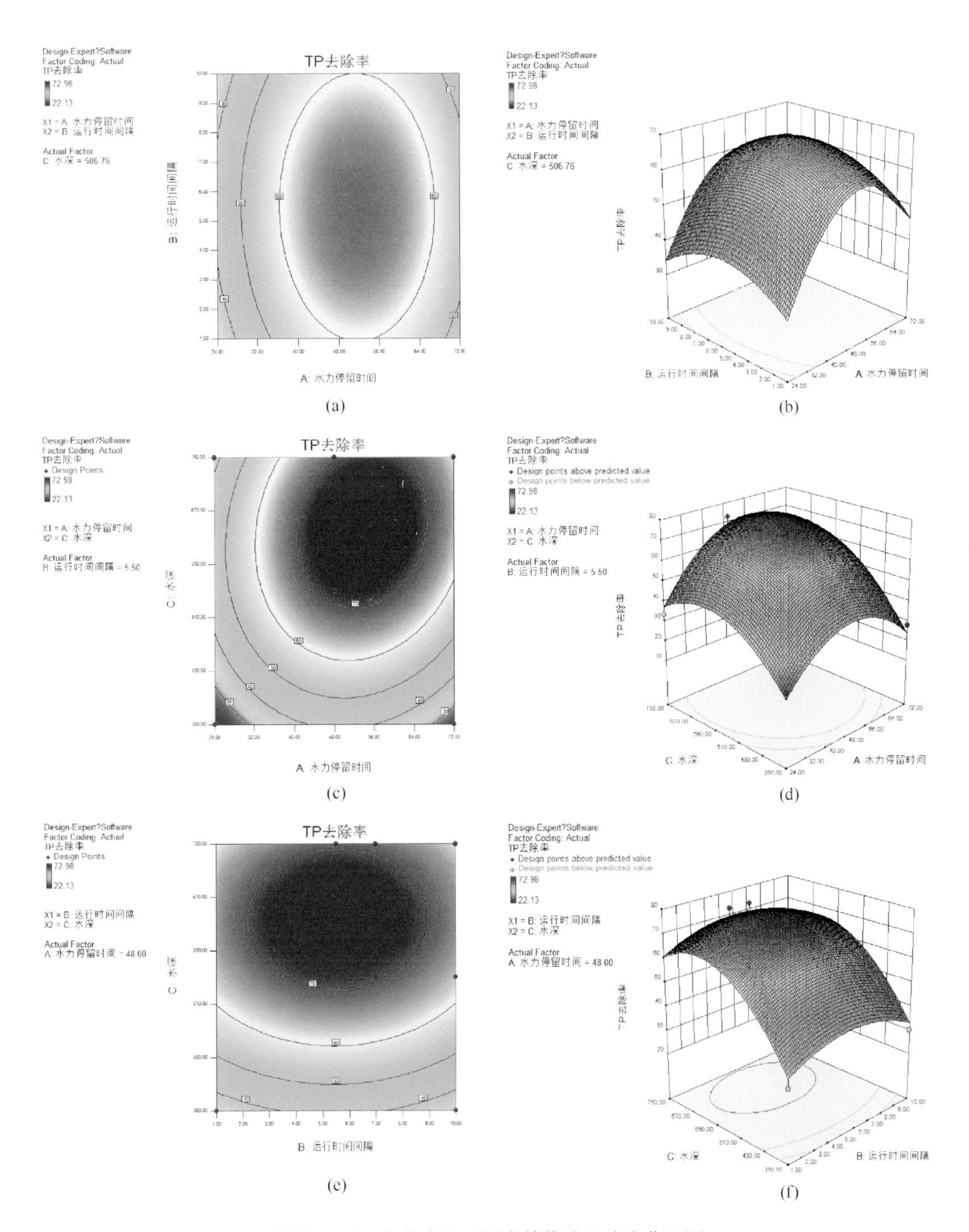

彩图 5　TP 净化率的双因素等值线及响应曲面图

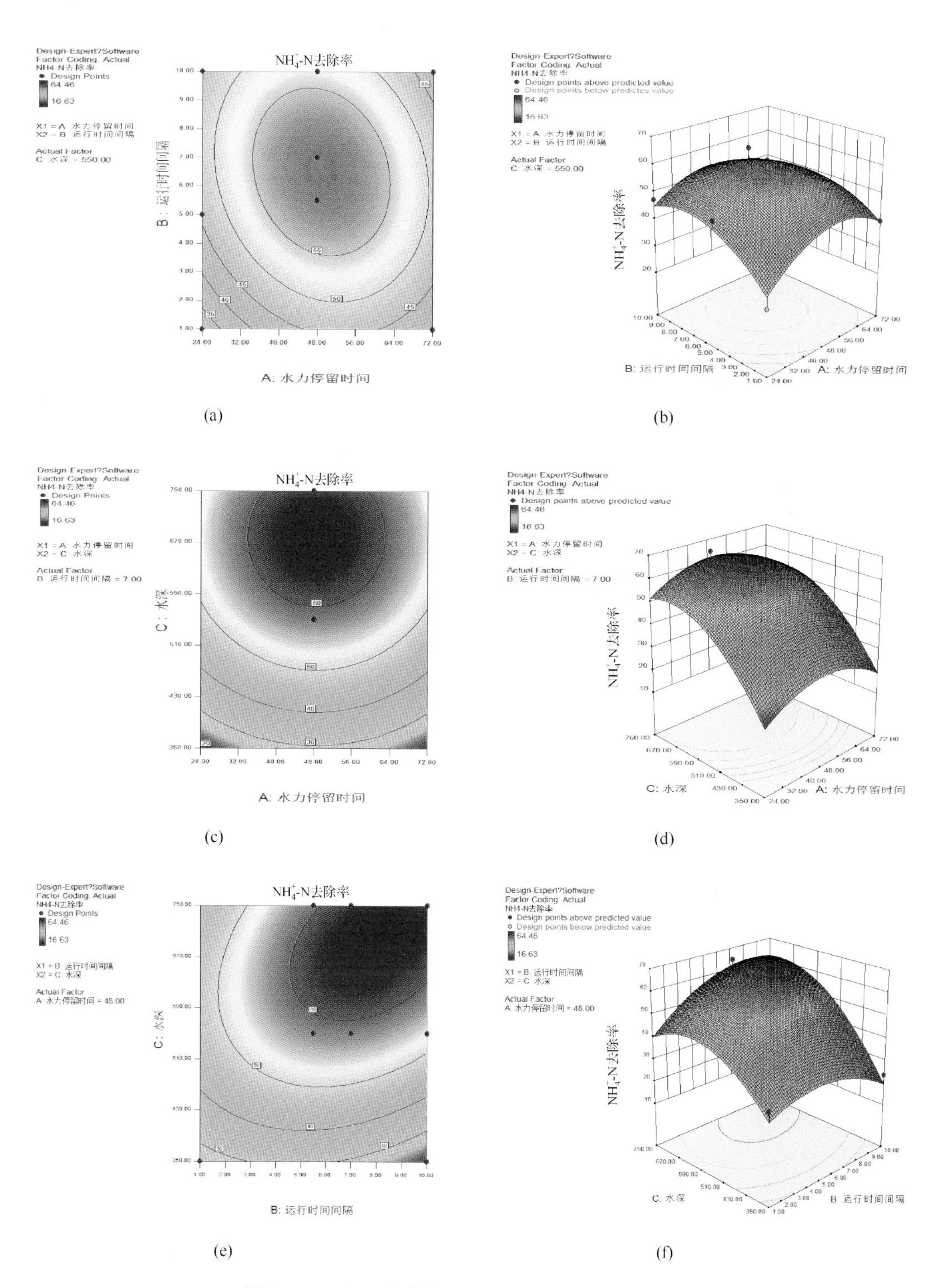

彩图 6　NH$_4^+$-N 净化率的双因素等值线及响应曲面图

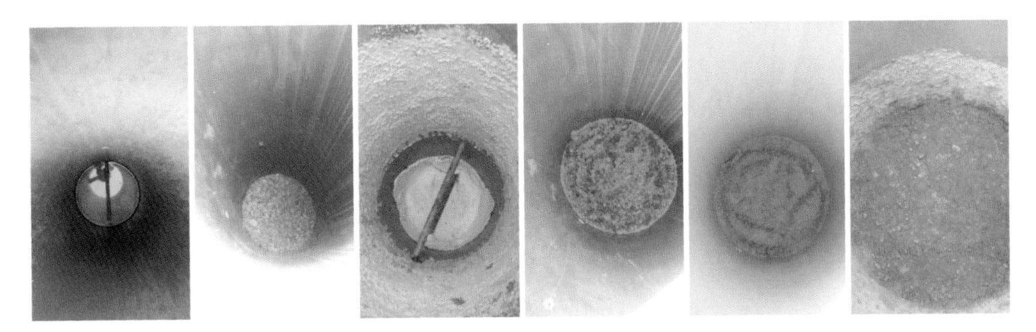

(a) 试验柱内部构造

(b) 试验柱 D 组

(c) 试验柱外部结构图

彩图 7　试验柱构造

(a) 种植物前

(b) 种植物后

彩图 8　生态滤沟实物图(0.5m)

(a)

(b)

彩图 9　试验场实景图

彩图 10　基质填充情况

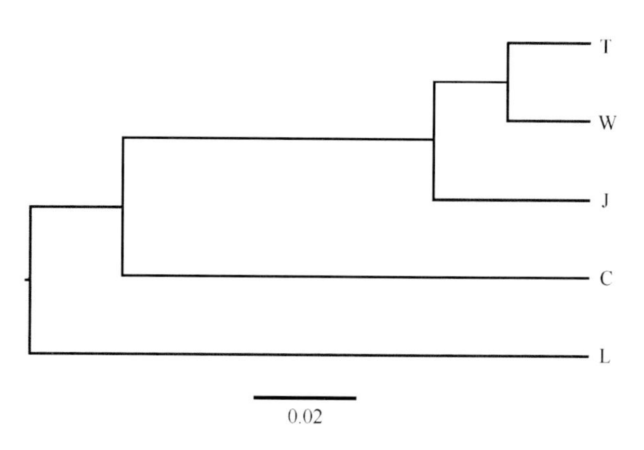

(a) 聚类分析图

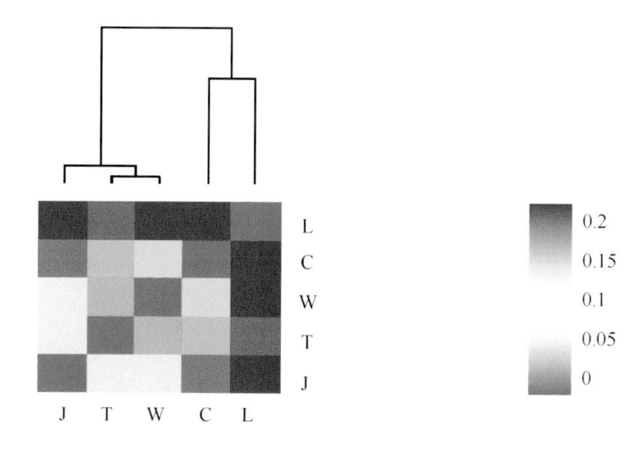

(b) 距离热图

彩图 11　各样品的聚类分析图和距离热图

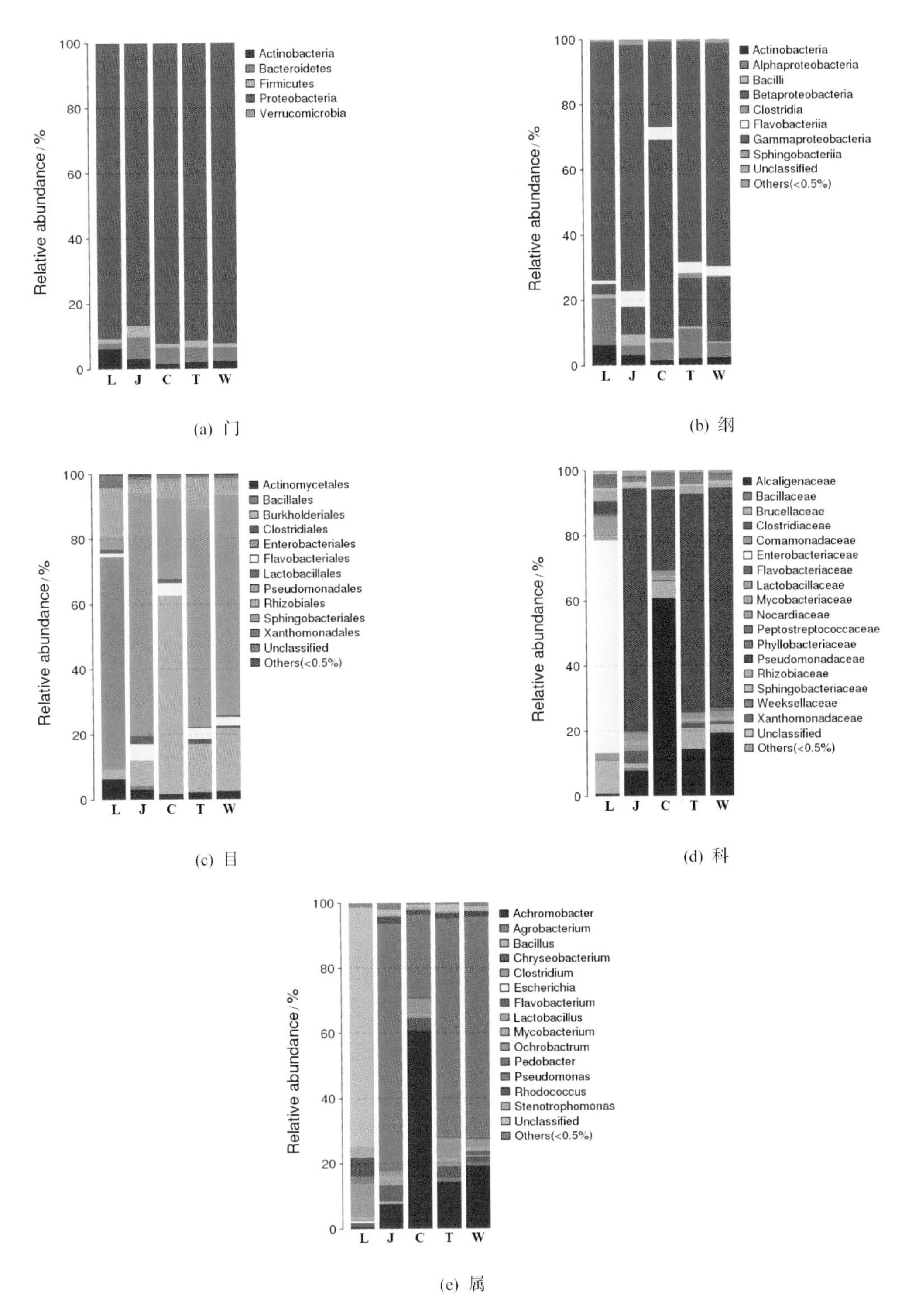

彩图 12 各样品在门、纲、目、科、属分类水平上的细菌相对丰度

彩图 13　同德佳苑小区效果图

(a)　(b)

(c)　(d)

(e)　(f)

彩图 14　生态滤沟建造过程和现场

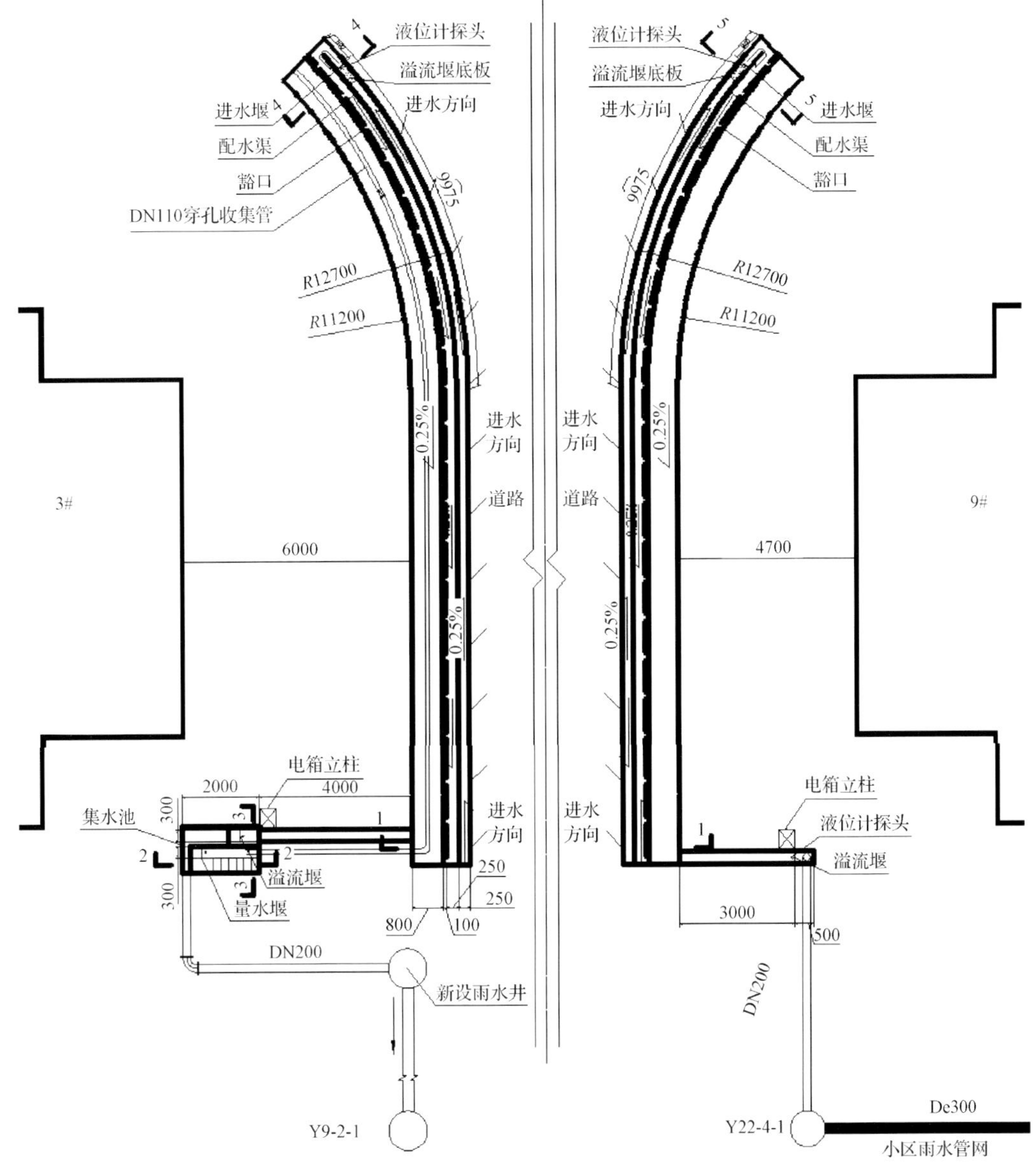

说明：

1. 构筑物墙体均采用砖混结构。
2. 图中尺寸标注单位均为mm。
3. 生态滤沟总长为21m(直线部分12m；圆弧部分9m)，并且滤沟底面由北向南保持0.25%的坡度；滤沟B1与B2的集水渠道和配水渠道坡度均为0.25%。
4. 雨水由集水渠道靠近道路一侧自由流入并汇集在集水渠道内，通过三角堰后进入配水渠道，最终通过渠道靠近滤沟一侧的豁口进入滤沟。
5. 生态滤沟植物采用黄杨与麦冬草混种。
6. 溢流堰底板比集水渠底低0.05m，溢流堰长0.5m。
7. 集水池出水管管底标高-1.10m，以0.3%坡度流入新建雨水井。
8. 不防渗型滤沟(B2)溢流出水以覆土为0.727m的雨水管引入小区雨水管网。

彩图 15　西咸新区沣西新城同德佳苑生态滤沟平面图

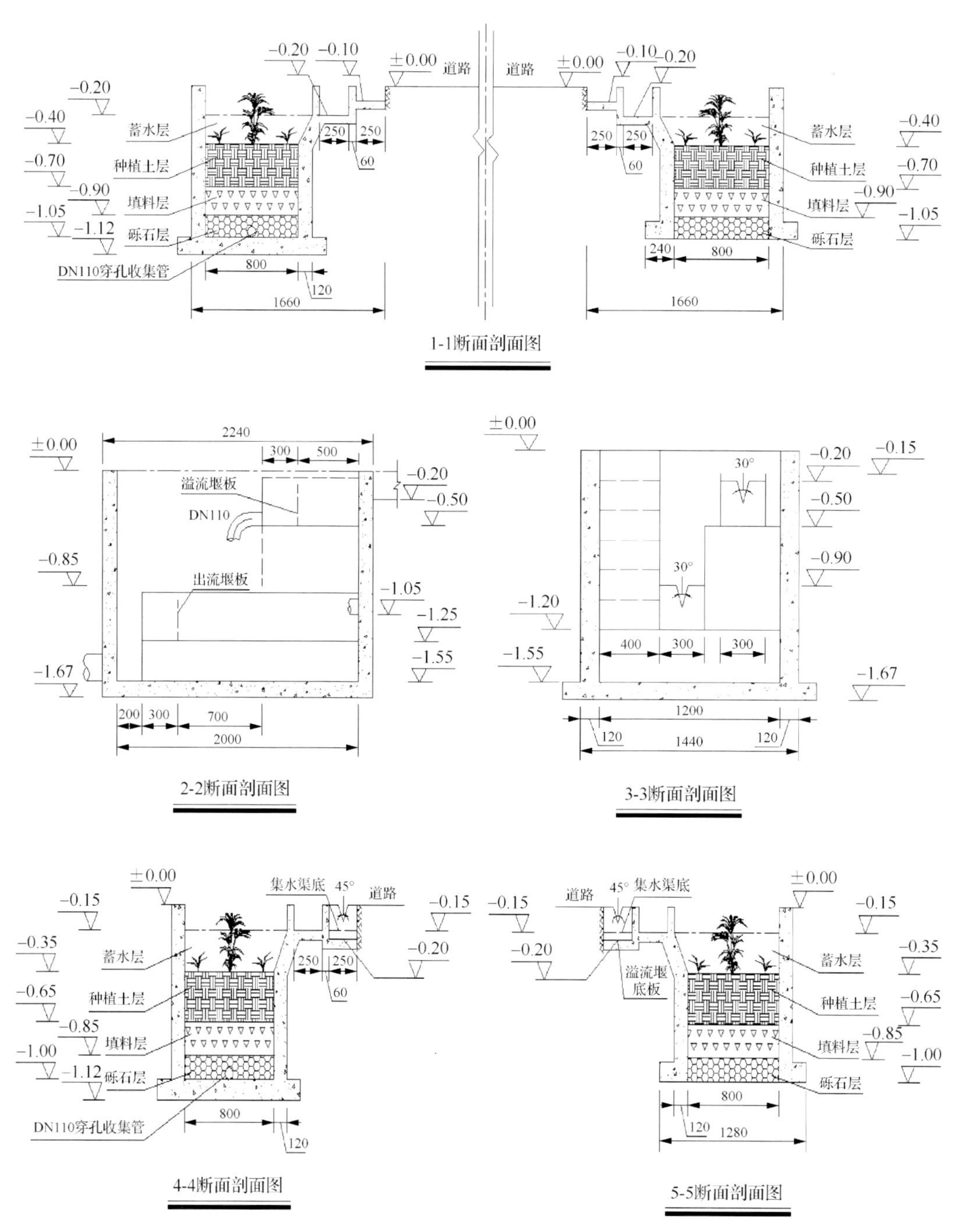

说明：

1. 构筑物墙体均采用砖混结构。
2. 图中标高单位为m，尺寸标注单位为mm。
3. 防渗型滤沟B1出水与溢流均排入集水池，不防渗型滤沟溢流直接排入小区排水管网。

彩图 16　西咸新区沣西新城同德佳苑生态滤沟剖面图